CAD/CAM/CAE 完全学习丛书

# UG NX 12.0
# 产品设计完全学习手册

北京兆迪科技有限公司　编著

机 械 工 业 出 版 社

本书是UG NX 12.0的产品设计完全学习手册，内容包括UG NX 12.0安装与设置、二维草图设计、一般产品零件的设计、曲面产品的设计、钣金产品的设计、产品的装配设计、产品的测量与分析、产品的自顶向下设计、产品的运动仿真与分析、产品的工程图设计、产品的有限元分析、产品的外观设置与渲染和管道布线设计等。

读者在系统学习本书后，能够迅速地运用UG软件来完成复杂产品的零部件三维建模、装配、出工程图、运动仿真以及有限元结构分析等产品设计工作。本书附1张多媒体DVD学习光盘，制作了大量UG产品设计技巧和具有针对性范例的教学视频并进行了详细的语音讲解。另外，光盘还包含本书所有的教案文件、范例文件及练习素材文件。

本书章节的安排次序采用由浅入深、循序渐进的原则。在内容安排上，为了使读者更快地掌握该软件的功能，书中结合大量的范例对UG NX 12.0软件中的一些抽象的概念、命令和功能进行讲解，通过范例讲述了一些实际生产一线产品的设计过程。这样安排能使读者较快地进入设计实战状态。书中所选用的范例、实例或应用案例覆盖了不同行业，具有很强的实用性和广泛的适用性。

本书可作为产品设计工程师的UG NX 12.0自学教程和参考书籍，也可供大专院校师生教学参考。

**图书在版编目（CIP）数据**

UG NX 12.0 产品设计完全学习手册/ 北京兆迪科技有限公司编著. —3版. —北京：机械工业出版社，2019.7
(CAD/CAM/CAE完全学习丛书)
ISBN 978-7-111-62480-6

Ⅰ. ①U… Ⅱ. ①北… Ⅲ. ①工业产品—产品设计—计算机辅助设计—应用软件—手册 Ⅳ. ①TB472-39

中国版本图书馆CIP数据核字（2019）第068056号

机械工业出版社（北京市百万庄大街22号 邮政编码：100037）
策划编辑：丁 锋 责任编辑：丁 锋
责任校对：佟瑞鑫 郑 婕 封面设计：张 静
责任印制：张 博
北京铭成印刷有限公司印刷
2019年6月第3版第1次印刷
184mm×260 mm · 32.75印张 · 611千字
0001—3000册
标准书号：ISBN 978-7-111-62480-6
ISBN 978-7-88709-994-5（光盘）
定价：99.90元（含1DVD）

凡购本书，如有缺页、倒页、脱页，由本社发行部调换

电话服务
服务咨询热线：010-88361066
读者购书热线：010-68326294

网络服务
机 工 官 网：www.cmpbook.com
机 工 官 博：weibo.com/cmp1952
金 书 网：www.golden-book.com
教育服务网：www.cmpedu.com

# 前　言

UG 是由 UGS 公司推出的功能强大的三维 CAD/CAM/CAE 软件系统，其内容涵盖了产品从概念设计、工业造型设计、三维模型设计、分析计算、动态模拟与仿真、工程图输出，到生产加工的全过程，应用范围涉及航空航天、汽车、机械、造船、通用机械、数控（NC）加工、医疗器械和电子等诸多领域。本书是 UG NX 12.0 的产品设计完全学习手册，其特色如下。

- 内容全面，模块众多，包含了市场其他书少见的有限元分析和管道布线等高级设计模块，融入了 UG 一线产品设计高手多年的经验和技巧，因而具有很强的实用性。
- 前呼后应，浑然一体。书中运动仿真与分析和有限元分析等后面章节中介绍的范例，都在前面的零件设计、曲面设计等章节中详细介绍了三维建模的方法和过程，这样的安排可以使读者熟悉和掌握一个产品的整个设计过程。
- 范例丰富，对软件中的主要命令和功能，先结合简单的范例进行讲解，然后安排一些较复杂的综合范例和实际应用帮助读者深入理解、灵活运用。
- 讲解详细，条理清晰，保证自学的读者能独立学习和运用 UG NX 软件。
- 写法独特，采用 UG NX 中文版中真实的对话框和按钮等进行讲解，使初学者能够直观、准确地操作软件，从而大大地提高学习效率。
- 附加值高，本书附 1 张多媒体 DVD 学习光盘，制作了大量具有针对性实例的教学视频并进行了详细的语音讲解，可以帮助读者轻松、高效地学习。

本书由北京兆迪科技有限公司编著，参加编写的人员有詹友刚、王焕田、刘静、刘海起、魏俊岭、任慧华、詹路、冯元超、刘江波、周涛、侯俊飞、龙宇、詹棋、高政、孙润、詹超、尹佩文、赵磊、高策、冯华超、周思思、黄光辉、詹聪、平迪、李友荣。本书难免存在疏漏之处，恳请广大读者予以指正。

本书随书光盘中含有“读者意见反馈卡”的电子文档，请读者认真填写本反馈卡，并 E-mail 给我们。E-mail: 兆迪科技 zhanygjames@163.com，丁锋 fengfener@qq.com。

咨询电话：010-82176248，010-82176249。

编　者

**读者购书回馈活动**

为了感谢广大读者对兆迪科技图书的信任与支持，兆迪科技面向读者推出“免费送课”活动，即日起，读者凭有效购书证明，可领取价值 100 元的在线课程代金券 1 张，此券可在兆迪科技网校（http://www.zalldy.com/）免费换购在线课程 1 门。活动详情可以登录兆迪网校或者关注兆迪公众号查看。

兆迪网校

兆迪公众号

# 本 书 导 读

为了能更好地学习本书的知识，请您仔细阅读下面的内容：

**写作环境**

本书使用的操作系统为 64 位的 Windows7，系统主题采用 Windows 经典主题。本书采用的写作蓝本是 UG NX 12.0 版。

**光盘使用**

为方便读者练习，特将本书所有素材文件、已完成的实例文件、配置文件和视频语音讲解文件等放入随书附带的光盘中，读者在学习过程中可以打开相应素材文件进行操作和练习。

本书附多媒体 DVD 光盘 1 张，建议读者在学习本书前，先将 DVD 光盘中的所有文件复制到计算机硬盘的 D 盘中。在 D 盘上 ug12pd 目录下共有三个子目录。

（1）ugnx12_system_file 子目录：包含一些系统文件。

（2）work 子目录：包含本书的全部素材文件和已完成的范例、实例文件。

（3）video 子目录：包含本书讲解中的视频文件（含语音讲解）。读者学习时，可在该子目录中按顺序查找所需的视频文件。

光盘中带有“ok”扩展名的文件或文件夹表示已完成的范例。

相比于老版本的软件，UG NX 12.0 中文版在功能、界面和操作上变化极小，经过简单的设置后，几乎与老版本完全一样（书中已介绍设置方法）。因此，对于软件新老版本操作完全相同的内容部分，光盘中仍然使用老版本的视频讲解，对于绝大部分读者而言，并不影响软件的学习。

**本书约定**

- 本书中有关鼠标操作的简略表述说明如下。
  - ☑ 单击：将鼠标指针移至某位置处，然后按一下鼠标的左键。
  - ☑ 双击：将鼠标指针移至某位置处，然后连续快速地按两次鼠标的左键。
  - ☑ 右击：将鼠标指针移至某位置处，然后按一下鼠标的右键。
  - ☑ 单击中键：将鼠标指针移至某位置处，然后按一下鼠标的中键。
  - ☑ 滚动中键：只是滚动鼠标的中键，而不能按中键。
  - ☑ 选择（选取）某对象：将鼠标指针移至某对象上，单击以选取该对象。
  - ☑ 拖移某对象：将鼠标指针移至某对象上，然后按下鼠标的左键不放，同时移动鼠标，将该对象移动到指定的位置后再松开鼠标的左键。
- 本书中的操作步骤分为 Task、Stage 和 Step 三个级别，说明如下。
  - ☑ 对于一般的软件操作，每个操作步骤以 Step 字符开始，例如，下面是草绘环境中绘制矩形操作步骤的表述。

Step1. 单击按钮。

Step2. 在绘图区某位置单击，放置矩形的第一个角点，此时矩形呈“橡皮筋”样变化。

Step3. 单击XY按钮，再次在绘图区某位置单击，放置矩形的另一个角点。此时，系统即在两个角点间绘制一个矩形，如图 4.7.13 所示。

☑ 每个 Step 操作视其复杂程度，其下面可含有多级子操作，例如 Step1 下可能包含（1）、（2）、（3）等子操作，（1）子操作下可能包含①、②、③等子操作，①子操作下可能包含 a）、b）、c）等子操作。

☑ 如果操作较复杂，需要几个大的操作步骤才能完成，则每个大的操作冠以 Stage1、Stage2、Stage3 等，Stage 级别的操作下再分 Step1、Step2、Step3 等操作。

☑ 对于多个任务的操作，则每个任务冠以 Task1、Task2、Task3 等，每个 Task 操作下则可包含 Stage 和 Step 级别的操作。

- 因为已建议读者将随书光盘中的所有文件复制到计算机硬盘的 D 盘中，所以书中在要求设置工作目录或打开光盘文件时，所述的路径均以“D:”开始。

**技术支持**

本书主要编写人员均来自北京兆迪科技有限公司，该公司专门从事 CAD/CAM/CAE 技术的研究、开发、咨询及产品设计与制造服务，并提供 UG、Ansys、Adams 等软件的专业培训及技术咨询。读者在学习本书的过程中如果遇到问题，可通过访问该公司的网站 http://www.zalldy.com 来获得技术支持。

为了感谢广大读者对兆迪科技图书的信任与厚爱，兆迪科技面向读者推出免费送课、光盘下载、最新图书信息咨询、与主编在线直播互动交流等服务。

- 免费送课。读者凭有效购书证明，可领取价值 100 元的在线课程代金券 1 张，此券可在兆迪科技网校（http://www.zalldy.com/）免费换购在线课程 1 门，活动详情可以登录兆迪网校查看。
- 光盘下载。本书随书光盘中的所有文件已经上传至网络，如果您的随书光盘丢失或损坏，可以登录网站 http://www.zalldy.com/page/book 下载。

  咨询电话：010-82176248，010-82176249。

# 目　录

# 第 1 章　UG NX 12.0 概述和安装

## 1.1　UG NX 12.0 各模块简介

UG NX 12.0 中提供了多种功能模块，它们既相互独立又相互联系。下面将简要介绍 UG NX 12.0 中的一些常用模块及其功能。

### 1．基本环境

基本环境提供一个交互环境，它允许打开已有的部件文件、创建新的部件文件、保存部件文件、创建工程图、屏幕布局、选择模块、导入和导出不同类型的文件，以及其他一般功能。该环境还提供强化的视图显示操作、屏幕布局和层功能、工作坐标系操控、对象信息和分析，以及访问联机帮助。

基本环境是执行其他交互应用模块的先决条件，是用户打开 UG NX 12.0 进入的第一个应用模块。在 UG NX 12.0 中，通过 文件(F) → 启动 列表中的 基本环境(G)... 命令，便可以在任何时候从其他应用模块回到基本环境。

### 2．零件建模

- 实体建模：支持二维和三维的非参数化模型或参数化模型的创建、布尔操作以及基本的相关编辑，它是最基本的建模模块，也是“特征建模”和“自由形状建模”的基础。
- 特征建模：这是基于特征的建模应用模块，支持如孔、槽等标准特征的创建和相关的编辑，允许抽空实体模型并创建薄壁对象，允许一个特征相对于任何其他特征定位，且对象可以被实例引用建立相关的特征集。
- 自由形状建模：主要用于创建复杂形状的三维模型。该模块中包含一些实用的技术，如沿曲线的一般扫描；使用 1 轨、2 轨和 3 轨方式按比例展开形状；使用标准二次曲线方式的放样形状等。
- 钣金特征建模：该模块是基于特征的建模应用模块，它支持专门的钣金特征，如弯头、肋和裁剪的创建。这些特征可以在 Sheet Metal Design 应用模块中被进一步操作，如钣金件成形和展开等。该模块允许用户在设计阶段将加工信息整合到所设计的部件中。实体建模和 Sheet Metal Design 模块是运行此应用模块的先决条件。

- 用户自定义特征（UDF）：允许利用已有的实体模型，通过建立参数间的关系、定义特征变量、设置默认值等工具和方法构建用户自己常用的特征。用户自定义特征可以通过特征建模应用模块被任何用户访问。

### 3. 工程图

工程图模块可以从已创建的三维模型自动生成工程图图样，用户也可以使用内置的曲线/草图工具手动绘制工程图。“制图”功能支持自动生成图纸布局，包括正交视图投影、剖视图、辅助视图、局部放大图以及轴测视图等，也支持视图的相关编辑和自动隐藏线编辑。

### 4. 装配

装配应用模块支持“自顶向下”和“自底向上”的设计方法，提供了装配结构的快速移动，并允许直接访问任何组件或子装配的设计模型。该模块支持“在上下文中设计”的方法，即当工作在装配的上下过程中时，可以对任何组件的设计模型进行改变。

### 5. 用户界面样式编辑器

用户界面样式编辑器是一种可视化的开发工具，允许用户和第三方开发人员生成 UG NX 对话框，并生成封装了有关创建对话框的代码文件，这样用户不需要掌握复杂的图形化用户界面（GUI）的知识，就可以轻松改变 UG NX 的界面。

### 6. 加工

加工模块用于数控加工模拟及自动编程，可以进行一般的 2 轴、2.5 轴铣削，也可以进行 3 轴到 5 轴的加工；可以模拟数控加工的全过程；支持线切割等加工操作；还可以根据加工机床控制器的不同来定制后处理程序，因而生成的指令文件可直接应用于用户的特定数控机床，而不需要修改指令，便可进行加工。

### 7. 分析

- 模流分析（Moldflow）：该模块用于在注射模中分析熔化塑料的流动，在部件上构造有限元网格，并描述模具的条件与塑料的特性，利用分析包反复运行以决定最佳条件，减少试模的次数，并可以产生表格和图形文件两种结果。此模块能节省模具设计和制造的成本。
- Motion 应用模块：该模块提供了精密、灵活的综合运动分析。它有以下 2 个特点：提供了机构链接设计的所有方面，从概念到仿真原型；它的设计和编辑能力允许用户开发任一多连杆机构，完成运动学分析，且提供了多种格式的分析结果，同时可将该结果提供给第三方运动学分析软件进行进一步分析。

- 智能建模（ICAD）：该模块可在 ICAD 和 NX 之间启用线框和实体几何体的双向转换。ICAD 是一种基于知识的工程系统，它允许描述产品模型的信息（物理属性诸如几何体、材料类型及函数约束），并进行相关处理。

### 8. 编程语言

- 图形交互编程（GRIP）：是一种在很多方面与 Fortran 类似的编程语言，使用类似于英语的词汇，GRIP 可以在 NX 及其相关应用模块中完成大多数的操作。在某些情况下，GRIP 可用于执行高级的定制操作，这比在交互的 NX 中执行更高效。
- NX Open C 和 C++ API 编程：是使程序开发能够与 NX 组件、文件和对象数据交互操作的编程界面。

### 9. 质量控制

- VALISYS：利用该应用模块可以将内部的 Open C 和 C++ API 集成到 NX 中，该模块也提供单个的加工部件的 QA（审查、检查和跟踪等）。
- DMIS：该应用模块允许用户使用坐标测量机（CMM）对 NX 几何体编制检查路径，并从测量数据生成新的 NX 几何体。

### 10. 机械布管

利用该模块可对 UG NX 装配体进行管路布线。例如，在飞机发动机内部、管道和软管中，从燃料箱连接到发动机周围不同的喷射点上。

### 11. 钣金（Sheet Metal）

该模块提供了基于参数、特征方式的钣金零件建模功能，并提供对模型的编辑功能和零件的制造过程，还提供了对钣金模型展开和重叠的模拟操作。

### 12. 电子表格

电子表格程序提供了在 Xess 或 Excel 电子表格与 UG NX 之间的智能界面。可以使用电子表格来执行以下操作：

- 从标准表格布局中构建部件主题或族。
- 使用分析场景来扩大模型设计。
- 使用电子表格计算优化几何体。
- 将商业议题整合到部件设计中。
- 编辑 UG NX 12.0 复合建模的表达式——提供 UG NX 12.0 和 Xess 电子表格之间概念模型数据的无缝转换。

13．电气线路

电气线路使电气系统设计者能够在用于描述产品机械装配的相同 3D 空间内创建电气配线。电气线路将所有相关电气元件定位于机械装配内，并生成建议的电气线路中心线，然后将全部相关的电气元件从一端发送到另一端，而且允许在相同的环境中生成并维护封装设计和电气线路安装图。

**注意：**以上有关 UG NX 12.0 的功能模块的介绍仅供参考，如有变动应以西门子公司的最新相关正式资料为准，特此说明。

## 1.2 UG NX 12.0 软件的特点

UG NX 12.0 系统在数字化产品的开发设计领域具有以下 6 个特点：

（1）创新性用户界面把高端功能与易用性和易学性相结合。

NX 12.0 建立在 NX 5.0 引入的基于角色的用户界面基础之上，并把此方法的覆盖范围扩展到整个应用程序，以确保在核心产品领域中的一致性。

为了提供一个能够随着用户技能水平增长而成长并保持用户效率的系统，NX 12.0 以可定制的、可移动弹出工具栏为特征。移动弹出工具栏减少了鼠标移动，并且使用户能够把他们的常用功能集成到由简单操作过程所控制的动作之中。

（2）完整统一的全流程解决方案。

UG 产品开发解决方案完全受益于 Teamcenter 的工程数据和过程管理功能。通过 NX 12.0，进一步扩展了 UG 和 Teamcenter 之间的集成。利用 NX 12.0，能够在 UG 里面查看来自 Teamcenter Product Structure Editor（产品结构编辑器）的更多数据，为用户提供了关于结构以及相关数据更加全面的表示。

UG NX 12.0 系统无缝集成的应用程序能快速传递产品和工艺信息的变更，从概念设计到产品的制造加工，可使用一套统一的方案把产品开发流程中涉及的学科融合到一起。在 CAD 和 CAM 方面，大量吸收了逆向软件 Imageware 的操作方式以及曲面方面的命令；在钣金设计等方面，吸收了 SolidEdge 的先进操作方式；在 CAE 方面，增加了 I-DEAS 的前后处理程序及 NX Nastran 求解器；同时 UG NX 12.0 可以在 UGS 先进的 PLM（产品周期管理）Teamcenter 的环境管理下，在开发过程中随时与系统进行数据交流。

（3）可管理的开发环境。

UG NX 12.0 系统可以通过 NX Manager 和 Teamcenter 工具把所有的模型数据进行紧密集成，并实施同步管理，进而实现在一个结构化的协同环境中转换产品的开发流程。UG NX 12.0 采用的可管理开发环境，增强了产品开发应用程序的性能。

利用 NX 12.0，用户能够在创建或保存文件的时候分配项目数据（既可是单一项目，也可是多个项目）。扩展的 Teamcenter 导航器使用户能够立即把 Project（项目）分配到多个条目（Item）。可以过滤 Teamcenter 导航器，以便只显示基于 Project 的对象，使用户能够清楚地了解整个设计的内容。

（4）知识驱动的自动化。

使用 UG NX 12.0 系统，用户可以在产品开发过程中获取产品及其设计制造过程的信息，并将其重新用到开发过程中，以实现产品开发流程的自动化，最大限度地重复利用知识。

（5）数字化仿真、验证和优化。

利用 UG NX 12.0 系统中的数字化仿真、验证和优化工具，可以减少产品的开发费用，实现产品开发的一次成功。用户在产品开发流程的每一个阶段，通过使用数字化仿真技术，核对概念设计与功能要求的差异，以确保产品的质量、性能和可制造性符合设计标准。

（6）系统的建模能力。

UG NX 12.0 基于系统的建模，允许在产品概念设计阶段快速创建多个设计方案，并进行评估，特别是对于复杂的产品，利用这些方案能有效地管理产品零部件之间的关系。在开发过程中，还可以创建高级别的系统模板，在系统和部件之间建立关联的设计参数。

# 1.3　UG NX 12.0 的安装

## 1.3.1　安装要求

### 1. 硬件要求

UG NX 12.0 软件系统可在工作站（Workstation）或个人计算机（PC）上运行，如果安装在个人计算机上，为了保证软件安全和正常使用，对计算机硬件的要求如下：

- CPU 芯片：一般要求奔腾 3 以上，推荐使用英特尔公司生产的“酷睿”系列双核心以上的芯片。
- 内存：一般要求为 4GB 以上。如果要装配大型部件或产品，进行结构、运动仿真分析或产生数控加工程序，则建议使用 8GB 以上的内存。
- 显卡：一般要求支持 Open_GL 的 3D 显卡，分辨率为 1024×768 像素以上，推荐使用至少 64 位独立显卡，显存 512MB 以上。如果显卡性能太低，打开软件后会自动退出。
- 网卡：以太网卡。
- 硬盘：安装 UG NX 12.0 软件系统的基本模块需要 14GB 左右的硬盘空间，考虑到软件启动后虚拟内存及获取联机帮助的需要，建议在硬盘上准备 16GB 以上的空间。

- 鼠标：强烈建议使用三键（带滚轮）鼠标，如果使用二键鼠标或不带滚轮的三键鼠标，会极大地影响工作效率。
- 显示器：一般要求使用 15in（1in=2.54cm）以上显示器。
- 键盘：标准键盘。

2. 操作系统要求

- 操作系统：UG NX 12.0 无法在 32 位系统上安装，推荐使用 64 位 Windows 7 系统；Internet Explorer 要求 IE 8 或 IE 9；Excel 和 Word 版本要求 2007 版或 2010 版。
- 硬盘格式：建议格式为 NTFS，FAT 也可。
- 网络协议：TCP/IP。
- 显卡驱动程序：分辨率为 1024×768 像素以上，真彩色。

## 1.3.2 安装前的准备

1. 安装前的计算机设置

为了更好地使用 UG NX 12.0，在安装软件前需要对计算机系统进行设置，主要是设置操作系统的虚拟内存。设置虚拟内存的目的，是为软件系统进行几何运算预留临时存储数据的空间。各类操作系统的设置方法基本相同，下面以 Windows 7 操作系统为例说明设置过程。

Step1. 选择 Windows 的 开始 → 控制面板 命令。

Step2. 在控制面板中单击 系统 图标，然后在“系统”对话框左侧单击 高级系统设置 按钮。

Step3. 在“系统属性”对话框中单击 高级 选项卡，在 性能 区域中单击 设置(S) 按钮。

Step4. 在“性能选项”对话框中单击 高级 选项卡，在 虚拟内存 区域中单击 更改(C) 按钮。

Step5. 在该对话框中取消选中 □ 自动管理所有驱动器的分页文件大小(A) 复选框，然后选中 ⊙ 自定义大小(C): 单选项；可在 初始大小(MB)(I): 文本框中输入虚拟内存的最小值，在 最大值(MB)(X): 文本框中输入虚拟内存的最大值。虚拟内存的大小可根据计算机硬盘空间的大小进行设置，但初始大小至少要是物理内存的 2 倍，最大值可达到物理内存的 4 倍。例如，用户计算机的物理内存为 256MB，初始值一般设置为 512MB，最大值可设置为 1024MB；如果装配大型部件或产品，建议将初始值设置为 1024MB，最大值设置为 2048MB。单击 设置(S) 和 确定 按钮后，计算机会提示用户重新启动计算机后设置才生效，然后一直单击 确定 按钮。重新启动计算机后，完成设置。

### 2. 查找计算机的名称

下面介绍查找计算机名称的操作。

Step1. 选择 Windows 的 开始 → 控制面板(C) 命令。

Step2. 在控制面板中单击 系统 图标，然后在“系统”对话框左侧单击 高级系统设置 按钮。

Step3. 在图 1.3.1 所示的“系统属性”对话框中单击 计算机名 选项卡，即可看到在 计算机全名: 位置显示出当前计算机的名称。

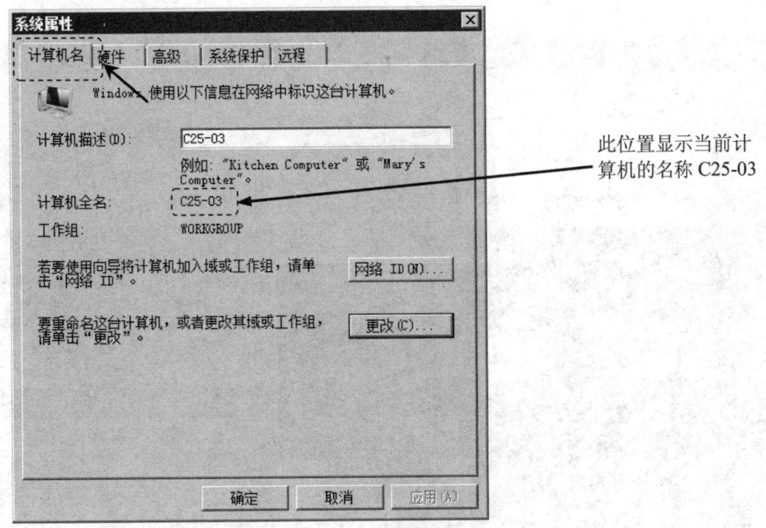


图 1.3.1　“系统属性”对话框

## 1.3.3 安装的一般过程

### Stage1. 在服务器上准备好许可证文件

Step1. 首先将合法获得的 UG NX 12.0 许可证文件 NX 12.0.lic 复制到计算机中的某个位置，例如 C:\ug12.0\NX 12.0.lic。

Step2. 修改许可证文件并保存，如图 1.3.2 所示。

此处的字符已替换为当前计算机的名称

NX 12.0.lic - 记事本

文件(F)　编辑(E)　格式(O)　查看(V)　帮助(H)

```
        28.10.2017##SERVER C25-03 ID=20170101 27800VENDOR ugslmdUSE_SERVER#FEA
BE9"INCREMENT access ugslmd 33.0 permanent 500 SUPERSEDE \
BE9"INCREMENT acis_nx_translator ugslmd 33.0 permanent 500 SUPERSEDE \
BE9"INCREMENT activeworkspace ugslmd 33.0 permanent 500 SUPERSEDE \
BE9"INCREMENT active_collab ugslmd 33.0 permanent 500 SUPERSEDE \
BE9"INCREMENT adams_motion ugslmd 33.0 permanent 500 SUPERSEDE \
```

图 1.3.2　修改许可证文件

Stage2．安装许可证管理模块

Step1．将 UG NX 12.0 软件（NX 12.0.0.27 版本）安装光盘放入光驱内（如果已经将系统安装文件复制到硬盘上，可双击系统安装目录下的 Launch.exe 文件），等待片刻后，会弹出图 1.3.3 所示的“NX 12 Software Installation”对话框，在此对话框中单击 Install License Manager 按钮；然后在弹出的对话框中接受系统默认的语言 简体中文，单击 确定 按钮。

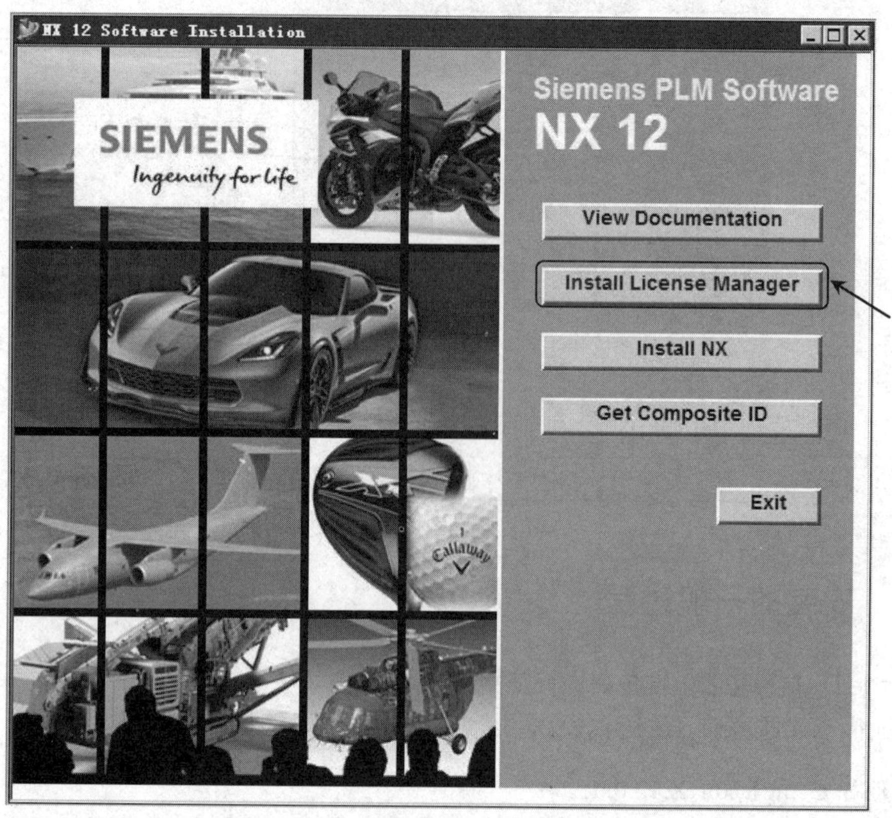


图 1.3.3　“NX 12 Software Installation”对话框

Step2．在系统弹出的图 1.3.4 所示的“Siemens PLM License Server v8.2.4.1”对话框（一）中单击 下一步(N) 按钮。

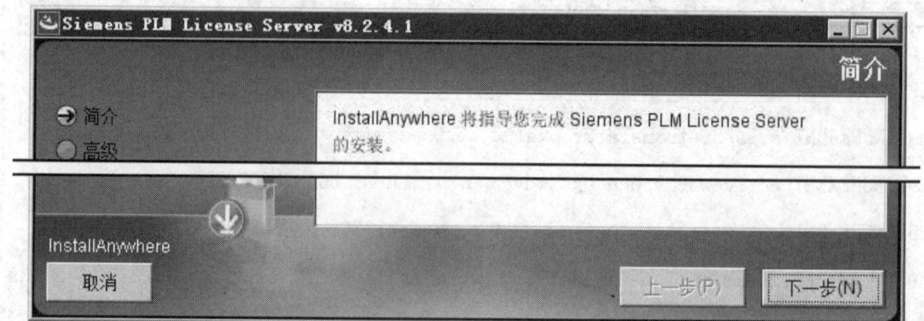


图 1.3.4　“Siemens PLM License Server v8.2.4.1”对话框（一）

Step3. 等待片刻后，在图 1.3.5 所示的“Siemens PLM License Server v8.2.4.1”对话框（二）中接受默认的安装路径，然后单击 下一步(N) 按钮。

图 1.3.5 “Siemens PLM License Server v8.2.4.1”对话框（二）

Step4. 在弹出的“Siemens PLM License Server v8.2.4.1”对话框（三）中单击 选择(O)... 按钮，选择图 1.3.6 所示的许可证路径（即 NX 12.0.lic 的路径），然后单击 下一步(N) 按钮。

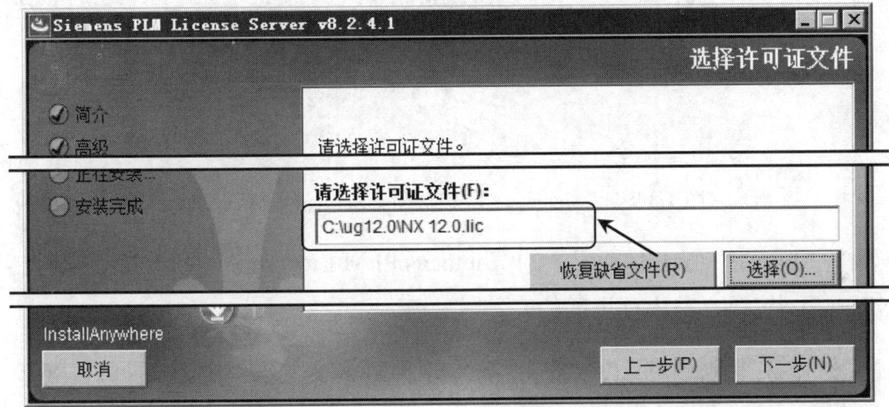


图 1.3.6 “Siemens PLM License Server v8.2.4.1”对话框（三）

Step5. 在弹出的图 1.3.7 所示的“Siemens PLM License Server v8.2.4.1”对话框（四）中单击 安装(I) 按钮。

图 1.3.7 “Siemens PLM License Server v8.2.4.1”对话框（四）

Step6. 完成许可证管理模块的安装。

（1）系统弹出图 1.3.8 所示的“Siemens PLM License Server v8.2.4.1”对话框（五），并显示安装进度，然后在弹出的图 1.3.9 所示的“Siemens PLM License Server”对话框中单击 确定 按钮。

图 1.3.8 “Siemens PLM License Server v8.2.4.1”对话框（五）

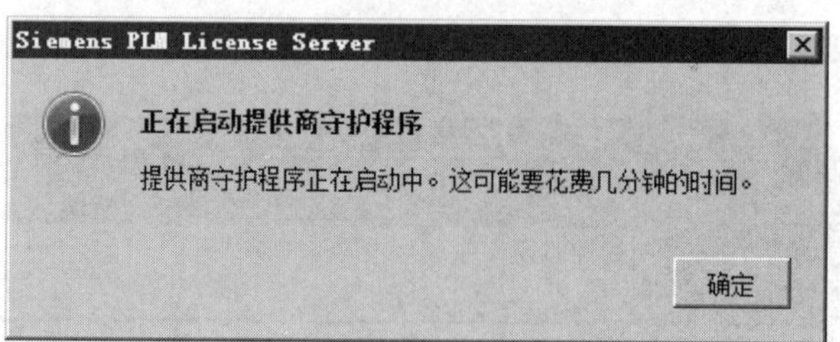


图 1.3.9 “Siemens PLM License Server”对话框

（2）等待片刻后，在图 1.3.10 所示的“Siemens PLM License Server v8.2.4.1”对话框（六）中单击 完成(D) 按钮，完成许可证的安装。

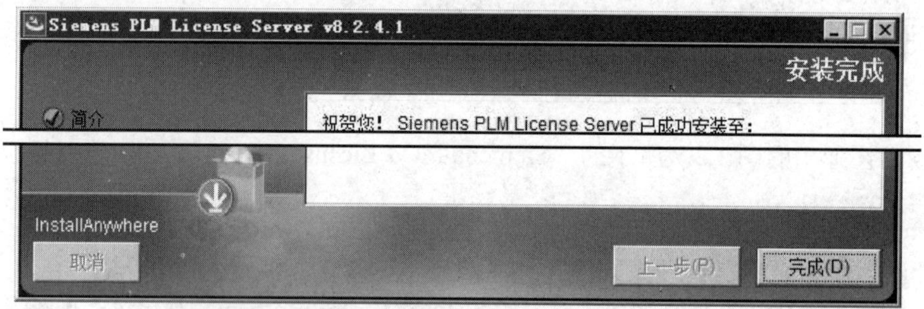


图 1.3.10 “Siemens PLM License Server v8.2.4.1”对话框（六）

### Stage3. 安装 UG NX 12.0 软件主体

Step1. 在“NX 12.0 Software Installation”对话框中单击 Install NX 按钮。

Step2. 在弹出的“Siemens NX 12.0 InstallShield Wizard”对话框中接受系统默认的语言 中文（简体），单击 确定(O) 按钮。

Step3. 数秒后，系统弹出图 1.3.11 所示的“Siemens NX 12.0 InstallShield Wizard”对话

框（一），单击 下一步(N) > 按钮。

图 1.3.11　"Siemens NX 12.0 InstallShield Wizard" 对话框（一）

Step4. 系统弹出图 1.3.12 所示的"Siemens NX 12.0 InstallShield Wizard"对话框（二），选中 完整安装(O) 单选项，采用系统默认的安装类型，单击 下一步(N) > 按钮。

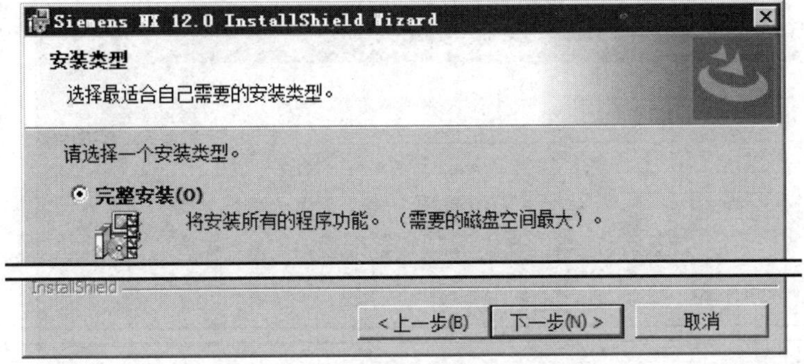


图 1.3.12　"Siemens NX 12.0 InstallShield Wizard" 对话框（二）

Step5. 系统弹出图 1.3.13 所示的"Siemens NX 12.0 InstallShield Wizard"对话框（三），接受系统默认的路径，单击 下一步(N) > 按钮。

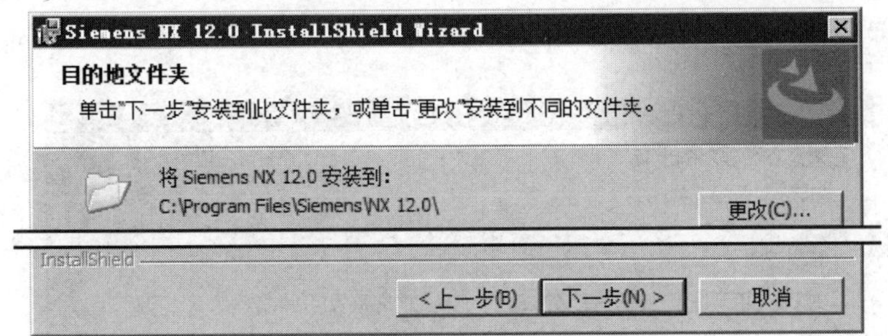


图 1.3.13　"Siemens NX 12.0 InstallShield Wizard" 对话框（三）

Step6. 系统弹出图 1.3.14 所示的"Siemens NX 12.0 InstallShield Wizard"对话框（四），确认 输入服务器名或许可证文件。 文本框中的"27800@"后面已是当前计算机的名称，单击 下一步(N) > 按钮。

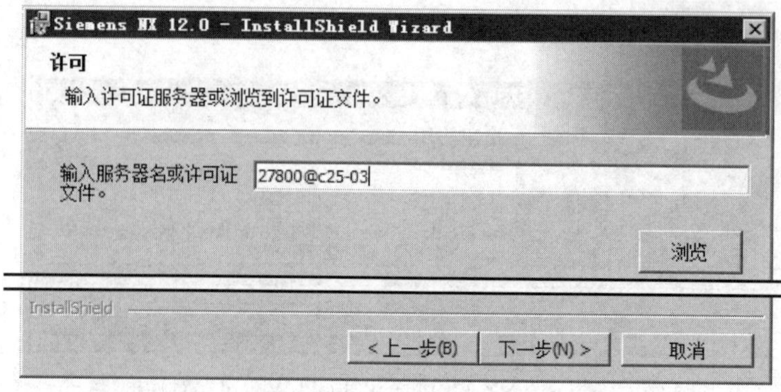


图 1.3.14 “Siemens NX 12.0 InstallShield Wizard”对话框（四）

Step7. 系统弹出图 1.3.15 所示的“Siemens NX 12.0 InstallShield Wizard”对话框（五），选中 简体中文 单选项，单击 下一步(N) > 按钮。

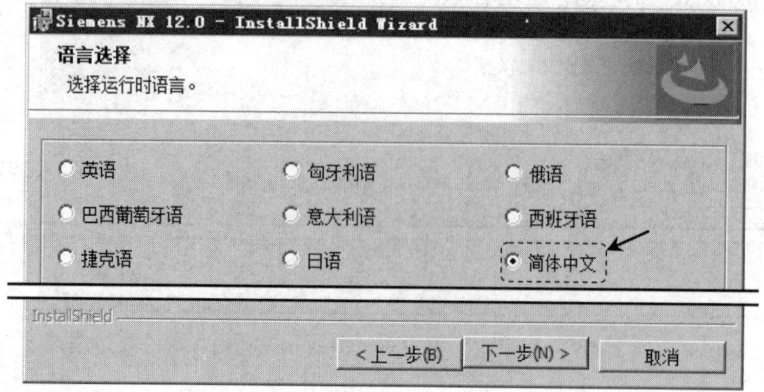


图 1.3.15 “Siemens NX 12.0 InstallShield Wizard”对话框（五）

Step8. 系统弹出图 1.3.16 所示的“Siemens NX 12.0 InstallShield Wizard”对话框（六），单击 安装(I) 按钮。

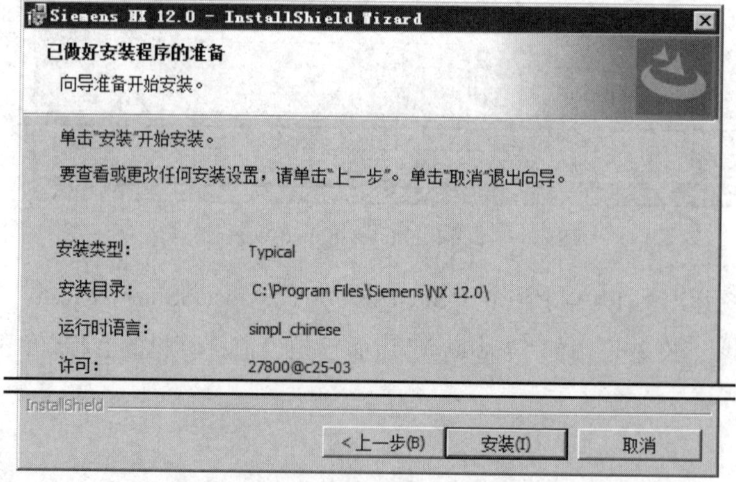


图 1.3.16 “Siemens NX 12.0 InstallShield Wizard”对话框（六）

Step9. 完成主体安装。

（1）系统弹出图 1.3.17 所示的“Siemens NX 12.0 InstallShield Wizard”对话框（七），并显示安装进度。

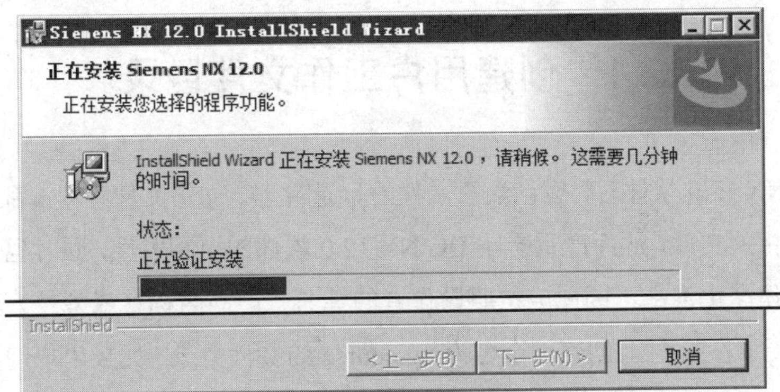


图 1.3.17　“Siemens NX 12.0 InstallShield Wizard”对话框（七）

（2）等待片刻后，在图 1.3.18 所示的“Siemens NX 12.0 InstallShield Wizard”对话框（八）中单击 完成(F) 按钮，完成安装。

图 1.3.18　“Siemens NX 12.0 InstallShield Wizard”对话框（八）

（3）在“NX 12 Software Installation”对话框中单击 Exit 按钮，退出 UG NX 12.0 的安装程序。

**说明：**

为了回馈广大读者对本书的支持，除光盘中的视频讲解之外，我们将免费为您提供更多的 UG 学习视频，读者可以扫描二维码直达视频讲解页面，登录兆迪科技网站免费学习。

**学习拓展：**可以免费学习更多视频讲解。

**讲解内容：**主要包含软件安装，基本操作，二维草图，常用建模命令，零件设计案例等基础内容的讲解。内容安排循序渐进，清晰易懂，讲解非常详细，对每一个操作都做了深入的介绍和清楚的演示，十分适合没有软件基础的读者。

# 第 2 章　UG NX 12.0 界面与基本设置

## 2.1　创建用户工作文件目录

使用 UG NX 12.0 软件时，应该注意文件的目录管理。如果文件管理混乱，会造成系统找不到正确的相关文件，从而严重影响 UG NX 12.0 软件的全相关性，同时也会使文件的保存、删除等操作产生混乱，因此应按照操作者的姓名、产品名称（或型号）建立用户文件目录，如本书要求在 E 盘上创建一个名为 ug-course 的文件目录（如果用户的计算机上没有 E 盘，在 C 盘或 D 盘上创建也可）。

## 2.2　启动 UG NX 12.0 软件

一般来说，有两种方法可启动并进入 UG NX 12.0 软件环境。

**方法一**：双击 Windows 桌面上的 UG NX 12.0 软件的快捷图标。

**说明**：如果软件安装完毕后，桌面上没有 UG NX 12.0 软件快捷图标，请参考采用下面介绍的方法二启动软件。

**方法二**：从 Windows 系统“开始”菜单进入 UG NX 12.0，操作方法如下。

Step1. 单击 Windows 桌面左下角的 开始 按钮。

Step2. 选择 所有程序 → Siemens NX 12.0 → NX 12.0 命令，进入 UG NX 12.0 软件环境。

## 2.3　UG NX 12.0 工作界面

### 2.3.1　用户界面主题

启动软件后，一般情况下系统默认显示的是图 2.3.1 所示的“浅色（推荐）”界面主题，由于在该界面主题下软件中的部分字体显示较小，显示得不够清晰，因此本书的写作界面将采用“经典，使用系统字体”界面主题，读者可以按照以下方法设置界面主题。

Step1. 单击软件界面左上角的 文件(F) 按钮。

Step2. 选择 首选项(P) → 用户界面(I)... 命令，系统弹出图 2.3.2 所示的“用户界面首选项”对话框。

Step3. 在“用户界面首选项”对话框中单击主题选项组，在右侧 类型 下拉列表中选择经典，使用系统字体选项。

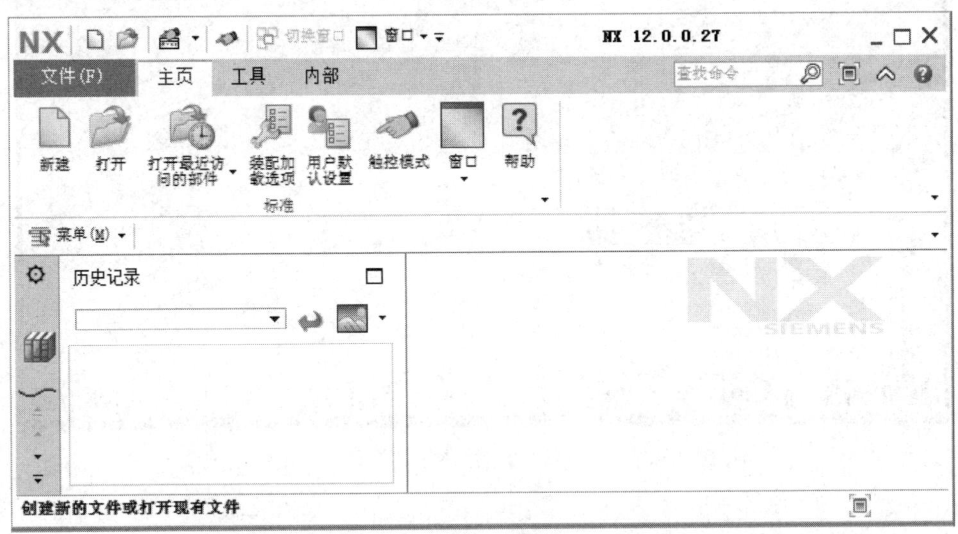


图 2.3.1 “浅色（推荐）”界面主题

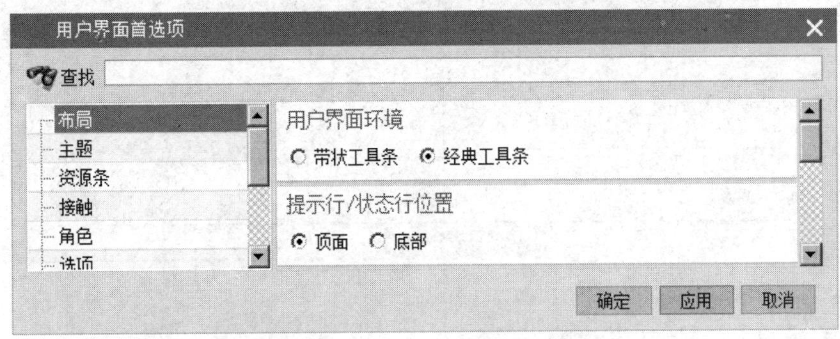


图 2.3.2 “用户界面首选项”对话框

Step4. 在“用户界面首选项”对话框中单击 确定 按钮，完成界面设置，如图 2.3.3 所示。

说明：如果要在“经典”界面中修改用户界面，可以选择首选项(P) → 用户界面(I)... 命令，即可在“用户界面首选项”对话框中进行设置。

## 2.3.2 用户界面简介

在学习本节时，请先打开文件 D:\ug12pd\work\ch02\down_base.prt。

UG NX 12.0 的“经典，使用系统字体”用户界面包括标题栏、下拉菜单区、快速访问工具条、功能区、消息区、图形区、部件导航器区及资源工具条，如图 2.3.4 所示。

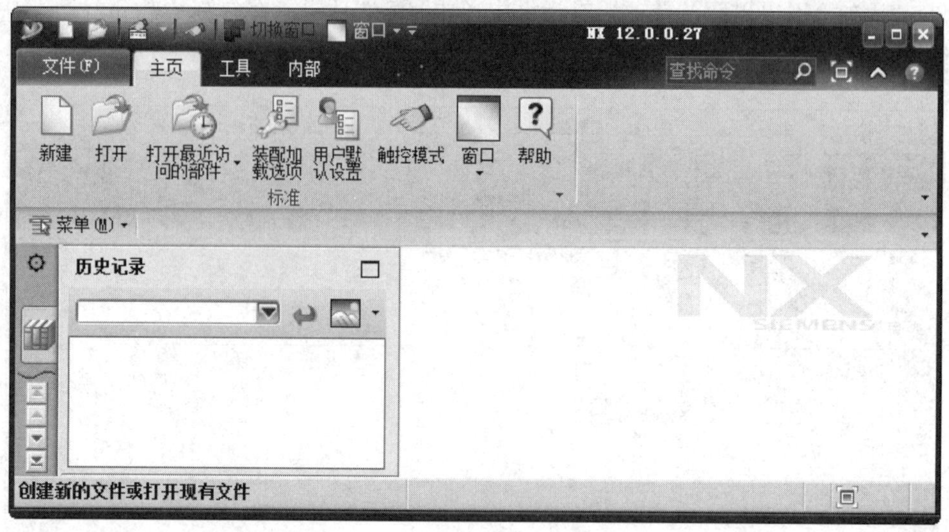


图 2.3.3 “经典，使用系统字体”界面主题

下拉菜单区
快速访问工具条
部件导航器区
标题栏
功能区
上边框条
资源工具条
图形区
消息区
“全屏”按钮

图 2.3.4 UG NX 12.0 中文版界面

## 1. 功能区

功能区中包含“文件”下拉菜单和命令选项卡。命令选项卡显示了 UG 中的所有功能

按钮，并以选项卡的形式进行分类。用户可以根据需要自己定义各功能选项卡中的按钮，也可以自己创建新的选项卡，将常用的命令按钮放在自定义的功能选项卡中。

**注意**：用户会看到有些菜单命令和按钮处于非激活状态（呈灰色，即暗色），这是因为它们目前还没有处在发挥功能的环境中，一旦它们进入有关的环境，便会自动激活。

### 2．下拉菜单区

下拉菜单中包含创建、保存、修改模型和设置 UG NX 12.0 环境的所有命令。

### 3．资源工具条

资源工具条包括“装配导航器”“约束导航器”“部件导航器”“重用库”“视图管理器导航器”和“历史记录”等导航工具。用户通过该工具条可以方便地进行一些操作。对于每一种导航器，都可以直接在其相应的项目上右击，快速地进行各种操作。

资源工具条主要选项的功能说明如下。

- “装配导航器”显示装配的层次关系。
- “约束导航器”显示装配的约束关系。
- “部件导航器”显示建模的先后顺序和父子关系。父对象（活动零件或组件）显示在模型树的顶部，其子对象（零件或特征）位于父对象之下。在“部件导航器”中右击，从弹出的快捷菜单中选择时间戳记顺序命令，则按“模型历史”显示。“模型历史树”中列出了活动文件中的所有零件及特征，并按建模的先后顺序显示模型结构。若打开多个 UG NX 12.0 模型，则“部件导航器”只反映活动模型的内容。
- “重用库”中可以直接从库中调用标准零件。
- “历史记录”中可以显示曾经打开过的部件。

### 4．图形区

图形区是 UG NX 12.0 用户主要的工作区域，建模的主要过程、绘制前后的零件图形、分析结果和模拟仿真过程等都在这个区域内显示。用户可以直接在图形区中选取相关对象进行操作。

同时还可以选择多种视图操作方式。

**方法一**：右击图形区，弹出快捷菜单，如图 2.3.5 所示。

**方法二**：在图形区中按住右键，弹出挤出式菜单，如图 2.3.6 所示。

### 5．消息区

执行有关操作时，与该操作有关的系统提示信息会显示在消息区。消息区中间有一个可见的边线，左侧是提示栏，用来提示用户如何操作；右侧是状态栏，用来显示系统或图形当前的状态，例如显示选取结果信息等。执行每个操作时，系统都会在提示栏中显示用户必须执行的操作，或者提示下一步操作。对于大多数的命令，用户都可以利用提示栏的提示来完成操作。

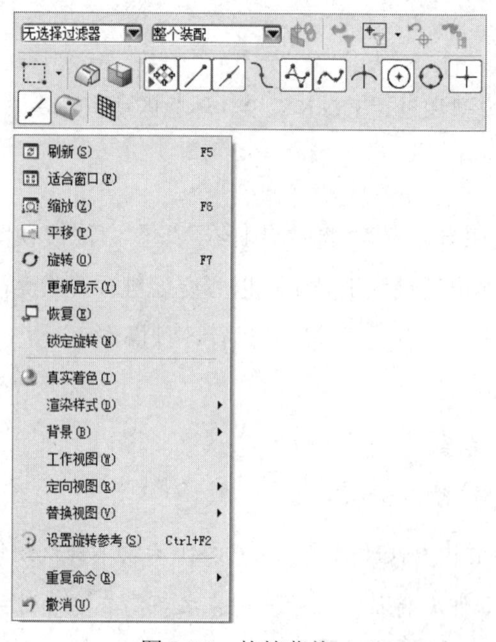


图 2.3.5　快捷菜单

图 2.3.6　挤出式菜单

### 6. “全屏”按钮

在 UG NX 12.0 中单击“全屏”按钮，允许用户将可用图形窗口最大化。在最大化窗口模式下再次单击“全屏”按钮，即可切换到普通模式。

## 2.3.3　选项卡及菜单的定制

进入 UG NX 12.0 系统后，在建模环境下选择下拉菜单 工具(T) → 定制(Z)... 命令，系统弹出“定制”对话框（图 2.3.7），可对用户界面进行定制。

### 1. 在下拉菜单中定制（添加）命令

在图 2.3.7 所示的“定制”对话框中单击 命令 选项卡，即可打开定制命令的选项卡。通过此选项卡可改变下拉菜单的布局，可以将各类命令添加到下拉菜单中。下面以下拉菜单 插入(S) → 基准/点(D) ▸ → 平面(L)... 命令为例说明定制过程。

Step1. 在图 2.3.7 中的 类别: 列表框中选择按钮的种类 菜单 节点下的 插入(S)，在下拉列表中出现该种类的所有按钮。

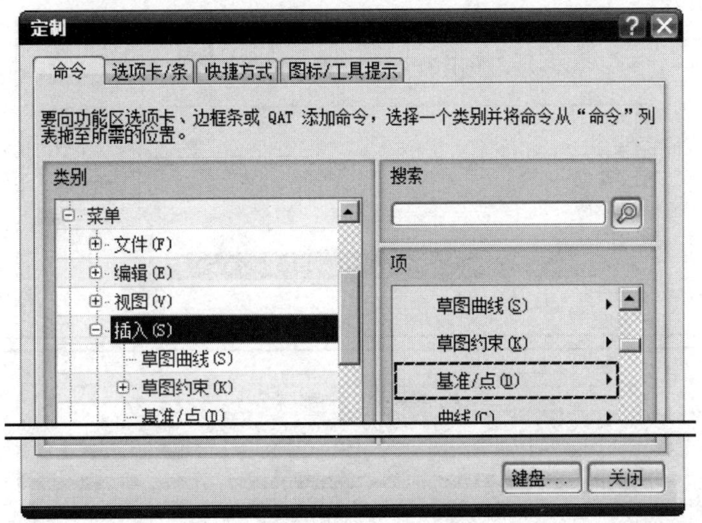


图 2.3.7 “命令”选项卡

Step2. 右击 基准/点(D) 选项，在系统弹出的快捷菜单中选择 添加或移除按钮 → 平面(L)... 命令，如图 2.3.8 所示。

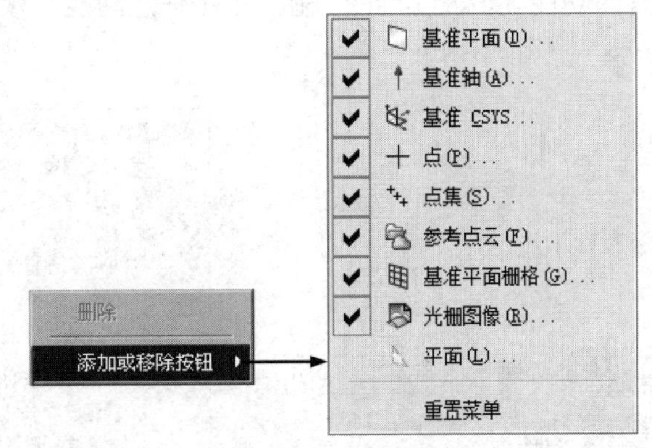


图 2.3.8 快捷菜单

Step3. 单击 关闭 按钮，完成设置。

Step4. 选择下拉菜单 插入(S) → 基准/点(D) 命令，可以看到 平面(L)... 命令已被添加。

**说明：**“定制”对话框弹出后，可将下拉菜单中的命令添加到功能区中成为按钮，方法是单击下拉菜单中的某个命令，并按住鼠标左键不放，将鼠标指针拖到屏幕的功能区中。

### 2. 选项卡设置

在图 2.3.9 所示的“定制”对话框中单击 选项卡/条 选项卡，即可打开选项卡定制界面。通过此选项卡可改变选项卡的布局，可以将各类选项卡放在屏幕的功能区。下面以图 2.3.9 所示的 ☑逆向工程 复选框（进行逆向设计的选项卡）为例说明定制过程。

Step1. 选中 ☑逆向工程 复选框，此时可看到“逆向工程”选项卡出现在功能区。

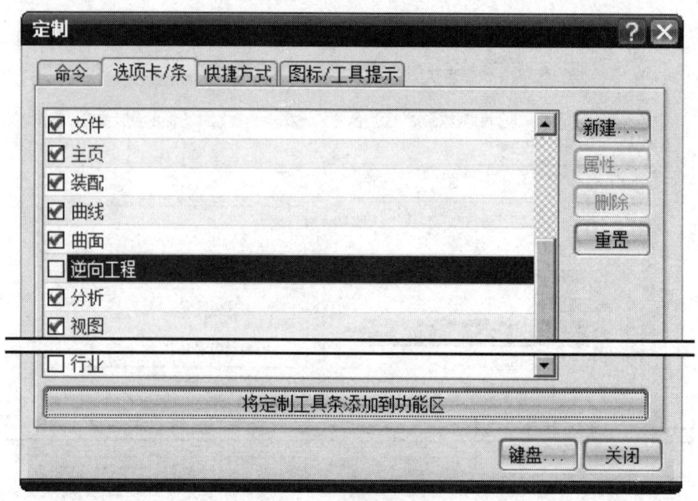


图 2.3.9 “选项卡/条”选项卡

Step2. 单击 关闭 按钮。

Step3. 添加选项卡命令按钮。单击选项卡右侧的 按钮（图 2.3.10），系统会显示出 逆向工程 选项卡中所有的功能区域及其命令按钮，单击任意功能区域或命令按钮都可以将其从选项卡中添加或移除。

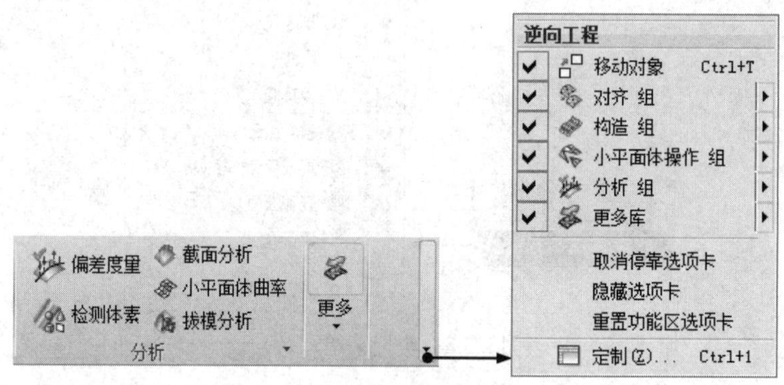


图 2.3.10 “选项卡”命令按钮

### 3. 快捷方式设置

在“定制”对话框中单击 快捷方式 选项卡，可以对快捷菜单和挤出式菜单中的命令及布局进行设置，如图 2.3.11 所示。

### 4. 图标和工具提示设置

在“定制”对话框中单击 图标/工具提示 选项卡，可以对菜单的显示、工具条图标大小，以及菜单图标大小进行设置，如图 2.3.12 所示。

工具提示是一个消息文本框，用于对鼠标指示的命令和选项进行提示。将鼠标放置在工具中的按钮，或者对话框中的某些选项上，就会出现工具提示，如图 2.3.13 所示。

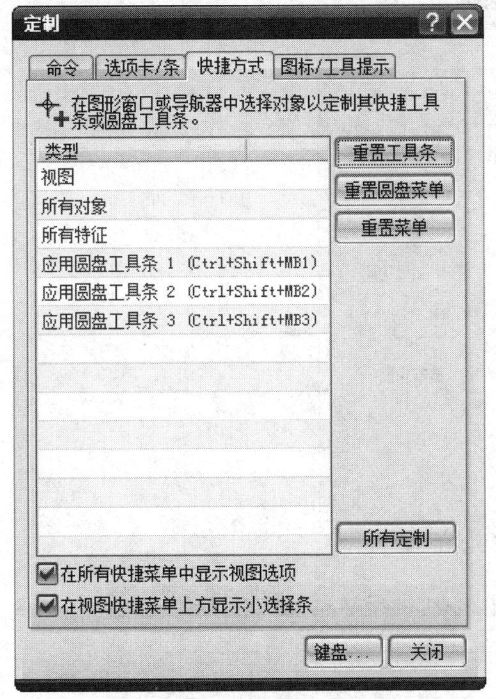


图 2.3.11　“快捷方式”选项卡

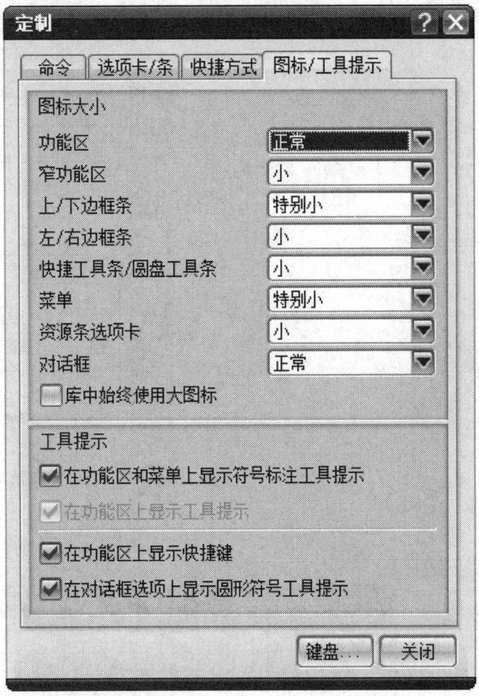

图 2.3.12　“图标/工具提示”选项卡

图 2.3.13　工具提示

## 2.3.4　角色设置

角色指的是一个专用的 UG NX 工作界面配置，不同角色中的界面主题、图标大小和菜单位置等设置可能都相同。根据不同使用者的需求，系统提供了几种常用的角色配置，如图 2.3.14 所示。本书中的所有案例都是在“CAM 高级功能”角色中制作的，建议读者在学习时使用该角色配置，设置方法如下。

在软件的资源条区单击 按钮，然后在 内容 区域中单击 CAM 高级功能（角色 CAM 高级功能）按钮即可。

读者也可以根据自己的使用习惯和爱好，自己进行界面配置后，将所有设置保存为一个角色文件，这样可以很方便地在本机或其他计算机上调用。自定义角色的操作步骤如下。

Step1. 根据自己的使用习惯和爱好对软件界面进行自定义设置。

Step2. 选择下拉菜单 首选项(P) → 用户界面(I)... 命令，系统弹出图 2.3.15 所示的“用户界面首选项”对话框，在对话框的左侧选择角色选项。

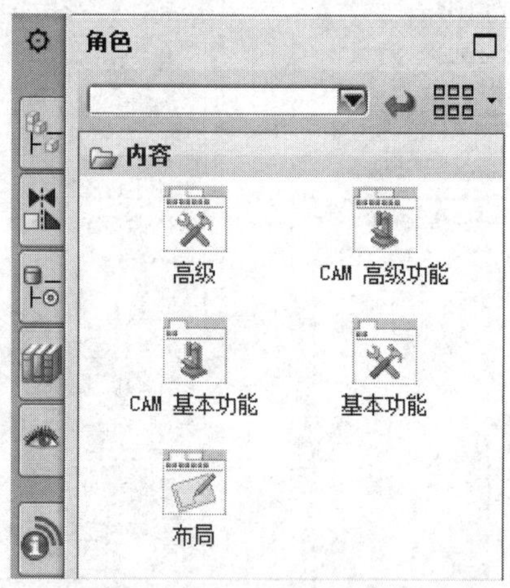


图 2.3.14　系统默认角色配置

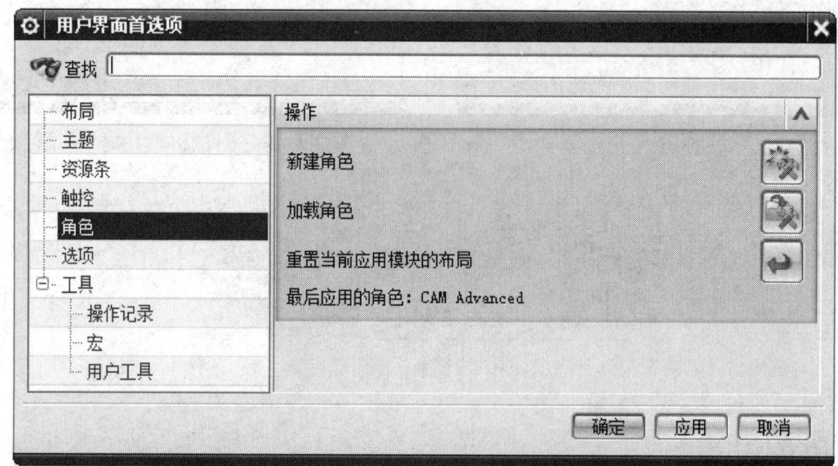


图 2.3.15　“用户界面首选项”对话框

Step3. 保存角色文件。在“用户界面首选项”对话框中单击“新建角色”按钮，系统弹出“新建角色文件”对话框，在文件名(N):区域中输入“myrole”，单击OK按钮完成角色文件的保存。

**说明**：如果要加载现有的角色文件，在“用户界面首选项”对话框中单击“加载角色”按钮，然后在“打开角色文件”对话框选择要加载的角色文件，再单击OK按钮即可。

## 2.4　鼠标的操作

用鼠标可以控制图形区中模型的显示状态。

- 滚动中键滚轮，可以缩放模型：向前滚，模型缩小；向后滚，模型变大。
- 按住中键，移动鼠标，可旋转模型。
- 先按住 Shift 键，然后按住中键，移动鼠标可移动模型。

**注意：**采用以上方法对模型进行缩放和移动操作时，只是改变模型的显示状态，而不能改变模型的真实大小和位置。

UG NX 12.0 中鼠标中键滚轮对模型的缩放操作可能与早期的版本相反，在早期的版本中是“向前滚，模型变小；向后滚，模型变大”，有读者可能已经习惯这种操作方式，如果要更改缩放模型的操作方式，可以采用以下方法。

Step1. 选择下拉菜单 文件(F) → 实用工具(U) → 用户默认设置(D)... 命令，系统弹出图 2.4.1 所示的“用户默认设置”对话框。

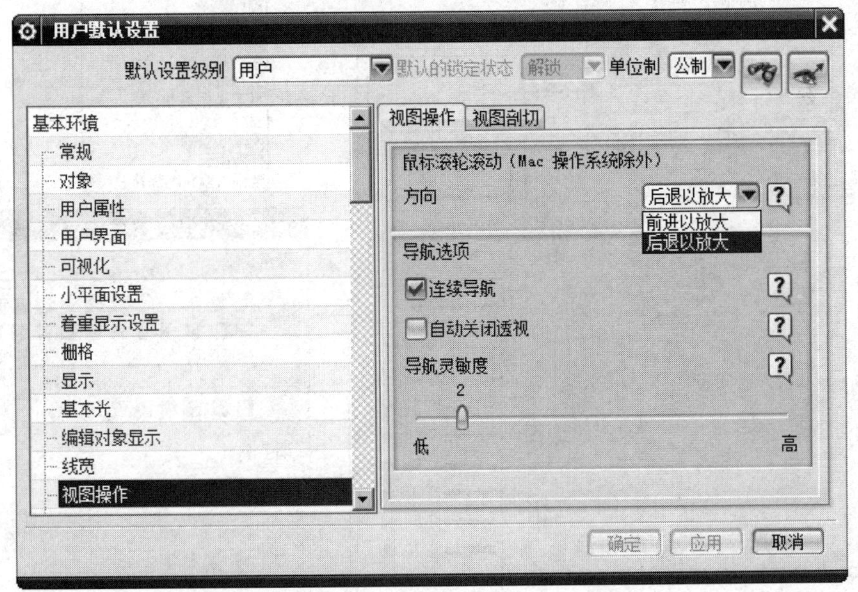


图 2.4.1 “用户默认设置”对话框

Step2. 在对话框左侧单击 基本环境 选项，然后单击 视图操作 选项，在对话框右侧 视图操作 选项卡 鼠标滚轮滚动 区域的 方向 下拉列表中选择 后退以放大 选项。

Step3. 单击 确定 按钮，重新启动软件，即可完成操作。

## 2.5 UG NX 12.0 软件的参数设置

在学习本节时，请先打开文件 D:\ug12pd\work\ch02\down_base.prt。

参数设置主要用于设置系统的一些控制参数，通过 首选项(P) 下拉菜单可以进行参数设置。下面介绍一些常用的设置。

注意：进入到不同的模块时，在预设置菜单上显示的命令有所不同，且每一个模块还有其相应的特殊设置。

## 2.5.1 “对象”首选项

选择下拉菜单 首选项(P) → 对象(O)... 命令，系统弹出“对象首选项”对话框，如图2.5.1所示。该对话框主要用于设置对象的属性，如颜色、线型和线宽等（新的设置只对以后创建的对象有效，对以前创建的对象无效）。

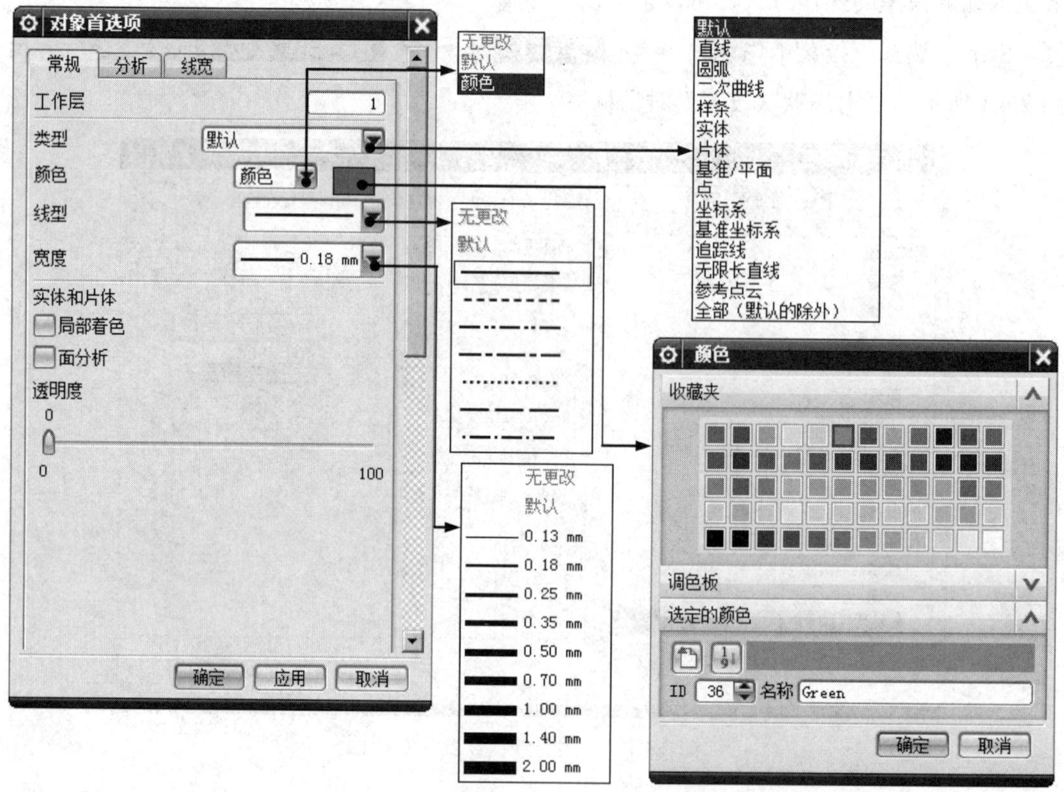


图 2.5.1 “对象首选项”对话框

图2.5.1所示的“对象首选项”对话框中包括 常规、分析 和 线宽 选项卡，分别说明如下。

➢ 常规 选项卡：

- 工作层 文本框：用于设置新对象的工作图层。当输入图层号后，以后创建的对象将存储在该图层中。
- 类型 下拉列表：用于选择需要设置的对象类型。
- 颜色 下拉列表：用于设置对象的颜色。
- 线型 下拉列表：用于设置对象的线型。
- 宽度 下拉列表：用于设置对象显示的线宽。

- 实体和片体选项区域：
  - ☑ 局部着色复选框：用于确定实体和片体是否局部着色。
  - ☑ 面分析复选框：用于确定是否在面上显示该面的分析效果。
- 透明度滑块：用来改变物体的透明状态。可以通过移动滑块来改变透明度。

分析选项卡：主要用于设置分析对象的颜色和线型。

线宽选项卡：主要用于设置细线、一般线和粗线的宽度。

## 2.5.2　“选择”首选项

选择下拉菜单首选项(P) → 选择(E)...命令，系统弹出“选择首选项”对话框(图 2.5.2)，该对话框主要用来设置光标预选对象后，选择球的大小、高亮显示的对象、尺寸链公差和矩形选取方式等。

图 2.5.2 所示的“选择首选项”对话框中主要选项的功能说明如下。

- 选择规则下拉列表：设置矩形框选择方式。
  - ☑ 内侧：用于选择矩形框内部的对象。
  - ☑ 外侧：用于选择矩形框外部的对象。
  - ☑ 交叉：用于选择与矩形框相交的对象。
  - ☑ 内侧/交叉：用于选择矩形框内部和相交的对象。
  - ☑ 外侧/交叉：用于选择矩形框外部和相交的对象。
- ☑ 高亮显示滚动选择复选框：用于设置预选对象是否高亮显示。当选择该复选框，选择球接触到对象时，系统会以高亮的方式显示，以提示可供选取。复选框下方的滚动延迟滑块用于设置预选对象时，高亮显示延迟的时间。
- ☑ 延迟时快速拾取复选框：用于设置确认选择对象的有关参数。选择该复选框，在选择多个可能的对象时，系统会自动判断。复选框

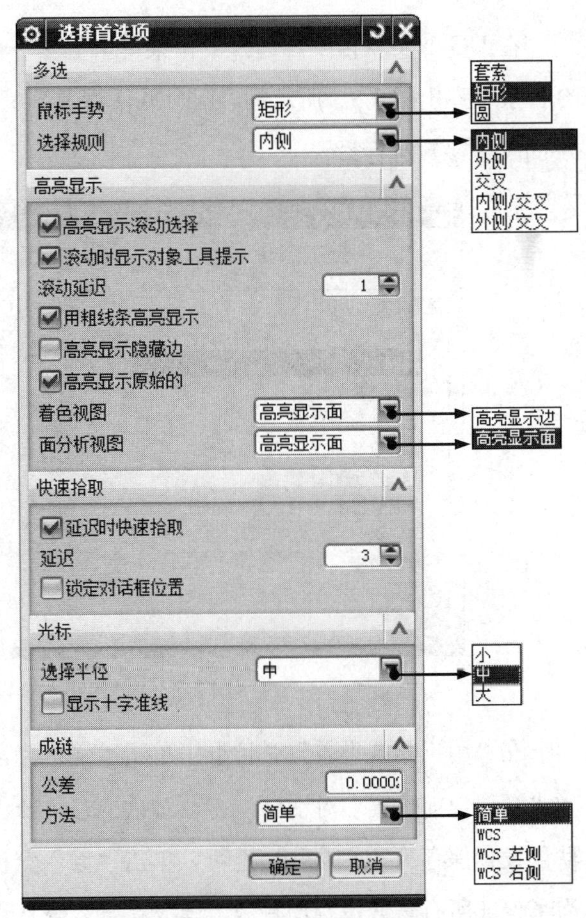

图 2.5.2　“选择首选项”对话框

下方的延迟滑块用来设置出现确认光标的时间。

- 选择半径下拉列表：用于设置选择球的半径大小，包括小、中和大三种半径方式。
- 公差文本框：用于设置链接曲线时，彼此相邻的曲线端点间允许的最大间隙。尺寸链公差值越小，选取就越精确；公差值越大，就越不精确。
- 方法下拉列表：设置自动链接所采用的方式。
  - ☑ 简单：用于选择彼此首尾相连的曲线串。
  - ☑ WCS：用于在当前 X-Y 坐标平面上选择彼此首尾相连的曲线串。
  - ☑ WCS,左侧：用于在当前 X-Y 坐标平面上，从链接开始点至结束点沿左侧路线选择彼此首尾相连的曲线链。
  - ☑ WCS 右侧：用于在当前 X-Y 坐标平面上，从链接开始点至结束点沿右侧路线选择彼此首尾相连的曲线链。

## 2.5.3 “用户默认”设置

在 UG NX 软件中，选择下拉菜单 文件(F) → 实用工具(U) → 用户默认设置(D)... 命令，系统弹出图 2.5.3 所示的“用户默认设置”对话框，在该对话框中可以对软件中所有模块的默认参数进行设置。

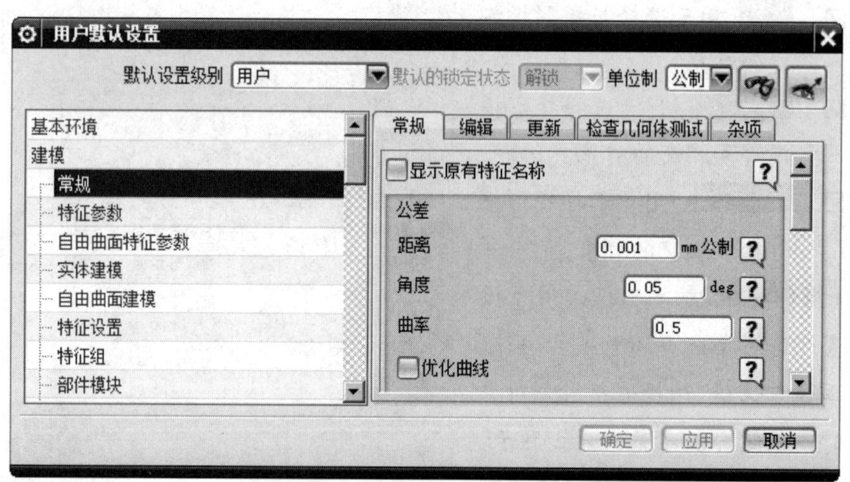


图 2.5.3 “用户默认设置”对话框

在“用户默认设置”对话框中单击“管理当前设置”按钮，系统弹出图 2.5.4 所示的“管理当前设置”对话框，在该对话框中单击“导出默认设置”按钮，可以将修改的默认设置保存为 dpv 文件；也可以单击“导入默认设置”按钮，导入现有的设置文件。为了保证所有默认设置均有效，建议在导入默认设置后重新启动软件。

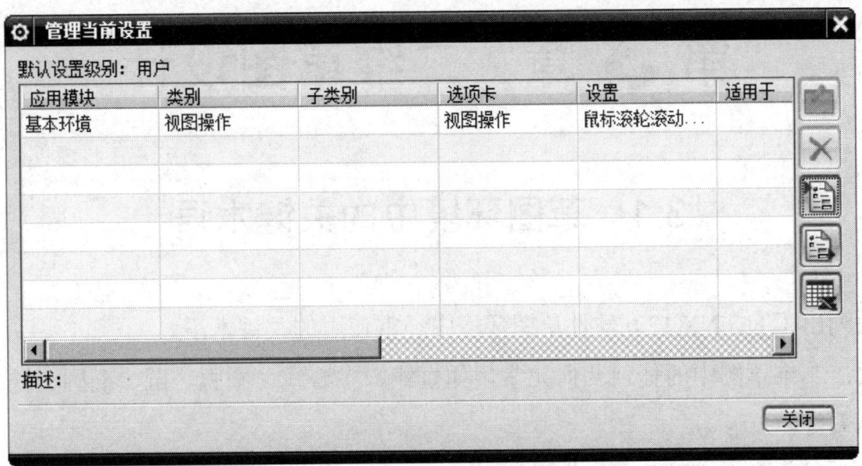


图 2.5.4 “管理当前设置”对话框

**注意：**

为了获得更好的学习效果，建议读者采用以下方法进行学习。

**方法一：**使用台式机或者笔记本电脑登录兆迪科技网校，开启高清视频模式学习。

**方法二：**下载兆迪网校 APP 并缓存课程视频至手机，可以免流量观看。

具体操作请打开兆迪网校帮助页面 http://www.zalldy.com/page/bangzhu 查看（手机可以扫描右侧二维码打开），或者在兆迪网校咨询窗口联系在线老师，也可以直接拨打技术支持电话 010-82176248，010-82176249。

# 第 3 章 二维草图设计

## 3.1 草图环境中的关键术语

下面列出了 UG NX 12.0 软件草图环境中经常使用的关键术语。

对象：二维草图中的任何几何元素，如直线、中心线、圆弧、圆、椭圆、样条曲线、点或坐标系等。

尺寸：对象大小或对象之间位置的量度。

约束：用于定义对象几何关系或对象间的位置关系。约束定义后，单击“显示草图约束”按钮，其约束符号会出现在被约束的对象旁边。例如，在约束两条直线垂直后，再单击“显示草图约束”按钮，互相垂直的直线旁边将分别显示一个垂直约束符号。默认状态下，约束符号显示为蓝色。

参照：草图中的辅助元素。

过约束：两个或多个约束可能会产生矛盾或多余约束。出现这种情况，必须删除一个不需要的约束或尺寸以解决过约束。

## 3.2 进入与退出草图环境

### 1. 进入草图环境的操作方法

Step1. 打开 UG NX 12.0 后，选择下拉菜单 文件(F) → 新建(N)... 命令（或单击“新建”按钮），系统弹出“新建”对话框，在 模板 选项卡中选取模板类型为 模型，在 名称 文本框中输入文件名（如 modell.prt），在 文件夹 文本框中输入模型的保存目录，然后单击 确定 按钮，进入 UG NX 12.0 建模环境。

Step2. 选择下拉菜单 插入(S) → 在任务环境中绘制草图(V)... 命令，系统弹出“创建草图”对话框，选择“XY 平面”为草图平面，单击对话框中的 确定 按钮，系统进入草图环境。

### 2. 选择草图平面

进入草图工作环境后，在创建新草图之前，一个特别要注意的事项就是要为新草图选择草图平面，也就是要确定新草图在三维空间的放置位置。草图平面是草图所在的某个空间平面，它可以是基准平面，也可以是实体的某个表面。

“创建草图”对话框的作用就是用于选择草图平面，利用该对话框中的某个选项或按钮可以选择某个平面作为草图平面，然后单击 确定 按钮，“创建草图”对话框则关闭。

“创建草图”对话框的说明如下：

- 类型 区域中包括 在平面上 和 基于路径 两种选项。
    - ☑ 在平面上：选取该选项后，用户可以在绘图区选择任意平面为草图平面（此选项为系统默认选项）。
    - ☑ 基于路径：选取该选项后，系统在用户指定的曲线上建立一个与该曲线垂直的平面，作为草图平面。
    - ☑ 显示快捷方式：选择此项后，在平面上 和 基于路径 两个选项将以按钮形式显示。

**说明**：其他命令的下拉列表中也会有 显示快捷方式 选项，以后不再赘述。

- 草图坐标系 区域中包括“平面方法”下拉列表、“参考”下拉列表及“原点方法”下拉列表。
    - ☑ 自动判断：选取该选项后，用户可以选择基准面或者图形中现有的平面作为草图平面。
    - ☑ 新平面：选取该选项后，用户可以通过“平面对话框”按钮，创建一个基准平面作为草图平面。
- 参考 下拉列表用于定义参考平面与草图平面的位置关系。
    - ☑ 水平：选取该选项后，用户可定义参考平面与草图平面的位置关系为水平。
    - ☑ 竖直：选取该选项后，用户可定义参考平面与草图平面的位置关系为竖直。

### 3．退出草图环境的操作方法

草图绘制完成后，单击功能区中的“完成”按钮 完成，即可退出草图环境。

### 4．直接草图工具

在 UG NX 12.0 中，系统还提供了另一种草图创建的环境——直接草图，进入直接草图环境的具体操作步骤如下。

Step1. 新建模型文件，进入 UG NX 12.0 工作环境。

Step2. 选择下拉菜单 插入(S) → 草图(H)... 命令（或单击“直接草图”区域中的“草图”按钮），系统弹出“创建草图”对话框，选择“XY 平面”为草图平面，单击该对话框中的 确定 按钮，系统进入直接草图环境，此时可以使用功能区“直接草图”工具栏（图 3.2.1）绘制草图。

Step3. 单击工具栏中的“完成草图”按钮 完成草图，即可退出直接草图环境。

图 3.2.1 “直接草图”工具栏

说明：

- “直接草图”工具创建的草图，在部件导航器中同样会显示为一个独立的特征，也能作为特征的截面草图使用。此方法本质上与“任务环境中的草图”没有区别，只是实现方式较为“直接”。
- 单击“直接草图”工具栏中的“在草图任务环境中打开”按钮，系统即可进入“任务环境中的草图”环境。
- 在三维建模环境下，双击已绘制的草图也能进入直接草图环境。
- 为保证内容的一致性，本书中的草图均以“任务环境中的草图”来创建。

# 3.3 坐标系简介

UG NX 12.0 中有三种坐标系：绝对坐标系、工作坐标系和基准坐标系。在使用软件的过程中经常要用到坐标系，下面对这三种坐标系做简单的介绍。

### 1．绝对坐标系（ACS）

绝对坐标系是原点为（0,0,0）的坐标系，是唯一的、固定不变的，也不能修改和调整方位，绝对坐标系的原点不会显示在图形区中，但是在图形区的左下角会显示绝对坐标轴的方位。绝对坐标系可以作为创建点、基准坐标系以及其他操作的绝对位置参照。

### 2．工作坐标系（WCS）

要显示工作坐标系，单击上边框条右侧的按钮，在弹出的图 3.3.1 所示的“上边框条”工具条中选择 实用工具 组 → WCS 下拉菜单 → 显示 WCS 选项。工作坐标系包括坐标原点和坐标轴，如图 3.3.2 所示。它的轴通常是正交的（即相互间为直角），并且遵守右手定则。

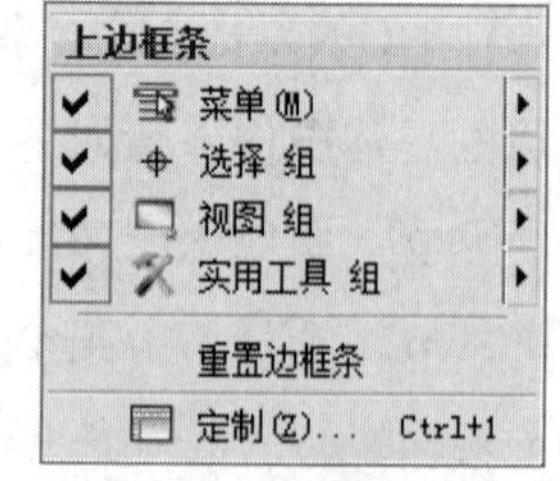


图 3.3.1 “上边框条”工具条

说明：

- 默认情况下，工作坐标系的初始位置与绝对坐标系一致，在 UG NX 的部件中，工作坐标系也是唯一的，但是它可以通过移动、旋转和定位原点等方式来调整方位，用户可以根据需要进行调整。

- 工作坐标系也可以作为创建点、基准坐标系以及其他操作的位置参照。在 UG NX 中的矢量列表中，XC、YC 和 ZC 等矢量就是以工作坐标系为参照来进行设定的。

### 3. 基准坐标系（CSYS）

基准坐标系由原点、三个基准轴和三个基准平面组成，如图 3.3.3 所示。新建一个部件文件后，系统会自动创建一个基准坐标系作为建模的参考，该坐标系的位置与绝对坐标系一致，因此，模型中最先创建的草图一般都是选择基准坐标系中的基准平面作为草图平面，其坐标轴也能作为约束和尺寸标注的参考。基准坐标系不是唯一的，我们可以根据建模的需要创建多个基本坐标系。

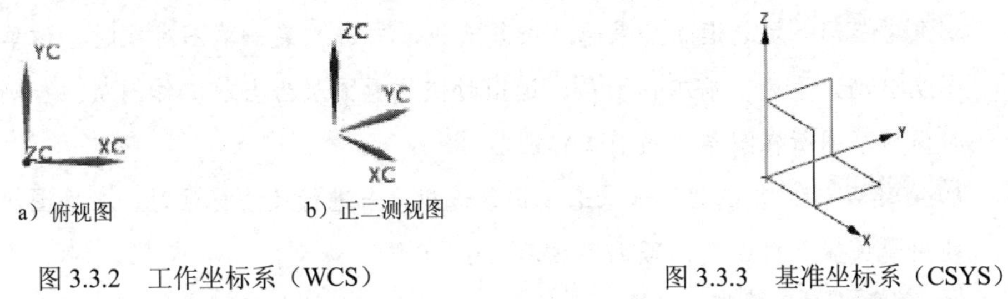


图 3.3.2　工作坐标系（WCS）

图 3.3.3　基准坐标系（CSYS）

可在 CSYS 中选择单个基准平面、基准轴或原点。可隐藏 CSYS 以及其单个组成部分。

### 4. 右手定则

- 常规的右手定则。

如果坐标系的原点在右手掌，拇指向上延伸的方向对应于某个坐标轴的方向，则可以利用常规的右手定则确定其他坐标轴的方向。例如，假设拇指指向 ZC 轴的正方向，食指伸直的方向对应于 XC 轴的正方向，中指向外延伸的方向则为 YC 轴的正方向。

- 旋转的右手定则。

旋转的右手定则用于将矢量和旋转方向关联起来。

当拇指伸直并且与给定的矢量对齐时，则弯曲的其他四指就能确定该矢量关联的旋转方向。反过来，当弯曲手指表示给定的旋转方向时，则伸直的拇指就确定关联的矢量。

例如，如果要确定当前坐标系的旋转逆时针方向，那么拇指就应该与 ZC 轴对齐，并指向其正方向，这时逆时针方向即为四指从 XC 轴正方向向 YC 轴正方向旋转。

## 3.4　草图环境的设置

进入草图环境后，选择下拉菜单 首选项(P) → 草图(S)... 命令，系统弹出“草图首选项”对话框，在该对话框中可以设置草图的显示参数和默认名称前缀等参数。

“草图首选项”对话框的草图设置选项卡的主要选项及其功能说明如下。

- 尺寸标签下拉列表：控制草图标注文本的显示方式。
- 文本高度文本框：控制草图尺寸数值的文本高度。在标注尺寸时，可以根据图形大小适当地在该文本框中输入数值来调整文本高度，以便于用户观察。

“草图首选项”对话框的会话设置选项卡的主要选项及其功能说明如下。

- 对齐角文本框：绘制直线时，如果起点与光标位置连线接近水平或垂直，捕捉功能会自动捕捉到水平或垂直位置。捕捉角是自动捕捉的最大角度，例如捕捉角为3，当起点与光标位置连线，与XC轴或YC轴夹角小于3时，会自动捕捉到水平或垂直位置。
- ☑ 保持图层状态复选框：如果选中该复选框，当进入某一草图对象时，该草图所在图层自动设置为当前工作图层，退出时恢复原图层为当前工作图层；否则，退出时保持草图所在图层为当前工作图层。
- ☑ 显示自由度箭头复选框：如果选中该复选框，当进行尺寸标注时，在草图曲线端点处用箭头显示自由度，否则不显示。
- ☑ 动态草图显示复选框：如果选中该复选框，当相关几何体很小时，则不会显示约束符号。
- ☑ 显示约束符号复选框：如果选中该选项，若相关几何体很小，则不会显示约束符号。如果要忽略相关几何体的尺寸查看约束，则可以关闭该选项。

“草图首选项”对话框中的部件设置选项卡包含曲线、尺寸和参考曲线等的颜色设置，这些设置和用户默认设置中的草图生成器的颜色相同。一般情况下，我们都采用系统默认的颜色设置。

## 3.5 草图环境中的下拉菜单

在UG NX 12.0的二维草图环境中，“插入”与“编辑”两个下拉菜单十分常用，这两个下拉菜单几乎包含了草图环境中的所有命令，下面对这两个下拉菜单进行简要的说明。

### 3.5.1 “插入”下拉菜单

插入(S)下拉菜单是草图环境中的主要菜单，它的功能主要包括草图的绘制、标注和添加约束等。

选择该下拉菜单，即可弹出其中的命令，其中绝大部分命令都以快捷按钮的方式出现在屏幕的工具条中。

### 3.5.2 “编辑”下拉菜单

“编辑”下拉菜单是草图环境中对草图进行编辑的菜单。选择该下拉菜单，即可弹出其中的选项，其中绝大部分选项都以快捷按钮方式出现在屏幕的工具条中。

## 3.6 草图的绘制

### 3.6.1 草图绘制概述

要绘制草图，应先从草图环境的工具条按钮区或插入(S) → 曲线(C)▸下拉菜单中选取一个绘图命令（由于工具条按钮简明而快捷，推荐优先使用），然后可通过在图形区选取点来创建对象。在绘制对象的过程中，当移动鼠标指针时，系统会自动确定可添加的约束并将其显示。绘制对象后，用户还可以对其继续添加约束。

在本节中主要介绍利用“草图工具”工具条来创建草图对象。

**草图环境中使用鼠标的说明：**

- 绘制草图时，可以在图形区单击以确定点，单击中键中止当前操作或退出当前命令。
- 当不处于草图绘制状态时，单击可选取多个对象；选择对象后，右击将弹出带有最常用草图命令的快捷菜单。
- 滚动鼠标中键，可以缩放模型（该功能对所有模块都适用）：向前滚，模型缩小；向后滚，模型变大。
- 按住鼠标中键，移动鼠标，可旋转模型（该功能对所有模块都适用）。
- 先按住 Shift 键，然后按住鼠标中键，移动鼠标可移动模型（该功能对所有模块都适用）。

### 3.6.2 草图工具按钮简介

进入草图环境后，在“主页”功能选项卡中会出现绘制草图时所需要的各种工具按钮，如图 3.6.1 所示。

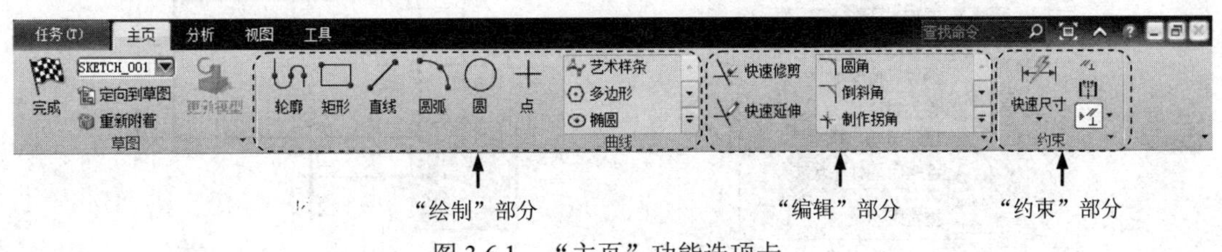


图 3.6.1 “主页”功能选项卡

图 3.6.1 所示的“主页”功能选项卡中“绘制”和“编辑”部分按钮的说明如下。

轮廓：单击该按钮，可以创建一系列相连的直线或线串模式的圆弧，即上一条曲线的终点作为下一条曲线的起点。

直线：绘制直线。

圆弧：绘制圆弧。

圆：绘制圆。

圆角：在两曲线间创建圆角。

倒斜角：在两曲线间创建倒斜角。

矩形：绘制矩形。

多边形：绘制多边形。

艺术样条：通过定义点或者极点来创建样条曲线。

拟合曲线：通过已经存在的点创建样条曲线。

椭圆：根据中心点和尺寸创建椭圆。

二次曲线：创建二次曲线。

点：绘制点。

偏置曲线：偏置位于草图平面上的曲线链。

派生直线：单击该按钮，则可以从已存在的直线复制得到新的直线。

投影曲线：单击该按钮，则可以沿着草图平面的法向将曲线、边或点（草图外部）投影到草图上。

快速修剪：单击该按钮，则可将一条曲线修剪至任一方向上最近的交点。如果曲线没有交点，可以将其删除。

快速延伸：快速延伸曲线到最近的边界。

制作拐角：延伸或修剪两条曲线到一个交点处创建制作拐角。

## 3.6.3 自动标注功能

在 UG NX 12.0 中绘制草图时，在 主页 功能选项卡 约束 区域中选中 ✔ 连续自动标注尺寸 选项（图 3.6.2），然后确认按钮处于按下状态，系统可自动给绘制的草图添加尺寸标注。如图 3.6.3 所示，在草图环境中任意绘制一个矩形，系统会自动添加矩形所需要的定形和定位尺寸，使矩形全约束。

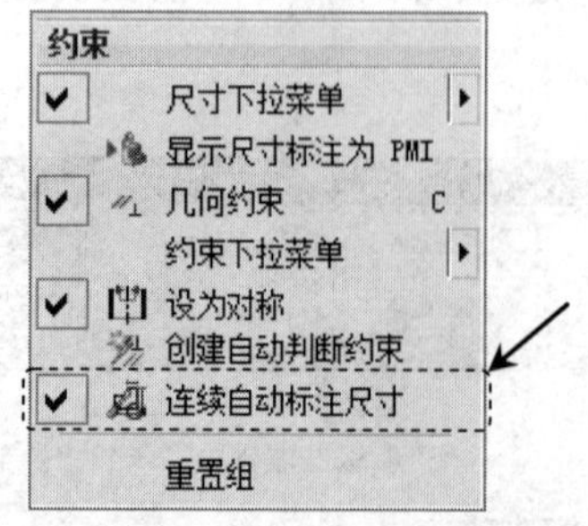


图 3.6.2 “连续自动标注尺寸”选项

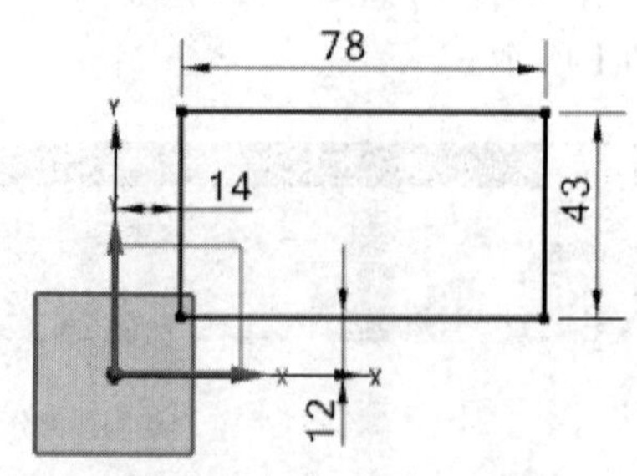


图 3.6.3 自动标注尺寸

**说明**：默认情况下 按钮是激活的，即绘制的草图系统会自动添加尺寸标注；单击该按钮，使其弹起（即取消激活），这时绘制的草图，系统就不会自动添加尺寸标注了。由于系统自动标注的尺寸比较凌乱，而且当草图比较复杂时，有些标注可能不符合标注要求，所以在绘制草图时，最好是不使用自动标注尺寸功能。本书中都没有采用自动标注。

## 3.6.4 绘制直线

Step1. 进入草图环境以后，选择 XY 平面为草图平面。

**说明**：进入草图工作环境以后，如果是创建新草图，则首先必须选取草图平面，也就是要确定新草图在空间的哪个平面上绘制。

Step2. 选择命令。选择下拉菜单 插入(S) → 曲线(C) → 直线(L)... 命令（或单击“直线”按钮），系统弹出图 3.6.4 所示的“直线”工具条。

Step3. 定义直线的起始点。在系统 选择直线的第一点 的提示下，在图形区中的任意位置单击左键，以确定直线的起始点，此时可看到一条“橡皮筋”线附着在鼠标指针上。

**说明**：系统提示 选择直线的第一点 显示在消息区，有关消息区的具体介绍请参见第 2 章的相关内容。

Step4. 定义直线的终止点。在系统 选择直线的第二点 的提示下，在图形区中的另一位置单击左键，以确定直线的终止点，系统便在两点间创建一条直线（在终点处再次单击，在直线的终点处出现另一条“橡皮筋”线）。

Step5. 单击中键，结束直线的创建。

**图 3.6.4 所示的“直线”工具条的说明如下。**

- XY（坐标模式）：单击该按钮（默认），系统弹出图 3.6.5 所示的动态输入框（一），可以通过输入 XC 和 YC 的坐标值来精确绘制直线，坐标值以工作坐标系（WCS）为参照。要在动态输入框的选项之间切换可按 Tab 键。要输入值，可在文本框内输入值，然后按 Enter 键。
- （参数模式）：单击该按钮，系统弹出图 3.6.6 所示的动态输入框（二），可以通过输入长度值和角度值来绘制直线。

图 3.6.4 “直线”工具条

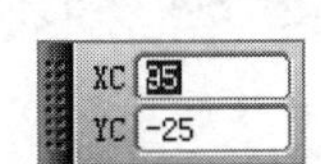


图 3.6.5 动态输入框（一）

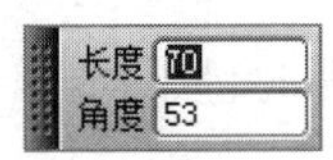


图 3.6.6 动态输入框（二）

**说明**：

- 可以利用动态输入框实现直线的精确绘制，其他曲线的精确绘制也一样。

- “橡皮筋”是指操作过程中的一条临时虚构线段，它始终是当前鼠标光标的中心点与前一个指定点的连线。因为它可以随着光标的移动而拉长或缩短，并可绕前一点转动，所以形象地称之为“橡皮筋”。
- 在绘制或编辑草图时，单击“快速访问工具栏”上的按钮，可撤销上一个操作；单击按钮（或者选择下拉菜单编辑(E) → 重做(R)命令），可以重新执行被撤销的操作。

## 3.6.5 绘制圆弧

选择下拉菜单插入(S) → 曲线(C) → 圆弧(A)...命令（或单击“圆弧”按钮），系统弹出图3.6.7所示的“圆弧”工具条，有以下2种绘制圆弧的方法。

图 3.6.7 “圆弧”工具条

**方法一**：通过三点的圆弧——确定圆弧的两个端点和弧上的一个附加点来创建一个三点圆弧。其一般操作步骤如下。

Step1. 选择方法。单击“三点定圆弧”按钮。

Step2. 定义端点。在系统选择圆弧的起点的提示下，在图形区中的任意位置单击左键，以确定圆弧的起点；在系统选择圆弧的终点的提示下，在另一位置单击，放置圆弧的终点。

Step3. 定义附加点。在系统在圆弧上选择一个点的提示下，移动鼠标，圆弧呈“橡皮筋”样变化，在图形区另一位置单击以确定圆弧。

Step4. 单击中键，结束圆弧的创建。

**方法二**：用中心和端点确定圆弧。其一般操作步骤如下。

Step1. 选择方法。单击“中心和端点定圆弧”按钮。

Step2. 定义圆心。在系统选择圆弧的中心点的提示下，在图形区中的任意位置单击，以确定圆弧中心点。

Step3. 定义圆弧的起点。在系统选择圆弧的起点的提示下，在图形区中的任意位置单击，以确定圆弧的起点。

Step4. 定义圆弧的终点。在系统选择圆弧的终点的提示下，在图形区中的任意位置单击，以确定圆弧的终点。

Step5. 单击中键，结束圆弧的创建。

## 3.6.6　绘制圆

选择下拉菜单插入(S) → 曲线(C)▸ → ○ 圆(C)... 命令（或单击“圆”按钮○），系统弹出图 3.6.8 所示的“圆”工具条，有以下 2 种绘制圆的方法。

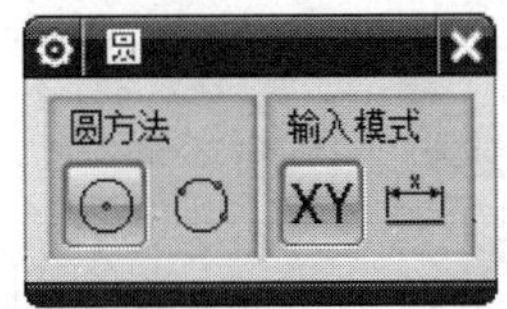


图 3.6.8　“圆”工具条

**方法一：**中心和半径决定的圆——通过选取中心点和圆上一点来创建圆。其一般操作步骤如下。

Step1. 选择方法。单击“圆心和直径定圆”按钮⊙。

Step2. 定义圆心。在系统选择圆的中心点的提示下，在某位置单击，放置圆的中心点。

Step3. 定义圆的半径。在系统在圆上选择一个点的提示下，拖动鼠标至另一位置，单击确定圆的大小。

Step4. 单击中键，结束圆的创建。

**方法二：**通过三点决定的圆——通过确定圆上的三个点来创建圆。

## 3.6.7　绘制圆角

选择下拉菜单插入(S) → 曲线(C)▸ → 圆角(F)... 命令（或单击“圆角”按钮），可以在指定两条或三条曲线之间创建一个圆角。系统弹出图 3.6.9 所示的“圆角”工具条。该工具条中包括四个按钮：“修剪”按钮、“取消修剪”按钮、“删除第三条曲线”按钮和“创建备选圆角”按钮。

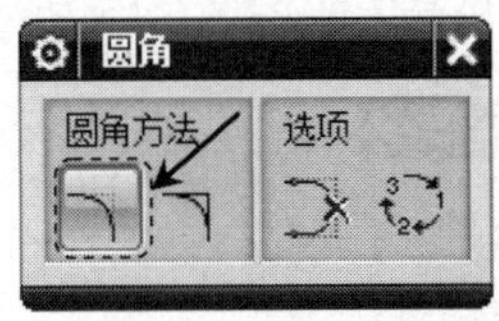


图 3.6.9　“圆角”工具条

创建圆角的一般操作步骤如下。

Step1. 打开文件 D:\ug12pd\work\ch03.06.07\round_corner.prt。

Step2. 双击草图，在直接草图下拉选项更多中单击在草图任务环境中打开按钮，选择下拉菜单插入(S) → 曲线(C)▸ → 圆角(F)... 命令。系统弹出“圆角”工具条，在工具条中单击“修剪”按钮。

Step3. 定义圆角曲线。单击选择图 3.6.10 所示的两条直线。

Step4. 定义圆角半径。拖动鼠标至适当位置，单击确定圆角的大小（或者在动态输入框中输入圆角半径值，以确定圆角的大小）。

Step5. 单击中键，结束圆角的创建。

**说明：**

- 如果单击“取消修剪”按钮，则绘制的圆角如图 3.6.11 所示。

图 3.6.10　选取直线　　图 3.6.11　“取消修剪”的圆角

- 如果单击“创建备选圆角”按钮，则可以生成每一种可能的圆角（或按 Page Down 键选择所需的圆角），如图 3.6.12 和图 3.6.13 所示。

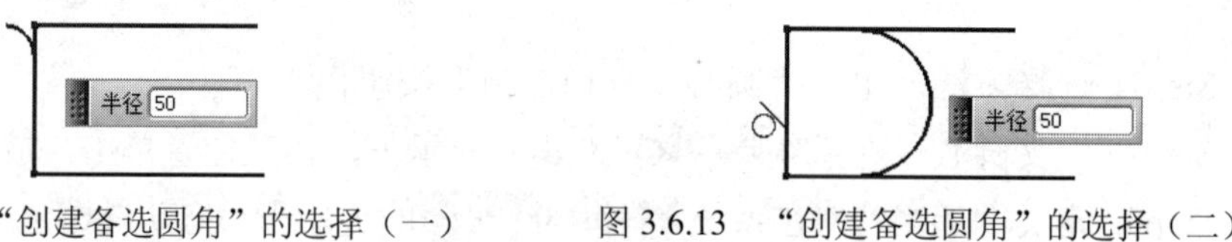


图 3.6.12　“创建备选圆角”的选择（一）　　图 3.6.13　“创建备选圆角”的选择（二）

## 3.6.8　绘制倒斜角

选择下拉菜单 插入(S) → 曲线(C) → 倒斜角(H)... 命令（或单击“倒斜角”按钮），可以在指定两条曲线之间创建一个斜角。

创建倒斜角的一般操作步骤如下。

Step1. 打开文件 D:\ ug12pd \work\ch03.06.08\chamfer.prt。

Step2. 双击草图，在 直接草图 下拉选项 更多 中单击 在草图任务环境中打开 按钮，选择下拉菜单 插入(S) → 曲线(C) → 倒斜角(H)... 命令。系统弹出图 3.6.14 所示的“倒斜角”对话框。

Step3. 选取要倒斜角的曲线。单击选取图 3.6.15 所示的两条直线。

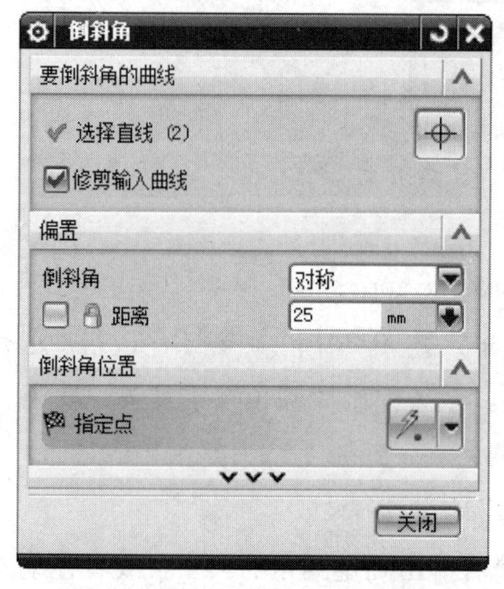


图 3.6.14　“倒斜角”对话框

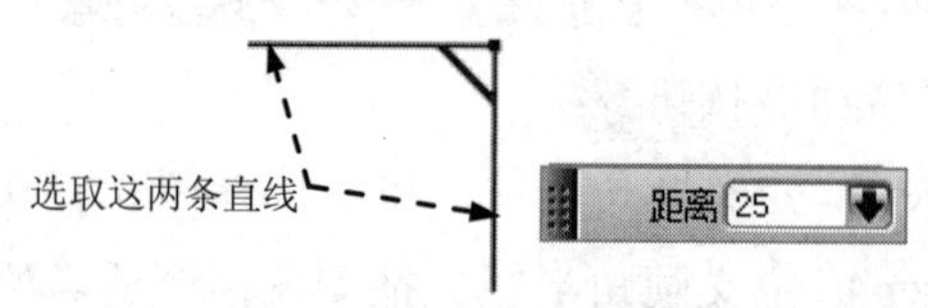


图 3.6.15　选取直线

Step4. 定义偏置类型。在对话框偏置区域的倒斜角下拉列表中选择对称选项。

Step5. 定义倒斜角尺寸。在对话框的距离文本框中输入倒斜角尺寸值为 25（或者在动态输入框中输入倒斜角尺寸值）。

Step6. 单击中键，结束倒斜角的创建。

**说明**：创建倒斜角包括三种类型。在“倒斜角”对话框偏置区域的倒斜角下拉列表中选择非对称选项，可以指定两个距离值来定义倒斜角大小（图 3.6.16a）；在倒斜角下拉列表中选择偏置和角度选项，可以指定一个角度值和一个偏距值来定义倒斜角大小（图 3.6.16b）。

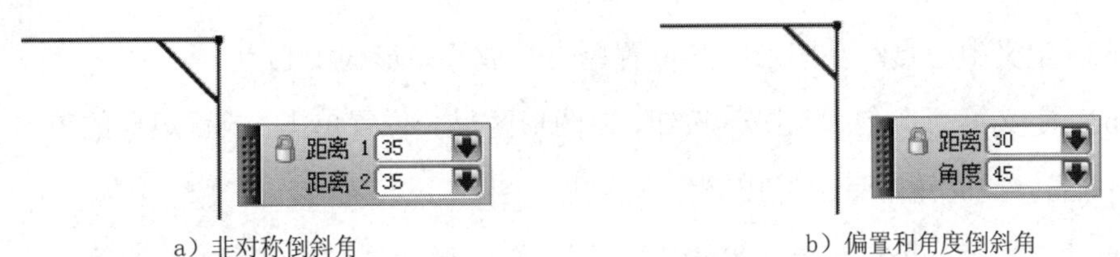


a）非对称倒斜角　　b）偏置和角度倒斜角

图 3.6.16　倒斜角类型

## 3.6.9　绘制矩形

选择下拉菜单插入(S) → 曲线(C) → 矩形(R)...命令（或单击“矩形”按钮），系统弹出图 3.6.17 所示的“矩形”工具条，可以在草图平面上绘制矩形。在绘制草图时，使用该命令可省去绘制四条线段的麻烦。共有 3 种绘制矩形的方法，下面将分别介绍。

**方法一**：按两点——通过选取两对角点来创建矩形，其一般操作步骤如下。

Step1. 选择方法。单击“用 2 点”按钮。

Step2. 定义第一个角点。在图形区某位置单击，放置矩形的第一个角点。

Step3. 定义第二个角点。单击XY按钮，再次在图形区另一位置单击，放置矩形的另一个角点。

Step4. 单击中键，结束矩形的创建，结果如图 3.6.18 所示。

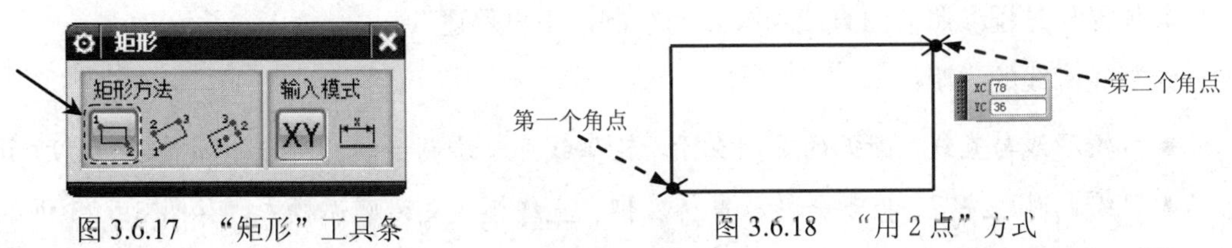


图 3.6.17　“矩形”工具条　　图 3.6.18　“用 2 点”方式

**方法二**：按三点——通过选取三个顶点来创建矩形，其一般操作步骤如下。

Step1. 选择方法。单击“用 3 点”按钮。

Step2. 定义第一个顶点。在图形区某位置单击，放置矩形的第一个顶点。

Step3. 定义第二个顶点。单击XY按钮，在图形区另一位置单击，放置矩形的第二个顶点（第一个顶点和第二个顶点之间的距离即矩形的宽度），此时矩形呈“橡皮筋”样变化。

Step4. 定义第三个顶点。单击XY按钮，再次在图形区单击，放置矩形的第三个顶点（第二个顶点和第三个顶点之间的距离即矩形的高度）。

Step5. 单击中键，结束矩形的创建，结果如图 3.6.19 所示。

**方法三**：从中心——通过选取中心点、一条边的中点和顶点来创建矩形，其一般操作步骤如下。

Step1. 选择方法。单击“从中心”按钮。

Step2. 定义中心点。在图形区某位置单击，放置矩形的中心点。

Step3. 定义第二个点。单击XY按钮，在图形区另一位置单击，放置矩形的第二个点（一条边的中点），此时矩形呈“橡皮筋”样变化。

Step4. 定义第三个点。单击XY按钮，再次在图形区单击，放置矩形的第三个点。

Step5. 单击中键，结束矩形的创建，结果如图 3.6.20 所示。

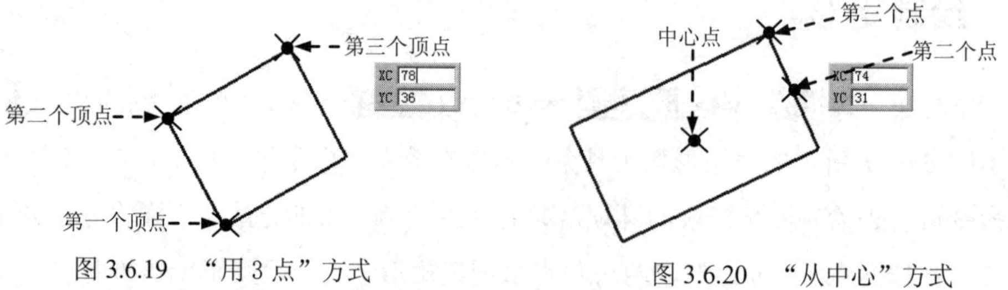


图 3.6.19 “用 3 点”方式　　图 3.6.20 “从中心”方式

## 3.6.10 绘制轮廓线

轮廓线包括直线和圆弧。

选择下拉菜单 插入(S) → 曲线(C) → 轮廓(O)... 命令（或单击按钮），系统弹出图 3.6.21 所示的“轮廓”工具条。

具体操作过程参照前面直线和圆弧的绘制，不再赘述。

**绘制轮廓线的说明**：

- 轮廓线与直线、圆弧的区别在于，轮廓线可以绘制连续的对象，如图 3.6.22 所示。
- 绘制时，按下、拖动并释放鼠标左键，直线模式变为圆弧模式，如图 3.6.23 所示。
- 利用动态输入框可以绘制精确的轮廓线。

图 3.6.21 “轮廓”工具条

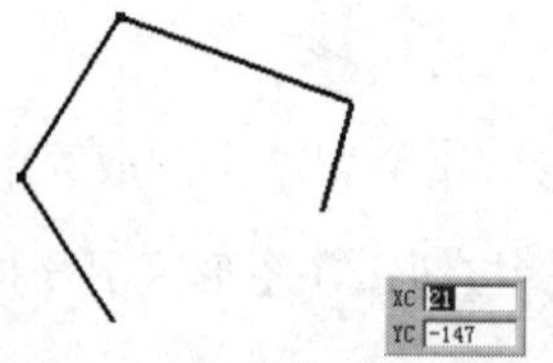


图 3.6.22 绘制连续的对象

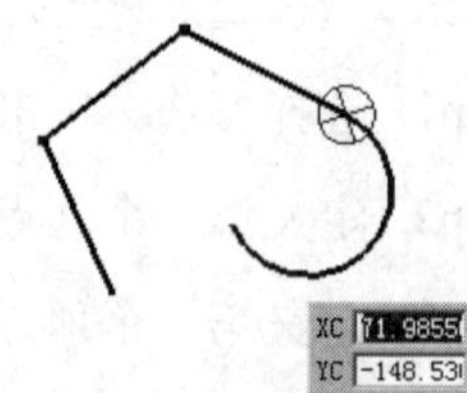


图 3.6.23 用“轮廓线”命令绘制弧

## 3.6.11　绘制派生直线

派生直线的绘制是将现有的参考直线偏置生成另外一条直线，或者通过选择两条参考直线，可以在此两条直线之间创建角平分线。

选择下拉菜单 插入(S) → 来自曲线集的曲线(F) → 派生直线(I)... 命令（或单击按钮），可绘制派生直线，其一般操作步骤如下。

Step1. 打开文件 D:\ug12pd\work\ch03.06\derive_line.prt。

Step2. 双击草图，在 直接草图 下拉选项 更多 中单击 在草图任务环境中打开 按钮，选择下拉菜单 插入(S) → 来自曲线集的曲线(F) → 派生直线(I)... 命令。

Step3. 定义参考直线。单击选取图 3.6.24 所示的直线为参考。

Step4. 定义派生直线的位置。拖动鼠标至另一位置单击，以确定派生直线的位置。

Step5. 单击中键，结束派生直线的创建，结果如图 3.6.24 所示。

**说明：**

- 如需要派生多条直线，可以在上述 Step4 中，在图形区合适的位置继续单击，然后单击中键完成，结果如图 3.6.25 所示。

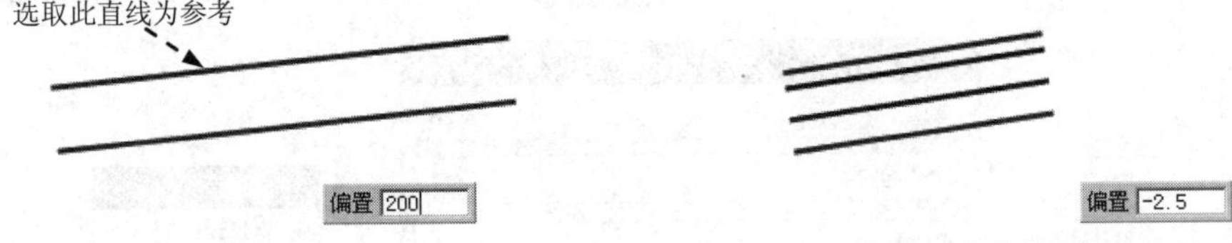


图 3.6.24　直线的派生（一）　　图 3.6.25　直线的派生（二）

- 如果选择两条平行线，系统会在这两条平行线的中点处创建一条直线。可以通过拖动鼠标以确定直线长度，也可以在动态输入框中输入值，如图 3.6.26 所示。
- 如果选择两条不平行的直线（不需要相交），系统将构造一条角平分线。可以通过拖动鼠标以确定直线长度（或在动态输入框中输入一个值），也可以在成角度两条直线的任意象限放置平分线，如图 3.6.27 所示。

图 3.6.26　派生两条平行线中间的直线　　图 3.6.27　派生角平分线

## 3.6.12　样条曲线

样条曲线是指利用给定的若干个点拟合出的多项式曲线，样条曲线采用的是近似的拟合方法，但可以很好地满足工程需求，因此得到了较为广泛的应用。下面通过创建图 3.6.28a

所示的曲线来说明创建艺术样条的一般过程。

图 3.6.28　艺术样条的创建

Step1. 选择命令。选择下拉菜单 插入(S) → 曲线(C) → 艺术样条(D)... 命令（或单击 按钮），系统弹出图 3.6.29 所示的"艺术样条"对话框。

**图 3.6.29 所示的"艺术样条"对话框中部分选项的说明如下。**

- 通过点（通过点）：创建的艺术样条曲线通过所选择的点。
- 根据极点（根据极点）：创建的艺术样条曲线由所选择点的极点方式来约束。

Step2. 定义曲线类型。在对话框的 类型 下拉列表中选择 通过点 选项，依次在图 3.6.28a 所示的各点位置单击，系统生成图 3.6.28a 所示的"通过点"方式创建的样条曲线。

**说明：**如果选择 根据极点 选项，依次在图 3.6.28b 所示的各点位置单击，系统则生成图 3.6.28b 所示的"根据极点"方式创建的样条曲线。

Step3. 在"艺术样条"对话框中单击 确定 按钮（或单击中键），完成样条曲线的创建。

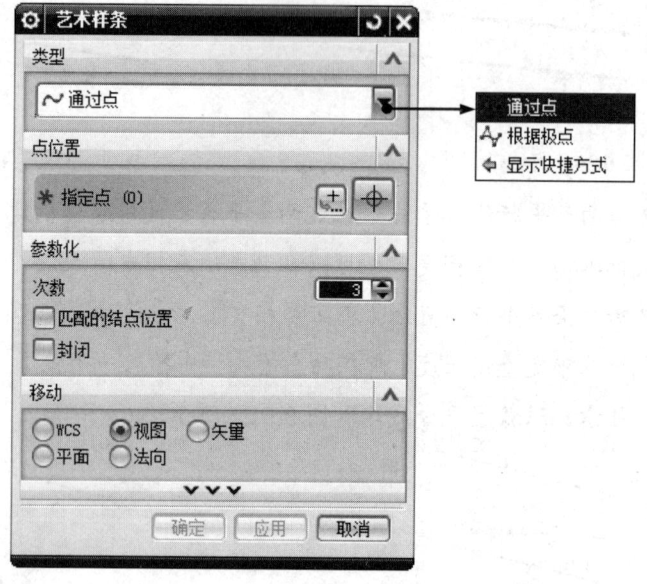

图 3.6.29　"艺术样条"对话框

## 3.6.13　点的绘制及"点"对话框

使用 UG NX 12.0 软件绘制草图时，经常需要构造点来定义草图平面上的某一位置。下面通过图 3.6.30 来说明点的构造过程。

Step1. 打开文件 D:\ug12pd\work\ch03.06\POINT.prt。

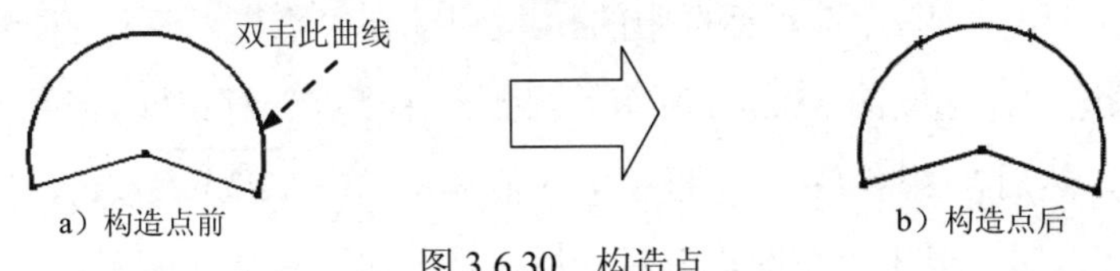

图 3.6.30　构造点

Step2. 进入草图环境。双击草图，在直接草图下拉选项更多中单击在草图任务环境中打开按钮，系统进入草图环境。

Step3. 选择命令。选择下拉菜单插入(S) → 基准/点(D) → 点(P)...命令（或单击按钮），系统弹出图 3.6.31 所示的“草图点”对话框。

图 3.6.31　“草图点”对话框

Step4. 选择构造点。在“草图点”对话框中单击“点对话框”按钮，系统弹出图 3.6.32 所示的“点”对话框，在“点”对话框的类型下拉列表中选择圆弧/椭圆上的角度选项。

Step5. 定义点的位置。根据系统选择圆弧或椭圆用作角度参考的提示，选取图 3.6.30a 所示的圆弧，在“点”对话框的角度文本框中输入数值 120。

Step6. 单击“点”对话框中的确定按钮，完成第一点的构造，结果如图 3.6.33 所示。

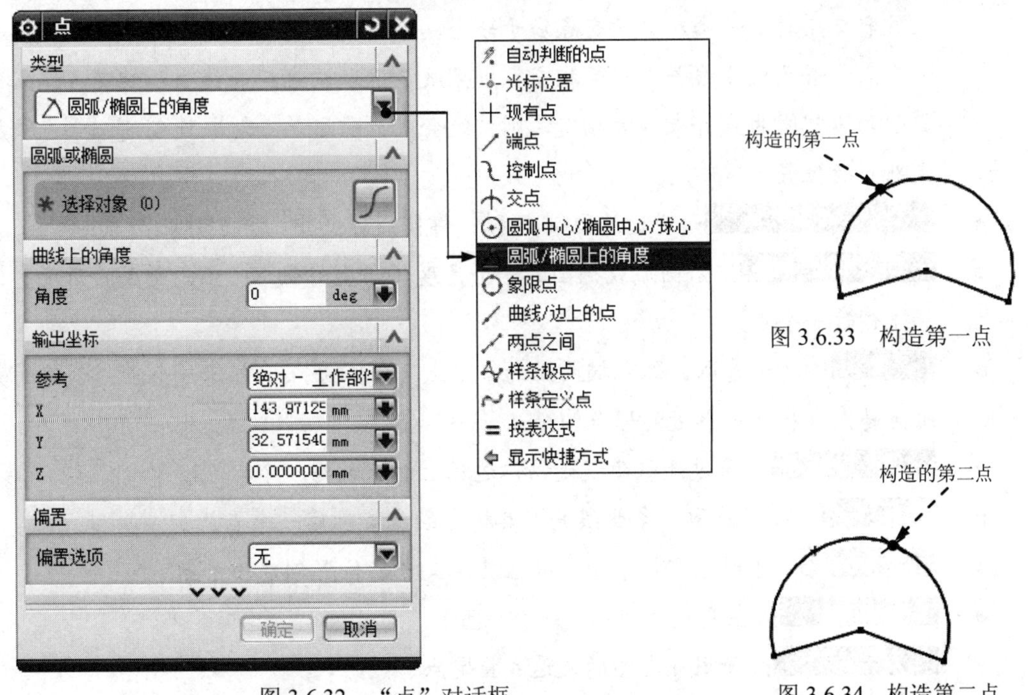

图 3.6.32　“点”对话框

图 3.6.33　构造第一点

图 3.6.34　构造第二点

Step7. 再次单击“草图点”对话框中的按钮，在“点”对话框的类型下拉列表中选择曲线/边上的点选项，选取图 3.6.30a 所示的圆弧，在“点”对话框的位置下拉列表中选择弧长百分比选项，然后在弧长百分比文本框中输入值 40，单击确定按钮，完成第二点的构造，单击关闭按钮，退出“草图点”对话框，结果如图 3.6.34 所示。

Step8. 选择下拉菜单任务(K) ➡ 完成草图(K)命令（或单击完成按钮），完成草图并退出草图环境。

图 3.6.32 所示的“点”对话框中的“类型”下拉列表各选项说明如下。

- 自动判断的点：根据鼠标光标的位置自动判断所选的点。它包括下面介绍的所有点的选择方式。
- 光标位置：将鼠标光标移至图形区某位置并单击，系统则在单击的位置处创建一个点。如果创建点是在一个草图中进行，则创建的点位于当前草图平面上。
- 现有点：在图形区选择已经存在的点。
- 端点：通过选取已存在曲线（如线段、圆弧、二次曲线及其他曲线）的端点创建一个点。在选取端点时，鼠标光标的位置对端点的选取有很大的影响，一般系统会选取曲线上离鼠标光标最近的端点。
- 控制点：通过选取曲线的控制点创建一个点。控制点与曲线类型有关，可以是存在点、线段的中点或端点，开口圆弧的端点、中点或中心点，二次曲线的端点和样条曲线的定义点或控制点。
- 交点：通过选取两条曲线的交点、一曲线和一曲面或一平面的交点创建一个点。在选取交点时，若两对象的交点多于一个，系统会在靠近第二个对象的交点创建一个点；若两段曲线并未实际相交，则系统会选取两者延长线上的相交点；若选取的两段空间曲线并未实际相交，则系统会在最靠近第一对象处创建一个点或规定新点的位置。
- 圆弧中心/椭圆中心/球心：通过选取圆/圆弧、椭圆或球的中心点创建一个点。
- 圆弧/椭圆上的角度：沿圆弧或椭圆的一个角度（与坐标轴 XC 正向所成的角度）位置上创建一个点。
- 象限点：通过选取圆弧或椭圆弧的象限点（即四分点）创建一个点。创建的象限点是离鼠标光标最近的那个四分点。
- 曲线/边上的点：通过选取曲线或物体边缘上的点创建一个点。
- 样条极点：通过选取样条曲线并在其极点的位置创建一个点。
- 样条定义点：通过选取样条曲线并在其定义点的位置创建一个点。
- 两点之间：在两点之间指定一个位置。
- 按表达式：使用点类型的表达式指定点。

# 3.7　草图的编辑

UG NX 12.0 提供了对象操纵功能，可方便地旋转、拉伸和移动对象。

## 3.7.1　直线的操纵

操纵 1 的操作流程（图 3.7.1）：在图形区，把鼠标指针移到直线端点上，按下左键不放，同时移动鼠标，此时直线以远离鼠标指针的那个端点为圆心转动，达到绘制意图后，松开鼠标左键。

操纵 2 的操作流程（图 3.7.2）：在图形区，把鼠标指针移到直线上，按下左键不放，同时移动鼠标，此时会看到直线随着鼠标移动，达到绘制意图后，松开鼠标左键。

图 3.7.1　操纵 1：直线的转动和拉伸

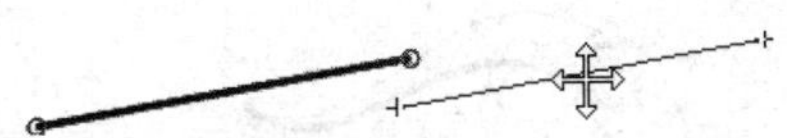

图 3.7.2　操纵 2：直线的移动

## 3.7.2　圆的操纵

操纵 1 的操作流程（图 3.7.3）：把鼠标指针移到圆的边线上，按下左键不放，同时移动鼠标，此时会看到圆在变大或缩小，达到绘制意图后，松开鼠标左键。

操纵 2 的操作流程（图 3.7.4）：把鼠标指针移到圆心上，按下左键不放，同时移动鼠标，此时会看到圆随着指针一起移动，达到绘制意图后，松开鼠标左键。

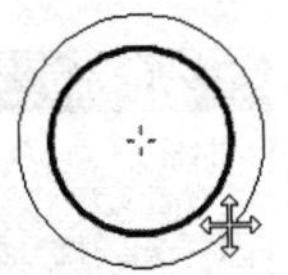

图 3.7.3　操纵 1：圆的缩放

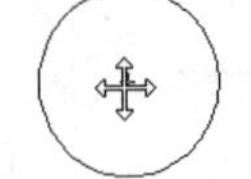

图 3.7.4　操纵 2：圆的移动

## 3.7.3　圆弧的操纵

操纵 1 的操作流程（图 3.7.5）：把鼠标指针移到圆弧上，按下左键不放，同时移动鼠标，此时会看到圆弧半径变大或变小，达到绘制意图后，松开鼠标左键。

操纵 2 的操作流程（图 3.7.6）：把鼠标指针移到圆弧的某个端点上，按下左键不放，同时移动鼠标，此时会看到圆弧以另一端点为固定点旋转，并且圆弧的包角也在变化，达到绘制意图后，松开鼠标左键。

操纵 3 的操作流程（图 3.7.7）：把鼠标指针移到圆心上，按下左键不放，同时移动鼠标，此时圆弧随着指针一起移动，达到绘制意图后，松开鼠标左键。

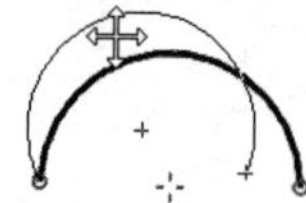

图 3.7.5　操纵 1：改变弧的半径

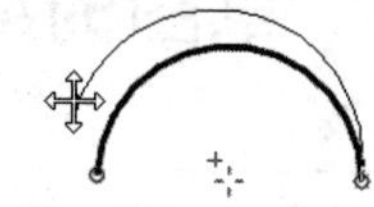

图 3.7.6　操纵 2：改变弧的位置

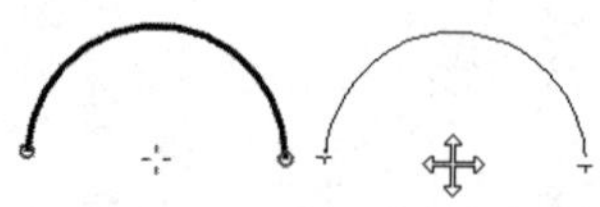

图 3.7.7　操纵 3：弧的移动

## 3.7.4　样条曲线的操纵

操纵 1 的操作流程（图 3.7.8）：把鼠标指针移到样条曲线的某个端点或定位点上，按下左键不放，同时移动鼠标，此时样条曲线拓扑形状（曲率）不断变化，达到绘制意图后，松开鼠标左键。

操纵 2 的操作流程（图 3.7.9）：把鼠标指针移到样条曲线上，按下左键不放，同时移动鼠标，此时样条曲线随着鼠标移动，达到绘制意图后，松开鼠标左键。

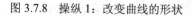

图 3.7.8　操纵 1：改变曲线的形状

图 3.7.9　操纵 2：曲线的移动

## 3.7.5　制作拐角

“制作拐角”命令是通过两条曲线延伸或修剪到公共交点来创建的拐角。此命令应用于直线、圆弧、开放式二次曲线和开放式样条等，其中开放式样条仅限修剪。

下面以图 3.7.10 所示的范例来说明创建“制作拐角”的一般操作步骤。

Step1. 选择命令。选择下拉菜单 编辑(E) → 曲线(V) → 制作拐角(M)... 命令（或单击“制作拐角”按钮），系统弹出图 3.7.11 所示的“制作拐角”对话框。

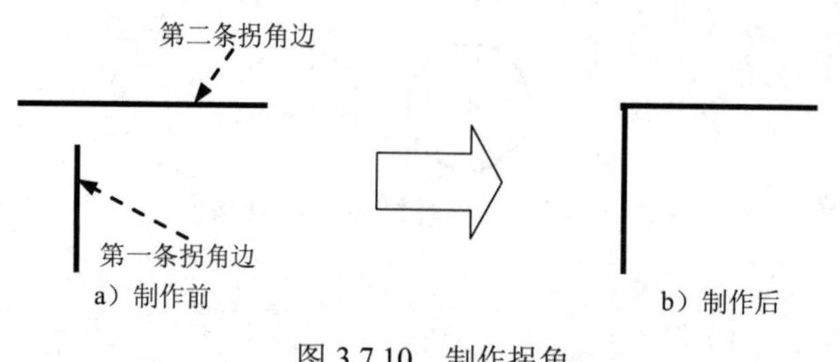


图 3.7.10　制作拐角

图 3.7.11　“制作拐角”对话框

Step2. 定义要制作拐角的两条曲线。单击选择图 3.7.10a 所示的两条直线。

Step3. 单击中键，完成制作拐角的创建。

## 3.7.6　删除对象

Step1. 在图形区单击或框选要删除的对象（框选时要框住整个对象），此时可看到选中的对象变成蓝色。

Step2. 按 Delete 键，所选对象即被删除。

**说明**：要删除所选的对象，还有下面 4 种方法。

- 在图形区单击鼠标右键，在弹出的快捷菜单中选择 删除(D) 命令。
- 选择 编辑(E) 下拉菜单中的 删除(D)... 命令。
- 单击“标准”工具条中的 按钮。
- 按 Ctrl + D 组合键。

**注意**：如要恢复已删除的对象，可用 Ctrl+Z 组合键来完成。

## 3.7.7 复制/粘贴对象

Step1. 在图形区单击或框选要复制的对象（框选时要框住整个对象）。

Step2. 复制对象。选择下拉菜单 编辑(E) → 复制(C) 命令，将对象复制到剪贴板。

Step3. 粘贴对象。选择下拉菜单 编辑(E) → 粘贴(P) 命令，系统弹出图 3.7.12 所示的“粘贴”对话框。

Step4. 定义变换类型。在“粘贴”对话框的 运动 下拉列表中选择 动态 选项，将复制对象移动到合适的位置单击。

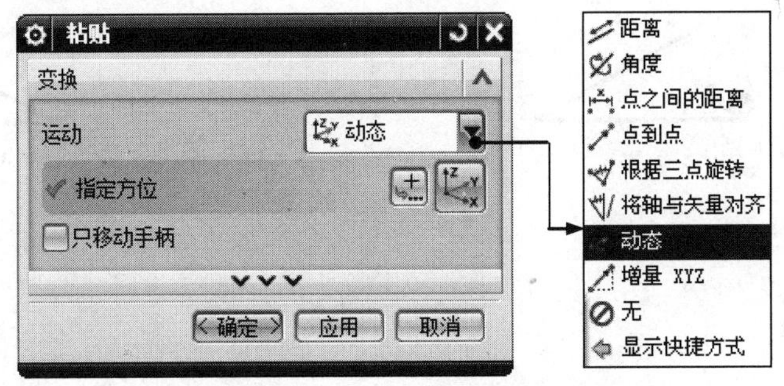


图 3.7.12　“粘贴”对话框

Step5. 单击 < 确定 > 按钮，完成粘贴，结果如图 3.7.13a 所示。

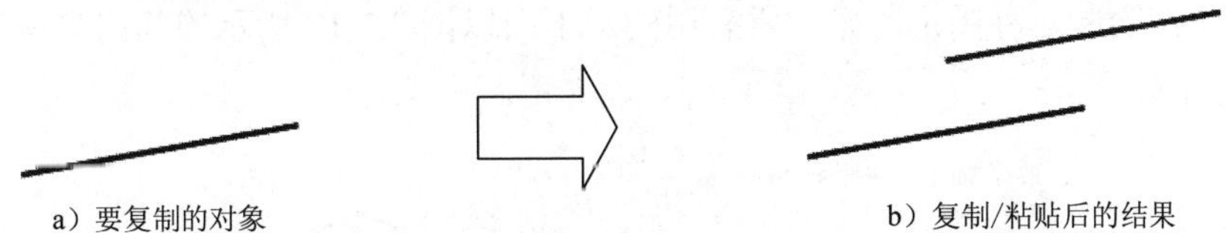


图 3.7.13　对象的复制/粘贴

## 3.7.8 快速修剪

Step1. 选择命令。选择下拉菜单 编辑(E) → 曲线(V) → 快速修剪(Q)... 命令（或单击 按钮）。系统弹出图 3.7.14 所示的“快速修剪”对话框。

Step2. 定义修剪对象。依次单击图 3.7.15a 所示的需要修剪的部分。

Step3. 单击中键，完成对象的修剪，结果如图 3.7.15b 所示。

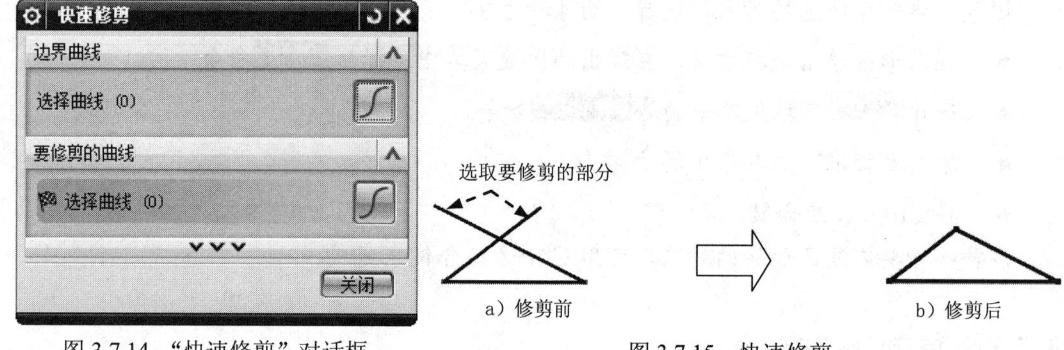


图 3.7.14 “快速修剪”对话框　　图 3.7.15 快速修剪

## 3.7.9 快速延伸

Step1. 选择下拉菜单 编辑(E) ➡ 曲线(V) ➡ 快速延伸(X)... 命令（或单击 按钮）。

Step2. 选择图 3.7.16a 所示的曲线，完成曲线到下一个边界的延伸，结果如图 3.7.16b 所示。

**说明：在延伸时，系统自动选择最近的曲线作为延伸边界。**

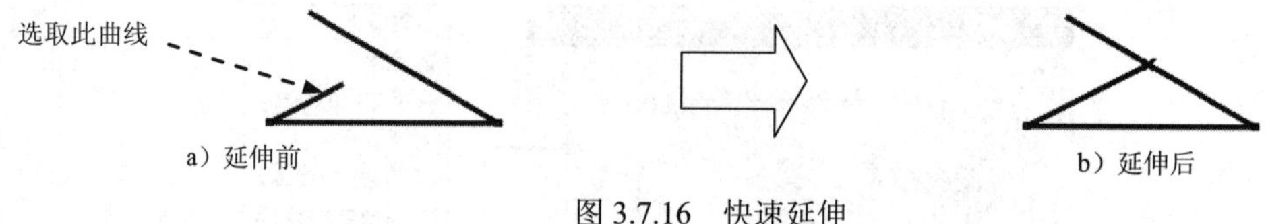


图 3.7.16 快速延伸

## 3.7.10 镜像

镜像操作是将草图对象以一条直线为对称中心，将所选取的对象以这条对称中心为轴进行复制，生成新的草图对象。镜像复制的对象与原对象形成一个整体，并且保持相关性。“镜像”操作在绘制对称图形时是非常有用的。下面以图 3.7.17 所示的范例来说明“镜像”的一般操作步骤。

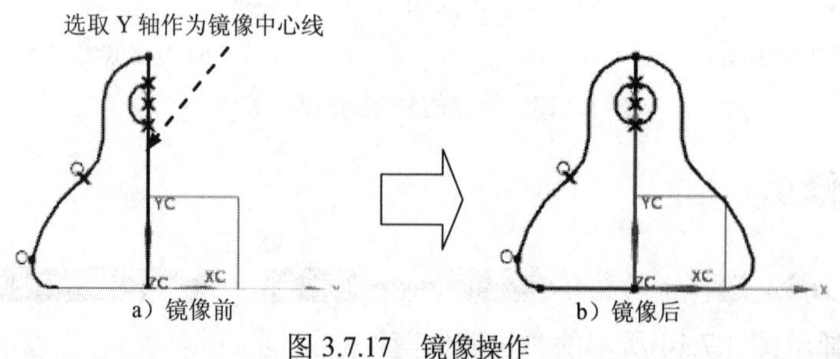


图 3.7.17 镜像操作

Step1. 打开文件 D:\ug12pd\work\ch03.07\mirror.prt，如图 3.7.17a 所示。

Step2. 双击草图，单击按钮，进入草图环境。

Step3. 选择命令。选择下拉菜单 插入(S) → 来自曲线集的曲线(F) → 镜像曲线(M)... 命令（或单击按钮），系统弹出图 3.7.18 所示的“镜像曲线”对话框。

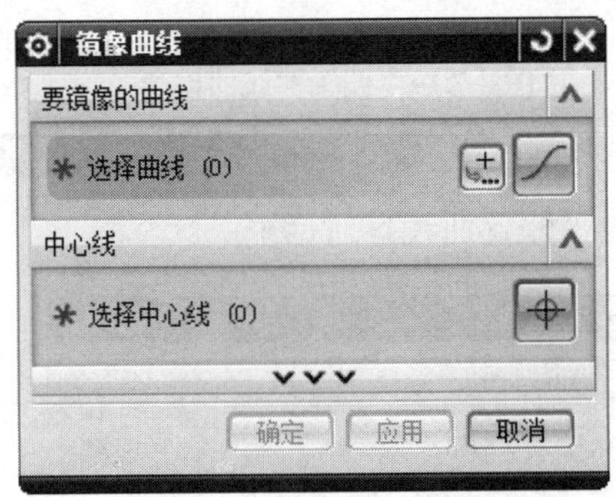


图 3.7.18　“镜像曲线”对话框

Step4. 定义镜像对象。在“镜像曲线”对话框中单击“曲线”按钮，选取图形区中的所有草图曲线。

Step5. 定义中心线。单击“镜像曲线”对话框中的“中心线”按钮，选取坐标系的 Y 轴作为镜像中心线。

**注意：**选择的镜像中心线不能是镜像对象的一部分，否则无法完成镜像操作。

Step6. 单击 应用 按钮，则完成镜像操作（如果没有其他镜像操作，直接单击 < 确定 > 按钮），结果如图 3.7.17b 所示。

**图 3.7.18 所示的“镜像曲线”对话框中各按钮的功能说明如下。**

- （中心线）：用于选择存在的直线或轴作为镜像的中心线。选择草图中的直线作为镜像中心线时，所选的直线会变成参考线，暂时失去作用。如果要将其转化为正常的草图对象，可用 主页 功能选项卡 约束 区域中的“转换至/自参考对象”功能，其具体内容将会在 3.9 节中介绍。
- （曲线）：用于选择一个或多个要镜像的草图对象。在选取镜像中心线后，用户可以在草图中选取要进行“镜像”操作的草图对象。

## 3.7.11　偏置曲线

“偏置曲线”就是对当前草图中的曲线进行偏移，从而产生与源曲线相关联、形状相似的新的曲线。可偏移的曲线包括基本绘制的曲线、投影曲线以及边缘曲线等。创建图 3.7.19 所示的偏置曲线的具体步骤如下。

Step1. 打开文件 D:\ug12pd\work\ch03.07\ offset.prt。

Step2. 双击草图，在 直接草图 下拉选项 更多 中单击 在草图任务环境中打开 按钮，进入草图环境。

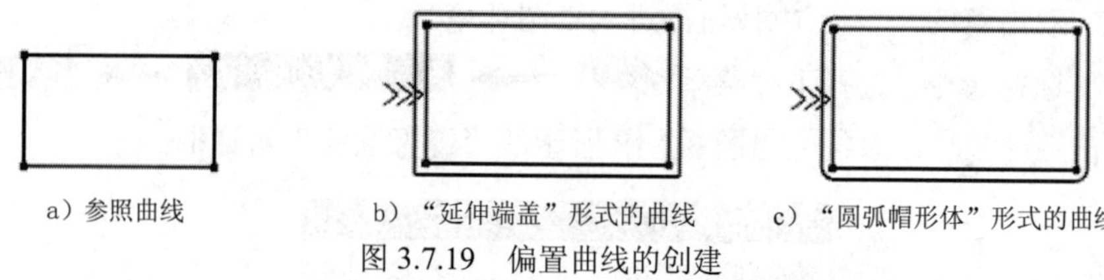


图 3.7.19　偏置曲线的创建

Step3. 选择命令。选择下拉菜单 插入(S) → 来自曲线集的曲线(F) → 偏置曲线(V)... 命令，系统弹出图 3.7.20 所示的“偏置曲线”对话框。

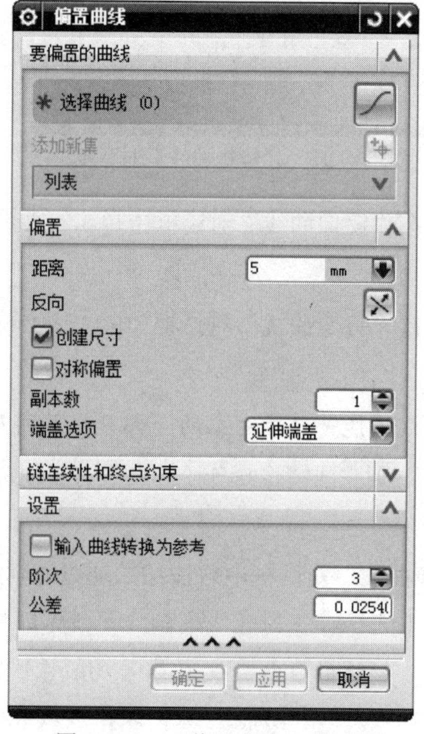


图 3.7.20　“偏置曲线”对话框

Step4. 定义偏置曲线。在图形区选取图 3.7.19a 所示的草图。

Step5. 定义偏置参数。在 距离 文本框中输入偏置距离值 5，取消选中 ☑ 创建尺寸 复选框。

Step6. 定义端盖选项。在 端盖选项 下拉列表中选择 延伸端盖 选项。

**说明：** 如果在 端盖选项 下拉列表中选择 圆弧帽形体 选项，则偏置后的结果如图 3.7.19c 所示。

Step7. 定义近似公差。接受 公差 文本框中默认的偏置曲线精度值。

Step8. 完成偏置。单击 应用 按钮，完成指定曲线偏置操作。还可以对其他对象进行相同的操作，操作完成后，单击 < 确定 > 按钮，完成所有曲线的偏置操作。

**注意：** 可以单击“偏置曲线”对话框中的按钮改变偏置的方向。

## 3.7.12　编辑定义截面

草图曲线一般可用于拉伸、旋转和扫掠等特征的剖面，如果要改变特征截面的形状，可以通过“编辑定义截面”功能来实现。图 3.7.21 所示的编辑定义截面的具体操作步骤如下。

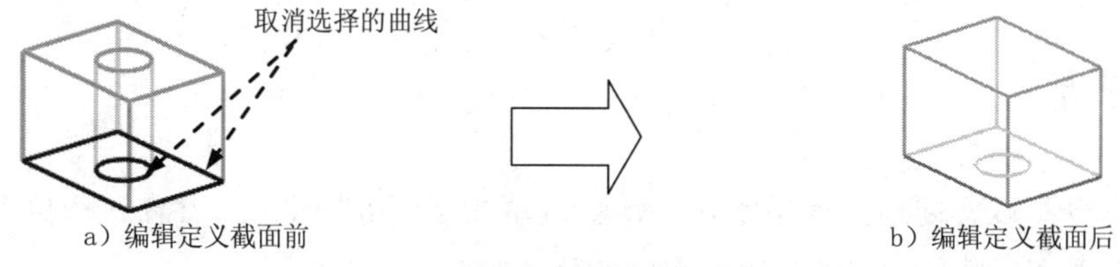


a）编辑定义截面前　　b）编辑定义截面后

图 3.7.21　编辑定义截面

Step1. 打开文件 D:\ug12pd\work\ch03.07\edit_defined_curve.prt。

Step2. 在模型树中右击拉伸 2，在弹出的快捷菜单中选择 编辑草图(K)... 命令，进入草图编辑环境。选择下拉菜单 编辑(E) ➡ 编辑定义截面(F)... 命令（或单击 主页 功能选项卡 曲线 区域中的“编辑定义截面”按钮），系统弹出图 3.7.22 所示的“编辑定义截面”对话框（如果当前草图中没有曲线经过拉伸、旋转等操作来生成几何体，系统将弹出图 3.7.23 所示的“编辑定义截面”警告框）。

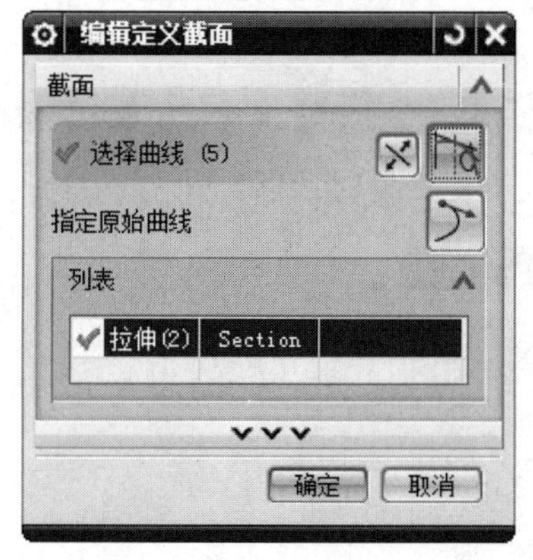


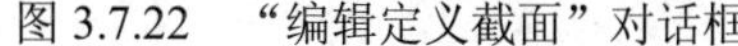

图 3.7.22　“编辑定义截面”对话框

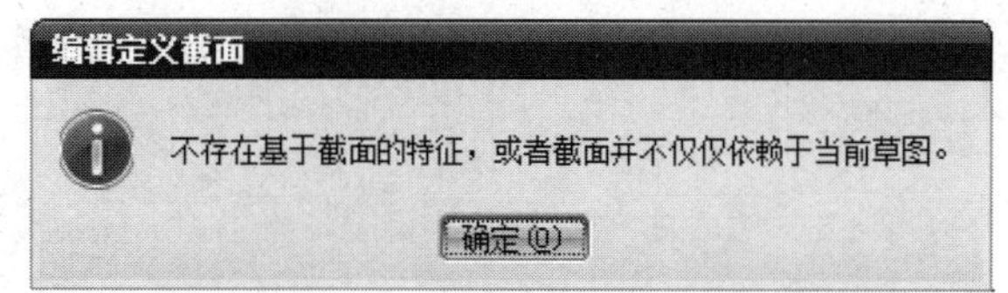


图 3.7.23　“编辑定义截面”警告框

**注意**：“编辑定义截面”操作只适合于经过拉伸、旋转生成特征的曲线，如果不符合此要求，此操作就不能实现。

Step3. 按住 Shift 键，在草图中选取图 3.7.24 所示（曲线以高亮显示）的草图曲线的任意部分（如圆），系统则排除整个草图曲线；再选择图 3.7.25 所示的曲线——矩形的 4 条线段（此时不用按住 Shift 键）作为新的草图截面，单击对话框中的“替换助理”按钮。

**说明**：用 Shift+鼠标左键选择要移除的对象；用鼠标左键选择要添加的对象。

Step4. 单击 确定 按钮，完成草图截面的编辑。单击 完成 按钮，退出草图环境，结果如图 3.7.21b 所示。

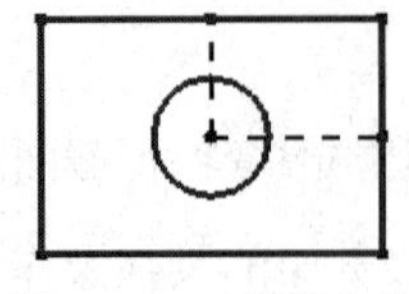
图 3.7.24　草图曲线

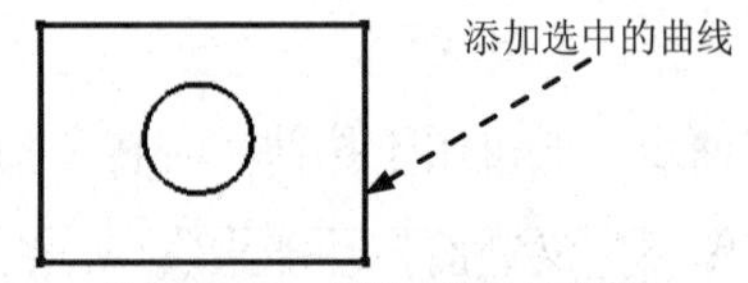

图 3.7.25　添加选中的曲线

## 3.7.13　交点

“交点”命令可以方便地查找指定几何体穿过草图平面处的交点，并在这个位置创建一个关联点和基准轴。图 3.7.26 所示的相交操作的步骤如下。

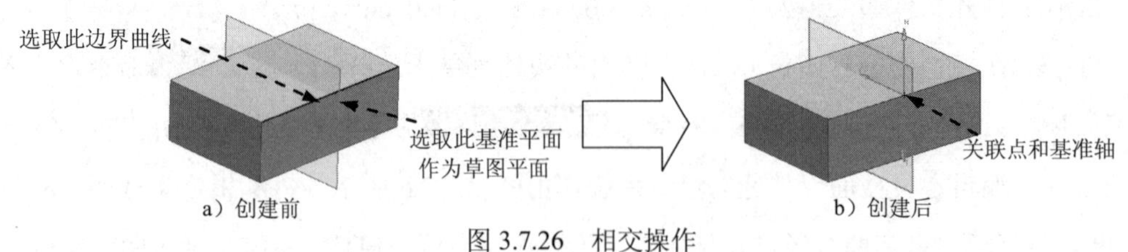

图 3.7.26　相交操作

Step1. 打开文件 D:\ ug12pd \work\ch03.07\intersect.prt。

Step2. 定义草绘平面。选择下拉菜单 插入(S) ➡ 在任务环境中绘制草图(V)... 命令，选取图 3.7.26a 所示的基准平面为草图平面，单击 确定 按钮。

Step3. 选择命令。选择下拉菜单 插入(S) ➡ 来自曲线集的曲线(F) ➡ 交点(N)... 命令（或单击“交点”按钮），系统弹出图 3.7.27 所示的“交点”对话框。

图 3.7.27　“交点”对话框

Step4. 选取要相交的曲线。按照系统提示选取图 3.7.26a 所示的边线为相交曲线。

Step5. 单击 < 确定 > 按钮，生成图 3.7.26b 所示的关联点和基准轴。

**图 3.7.27 所示的“交点”对话框中的各按钮说明如下。**

- 选择曲线：用于选择要创建交点的曲线（或路径），默认情况下为打开。
- 循环解：可以在几个备选解之间切换，如果路径与草图平面在多点相交或者路径是开环，没有与草图平面相交，“草图生成器”从路径开始处标识可能的解。如果路径是开环，则可以延伸一个或两个端点，使其与草图平面相交。

## 3.7.14 相交曲线

“相交曲线”命令可以通过用户指定的面与草图基准平面相交产生一条曲线。下面以图 3.7.28 所示的模型为例，讲解相交曲线的操作步骤。

Step1. 打开文件 D:\ug12pd\work\ch03.07\intersect01.prt。

Step2. 定义草绘平面。选择下拉菜单 插入(S) → 在任务环境中绘制草图(V)... 命令，选取 XY 平面作为草图平面，单击 确定 按钮。

图 3.7.28 创建相交曲线

Step3. 选择命令。选择下拉菜单 插入(S) → 配方曲线(U) ▸ → 相交曲线(U)... 命令（或单击“相交曲线”按钮），系统弹出图 3.7.29 所示的“相交曲线”对话框。

Step4. 选取要相交的面。选取图 3.7.28a 所示的模型表面为要相交的面，即产生图 3.7.28b 所示的相交曲线，接受默认的 距离公差 和 角度公差 值。

Step5. 单击“相交曲线”对话框中的 < 确定 > 按钮，完成相交曲线的创建。

图 3.7.29 “相交曲线”对话框

图 3.7.29 所示的“相交曲线”对话框中各按钮的功能说明如下。

- （面）：选择要在其上创建相交曲线的面。
- ☑ 忽略孔 复选框：当选取的“要相交的面”上有孔特征时，勾选此复选框后，系统会在曲线遇到的第一个孔处停止相交曲线。
- ☑ 连结曲线 复选框：用于多个“相交曲线”之间的连接。勾选此复选框后，系统会自动将多个相交曲线连接成一个整体。

## 3.7.15 投影曲线

"投影曲线"功能是将选取的对象按垂直于草图工作平面的方向投影到草图中，使之成为草图对象。创建图 3.7.30 所示的投影曲线的步骤如下。

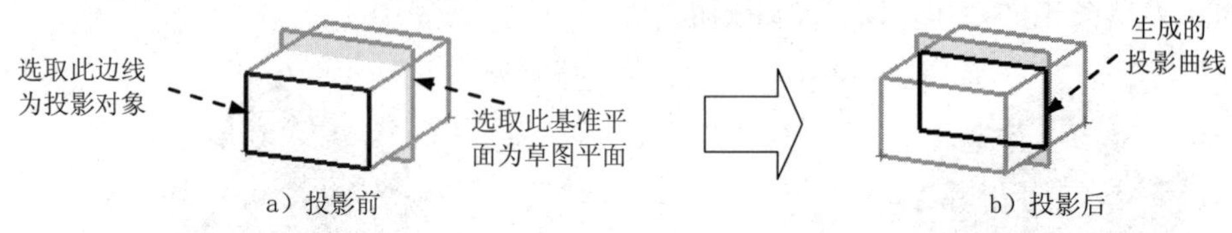


图 3.7.30 创建投影曲线

Step1. 打开文件 D:\ug12pd\work\ch03.07\projection.prt。

Step2. 进入草图环境。选择下拉菜单 插入(S) → 在任务环境中绘制草图(V)... 命令，选取图 3.7.30a 所示的平面作为草图平面，单击 确定 按钮。

Step3. 选择命令。选择下拉菜单 插入(S) → 配方曲线(U) → 投影曲线(J)... 命令（或单击"投影曲线"按钮），系统弹出图 3.7.31 所示的"投影曲线"对话框。

Step4. 选取要投影的对象。选取图 3.7.30a 所示的四条边线为投影对象。

Step5. 单击 确定 按钮，完成投影曲线的创建，结果如图 3.7.30b 所示。

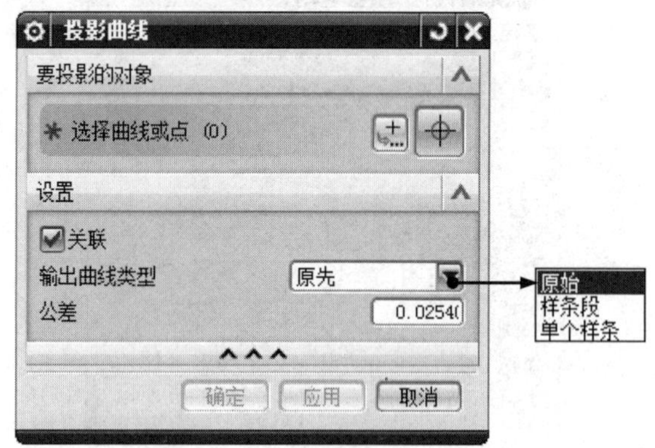


图 3.7.31 "投影曲线"对话框

图 3.7.31 所示的"投影曲线"对话框中各选项的功能说明如下。

- （曲线）：用于选择要投影的对象，默认情况下为按下状态。
- （点）：单击该按钮后，系统将弹出"点"对话框。
- 关联 复选框：定义投影曲线与投影对象之间的关联性。选中该复选框后，投影曲线与投影对象将存在关联性，即投影对象发生改变时，投影曲线也随之改变。
- 输出曲线类型 下拉列表：该下拉列表包括 原始、样条段 和 单个样条 三个选项。

# 3.8　草图的约束

## 3.8.1　草图约束概述

“草图约束”主要包括“几何约束”和“尺寸约束”两种类型。“几何约束”用来定位草图对象和确定草图对象之间的相互关系，而“尺寸约束”是用来驱动、限制和约束草图几何对象的大小和形状的。

## 3.8.2　草图约束按钮简介

进入草图环境后，在“主页”功能选项卡 约束 区域中会出现草图约束时所需要的各种工具按钮，如图 3.8.1 所示。

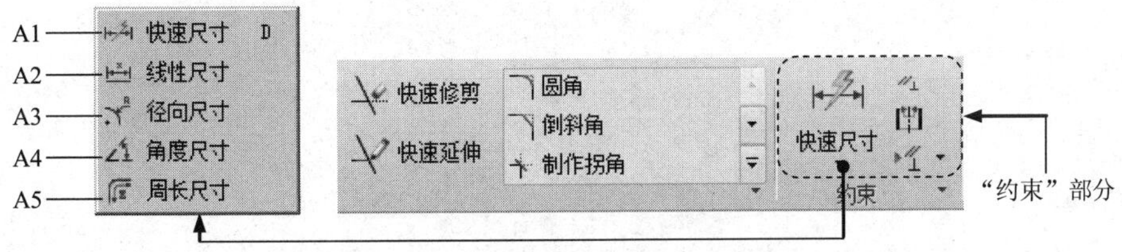


图 3.8.1　“约束”区域

**图 3.8.1 所示的“主页”功能选项卡中“约束”部分各按钮的说明如下。**

A1：快速尺寸。通过基于选定的对象和光标的位置自动判断尺寸类型来创建尺寸约束。

A2：线性尺寸。该按钮用于在所选的两个对象或点位置之间创建线性距离约束。

A3：径向尺寸。该按钮用于创建圆形对象的半径或直径约束。

A4：角度尺寸。该按钮用于在所选的两条不平行直线之间创建角度约束。

A5：周长尺寸。该按钮用于对所选的多个对象进行周长尺寸约束。

（几何约束）：用户自己对存在的草图对象指定约束类型。

（设为对称）：将两个点或曲线约束为相对于草图上的对称线对称。

（显示草图约束）：显示施加到草图上的所有几何约束。

（自动约束）：单击该按钮，系统会弹出图 3.8.2 所示的“自动约束”对话框，用于自动地添加约束。

（自动标注尺寸）：根据设置的规则在曲线上自动创建尺寸。

（关系浏览器）：显示与选定的草图几何图形关联的几何约束，并移除所有这些约束或列出信息。

（转换至/自参考对象）：将草图曲线或草图尺寸从活动转换为参考，或者反过来。

下游命令（如拉伸）不使用参考曲线，并且参考尺寸不控制草图几何体。

(备选解)：备选尺寸或几何约束解算方案。

(自动判断约束和尺寸)：控制哪些约束或尺寸在曲线构造过程中被自动判断。

(创建自动判断约束)：在曲线构造过程中启用自动判断约束。

(连续自动标注尺寸)：在曲线构造过程中启用自动标注尺寸。

在草图绘制过程中，读者可以自己设定自动约束的类型，单击“自动约束”按钮，系统弹出“自动约束”对话框，如图 3.8.2 所示，在对话框中可以设定自动约束类型。

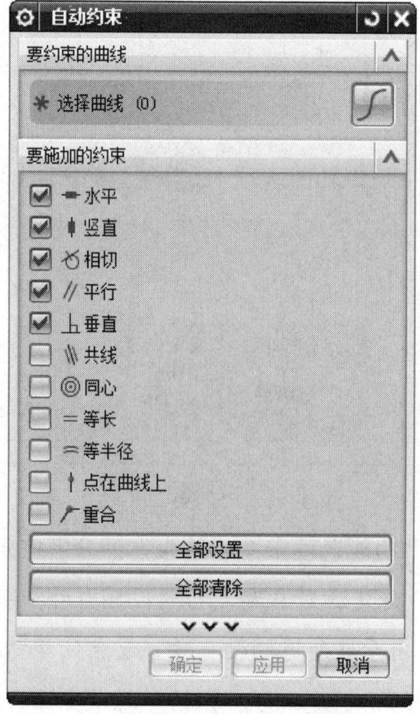


图 3.8.2 “自动约束”对话框

**图 3.8.2 所示的“自动约束”对话框中所建立的几何约束的用法如下。**

- (水平)：约束直线为水平直线（即平行于 XC 轴）。
- (竖直)：约束直线为竖直直线（即平行于 YC 轴）。
- (相切)：约束所选的两个对象相切。
- (平行)：约束两直线互相平行。
- (垂直)：约束两直线互相垂直。
- (共线)：约束多条直线对象位于或通过同一直线。
- (同心)：约束多个圆弧或椭圆弧的中心点重合。
- (等长)：约束多条直线为同一长度。
- (等半径)：约束多个弧有相同的半径。

- (点在曲线上)：约束所选点在曲线上。
- (重合)：约束多点重合。

在草图中，被添加完约束对象中的约束符号显示方式见表 3.8.1。

表 3.8.1　约束符号列表

| 约束名称 | 约束显示符号 |
| --- | --- |
| 固定/完全固定 | ⌐ |
| 固定长度 | ⟷ |
| 水平 | → |
| 竖直 | ↑ |
| 固定角度 | ∠ |
| 等半径 | ⌒ |
| 相切 | × |
| 同心的 | ◎ |
| 中点 | +- |
| 点在曲线上 | * |
| 垂直的 | ⊥ |
| 平行的 | // |
| 共线 | /// |
| 等长度 | = |
| 重合 | ⌐ |

在一般绘图过程中，我们习惯于先绘制出对象的大概形状，然后通过添加“几何约束”来定位草图对象和确定草图对象之间的相互关系，再添加“尺寸约束”来驱动、限制和约束草图几何对象的大小和形状。下面先介绍如何添加“几何约束”，再介绍添加“尺寸约束”的具体方法。

## 3.8.3　添加几何约束

在二维草图中，添加几何约束主要有 2 种方法：手工添加几何约束和自动产生几何约束。一般在添加几何约束时，要先单击“显示草图约束”按钮，则二维草图中存在的所有约束都显示在图中。

**方法一：** 手工添加约束。手工添加约束是指由用户自己对所选对象指定某种约束。在“主页”功能选项卡 约束 区域中单击按钮，系统就进入了几何约束操作状态。此时，在图形区中选择一个或多个草图对象，所选对象在图形区中会加亮显示。同时，可添加的几何约束类型按钮将会出现在图形区的左上角。

根据所选对象的几何关系，在几何约束类型中选择一个或多个约束类型，则系统会添加指定类型的几何约束到所选草图对象上。这些草图对象会因所添加的约束而不能随意移动或旋转。

下面通过添加图 3.8.3 所示的相切约束来说明创建约束的一般操作步骤。

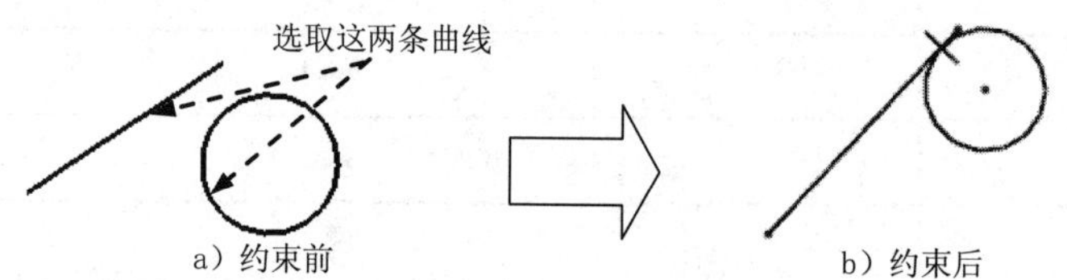


图 3.8.3 添加相切约束

Step1. 打开文件 D:\ug12pd\work\ch03.08\add_1.prt。

Step2. 双击已有草图，在直接草图下拉选项更多中单击在草图任务环境中打开按钮，进入草图工作环境，单击“显示草图约束”按钮和“几何约束”按钮，系统弹出图 3.8.4 所示的“几何约束”对话框。

Step3. 定义约束类型。单击按钮，添加“相切”约束。

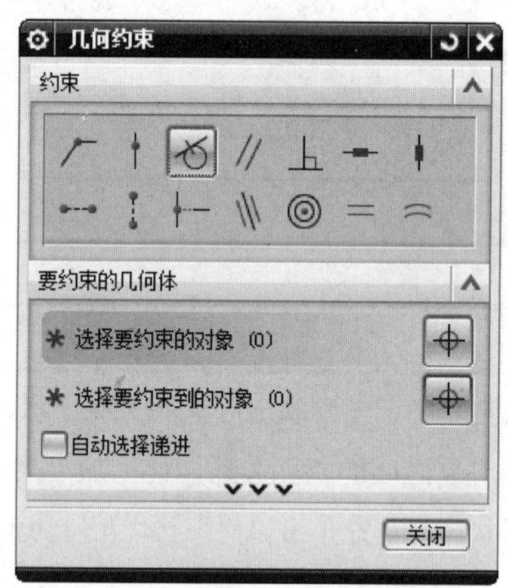


图 3.8.4 “几何约束”对话框

Step4. 定义约束对象。根据系统**选择要约束的对象**的提示，选取图 3.8.3a 所示的直线并单击鼠标中键，再选取圆。

Step5. 单击关闭按钮完成创建，草图中会自动添加约束符号，如图 3.8.3b 所示。

下面通过添加图 3.8.5 所示的约束来说明创建多个约束的一般操作步骤。

Step1. 打开文件 D:\ug12pd\work\ch03.08\add_2.prt。

Step2. 双击已有草图，在直接草图下拉选项更多中单击在草图任务环境中打开按钮，进入草图工作环境，单击“显示草图约束”按钮和“几何约束”按钮，系统弹出“几何约束”对话框。单击“等长”按钮 = ，添加“等长”约束，根据系统 选择要创建约束的曲线 的提示，分别选取图 3.8.5a 所示的两条直线；单击“平行”按钮 // ，同样分别选取两条直线，则直线之间会添加“平行”约束。

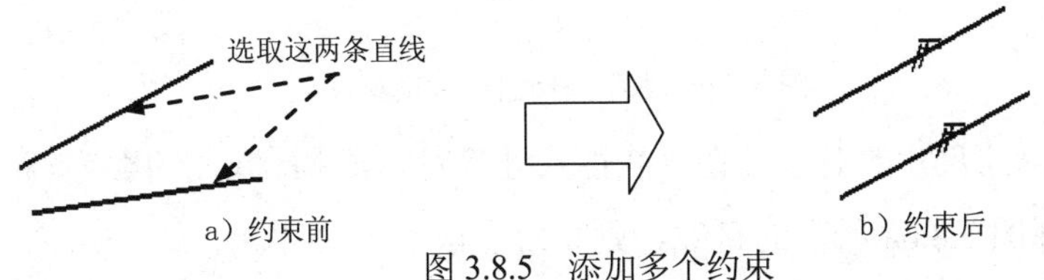


图 3.8.5　添加多个约束

Step3. 单击 关闭 按钮完成创建，草图中会自动添加约束符号，如图 3.8.5b 所示。

关于其他类型约束的创建，与以上两个范例的创建过程相似，这里不再赘述，读者可以自行研究。

**方法二：** 自动产生几何约束。自动产生几何约束是指系统根据选择的几何约束类型以及草图对象间的关系，自动添加相应约束到草图对象上。一般都利用“自动约束”按钮 让系统自动添加约束。其操作步骤如下。

Step1. 单击 主页 功能选项卡 约束 区域中的“自动约束”按钮 ，系统弹出“自动约束”对话框。

Step2. 在“自动约束”对话框中单击要自动创建约束的相应按钮，然后单击 确定 按钮。用户一般都选择“自动创建所有的约束”，这样只需在对话框中单击 全部设置 按钮，则对话框中的约束复选框全部被选中，然后单击 确定 按钮，完成自动创建约束的设置。

这样，在草图中画任意曲线，系统会自动添加相应的约束，而系统没有自动添加的约束就需要用户利用手动添加约束的方法来自己添加。

## 3.8.4　添加尺寸约束

添加尺寸约束也就是在草图上标注尺寸，并设置尺寸标注线的形式与尺寸大小，来驱动、限制和约束草图几何对象。选择下拉菜单 插入(S) → 尺寸(M) 中的命令。添加尺寸约束主要包括以下 7 种标注方式。

### 1. 标注水平尺寸

标注水平尺寸是标注直线或两点之间的水平投影距离。下面通过标注图 3.8.6b 所示的尺寸，来说明创建水平尺寸标注的一般操作步骤。

Step1. 打开文件 D:\ug12pd \work\ch03.08\add_dimension_1.prt。

Step2. 双击图 3.8.6a 所示的直线，在 直接草图 下拉选项 更多 中单击 在草图任务环境中打开 按钮，进入草图工作环境，选择下拉菜单 插入(S) → 尺寸(M) ▸ → 线性(L)... 命令，此时系统弹出“线性尺寸”对话框。

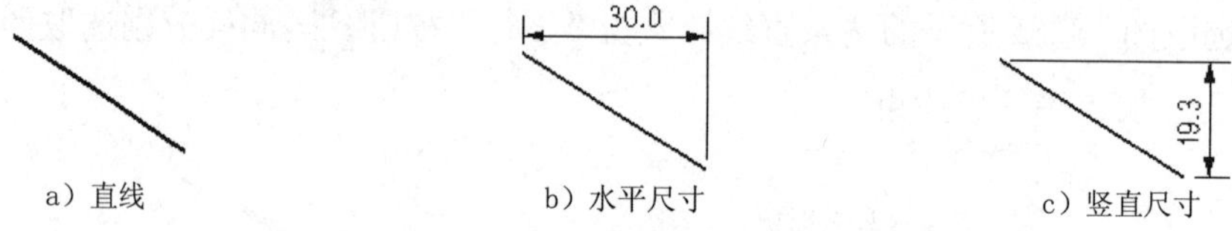


a）直线　　b）水平尺寸　　c）竖直尺寸

图 3.8.6　水平和竖直尺寸的标注

Step3. 定义标注尺寸的对象。在“线性尺寸”对话框测量区域的方法下拉列表中选择水平选项，选择图 3.8.6a 所示的直线，则系统生成水平尺寸。

Step4. 定义尺寸放置的位置。移动鼠标至合适位置，单击放置尺寸。如果要改变直线尺寸，则可以在弹出的动态输入框中输入所需的数值。

Step5. 单击“线性尺寸”对话框中的关闭按钮，完成水平尺寸的标注，如图 3.8.6b 所示。

### 2. 标注竖直尺寸

标注竖直尺寸是标注直线或两点之间的垂直投影距离。下面通过标注图 3.8.6c 所示的尺寸来说明创建竖直尺寸标注的步骤。

Step1. 选择刚标注的水平距离并右击，在弹出的快捷菜单中选择删除(D)命令，删除该水平尺寸。

Step2. 选择下拉菜单插入(S) → 尺寸(M) → 线性(L)...命令，在“线性尺寸”对话框测量区域的方法下拉列表中选择竖直选项，单击选取图 3.8.6a 所示的直线，则系统生成竖直尺寸。

Step3. 移动鼠标至合适位置，单击放置尺寸。如果要改变距离，则可以在弹出的动态输入框中输入所需的数值。

Step4. 单击“线性尺寸”对话框中的关闭按钮，完成竖直尺寸的标注，如图 3.8.6c 所示。

### 3. 标注平行尺寸

标注平行尺寸是标注所选直线两端点之间的最短距离。下面通过标注图 3.8.7b 所示的尺寸来说明创建平行尺寸标注的步骤。

Step1. 打开文件 D:\ug12pd \work\ch03.08\add_dimension_2.prt。

Step2. 双击图 3.8.7a 所示的直线，在直接草图下拉选项更多中单击在草图任务环境中打开按钮，进入草图工作环境。选择下拉菜单插入(S) → 尺寸(M) → 线性(L)...命令，在“线性尺寸”对话框测量区域的方法下拉列表中选择点到点选项，选择两条直线的两个端点，系统生成平行尺寸。

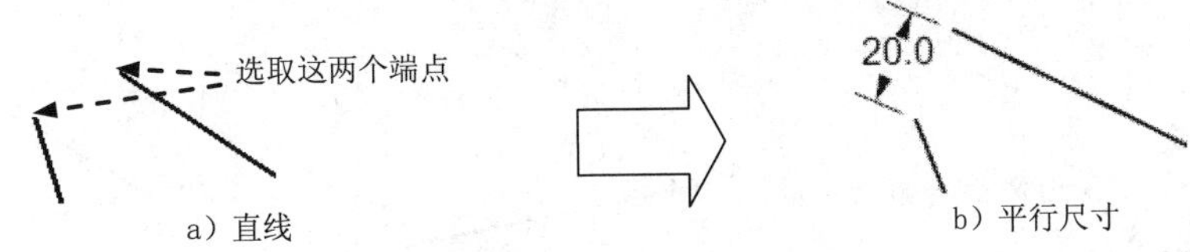

图 3.8.7　平行尺寸的标注

Step3. 移动鼠标至合适位置，单击放置尺寸。

Step4. 单击“线性尺寸”对话框中的 关闭 按钮，完成平行尺寸的标注，如图 3.8.7b 所示。

### 4．标注垂直尺寸

标注垂直尺寸是标注所选点与直线之间的垂直距离。下面通过标注图 3.8.8 所示的尺寸来说明创建垂直尺寸标注的步骤。

Step1. 打开文件 D:\ug12pd \work\ch03.08\add_dimension_3.prt。

Step2. 双击图 3.8.8a 所示的直线，在 直接草图 下拉选项 更多 中单击 在草图任务环境中打开 按钮，进入草图工作环境，选择下拉菜单 插入(S) ➡ 尺寸(M) ➡ 线性(L)... 命令，在“线性尺寸”对话框 测量 区域 方法 的下拉列表中选择 垂直 选项，标注点到直线的距离，先选择直线，然后再选择点，系统生成垂直尺寸。

Step3. 移动鼠标至合适位置，单击左键放置尺寸。

Step4. 单击“线性尺寸”对话框中的 关闭 按钮，完成垂直尺寸的标注，如图 3.8.8b 所示。

**注意：要标注点到直线的距离，必须先选择直线，然后再选择点。**

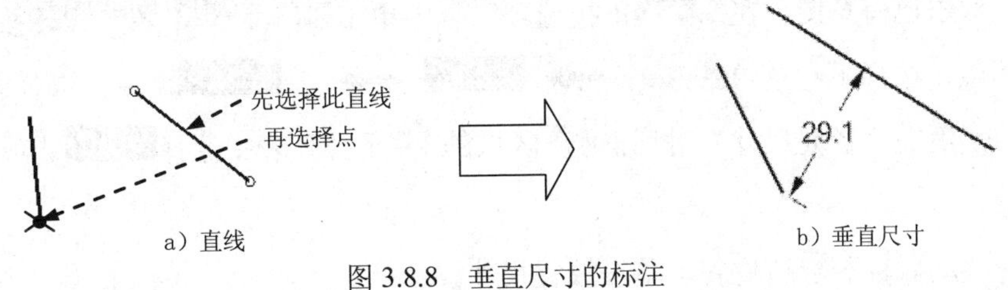

图 3.8.8　垂直尺寸的标注

### 5．标注两条直线间的角度

标注两条直线间的角度是标注所选直线之间夹角的大小，且角度有锐角和钝角之分。下面通过标注图 3.8.9 所示的角度来说明标注直线间角度的步骤。

Step1. 打开文件 D:\ug12pd \work\ch03.08\add_angle.prt。

Step2. 双击已有草图，在 直接草图 下拉选项 更多 中单击 在草图任务环境中打开 按钮，进入草图工作环境，选择下拉菜单 插入(S) ➡ 尺寸(M) ➡ 角度(A)... 命令，选择两条直线（图 3.8.9a），系统生成角度。

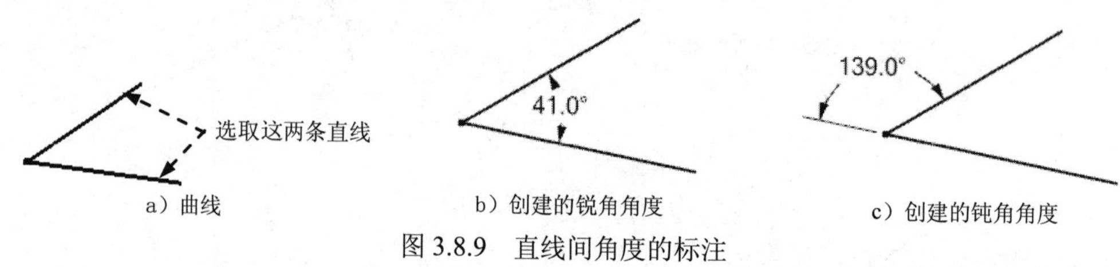

图 3.8.9　直线间角度的标注

Step3. 移动鼠标至合适位置（移动的位置不同，生成的角度可能是锐角或钝角，如图 3.8.9 所示），单击放置尺寸。

Step4. 单击“角度尺寸”对话框中的 关闭 按钮，完成角度的标注，如图 3.8.9b 和 c 所示。

### 6. 标注直径

标注直径是标注所选圆直径的大小。下面通过标注图 3.8.10 所示圆的直径来说明标注直径的步骤。

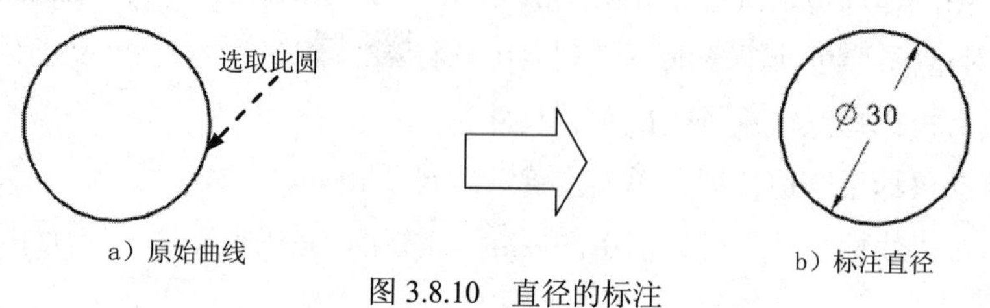

图 3.8.10　直径的标注

Step1. 打开文件 D:\ug12pd \work\ch03.08\add_d.prt。

Step2. 双击已有草图，在 直接草图 下拉选项 更多 中单击 在草图任务环境中打开 按钮，进入草图工作环境，选择下拉菜单 插入(S) → 尺寸(M) → 径向(R)... 命令，选择图 3.8.10a 所示的圆，然后在“径向尺寸”对话框 测量 区域的 方法 下拉列表中选择 直径 选项，系统生成直径尺寸。

Step3. 移动鼠标至合适位置，单击放置尺寸。

Step4. 单击“径向尺寸”对话框中的 关闭 按钮，完成直径的标注，如图 3.8.10b 所示。

### 7. 标注半径

标注半径是标注所选圆或圆弧半径的大小。下面通过标注图 3.8.11 所示圆弧的半径来说明标注半径的步骤。

Step1. 打开文件 D:\ug12pd \work\ch03.08\add_arc.prt。

Step2. 双击已有草图，在 直接草图 下拉选项 更多 中单击 在草图任务环境中打开 按钮，进入草图工作环境，选择下拉菜单 插入(S) ➡ 尺寸(M) ➡ 径向(R)... 命令，选择圆弧（图3.8.11a)，系统生成半径尺寸。

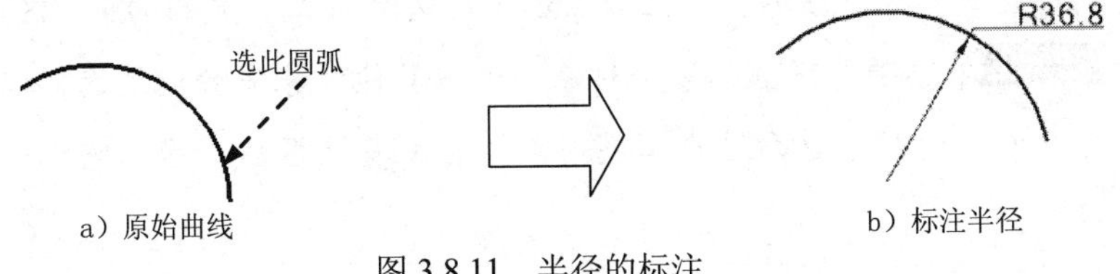

图 3.8.11　半径的标注

Step3. 移动鼠标至合适位置，单击放置尺寸。如果要改变圆的半径尺寸，则在弹出的动态输入框中输入所需的数值。

Step4. 单击“径向尺寸”对话框中的 关闭 按钮，完成半径的标注，如图 3.8.11b 所示。

# 3.9　修改草图约束

## 3.9.1　显示/移除约束

单击 主页 功能选项卡 约束 区域中的按钮，将显示施加到草图上的所有几何约束。

“关系浏览器”主要是用来查看现有的几何约束，设置查看的范围、查看类型和列表方式，以及移除不需要的几何约束。

单击 主页 功能选项卡 约束 区域中的按钮，使所有存在的约束都显示在图形区中，然后单击 主页 功能选项卡 约束 区域中的按钮，系统弹出图 3.9.1 所示的“草图关系浏览器”对话框。

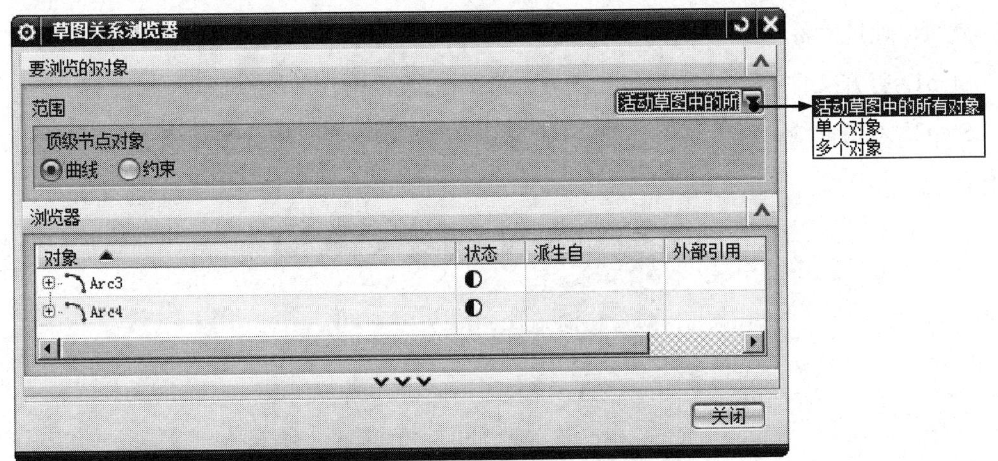

图 3.9.1　“草图关系浏览器”对话框

图 3.9.1 所示的“草图关系浏览器”对话框中各选项用法的说明如下。

- 范围 下拉列表：控制在浏览器区域中要列出的约束。它包含 3 个单选项。

- ☑ 活动草图中的所有对象单选项：在浏览器区域中列出当前草图对象中的所有约束。
- ☑ 单个对象单选项：允许每次仅选择一个对象。选择其他对象将自动取消选择以前选定的对象。该浏览器区域显示了与选定对象相关的约束。这是默认设置。
- ☑ 多个对象单选项：可选择多个对象，选择其他对象不会取消选择以前选定的对象，它允许用户选取多个草图对象，在浏览器区域中显示它们所包含的几何约束。

- 顶级节点对象区域：过滤在浏览器区域中显示的类型。用户从中选择要显示的类型即可。在◉曲线和◉约束两个单选项中只能选一个，通常默认选择◉曲线单选项。

## 3.9.2 约束的备选解

当用户对一个草图对象进行约束操作时，同一约束条件可能存在多种满足约束的情况，“备选解”操作正是针对这种情况的，它可从约束的一种解法转为另一种解法。

在主页功能选项卡约束区域中没有“备选解”按钮，读者可以在约束区域中添加按钮，也可通过定制的方法在下拉菜单中添加该命令，以下如有添加命令或按钮的情况将不再说明。单击此按钮，则会弹出“备选解”对话框（图 3.9.2），在系统**选择具有相切约束的线性尺寸或几何体**的提示下选择对象，系统会将所选对象直接转换为同一约束的另一种约束表现形式，然后可以继续对其他操作对象进行约束方式的“备选解”操作；如果没有，则单击关闭按钮完成“备选解”操作。

下面用一个具体的范例来说明一下“备选解”的操作。图 3.9.3 所示绘制的是两个相切的圆。两圆相切有“外切”和“内切”两种情况。如果不想要图 3.9.3 所示的“外切”的图形，就可以通过“备选解”操作把它们转换为“内切”的形式（图 3.9.4），具体步骤如下。

Step1. 打开文件 D:\ug12pd\work\ch03.09\alternation.prt。

Step2. 双击曲线，在直接草图下拉选项更多中单击在草图任务环境中打开按钮，进入草图工作环境。

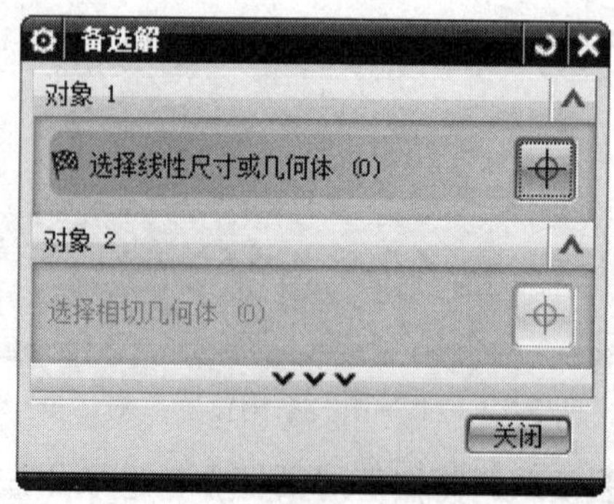


图 3.9.2 “备选解”对话框

Step3. 选择下拉菜单 工具(T) → 约束(T) → 备选解(Q)... 命令（或单击 主页 功能选项卡 约束 区域中的“备选解”按钮），系统弹出“备选解”对话框，如图 3.9.2 所示。

Step4. 选取图 3.9.3 所示的任意圆，实现“备选解”操作，结果如图 3.9.4 所示。

Step5. 单击 关闭 按钮，关闭“备选解”对话框。

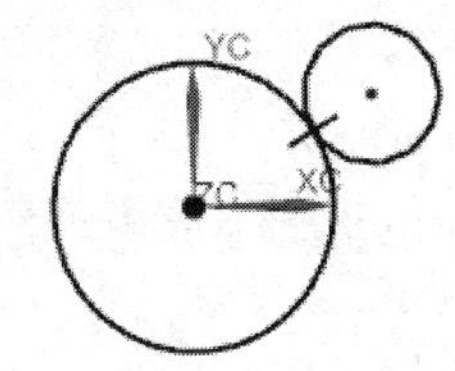


图 3.9.3　“外切”图形

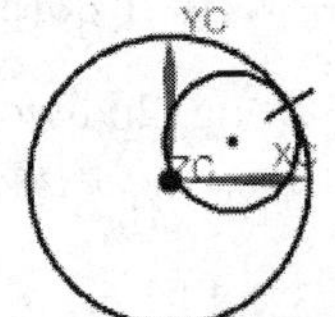


图 3.9.4　“内切”图形

## 3.9.3　移动尺寸

为了使草图的布局更清晰合理，可以移动尺寸文本的位置，操作步骤如下。

Step1. 将鼠标移至要移动的尺寸处，按住鼠标左键。

Step2. 左右或上下移动鼠标，可以移动尺寸箭头和文本框的位置。

Step3. 在合适的位置松开鼠标左键，完成尺寸位置的移动。

## 3.9.4　修改尺寸值

修改草图的标注尺寸有如下 2 种方法。

**方法一：**

Step1. 双击要修改的尺寸，如图 3.9.5 所示。

Step2. 系统弹出动态输入框，如图 3.9.6 所示。在动态输入框中输入新的尺寸值，并按鼠标中键，完成尺寸的修改，如图 3.9.7 所示。

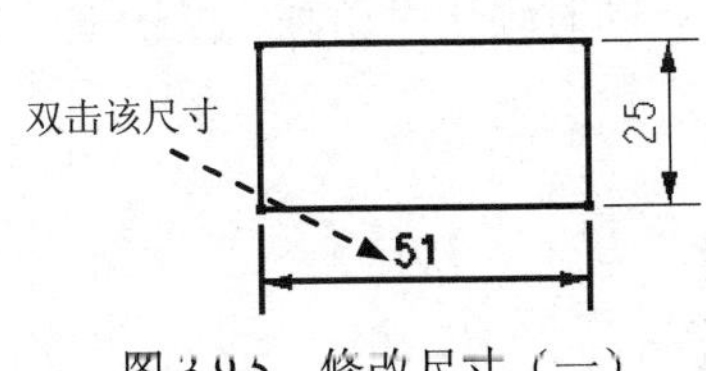


图 3.9.5　修改尺寸（一）

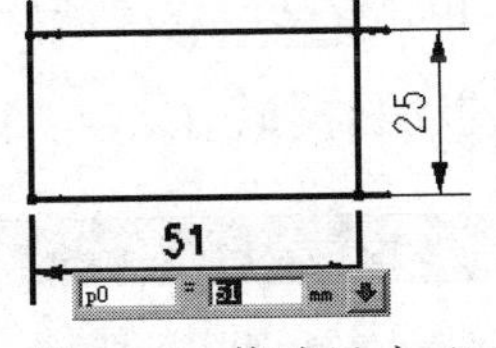


图 3.9.6　修改尺寸（二）

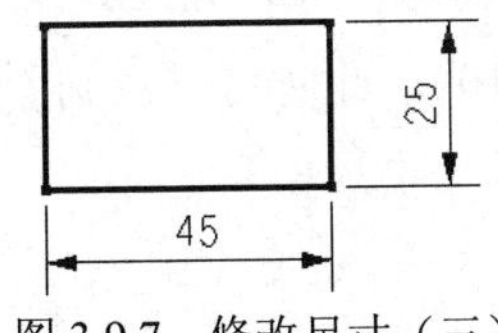


图 3.9.7　修改尺寸（三）

**方法二：**

Step1. 将鼠标移至要修改的尺寸处右击。

Step2. 在弹出的快捷菜单中选择 编辑(E)... 命令。

Step3. 在弹出的动态输入框中输入新的尺寸值，单击中键完成尺寸的修改。

### 3.9.5 动画尺寸

动画尺寸就是使草图中指定的尺寸在规定的范围内变化，从而观察其他相应的几何约束的变化情形，以此来判断草图设计的合理性，并及时发现错误。但注意在进行动画模拟操作之前，必须在草图对象上进行尺寸标注，并添加必要的几何约束。下面以一个范例来说明动画演示尺寸的一般操作步骤。

Step1. 打开文件 D:\ug12pd\work\ch03.09\cartoon.prt。

Step2. 双击已有草图，在直接草图下拉选项更多中单击在草图任务环境中打开按钮，进入草图工作环境，如图 3.9.8 所示。

Step3. 选择下拉菜单工具(T) → 约束(T) → 动画演示尺寸(M)...命令（或单击主页功能选项卡约束区域中的“动画演示尺寸”按钮），系统弹出图 3.9.9 所示的“动画演示尺寸”对话框。

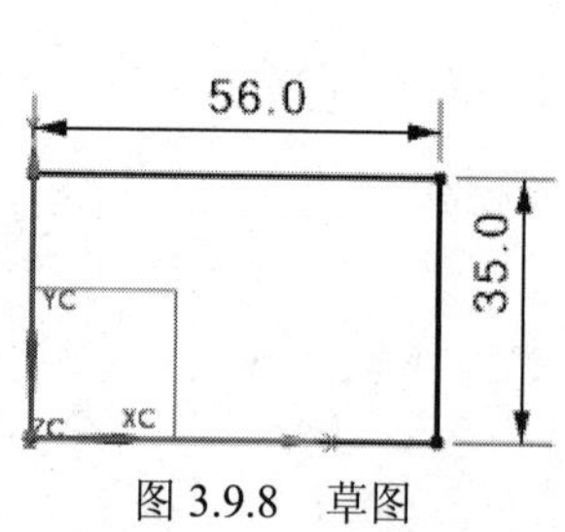


图 3.9.8 草图

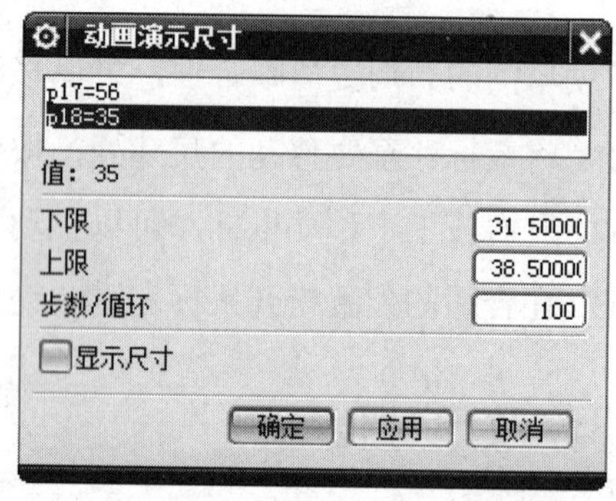


图 3.9.9 “动画演示尺寸”对话框

Step4. 根据系统选择要动画演示的尺寸的提示，在“动画演示尺寸”对话框的列表框中选择尺寸“35”，并分别在下限和上限文本框中输入值 31.5 和 38.5，在步数/循环文本框中输入循环的步数为 100，如图 3.9.9 所示。

**说明：**步数/循环文本框中输入的值越大，动画模拟时尺寸的变化越慢，反之亦然。

Step5. 选中☑显示尺寸复选框，单击应用按钮启动动画，同时弹出“动画”提示框（图 3.9.10），此时可以看到所选尺寸的动画模拟效果。

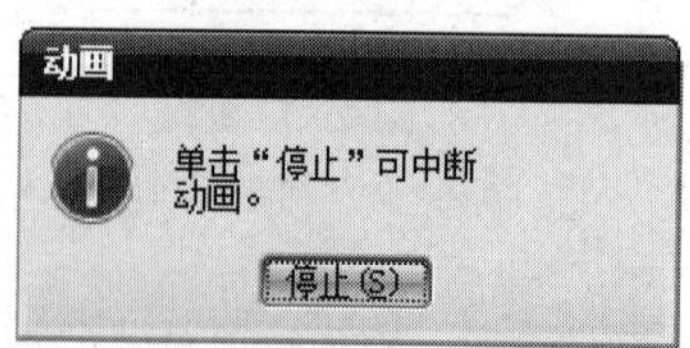


图 3.9.10 “动画”提示框

Step6. 单击“动画”提示框中的停止(S)按钮，草图恢复到原来的状态，然后单击取消按钮。

**注意**：草图动画模拟尺寸显示并不改变草图对象的尺寸，当动画模拟显示结束时，草图又回到原来的显示状态。

## 3.9.6　转换至/自参考对象

在为草图对象添加几何约束和尺寸约束的过程中，有些草图对象是作为基准、定位来使用的，或者有些草图对象在创建尺寸时可能引起约束冲突，此时可利用主页功能选项卡约束区域中的“转换至/自参考对象”按钮，将草图对象转换为参考线；当然必要时，也可利用该按钮将其激活，即从参考线转化为草图对象。下面以图 3.9.11 所示的图形为例，说明其操作方法及作用。

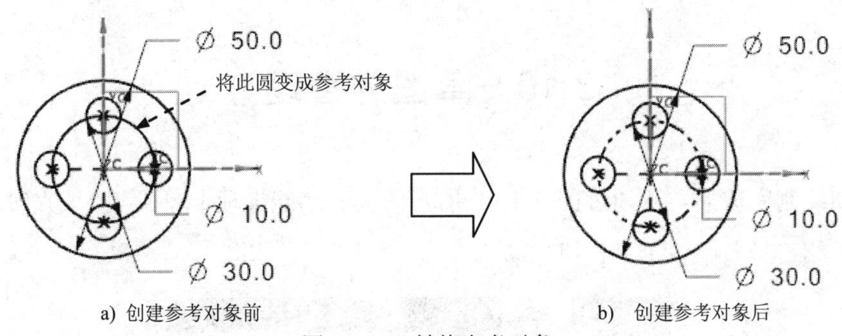


a) 创建参考对象前　　b) 创建参考对象后

图 3.9.11　转换参考对象

Step1. 打开文件 D:\ug12pd\work\ch03.09\reference.prt。

Step2. 双击已有草图，在直接草图下拉选项更多中单击在草图任务环境中打开按钮，进入草图工作环境。

Step3. 选择命令。选择下拉菜单工具(T) → 约束(T) → 转换至/自参考对象(V)...命令（或单击主页功能选项卡约束区域中的“转换至/自参考对象”按钮），系统弹出图 3.9.12 所示的“转换至/自参考对象”对话框，选中⊙参考曲线或尺寸单选项。

Step4. 根据系统**选择要转换的曲线或尺寸**的提示，选取图 3.9.11a 所示的圆，单击应用按钮，被选取的对象就转换成参考对象，结果如图 3.9.11b 所示。

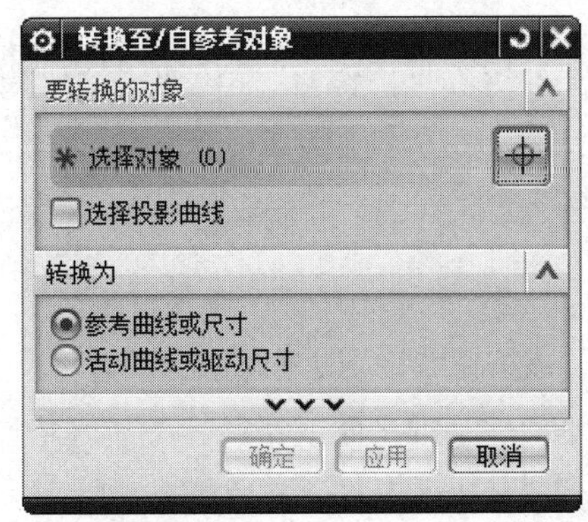


图 3.9.12　“转换至/自参考对象”对话框

**说明：**如果选择的对象是曲线，它转换成参考对象后，用浅色双点画线显示，在对草图曲线进行拉伸和旋转操作时，它将不起作用；如果选择的对象是一个尺寸，在它转换为参考对象后，它仍然在草图中显示，并可以更新，但其尺寸表达式在表达式列表框中将消失，它不再对原来的几何对象产生约束效应。

Step5. 在“转换至/自参考对象”对话框中选中 活动曲线或驱动尺寸 单选项，然后选取图3.9.11b所示创建的参考对象，单击 应用 按钮，参考对象被激活，变回图3.9.11a所示的形式，然后单击 取消 按钮。

**说明：**对于尺寸来说，它的尺寸表达式又会出现在尺寸表达式列表框中，可修改其尺寸表达式的值，以改变它所对应的草图对象的约束效果。

# 3.10 草图的管理

在草图绘制完成后，可通过图3.10.1所示的 主页 功能选项卡 草图 区域来管理草图。下面简单介绍工具条中各工具按钮的功能。

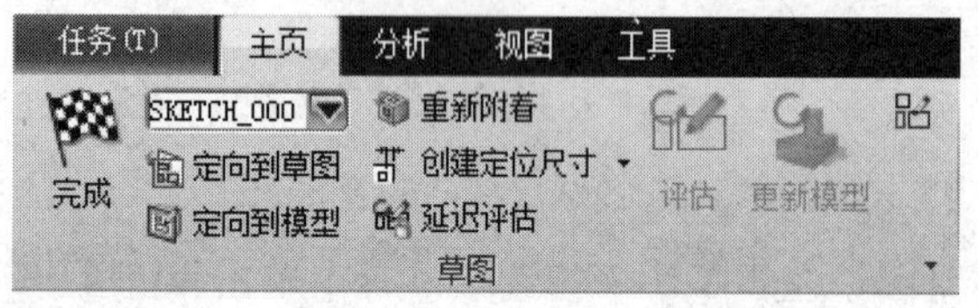


图3.10.1 “草图”区域

## 3.10.1 定向视图到草图

“定向到草图”按钮为，用于使草图平面与屏幕平行，方便绘制草图。

## 3.10.2 定向视图到模型

“定向到模型”按钮为，用于将视图定向到当前的建模视图，即在进入草图环境之前显示的视图。

## 3.10.3 重新附着

“重新附着”按钮为，该按钮有以下3个功能。

- 移动草图到不同的平面、基准平面或路径。
- 切换原位上的草图到路径上的草图，反之亦然。

- 沿着所附着到的路径，更改路径上的草图的位置。

**注意**：目标平面、面或路径必须有比草图更早的时间戳记（即在草图前创建）。对于原位上的草图，重新附着也会显示任意的定位尺寸，并重新定义它们参考的几何体。

## 3.10.4 创建定位尺寸

利用 创建定位尺寸 中的各下拉选项，可以创建、编辑、删除或重新定义草图定位尺寸，并且相对于已存在几何体（边缘、基准轴和基准平面）定位草图。

单击 创建定位尺寸 后的下三角箭头，系统弹出图 3.10.2 所示的“定位尺寸”下拉选项，它们分别为 “创建定位尺寸” 按钮、“编辑定位尺寸” 按钮、“删除定位尺寸” 按钮和“重新定义定位尺寸” 按钮。单击“创建定位尺寸” 按钮，系统弹出图 3.10.3 所示的“定位” 对话框，可以创建草图的定位尺寸。

**注意**：该命令主要用于定位草图在具体模型中的位置，对单独的草图对象不起作用。

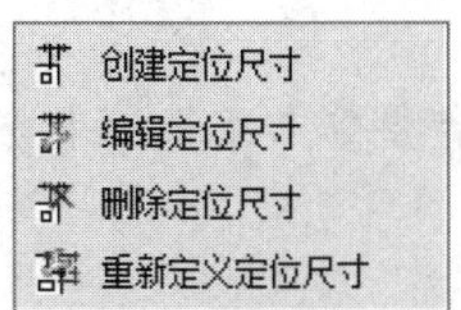


图 3.10.2 “定位尺寸”下拉选项

图 3.10.3 “定位”对话框

## 3.10.5 延迟计算与评估草图

“延迟评估” 按钮为，单击该按钮后，系统将延迟草图约束的评估（即创建曲线时，系统不显示约束；指定约束时，系统不会更新几何体），直到单击“评估草图” 按钮后，可查看草图自动更新的情况。

## 3.10.6 更新模型

“更新模型” 按钮为，用于模型的更新，以反映对草图所作的更改。如果存在要进行的更新，并且退出了草图环境，则系统会自动更新模型。

# 3.11 草图范例 1

**范例概述：**

本范例主要介绍草图的绘制、编辑和标注的过程，读者要重点掌握约束与尺寸的标注，如图 3.11.1 所示。

**说明**：本范例的详细操作过程请参见随书光盘中 video\ch03\文件夹下的语音视频讲解文件。模型文件为 D:\ug12pd\work\ch03.11\SKETCH01.prt。

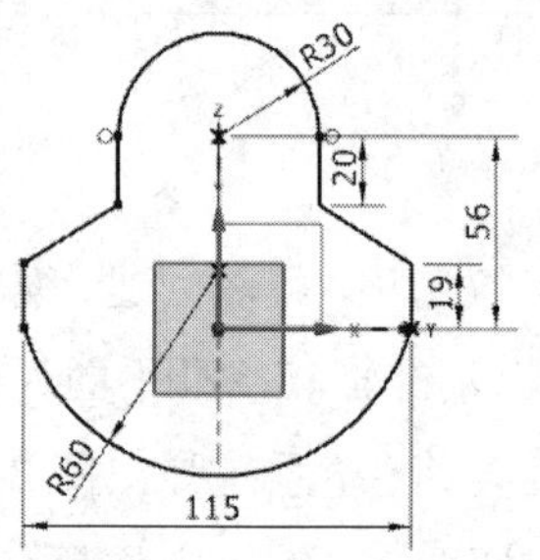


图 3.11.1　二维草图范例 1

## 3.12　草图范例 2

**范例概述：**

本范例主要介绍草图的绘制、编辑和标注的过程，读者要重点掌握约束与尺寸的标注，如图 3.12.1 所示。

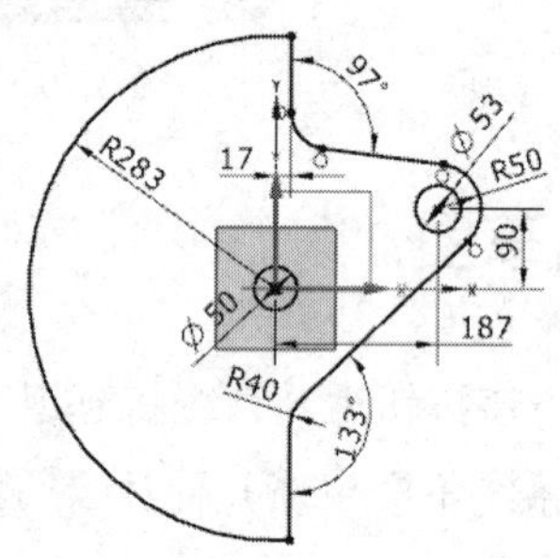


图 3.12.1　二维草图范例 2

**说明**：本范例的详细操作过程请参见随书光盘中 video\ch03\文件夹下的语音视频讲解文件。模型文件为 D:\ug12pd\work\ch03.12\SKETCH02.prt。

**学习拓展**：扫码学习更多视频讲解。

**讲解内容**：主要包含二维草图的绘制思路、流程与技巧总结，另外还有二十多个来自实际产品设计中草图案例的讲解。草图是创建三维实体特征的基础，掌握高效的草图绘制技巧，有助于提高零件设计的效率。

# 第 4 章　一般产品零件的设计

## 4.1　三维建模概述

### 4.1.1　建模方式

用 UG NX 12.0 进行零件设计，其方法灵活多样，一般而言，有以下四种。

**1．显式建模**

显式建模对象是相对于模型空间而不是相对于彼此建立的，显式建模属于非参数化建模方式。对某一个对象所做的改变不影响其他对象或最终模型，例如过两个存在点建立一条线，或过三个存在点建立一个圆，若移动其中的一个点，已建立的线或圆不会改变。

**2．参数化建模**

为了进一步编辑一个参数化模型，应将定义模型的参数值随模型一起存储，且参数可以彼此引用，以建立模型各个特征间的关系。例如一个孔的直径或深度，或一个矩形凸垫的长度、宽度和高度。设计者的意图可以是孔的深度总是等于凸垫的高度。将这些参数链接在一起可以获得设计者需要的结果，这是显式建模很难完成的。

**3．基于约束的建模**

在基于约束的建模中，模型的几何体是从作用到定义模型几何体的一组设计规则，这组规则称之为约束，用于驱动或求解。这些约束可以是尺寸约束（如草图尺寸或定位尺寸）或几何约束（如平行或相切）。

**4．复合建模**

复合建模是上述三种建模技术的发展与选择性组合。UG NX 12.0 复合建模支持传统的显式几何建模、基于约束的建模和参数化特征建模，将所有工具无缝地集成在单一的建模环境内，设计者在建模技术上有更多的灵活性。复合建模也包括新的直接建模技术，允许设计者在非参数化的实体模型表面上施加约束。

对于每一个基本体素特征、草图特征、设计特征和细节特征，在 UG NX 12.0 中都提供了相关的特征参数编辑，可以随时通过更改相关参数来更新模型形状。这种通过尺寸进行驱动的方式为建模及更改带来很大的便利，这将在后续的章节中结合具体的例子加以介绍。

### 4.1.2 基本的三维模型

一般而言，基本的三维模型包括长方体、圆柱体和球体等简单的三维几何体。图 4.1.1 所示是几种典型的基本三维模型。三维几何图形的确立，需要在系统中定义坐标系（例如笛卡儿坐标系）来确立其尺寸和位置参数等。

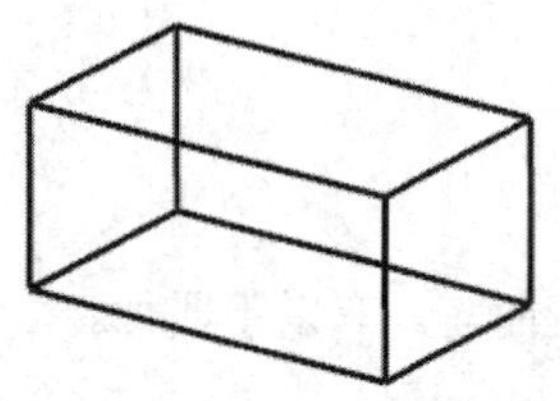
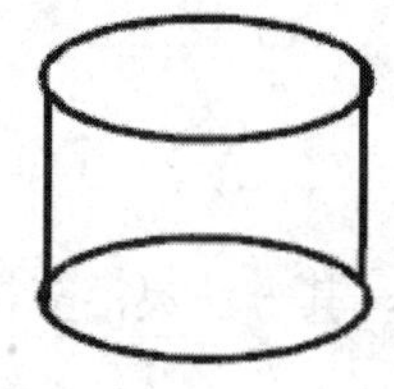
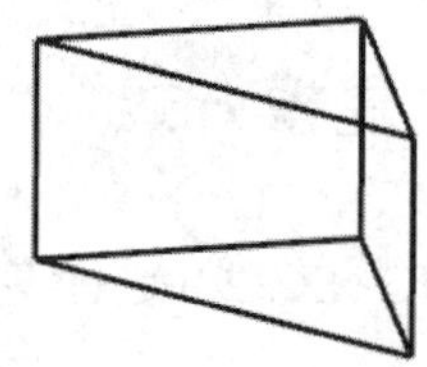

图 4.1.1 简单的三维模型

基本三维模型的一般创建过程如下。

Step1. 选取一个用于定位的坐标系，定义实体的存在空间。

Step2. 选定一个平面作为二维草图的绘制平面。

Step3. 在草图平面上创建形成三维模型所需的截面和轨迹等二维草图。

Step4. 生成三维模型。

**说明**：这里列举的是一般三维模型的创建过程，在 UG NX 12.0 系统中，一些常用的三维模型已经集成，可以直接调用，比如长方体、圆柱体、圆锥体和球体等。创建它们时，直接给出定位和尺寸参数即可，不用建立二维草图。

### 4.1.3 “特征”与三维建模

本节将简要介绍“特征添加”建模的方法，这种方法的使用十分普遍，UG NX 12.0 也将它运用到了软件中。

目前，“特征”或者“基于特征”的这些术语在 CAD 领域中频频出现，在创建三维模型时，人们普遍认为这是一种更直接、更有用的表达方式。

下面是一些书中或文献中对特征的定义。

- “特征”是表示与制造操作和加工工具相关的形状和技术属性。
- “特征”是需要一起引用的成组几何或者拓扑实体。
- “特征”是用于生成、分析和评估设计的单元。

一般来说，“特征”是构成一个零件或者装配件的单元，虽然从几何形状上看，它也包含作为一般三维模型的点、线、面或者实体单元，但更重要的是，它具有工程制造意义，也就是说基于特征的三维模型具有常规几何模型所没有的附加的工程制造等信息。

用“特征添加”的方法创建三维模型的优点如下。

- 表达更符合工程技术人员的习惯，并且三维模型的创建过程与其加工过程十分相近，软件容易上手和深入。
- 添加特征时，可附加三维模型的工程制造等信息。
- 在模型的创建阶段，特征结合于零件模型中，并且采用来自数据库的参数化通用特征来定义几何形状，这样在设计进行阶段就可以很容易地做出一个更为丰富的产品工艺，并且能够有效地支持下游活动的自动化，如模具和刀具等的准备以及加工成本的早期评估等。

下面以图 4.1.2 所示的三维模型为例，说明用“特征添加”创建三维模型的一般过程。这是一个由基本几何体组成的复杂的三维模型。其创建过程可以按以下步骤进行，如图 4.1.3 所示。

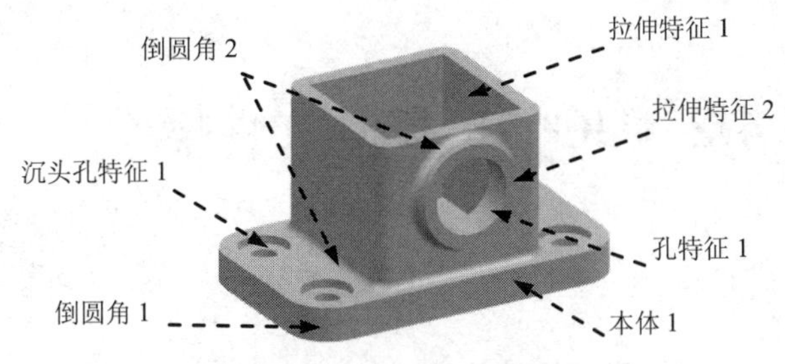


图 4.1.2　复杂三维模型

Step1. 创建或选取作为模型空间定位的基准特征，如基准面、基准线或基准坐标系。

Step2. 创建基本特征——本体 1。

Step3. 添加拉伸特征——拉伸特征 1。

Step4. 添加拉伸特征——拉伸特征 2。

Step5. 添加孔特征——孔特征 1。

Step6. 添加倒圆角特征——倒圆角特征 1。

Step7. 添加沉头孔特征——沉头孔特征 1。

Step8. 添加倒圆角特征——倒圆角特征 2。

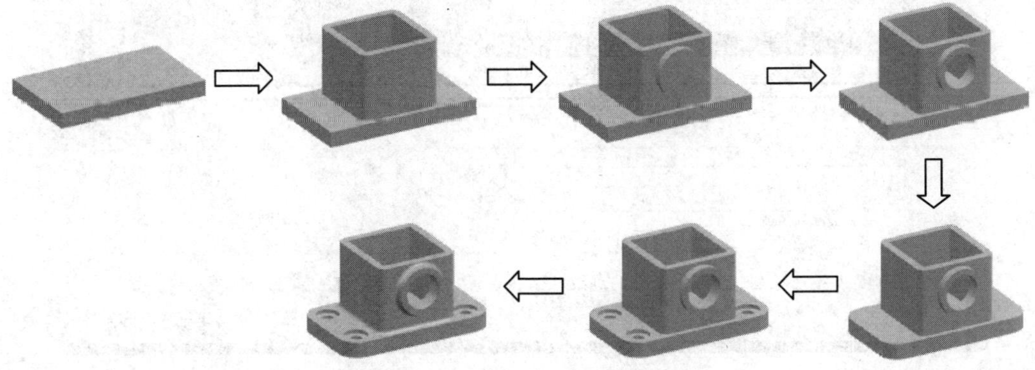

图 4.1.3　复杂三维模型的创建流程

对于初学者来说，从事设计应该首先掌握草图的绘制。在画草图时，根据设计的合理化和功能要求，将部件的粗略轮廓展现出来，然后进行几何和尺寸约束。这样就可以确保当设计进入到下一个工程阶段进行编辑时，不会丢失基本的特征。

学会把复杂的三维模型分解为简单的模型组合，这对提高建模效率有很大的帮助。有时，对于同一个模型，可以有多种创建方法，但是每种方法各有利弊，要视具体情况分别对待。

对于每一个基本体素特征、草图特征、设计特征和细节特征，在 UG NX 12.0 中都提供了相关的特征参数编辑，可以随时通过更改相关参数来更新模型形状。这种通过尺寸进行驱动的方式为建模及更改带来了很大的便利，这将在后续的章节中结合具体的例子加以介绍。

# 4.2 UG NX 12.0 文件操作

## 4.2.1 新建文件

新建一个 UG 文件可以采用以下方法：

Step1. 选择下拉菜单 文件(F) ➡ 新建(N)... 命令（或单击“新建”按钮）。

Step2. 系统弹出图 4.2.1 所示的“新建”对话框；在 模板 列表框中选择模板类型为 模型，在 名称 文本框中输入文件名称（如_model1），单击 文件夹 文本框后的按钮设置文件存放路径（或者在 文件夹 文本框中输入文件保存路径）。

Step3. 单击 确定 按钮，完成新部件的创建。

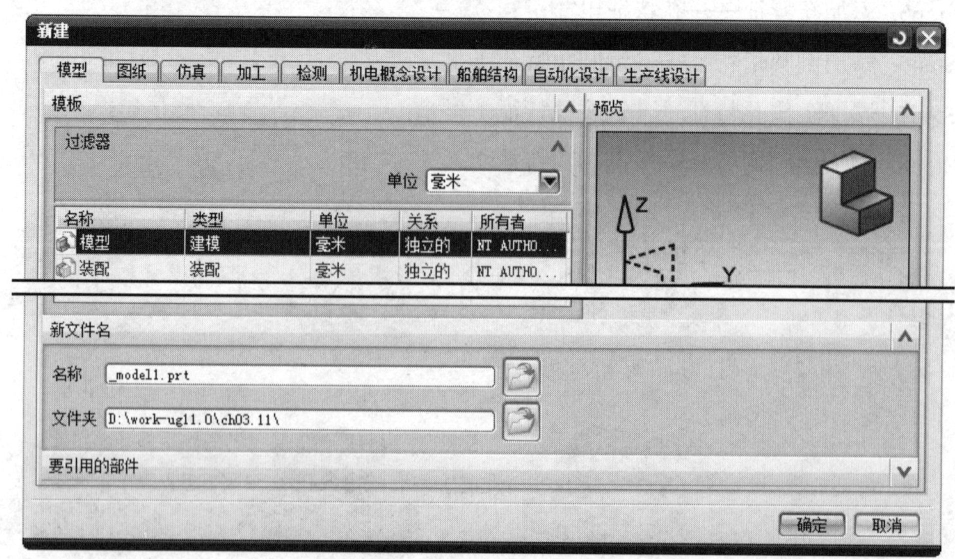


图 4.2.1 “新建”对话框

图 4.2.1 所示的“新建”对话框中主要选项的说明如下。

- 单位下拉列表：规定新部件的测量单位，包括全部、英寸和毫米选项（如果软件安装的是简体中文版，则默认单位是毫米）。
- 名称文本框：显示要创建的新部件文件名。写入文件名时，可以省略扩展名.prt。当系统建立文件时，添加扩展名。文件名最长为 128 个字符，路径名最长为 256 个字符。有效的文件名字符与操作系统相关。文件名使用如下字符无效：“”（双引号）、*（星号）、/（正斜杠）、<（小于号）、>（大于号）、:（冒号）、\（反斜杠）、|（垂直杠）等符号。
- 文件夹文本框：用于设置文件的存放路径。

## 4.2.2　打开文件

### 1．打开一个文件

打开一个文件，一般采用以下方法。

Step1. 选择下拉菜单文件(F) ➡ 打开(O)... 命令。

Step2. 系统弹出图 4.2.2 所示的“打开”对话框；在查找范围(I):下拉列表中选择需打开文件所在的目录（如 D:\ug12pd\work\ch02），选中要打开的文件后，在文件名(N):文本框中显示部件名称（如 down_base.prt），也可以在文件类型(T):下拉列表中选择文件类型。

Step3. 单击 OK 按钮，即可打开部件文件。

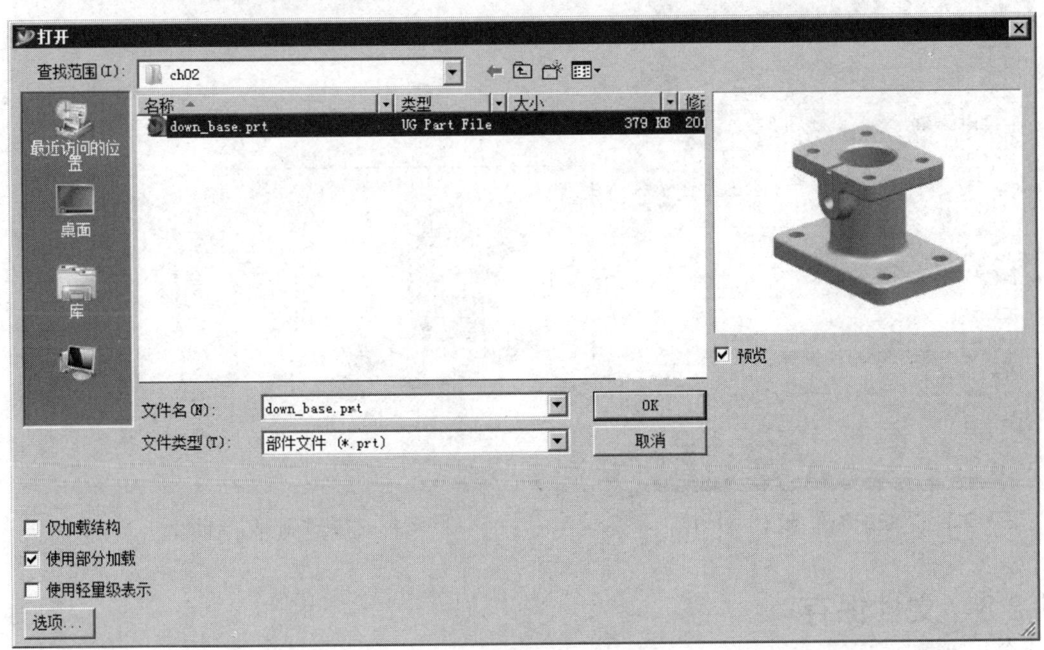


图 4.2.2　“打开”对话框

图 4.2.2 所示的“打开”对话框中主要选项的说明如下。

- 预览复选框：选中该复选框，将显示选择部件文件的预览图像。利用此功能观看部件文件而不必在UG NX 12.0软件中一一打开，这样可以很快地找到所需要的部件文件。“预览”功能仅针对存储在UG NX 12.0中的部件，在Windows平台上有效。如果不想预览，取消选中该复选框即可。
- 文件名(N):文本框：显示选择的部件文件，也可以输入一部件文件的路径名，路径名长度最多为256个字符。
- 文件类型(T):下拉列表：用于选择文件的类型。选择了某类型后，在“打开”对话框的列表框中仅显示该类型的文件，系统也自动地用显示在此区域中的扩展名存储部件文件。
- 选项...（选项）：单击此按钮，系统弹出图4.2.3所示的“装配加载选项”对话框，利用该对话框可以对加载方式、加载组件和搜索路径等进行设置。

### 2. 打开多个文件

在同一进程中，UG NX 12.0允许同时创建和打开多个部件文件，可以在几个文件中不断切换并进行操作，很方便地同时创建彼此有关系的零件。单击“快速访问工具栏”中的切换窗口按钮，在系统弹出的“更改窗口”对话框（图4.2.4）中每次选中不同的文件窗口即可互相切换。

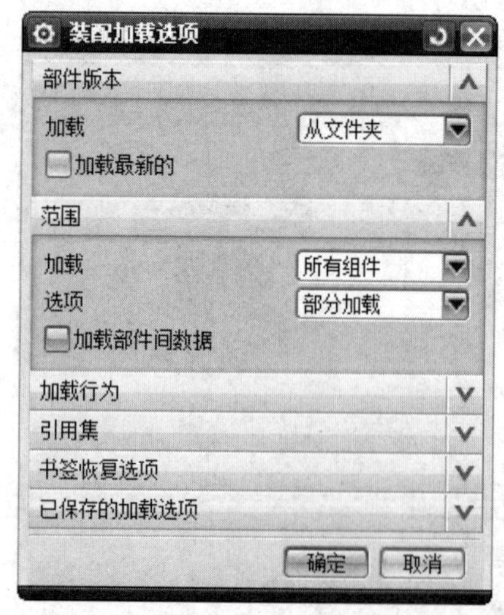


图4.2.3 “装配加载选项”对话框

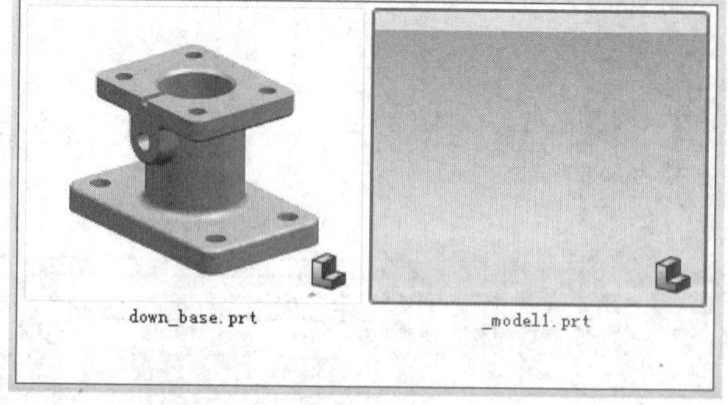


图4.2.4 “更改窗口”对话框

## 4.2.3 文件保存

### 1. 保存

在UG NX 12.0中，如果新建文件时，在“新建”对话框的名称文本框中输入了新的文件名称（不是默认的文件名_model1），选择下拉菜单 文件(F) ➡ 保存(S) 命令即可保存文件。

如果新建文件时没有修改系统默认的名称，选择保存命令时，系统会弹出图 4.2.5 所示的“命名部件”对话框，可以在该对话框中根据需要再次输入文件名称和保存路径后，单击 确定 按钮即可保存文件。

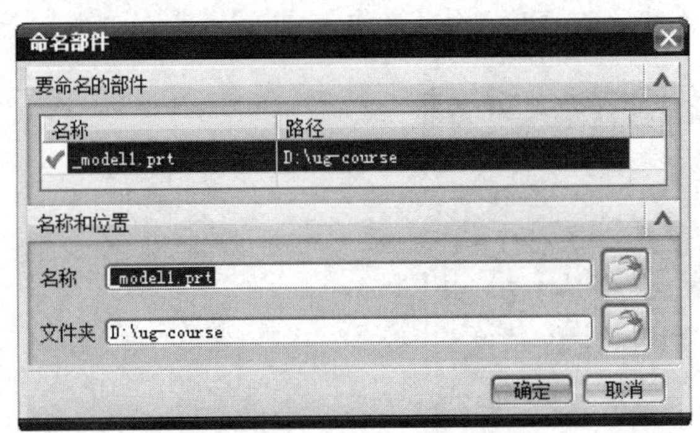


图 4.2.5 “命名部件”对话框

2．另存为

选择下拉菜单 文件(F) ➡ 另存为(A)... 命令，系统弹出图 4.2.6 所示的“另存为”对话框。可以利用不同的文件名存储一个已有的部件文件作为备份。

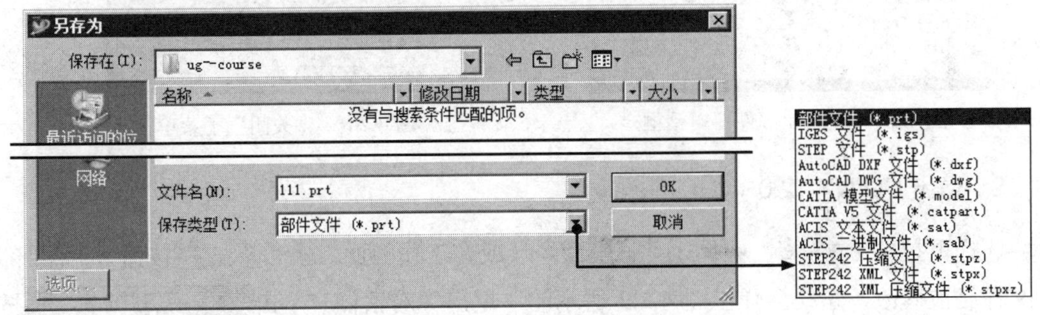


图 4.2.6 “另存为”对话框

## 4.2.4 关闭部件和退出 UG NX 12.0

1．关闭选择的部件

选择下拉菜单 文件(F) ➡ 关闭(C) ▸ ➡ 选定的部件(P)... 命令，系统弹出图 4.2.7 所示的“关闭部件”对话框。通过此对话框可以关闭选择的一个或多个打开的部件文件，也可以通过单击 关闭所有打开的部件 按钮，关闭系统当前打开的所有部件。使用此方式关闭部件文件时不存储部件，它仅从工作站的内存中清除部件文件。

**注意**：选择下拉菜单 文件(F) ➡ 关闭(C) ▸ 命令后，系统弹出图 4.2.8 所示的“关闭”子菜单。

图 4.2.8 所示的“关闭”子菜单中相关命令的说明如下。

A1：关闭当前所有的部件。

A2：以当前名称和位置保存并关闭当前显示的部件。

A3：以不同的名称和（或）不同的位置保存当前显示的部件。

A4：以当前名称和位置保存并关闭所有打开的部件。

A5：保存所有修改过的已打开部件（不包括部分加载的部件），然后退出 UG NX 12.0。

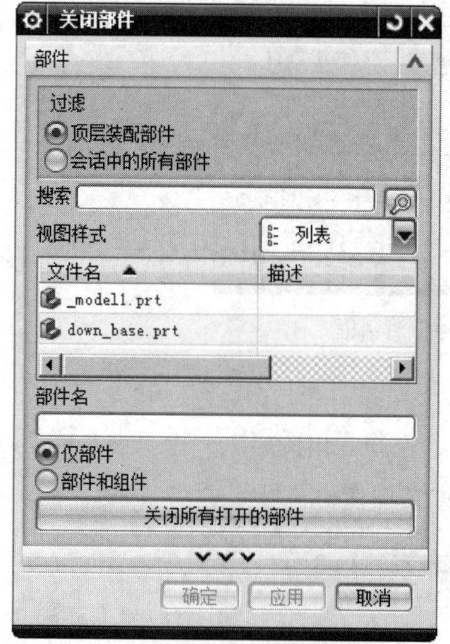


图 4.2.7 “关闭部件”对话框

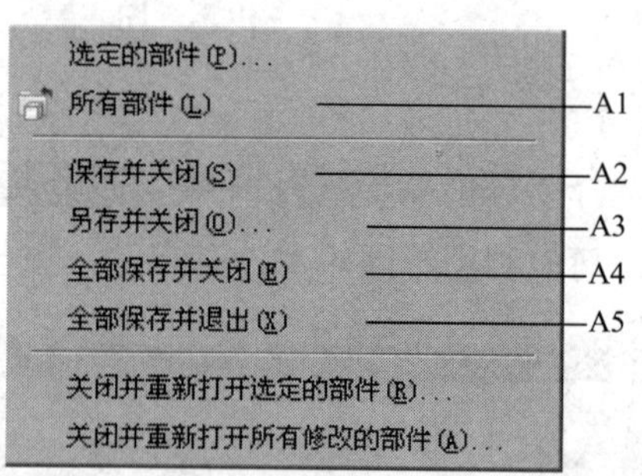


图 4.2.8 “关闭”子菜单

## 2．退出 UG NX 12.0

选择下拉菜单 文件(F) → 退出(X) 命令（或在工作界面右上角单击 ✕ 按钮），如果部件文件已被修改，系统会弹出图 4.2.9 所示的“退出”对话框。单击 是 - 保存并退出(Y) 按钮，退出 UG NX 12.0。

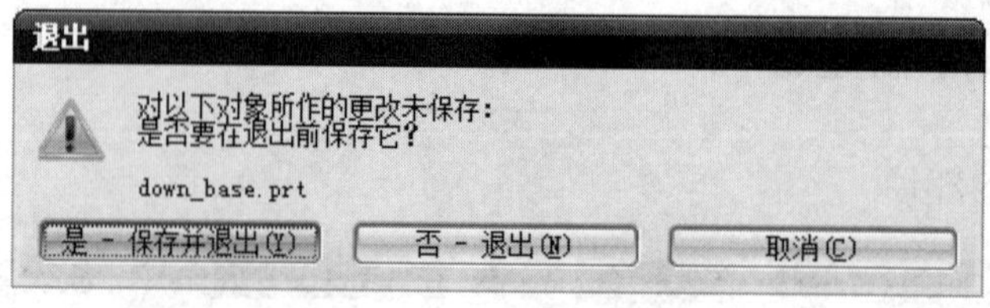


图 4.2.9 “退出”对话框

图 4.2.9 所示的“退出”对话框中各选项的说明如下。

- 是 - 保存并退出(Y) 按钮：保存部件并关闭当前文件。
- 否 - 退出(N) 按钮：不保存部件并关闭当前文件。
- 取消(C) 按钮：取消此次操作，继续停留在当前文件。

# 4.3 体　　素

## 4.3.1 基本体素

特征是组成零件的基本单元。一般而言，长方体、圆柱体、圆锥体和球体 4 个基本体素特征常常作为零件模型的第一个特征（基础特征）使用，然后在基础特征之上，通过添加新的特征以得到所需的模型，因此体素特征对零件的设计而言是最基本的特征。下面分别介绍以上 4 种基本体素特征的创建方法。

### 1. 创建长方体

进入建模环境后，选择下拉菜单 插入(S) → 设计特征(E) → 长方体(K)... 命令（或在 主页 功能选项卡 特征 区域 下拉列表中单击 长方体 按钮），系统弹出图 4.3.1 所示的“长方体”对话框。在 类型 下拉列表中可以选择创建长方体的方法，共有 3 种。

**注意**：如果下拉菜单 插入(S) → 设计特征(E) 中没有 长方体(K)... 命令，则需要定制，具体定制过程请参见“用户界面的定制”的相关内容。在后面的章节中如果有类似情况，将不再进行具体说明。

**方法一**：“原点和边长”方法。

下面以图 4.3.2 所示的长方体为例，说明使用“原点和边长”方法创建长方体的一般过程。

Step1. 选择命令。选择下拉菜单 插入(S) → 设计特征(E) → 长方体(K)... 命令，系统弹出图 4.3.1 所示的“长方体”对话框。

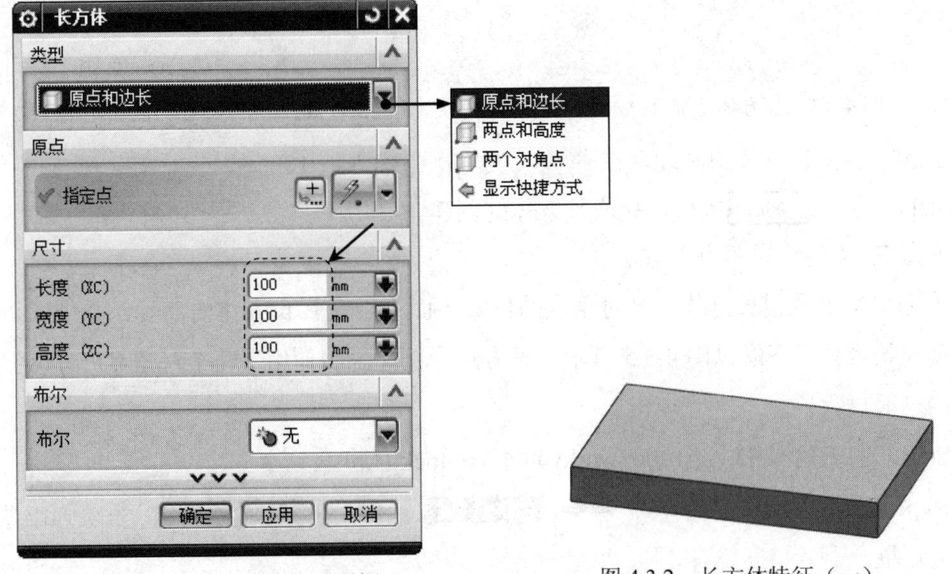


图 4.3.1 “长方体”对话框　　　图 4.3.2 长方体特征（一）

Step2. 选择创建长方体的方法。在 类型 下拉列表中选择 原点和边长 选项，如图 4.3.1 所示。

Step3. 定义长方体的原点（即长方体的一个顶点）。选择坐标原点为长方体顶点（系统默认选择坐标原点为长方体顶点）。

Step4. 定义长方体的参数。在长度（XC）文本框中输入值 140，在宽度（YC）文本框中输入值 90，在高度（ZC）文本框中输入值 16。

Step5. 单击 确定 按钮，完成长方体的创建。

**说明**：长方体创建完成后，如果要对其进行修改，可直接双击该长方体，然后根据系统信息提示编辑其参数。

**方法二**：“两点和高度”方法。

“两点和高度”方法要求指定长方体在 Z 轴方向上的高度和其底面两个对角点的位置，以此创建长方体。下面以图 4.3.3 所示的长方体为例，说明使用“两点和高度”方法创建长方体的一般过程。

Step1. 打开文件 D:\ ug12pd \work\ch04.03\block02.prt。

Step2. 选择命令。选择下拉菜单 插入(S) → 设计特征(E) ▸ → 长方体(K)... 命令，系统弹出“长方体”对话框。

Step3. 选择创建长方体的方法。在类型下拉列表选择 两点和高度 选项。

Step4. 定义长方体的底面对角点。在图形区中单击图 4.3.4 所示的两个点作为长方体的底面对角点。

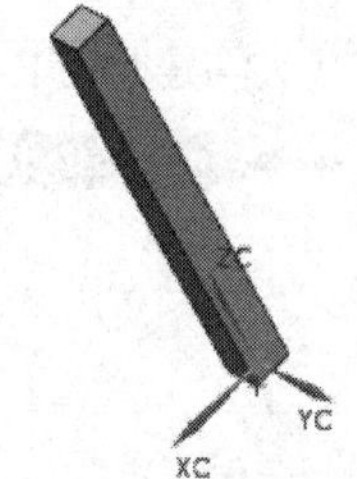


图 4.3.3 长方体特征（二）

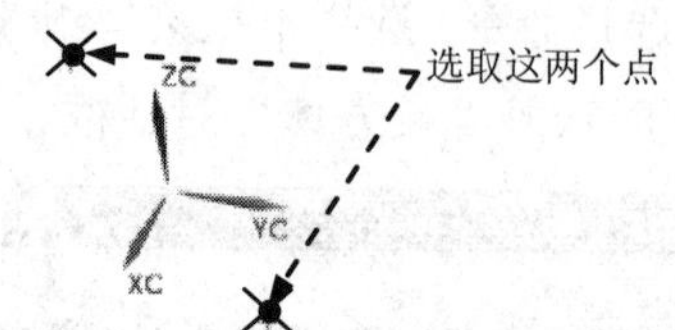


图 4.3.4 选取两个点作为底面对角点

Step5. 定义长方体的高度。在高度（ZC）文本框中输入值 100。

Step6. 单击 确定 按钮，完成长方体的创建。

**方法三**：“两个对角点”方法。

该方法要求设置长方体两个对角点的位置，而不用设置长方体的高度，系统即可从对角点创建长方体。下面以图 4.3.5 所示的长方体为例，说明使用“两个对角点”方法创建长方体的一般过程。

Step1. 打开文件 D:\ ug12pd \work\ch04.03\block03.prt。

Step2. 选择下拉菜单 插入(S) → 设计特征(E) ▸ → 长方体(K)... 命令，系统弹出“长方体”对话框。

Step3. 选择创建长方体的方法。在类型下拉列表中选择 两个对角点 选项。

Step4. 定义长方体的对角点。在图形区中单击图 4.3.6 所示的两个点作为长方体的对角点。

Step5. 单击 确定 按钮，完成长方体的创建。

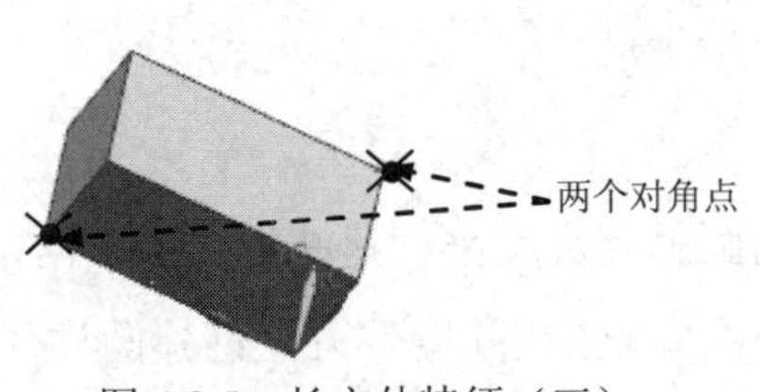


图 4.3.5 长方体特征（三）

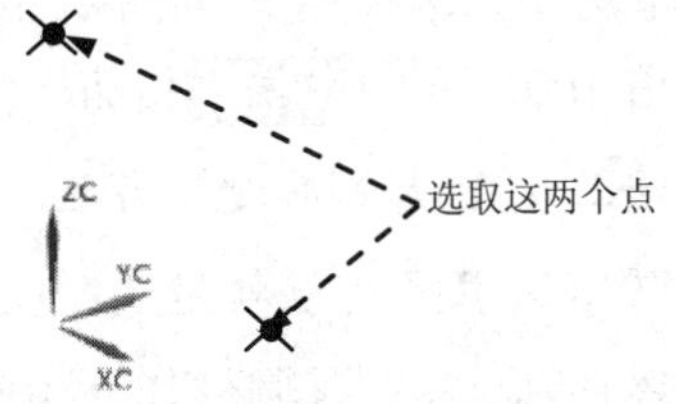


图 4.3.6 选取两个点作为对角点

## 2. 创建圆柱体

创建圆柱体有“轴、直径和高度”和“圆弧和高度”两种方法，下面将分别介绍。

**方法一：**“轴、直径和高度”方法。

“轴、直径和高度”方法要求确定一个矢量方向作为圆柱体的轴线方向，再设置圆柱体的直径和高度参数，以及圆柱体底面中心的位置。下面以图 4.3.7 所示的零件基础特征（圆柱体）为例，说明使用“轴、直径和高度”方法创建圆柱体的一般操作过程。

Step1. 选择命令。选择下拉菜单 插入(S) → 设计特征(E) → 圆柱(C)... 命令（或在 主页 功能选项卡 特征 区域 下拉列表中单击 圆柱 按钮），系统弹出图 4.3.8 所示的“圆柱”对话框。

Step2. 选择创建圆柱体的方法。在类型下拉列表中选择 轴、直径和高度 选项。

Step3. 定义圆柱体轴线方向。单击“矢量对话框”按钮，系统弹出图 4.3.9 所示的“矢量”对话框。在该对话框的类型下拉列表中选择 ZC 轴 选项，单击 确定 按钮。

图 4.3.7 创建圆柱体（一）

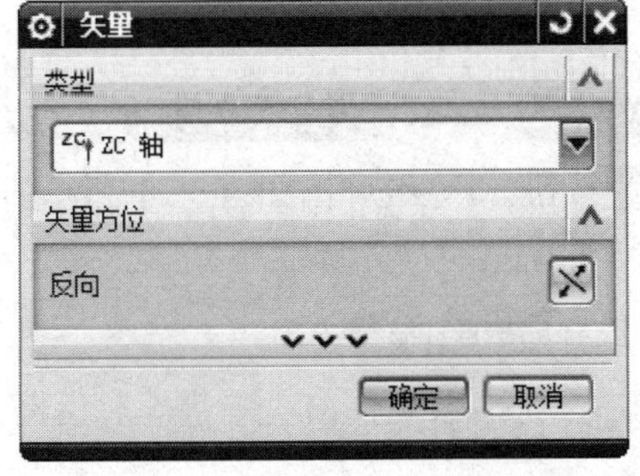


图 4.3.9 “矢量”对话框

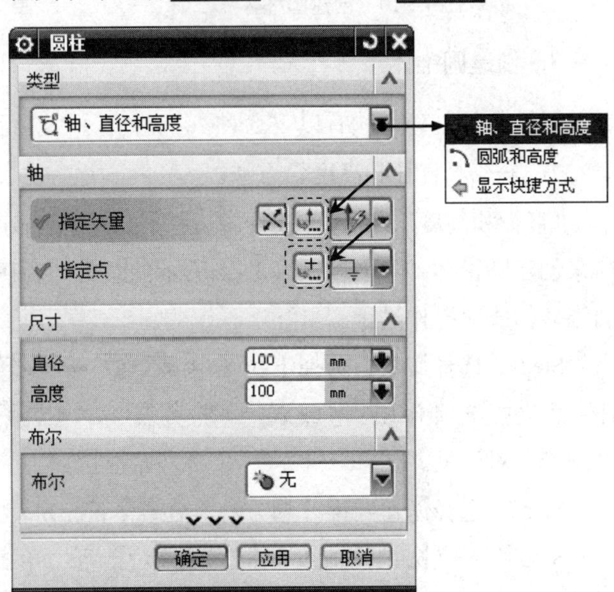


图 4.3.8 “圆柱”对话框

Step4. 定义圆柱底面圆心位置。在“圆柱”对话框中单击“点对话框”按钮，系统弹出“点”对话框。在该对话框中设置圆心的坐标为 XC=0.0、YC=0.0、ZC=0.0，单击确定按钮，系统返回到“圆柱”对话框。

Step5. 定义圆柱体参数。在“圆柱”对话框的直径文本框中输入值 100，在高度文本框中输入值 100，单击确定按钮，完成圆柱体的创建。

**方法二：**“圆弧和高度”方法。

“圆弧和高度”方法就是通过设置所选取的圆弧和高度来创建圆柱体。下面以图 4.3.10 所示的零件基础特征（圆柱体）为例，说明使用“圆弧和高度”方法创建圆柱体的一般操作过程。

Step1. 打开文件 D:\ug12pd\work\ch04.03\cylinder02.prt。

Step2. 选择命令。选择下拉菜单插入(S) → 设计特征(E) → 圆柱(C)...命令，系统弹出“圆柱”对话框。

Step3. 选择创建圆柱体的方法。在类型下拉列表中选择圆弧和高度选项。

Step4. 定义圆柱体参数。根据系统为圆柱体直径选择圆弧或圆的提示，在图形区中选中图 4.3.11 所示的圆弧，在高度文本框中输入值 100。

Step5. 单击确定按钮，完成圆柱体的创建。

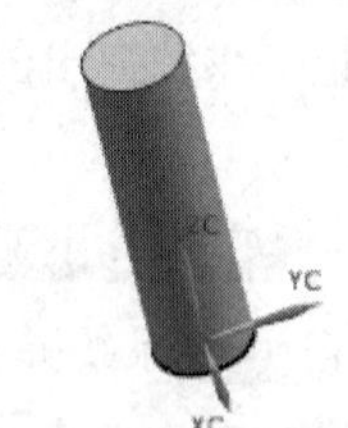


图 4.3.10　创建圆柱体（二）

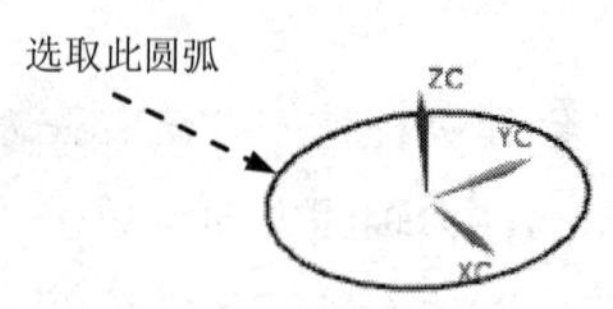


图 4.3.11　选取圆弧

### 3. 创建圆锥体

圆锥体的创建方法有以下 5 种。

**方法一：**“直径和高度”方法。

“直径和高度”方法就是通过设置圆锥体的底部直径、顶部直径、高度以及圆锥轴线方向来创建圆锥体。下面以图 4.3.12 所示的圆锥体为例，说明使用“直径和高度”方法创建圆锥体的一般操作过程。

Step1. 选择命令。选择下拉菜单插入(S) → 设计特征(E) → 圆锥(O)...命令（或在主页功能选项卡特征区域下拉列表中单击圆锥按钮），系统弹出图 4.3.13 所示的“圆锥”对话框。

Step2. 选择创建圆锥体的方法。在类型下拉列表中选择直径和高度选项。

Step3. 定义圆锥体轴线方向。在该对话框中单击按钮，系统弹出“矢量”对话框，在“矢量”对话框的类型下拉列表中选择ZC 轴选项。

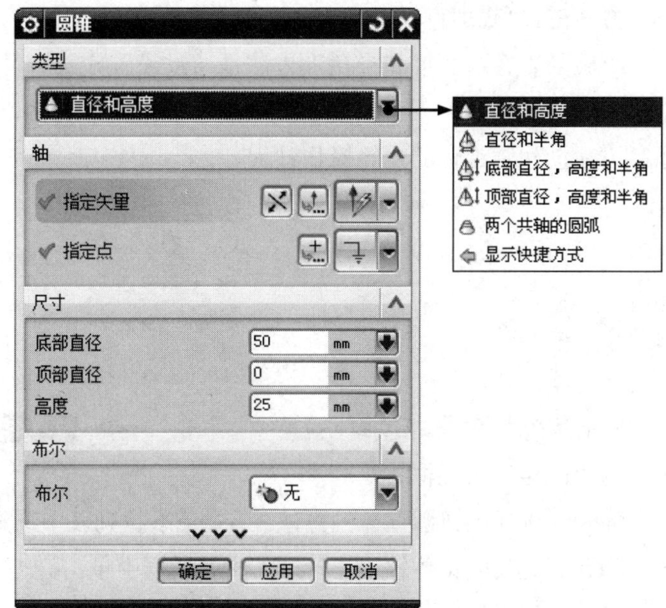


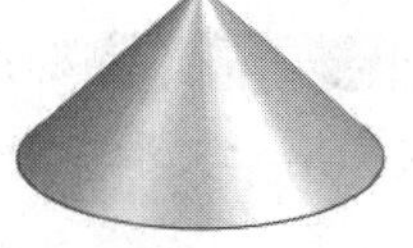

图 4.3.12　圆锥体特征（一）

图 4.3.13　“圆锥”对话框

Step4. 定义圆锥体底面原点（圆心）。接受系统默认的原点（0,0,0）为底圆原点。

Step5. 定义圆锥体参数。在底部直径文本框中输入值 50，在顶部直径文本框中输入值 0，在高度文本框中输入值 25。

Step6. 单击确定按钮，完成圆锥体的创建。

**方法二：**“直径和半角”方法。

“直径和半角”方法就是通过设置底部直径、顶部直径、半角以及圆锥轴线方向来创建圆锥体。下面以图 4.3.14 所示的圆锥体为例，说明使用“直径和半角”方法创建圆锥体的一般操作过程。

图 4.3.14　圆锥体特征（二）

Step1. 选择命令。选择下拉菜单插入(S) ➡ 设计特征(E) ➡ 圆锥(O)...命令，系统弹出“圆锥”对话框。

Step2. 选择创建圆锥体的方法。在类型下拉列表中选择直径和半角选项。

Step3. 定义圆锥体轴线方向。在该对话框中单击按钮，系统弹出“矢量”对话框，在“矢量”对话框的类型下拉列表中选择ZC 轴选项。

Step4. 定义圆锥体底面原点（圆心）。选择系统默认的坐标原点（0,0,0）为底面原点。

Step5. 定义圆锥体参数。在底部直径文本框中输入值 50，在顶部直径文本框中输入值 0，在半角文本框中输入值 30，单击确定按钮，完成圆锥体的创建。

**方法三：**“底部直径，高度和半角”方法。

“底部直径，高度和半角”方法是通过设置底部直径、高度和半角参数以及圆锥轴线方向来创建圆锥体。下面以图 4.3.15 所示的圆锥体为例，说明使用“底部直径，高度和半角”方法创建圆锥体的一般操作过程。

图 4.3.15 圆锥体特征（三）

Step1. 选择命令。选择下拉菜单 插入(S) → 设计特征(E) → 圆锥(O)... 命令，系统弹出“圆锥”对话框。

Step2. 选择创建圆锥体的方法。在类型下拉列表中选择 底部直径，高度和半角 选项。

Step3. 定义圆锥体轴线方向。在该对话框中单击按钮，系统弹出“矢量”对话框，在“矢量”对话框的类型下拉列表中选择 ZC 轴 选项。

Step4. 定义圆锥体底面原点（圆心）。选择系统默认的坐标原点（0, 0, 0）为底面原点。

Step5. 定义圆锥体参数。在底部直径、高度、半角文本框中分别输入值 100、86.6、30。单击 确定 按钮，完成圆锥体的创建。

**方法四：**“顶部直径，高度和半角”方法。

“顶部直径，高度和半角”方法是通过设置顶部直径、高度和半角参数以及圆锥轴线方向来创建圆锥体。其操作和“底部直径，高度和半角”方法基本一致，可参照其创建的步骤，在此不再赘述。

**方法五：**“两个共轴的圆弧”方法。

“两个共轴的圆弧”方法是通过选取两个圆弧对象来创建圆锥体。下面以图 4.3.16 所示的圆锥体为例，说明使用“两个共轴的圆弧”方法创建圆锥体的一般操作过程。

Step1. 打开文件 D:\ug12pd\work\ch04.03\cone04.prt。

Step2. 选择命令。选择下拉菜单 插入(S) → 设计特征(E) → 圆锥(O)... 命令，系统弹出“圆锥”对话框。

Step3. 选择创建圆锥体的方法。在类型下拉列表中选择 两个共轴的圆弧 选项。

Step4. 选择图 4.3.17 所示的两条弧分别为底部圆弧和顶部圆弧，单击 确定 按钮，完成圆锥体的创建。

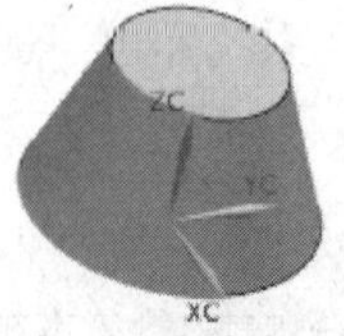


图 4.3.16 圆锥体特征（四）

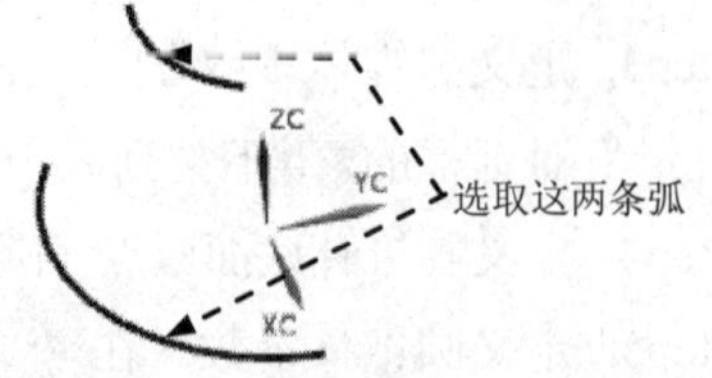


图 4.3.17 选取圆弧

**注意**：创建圆锥体中的“两个共轴的圆弧”方法所选的这两条弧（或圆）必须共轴。两条弧（圆）的直径不能相等，否则创建出错。

**4．创建球体**

球体的创建可以通过“中心点和直径”及“圆弧”这两种方法，下面分别介绍。

**方法一**：“中心点和直径”方法。

“中心点和直径”方法就是通过设置球体的直径和球体中心点位置来创建球特征。下面以图 4.3.18 所示的零件基础特征——球体为例，说明使用“中心点和直径”方法创建球体的一般操作过程。

Step1. 选择命令。选择下拉菜单 插入(S) → 设计特征(E) ▸ → 球(S)... 命令，系统弹出“球”对话框。

Step2. 选择创建球体的方法。在类型下拉列表中选择 中心点和直径选项，此时“球”对话框如图 4.3.19 所示。

Step3. 定义球中心点位置。在该对话框中单击按钮，系统弹出 “点”对话框，接受系统默认的坐标原点（0, 0, 0）为球心。

Step4. 定义球体直径。在直径文本框输入值 100。单击 确定 按钮，完成球体的创建。

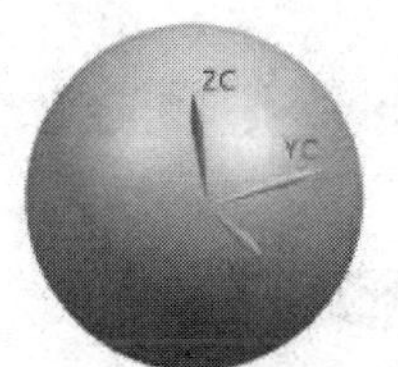


图 4.3.18　球体特征（一）

图 4.3.19　“球”对话框

**方法二**：“圆弧”方法。

“圆弧”方法就是通过选取的圆弧来创建球体，选取的圆弧可以是一段弧，也可以是圆。下面以图 4.3.20 所示的零件基础特征——球体为例，说明使用“圆弧”方法创建球体的一般操作过程。

Step1. 打开文件 D:\ ug12pd\work\ch04.03\sphere02.prt。

Step2. 选择命令。选择下拉菜单 插入(S) → 设计特征(E) ▸ → 球(S)... 命令，系统弹出“球”对话框。

Step3. 选择创建球体的方法。在类型下拉列表中选择 圆弧选项。

Step4. 根据系统选择圆弧的提示，在图形区选取图 4.3.21 所示的圆弧，单击确定按钮，完成球体的创建。

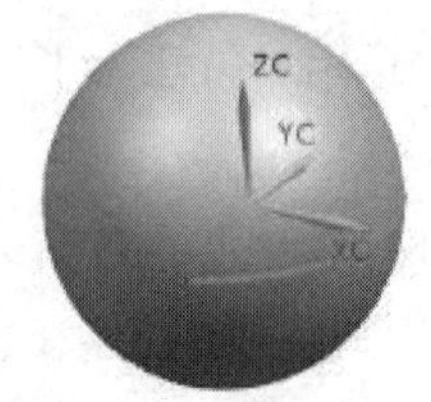

图 4.3.20 球体特征（二）

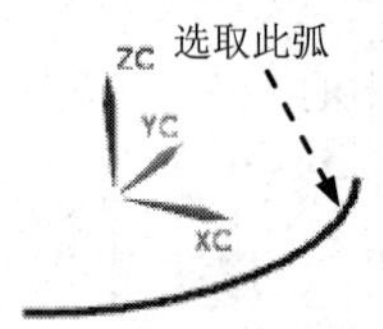

图 4.3.21 选取圆弧

## 4.3.2 在基础体素上添加其他体素

本节以图 4.3.22 所示的实体模型的创建过程为例，说明在基本体素特征上添加其他特征的一般过程。

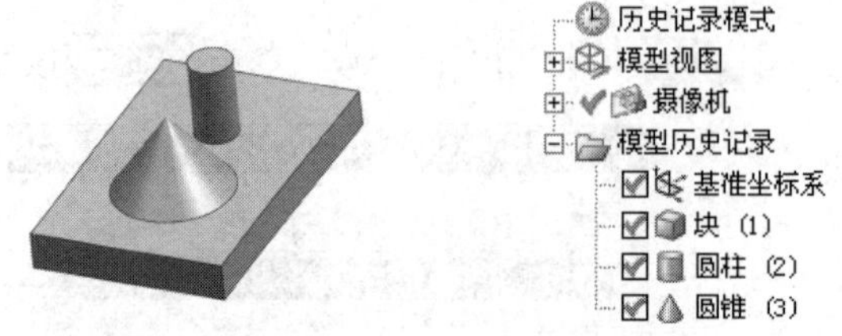

图 4.3.22 模型及模型树

Step1. 新建文件。选择下拉菜单文件(F) → 新建(N)...命令，系统弹出“新建”对话框。接受系统默认的模板，在名称文本框中输入文件名称 body，单击确定按钮。

Step2. 创建图 4.3.23 所示的基本长方体特征。

（1）选择命令。选择下拉菜单插入(S) → 设计特征(E) → 长方体(K)...命令，系统弹出“长方体”对话框。

（2）选择创建长方体的类型。在类型下拉列表中选择 原点和边长选项。

（3）定义长方体的原点。选择坐标原点为长方体原点。

（4）定义长方体参数。在长度(XC)文本框中输入值 140，在宽度(YC)文本框中输入值 90，在高度(ZC)文本框中输入值 16。

（5）单击确定按钮，完成长方体的创建。

Step3. 创建图 4.3.24 所示的圆柱体特征。

（1）选择命令。选择下拉菜单插入(S) → 设计特征(E) → 圆柱(C)...命令，系统弹出“圆柱”对话框。

（2）选择创建圆柱体的方法。在类型下拉列表中选择 轴、直径和高度选项。

（3）定义圆柱体轴线方向。单击“矢量对话框”按钮，系统弹出“矢量”对话框。

在类型下拉列表中选择ZC 轴选项，单击确定按钮，系统返回到“圆柱”对话框。

（4）定义圆柱底面圆心位置。在“圆柱”对话框中单击“点对话框”按钮，系统弹出“点”对话框。在该对话框中设置圆心的坐标，在XC文本框中输入值45，在YC文本框中输入值45，在ZC文本框中输入值0。单击确定按钮，系统返回到“圆柱”对话框。

（5）定义圆柱体参数。在直径文本框中输入值20，在高度文本框中输入值50。

（6）对圆柱体和长方体特征进行布尔运算。在布尔下拉列表中选择合并选项，采用系统默认的求和对象。单击确定按钮，完成圆柱体的创建。

Step4. 创建图4.3.25所示的圆锥体特征。

（1）选择命令。选择下拉菜单插入(S) → 设计特征(E) → 圆锥(O)...命令，系统弹出“圆锥”对话框。

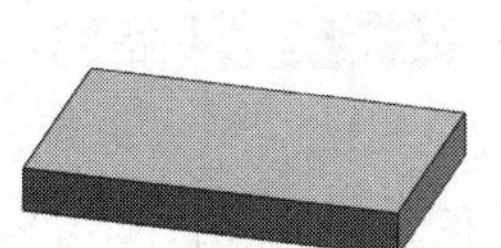

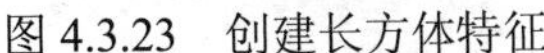

图4.3.23 创建长方体特征

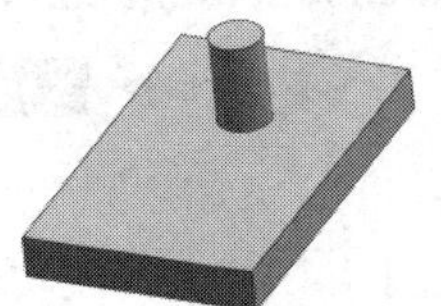

图4.3.24 创建圆柱体特征

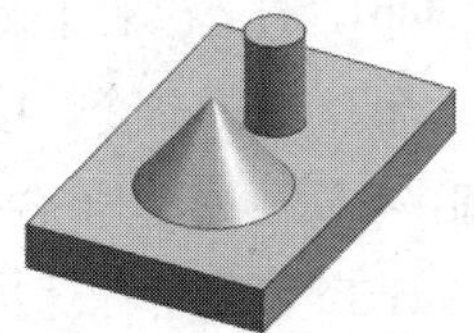

图4.3.25 添加圆锥体特征

（2）选择创建圆锥体的类型。在类型下拉列表中选择直径和高度选项。

（3）定义圆锥体轴线方向。在该对话框中单击按钮，系统弹出“矢量”对话框，在“矢量”对话框的类型下拉列表中选择ZC 轴选项。

（4）定义圆锥体底面圆心位置。在对话框中单击“点对话框”按钮，系统弹出“点”对话框。在该对话框中设置圆心的坐标，在XC文本框中输入值 90，在YC文本框中输入值45，在ZC文本框中输入值0。单击确定按钮，系统返回到“圆锥”对话框。

（5）定义圆锥体参数。在底部直径文本框中输入值80，在顶部直径文本框中输入值0，在高度文本框中输入值50。

（6）对圆锥体和前面已求和的实体进行布尔运算。在布尔下拉列表中选择合并选项，采用系统默认的求和对象。单击确定按钮，完成圆锥体的创建。

# 4.4 布尔操作

## 4.4.1 布尔操作概述

布尔操作可以将原先存在的多个独立实体进行运算，以产生新的实体。进行布尔运算时，首先选择目标体（即对其执行布尔运算的实体，只能选择一个），然后选择工具体（即在目标体上执行操作的实体，可以选择多个），运算完成后，工具体成为目标体的一部分，而且如果目标体和工具体具有不同的图层、颜色、线型等特性，产生的新实体具有与目标体相同的特性。如果部件文件中已存有实体，当建立新特征时，新特征可以作为工具体，已存在的实体作为目标体。布尔操作主要包括以下三部分内容：

- 布尔求和操作。
- 布尔求差操作。
- 布尔求交操作。

## 4.4.2 布尔求和操作

布尔求和操作用于将工具体和目标体合并成一体。下面以图 4.4.1 所示的模型为例，介绍布尔求和操作的一般过程。

Step1. 打开文件 D:\ ug12pd\work\ch04.04\unite.prt。

Step2. 选择命令。选择下拉菜单 插入(S) → 组合(B) → 合并(U)... 命令，系统弹出图 4.4.2 所示的“合并”对话框。

Step3. 定义目标体和工具体。在图 4.4.1a 中，依次选择目标（长方体）和工具（球体），单击 < 确定 > 按钮，完成布尔求和操作，结果如图 4.4.1b 所示。

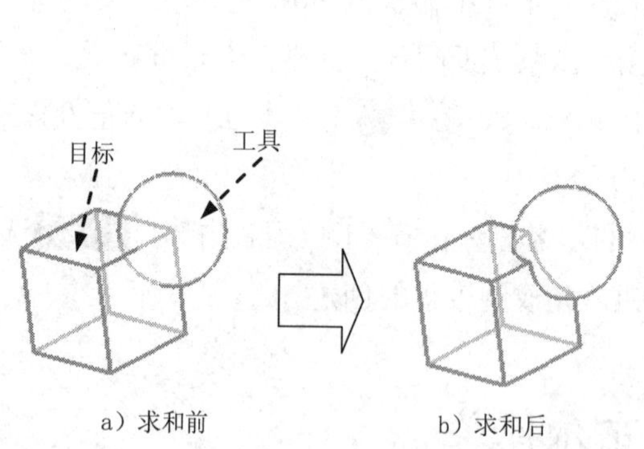


图 4.4.1 布尔求和操作

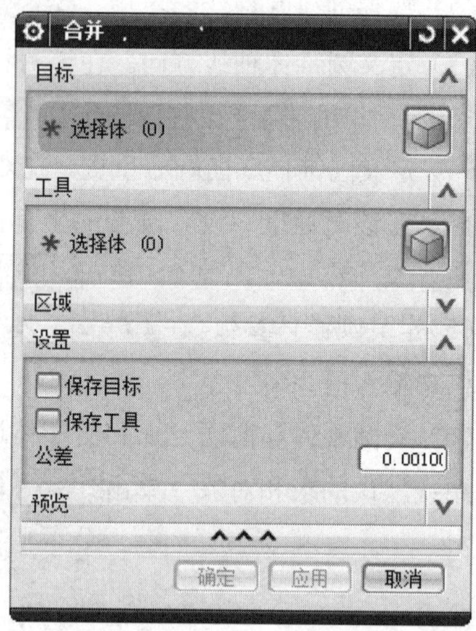


图 4.4.2 “合并”对话框

**注意**：布尔求和操作要求工具体和目标体必须在空间上接触才能进行运算，否则将提示出错。

**图 4.4.2 所示的“合并”对话框中各复选框的功能说明如下。**

- ☑ 保存目标 复选框：为求和操作保存目标体。如果需要在一个未修改的状态下保存所选目标体的副本时，使用此选项。
- ☑ 保存工具 复选框：为求和操作保存工具体。如果需要在一个未修改的状态下保存所选工具体的副本时，使用此选项。在编辑“求和”特征时，“保存工具”选项不可用。

## 4.4.3　布尔求差操作

布尔求差操作用于将工具体从目标体中移除。下面以图 4.4.3 所示的模型为例，介绍布尔求差操作的一般过程。

Step1. 打开文件 D:\ug12pd\work\ch04.04\subtract.prt。

Step2. 选择命令。选择下拉菜单 插入(S) → 组合(B) → 减去(S)... 命令，系统弹出图 4.4.4 所示的“求差”对话框。

Step3. 定义目标体和工具体。依次选择图 4.4.3a 所示的目标和工具，单击 < 确定 > 按钮，完成布尔求差操作。

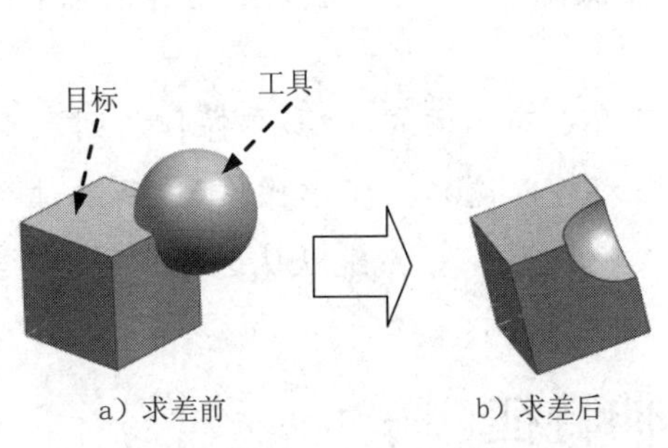


图 4.4.3　布尔求差操作

图 4.4.4　“求差”对话框

## 4.4.4　布尔求交操作

布尔求交操作用于创建包含两个不同实体的公共部分。进行布尔求交运算时，工具体与目标体必须相交。下面以图 4.4.5 所示的模型为例，介绍布尔求交操作的一般过程。

Step1. 打开文件 D:\ ug12pd \work\ch04.04\intersection.prt。

Step2. 选择命令。选择下拉菜单 插入(S) → 组合(B) → 相交(I)... 命令，系统弹出图 4.4.6 所示的“相交”对话框。

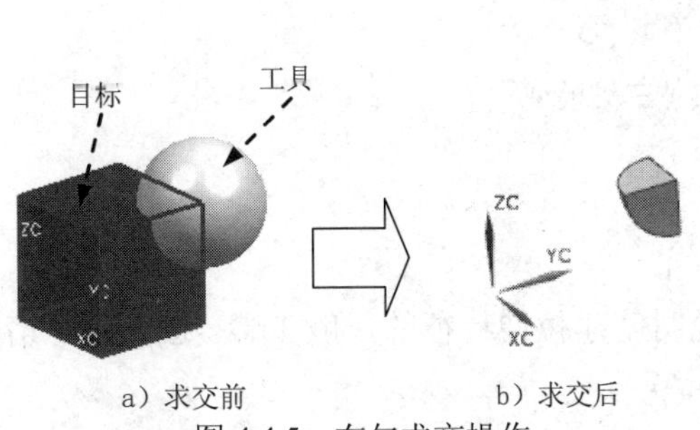


图 4.4.5　布尔求交操作

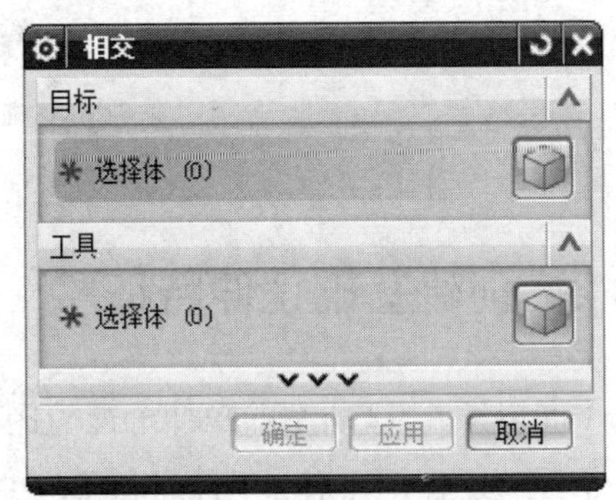


图 4.4.6　“相交”对话框

Step3. 定义目标体和工具体。依次选取图 4.4.5a 所示的实体作为目标和工具，单击 <确定> 按钮，完成布尔求交操作。

### 4.4.5 布尔出错消息

如果布尔运算的使用不正确，则可能出现错误，其出错信息如下。

- 在进行实体的求差和求交运算时，所选工具体必须与目标体相交，否则系统会发布警告信息“工具体完全在目标体外”。
- 在进行操作时，如果使用复制目标，且没有创建一个或多个特征，则系统会发布警告信息“不能创建任何特征”。
- 如果在执行一个片体与另一个片体求差操作时，则系统会发布警告信息“非歧义实体”。
- 如果在执行一个片体与另一个片体求交操作时，则系统会发布警告信息“无法执行布尔运算”。

注意：如果创建的是第一个特征，此时不存在布尔运算，“布尔操作”列表框为灰色。从创建第二个特征开始，以后加入的特征都可以选择“布尔操作”，而且对于一个独立的部件，每一个添加的特征都需要选择“布尔操作”，系统默认选中“创建”类型。

## 4.5 拉伸特征

### 4.5.1 拉伸特征简述

拉伸特征是将截面沿着草图平面的垂直方向拉伸而成的特征，它是最常用的零件建模方法。下面以一个简单实体三维模型（图 4.5.1）为例，说明拉伸特征的基本概念及其创建方法，同时介绍用 UG 软件创建零件三维模型的一般过程。

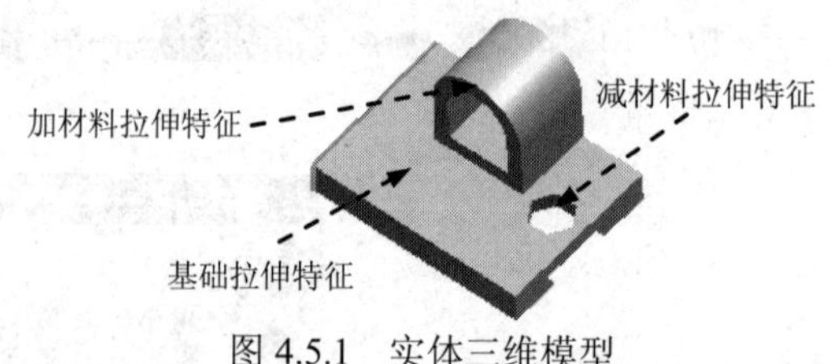


图 4.5.1 实体三维模型

### 4.5.2 创建基础拉伸特征

下面以图 4.5.2 所示的拉伸特征为例，说明创建拉伸特征的一般步骤。创建前，请先新建一个模型文件，命名为 base_block，进入建模环境。

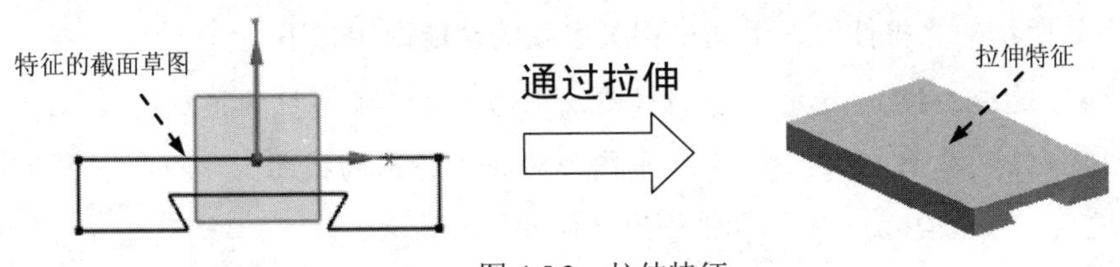


图 4.5.2　拉伸特征

### 1．选取拉伸特征命令

选取特征命令一般有如下 2 种方法。

**方法一**：从下拉菜单中获取特征命令。选择下拉菜单 插入(S) → 设计特征(E) → 拉伸(E)... 命令。

**方法二**：从功能区中获取特征命令。本例可以直接单击 主页 功能选项卡 特征 区域的按钮。

### 2．定义拉伸特征的截面草图

定义拉伸特征截面草图的方法有两种：选择已有草图作为截面草图；创建新草图作为截面草图，本例中介绍第二种方法，具体定义过程如下。

Step1．选取新建草图命令。选择特征命令后，系统弹出图 4.5.3 所示的“拉伸”对话框，在该对话框中单击按钮，创建新草图。

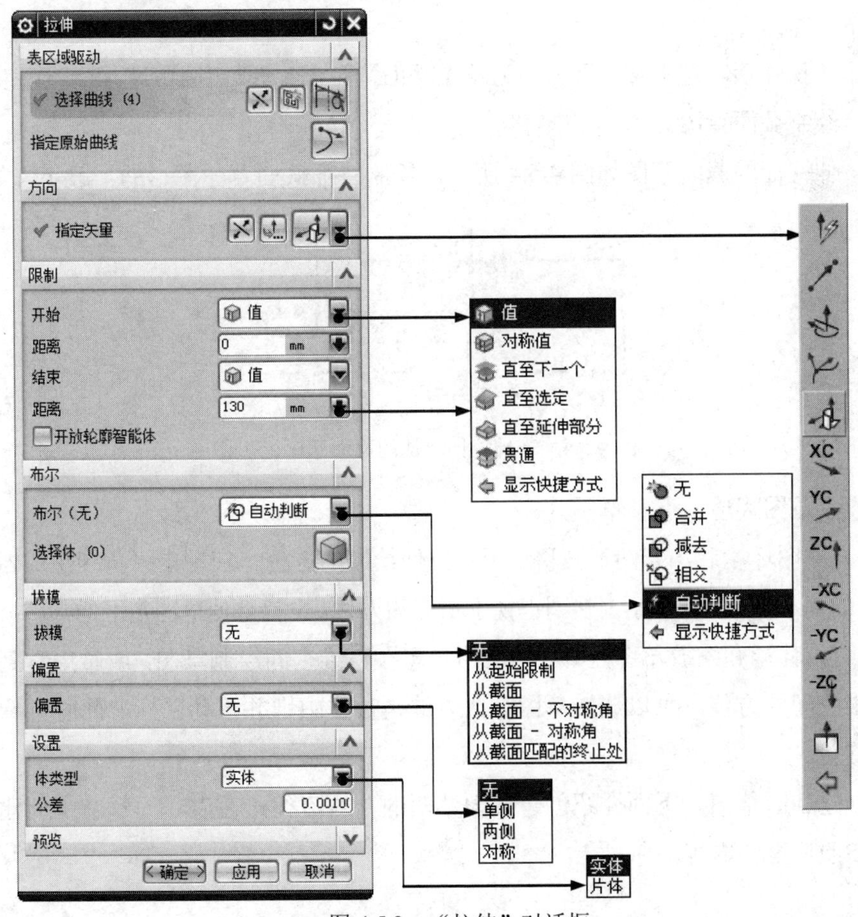


图 4.5.3　“拉伸”对话框

图 4.5.3 所示的“拉伸”对话框中相关选项的功能说明如下。

- （选择曲线）：选择已有的草图或几何体边缘作为拉伸特征的截面。
- （绘制截面）：创建一个新草图作为拉伸特征的截面。完成草图并退出草图环境后，系统自动选择该草图作为拉伸特征的截面。
- ：该选项用于指定拉伸的方向。可单击对话框中的按钮，从弹出的下拉列表中选取相应的方式，指定拉伸的矢量方向。单击按钮，系统就会自动使当前的拉伸方向反向。
- 体类型：用于指定拉伸生成的是片体（即曲面）特征还是实体特征。

**说明**：在拉伸操作中，也可以在图形区拖动相应的手柄按钮，设置拔模角度和偏置值等，这样操作更加方便和灵活。另外，UG NX 12.0 支持最新的动态拉伸操作方法——可以用鼠标选中要拉伸的曲线，然后右击，在弹出的快捷菜单中选择 拉伸(E)... 命令，同样可以完成相应的拉伸操作。

Step2. 定义草图平面。

对草图平面的概念和有关选项介绍如下。

- 草图平面是特征截面或轨迹的绘制平面。
- 选择的草图平面可以是 XY 平面、YZ 平面和 ZX 平面中的一个，也可以是模型的某个表面。

完成上步操作后，选取 ZX 平面作为草图平面，单击 确定 按钮进入草图环境。

Step3. 绘制截面草图。

基础拉伸特征的截面草图如图 4.5.4 所示。绘制特征截面草图图形的一般步骤如下。

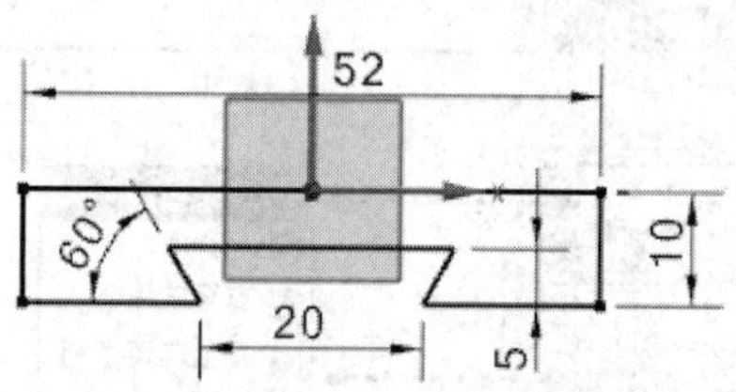


图 4.5.4 基础拉伸特征的截面草图

（1）设置草图环境，调整草图区。

① 进入草图环境后，若图形被移动至不方便绘制的方位，应单击“草图生成器”工具栏中的“定向到草图”按钮，调整到正视于草图的方位（也就是使草图基准面与屏幕平行）。

② 除可以移动和缩放草图区外，如果用户想在三维空间绘制草图，或希望看到模型截面图在三维空间的方位，可以旋转草图区，方法是按住中键并移动鼠标，此时可看到图形跟着鼠标旋转。

（2）创建截面草图。下面介绍创建截面草图的一般流程，在以后的章节中创建截面草图时，可参照这里的内容。

① 绘制截面几何图形的大体轮廓。

**注意：** 绘制草图时，开始没有必要很精确地绘制截面的几何形状、位置和尺寸，只要大概的形状与图 4.5.5 相似就可以。

② 建立几何约束。建立图 4.5.6 所示的水平、竖直、相等、共线和对称约束。

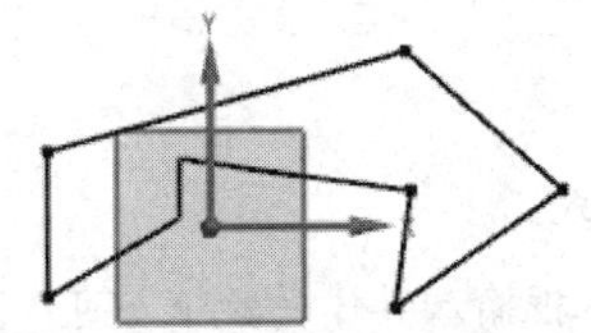

图 4.5.5　截面草图的初步图形

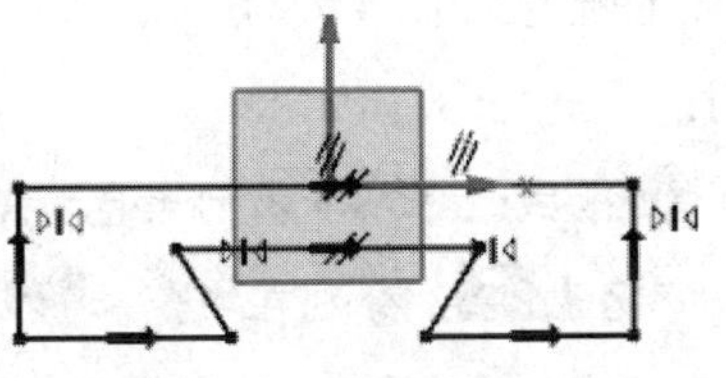

图 4.5.6　建立几何约束

③ 建立尺寸约束。单击 主页 功能选项卡 约束 区域中的“快速尺寸”按钮，标注图 4.5.7 所示的五个尺寸，建立尺寸约束。

④ 修改尺寸。将尺寸修改为设计要求的尺寸，如图 4.5.8 所示。其操作提示与注意事项如下。

- 尺寸的修改应安排在建立完约束以后进行。
- 注意修改尺寸的顺序，先修改对截面外观影响不大的尺寸。

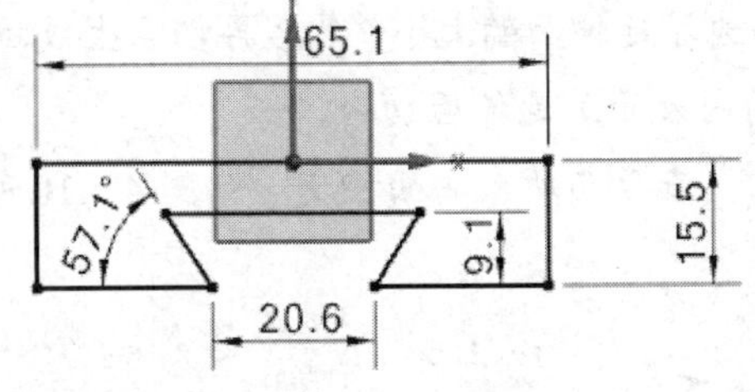


图 4.5.7　建立尺寸约束

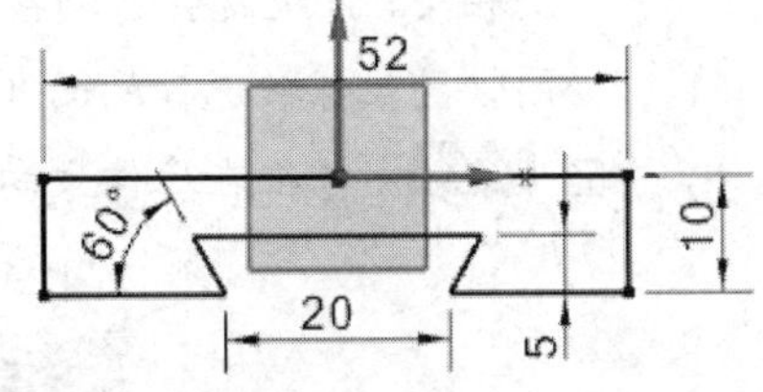


图 4.5.8　修改尺寸

Step4. 完成草图绘制后，选择下拉菜单 任务(K) → 完成草图(K) 命令，退出草图环境。

### 3. 定义拉伸类型

退出草图环境后，图形区出现拉伸的预览，在对话框中不进行选项操作，创建系统默认的实体类型。

### 4. 定义拉伸深度属性

Step1. 定义拉伸方向。拉伸方向采用系统默认的矢量方向，如图 4.5.9 所示。

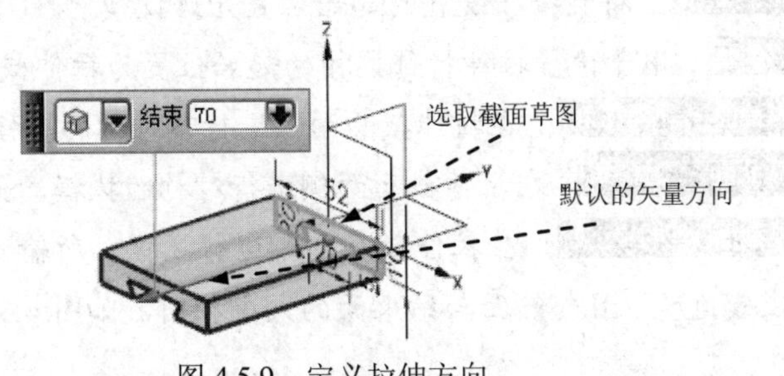


图 4.5.9　定义拉伸方向

说明："拉伸"对话框中的选项用于指定拉伸的方向，单击对话框中的按钮，从系统弹出的下拉列表中选取相应的方式，即可指定拉伸的矢量方向，单击按钮，系统就会自动使当前的拉伸方向反向。

Step2. 定义拉伸深度。在开始下拉列表中选择对称值选项，在距离文本框中输入值35.0，此时图形区如图4.5.9所示。

说明：

- 限制区域：开始下拉列表包括6种拉伸控制方式。
    - ☑ 值：分别在开始和结束下面的距离文本框输入具体的数值（可以为负值）来确定拉伸的深度，起始值与结束值之差的绝对值为拉伸的深度，如图4.5.10所示。
    - ☑ 对称值：特征将在截面所在平面的两侧进行拉伸，且两侧的拉伸深度值相等，如图4.5.10所示。
    - ☑ 直至下一个：特征拉伸至下一个障碍物的表面处终止，如图4.5.10所示。
    - ☑ 直至选定：特征拉伸到选定的实体、平面、辅助面或曲面为止，如图4.5.10所示。
    - ☑ 直至延伸部分：把特征拉伸到选定的曲面，但是选定面的大小不能与拉伸体完全相交，系统就会自动按照面的边界延伸面的大小，然后再切除生成拉伸体，圆柱的拉伸被选择的面（框体的内表面）延伸后切除。
    - ☑ 贯通：特征在拉伸方向上延伸，直至与所有曲面相交，如图4.5.10所示。

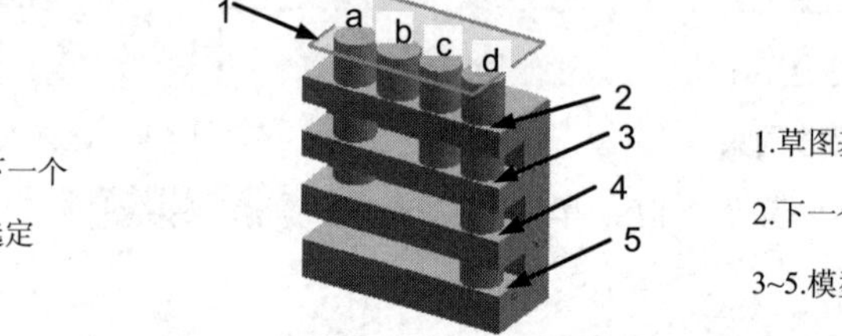


图4.5.10　拉伸深度选项示意图

- 布尔区域：如果图形区在拉伸之前已经创建了其他实体，则可以在进行拉伸的同时与这些实体进行布尔操作，包括创建求和、求差和求交。
- 拔模区域：对拉伸体沿拉伸方向进行拔模。角度大于0时，沿拉伸方向向内拔模；角度小于0时，沿拉伸方向向外拔模。
    - ☑ 从起始限值：将直接从设置的起始位置开始拔模。
    - ☑ 从截面：用于设置拉伸特征拔模的起始位置为拉伸截面处。
    - ☑ 从截面 - 不对称角：在拉伸截面两侧进行不对称的拔模。
    - ☑ 从截面 - 对称角：在拉伸截面两侧进行对称的拔模，如图4.5.11所示。
    - ☑ 从截面匹配的终止处：在拉伸截面两侧进行拔模，所输入的角度为"结束"侧的拔模角度，且起始面与结束面的大小相同，如图4.5.12所示。

- 偏置区域：通过设置起始值与结束值，可以创建拉伸薄壁类型特征，如图 4.5.13 所示，起始值与结束值之差的绝对值为薄壁的厚度。

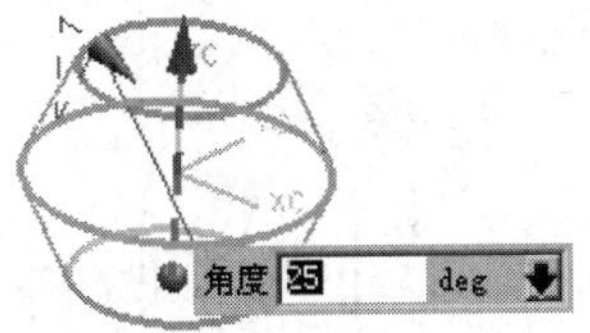


图 4.5.11　“对称角”

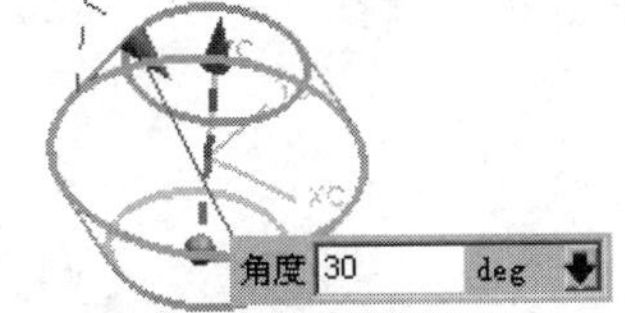


图 4.5.12　“从截面匹配的终止处”

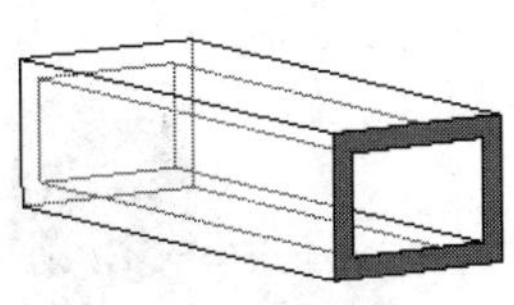

图 4.5.13　“偏置”

### 5. 完成拉伸特征的定义

Step1. 特征的所有要素定义完毕后，预览所创建的特征，检查各要素的定义是否正确。

**说明**：预览时，可按住鼠标中键进行旋转查看，如果所创建的特征不符合设计意图，可选择对话框中的相关选项重新定义。

Step2. 预览完成后，单击“拉伸”对话框中的< 确定 >按钮，完成特征的创建。

## 4.5.3　添加其他特征

### 1. 添加“加材料拉伸特征”

在创建零件的基本特征后，可以增加其他特征。现在要添加图 4.5.14 所示的加材料拉伸特征，操作步骤如下。

Step1. 选择下拉菜单 插入(S) → 设计特征(E) → 拉伸(E)... 命令（或单击“特征”区域中的按钮），系统弹出“拉伸”对话框。

Step2. 创建截面草图。

（1）选取草图基准平面。在“拉伸”对话框中单击按钮，然后选取图 4.5.15 所示的模型表面作为草图基准平面，单击 确定 按钮，进入草图环境。

（2）绘制特征的截面草图。绘制图 4.5.16 所示的截面草图的大体轮廓。完成草图绘制后，单击主页功能选项卡“草图”区域中的完成按钮，退出草图环境。

Step3. 定义拉伸属性。

（1）定义拉伸深度方向。单击对话框中的按钮，反转拉伸方向。

（2）定义拉伸深度。在“拉伸”对话框的开始下拉列表中选择值选项，在其下的距离文本框中输入值 0，在结束下拉列表中选择值选项，在其下的距离文本框中输入值 25，在偏置区域的下拉列表中选择两侧选项，在开始文本框中输入值-5，在结束文本框中输入值 0，其他采用系统默认设置值。在布尔区域中选择合并选项，采用系统默认的求和对象。

Step4. 单击“拉伸”对话框中的< 确定 >按钮，完成特征的创建。

**注意：** 此处进行布尔操作是将基础拉伸特征与加材料拉伸特征合并为一体，如果不进行此操作，基础拉伸特征与加材料拉伸特征将是两个独立的实体。

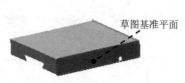

图 4.5.14 添加“加材料拉伸特征”

草图基准平面

图 4.5.15 选取草图基准平面

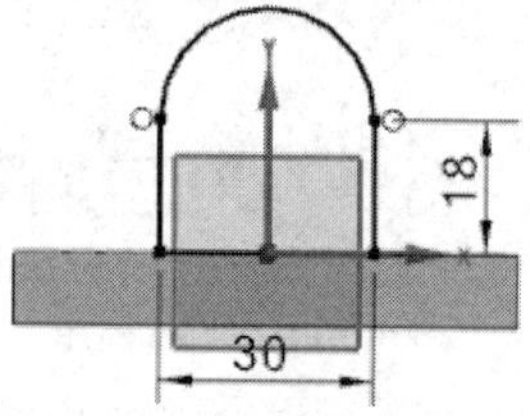


图 4.5.16 截面草图

**2．添加“减材料拉伸特征”**

减材料拉伸特征的创建方法与加材料拉伸基本一致，只不过加材料拉伸是增加实体，而减材料拉伸则是减去实体。现在要添加图 4.5.17 所示的减材料拉伸特征，具体操作步骤如下。

Step1. 选择命令。选择下拉菜单 插入(S) ➡ 设计特征(E) ➡ 拉伸(E)... 命令（或单击”特征”区域中的按钮），系统弹出“拉伸”对话框。

Step2. 创建截面草图。

（1）选取草图基准平面。在“拉伸”对话框中单击按钮，然后选取图 4.5.18 所示的模型表面作为草图基准平面，单击 确定 按钮，进入草图环境。

（2）绘制特征的截面草图。绘制图 4.5.19 所示的截面草图的大体轮廓。完成草图绘制后，单击按钮，退出草图环境。

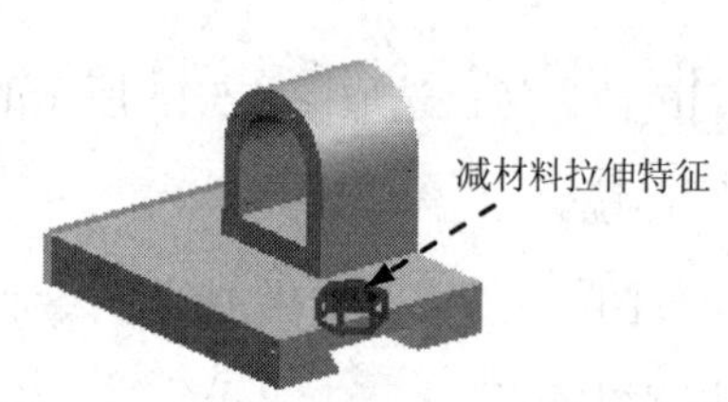


图 4.5.17 添加“减材料拉伸特征”

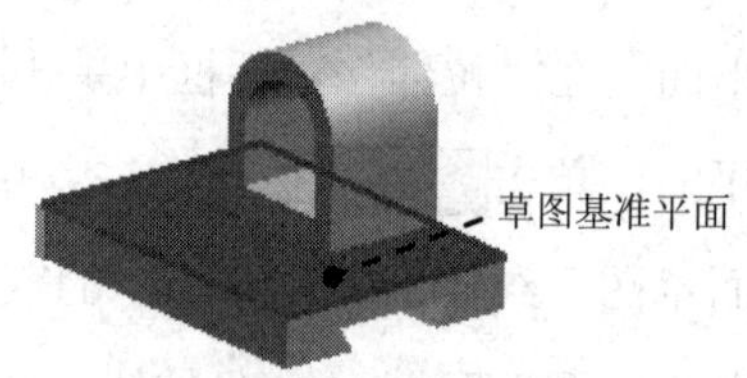


图 4.5.18 选取草图基准平面

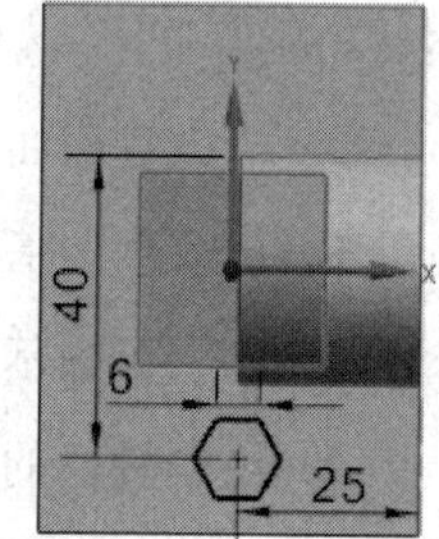


图 4.5.19 截面草图

Step3. 定义拉伸属性。

（1）定义拉伸深度方向。单击对话框中的按钮，反转拉伸方向。

（2）定义拉伸深度类型和深度值。在“拉伸”对话框的结束下拉列表中选择贯通选项，在布尔区域中选择 减去 选项，采用系统默认的求差对象。

Step4. 单击“拉伸”对话框中的< 确定 >按钮，完成特征的创建。

Step5. 选择下拉菜单 文件(F) ➡ 保存(S) 命令，保存模型文件。

# 4.6 旋 转 特 征

## 4.6.1 旋转特征简述

旋转特征是将截面绕着一条中心轴线旋转而形成的特征，如图 4.6.1 所示。选择下拉菜单 插入(S) ➡ 设计特征(E) ➡ 旋转(R)... 命令（或单击 主页 功能选项卡 特征 区域 下拉列表中的 旋转 按钮），系统弹出“旋转”对话框，如图 4.6.2 所示。

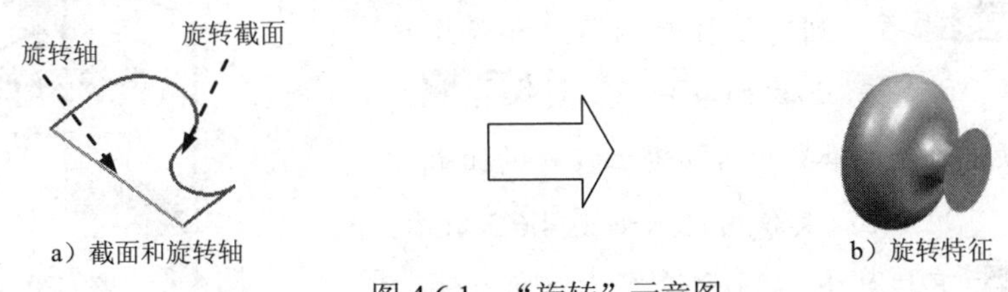


a）截面和旋转轴　　　　b）旋转特征

图 4.6.1　“旋转”示意图

旋转
表区域驱动
选择曲线 (4)
指定原始曲线
轴
指定矢量
指定点
限制
开始　值
角度　0　°
结束　值
角度　360　°
开放轮廓智能体
布尔
布尔　无
偏置
偏置　无
设置
体类型　实体
公差　0.0010
预览
<确定>　应用　取消

值
直至选定
显示快捷方式

无
合并
减去
相交
显示快捷方式

无
内侧

实体
片体

XC
YC
ZC
-XC
-YC
ZC

图 4.6.2　“旋转”对话框

图 4.6.2 所示的“旋转”对话框中各选项的功能说明如下。

- （选择截面）：选择已有的草图或几何体边缘作为旋转特征的截面。
- （绘制截面）：创建一个新草图作为旋转特征的截面。完成草图并退出草图环境后，系统自动选择该草图作为旋转特征的截面。
- 限制区域：包含开始和结束两个下拉列表及两个位于其下的角度文本框。
  - ☑ 开始下拉列表：用于设置旋转的类项，角度文本框用于设置旋转的起始角度，其值的大小是相对于截面所在的平面而言的，其方向以与旋转轴成右手定则的方向为准。在开始下拉列表中选择值选项，则需设置起始角度和终止角度；在开始下拉列表中选择直至选定选项，则需选择要开始或停止旋转的面或相对基准平面，其使用结果如图 4.6.3 所示。
  - ☑ 结束下拉列表：用于设置旋转的类项，角度文本框设置旋转对象旋转的终止角度，其值的大小也是相对于截面所在的平面而言的，其方向也是以与旋转轴成右手定则为准。

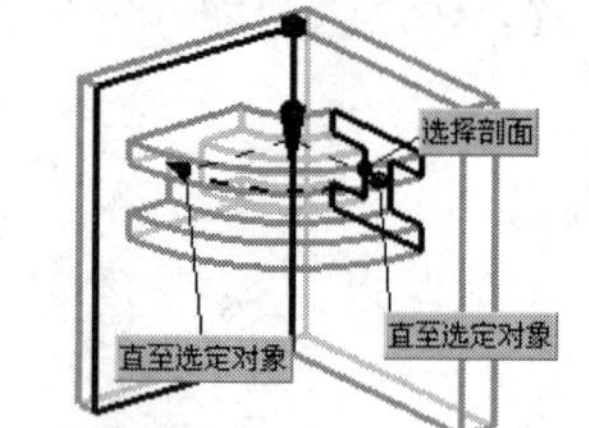


图 4.6.3 “直至选定”方式

- 偏置区域：利用该区域可以创建旋转薄壁类型特征。
- ☑ 预览复选框：使用预览可确定创建旋转特征之前参数的正确性。系统默认选中该复选框。
- 按钮：可以选取已有的直线或者轴作为旋转轴矢量，也可以使用“矢量构造器”方式构造一个矢量作为旋转轴矢量。
- 按钮：如果用于指定旋转轴的矢量方法，则需要单独再选定一点，例如用于平面法向时，此选项将变为可用。
- 布尔区域：创建旋转特征时，如果已经存在其他实体，则可以与其进行布尔操作，包括创建求和、求差和求交。

注意：在图 4.6.2 所示的“旋转”对话框中单击按钮，系统弹出“矢量”对话框，其应用将在下一节中详细介绍。

## 4.6.2 矢量

在建模的过程中，矢量的应用十分广泛，如对定义对象的高度方向、投影方向和旋转中心轴等进行设置。“矢量”对话框如图 4.6.4 所示。图 4.6.4 中的 XC 轴、YC 轴和 ZC 轴等矢量就是当前工作坐标系（WCS）的坐标轴方向，调整工作坐标系的方位，就能改变当前建模环境中的 XC 轴、YC 轴和 ZC 轴等矢量，但不会影响前面已经创建的与矢量有关的操作。

图 4.6.4 “矢量”对话框

图 4.6.4 所示的“矢量”对话框 类型 下拉列表中各选项的功能说明如下。

- 自动判断的矢量：可以根据选取的对象自动判断所定义矢量的类型。
- 两点：利用空间两点创建一个矢量，矢量方向为由第一点指向第二点。
- 与 XC 成一角度：用于在 XY 平面上创建与 XC 轴成一定角度的矢量。
- 曲线/轴矢量：通过选取曲线上某点的切向矢量来创建一个矢量。
- 曲线上矢量：在曲线上的任一点指定一个与曲线相切的矢量。可按照圆弧长或百分比圆弧长指定位置。
- 面/平面法向：用于创建与实体表面（必须是平面）法线或圆柱面的轴线平行的矢量。
- XC 轴：用于创建与 XC 轴平行的矢量。注意，这里的“与 XC 轴平行的矢量”不是 XC 轴。例如，在定义旋转特征的旋转轴时，如果选择此项，只是表示旋转轴的方向与 XC 轴平行，并不表示旋转轴就是 XC 轴，所以这时要完全定义旋转轴，还必须再选取一点定位旋转轴。下面五项与此相同。
- YC 轴：用于创建与 YC 轴平行的矢量。
- ZC 轴：用于创建与 ZC 轴平行的矢量。
- -XC 轴：用于创建与-XC 轴平行的矢量。
- -YC 轴：用于创建与 YC 轴平行的矢量。
- -ZC 轴：用于创建与-ZC 轴平行的矢量。
- 视图方向：指定与当前工作视图平行的矢量。
- 按系数：按系数指定一个矢量。
- 按表达式：使用矢量类型的表达式来指定矢量。

创建矢量有 2 种方法，下面分别介绍。

**方法一：**

利用“矢量”对话框中的按钮创建矢量，共有 15 种方式。

**方法二：**

输入矢量的各分量值创建矢量。使用该方式需要确定矢量分量的表达方式。UG NX 12.0 软件提供了下面 2 种坐标系。

- 笛卡尔坐标系：用矢量的各分量来确定直角坐标，即在“矢量”对话框的 I 、J 和 K 文本框中输入矢量的各分量值来创建矢量。
- 球坐标系：矢量坐标分量为球形坐标系的两个角度值，其中 Phi 是矢量与 X 轴的夹角，Theta 是矢量在 XY 面内的投影与 ZC 轴的夹角，通过在文本框中输入角度值，定义矢量方向。

## 4.6.3 创建旋转特征的一般过程

下面以图 4.6.5 所示的模型的旋转特征为例，说明创建旋转特征的一般操作过程。

Step1. 打开文件 D:\ug12pd\work\ch04.06\revolved.prt。

Step2. 选择命令。选择 插入(S) → 设计特征(E) → 旋转(R)... 命令，系统弹出“旋转”对话框。

Step3. 定义旋转截面。单击按钮，选取图 4.6.6 所示的曲线为旋转截面，单击中键确认。

Step4. 定义旋转轴。单击按钮，在系统弹出的“矢量”对话框的 类型 下拉列表中选择 曲线/轴矢量 选项，选取图 4.6.6 所示的直线为旋转轴，然后单击“矢量”对话框中的 确定 按钮。

历史记录模式
模型视图
摄像机
模型历史记录
基准坐标系 (0)
草图 (1) "SKETCH_...
草图 (2) "SKETCH_...
回转 (5)

图 4.6.5 模型及模型树

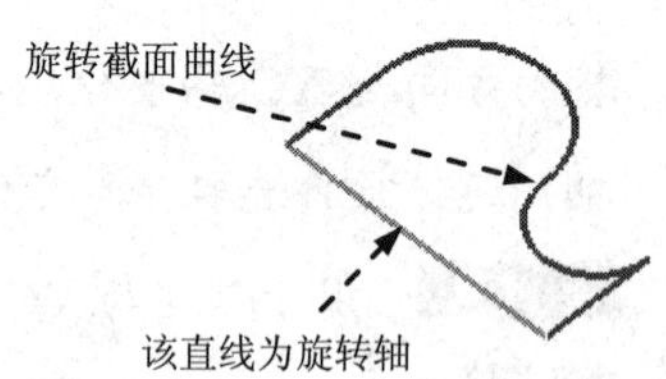


图 4.6.6 定义旋转截面和旋转轴

**注意：**

（1）Step3 和 Step4 两步操作可以简化为：先选取图 4.6.6 所示的曲线为旋转截面，再单击中键以结束截面曲线的选取，然后选取图 4.6.6 所示的直线为旋转轴。

（2）如图 4.6.6 所示，作为旋转截面的曲线和作为旋转轴的直线是两个独立的草图。

Step5. 确定旋转角度的起始值和结束值。在“旋转”对话框 开始 区域的 角度 文本框中输入值 0，在 结束 区域的 角度 文本框中输入值 360。

Step6. 单击 < 确定 > 按钮，完成旋转特征的创建。

# 4.7 倒斜角

构建特征不能单独生成，而只能在其他特征上生成，孔特征、倒斜角特征和倒圆角特征等都是典型的构建特征。使用“倒斜角”命令可以在两个面之间创建用户需要的倒角。下面以图 4.7.1 所示的范例来说明创建倒斜角的一般过程。

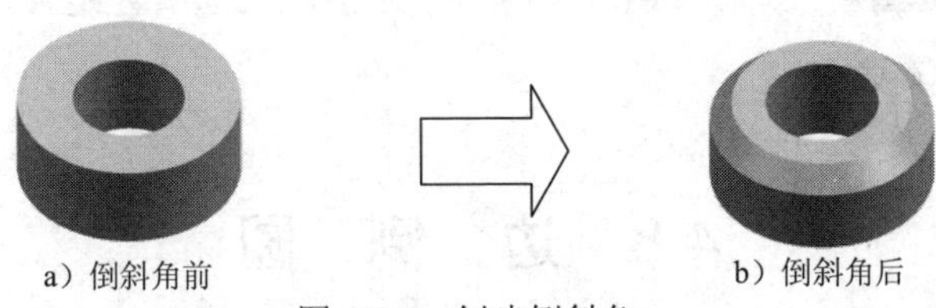


图 4.7.1　创建倒斜角

Step1. 打开文件 D:\ug12pd\work\ch04.07\chamber.prt。

Step2. 选择命令。选择下拉菜单 插入(S) → 细节特征(L) → 倒斜角(M)... 命令，系统弹出图 4.7.2 所示的“倒斜角”对话框。

Step3. 选择倒斜角方式。在 横截面 下拉列表中选择 对称 选项，如图 4.7.2 所示。

Step4. 选取图 4.7.3 所示的边线为倒斜角的参照边。

Step5. 定义倒角参数。在弹出的动态输入框中输入偏置值 2.0（可拖动屏幕上的拖拽手柄至用户需要的偏置值），如图 4.7.4 所示。

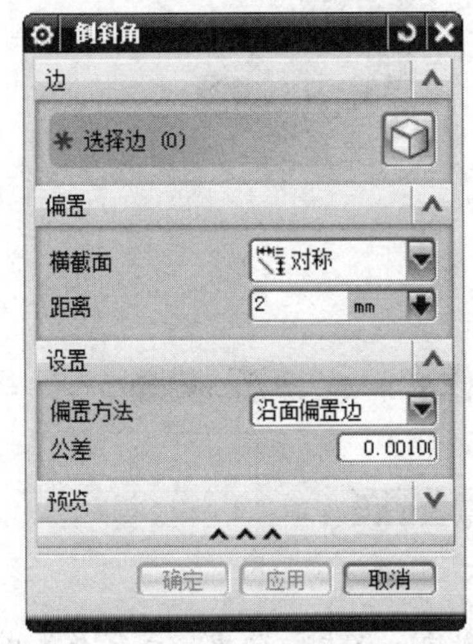


图 4.7.2　“倒斜角”对话框

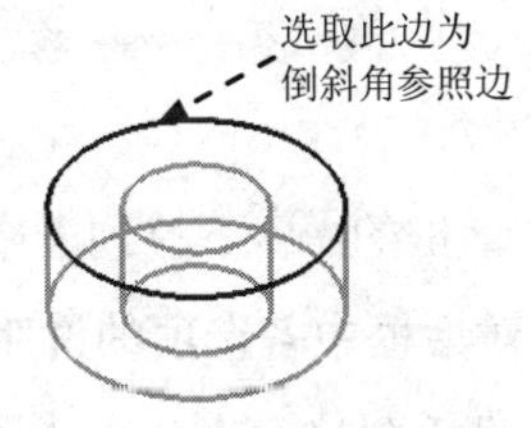


图 4.7.3　选择倒斜角参照边

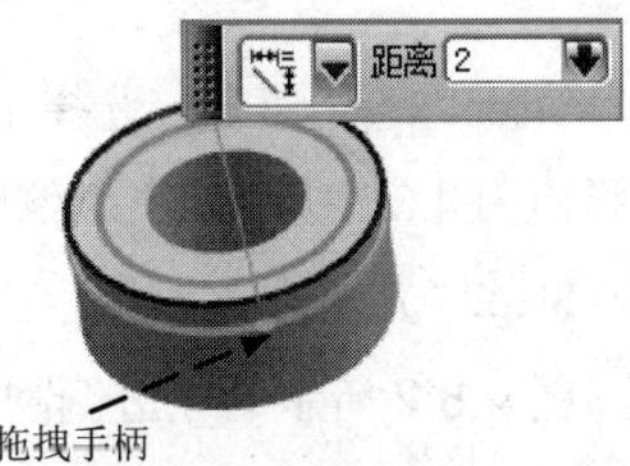


图 4.7.4　拖动拖拽手柄

Step6. 单击 < 确定 > 按钮，完成倒斜角的创建。

**图 4.7.2 所示的“倒斜角”对话框中有关选项的说明如下。**

- 对称：单击该按钮，建立一简单倒斜角，沿两个表面的偏置值是相同的。
- 非对称：单击该按钮，建立一简单倒斜角，沿两个表面有不同的偏置量。对于不对称偏置，可利用按钮反转倒斜角偏置顺序（从边缘一侧到另一侧）。

- 偏置和角度：单击该按钮，建立一简单倒斜角，它的偏置量是由一个偏置值和一个角度决定的。
- 偏置方法：包括以下两种偏置方法。
  - ☑ 沿面偏置边：仅为简单形状生成精确的倒斜角，从倒斜角的边开始，沿着面测量偏置值，这将定义新倒斜角面的边。
  - ☑ 偏置面并修剪：如果被倒斜角的面很复杂，此选项可延伸用于修剪原始曲面的每个偏置曲面。

# 4.8 边 倒 圆

使用“边倒圆”（倒圆角）命令可以使多个面共享的边缘变光滑，如图 4.8.1 所示。它既可以创建圆角的边倒圆（对凸边缘则去除材料），也可以创建倒圆角的边倒圆（对凹边缘则添加材料）。下面以图 4.8.1 所示的范例说明边倒圆的一般创建过程。

## Task1. 打开零件模型

打开文件 D:\ug12pd\work\ch04.08\blend.prt。

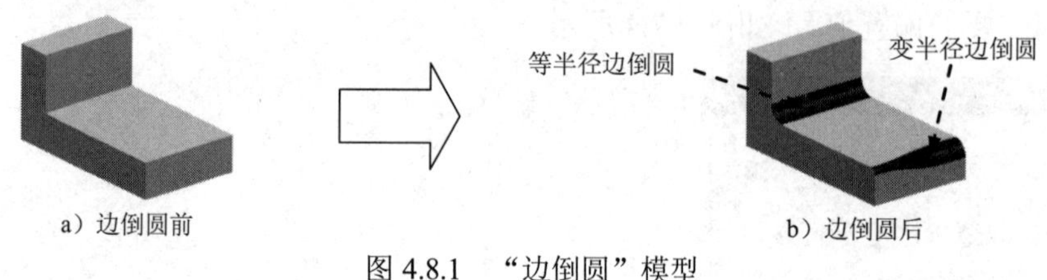


图 4.8.1 “边倒圆”模型

## Task2. 创建等半径边倒圆

Step1. 选择命令。选择下拉菜单 插入(S) → 细节特征(L) → 边倒圆(E)... 命令，系统弹出图 4.8.2 所示的“边倒圆”对话框。

Step2. 定义圆角形状。在对话框的 形状 下拉列表中选择 圆形 选项。

**图 4.8.2 所示的“边倒圆”对话框中各选项的说明如下。**

- （选择边）：该按钮用于创建一个恒定半径的圆角，这是最简单、最容易生成的圆角。
- 形状 下拉列表：用于定义倒圆角的形状，包括以下两个形状。
  - ☑ 圆形：选择此选项，倒圆角的截面形状为圆形。
  - ☑ 二次曲线：选择此选项，倒圆角的截面形状为二次曲线。

- 变半径：定义边缘上的点，然后输入各点位置的圆角半径值，沿边缘的长度改变倒圆半径。在改变圆角半径时，必须至少已指定了一个半径恒定的边缘，才能使用该选项对它添加可变半径点。
- 拐角倒角：添加回切点到一倒圆拐角，通过调整每一个回切点到顶点的距离，对拐角应用其他的变形。
- 拐角突然停止：通过添加突然停止点，可以在非边缘端点处停止倒圆，进行局部边缘段倒圆。

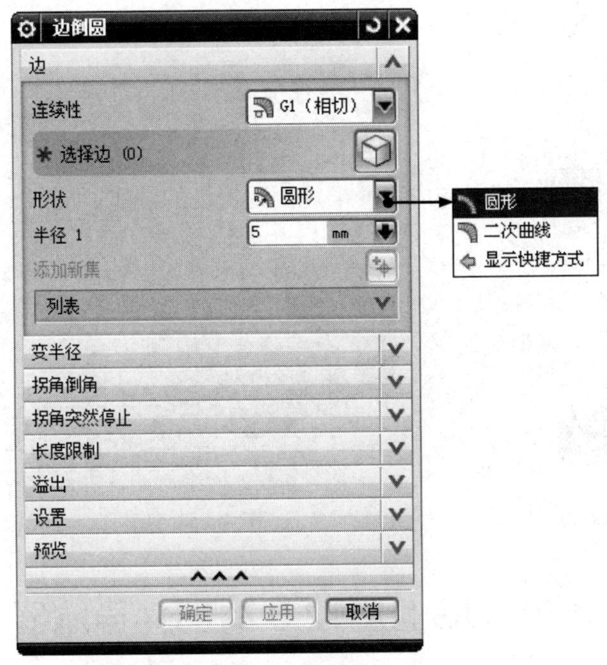


图 4.8.2　“边倒圆”对话框

Step3. 选取要倒圆的边。单击 边 区域中的按钮，选取要倒圆的边，如图 4.8.3 所示。

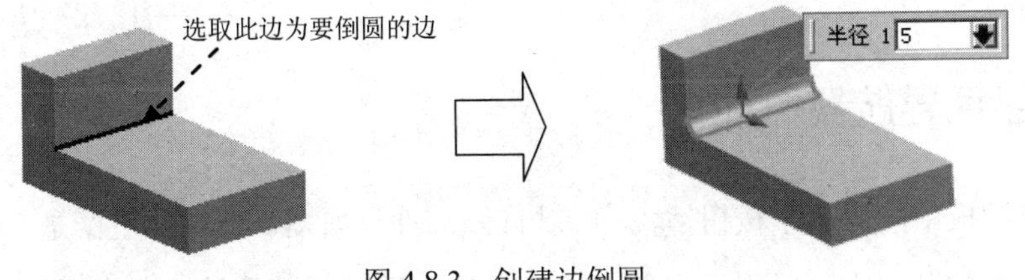


图 4.8.3　创建边倒圆

Step4. 输入倒圆参数。在对话框的 半径 1 文本框中输入圆角半径值 5。

Step5. 单击 < 确定 > 按钮，完成倒圆特征的创建。

## Task3. 创建变半径边倒圆

Step1. 选择命令。选择下拉菜单 插入(S) → 细节特征(L) → 边倒圆(E)... 命令，系统弹出“边倒圆”对话框。

Step2. 选取要倒圆的边。选取图 4.8.4 所示的倒圆参照边。

Step3. 定义圆角形状。在对话框的形状下拉列表中选择圆形选项。

Step4. 定义变半径点。单击变半径下方的指定半径点区域，单击参照边上任意一点，系统在参照边上出现“圆弧长锚”，如图 4.8.5 所示。单击“圆弧长锚”并按住左键不放，拖动到弧长百分比值为 91.0%的位置（或输入弧长百分比值 91.0%）。

Step5. 定义圆角参数。在弹出的动态输入框中输入半径值 2（也可拖动“可变半径拖动手柄”至需要的半径值）。

Step6. 定义第二个变半径点。其圆角半径值为 5，弧长百分比值为 28.0%，详细步骤同 Step4、Step5。

Step7. 单击< 确定 >按钮，完成可变半径倒圆特征的创建。

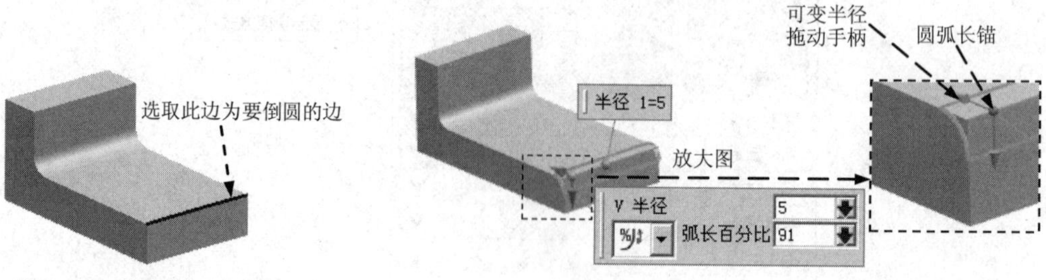

图 4.8.4　选取倒圆参照边　　图 4.8.5　创建第一个“圆弧长锚”

# 4.9　UG NX 12.0 的部件导航器

部件导航器提供了在工作部件中特征父子关系的可视化表示，允许在特征上执行各种编辑操作。

## 4.9.1　部件导航器概述

单击资源板中的第三个按钮，可以打开部件导航器。部件导航器是 UG NX 12.0 资源板中的一个部分，它可以用来组织、选择和控制数据的可见性，以及通过简单浏览来理解数据，也可以在其中更改现存的模型参数，以得到所需的形状和定位表达；另外，“制图”和“建模”数据也包括在部件导航器中。

部件导航器被分隔成 4 个面板：“主面板”“相关性面板”“细节面板”以及“预览面板”。构造模型或图纸时，数据被填充到这些面板窗口。使用这些面板导航部件并执行各种操作。

## 4.9.2　部件导航器界面简介

部件导航器“主面板”提供了最全面的部件视图。可以使用它的树状结构（简称“模型树”）查看和访问实体、实体特征及所依附的几何体、视图、图样、表达式、快速检查以及模型中的引用集。

打开文件 D:\ug12pd\work\ch04.09\section.prt，模型如图 4.9.1 所示，在与之相应的模型树中，括号内的时间戳记跟在各特征名称的后面。部件导航器“主面板”有两种模式：“时间戳记顺序”和“非时间戳记顺序”模式，如图 4.9.2 所示。

（1）在“部件导航器”中右击，在系统弹出的快捷菜单中选择 时间戳记顺序 命令，如图 4.9.3 所示。可以在两种模式间进行切换。

（2）在“设计视图”模式下，工作部件中的所有特征在模型节点下显示，包括它们的特征和操作，先显示最近创建的特征（按相反的时间戳记顺序）；在“时间戳记顺序”模式下，工作部件中的所有特征都按它们创建的时间戳记显示为一个节点的线性列表，“非时间戳记顺序”模式不包括“设计视图”模式中可用的所有节点，如图 4.9.4 和图 4.9.5 所示。

部件导航器“相关性” 面板可以查看部件中特征几何体的父子关系，可以帮助修改计划对部件的潜在影响。单击相关性选项可以打开和关闭该面板，选择其中一个特征，其界面如图 4.9.6 所示。

部件导航器“细节” 面板显示属于当前所选特征的定位参数。如果特征被表达式抑制，则特征抑制也将显示。单击细节选项可以打开和关闭该面板，选择其中一个特征，其界面如图 4.9.7 所示。

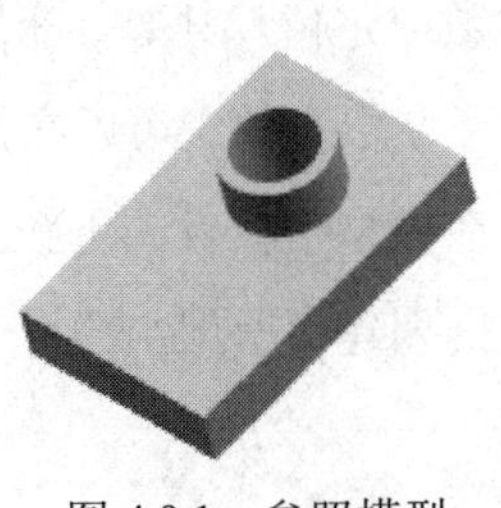

图 4.9.1　参照模型

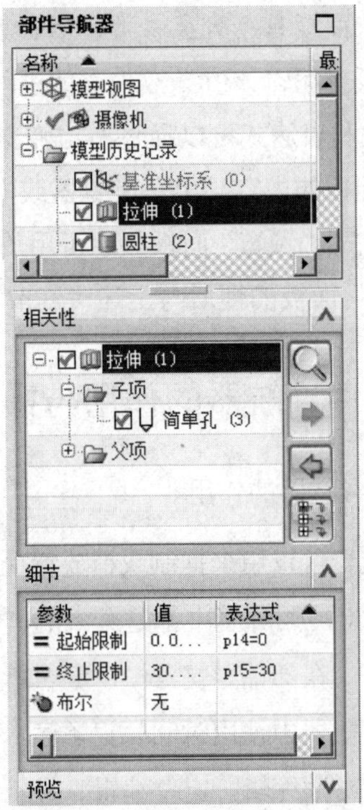

图 4.9.2　“部件导航器”界面

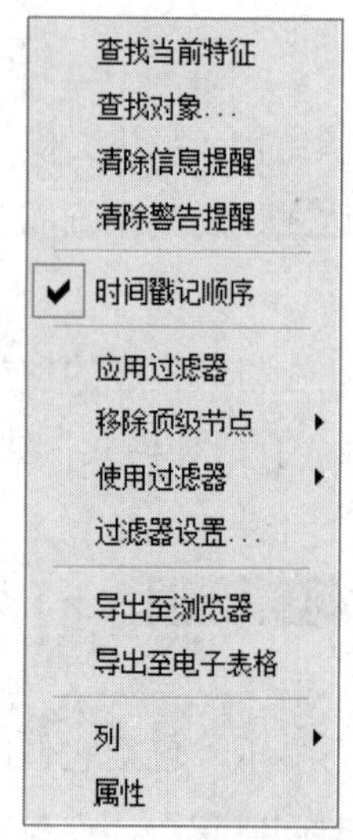

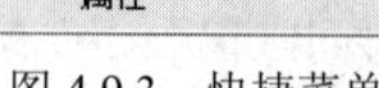

图 4.9.3　快捷菜单

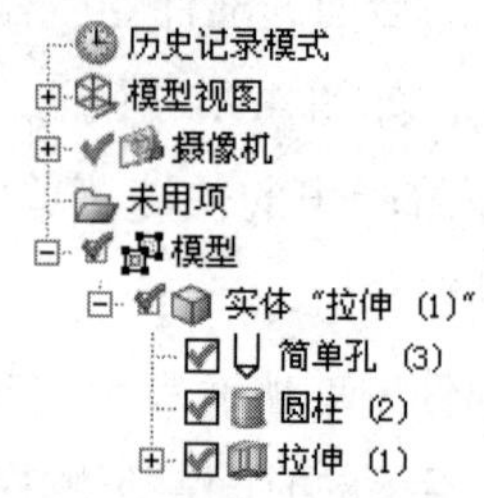


图 4.9.4　“非时间戳记顺序”模式

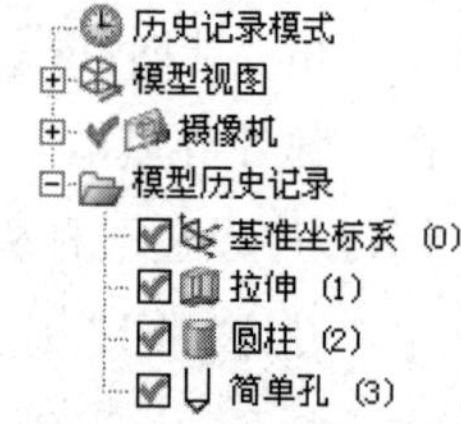


图 4.9.5　“时间戳记顺序”模式

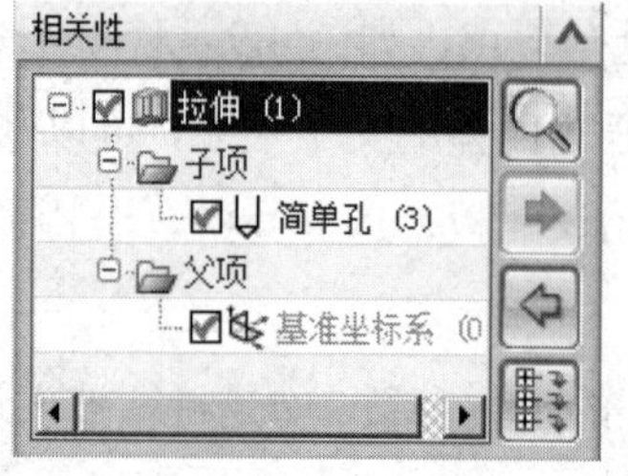


图 4.9.6　部件导航器“相关性”面板界面

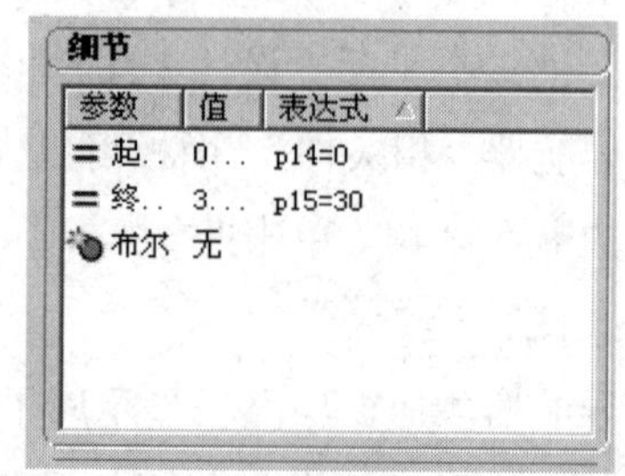


图 4.9.7　部件导航器“细节”面板界面

“细节”面板有三列：参数、值和表达式。在此仅显示单个特征的参数，可以直接在“细节”面板中编辑该值：双击该值进入编辑模式，可以更改表达式的值，按 Enter 键结束编辑。参数和表达式可以通过右击弹出菜单中的“导出至浏览器”或“导出至电子表格”，将“细节”面板的内容导出至浏览器或电子表格，并且可以按任意列排序。

部件导航器“预览”面板显示可用的预览对象的图像。单击**预览**选项可以打开和关闭该面板。“预览”面板的性质与上述“细节”面板类似，不再赘述。

## 4.9.3　部件导航器的作用与操作

### 1．部件导航器的作用

部件导航器可以用来抑制或释放特征和改变它们的参数或定位尺寸等，部件导航器在所有 UG NX 12.0 应用环境中都是有效的，而不只是在建模环境中有效。可以在建模环境执行特征编辑操作。在部件导航器中，编辑特征可以引起一个在模型上执行的更新。

在部件导航器中使用时间戳记顺序，可以按时间序列排列建模所用到的每个步骤，并且可以对其进行参数编辑、定位编辑、显示设置等各种操作。

部件导航器中提供了正等测视图、前视图、右视图等 8 个模型视图，用于选择当前视图的方向，以便从各个视角观察模型。

### 2．部件导航器的显示操作

部件导航器对识别模型特征是非常有用的。在部件导航器窗口中选择一个特征，该特征将在图形区高亮显示，并在部件导航器窗口中高亮显示其父特征和子特征。反之，在图形区中选择一特征，该特征及其父/子层级也会在部件导航器窗口中高亮显示。

为了显示部件导航器，可以在图形区左侧的资源条上单击按钮，系统弹出部件导航器界面。当光标离开部件导航器窗口时，部件导航器窗口立即关闭，以方便图形区的操作。如果需要固定部件导航器窗口的显示，单击按钮，然后在弹出的菜单中选中 ✔ 销住 选项，则窗口始终固定显示。

如果需要以某个方向观察模型，可以在部件导航器中双击 模型视图 下的选项（图 4.9.8），得到图 4.9.8 所示的 8 个方向的视角，当前应用视图后有“（工作）”字样。

### 3．在部件导航器中编辑特征

在“部件导航器”中，有多种方法可以选择和编辑特征，在此列举 2 种。

**方法一：**

Step1. 双击树列表中的特征，打开其编辑对话框。

Step2. 用与创建时相同的对话框控制编辑其特征。

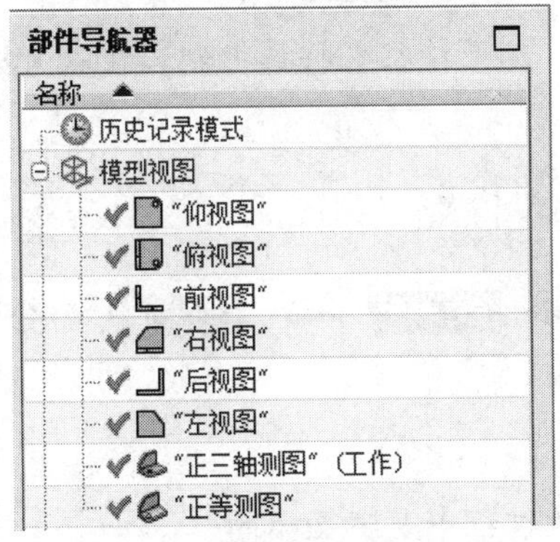


图 4.9.8　“模型视图”中的选项

**方法二：**

Step1. 在树列表中选择一个特征。

Step2. 右击，选择弹出菜单中的 编辑参数(P)... 命令，打开其编辑对话框。

Step3. 用与创建时相同的对话框控制编辑其特征。

### 4．显示表达式

在“部件导航器”中会显示“主面板表达式”文件夹内定义的表达式，且其名称前会显示表达式的类型（即距离、长度或角度等）。

### 5．抑制与取消抑制

打开文件 D:\ug12pd\work\ch04.09\Suppressed.prt，通过抑制（Suppressed）功能可使已显示的特征临时从图形区中移去。取消抑制后，该特征显示在图形区中，例如，图 4.9.9a 的孔特征处于抑制的状态，此时其模型树如图 4.9.10a 所示；图 4.9.9b 的孔特征处于取消抑制的状态，此时其模型树如图 4.9.10b 所示。

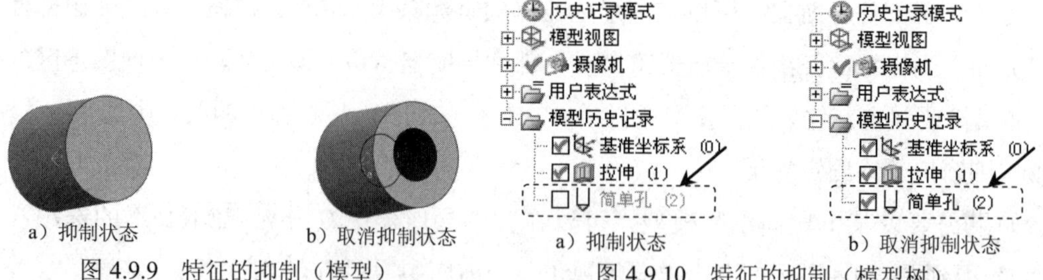


a）抑制状态　　b）取消抑制状态

图 4.9.9　特征的抑制（模型）

a）抑制状态　　b）取消抑制状态

图 4.9.10　特征的抑制（模型树）

如果要抑制某个特征，可在模型树中选择该特征并右击，在弹出的快捷菜单中选择 抑制(S) 命令。如果需要取消某个特征的抑制，可在模型树中选择该特征并右击，在弹出的快捷菜单中选择 取消抑制(U) 命令，即可恢复显示。

**说明：**

- 选取 抑制(S) 命令可以使用另外一种方法，即在模型树中选择某个特征后右击，在弹出的快捷菜单中选择 抑制(S) 命令。
- 在抑制某个特征时，其子特征也将被抑制；在取消抑制某个特征时，其父特征也将被取消抑制。

### 6．特征回放

使用下拉菜单 编辑(E) ➡ 特征(F) ▸ ➡ 重播... 命令可以一次显示一个特征，逐步表示模型的构造过程。

**注意：**

- 被抑制的特征在回放过程中是不显示的。
- 如果草图是在特征内部创建的，则在回放过程中不显示；否则草图会显示。

### 7．信息获取

信息（Information）下拉菜单提供了获取有关模型信息的选项。

信息窗口显示所选特征的详细信息，包括特征名、特征表达式、特征参数和特征的父子关系等。特征信息的获取方法：在部件导航器中选择特征并右击，然后选择 信息(I) 命令，系统弹出“信息”窗口。

说明：

- 在"信息"窗口中可以单击命令。在弹出的"另存为"对话框中可以以文本格式保存在信息窗口中列出的所有信息；命令用于将信息列表打印。

8．细节

在模型树中选择某个特征后，在"细节"面板中会显示该特征的参数、值和表达式，右击某个表达式，在弹出的快捷菜单中选择 编辑 命令，可以对表达式进行编辑，以便对模型进行修改。例如，在图 4.9.11 所示的"细节"面板中显示的是一个拉伸特征的细节，右击表达式 p3＝45，选择 编辑 命令，在文本框中输入值 50 并按 Enter 键，则该拉伸特征会变厚。

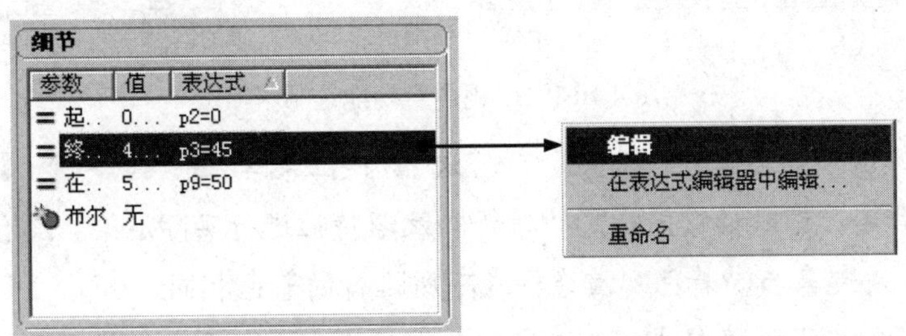


图 4.9.11　"表达式"编辑的操作

# 4.10　对象操作

往往在对模型特征操作时，需要对目标对象进行显示、隐藏、分类和删除等操作，使用户能更快捷、更容易地达到目的。

## 4.10.1　控制对象模型的显示

模型的显示控制主要通过图 4.10.1 所示的"视图"功能选项卡来实现，也可通过 视图(V) 下拉菜单中的命令来实现。

图 4.10.1 所示的"视图"功能选项卡中部分选项说明如下。

(适合窗口)：调整工作视图的中心和比例以显示所有对象。

：正三轴测图。　　：俯视图。

：正等测图。　　：左视图。

：前视图。　　：右视图。

：后视图。　　：仰视图。

：以带线框的着色图显示。　　：以纯着色图显示。

：不可见边用虚线表示的线框图。　　：隐藏不可见边的线框图。

：可见边和不可见边都用实线表示的线框图。

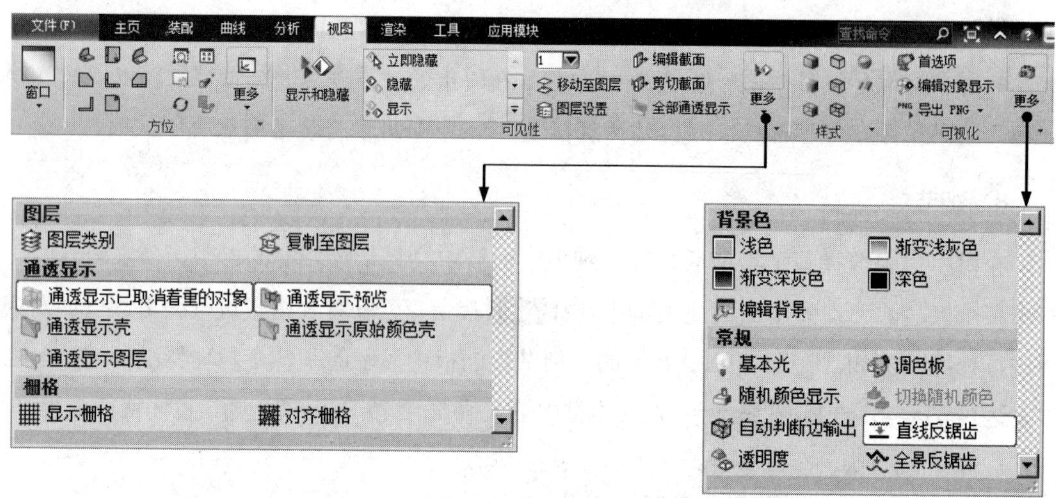

图 4.10.1 “视图”功能选项卡

：艺术外观。在此显示模式下，选择下拉菜单 视图(V) → 可视化(V) → 材料/纹理(M)... 命令，可以对它们指定的材料和纹理特性进行实际渲染。没有指定材料或纹理特性的对象，看起来与“着色”渲染样式下所进行的着色相同。

：在“面分析”渲染样式下，选定的曲面对象由小平面几何体表示，并渲染小平面以指示曲面分析数据，剩余的曲面对象由边缘几何体表示。

：在“局部着色”渲染样式中，选定曲面对象由小平面几何体表示，这些几何体通过着色和渲染显示，剩余的曲面对象由边缘几何体显示。

全部通透显示：全部通透显示。

通透显示壳：使用指定的颜色将已取消着重的着色几何体显示为透明壳。

通透显示原始颜色壳：将已取消着重的着色几何体显示为透明壳，并保留原始的着色几何体颜色。

通透显示图层：使用指定的颜色将已取消着重的着色几何体显示为透明图层。

浅色：浅色背景。渐变浅灰色：渐变浅灰色背景。渐变深灰色：渐变深灰色背景。

深色：深色背景。

剪切截面：剪切工作截面。编辑截面：编辑工作截面。

## 4.10.2 删除对象

利用 编辑(E) 下拉菜单中的 删除(D)... 命令可以删除一个或多个对象。下面以图 4.10.2 所示的模型为例，说明删除对象的一般操作过程。

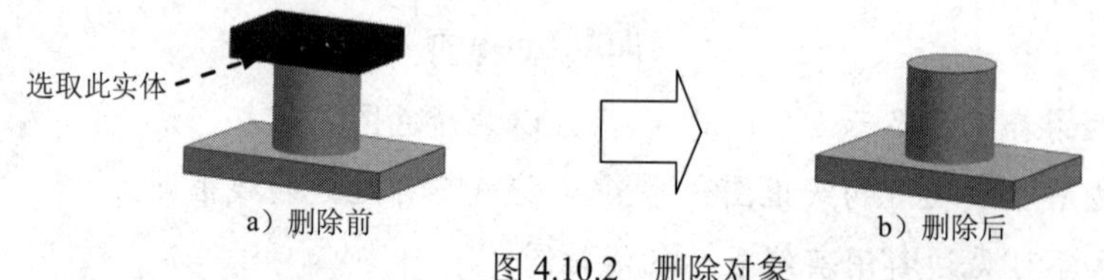


图 4.10.2 删除对象

Step1. 打开文件 D:\ug12pd\work\ch04.10\delete.prt。

Step2. 选择命令。选择下拉菜单 编辑(E) → 删除(D)... 命令，系统弹出图 4.10.3 所示的“类选择”对话框。

Step3. 定义删除对象。选取图 4.10.2a 所示的实体。

Step4. 单击 确定 按钮，完成对象的删除。

图 4.10.3 所示的“类选择”对话框中各选项功能的说明如下。

- 按钮：用于选取图形区中可见的所有对象。
- 按钮：用于选取图形区中未被选中的全部对象。
- 根据名称选择 文本框：输入预选对象的名称，系统会自动选取对象。
- 过滤器 区域：用于设置选取对象的类型。
  - ☑ 按钮：通过指定对象的类型来选取对象。单击该按钮，系统弹出图 4.10.4 所示的“按类型选择”对话框，可以在列表中选择所需的对象类型。
  - ☑ 按钮：通过指定图层来选取对象。
  - ☑ 颜色过滤器：通过指定颜色来选取对象。

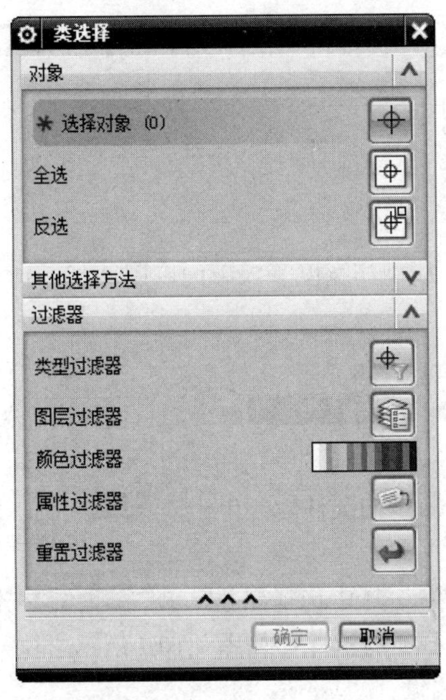

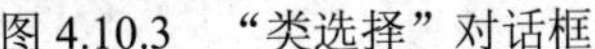

图 4.10.3　“类选择”对话框

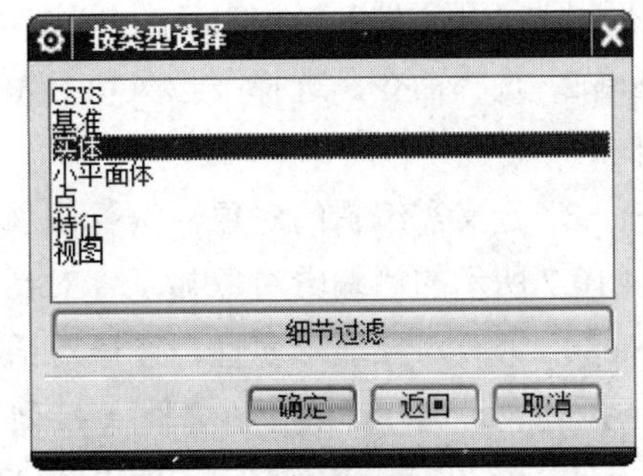


图 4.10.4　“按类型选择”对话框

  - ☑ 按钮：利用其他形式进行对象选取。单击该按钮，系统弹出“按属性选择”对话框，可以在列表中选择对象所具有的属性，也允许自定义某种对象的属性。
  - ☑ 按钮：取消之前设置的所有过滤方式，恢复到系统默认的设置。

## 4.10.3 隐藏与显示对象

对象的隐藏就是使该对象在零件模型中不显示。下面以图 4.10.5 所示的模型为例，说明隐藏与显示对象的一般操作过程。

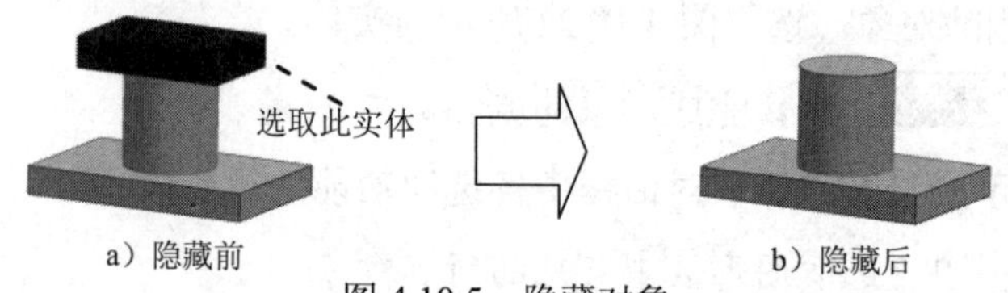


图 4.10.5 隐藏对象

Step1. 打开文件 D:\ug12pd\work\ch04.10\hide.prt。

Step2. 选择命令。选择下拉菜单 编辑(E) → 显示和隐藏(H) → 隐藏(H)... 命令，系统弹出“类选择”对话框。

Step3. 定义隐藏对象。选取图 4.10.5a 所示的实体。

Step4. 单击 确定 按钮，完成对象的隐藏。

Step5. 显示被隐藏的对象。选择下拉菜单 编辑(E) → 显示和隐藏(H) → 显示(S)... 命令（或按 Ctrl+Shift+K 组合键），系统弹出“类选择”对话框，选取 Step3 中隐藏的实体，则又恢复到图 4.10.5a 所示的状态。

**说明：**还可以在模型树中右击对象，在弹出的快捷菜单中选择 隐藏(H) 或 显示(S) 命令快速完成对象的隐藏或显示。

## 4.10.4 编辑对象的显示

编辑对象的显示就是修改对象的层、颜色、线型和宽度等。下面以图 4.10.6 所示的模型为例，说明编辑对象显示的一般过程。

Step1. 打开文件 D:\ug12pd\work\ch04.10\display.prt。

Step2. 选择命令。选择下拉菜单 编辑(E) → 对象显示(J)... 命令，系统弹出“类选择”对话框。

Step3. 定义需编辑的对象。选择图 4.10.6a 所示的圆柱体，单击 确定 按钮，系统弹出图 4.10.7 所示的“编辑对象显示”对话框。

Step4. 修改对象显示属性。在该对话框的 颜色 区域中选择黑色，单击 确定 按钮，在 线型 下拉列表中选择虚线，在 宽度 下拉列表中选择粗线宽度，如图 4.10.7 所示。

Step5. 单击 确定 按钮，完成对象显示的编辑。

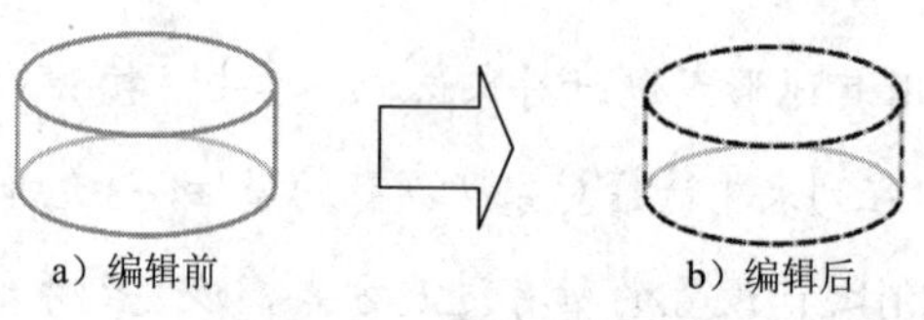


图 4.10.6 编辑对象显示

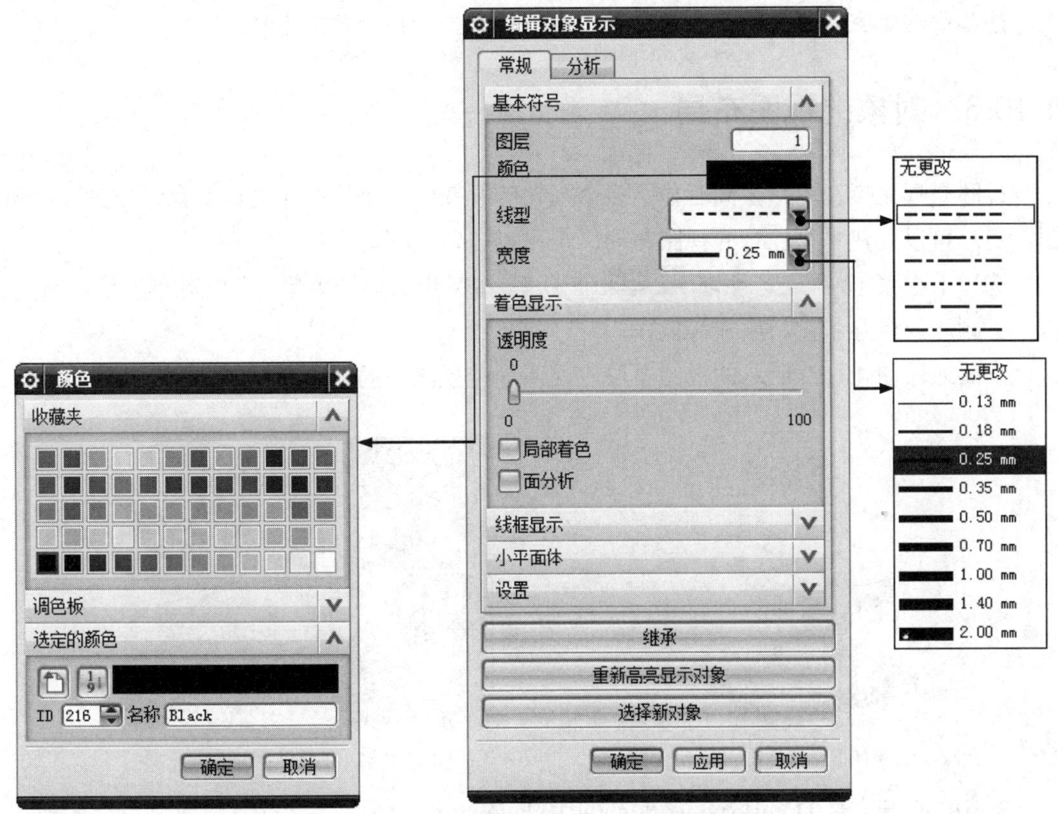


图 4.10.7 “编辑对象显示”对话框

## 4.10.5 分类选择

UG NX 12.0 提供了一个分类选择的工具，利用选择对象类型和设置过滤器的方法，以达到快速选取对象的目的。选取对象时，可以直接选取对象，也可以利用“类选择”对话框中的对象类型过滤功能来限制选择对象的范围。选中的对象以高亮方式显示。

**注意：在选取对象的操作中，如果光标短暂停留后，后面出现“...”的提示，则表明在光标位置有多个可供选择的对象。**

下面以图 4.10.8 所示选取曲线的操作为例，介绍如何选择对象。

Step1. 打开文件 D:\ug12pd\work\ch04.10\display_2.prt。

Step2. 选择命令。选择下拉菜单 编辑(E) → 对象显示(J)... 命令，系统弹出“类选择”对话框。

Step3. 定义对象类型。单击“类选择”对话框中的按钮，系统弹出“按类型选择”对话框，选择 曲线 选项，单击 确定 按钮。

Step4. 根据系统 选择要编辑的对象 的提示，在图形区选取图 4.10.8 所示的曲线为目标对象，单击 确定 按钮。

Step5. 系统弹出“编辑对象显示”对话框，单击 确定 按钮，完成对象的选取。

**注意**：这里主要是介绍对象的选取，编辑对象显示的操作不再赘述。

### 4.10.6 对象的视图布局

视图布局是指在图形区同时显示多个视角的视图，一个视图布局最多允许排列 9 个视图。用户可以创建系统已有的视图布局，也可以自定义视图布局。

选择下拉菜单 视图(V) → 布局(L) 命令，系统弹出布局子菜单，可以对布局进行新建、打开、删除、保存和重新生成等操作。

下面通过图 4.10.9 所示的视图布局，说明创建视图布局的一般操作过程。

图 4.10.8 选取曲线特征　　图 4.10.9 创建视图布局

Step1. 打开文件 D:\ug12pd\work\ch04.10\layout.prt。

Step2. 选择命令。选择下拉菜单 视图(V) → 布局(L) → 新建(N)... 命令，系统弹出图 4.10.10 所示的“新建布局”对话框。

Step3. 设置视图属性。在 名称 文本框中输入新布局的名称 LAY1，在 布置 下拉列表中选择图 4.10.10 所示的布局方式，单击 确定 按钮。

Step4. 保存视图布局。选择下拉菜单 视图(V) → 布局(L) → 保存(S) 命令，保存当前视图布局。

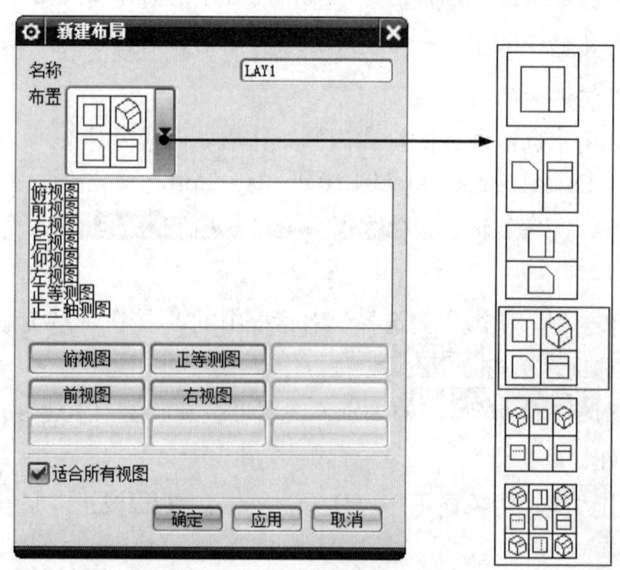


图 4.10.10 “新建布局”对话框

### 4.10.7　全屏显示

UG NX 12.0 可以将屏幕实际使用面积最大化，使用户能够最充分地利用图形窗口。使用全屏显示模式可以将用户界面和导航器最小化，使用户能够专注于当前的工作。用户可以通过选择 视图(V) → 全屏显示(F) 命令（或单击按钮）进入全屏显示模式，再次单击按钮恢复窗口显示。

## 4.11　UG NX 12.0 中图层的使用

所谓图层，就是在空间中选择不同的图层面来存放不同的目标对象。UG NX 12.0 中的图层功能类似于设计师在透明覆盖图层上建立模型的方法，一个图层就类似于一个透明的覆盖图层。不同的是，在一个图层上的对象可以是三维空间中的对象。

### 4.11.1　图层的基本概念

在一个 UG NX 12.0 部件中，最多可以含有 256 个图层，每个图层上可含任意数量的对象，因此在一个图层上可以含有部件中的所有对象，而部件中的对象也可以分布在任意一个或多个图层中。

在一个部件的所有图层中，只有一个图层是当前工作图层，所有操作只能在工作图层上进行，而其他图层则可以对它们的可见性、可选择性等进行设置和辅助工作。如果要在某图层中创建对象，则应在创建对象前使其成为当前工作图层。

### 4.11.2　设置图层

UG NX 12.0 提供了 256 个图层，这些图层都必须通过选择 格式(R) 下拉菜单中的 图层设置(S)... 命令来完成所有的设置。图层的应用对于建模工作有很大的帮助。选择 图层设置(S)... 命令后，系统弹出图 4.11.1 所示的“图层设置”对话框（一），利用该对话框，用户可以根据需要设置图层的名称、分类、属性和状态等，也可以查询图层的信息，还可以进行有关图层的一些编辑操作。

**图 4.11.1 所示的“图层设置”对话框（一）中主要选项的功能说明如下。**

- 工作图层 文本框：在该文本框中输入某图层号并按 Enter 键后，则系统自动将该图层设置为当前的工作图层。
- 按范围/类别选择图层 文本框：在该文本框中输入层的种类名称后，系统会自动选取所有属于该种类的图层。

图 4.11.1 “图层设置”对话框（一）

- ☑类别显示选项：选中此选项，图层列表中将按对象的类别进行显示，如图 4.11.2 所示。

图 4.11.2 “图层设置”对话框（二）

- 类别过滤器下拉列表：主要用于选择已存在的图层种类名称来进行筛选，系统默认为“*”，此符号表示所有的图层种类。
- 显示下拉列表：用于控制图层列表框中图层显示的情况。

☑ 所有图层选项：图层状态列表框中显示所有的图层（1~256 层）。

☑ 含有对象的图层选项：图层状态列表框中仅显示含有对象的图层。

☑ 所有可选图层选项：图层状态列表框中仅显示可选择的图层。

☑ 所有可见图层选项：图层状态列表框中仅显示可见的图层。

注意：当前的工作图层在以上情况下，都会在图层列表框中显示。

- 按钮：单击此按钮可以添加新的类别层。
- 按钮：单击此按钮可将被隐藏的图层设置为可选。
- 按钮：单击此按钮可将选中的图层作为工作层。
- 按钮：单击此按钮可以将选中的图层设为可见。
- 按钮：单击此按钮可以将选中的图层设为不可见。
- 按钮：单击此按钮，系统弹出"信息"窗口，该窗口能够显示此零件模型中所有图层的相关信息，如图层编号、状态和图层种类等。
- ☑ 显示前全部适合选项：选中此选项，模型将充满整个图形区。

在UG NX 12.0软件中，可对相关的图层分类进行管理，以提高操作的效率。例如，可设置"MODELING""DRAFTING"和"ASSEMBLY"等图层组种类，图层组"MODELING"包括1～20层，图层组"DRAFTING"包括21～40层，图层组"ASSEMBLY"包括41～60层。当然可以根据自己的习惯来进行图层组种类的设置。当需要对某一层组中的对象进行操作时，可以很方便地通过层组来实现对其中各图层对象的选择。

图层组的种类设置可以通过选择下拉菜单格式(R) ➡ 图层类别(C)...命令来实现。选择该命令后，系统弹出图4.11.3所示的"图层类别"对话框（一），在该对话框的类别文本框中输入新种类的名称，单击创建/编辑按钮，系统弹出图4.11.4所示的"图层类别"对话框（二）。

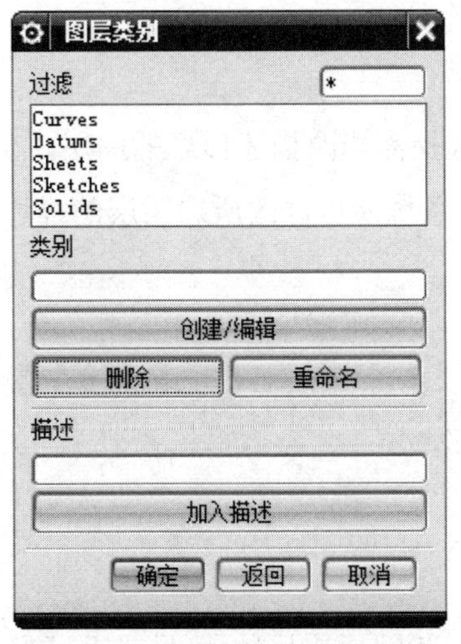


图4.11.3　"图层类别"对话框（一）

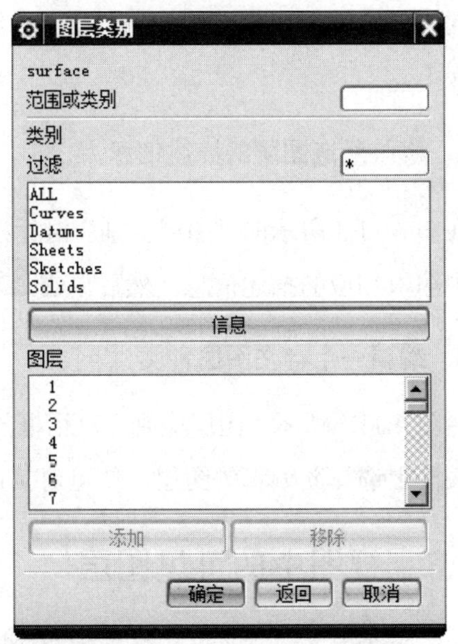


图4.11.4　"图层类别"对话框（二）

**图4.11.3所示的"图层类别"对话框（一）中主要选项的功能说明如下。**

- 过滤文本框：用于输入已存在的图层种类名称来进行筛选，该文本框下方的列表框用于显示已存在的图层组种类或筛选后的图层组种类，可在该列表框中直接选取需要进行编辑的图层组种类。

- 类别文本框：用于输入图层组种类的名称，可输入新的种类名称来建立新的图层组种类，或是输入已存在的名称进行该图层组的编辑操作。
- 创建/编辑按钮：用于创建新的图层组或编辑现有的图层组。单击该按钮前，必须要在类别文本框中输入名称。如果输入的名称已经存在，则可对该图层组进行编辑操作；如果所输入的名称不存在，则创建新的图层组。
- 删除按钮和重命名按钮：主要用于图层组种类的编辑操作。删除按钮用于删除所选取的图层组种类；重命名按钮用于对已存在的图层组种类重新命名。
- 描述文本框：用于输入某图层相应的描述文字，解释该图层的含义。当输入的文字长度超出文本框的规定长度时，系统则会自动进行延长匹配，所以在使用中也可以输入比较长的描述语句。

在进行图层组种类的建立、编辑和更名的操作时，可以按照以下方式进行。

#### 1．建立一个新的图层

在图 4.11.3 所示的“图层类别”对话框（一）的类别文本框中输入新图层的名称，还可在描述文本框中输入相应的描述信息。单击创建/编辑按钮，在系统弹出的图 4.11.4 所示的“图层类别”对话框（二）中，从“图层”列表框中选取该种类需要包括的层，先单击添加按钮，然后单击确定按钮完成操作，即可创建一个新的图层组。

#### 2．修改所选图层的描述信息

在图 4.11.3 所示的“图层类别”对话框（一）中选择需修改描述信息的图层，在描述文本框中输入相应的描述信息，然后单击确定按钮，系统便可修改所选图层的描述信息。

#### 3．编辑一个存在图层种类

在图 4.11.3 所示“图层类别”对话框的类别文本框中输入图层名称，或直接在图层组种类列表框中选择欲编辑的图层，便可对其进行编辑操作。

### 4.11.3 视图中的可见图层

使用格式(R)下拉菜单中的视图中可见图层(V)...命令，可以设置图层的可见或不可见。选择视图中可见图层(V)...命令后，系统弹出图 4.11.5 所示的“视图中可见图层”对话框（一），在该对话框中选取某个视图，单击确定按钮，系统弹出图 4.11.6 所示的“视图中可见图层”

对话框（二），该对话框用于控制所选视图所在层的显示状态。在“视图中可见图层”对话框（二）的列表框中选择某个图层，然后单击 可见 按钮或 不可见 按钮，可以设置该图层的可见性。

## 4.11.4　移动至图层

“移动至图层”功能用于把对象从一个图层移出并放置到另一个图层，操作步骤如下。

Step1. 选择命令。选择下拉菜单 格式(R) → 移动至图层(M)... 命令，系统弹出“类选择”对话框。

Step2. 选取目标特征。先选取目标特征，然后单击“类选择”对话框中的 确定 按钮，系统弹出图 4.11.7 所示的“图层移动”对话框。

Step3. 选择目标图层或输入目标图层的编号，单击 确定 按钮，完成该操作。

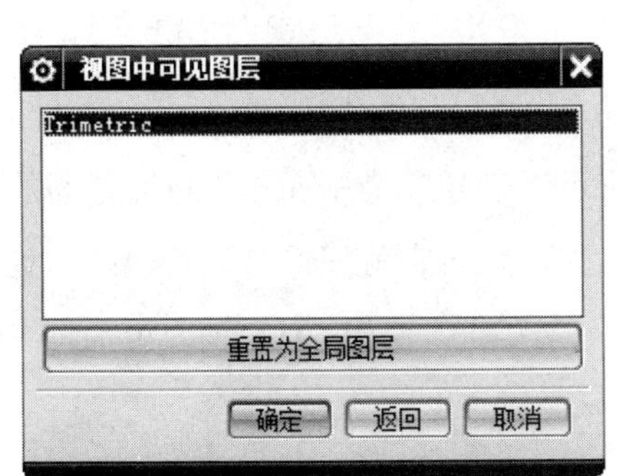


图 4.11.5　“视图中可见图层”对话框（一）

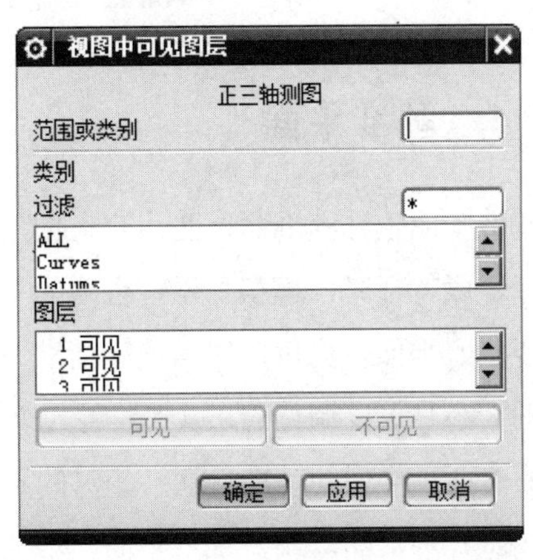


图 4.11.6　“视图中可见图层”对话框（二）

## 4.11.5　复制至图层

“复制至图层”功能用于把对象从一个图层复制到另一个图层，且源对象依然保留在原来的图层上，其一般操作步骤如下。

Step1. 选择命令。选择下拉菜单 格式(R) → 复制至图层(O)... 命令，系统弹出“类选择”对话框。

Step2. 选取目标特征。先选取目标特征，然后单击 确定 按钮，系统弹出“图层复制”对话框，如图 4.11.8 所示。

Step3. 定义目标图层。从图层列表框中选择一个目标图层，或在数据输入字段中输入一个图层编号。单击 确定 按钮，完成该操作。

**说明：** 组件、基准轴和基准平面类型不能在图层之间复制，只能移动。

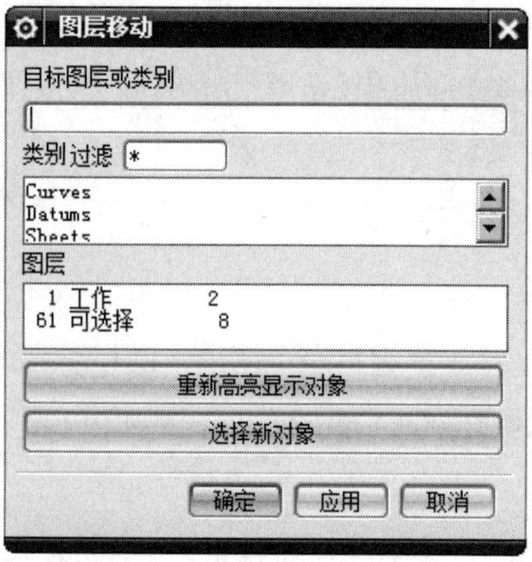

图 4.11.7 “图层移动”对话框

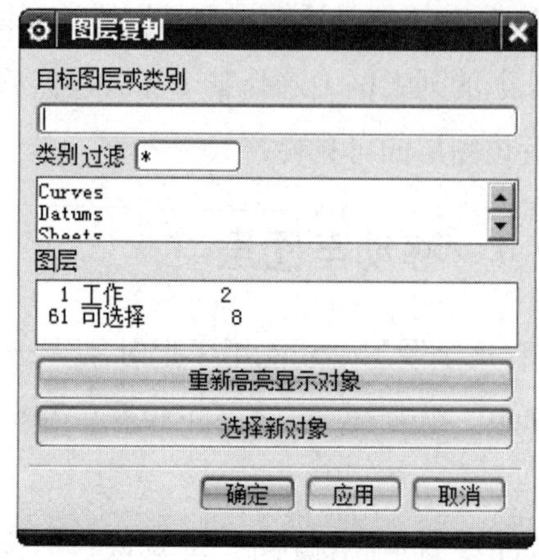


图 4.11.8 “图层复制”对话框

# 4.12 常用的基准特征

## 4.12.1 基准平面

基准平面也称基准面，是用户在创建特征时的一个参考面，同时也是一个载体。如果在创建一般特征时，模型上没有合适的平面，用户可以创建基准平面作为特征截面的草图平面或参照平面；也可以根据一个基准平面进行标注，此时它就好像是一条边。并且基准平面的大小是可以调整的，以使其看起来更适合零件、特征、曲面、边、轴或半径。UG NX 12.0 中有两种类型的基准平面：相对的和固定的。

相对基准平面：相对基准平面是根据模型中的其他对象而创建的。可使用曲线、面、边缘、点及其他基准作为基准平面的参考对象，可创建跨过多个体的相对基准平面。

固定基准平面：固定基准平面不参考，也不受其他几何对象的约束，在用户定义特征中使用除外。可使用任意相对基准平面方法创建固定基准平面，方法是：取消选择“基准平面”对话框中的 □ 关联 复选框；还可根据 WCS 和绝对坐标系并通过改变方程式中的系数，使用一些特殊方法创建固定基准平面。

要选择一个基准平面，可以在模型树中单击其名称，也可在图形区中选择它的一条边界。

### 1. 基准平面的创建方法：成一角度

下面以图 4.12.1 所示的实例来说明创建基准平面的一般过程。

Step1. 打开文件 D:\ug12pd\work\ch04.12\ datum_plane_01.prt。

Step2. 选择下拉菜单 插入(S) → 基准/点(D) → 基准平面(D)... 命令，系统弹出图 4.12.2 所示的“基准平面”对话框（可创建各种形式的基准平面）。

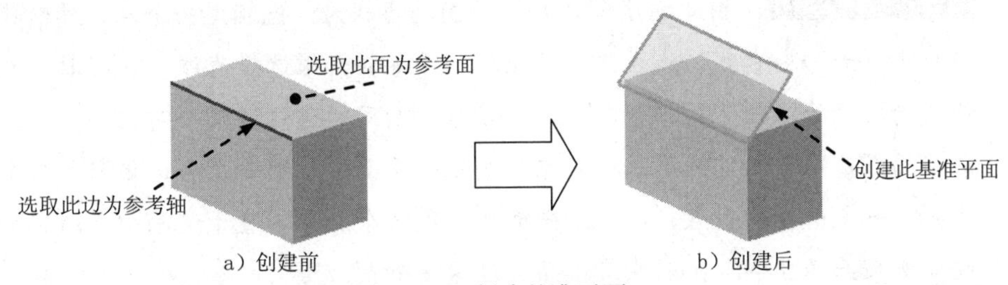


图 4.12.1 创建基准平面

Step3. 定义创建方式。在“基准平面”对话框的类型下拉列表中选择成一角度选项（图 4.12.2）。

Step4. 定义参考对象。选取图 4.12.1a 所示的平面和边线分别为基准平面的参考平面和参考轴。

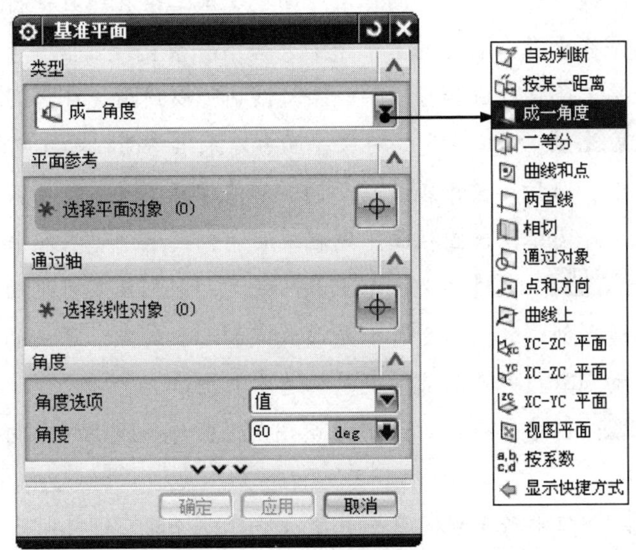


图 4.12.2 “基准平面”对话框

Step5. 定义参数。在弹出的角度动态输入框中输入数值 45，单击“基准平面”对话框中的< 确定 >按钮，完成基准平面的创建。

图 4.12.2 所示“基准平面”对话框中部分选项及按钮的功能说明如下。

- 自动判断：通过选择的对象自动判断约束条件。例如，选取一个表面或基准平面时，系统自动生成一个预览基准平面，可以输入偏置值和数量来创建基准平面。
- 按某一距离：通过输入偏置值创建与已知平面（基准平面或零件表面）平行的基准平面。
- 成一角度：通过输入角度值创建与已知平面成一角度的基准平面。先选择一个平面或基准平面，然后选择一个与所选面平行的线性曲线或基准轴，以定义旋转轴。

- 曲线和点：用此方法创建基准平面的步骤为：先指定一个点，然后指定第二个点或者一条直线、线性边、基准轴、面等。如果选择直线、基准轴、线性曲线或特征的边缘作为第二个对象，则基准平面同时通过这两个对象；如果选择一般平面或基准平面作为第二个对象，则基准平面通过第一个点，但与第二个对象平行；如果选择两个点，则基准平面通过第一个点并垂直于这两个点所定义的方向；如果选择三个点，则基准平面通过这三个点。
- 两直线：通过选择两条现有直线，或直线与线性边、面的法向向量或基准轴的组合，创建的基准平面包含第一条直线且平行于第二条线。如果两条直线共面，则创建的基准平面将同时包含这两条直线。否则，还会有下面两种可能的情况。
  - ☑ 这两条线不垂直。创建的基准平面包含第二条直线且平行于第一条直线。
  - ☑ 这两条线垂直。创建的基准平面包含第一条直线且垂直于第二条直线，或是包含第二条直线且垂直于第一条直线（可以使用循环解实现）。
- 通过对象：根据选定的对象平面创建基准平面，对象包括曲线、边缘、面、基准、平面、圆柱、圆锥或旋转面的轴、基准坐标系、坐标系以及球面和旋转曲面。如果选择圆锥面或圆柱面，则在该面的轴线上创建基准平面。
- 点和方向：通过定义一个点和一个方向来创建基准平面。定义的点可以是使用点构造器创建的点，也可以是曲线或曲面上的点；定义的方向可以通过选取的对象自动判断，也可以使用矢量构造器来构建。
- 曲线上：创建一个过曲线上的点并在此点与曲线法向方向垂直或相切的基准平面。
- 视图平面：创建平行于视图平面并穿过绝对坐标系（ACS）原点的固定基准平面。
- YC-ZC 平面：沿工作坐标系（WCS）或绝对坐标系（ACS）的 YC-ZC 轴创建一个固定的基准平面。
- XC-ZC 平面：沿工作坐标系（WCS）或绝对坐标系（ACS）的 XC-ZC 轴创建一个固定的基准平面。
- XC-YC 平面：沿工作坐标系（WCS）或绝对坐标系（ACS）的 XC-YC 轴创建一个固定的基准平面。
- 按系数：通过使用系数 A、B、C 和 D 指定一个方程的方式，创建固定基准平面，该基准平面由方程 ax+ by+cz=d 确定。

### 2. 基准平面的创建方法：点和方向

用“点和方向”创建基准平面是指通过定义一点和平面的法向方向来创建基准平面。下面通过一个实例来说明用“点和方向”创建基准平面的一般过程。

Step1. 打开文件 D:\ug12pd\work\ch04.12\datum_plane_02.prt。

Step2. 选择命令。选择下拉菜单 插入(S) → 基准/点(D) → 基准平面(D)... 命令，系统弹出“基准平面”对话框。

Step3. 定义创建方式。在 类型 区域的下拉列表中选择 点和方向 选项，选取图 4.12.3a 所示曲线的端点，在 法向 下拉列表中选择 XC 选项为平面的方向，单击 〈确定〉 按钮，完成基准平面的创建，如图 4.12.3b 所示。

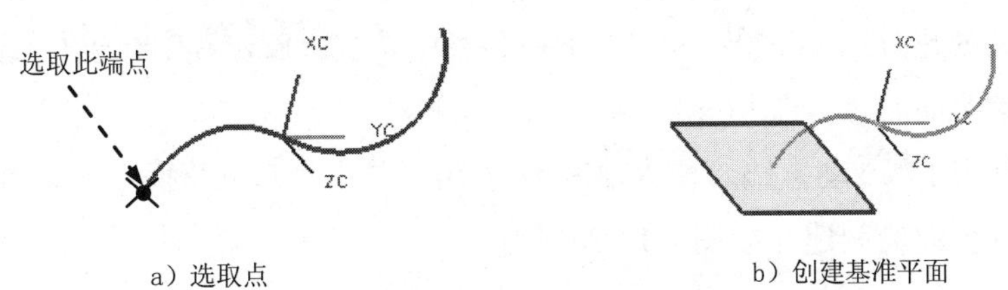


a）选取点　　b）创建基准平面

图 4.12.3　利用“点和方向”创建基准平面

### 3. 基准平面的创建方法：在曲线上

用“在曲线上”创建基准平面是通过指定在曲线上的位置和方位确定相对位置的基准平面。下面通过图 4.12.4 所示的实例来说明用“在曲线上”创建基准平面的一般过程。

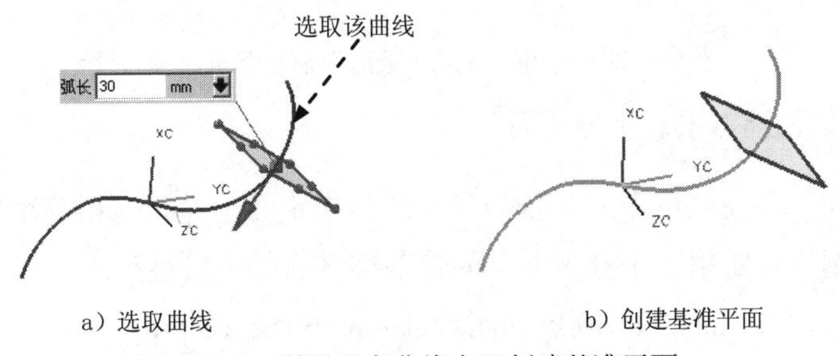


a）选取曲线　　b）创建基准平面

图 4.12.4　利用“在曲线上”创建基准平面

Step1. 打开文件 D:\ug12pd\work\ch04.12\datum_plane_03.prt。

Step2. 选择命令。选择下拉菜单 插入(S) → 基准/点(D) → 基准平面(D)... 命令，系统弹出“基准平面”对话框。

Step3. 定义创建方式。在 类型 区域的下拉列表中选择 曲线上 选项，选取图 4.12.4a 所示曲线上的任意位置，在 曲线上的位置 区域的 位置 下拉列表中选择 弧长 选项，在 弧长 文本框中输入数值 30。

Step4. 在“基准平面”对话框中单击 〈确定〉 按钮，完成基准平面的创建，如图 4.12.4b 所示。

**说明：**此例中创建的基准平面的法向方向为曲线在曲线与基准平面交点处的切线方向。读者可以通过选择 方向 下拉列表中的其他选项来改变基准平面法向方向的类型。单击“反向”按钮，可以改变曲线的起始方向，而单击“法向平面法向”按钮，可以改变基准平面的法向方向。

#### 4. 基准平面的创建方法：按某一距离

用“按某一距离”创建基准平面是指创建一个与指定平面平行且相距一定距离的基准平面。下面通过一个实例来说明用“按某一距离”创建基准平面的一般过程。

Step1. 打开文件 D:\ug12pd\work\ch04.12\datum_plane_04.prt。

Step2. 选择命令。选择下拉菜单 插入(S) ➡ 基准/点(D) ➡ 基准平面(D)... 命令，系统弹出“基准平面”对话框。

Step3. 定义创建方式。在 类型 区域的下拉列表中选择 按某一距离 选项，选取图 4.12.5a 所示的平面为参照面。

Step4. 在弹出的 距离 动态输入框内输入数值 10，单击“基准平面”对话框的 < 确定 > 按钮，完成基准平面的创建，如图 4.12.5b 所示。

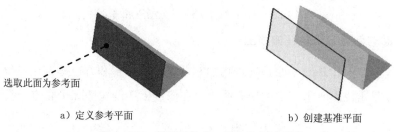

a）定义参考平面　　b）创建基准平面

图 4.12.5　利用“按某一距离”创建基准平面

#### 5. 基准平面的创建方法：平分平面

用“平分平面”创建基准平面是指创建一个与指定两平面相距相等距离的基准平面。下面通过一个实例来说明用“平分平面”创建基准平面的一般过程。

Step1. 打开文件 D:\ug12pd\work\ch04.12\datum_plane_05.prt。

Step2. 选择命令。选择下拉菜单 插入(S) ➡ 基准/点(D) ➡ 基准平面(D)... 命令，系统弹出“基准平面”对话框。

Step3. 定义创建方式。在 类型 区域的下拉列表中选择 自动判断 选项，选取图 4.12.6a 所示的平面为参照面。

Step4. 单击 < 确定 > 按钮，完成基准平面的创建，如图 4.12.6b 所示。

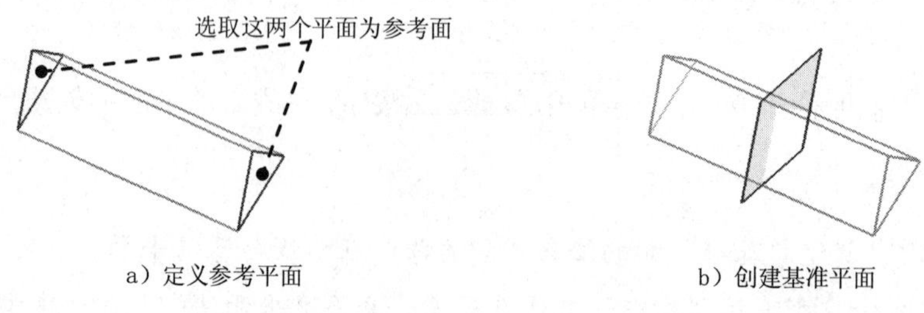


a）定义参考平面　　b）创建基准平面

图 4.12.6　利用“平分平面”创建基准平面

### 6. 基准平面的创建方法：曲线和点

用“曲线和点”创建基准平面是指通过指定点和曲线而创建的基准平面。下面通过一个实例来说明用“曲线和点”创建基准平面的一般过程。

Step1. 打开文件 D:\ug12pd\work\ch04.12\ datum_plane_06.prt。

Step2. 选择命令。选择下拉菜单 插入(S) → 基准/点(D) → 基准平面(D)... 命令，系统弹出“基准平面”对话框。

Step3. 定义创建方式。在 类型 区域的下拉列表中选择 曲线和点 选项，选取图 4.12.7a 所示的点和曲线为参照对象。

Step4. 单击 < 确定 > 按钮，完成基准平面的创建，如图 4.12.7b 所示。

**说明**：通过单击“基准平面”对话框中的“循环解”按钮可以改变基准平面与曲线的相对位置，图 4.12.8 所示为基准平面与曲线垂直的情况。

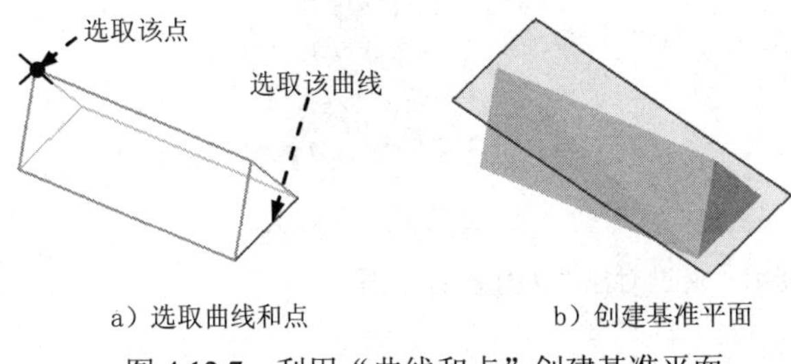


a）选取曲线和点　　b）创建基准平面

图 4.12.7　利用“曲线和点”创建基准平面

图 4.12.8　基准平面与曲线垂直

### 7. 基准平面的创建方法：两直线

用“两直线”创建基准平面可以创建通过两相交直线的基准平面，也可以创建包含一条直线且平行或垂直于另一条直线的基准平面。下面通过一个实例来说明用“两直线”创建基准平面的一般过程。

Step1. 打开文件 D:\ug12pd\work\ch04.12\datum_plane_07.prt。

Step2. 选择命令。选择下拉菜单 插入(S) → 基准/点(D) → 基准平面(D)... 命令，系统弹出“基准平面”对话框。

Step3. 定义创建方式。在 类型 区域的下拉列表中选择 两直线 选项，选取图 4.12.9a 所示两条直线为参照对象。

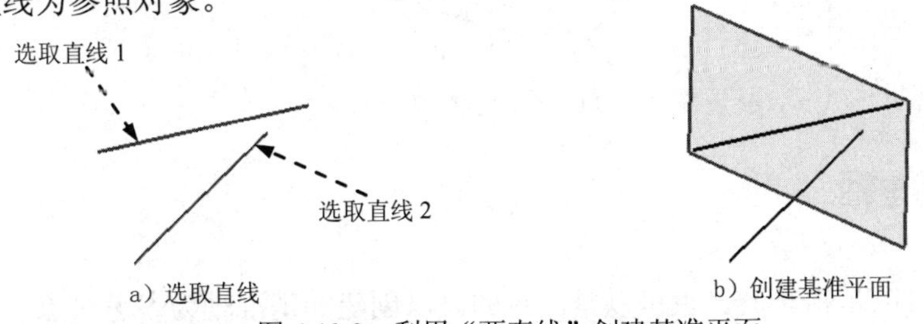


a）选取直线　　b）创建基准平面

图 4.12.9　利用“两直线”创建基准平面

Step4. 单击 < 确定 > 按钮，完成基准平面的创建，如图 4.12.9b 所示。

### 8. 基准平面的创建方法：通过对象

用“通过对象”创建基准平面是指通过指定模型的表面为参照对象来创建基准平面。

下面通过一个实例来说明用“通过对象”创建基准平面的一般过程。

Step1. 打开文件 D:\ug12pd\work\ch04.12\datum_plane_09.prt。

Step2. 选择命令。选择下拉菜单 插入(S) → 基准/点(D) → 基准平面(D)... 命令，系统弹出“基准平面”对话框。

Step3. 定义创建方式。在 类型 区域的下拉列表中选择 通过对象 选项，选取图 4.12.10a 所示的模型表面为参照对象。

Step4. 单击 < 确定 > 按钮，完成基准平面的创建，如图 4.12.10b 所示。

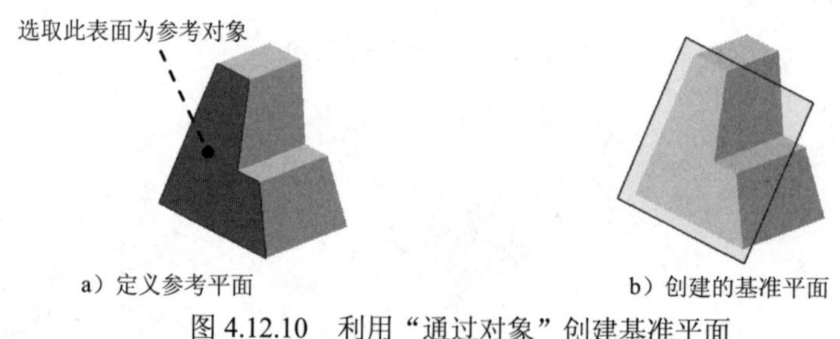


a）定义参考平面　　b）创建的基准平面

图 4.12.10　利用“通过对象”创建基准平面

### 9. 控制基准平面的显示大小

尽管基准平面实际上是一个无穷大的平面，但在默认情况下，系统根据模型大小对其进行缩放显示。显示的基准平面的大小随零件尺寸而改变。除了那些即时生成的平面以外，其他所有基准平面的大小都可以调整，以适应零件、特征、曲面、边、轴或半径。改变基准平面大小的方法是：双击基准平面，用鼠标拖动基准平面的控制点即可改变其大小（图 4.12.11）。

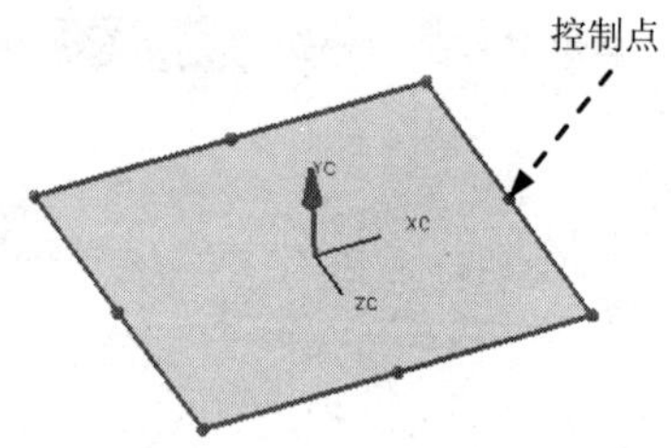


图 4.12.11　控制基准平面的大小

## 4.12.2　基准轴

基准轴既可以是相对的，也可以是固定的。以创建的基准轴为参考对象，可以创建其他对象，比如基准平面、旋转体和拉伸特征等。

下面通过图 4.12.12 所示的实例来说明创建基准轴的一般操作步骤。

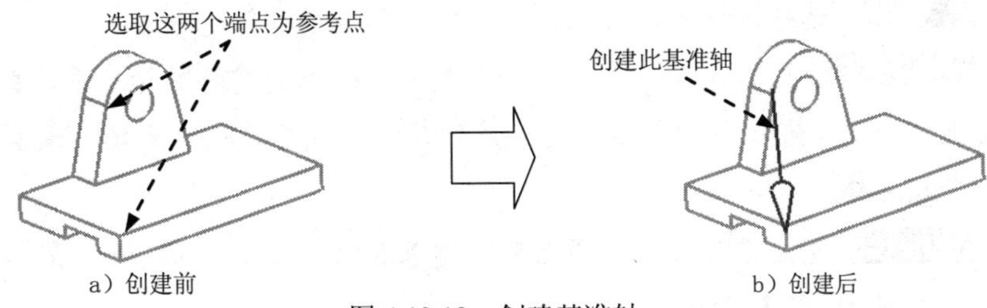


图 4.12.12　创建基准轴

Step1. 打开文件 D:\ug12pd\work\ch04.12\ datum_ axis01.prt。

Step2. 选择下拉菜单 插入(S) ➡ 基准/点(D) ➡ 基准轴(A)... 命令，系统弹出图 4.12.13 所示的“基准轴”对话框。

### 1. 基准轴的创建方法：两点

Step1. 单击“两个点”按钮，选择“两点”方式来创建基准轴（图 4.12.13）。

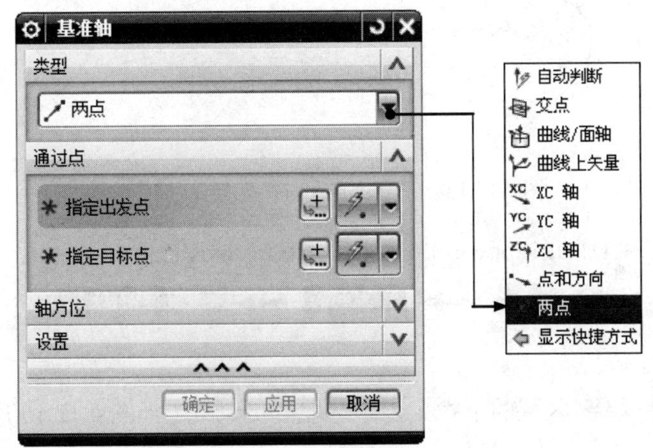


图 4.12.13　“基准轴”对话框

Step2. 定义参考点。选取图 4.12.12a 所示的两边线的端点为参考点。

注意：创建的基准轴与选择点的先后顺序有关，可以通过单击“基准轴”对话框中的“反向”按钮调整其方向。

Step3. 单击 < 确定 > 按钮，完成基准轴的创建。

图 4.12.13 所示“基准轴”对话框中有关选项功能的说明如下。

- 自动判断：系统根据选择的对象自动判断约束。
- 交点：通过两个相交平面创建基准轴。
- 曲线/面轴：创建一个起点在选择曲线上的基准轴。
- 曲线上矢量：创建与曲线某点相切、垂直，或者与另一对象垂直或平行的基准轴。
- XC 轴：选择该选项，可以沿 XC 方向创建基准轴。

- YC 轴：选择该选项，可以沿 YC 方向创建基准轴。
- ZC 轴：选择该选项，可以沿 ZC 方向创建基准轴。
- 点和方向：通过定义一个点和一个矢量方向来创建基准轴。通过曲线、边或曲面上的一点，可以创建一条平行于线性几何体或基准轴、面轴，或垂直于一个曲面的基准轴。
- 两点：通过定义轴上的两点来创建基准轴。第一点为基点，第二点定义了从第一点到第二点的方向。

### 2. 基准轴的创建方法：点和方向

用“点和方向”创建基准轴是指通过定义一个点和矢量方向来创建基准轴。下面通过图 4.12.14 所示的范例来说明用“点和方向”创建基准轴的一般过程。

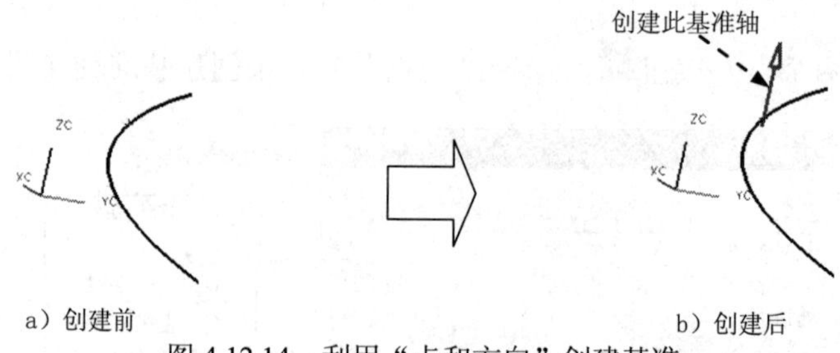


a）创建前　　b）创建后

图 4.12.14　利用“点和方向”创建基准

Step1. 打开文件 D:\ug12pd\work\ch04.12\datum_ axis02.prt。

Step2. 选择下拉菜单 插入(S) → 基准/点(D) → 基准轴(A)... 命令，系统弹出“基准轴”对话框。

Step3. 在对话框 类型 区域的下拉列表中选取 选项，选择图 4.12.15 所示的点为参考对象。

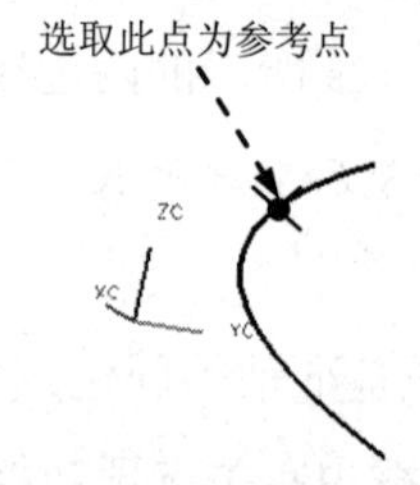


图 4.12.15　定义参考点

Step4. 在对话框 方向 区域的 方位 下拉列表中选择 平行于矢量 选项；在 指定矢量 下拉列表中选择 ZC 选项。

Step5. 单击 < 确定 > 按钮，完成基准轴的创建。

### 3. 基准轴的创建方法：曲线/面轴

用“曲线/面轴”可以创建一个与选定的曲线/面的轴共线的基准轴，下面通过图 4.12.16 所示的实例来说明用“曲线/面轴”创建基准轴的一般过程。

Step1. 打开文件 D:\ug12pd\work\ch04.12\datum_ axis03.prt。

Step2. 选择下拉菜单插入(S) ➡ 基准/点(D) ➡ 基准轴(A)...命令，系统弹出“基准轴”对话框。

Step3. 在对话框类型区域的下拉列表中选择曲线/面轴选项，选取图 4.12.17 所示的曲面为参考对象；调整基准轴的方向使其与 ZC 轴正方向同向。

Step4. 单击< 确定 >按钮，完成基准轴的创建。

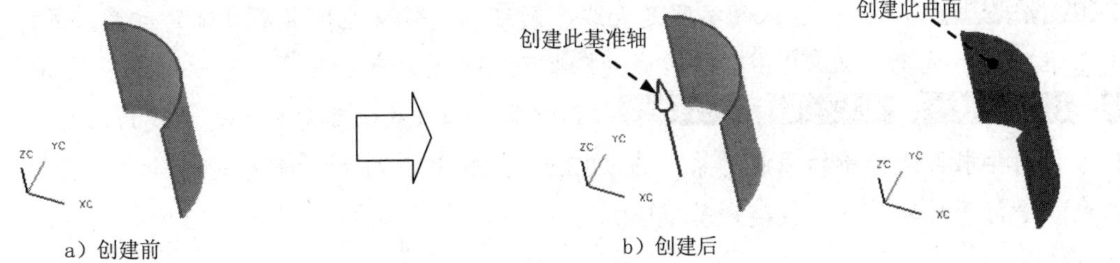


图 4.12.16　利用“曲线/面轴”创建基准轴　　图 4.12.17　定义参照

**说明：** 在“基准轴”对话框轴方位区域单击“反向”按钮可以改变创建的基准轴的方向。

### 4. 基准轴的创建方法：在曲线矢量上

用“在曲线矢量上”可以通过指定在曲线上的相对位置和方位来创建基准轴。下面通过图 4.12.18 所示的实例来说明用“在曲线矢量上”创建基准轴的一般过程。

Step1. 打开文件 D:\ug12pd\work\ch04.12\datum_ axis04.prt。

Step2. 选择下拉菜单插入(S) ➡ 基准/点(D) ➡ 基准轴(A)...命令，系统弹出“基准轴”对话框。

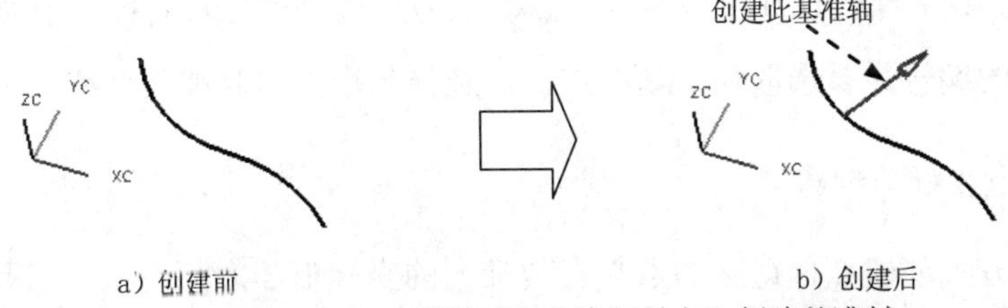


图 4.12.18　利用“在曲线矢量上”创建基准轴

Step3. 在基准轴对话框类型区域的下拉列表中选择曲线上矢量选项，选取图 4.12.19 所示的曲线为参考对象。

Step4. 在对话框曲线上的位置区域的位置下拉列表中选择弧长选项，在弧长文本框中输入数值 30。

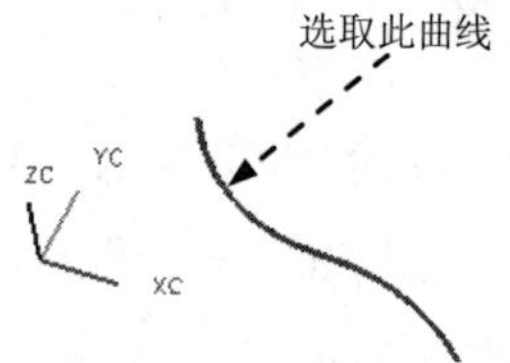


图 4.12.19 定义参考曲线

Step5. 在对话框曲线上的方位区域的方位下拉列表中选择相切选项。

Step6. 单击< 确定 >按钮，完成基准轴的创建。

说明：定义基准轴在曲线上的相对位置时有两种方式供选择，分别是弧长和弧长百分比。即“基准轴”对话框曲线上的位置区域的位置下拉列表中的两个选项：弧长选项和弧长百分比选项。如选取的参照是直线，则可以更精确地确定基准轴的位置。另外，确定基准轴的方向时，在曲线上的方位区域的方位下拉列表中有五种方式可供选择，分别是相切、副法向、法向、垂直于对象和平行于对象。其中前三种方式的参考对象是曲线的切线，后两种方式则要求再选择新的参照对象。图 4.12.20 和图 4.12.21 所示分别是选择“垂直于对象”和“平行于对象”方式创建的基准轴。

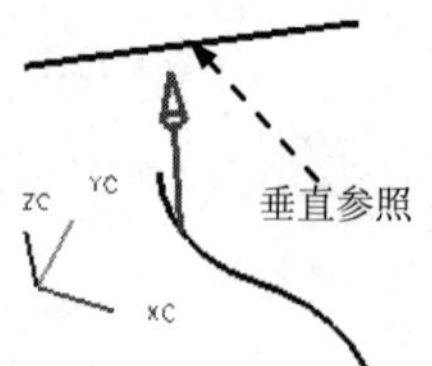


图 4.12.20 “垂直于对象”方式创建的基准轴

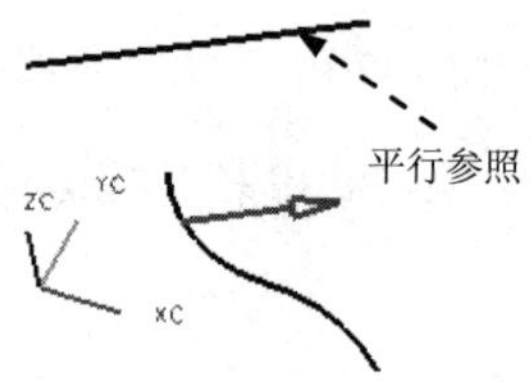


图 4.12.21 “平行于对象”方式创建的基准轴

## 4.12.3 基准点

基准点用来为网格生成加载点、在绘图中连接基准目标和注释、创建坐标系及管道特征轨迹，也可以在基准点处放置轴、基准平面、孔和轴肩。

默认情况下，UG NX 12.0 将一个基准点显示为加号“+”，其名称显示为 point（n），其中 n 是基准点的编号。要选取一个基准点，可选择基准点自身或其名称。

### 1. 通过给定坐标值创建点

无论用哪种方式创建点，得到的点都有其唯一的坐标值与之相对应。只是不同方式的操作步骤和简便程度不同。在可以通过其他方式方便快捷地创建点时就没有必要再通过给定点的坐标值来创建。仅推荐读者在确定点的坐标值时使用此方式。

本节将创建如下几个点：坐标值分别是（10.0，-10.0，0.0）、（0.0，8.0，8.0）和（12.0，12.0，12.0），操作步骤如下。

Step1. 打开文件 D:\ug12pd\work\ch04.12\point_01.prt。

Step2. 选择下拉菜单 插入(S) → 基准/点(D) ▶ → + 点(P)... 命令，系统弹出“点”对话框。

Step3. 在“点”对话框的 X 、 Y 、 Z 文本框中输入相应的坐标值，单击 < 确定 > 按钮，完成三个点的创建，结果如图 4.12.22 所示。

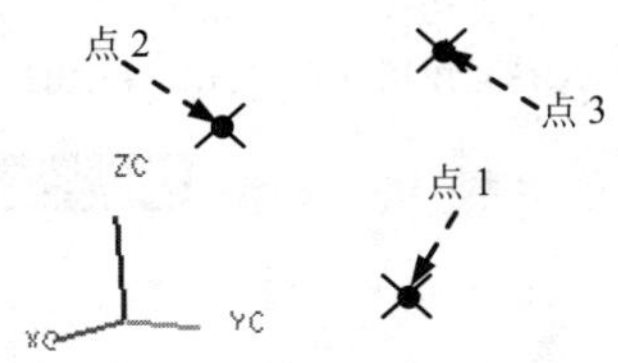


图 4.12.22　利用坐标值创建点

### 2. 在端点上创建点

在端点上创建点是指在直线或曲线的末端可以创建点。下面以一个范例来说明在端点创建点的一般过程，如图 4.12.23b 所示。现要在模型的顶点处创建一个点，其操作步骤如下。

Step1. 打开文件 D:\ug12pd\work\ch04.12\point_02.prt。

Step2. 选择下拉菜单 插入(S) → 基准/点(D) ▶ → + 点(P)... 命令，系统弹出“点”对话框（在对话框 设置 区域中系统的默认设置是 ☑ 关联 选项被选中，即所创建的点与所选对象参数相关）。

Step3. 选择“端点”的方式创建点。在对话框 类型 区域的下拉列表中选择 端点 选项，选取图 4.12.23a 所示的模型边线，单击 < 确定 > 按钮，完成点的创建，如图 4.12.23b 所示。

**说明：** 系统默认的线的端点是离鼠标点选位置最近的点，读者在选取边线时应注意点选位置，以免所创建的点不是读者所需的点。

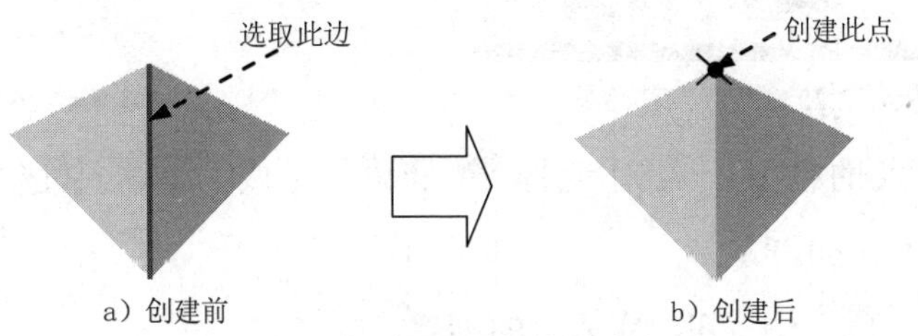


图 4.12.23　通过端点创建点

### 3. 在曲线上创建点

用位置的参数值在曲线或边上创建点，该位置参数值确定从一个顶点开始沿曲线的长度。下面通过图 4.12.24 所示的实例来说明“点在曲线/边上”创建点的一般过程。

图 4.12.24　创建点

Step1. 打开文件 D:\ug12pd\work\ch04.12\point_03.prt。

Step2. 选择命令。选择下拉菜单 插入(S) ➡ 基准/点(D) ➡ 十 点(P)... 命令，系统弹出图 4.12.25 所示的“点”对话框。

Step3. 定义点的类型。在基准点对话框 类型 区域的下拉列表中选择 曲线/边上的点 选项。

Step4. 定义参考曲线。选取图 4.12.26 所示的直线为参考曲线。

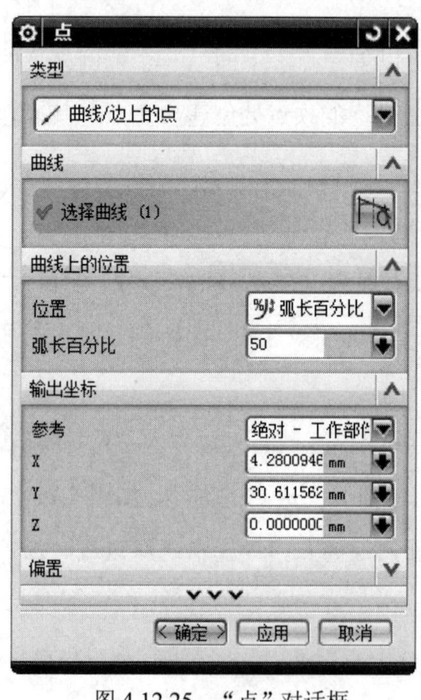

图 4.12.25　“点”对话框

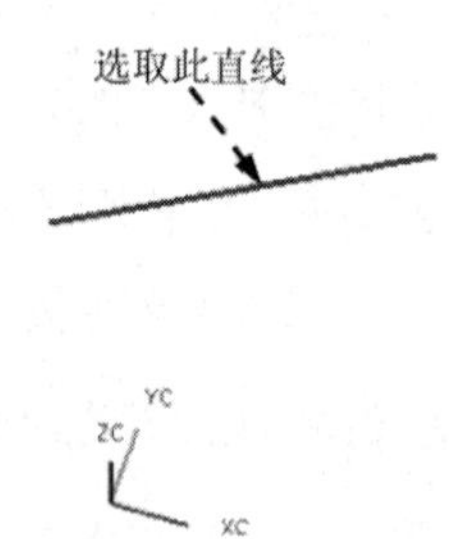


图 4.12.26　定义参考曲线

Step5. 定义点的位置。在对话框 曲线上的位置 区域的 位置 中选择 弧长百分比 并在 弧长百分比 中输入数值 50。

Step6. 单击 < 确定 > 按钮，完成点的创建。

**说明：**“点”对话框 设置 区域中的 ☑ 关联 复选框控制所创建的点与所选取的参考曲线是否参数关联。选中此选项则创建的点与参考直线参数相关，取消此选项的选取则创建的点与参考曲线不参数相关联。以下如不做具体说明，都为接受系统默认，即选中 ☑ 关联 选项。

#### 4. 过中心点创建点

过中心点创建点是指在一条弧、一个圆或一个椭圆图元的中心处可以创建点。下面以一个范例来说明过中心点创建点的一般过程。如图 4.12.27b 所示，现需要在模型表面孔的圆心处创建一个点，操作步骤如下。

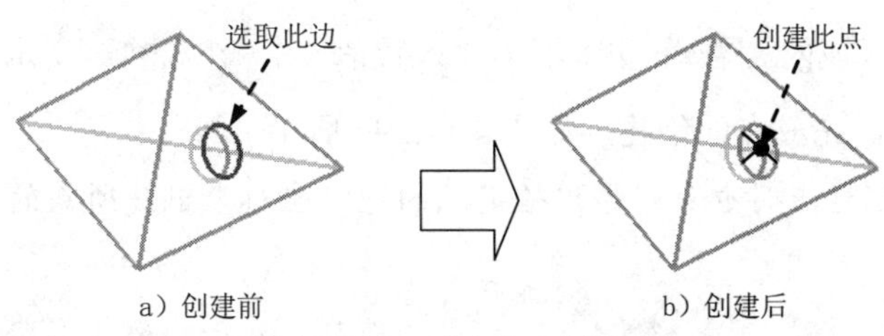

a）创建前　　b）创建后

图 4.12.27　过中心点创建点

Step1. 打开文件 D:\ug12pd\work\ch04.12\point_04.prt。

Step2. 选择下拉菜单 插入(S) → 基准/点(D) → 点(P)... 命令，系统弹出“点”对话框。

Step3. 在对话框 类型 区域的下拉列表中选择 圆弧中心/椭圆中心/球心 选项，选取图 4.12.27a 所示的模型边缘，单击 < 确定 > 按钮，完成点的创建，如图 4.12.27b 所示。

#### 5. 通过选取象限点创建点

当用户需要借助圆弧、圆、椭圆弧和椭圆等图元的象限点时需要用到此命令。

下面通过一个实例说明其操作步骤。

Step1. 打开文件 D:\ug12pd\work\ch04.12\point_05.prt。

Step2. 选择下拉菜单 插入(S) → 基准/点(D) → 点(P)... 命令，系统弹出“点”对话框。

Step3. 在对话框 类型 区域的下拉列表中选择 象限点 选项，选取图 4.12.28a 所示的椭圆，结果如图 4.12.28b 所示，单击 < 确定 > 按钮，完成点的创建。

**说明：** 系统默认的象限点是离鼠标点选位置最近的象限点，读者点选时需要注意。

#### 6. 在曲面上创建基准点

在现有的曲面上可以创建基准点。下面以图 4.12.29 所示的实例来说明在曲面上创建基准点的一般过程。

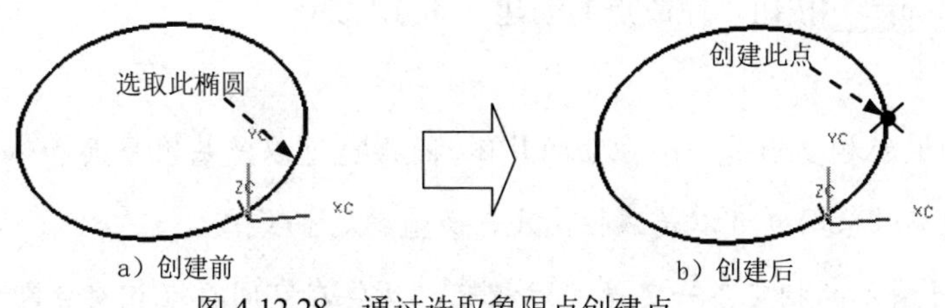

a）创建前　　b）创建后

图 4.12.28　通过选取象限点创建点

Step1. 打开文件 D:\ug12pd\work\ch04.12\point_06.prt。

Step2. 选择下拉菜单 插入(S) → 基准/点(D) → 十 点(P)... 命令，系统弹出“点”对话框。

Step3. 在基准点对话框的下拉列表中选取 面上的点 选项，选取图 4.12.29a 所示的模型表面，在 面上的位置 区域的 U 向参数 文本框中输入数值 0.8，在 V 向参数 文本框中输入数值 0.8，单击 < 确定 > 按钮，完成点的创建，如图 4.12.29b 所示。

**说明**：在面上创建点时也可以通过给定点的绝对坐标来创建所需的点。

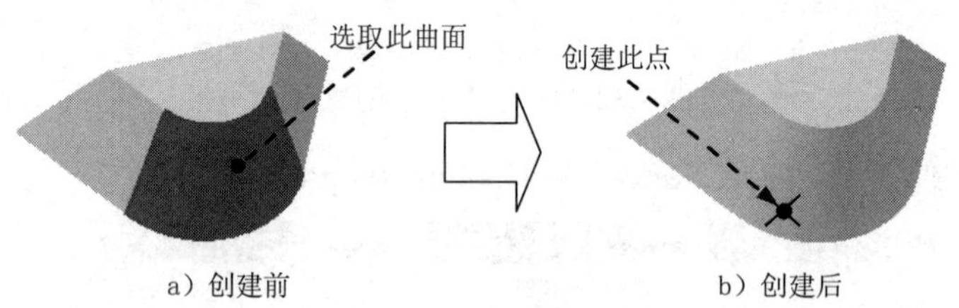


图 4.12.29　在面上创建点

### 7. 利用曲线与曲面相交创建点

在一条曲线和一个曲面的交点处可以创建基准点。曲线可以是零件边、曲面特征边、基准曲线、轴或输入的基准曲线；曲面可以是零件曲面、曲面特征或基准平面。如图 4.12.30 所示，现需要在曲面与模型边线的相交处创建一个点，其操作步骤如下。

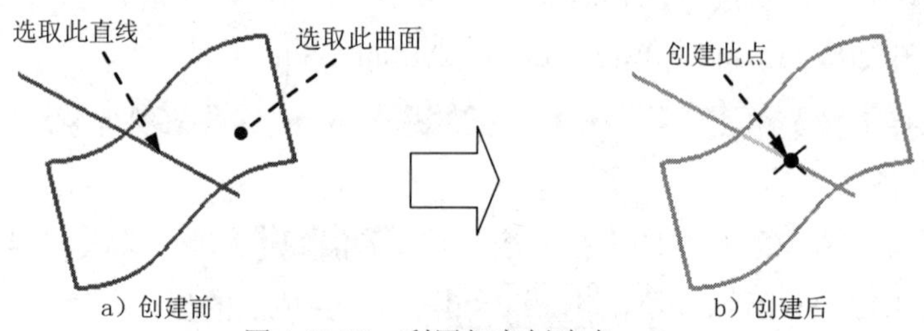


图 4.12.30　利用相交创建点

Step1. 打开文件 D:\ug12pd\work\ch04.12\point_07.prt。

Step2. 选择下拉菜单 插入(S) → 基准/点(D) → 十 点(P)... 命令，系统弹出“点”对话框。

Step3. 在基准点对话框的下拉列表中选取 交点 选项，选取图 4.12.30a 所示的曲面和直线，单击 < 确定 > 按钮，完成点的创建（图 4.12.30b）。

**说明**:

（1）本例中的相交面是一个独立的片体，同样也可以是基准平面和体的面等曲面特征。当然所选的相交对象同样可以是线性图元，如直线、曲线等。

（2）线性图元的相交不一定是实际相交，只要在空间存在相交点即可。

### 8. 在草图中创建基准点

在草图环境下可以创建基准点。下面以一个范例来说明创建草图基准点的一般过程，现需要在模型的表面上创建一个草图基准点，操作步骤如下。

Step1. 打开文件 D:\ug12pd\work\ch04.12\point_08.prt。

Step2. 选择下拉菜单 插入(S) → 在任务环境中绘制草图(V)... 命令。

Step3. 选取图 4.12.31 所示的模型表面为草图平面，接受系统默认的方向，单击“创建草图”对话框中的 确定 按钮，进入草图环境。

Step4. 选择下拉菜单 插入(S) → 点(P)... 命令，系统弹出“点”对话框。

Step5. 在对话框 类型 区域的下拉列表中选择 光标位置 选项，在图 4.12.31 所示的三角形区域内创建一点，单击对话框中的 取消 按钮。

Step6. 对点添加图 4.12.32 所示的尺寸约束。

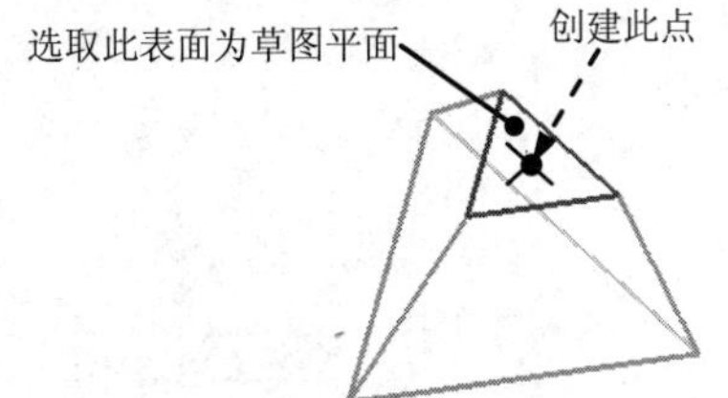


图 4.12.31　创建草图基准点

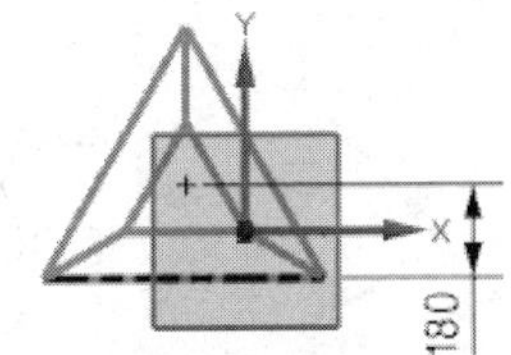


图 4.12.32　草图约束

Step7. 单击 完成 按钮，退出草图环境，完成点的创建（图 4.12.31）。

### 9. 创建点集

“创建点集”是指在现有的几何体上创建一系列的点，它可以是曲线上的点，也可以是曲面上的点。本小节将介绍一些常用的点集的创建方法。

#### Task1. 曲线上的点

下面以图 4.12.33 所示的范例来说明创建点集的一般过程，操作步骤如下。

Step1. 打开文件 D:\ug12pd\work\ch04.12\point_09_01.prt。

Step2. 选择命令。选择下拉菜单 插入(S) → 基准/点(D) → 点集(S)... 命令，系统弹出图 4.12.34 所示的“点集”对话框。

Step3. 定义点集的类型。选择“点集”对话框 类型 区域中的 曲线点 选项，在对话框 子类型 下的 曲线点产生方法 的下拉列表中选择 等弧长 选项。

Step4. 在图形区中选取图 4.12.33a 所示的曲线。

Step5. 设置参数。在 点数 文本框中输入数值 6，其余选项接受系统默认的设置值，单击 < 确定 > 按钮，完成点的创建，隐藏源曲线后的结果如图 4.12.33b 所示。

### Task2. 曲线上的百分点

"曲线上的百分点"是指在曲线上某个百分比位置添加一个点。下面以图 4.12.35 所示的实例来说明用"曲线上的百分点"创建点集的一般过程。

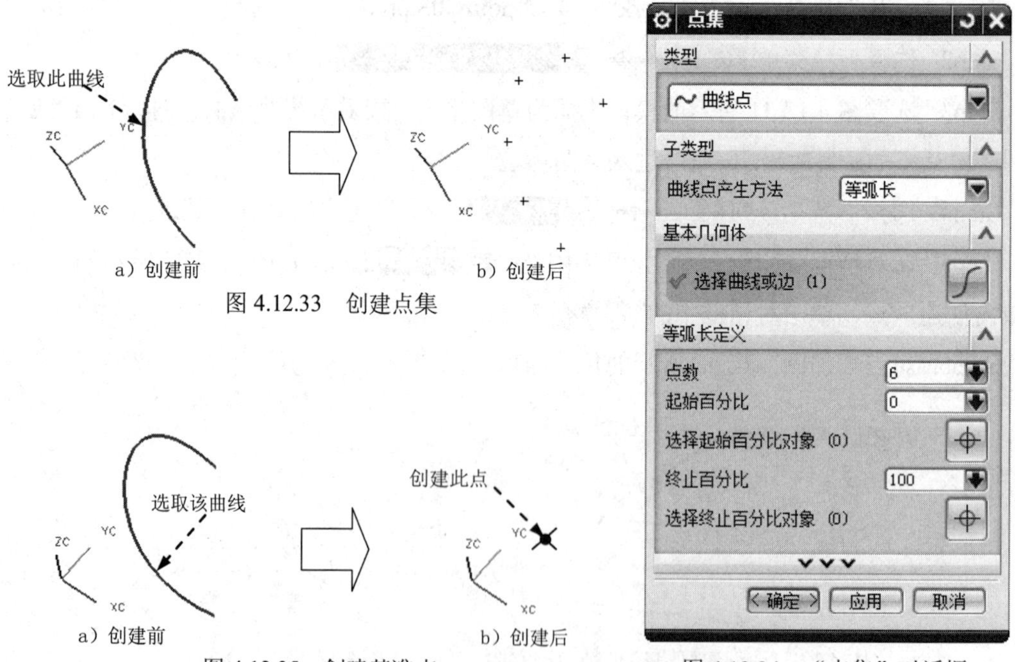


图 4.12.33 创建点集

图 4.12.35 创建基准点

图 4.12.34 "点集"对话框

Step1. 打开文件 D:\ug12pd\work\ch04.12\point_09_02.prt。

Step2. 选择下拉菜单 插入(S) → 基准/点(D) → 点集(S)... 命令，系统弹出"点集"对话框，选择"点集"对话框 类型 区域中的 曲线点 选项，在对话框 子类型 下的 曲线点产生方法 的下拉列表中选择 曲线百分比 选项。

Step3. 选取图 4.12.35a 所示的曲线，在 曲线百分比 文本框中输入数值 60.0，单击 < 确定 > 按钮，完成点的创建，隐藏源曲线后的结果如图 4.12.35b 所示。

### Task3. 面上的点

面上的点是指在现有的面上创建点集。下面以一个范例来说明用"面上的点"创建点集的一般过程，如图 4.12.36 所示，其操作步骤如下。

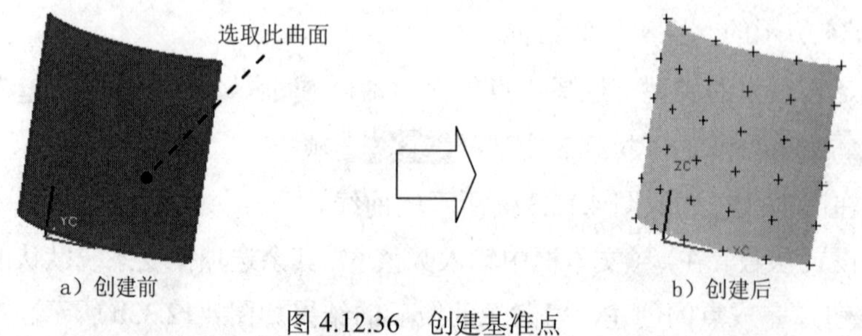


图 4.12.36 创建基准点

Step1. 打开文件 D:\ug12pd\work\ch04.12\point_09_03.prt。

Step2. 选择下拉菜单 插入(S) → 基准/点(D) → 点集(S)... 命令，系统弹出“点集”对话框，选择“点集”对话框类型区域中的 面的点 选项。

Step3. 选取图 4.12.36a 所示的曲面，在 U 向 文本框中输入数值 6.0，在 V 向 文本框中输入数值 6.0，其余选项保持系统默认的设置。

Step4. 在“面上的点”对话框中单击 < 确定 > 按钮，完成点的创建，如图 4.12.36b 所示。

### Task4. 曲面上的百分点

“曲面上的百分点”是指在现有面上的 U 向和 V 向指定位置创建的点。下面以一个实例来说明用曲面上的百分点创建点集的一般过程，操作步骤如下。

Step1. 打开文件 D:\ug12pd\work\ch04.12\ point_09_04.prt。

Step2. 选择下拉菜单 插入(S) → 基准/点(D) → 点集(S)... 命令，系统弹出“点集”对话框。选择“点集”对话框类型区域中的 面的点 选项，在对话框子类型下的面点产生方法下拉列表中选择面百分比选项。

Step3. 选取图 4.12.37a 所示的曲面，在 U 向百分比 文本框中输入数值 60.0，在 V 向百分比 文本框中输入数值 60.0。

Step4. 单击 < 确定 > 按钮，完成点的创建（图 4.12.37b）。

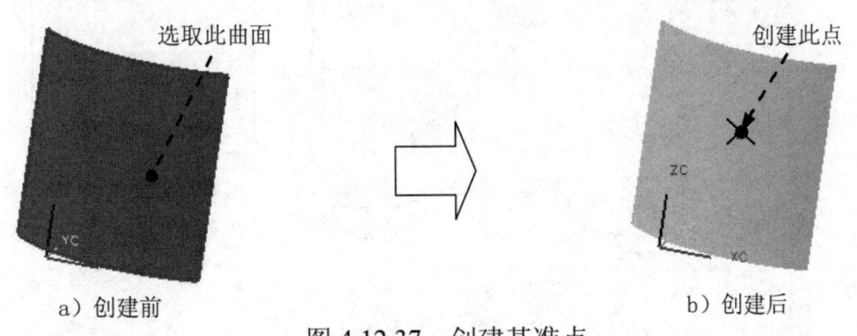


图 4.12.37 创建基准点

## 4.12.4 基准坐标系

坐标系是可以增加到零件和装配件中的参照特征，它可用于：

- 计算质量属性。
- 装配元件。
- 为“有限元分析（FEA）”放置约束。
- 为刀具轨迹提供制造操作参照。

- 用于定位其他特征的参照（坐标系、基准点、平面和轴线、输入的几何等）。

在 UG NX 12.0 系统中，可以使用下列三种形式的坐标系：

- 绝对坐标系（ACS）。系统默认的坐标系，其坐标原点不会变化，在新建文件时系统会自动产生绝对坐标系。
- 工作坐标系（WCS）。系统提供给用户的坐标系，用户可根据需要移动它的位置来设置自己的工作坐标系。
- 基准坐标系（CSYS）。该坐标系常用于模具设计和数控加工等操作。

### 1. 使用三个点创建坐标系

根据所选的三个点来定义坐标系，X 轴是从第一点到第二点的矢量，Y 轴是第一点到第三点的矢量，原点是第一点。下面以一个范例来说明用三点创建坐标系的一般过程，其操作步骤如下。

Step1. 打开文件 D:\ug12pd\work\ch04.12\csys_create_01.prt。

Step2. 选择下拉菜单 插入(S) ➡ 基准/点(D) ➡ 基准坐标系(C)... 命令，系统弹出图 4.12.38 所示的“基准坐标系”对话框。

图 4.12.38 “基准坐标系”对话框

Step3. 在“基准坐标系”对话框的类型下拉列表中选择 原点，X 点，Y 点 选项，选取图 4.12.39a 所示的三点，其中 X 轴是从第一点到第二点的矢量；Y 轴是从第一点到第三点的矢量；原点是第一点。

Step4. 单击 < 确定 > 按钮，完成基准坐标系的创建，如图 4.12.39b 所示。

**图 4.12.38 所示“基准坐标系”对话框中部分选项功能的说明如下。**

- 动态：选择该选项，读者可以手动将坐标系移到所需的任何位置和方向。

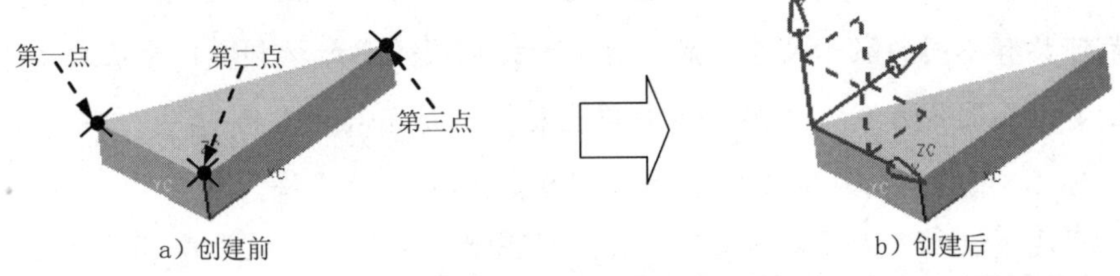


图 4.12.39　创建基准坐标系

- 自动判断（自动判断）：创建一个与所选对象相关的坐标系，或通过 X、Y 和 Z 分量的增量来创建坐标系。实际所使用的方法是基于所选择的对象和选项。要选择当前的坐标系，可选择自动判断的方法。
- 原点，X 点，Y 点（原点、X 点、Y 点）：根据选择的三个点或创建三个点来创建坐标系。要想指定三个点，可以使用点方法选项或使用相同功能的菜单，打开“点构造器”对话框。X 轴是从第一点到第二点的矢量；Y 轴是从第一点到第三点的矢量；原点是第一点。
- X 轴，Y 轴，原点（X 轴、Y 轴、原点）：根据所选择或定义的一点和两个矢量来创建坐标系。选择的两个矢量作为坐标系的 X 轴和 Y 轴；选择的点作为坐标系的原点。
- Z 轴，X 轴，原点：根据所选择或定义的一点和两个矢量来创建坐标系。选择的两个矢量作为坐标系的 Z 轴和 X 轴；选择的点作为坐标系的原点。
- Z 轴，Y 轴，原点：根据所选择或定义的一点和两个矢量来创建坐标系。选择的两个矢量作为坐标系的 Z 轴和 Y 轴；选择的点作为坐标系的原点。
- 平面，X 轴，点：根据所选择的一个平面、X 轴和原点来创建坐标系。其中选择的平面为 Z 轴平面，选取的 X 轴方向即为坐标系中 X 轴方向，选取的原点为坐标系的原点。
- 三平面：根据所选择的三个平面来创建坐标系。X 轴是第一个“基准平面/平的面”的法线；Y 轴是第二个“基准平面/平的面”的法线；原点是这三个基准平面/面的交点。
- 绝对坐标系：指定模型空间坐标系作为坐标系。X 轴和 Y 轴是“绝对坐标系”的 X 轴和 Y 轴，原点为“绝对坐标系”的原点。
- 当前视图的坐标系：将当前视图的坐标系设置为坐标系。X 轴平行于视图底部；Y 轴平行于视图的侧面；原点为视图的原点（图形屏幕中间）。如果通过名称来选择，坐标系将不可见或在不可选择的层中。
- 偏置坐标系：根据所选择的现有基准坐标系的 X、Y 和 Z 的增量来创建坐标系。

- 比例因子（比例因子）：使用此选项更改基准坐标系的显示尺寸。每个基准坐标系都可具有不同的显示尺寸。显示大小由比例因子参数控制，1 为基本尺寸。如果指定比例因子为 0.5，则得到的基准坐标系将是正常大小的一半；如果指定比例因子为 2，则得到的基准坐标系 将是正常比例大小的两倍。

**说明**：在建模过程中，经常需要对工作坐标系进行操作，以便于建模。选择下拉菜单 格式(R) ➡ WCS ▸ ➡ 定向(N)... 命令，系统弹出图 4.12.40 所示的“坐标系”对话框，对所建的工作坐标系进行操作。该对话框的上部为创建坐标系的各种方式的按钮，其他选项为涉及的参数。其创建的操作步骤和创建基准坐标系一致。

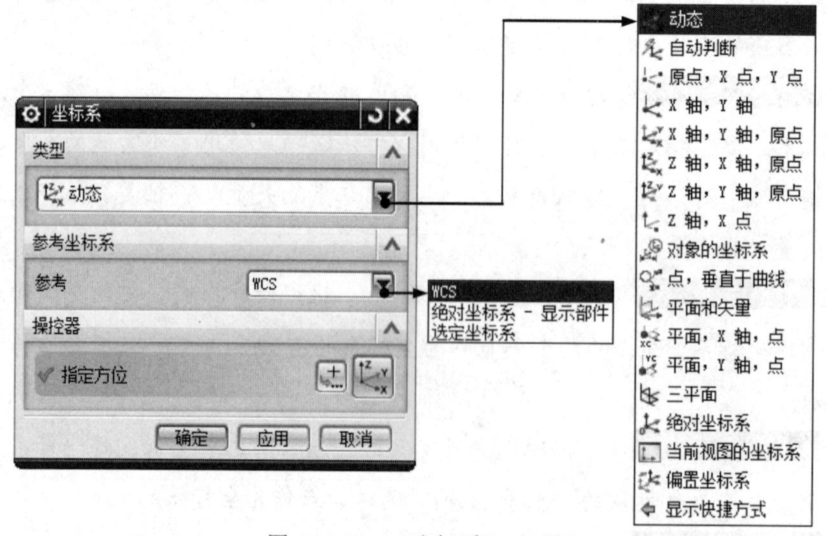


图 4.12.40 “坐标系”对话框

图 4.12.40 所示“坐标系”对话框的类型下拉列表中部分选项说明如下。

- 自动判断：通过选择的对象或输入坐标分量值来创建一个坐标系。
- 原点，X 点，Y 点：通过三个点来创建一个坐标系。这三点依次是原点、X 轴方向上的点和 Y 轴方向上的点。第一点到第二点的矢量方向为 X 轴正向，Z 轴正向由第二点到第三点按右手法则来确定。
- X 轴，Y 轴：通过两个矢量来创建一个坐标系。坐标系的原点为第一矢量与第二矢量的交点，XC-YC 平面为第一矢量与第二矢量所确定的平面，X 轴正向为第一矢量方向，从第一矢量至第二矢量按右手螺旋法则确定 Z 轴的正向。
- X 轴，Y 轴，原点：创建一点作为坐标系原点，再选取或创建两个矢量来创建坐标系。X 轴正向平行于第一矢量方向，XC-YC 平面平行于第一矢量与第二矢量所在平面，Z 轴正向由从第一矢量在 XC-YC 平面上的投影矢量至第二矢量在 XC-YC 平面上的投影矢量，按右手法则确定。
- Z 轴，X 点：通过选择或创建一个矢量和一个点来创建一个坐标系。Z 轴正向为矢量的方向，X 轴正向为沿点和矢量的垂线指向定义点的方向，Y 轴正向由从

Z 轴至 X 轴按右手螺旋法则确定，原点为三个矢量的交点。

- 对象的坐标系：用选择的平面曲线、平面或工程图来创建坐标系，XC-YC 平面为对象所在的平面。
- 点，垂直于曲线：利用所选曲线的切线和一个点的方法来创建一个坐标系。原点为切点，曲线切线的方向即为 Z 轴矢量，X 轴正向为沿点到切线的垂线指向点的方向，Y 轴正向由从 Z 轴至 X 轴矢量按右手螺旋法则确定。
- 平面和矢量：通过选择一个平面、选择或创建一个矢量来创建一个坐标系。X 轴正向为面的法线方向，Y 轴为矢量在平面上的投影，原点为矢量与平面的交点。
- 三平面：通过依次选择三个平面来创建一个坐标系。三个平面的交点为坐标系的原点，第一个平面的法向为 X 轴，第一个平面与第二个平面的交线为 Z 轴。
- 绝对坐标系：在绝对坐标原点（0，0，0）处创建一个坐标系，即与绝对坐标系重合的新坐标系。
- 当前视图的坐标系：用当前视图来创建一个坐标系。当前视图的平面即为 XC-YC 平面。

**说明**：“坐标系”对话框中的一些选项与“基准坐标系”对话框中的相同，此处不再赘述。

### 2. 使用三个平面创建坐标系

用三个平面创建坐标系是指选择三个平面（模型的表平面或基准面），其交点成为坐标系原点，选定的第一个平面的法向定义一个轴的方向，第二个平面的法向定义另一轴的大致方向，系统会自动按右手定则确定第三轴。

如图 4.12.41b 所示，现需要在三个垂直平面（平面 1、平面 2 和平面 3）的交点上创建一个坐标系，操作步骤如下。

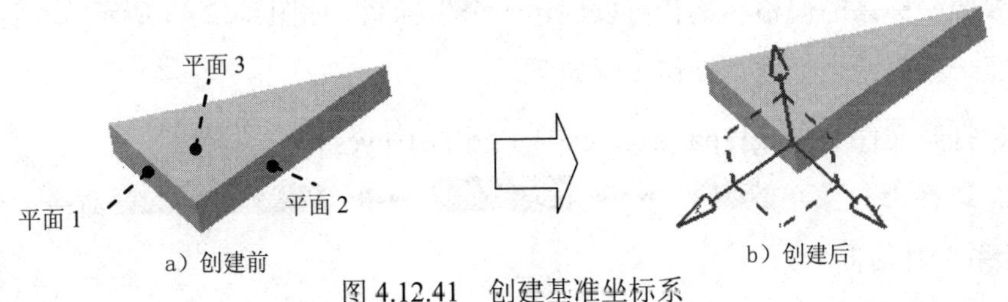


图 4.12.41　创建基准坐标系

Step1. 打开文件 D:\ug12pd\work\ch04.12\csys_create_02.prt。

Step2. 选择下拉菜单 插入(S) → 基准/点(D) → 基准坐标系(C)... 命令，系统弹出“基准坐标系”对话框。

Step3. 在对话框类型区域的下拉列表中选择 三平面 选项。选取图 4.12.41a 所示的三个平面为基准坐标系的参考平面，其中 X 轴是平面 1 的法向矢量，Y 轴是平面 2 的法向矢量，原点为三个平面的交点。

Step4. 单击 〈确定〉 按钮，完成基准坐标系的创建（图 4.12.41b）。

### 3. 使用两个相交的轴（边）创建坐标系

选取两条直线（或轴线）作为坐标系的 X 轴和 Y 轴，选取一点作为坐标系的原点，然后就可以定义坐标系的方向。如图 4.12.42b 所示，现需要通过模型的两条边线创建一个坐标系，操作步骤如下。

Step1. 打开文件 D:\ug12pd\work\ch04.12\csys_create_03.prt。

Step2. 选择下拉菜单 插入(S) → 基准/点(D) → 基准坐标系(C)... 命令，系统弹出“基准坐标系”对话框。

Step3. 在“基准坐标系”对话框的下拉列表中选取 X 轴，Y 轴，原点 选项，选取图 4.12.42a 所示的边 1 和边 2 为基准坐标系的 X 轴和 Y 轴，然后选取边 3 的端点作为基准坐标系的原点。

**注意：坐标轴的方向与点选边的位置有关，选择时需注意区别。**

Step4. 单击 〈确定〉 按钮，完成基准坐标系的创建，如图 4.12.42b 所示。

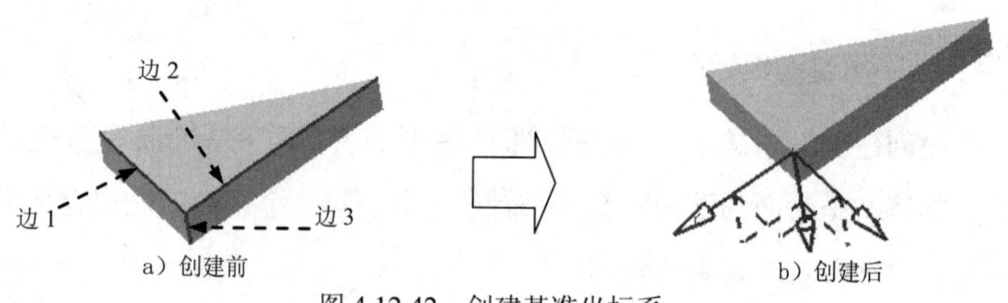


图 4.12.42　创建基准坐标系

### 4. 创建偏距坐标系

通过参照坐标系的偏移和旋转可以创建一个坐标系。如图 4.12.43 所示，现要通过参照坐标系创建一个偏距坐标系，操作步骤如下。

Step1. 打开文件 D:\ ug12pd \work\ch04.12\offset_cycs.prt。

Step2. 选择下拉菜单 插入(S) → 基准/点(D) → 基准坐标系(C)... 命令，系统弹出“基准坐标系”对话框。

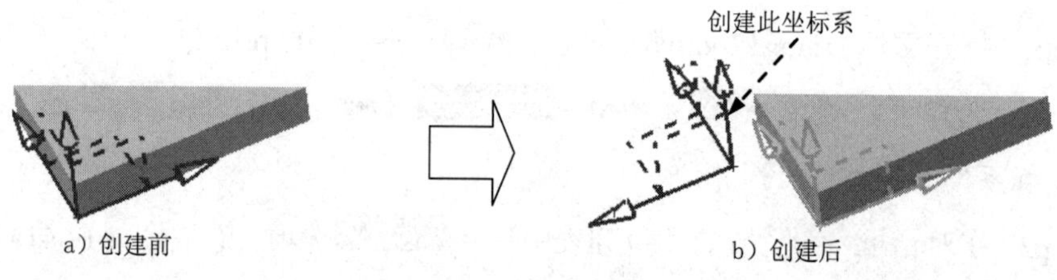


图 4.12.43　创建基准坐标系

Step3. 在“基准坐标系”对话框的下拉列表中选取 偏置坐标系 选项；在对话框 参考坐标系 区域的 参考 下拉列表中选择 绝对坐标系 - 显示部件 选项。

Step4. 设置参数。在对话框 平移 区域的 X 、 Y 、 Z 文本框中分别输入数值 100，如图 4.12.44 所示；其余选项保持系统默认设置值。

Step5. 单击 < 确定 > 按钮，完成基准坐标系的创建，如图 4.12.43b 所示。

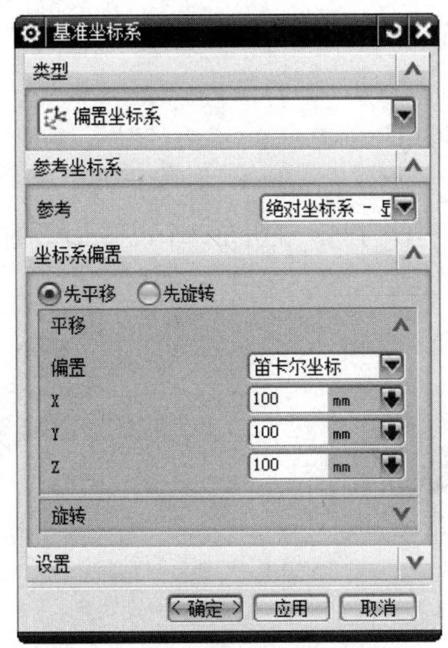


图 4.12.44 “基准坐标系”对话框

5. 创建绝对坐标系

在绝对坐标系的原点处可以定义一个新的坐标系，X 轴和 Y 轴分别是绝对坐标系的 X 轴和 Y 轴，原点为绝对坐标系的原点。在 UG NX 12.0 中创建绝对坐标系时可以选择下拉菜单 插入(S) → 基准/点(D) → 基准坐标系(C)... 命令，在系统弹出的“基准坐标系”对话框 类型 区域的下拉列表中选择 绝对坐标系 选项，然后单击 < 确定 > 按钮即可。

6. 创建当前视图坐标系

在当前视图中可以创建一个新的坐标系，X 轴平行于视图底部；Y 轴平行于视图的侧面；原点为视图的原点，即图形屏幕的中间位置。当前视图的创建方法也是选择下拉菜单 插入(S) → 基准/点(D) → 基准坐标系(C)... 命令，在系统弹出的“基准坐标系”对话框 类型 区域的下拉列表中选择 当前视图的坐标系 选项，然后单击 < 确定 > 按钮即可。

# 4.13 孔

在 UG NX 12.0 中，可以创建以下 3 种类型的孔特征（Hole）。

- 简单孔：具有圆形截面的切口，它始于放置曲面并延伸到指定的终止曲面或用户定义的深度。创建时要指定“直径”“深度”和“尖端尖角”。
- 埋头孔：该选项允许用户创建指定“孔直径”“孔深度”“尖角”“埋头直径”和“埋头深度”的埋头孔。
- 沉头孔：该选项允许用户创建指定“孔直径”“孔深度”“尖角”“沉头直径”和“沉头深度”的沉头孔。

下面以图 4.13.1 所示的零件为例，说明在一个模型上添加孔特征（简单孔）的一般操作过程。

a）创建前　　b）创建后

图 4.13.1　创建孔特征

## Task1. 打开零件模型

打开文件 D:\ug12pd\work\ch04.13\hole.prt。

## Task2. 添加孔特征（简单孔）

Step1. 选择命令。选择下拉菜单 插入(S) → 设计特征(E) → 孔(H)... 命令（或在 主页 功能选项卡 特征 区域中单击 按钮），系统弹出图 4.13.2 所示的“孔”对话框。

Step2. 选取孔的类型。在“孔”对话框的 类型 下拉列表中选择 常规孔 选项。

Step3. 定义孔的放置位置。首先确认“上边框条”工具条中的 按钮被按下，选择图 4.13.3 所示圆的圆心为孔的放置位置。

Step4. 定义孔参数。在 直径 文本框中输入值 8.0，在 深度限制 下拉列表中选择 贯通体 选项。

Step5. 完成孔的创建。对话框中的其余设置保持系统默认，单击 < 确定 > 按钮，完成孔特征的创建。

图 4.13.2 所示的“孔”对话框中部分选项的功能说明如下。

- 类型 下拉列表：
  - ☑ 常规孔：创建指定尺寸的简单孔、沉头孔、埋头孔或锥孔特征等，常规孔可以是不通孔、通孔或指定深度条件的孔。

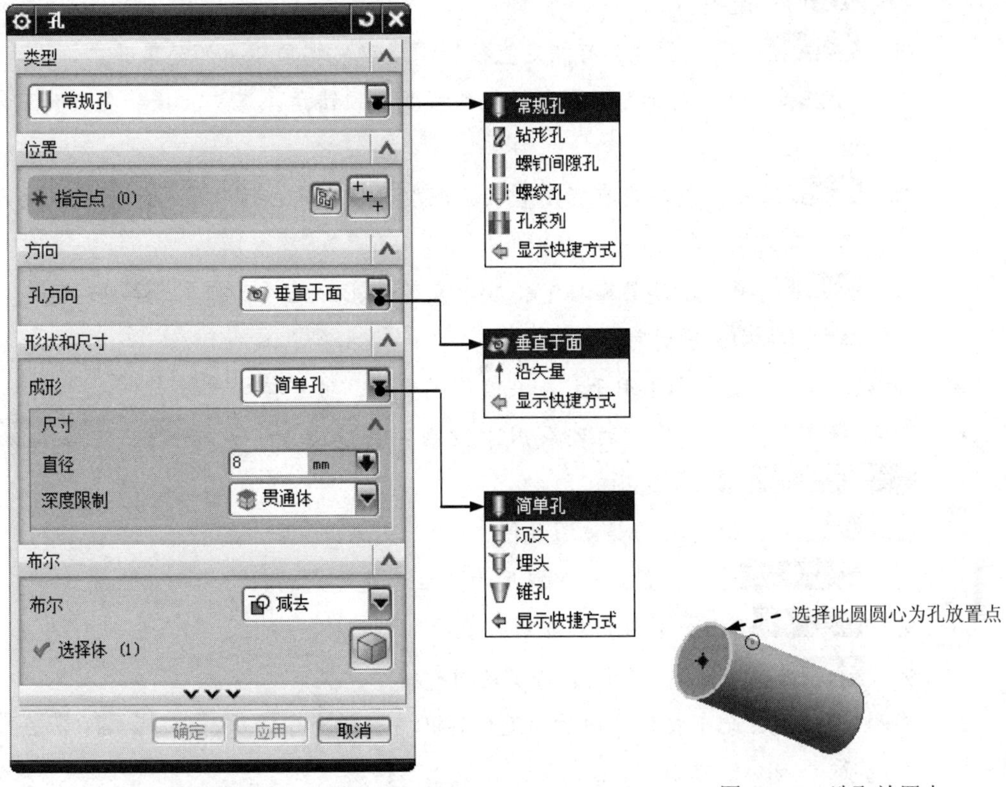


图 4.13.2 “孔”对话框　　　　图 4.13.3 选取放置点

☑ 钻形孔：根据 ANSI 或 ISO 标准创建简单钻形孔特征。

☑ 螺钉间隙孔：创建简单孔、沉头孔或埋头通孔，它们是为具体应用而设计的，例如螺钉间隙孔。

☑ 螺纹孔：创建螺纹孔，其尺寸标注由标准、螺纹尺寸和径向进给等参数控制。

☑ 孔系列：创建起始、中间和结束孔尺寸一致的多形状、多目标体的对齐孔。

- 位置下拉列表：

  ☑ 按钮：单击此按钮，打开“创建草图”对话框，并通过指定放置面和方位来创建中心点。

  ☑ 按钮：可使用现有的点来指定孔的中心。可以是“上边框条”工具条中提供的选择意图下的现有点或点特征。

- 孔方向下拉列表：此下拉列表用于指定将要创建的孔的方向，有垂直于面和沿矢量两个选项。

  ☑ 垂直于面选项：沿着与公差范围内每个指定点最近的面法向的反向定义孔的方向。

  ☑ 沿矢量选项：沿指定的矢量定义孔方向。

- 成形下拉列表：此下拉列表用于指定孔特征的形状，有简单孔、沉头、埋头和锥孔四个选项。

☑ 简单孔选项：创建具有指定直径、深度和尖端顶锥角的简单孔。

☑ 沉头选项：创建具有指定直径、深度、顶锥角、沉头孔径和沉头孔深度的沉头孔。

☑ 埋头选项：创建具有指定直径、深度、顶锥角、埋头孔径和埋头孔角度的埋头孔。

☑ 锥孔选项：创建具有指定斜度和直径的孔，此项只有在类型下拉列表中选择常规孔选项时可用。

- 直径文本框：此文本框用于控制孔直径的大小，可直接输入数值。
- 深度限制下拉列表：此下拉列表用于控制孔深度类型，包括值、直至选定对象、直至下一个和贯通体四个选项。

☑ 值选项：给定孔的具体深度值。

☑ 直至选定对象选项：创建一个深度为直至选定对象的孔。

☑ 直至下一个选项：对孔进行扩展，直至孔到达下一个面。

☑ 贯通体选项：创建一个通孔，贯通所有特征。

- 布尔下拉列表：此下拉列表用于指定创建孔特征的布尔操作，包括无和减去两个选项。

☑ 无选项：创建孔特征的实体表示，而不是将其从工作部件中减去。

☑ 求差选项：从工作部件或其组件的目标体减去工具体。

# 4.14 螺　　纹

在 UG NX 12.0 中可以创建 2 种类型的螺纹。

- 符号螺纹：以虚线圆的形式显示在要攻螺纹的一个或几个面上。符号螺纹可使用外部螺纹表文件（可以根据特殊螺纹要求来定制这些文件），以确定其参数。
- 详细螺纹：比符号螺纹看起来更真实，但由于其几何形状的复杂性，创建和更新都需要较长的时间。详细螺纹是完全关联的，如果特征被修改，则螺纹也相应更新。可以选择生成部分关联的符号螺纹，或指定固定的长度。部分关联是指如果螺纹被修改，则特征也将更新（但反过来则不行）。

在产品设计时，当需要制作产品的工程图时，应选择符号螺纹；如果不需要制作产品的工程图，而是需要反映产品的真实结构（如产品的广告图和效果图），则选择详细螺纹。

**说明**：详细螺纹每次只能创建一个，而符号螺纹可以创建多组，而且创建时需要的时间较少。

下面以图 4.14.1 所示的零件为例，说明在一个模型上创建螺纹特征（详细螺纹）的一般操作过程。

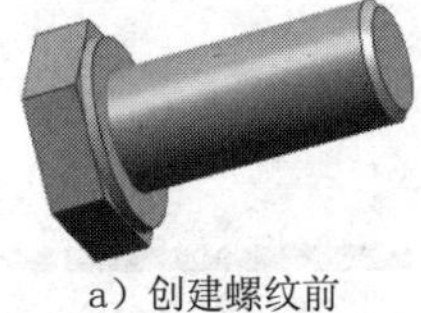

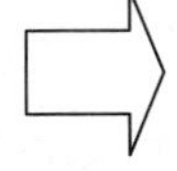

a）创建螺纹前　　　　b）创建螺纹后

图 4.14.1　创建螺纹特征

### 1．打开一个已有的零件模型

打开文件 D:\ug12pd\work\ch04.14\threads.prt。

### 2．创建螺纹特征（详细螺纹）

Step1．选择命令。选择下拉菜单 插入(S) → 设计特征(E) → 螺纹(T)... 命令（或在 主页 功能选项卡 特征 区域 下拉列表中单击 螺纹 按钮），系统弹出图 4.14.2 所示的“螺纹切削”对话框（一）。

Step2．选取螺纹的类型。在“螺纹切削”对话框（一）中选中 ⊙ 详细 单选项，系统弹出图 4.14.3 所示的“螺纹切削”对话框（二）。

图 4.14.2　“螺纹切削”对话框（一）

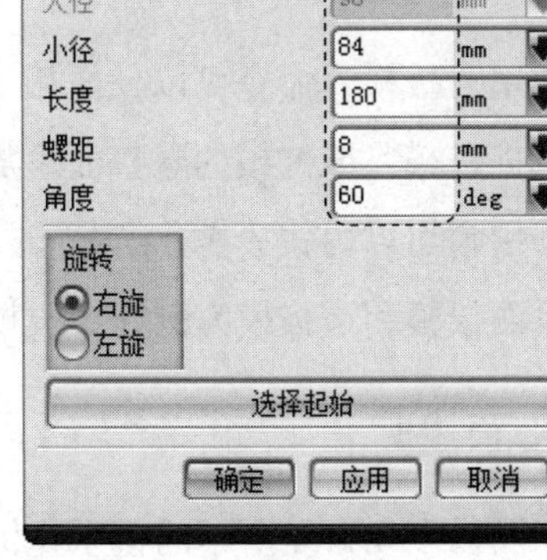


图 4.14.3　“螺纹切削”对话框（二）

Step3．定义螺纹的放置。

（1）定义螺纹的放置面。选取图 4.14.4 所示的柱面为放置面，此时系统自动生成螺纹的方向矢量，并弹出图 4.14.5 所示的“螺纹切削”对话框（三）。

（2）定义螺纹起始面。选取图 4.14.6 所示的平面为螺纹的起始面，系统弹出图 4.14.7 所示的“螺纹切削”对话框（四）。

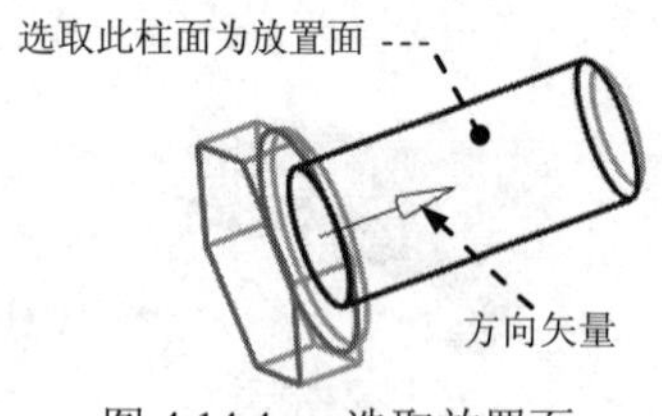


图 4.14.4 选取放置面

图 4.14.5 “螺纹切削”对话框（三）

Step4. 定义螺纹起始条件。在“螺纹切削”对话框（四）的起始条件下拉列表中选择延伸通过起点选项，单击螺纹轴反向按钮，使螺纹轴线方向如图 4.14.6 所示，系统返回“螺纹切削”对话框（二）。

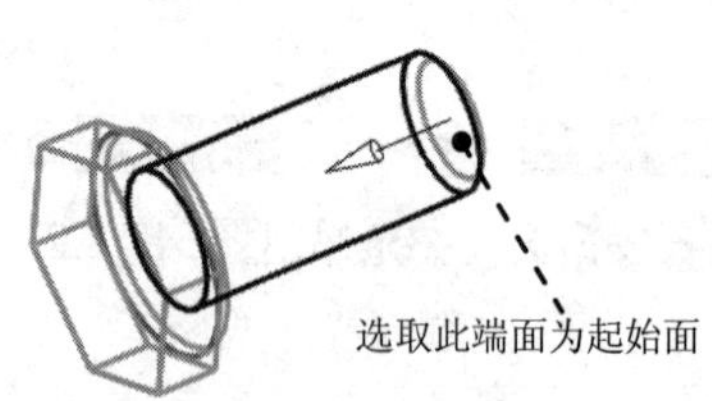


图 4.14.6 选取起始面

图 4.14.7 “螺纹切削”对话框（四）

Step5. 定义螺纹参数。在“螺纹切削”对话框（二）中输入图 4.14.3 所示的参数，单击确定按钮，完成螺纹特征的创建。

**说明：**“螺纹切削”对话框（二）在最初弹出时是没有任何数据的，只有在选择了放置面后才有数据出现，也允许用户修改。

# 4.15 拔 模

使用“拔模”命令可以使面相对于指定的拔模方向成一定的角度。拔模通常用于对模型、部件、模具或冲模的竖直面添加斜度，以便借助拔模面将部件或模型与其模具或冲模分开。用户可以为拔模操作选择一个或多个面，但它们必须都是同一实体的一部分。下面分别以面拔模和边拔模为例介绍拔模过程。

## 1. 面拔模

下面以图 4.15.1 所示的模型为例，说明面拔模的一般操作过程。

Step1. 打开文件 D:\ug12pd\work\ch04.15\traft_1.prt。

Step2. 选择命令。选择下拉菜单插入(S) → 细节特征(L) → 拔模(T)...命令，系统弹出图 4.15.2 所示的“拔模”对话框。

Step3. 选择拔模方式。在“拔模”对话框的类型下拉列表中选择面选项。

Step4. 指定拔模方向。单击按钮，选取 ZC 作为拔模的方向。

Step5. 定义拔模固定平面。选取图 4.15.3 所示的表面为拔模固定平面。

Step6. 选取要拔模的面。选取图 4.15.4 所示的表面为要拔模的面。

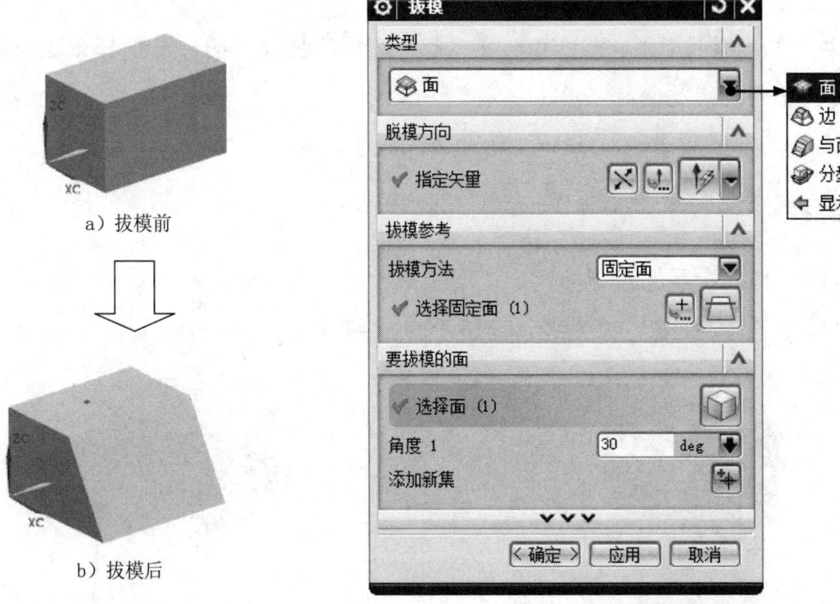


图 4.15.1　创建面拔模　　　　图 4.15.2　“拔模”对话框

选取此面为拔模固定平面

图 4.15.3　定义拔模固定平面

选取此面为拔模面

图 4.15.4　定义拔模面

Step7. 定义拔模角。系统将弹出设置拔模角的动态文本框，输入拔模角度值 30（也可拖动拔模手柄至需要的拔模角度）。

Step8. 单击<确定>按钮，完成拔模操作。

**图 4.15.2 所示的“拔模”对话框中部分按钮的说明如下。**

- 类型下拉列表：
  - ☑ 面：选择该选项，在静止平面上，实体的横截面通过拔模操作维持不变。
  - ☑ 边：选择该选项，使整个面在旋转过程中保持通过部件的横截面是平的。
  - ☑ 与面相切：在拔模操作之后，拔模的面仍与相邻的面相切。此时，固定边未被固定，是可移动的，以保持与选定面之间的相切约束。
  - ☑ 分型边：在整个面旋转过程中，保留通过该部件中平的横截面，并且根据需要在分型边缘创建突出部分。
- （自动判断的矢量）：单击该按钮，可以从所有的 NX 矢量创建选项中进行选择，如图 4.15.2 所示。
- （固定面）：单击该按钮，允许通过选择的平面、基准平面或与拔模方向垂直的平面所通过的一点来选择该面。此选择步骤仅可用于从固定平面拔模和拔模到分型边缘这两种拔模类型。

- （要拔模的面）：单击该按钮，允许选择要拔模的面。此选择步骤仅在创建从固定平面拔模类型时可用。
- （反向）：单击该按钮将显示的方向矢量反向。

### 2．边拔模

下面以图 4.15.5 所示的模型为例，说明边拔模的一般操作过程。

Step1．打开文件 D:\ug12pd\work\ch04.15\traft_2.prt。

a）拔模前　　b）拔模后

图 4.15.5　创建边拔模

Step2．选择命令。选择下拉菜单 插入(S) → 细节特征(L) → 拔模(T)... 命令，系统弹出“拔模”对话框。

Step3．选择拔模类型。在“拔模”对话框的类型下拉列表中选择 边 选项。

Step4．指定拔模方向。单击 按钮，选取 ZC↑ 作为拔模的方向。

Step5．定义拔模边缘。选取图 4.15.6 所示长方体的一条边线为要拔模的边缘线。

Step6．定义拔模角。系统弹出设置拔模角的动态文本框，在动态文本框内输入拔模角度值 30（也可拖动拔模手柄至需要的拔模角度），如图 4.15.7 所示。

Step7．单击 < 确定 > 按钮，完成拔模操作。

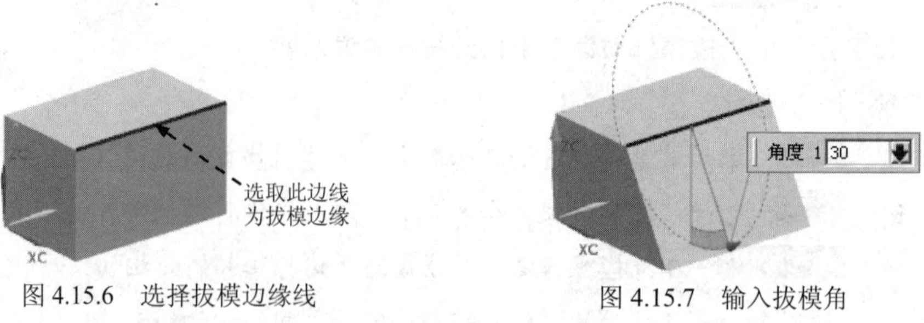


图 4.15.6　选择拔模边缘线　　图 4.15.7　输入拔模角

## 4.16　抽　　壳

使用“抽壳”命令可以利用指定的壁厚值来抽空一实体，或绕实体建立一壳体。可以指定不同表面的厚度，也可以移除单个面。图 4.16.1 所示为长方体表面抽壳和体抽壳后的模型。

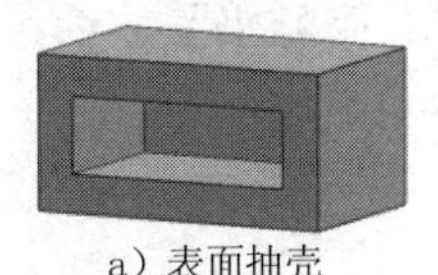

a）表面抽壳

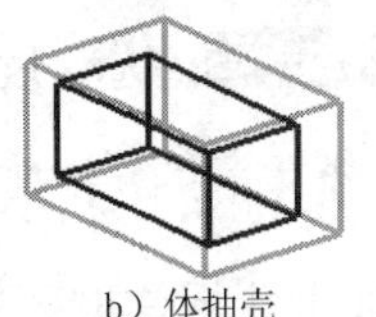

b）体抽壳

图 4.16.1　抽壳

### 1. 在长方体上执行面抽壳操作

下面以图 4.16.2 所示的模型为例，说明面抽壳的一般操作过程。

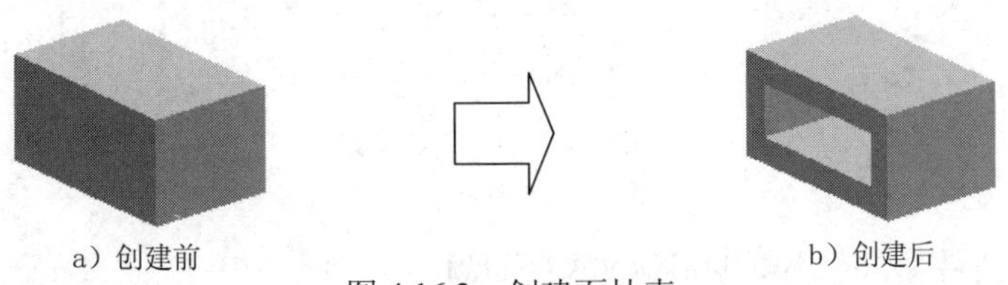

a）创建前　　　b）创建后

图 4.16.2　创建面抽壳

Step1. 打开文件 D:\ug12pd\work\ch04.16\shell_01.prt。

Step2. 选择命令。选择下拉菜单 插入(S) ➡ 偏置/缩放(O) ➡ 抽壳(H)... 命令，系统弹出图 4.16.3 所示的“抽壳”对话框。

Step3. 定义抽壳类型。在对话框的 类型 下拉列表中选择 移除面，然后抽壳 选项。

Step4. 定义移除面。选取图 4.16.4 所示的表面为要移除的面。

Step5. 定义抽壳厚度。在“抽壳”对话框的 厚度 文本框内输入值 10，也可以拖动抽壳手柄至需要的数值，如图 4.16.5 所示。

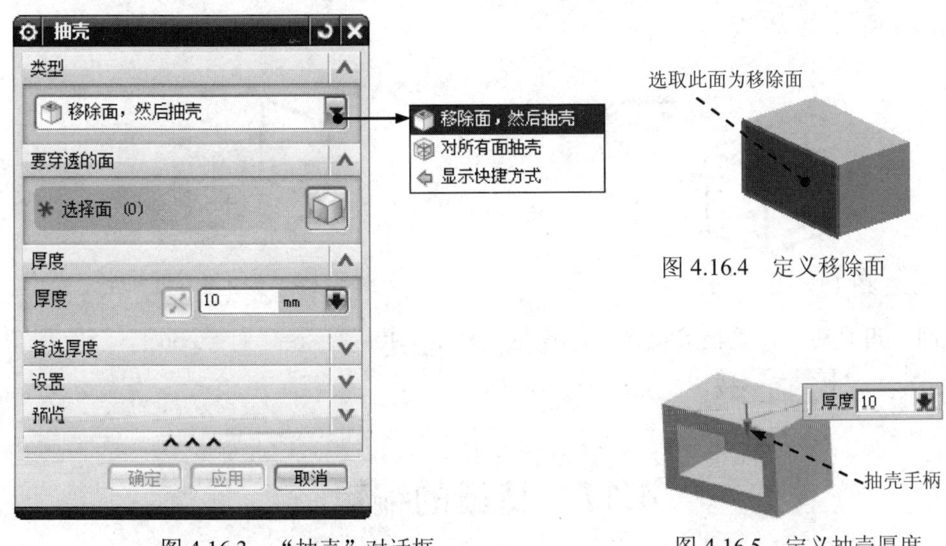


图 4.16.3　“抽壳”对话框

图 4.16.4　定义移除面

图 4.16.5　定义抽壳厚度

Step6. 单击 < 确定 > 按钮，完成抽壳操作。

**图 4.16.3 所示的“抽壳”对话框中各选项的说明如下。**

- 移除面，然后抽壳：选取该选项，选择要从壳体中移除的面。可以选择多于一个移除面，当选择移除面时，“选择意图”工具条被激活。

- 对所有面抽壳：选取该选项，选择要抽壳的体，壳的偏置方向是所选择面的法向。如果在部件中仅有一个实体，它将被自动选中。

### 2. 在长方体上执行体抽壳操作

下面以图 4.16.6 所示的模型为例，说明体抽壳的一般操作过程。

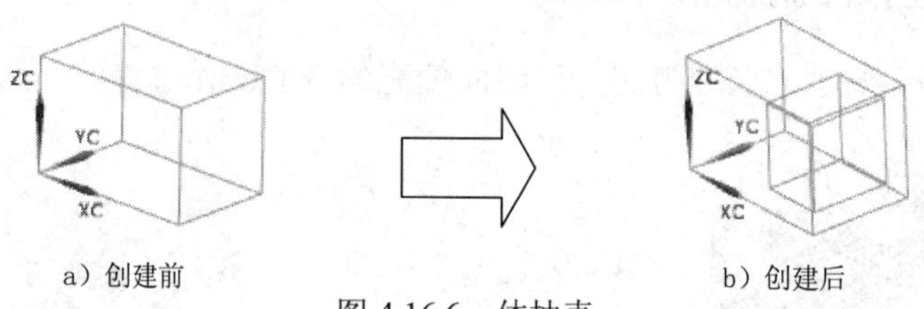

a）创建前　　b）创建后

图 4.16.6　体抽壳

Step1. 打开文件 D:\ug12pd\work\ch04.16\shell_02.prt。

Step2. 选择命令。选择下拉菜单 插入(S) → 偏置/缩放(O) → 抽壳(H)... 命令，系统弹出“抽壳”对话框。

Step3. 定义抽壳类型。在对话框的类型下拉列表中选择对所有面抽壳选项。

Step4. 定义抽壳对象。选取长方体为要抽壳的体。

Step5. 定义抽壳厚度。在厚度文本框中输入厚度值 6（图 4.16.7）。

Step6. 创建变厚度抽壳。在“抽壳”对话框中的备选厚度区域单击按钮，选取图 4.16.8 所示的抽壳备选厚度面，在厚度文本框中输入厚度值 45，或者拖动抽壳手柄至需要的数值，如图 4.16.8 所示。

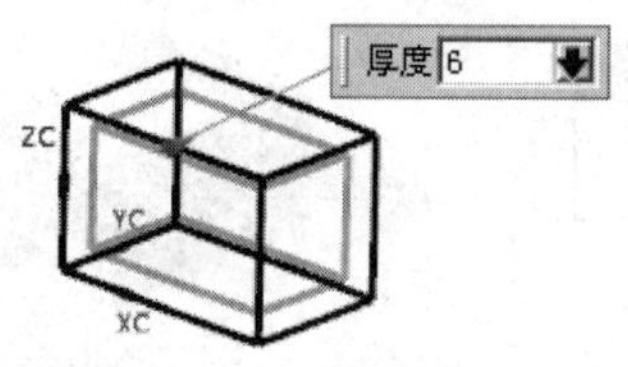

图 4.16.7　定义抽壳厚度

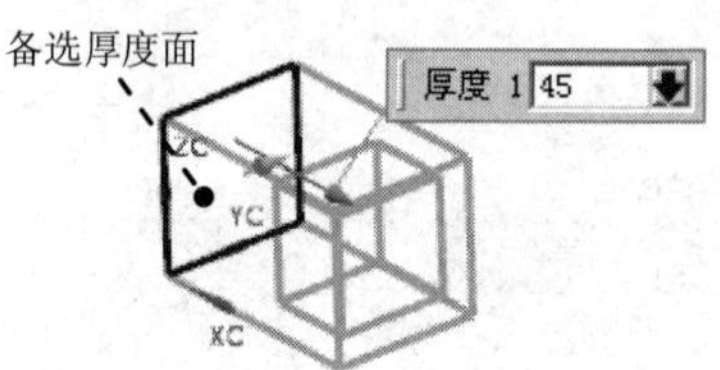

图 4.16.8　创建变厚度抽壳

**说明：**用户还可以更换其他面的厚度值，单击按钮，操作同 Step6。

Step7. 单击< 确定 >按钮，完成抽壳操作。

## 4.17　特征的编辑

特征的编辑是指在完成特征的创建以后，对其中的一些参数进行修改的操作。可以对特征的尺寸、位置和先后次序等参数进行重新编辑，在一般情况下，保留其与别的特征建立起来的关联性质。它包括编辑参数、编辑定位、特征移动、特征重排序、替换特征、抑制特征、取消抑制特征、去除特征参数以及特征回放等。

## 4.17.1 编辑参数

编辑参数用于在创建特征时使用的方式和参数值的基础上编辑特征。选择下拉菜单 编辑(E) → 特征(F) → 编辑参数(P)... 命令，在弹出的“编辑参数”对话框中选取需要编辑的特征，或在已绘图形中选择需要编辑的特征，系统会由用户所选择的特征弹出不同的对话框来完成对该特征的编辑。下面以一个范例来说明编辑参数的过程，如图 4.17.1 所示。

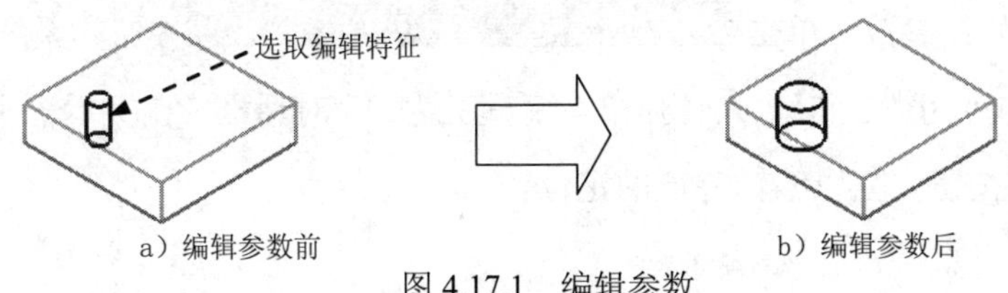


a）编辑参数前　　b）编辑参数后

图 4.17.1 编辑参数

Step1. 打开文件 D:\ug11\work\ch04.17\Simple Hole01.prt。

Step2. 选择下拉菜单 编辑(E) → 特征(F) → 编辑参数(P)... 命令，系统弹出图 4.17.2 所示的“编辑参数”对话框（一）。

Step3. 定义编辑对象。从图形区或“编辑参数”对话框（一）中选择要编辑的孔特征。单击 确定 按钮，系统弹出“孔”对话框。

Step4. 编辑特征参数。在“孔”对话框的 直径 文本框中输入新的数值 20，单击 确定 按钮，系统弹出“编辑参数”对话框（二），如图 4.17.3 所示。

Step5. 在弹出的“编辑参数”对话框（二）中单击 确定 按钮，完成编辑参数的操作。

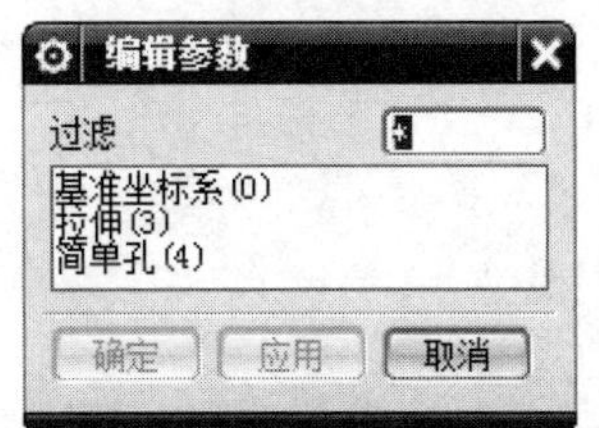

图 4.17.2 “编辑参数”对话框（一）

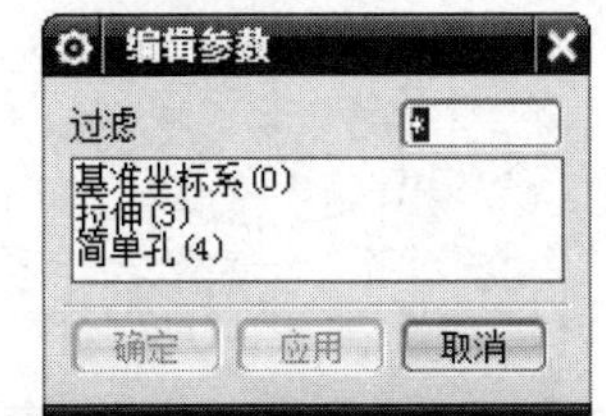


图 4.17.3 “编辑参数”对话框（二）

## 4.17.2 编辑位置

编辑位置(O)... 命令用于对目标特征重新定义位置，包括修改、添加和删除定位尺寸。下面以一个范例来说明特征编辑定位的过程，如图 4.17.4 所示。

Step1. 打开文件 D:\ug11\work\ch04.17\edit_02.prt。

Step2. 选择下拉菜单 编辑(E) ➡ 特征(F) ▸ ➡ 编辑位置(O)... 命令，系统弹出“编辑位置”对话框。

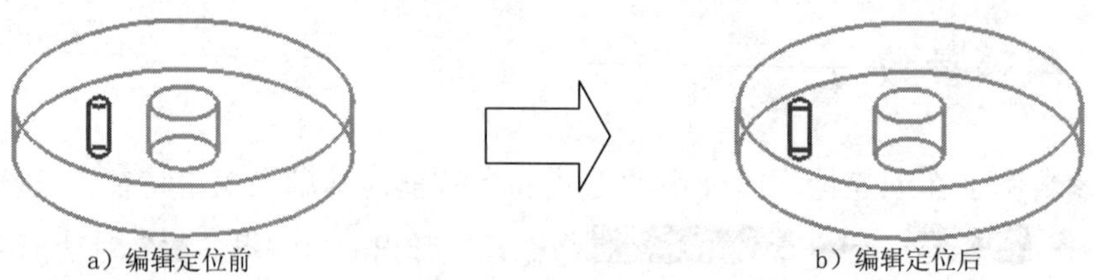


图 4.17.4 编辑位置

Step3. 定义编辑对象。选取图 4.17.5 所示的孔特征，单击 确定 按钮。

Step4. 编辑特征参数。单击 编辑尺寸值 按钮，系统弹出“编辑位置”对话框，选取尺寸“12.5”，此时弹出“编辑表达式”对话框，在文本框中输入数值 15，单击四次 确定 按钮，完成编辑特征的定位。

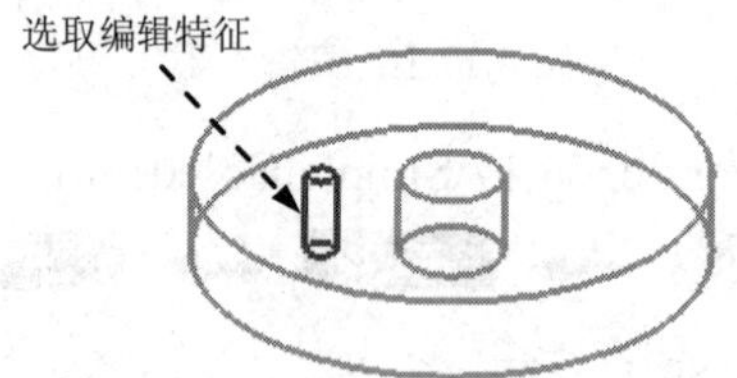


图 4.17.5 选取要编辑的特征

## 4.17.3 特征移动

特征移动用于把无关联的特征移到需要的位置。下面以一个范例来说明特征移动的操作步骤，如图 4.17.6 所示。

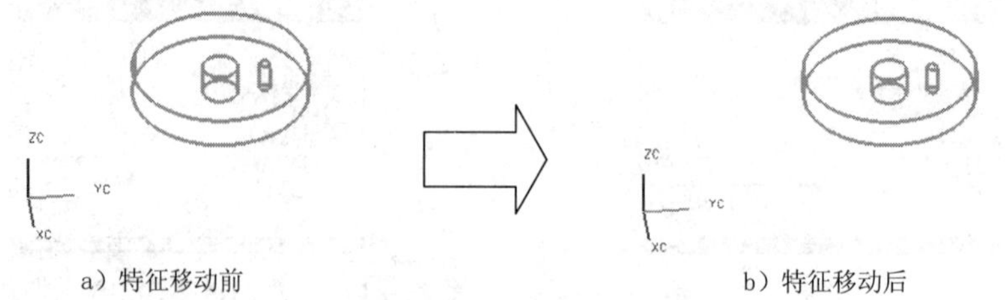


图 4.17.6 移动特征

Step1. 打开文件 D:\ug11\work\ch04.17\move.prt。

Step2. 选择下拉菜单 编辑(E) ➡ 特征(F) ▸ ➡ 移动(M)... 命令，系统弹出图 4.17.7 所示的“移动特征”对话框。

Step3. 定义移动对象。在“移动特征”对话框（一）中选取基准坐标系特征，单击 确定 按钮。选取图 4.17.8 所示的移动特征。

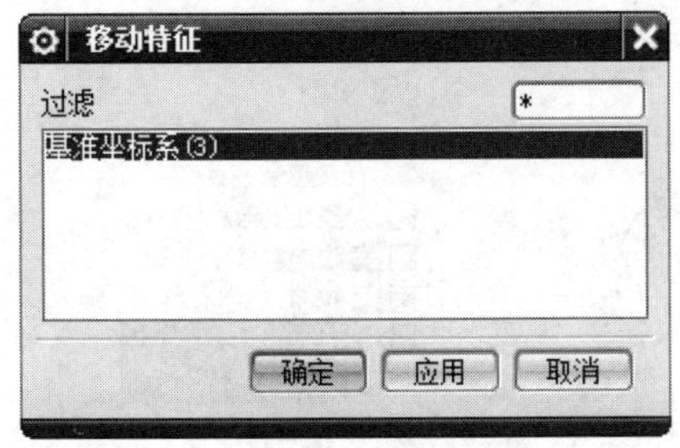


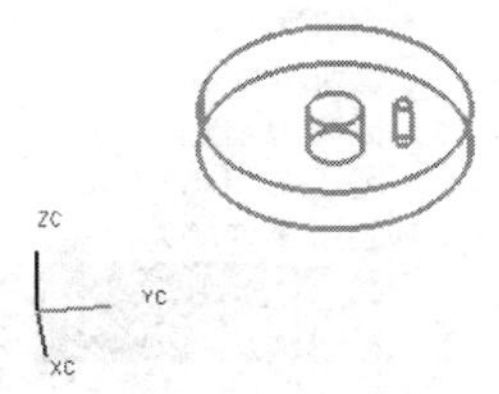


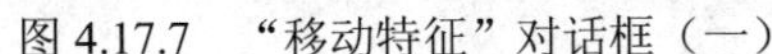

图 4.17.7　“移动特征”对话框（一）　　　　图 4.17.8　选取移动特征

Step4. 编辑移动参数。“移动特征”对话框（二）如图 4.17.9 所示，分别在DXC文本框中输入数值 15，在DYC文本框中输入数值 15，在DZC文本框中输入数值 15，单击对话框中的确定按钮，完成特征的移动操作。

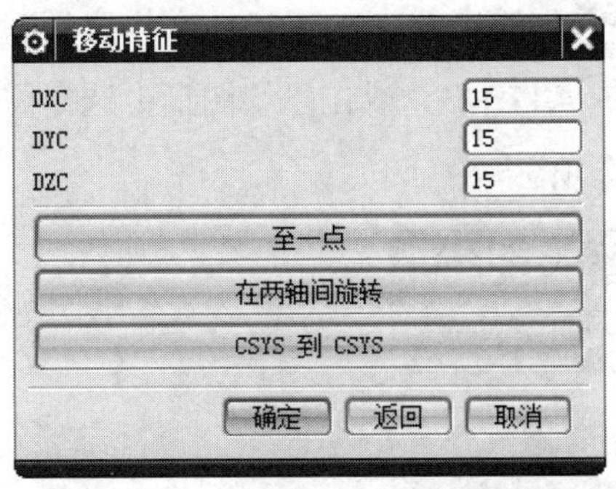


图 4.17.9　“移动特征”对话框（二）

图 4.17.9 所示“移动特征”对话框（二）中各选项的功能说明如下。

- DXC文本框：用于编辑沿 XC 坐标方向上移动的距离。如在DXC文本框中输入数值-5，则表示特征沿 XC 负方向移动 5mm。
- DYC文本框：用于编辑沿 YC 坐标方向上移动的距离。
- DZC文本框：用于编辑沿 ZC 坐标方向上移动的距离。
- 至一点按钮：可将所选特征从参考点移动到目标点。
- 在两轴间旋转按钮：可通过在参考轴与目标轴之间的旋转来移动特征。
- CSYS 到 CSYS按钮：将所选特征由参考坐标系移动到目标坐标系。

## 4.17.4　特征重排序

特征重排序可以改变特征应用于模型的次序，即将重定位特征移至选定的参考特征之前或之后。对具有关联性的特征重排序以后，与其关联的特征也被重排序。下面以一个范例来说明特征重排序的操作步骤，其模型树如图 4.17.10 所示。

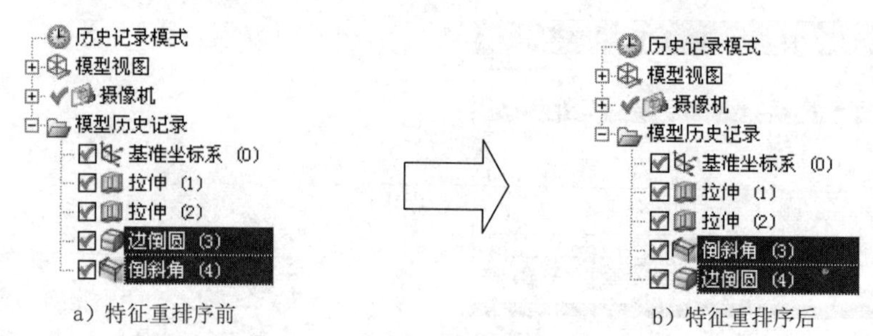


图 4.17.10　模型树

Step1. 打开文件 D:\ug11\work\ch04.17\Simple Hole02.prt。

Step2. 选择下拉菜单 编辑(E) → 特征(F) → 重排序(R)... 命令，系统弹出图 4.17.11 所示的“特征重排序”对话框。

Step3. 根据系统 **选择参考特征** 的提示，在“特征重排序”对话框的 过滤 列表框中选取 倒斜角 (4) 选项为参考特征（图 4.17.11），或在已绘图形中选择需要的特征（图 4.17.12），在 选择方法 区域选中 ⊙ 之后 单选项。

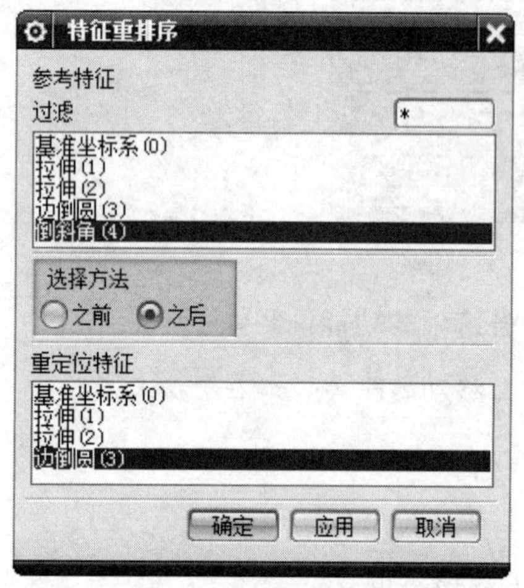


图 4.17.11　“特征重排序”对话框

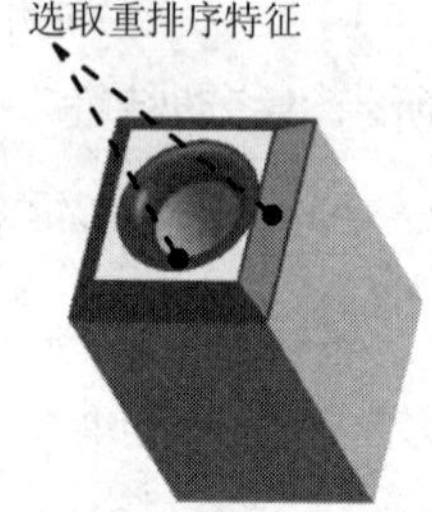


图 4.17.12　选取要重排序的特征

Step4. 在 重定位特征 列表框中将会出现位于该特征前面的所有特征，根据系统 **选择重定位特征** 的提示，在该列表框中选取 边倒圆 (3) 选项为需要重排序的特征（图 4.17.11）。

Step5. 单击 确定 按钮，完成特征的重排序。

图 4.17.11 所示的“特征重排序”对话框中 选择方法 区域的说明如下。

- ⊙ 之前 单选项：选中的重定位特征被移动到参考特征之前。
- ⊙ 之后 单选项：选中的重定位特征被移动到参考特征之后。

## 4.17.5　特征的抑制与取消抑制

特征的抑制操作可以从目标特征中移除一个或多个特征，当抑制相互关联的特征时，关联的特征也将被抑制。当取消抑制后，特征及与之关联的特征将显示在图形区。下面以一个范例来说明应用抑制特征和取消抑制特征的操作过程，如图 4.17.13 所示。

a）抑制特征前　　b）抑制特征后

图 4.17.13　抑制特征

### Task1．抑制特征

Step1．打开文件 D:\ug11\work\ch04.17\Simple Hole03.prt。

Step2．选择下拉菜单 编辑(E) → 特征(F) ▸ → 抑制(S)... 命令，系统弹出图 4.17.14 所示的“抑制特征”对话框。

Step3．定义抑制对象。选取孔特征为抑制对象。

Step4．单击 确定 按钮，完成抑制特征的操作，如图 4.17.13b 所示。

### Task2．取消抑制特征

Step1．选择下拉菜单 编辑(E) → 特征(F) ▸ → 取消抑制(U)... 命令，系统弹出图 4.17.15 所示的“取消抑制特征”对话框。

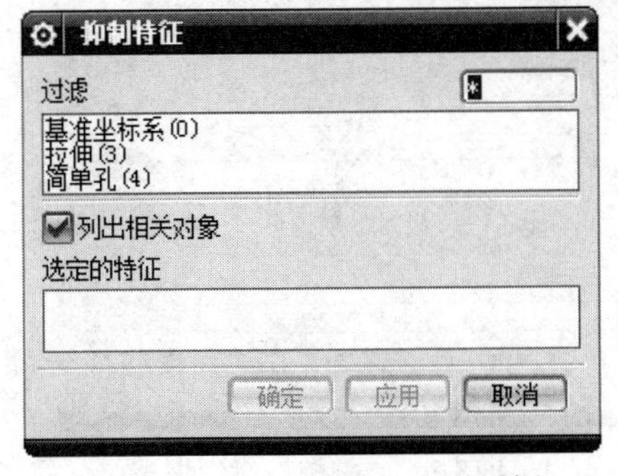


图 4.17.14　“抑制特征”对话框

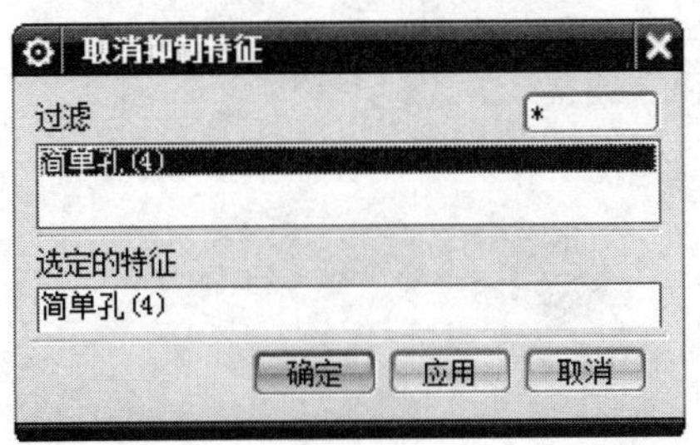


图 4.17.15　“取消抑制特征”对话框

Step2．在该对话框中选取需要取消抑制的特征，单击 确定 按钮，完成取消抑制特征的操作（图 4.17.13a），模型恢复到初始状态。

## 4.18　扫 掠 特 征

扫掠特征是用规定的方法沿一条空间的路径移动一条曲线而产生的体。移动曲线称为截面线串，其路径称为引导线串。下面以图 4.18.1 所示的模型为例，说明创建扫掠特征的一般操作过程。

### Task1．打开一个已有的零件模型

打开文件 D:\ug12pd\work\ch04.18\sweep.prt。

### Task2．添加扫掠特征

Step1．选择命令。选择下拉菜单 插入(S) → 扫掠(W) → 扫掠(S)… 命令，系统弹出图 4.18.2 所示的“扫掠”对话框。

Step2．定义截面线串。选取图 4.18.1a 所示的截面线串。

Step3．定义引导线串。在 引导线（最多 3 根） 区域中单击 *选择曲线 (0) 按钮，选取图 4.18.1a 所示的引导线串。

Step4．在“扫掠”对话框中单击 <确定> 按钮，完成扫掠特征的创建。

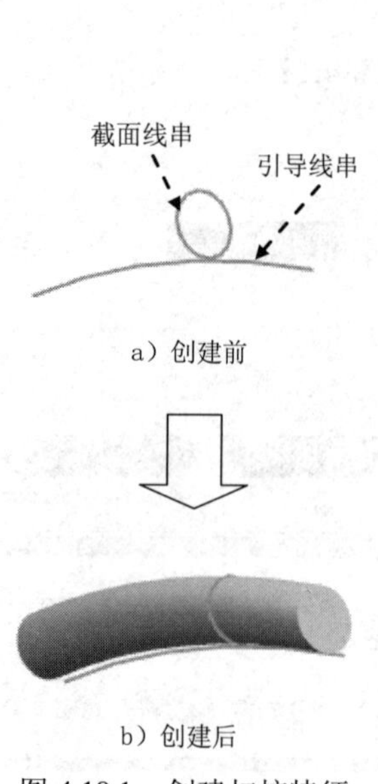


图 4.18.1　创建扫掠特征

图 4.18.2　“扫掠”对话框

## 4.19　缩　　放

使用“缩放”命令可以在“工作坐标系”（WCS）中按比例缩放实体和片体。可以使用均匀比例，也可以在 XC、YC 和 ZC 方向上独立地调整比例。比例类型有均匀比列、轴对称比例和通用比例。下面以图 4.19.1 所示的模型，说明使用“缩放”命令的一般操作过程。

### Task1．在长方体上执行均匀比例类型操作

打开文件 D:\ug12pd\work\ch04.19\scale.prt。

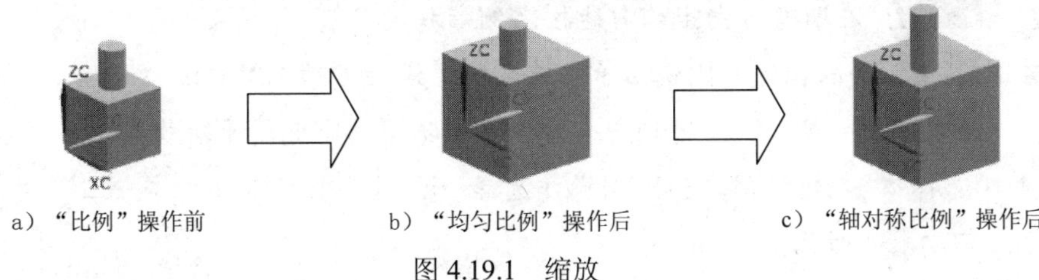

a）"比例"操作前　　b）"均匀比例"操作后　　c）"轴对称比例"操作后

图 4.19.1　缩放

Step1. 选择命令。选择下拉菜单 插入(S) → 偏置/缩放(O) → 缩放体(S)... 命令，系统弹出图 4.19.2 所示的"缩放体"对话框。

Step2. 选择类型。在"缩放体"对话框的类型下拉列表中选择 均匀 选项。

Step3. 定义"缩放体"对象。选取图 4.19.3 所示的立方体。

Step4. 定义缩放点。单击缩放点区域中的 指定点 (1) 按钮，然后选择图 4.19.4 所示的立方体顶点。

Step5. 输入参数。在 均匀 文本框中输入比例因子值 1.5，单击 应用 按钮，完成均匀比例操作。均匀比例模型如图 4.19.5 所示。

图 4.19.2　"缩放体"对话框

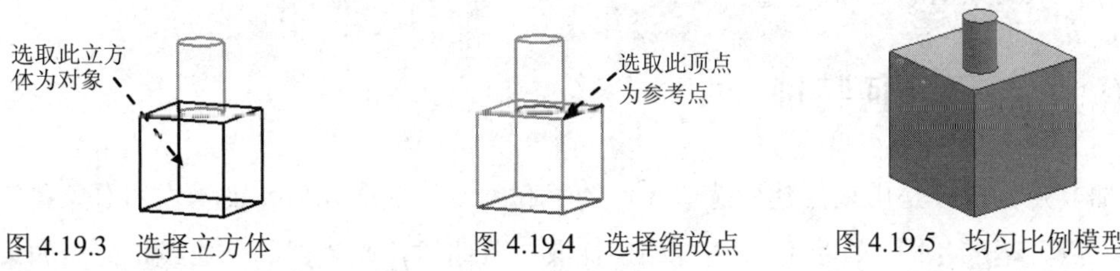


图 4.19.3　选择立方体　　图 4.19.4　选择缩放点　　图 4.19.5　均匀比例模型

图 4.19.2 所示的"缩放体"对话框中有关选项的说明如下。

- 类型下拉列表：比例类型有四个基本选择步骤，但对每一种比例"类型"方法而言，不是所有的步骤都可用。

☑ 均匀：在所有方向上均匀地按比例缩放。

☑ 轴对称：以指定的比例因子（或乘数）沿指定的轴对称缩放。

☑ 常规：在X、Y和Z轴三个方向上以不同的比例因子缩放。

- （选择体）：允许用户为比例操作选择一个或多个实体或片体。三个“类型”方法都要求此步骤。

### Task2. 在圆柱体上执行轴对称比例类型操作

Step1. 选择类型。在“缩放体”对话框的类型下拉列表中选择轴对称选项。

Step2. 定义“缩放体”对象。选取要执行缩放体操作的圆柱体，如图4.19.6所示。

Step3. 定义矢量方向，单击指定矢量 (1)下拉列表中的“两点”按钮，选取“两点”为矢量方向；如图4.19.7所示，然后选取圆柱底面圆心和顶面圆心。

Step4. 定义参考点。单击指定轴通过点 (1)按钮，然后选取圆柱体底面圆心为参考点，如图4.19.8所示。

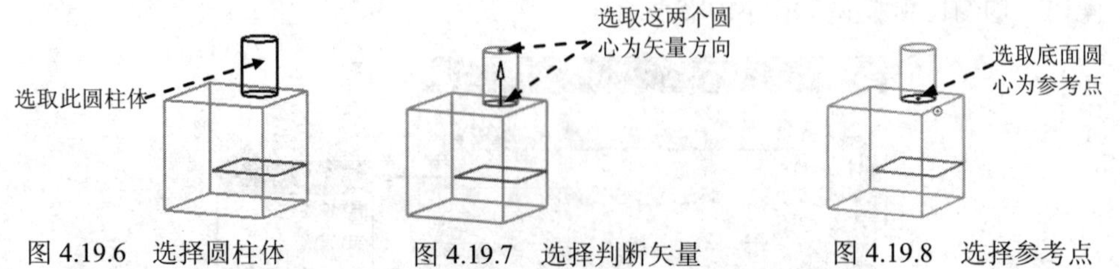


图4.19.6 选择圆柱体　　图4.19.7 选择判断矢量　　图4.19.8 选择参考点

Step5. 输入参数。在对话框的沿轴向文本框中输入比例因子值 1.5，其余参数采用系统默认设置，单击确定按钮，完成轴对称比例操作。

## 4.20 模型的关联复制

模型的关联复制主要包括抽取几何特征(E)...和阵列特征(A)...两种，这两种方式都是对已有的模型特征进行操作，可以创建与已有模型特征相关联的目标特征，从而减少许多重复的操作，节约大量的时间。

### 4.20.1 抽取几何特征

抽取几何特征是用来创建所选取几何的关联副本。抽取几何特征操作的对象包括复合曲线、点、基准、面、面区域和体。如果抽取一条曲线，则创建的是曲线特征；如果抽取一个面或一个区域，则创建一个片体；如果抽取一个体，则新体的类型将与原先的体相同（实体或片体）。当更改原来的特征时，可以决定抽取后得到的特征是否需要更新。在零件设计中，常会用到抽取模型特征的功能，它可以充分地利用已有的模型，大大地提高工作效率。下面以几个范例来说明如何使用抽取几何特征命令。

### 1．抽取面特征

图 4.20.1 所示的抽取单个曲面的操作过程如下。

Step1. 打开文件 D:\ ug12pd \work\ch04.20\extracted01.prt。

Step2. 选择下拉菜单 插入(S) → 关联复制(A) → 抽取几何特征(E)... 命令，系统弹出图 4.20.2 所示的“抽取几何特征”对话框。

**图 4.20.2 所示的“抽取几何特征”对话框中部分选项功能的说明如下。**

- 面：用于从实体或片体模型中抽取曲面特征，能生成三种类型的曲面。
- 面区域：抽取区域曲面时，是通过定义种子曲面和边界曲面来创建片体，创建的片体是从种子面开始向四周延伸到边界面的所有曲面构成的片体（其中包括种子曲面，但不包括边界曲面）。
- 体：用于生成与整个所选特征相关联的实体。
- 与原先相同：从模型中抽取的曲面特征保留原来的曲面类型。
- 三次多项式：用于将模型的选中面抽取为三次多项式 B 曲面类型。
- 一般 B 曲面：用于将模型的选中面抽取为一般的 B 曲面类型。

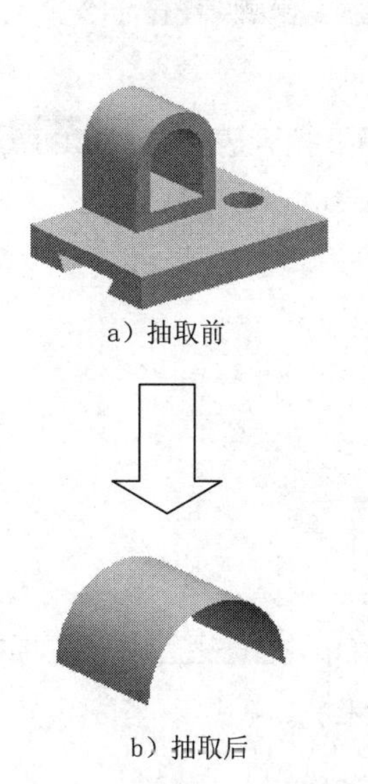

图 4.20.1　抽取单个曲面面特征

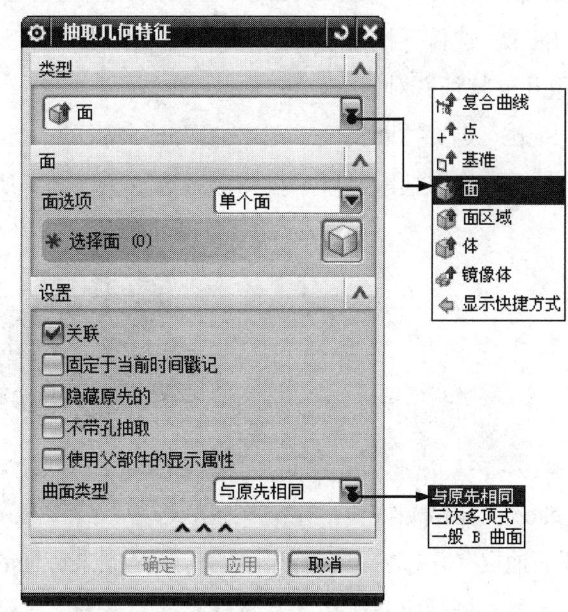


图 4.20.2　“抽取几何特征”对话框

Step3. 定义抽取类型。在“抽取几何特征”对话框的类型下拉列表中选择 面 选项。

Step4. 选取抽取对象。在图形区选取图 4.20.3 所示的曲面。

Step5. 隐藏源特征。在 设置 区域选中 ☑ 隐藏原先的 复选框。单击 < 确定 > 按钮，完成对曲面特征的抽取。

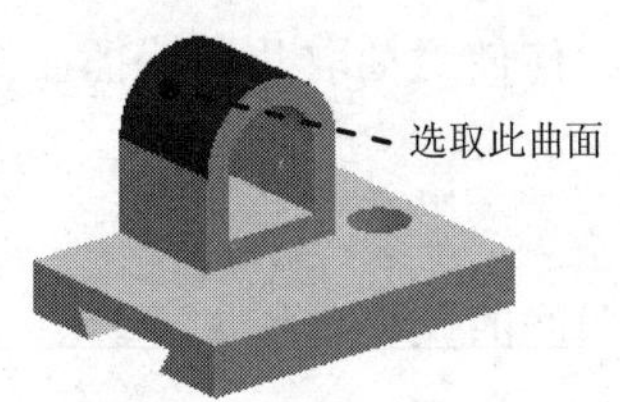


图 4.20.3 选取曲面

### 2. 抽取面区域特征

抽取区域特征用于创建一个片体，该片体是一组和“种子面”相关，且被边界面限制的面。

用户根据系统提示选取种子面和边界面后，系统会自动选取从种子面开始向四周延伸直到边界面的所有曲面（包括种子面，但不包括边界面）。

抽取区域特征的具体操作在后面第五章节中有详细介绍，在此不再赘述。

### 3. 抽取体特征

抽取体特征可以创建整个体的关联副本，并将各种特征添加到抽取体特征上，而不在原先的体上出现。当更改原先的体时，还可以决定“抽取体”特征是否更新。

Step1. 打开文件 D:\ug12pd\work\ch04.20\extracted02.prt。

Step2. 选择下拉菜单 插入(S) → 关联复制(A) ▸ → 抽取几何特征(E)... 命令，系统弹出“抽取几何特征”对话框。

Step3. 定义抽取类型。在“抽取几何特征”对话框的 类型 下拉列表中选择 体 选项。

Step4. 选取抽取对象。在图形区选取图 4.20.4 所示的体特征。

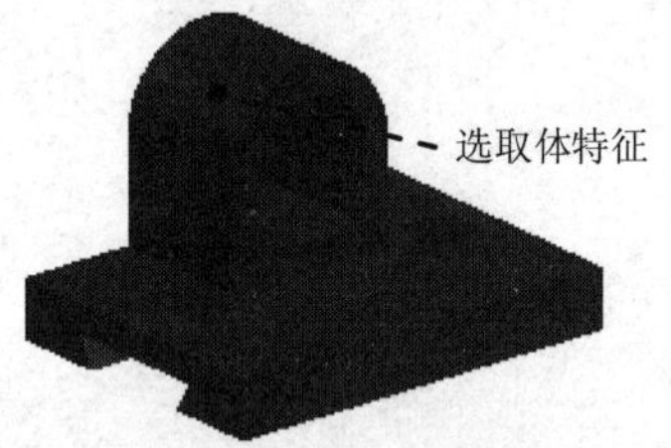


图 4.20.4 选取体特征

Step5. 隐藏源特征。在 设置 区域选中 ☑ 隐藏原先的 复选框。单击 < 确定 > 按钮，完成对体特征的抽取（建模窗口中所显示的特征是原来特征的关联副本）。

**注意：** 所抽取的体特征与原特征相互关联，类似于复制功能。

### 4. 复合曲线特征

复合曲线用来复制实体上的边线和要抽取的曲线。

图 4.20.5 所示的抽取曲线的操作过程如下（图 4.20.5b 中的实体模型已隐藏）。

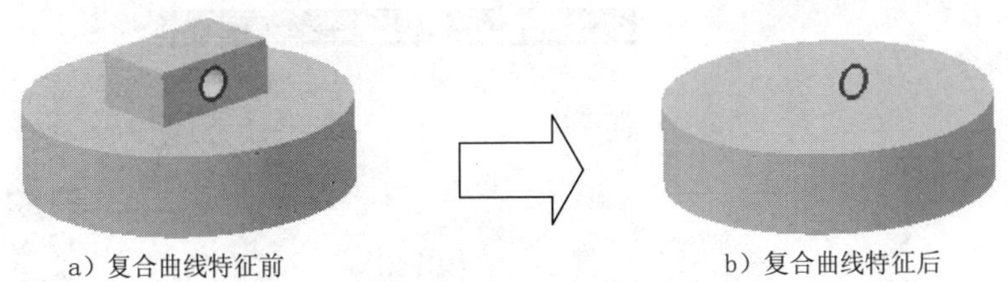


图 4.20.5　复合曲线特征

Step1．打开文件 D:\ ug12pd \work\ ch04.20\rectangular.prt。

Step2．选择下拉菜单 插入(S) ➡ 关联复制(A) ▸ ➡ 抽取几何特征(E)... 命令，系统弹出“抽取几何特征”对话框。

Step3．定义抽取类型。在 类型 下拉列表中选取 复合曲线 选项，选取图 4.20.6 所示的曲线对象。

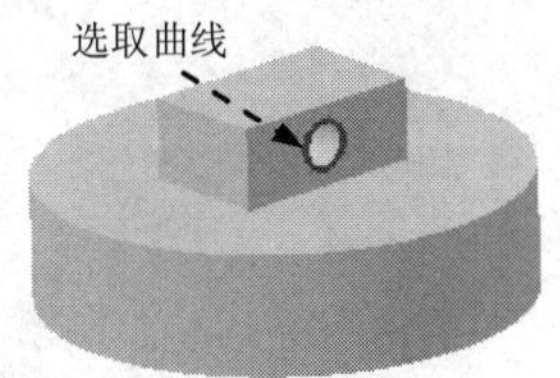


图 4.20.6　选取曲线特征

Step4．单击 < 确定 > 按钮，完成复合曲线特征的创建。

## 4.20.2　阵列特征

“阵列特征”操作就是对特征进行阵列，也就是对特征进行一个或者多个的关联复制，并按照一定的规律排列复制的特征，而且特征阵列的所有实例都是相互关联的，可以通过编辑原特征的参数来改变其所有的实例。常用的阵列方式有线性阵列、圆形阵列、多边形阵列、螺旋式阵列、沿曲线阵列、常规阵列和参考阵列等。

### 1．线性阵列

线性阵列功能可以将所有阵列实例成直线或矩形排列。下面以一个范例来说明创建线性阵列的过程，如图 4.20.7 所示。

Step1．打开文件 D:\ug12pd\work\ch04.20\Rectangular Array.prt。

Step2．选择下拉菜单 插入(S) ➡ 关联复制(A) ▸ ➡ 阵列特征(A)... 命令，系统弹出图 4.20.8 所示的“阵列特征”对话框。

Step3．选取阵列的对象。在模型树中选取简单孔特征为要阵列的特征。

Step4．定义阵列方法。在对话框的 布局 下拉列表中选择 线性 选项。

a）线性阵列前

b）线性阵列后

图 4.20.7　创建线性阵列

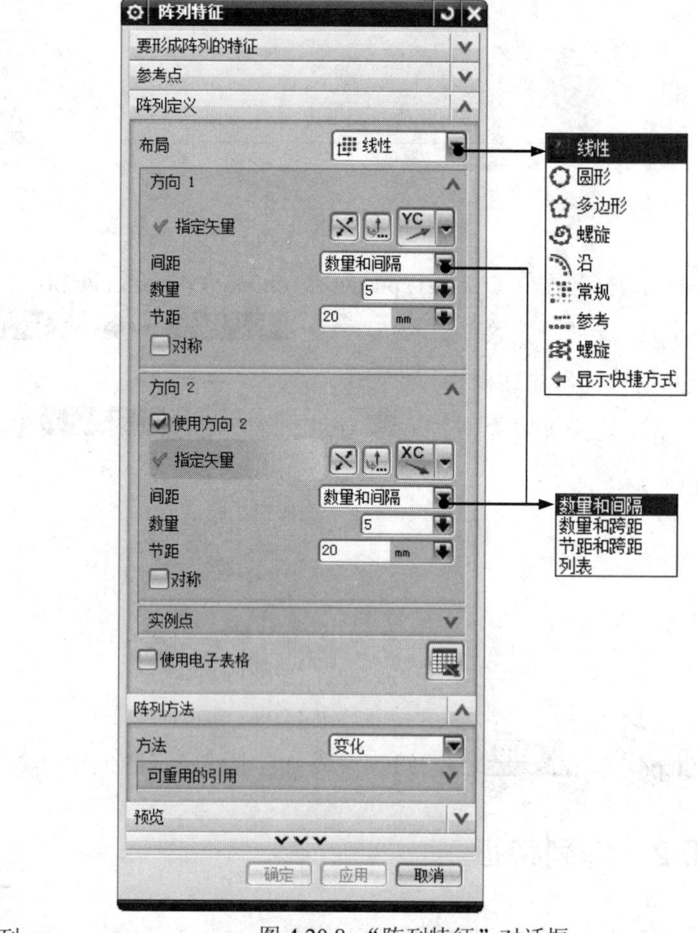


图 4.20.8　“阵列特征”对话框

Step5. 定义方向 1 阵列参数。在对话框的 方向 1 区域中单击按钮，选择 YC 轴为第一阵列方向；在 间距 下拉列表中选择 数量和间隔 选项，然后在 数量 文本框中输入阵列数量为 5，在 节距 文本框中输入阵列节距值为 20。

Step6. 定义方向 2 阵列参数。在对话框的 方向 2 区域中选中 ☑ 使用方向 2 复选框，然后单击按钮，选择 XC 轴为第二阵列方向；在 间距 下拉列表中选择 数量和间隔 选项，然后在 数量 文本框中输入阵列数量为 5，在 节距 文本框中输入阵列节距值为 20。

Step7. 单击 确定 按钮，完成线性阵列的创建。

**图 4.20.8 所示的“阵列特征”对话框中部分选项的功能说明如下。**

- 布局 下拉列表：用于定义阵列方式。
  - ☑ 线性 选项：选中此选项，可以根据指定的一个或两个线性方向进行阵列。
  - ☑ 圆形 选项：选中此选项，可以绕着一根指定的旋转轴进行环形阵列，阵列实例绕着旋转轴圆周分布。
  - ☑ 多边形 选项：选中此选项，可以沿着一个正多边形进行阵列。

☑ 螺旋选项：选中此选项，可以沿着平面螺旋线进行阵列。

☑ 沿选项：选中此选项，可以沿着一条曲线路径进行阵列。

☑ 常规选项：选中此选项，可以根据空间的点或由坐标系定义的位置点进行阵列。

☑ 参考选项：选中此选项，可以参考模型中已有的阵列方式进行阵列。

☑ 螺旋选项：选中此选项，可以沿着空间螺旋线进行阵列。

- 间距下拉列表：用于定义各阵列方向的数量和间距。

☑ 数量和间隔选项：选中此选项，通过输入阵列的数量和每两个实例的中心距离进行阵列。

☑ 数量和跨距选项：选中此选项，通过输入阵列的数量和每两个实例的间距进行阵列。

☑ 节距和跨距选项：选中此选项，通过输入阵列的数量和每两个实例的中心距离及间距进行阵列。

☑ 列表选项：选中此选项，通过定义的阵列表格进行阵列。

### 2. 圆形阵列

圆形阵列功能可以将所有阵列实例成圆形排列。下面以一个范例来说明创建圆形阵列的过程，如图 4.20.9 所示。

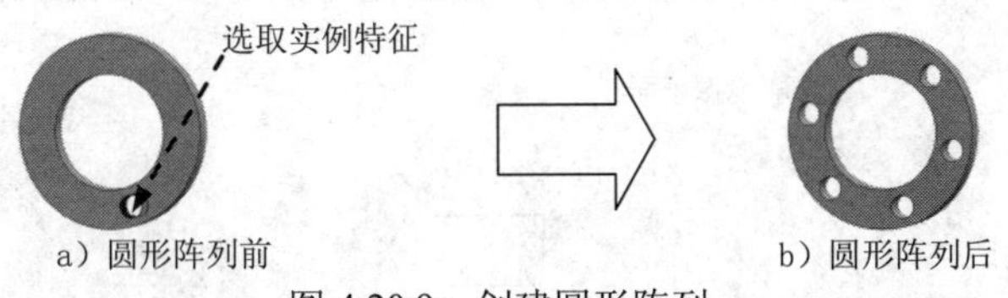


图 4.20.9　创建圆形阵列

Step1. 打开文件 D:\ug12pd\work\ch04.20\Circular_Array.prt。

Step2. 选择下拉菜单 插入(S) → 关联复制(A) ▸ → 阵列特征(A)... 命令，系统弹出“阵列特征”对话框。

Step3. 选取阵列的对象。在模型树中选取简单孔特征为要阵列的特征。

Step4. 定义阵列方法。在对话框的布局下拉列表中选择圆形选项。

Step5. 定义旋转轴和中心点。在对话框的旋转轴区域中单击 * 指定矢量后面的按钮，选择 ZC 轴为旋转轴；单击 * 指定点后面的按钮，选取图 4.20.10 所示的圆心点为中心点。

Step6. 定义阵列参数。在对话框角度方向区域的间距下拉列表中选择数量和间隔选项，然后在数量文本框中输入阵列数量为 6，在节距角文本框中输入阵列角度值为 60，如图 4.20.11

所示。

Step7. 单击 确定 按钮，完成圆形阵列的创建。

图 4.20.10　选取中心点　　图 4.20.11　定义阵列参数

## 4.20.3　镜像特征

### 1. 镜像单个特征

镜像单个特征功能可以将所选的特征相对于一个平面或基准平面（称为镜像中心平面）进行镜像，从而得到所选特征的一个副本。使用此命令时，镜像平面可以是模型的任意表面，也可以是基准平面。下面以一个范例来说明创建镜像单个特征的一般过程，如图 4.20.12 所示。

Step1. 打开文件 D:\ug12pd\work\ch04.20\mirror.prt。

Step2. 选择下拉菜单 插入(S) → 关联复制(A) ▸ → 镜像特征(M)... 命令，系统弹出“镜像特征”对话框。

Step3. 定义镜像对象。选取图 4.20.12a 所示的孔特征为要镜像的特征。

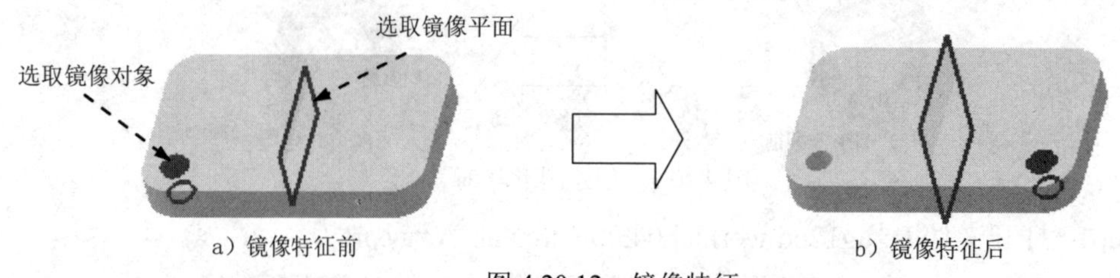


图 4.20.12　镜像特征

Step4. 定义镜像基准面。在 平面 列表中选择 现有平面 选项，单击“平面”按钮，选取图 4.20.12a 所示的基准平面为镜像平面。

Step5. 单击对话框中的 确定 按钮，完成镜像特征的操作。

### 2. 镜像多个特征

镜像多个特征命令可以以基准平面为对称面镜像部件中的多个特征，其镜像基准面只能是基准平面。下面以一个范例来说明创建镜像多个特征的一般过程，如图 4.20.13 所示。

Step1. 打开文件 D:\ug12pd\work\ch04.20\mirror_body.prt。

Step2. 选择下拉菜单插入(S) → 关联复制(A) ▸ → 镜像特征(M)... 命令，系统弹出“镜像特征”对话框。

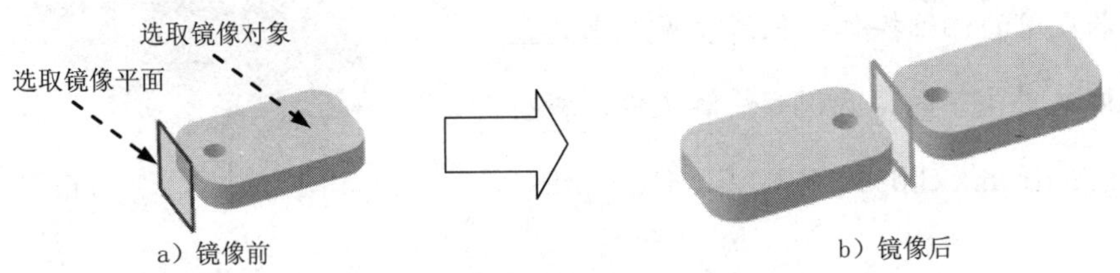


图 4.20.13　镜像多个特征

Step3. 定义镜像对象。选取图 4.20.13a 所示的拉伸特征和孔特征为要镜像的特征。

Step4. 定义镜像基准面。单击“平面”按钮，选取图 4.20.13a 所示的基准平面为镜像平面。

Step5. 单击对话框中的确定按钮，完成镜像多个特征的操作。

## 4.21　UG 零件设计实际应用 1——电器盖

**应用概述：**

本应用介绍了电器盖的设计过程。通过练习本例，读者可以掌握实体的拉伸、拔模、镜像、扫掠、倒圆角和抽壳等特征的应用。在创建特征的过程中，需要注意特征的创建顺序。零件模型如图 4.21.1 所示。

图 4.21.1　电器盖零件模型

**说明：**本应用的详细操作过程请参见随书光盘中 video\ch04\文件夹下的语音视频讲解文件。模型文件为 D:\ug12pd\work\ch04.21\ELE_COVER.prt。

## 4.22　UG 零件设计实际应用 2——轮毂

**应用概述：**

本应用介绍了一个轮毂的设计过程。主要是讲述实体旋转、拉伸、拔模、阵列和孔等特征命令的应用。所建的零件模型如图 4.22.1 所示。

**说明**：本应用的详细操作过程请参见随书光盘中 video\ch04\文件夹下的语音视频讲解文件。模型文件为 D:\ug12pd\work\ch04.22\WHEEL_HUB.prt。

图 4.22.1　轮毂零件模型

## 4.23　UG 零件设计实际应用 3——轴箱

**应用概述**：

本应用介绍了轴箱的设计过程。在设计过程中主要使用了拉伸、旋转、镜像、孔、倒圆角与倒斜角等特征的应用。在创建特征的过程中，需要注意在特征的定位过程中用到的技巧和注意事项。零件模型如图 4.23.1 所示。

**说明**：本应用的详细操作过程请参见随书光盘中 video\ch04.23\文件夹下的语音视频讲解文件。模型文件为 D:\ug12pd\work\ch04.23\ AXLE_BOX.prt。

图 4.23.1　轴箱零件模型

## 4.24　UG 零件设计实际应用 4——减速器箱体

**应用概述**：

本应用介绍了减速器箱体的设计过程。通过练习本例，读者可以掌握实体的拉伸、孔、阵列、倒圆角和矩形槽等特征的应用。在创建特征的过程中，需要注意在特征的定位过程中用到的技巧和注意事项。零件模型如图 4.24.1 所示。

**说明**：本应用的详细操作过程请参见随书光盘中 video\ch04.24\文件夹下的语音视频讲解文件。模型文件为 D:\ug12pd\work\ch04.24\REDUCER_BOX.prt。

图 4.24.1　减速器箱体零件模型

## 4.25　UG 零件设计实际应用 5——制动踏板

**应用概述**：

本应用介绍了制动踏板的设计过程。通过练习本例，读者可以掌握实体的拉伸、旋转、孔、阵列和倒圆角等特征的应用。在创建特征的过程中，需要注意在特征的定位过程中用到的技巧和注意事项。零件模型如图 4.25.1 所示。

图 4.25.1　制动踏板零件模型

**说明：**本应用的详细操作过程请参见随书光盘中 video\ch04.25\文件夹下的语音视频讲解文件。模型文件为 D:\ug12pd\work\ch04.25\footplate_braket.prt。

## 4.26　UG 零件设计实际应用 6——蝶形螺母

**应用概述**:

本应用是一个标准件——蝶形螺母，在创建过程中运用了旋转、拉伸、圆角及螺纹等命令；其中要重点掌握圆角（圆角顺序）、螺纹命令的使用。零件模型如图 4.26.1 所示。

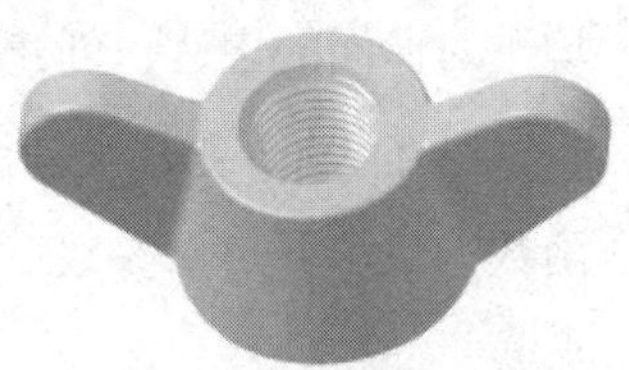

图 4.26.1　蝶形螺母零件模型

**说明：**本应用的详细操作过程请参见随书光盘中 video\ch04.26\文件夹下的语音视频讲解文件。模型文件为 D:\ug12pd\work\ch04.26\butterfly_nut.prt。

## 4.27　UG 零件设计实际应用 7——涡轮

**应用概述**:

本应用介绍了一个涡轮的设计过程，主要运用了一些常用命令，包括拉伸、倒圆角和阵列等特征，其中拉伸偏置命令使用得很巧妙，需要注意的是圆形阵列的创建方法。零件模型如图 4.27.1 所示。

图 4.27.1　涡轮零件模型

**说明：**本应用的详细操作过程请参见随书光盘中 video\ch04.27\文件夹下的语音视频讲解文件。模型文件为 D:\ug12pd\work\ch04.27\turbine.prt。

**学习拓展：**扫码学习更多视频讲解。

**讲解内容：**零件设计实例精选，包含六十多个各行各业零件设计的全过程讲解。

# 第5章 曲面产品的设计

## 5.1 曲面设计概要

### 5.1.1 曲面设计的发展概况

曲面造型（Surface Modeling）是随着计算机技术和数学方法的不断发展而逐步产生和完善起来的。它是计算机辅助几何设计（Computer Aided Geometric Design，简称 CAGD）和计算机图形学（Computer Graphics）的一项重要内容，主要研究在计算机图像系统的环境下对曲面的表达、创建、显示以及分析等。

早在 1963 年，美国波音飞机公司的 Ferguson 首先提出将曲线曲面表示为参数的矢量函数方法，并引入参数三次曲线。从此，曲线曲面的参数化形式成为形状数学描述的标准形式。

到了 1971 年，法国雷诺汽车公司的 Bezier 又提出一种控制多边形设计曲线的新方法，这种方法很好地解决了整体形状控制问题，从而将曲线曲面的设计向前推进了一大步。然而 Bezier 的方法仍存在连接问题和局部修改问题。

直到 1975 年，美国 Syracuse 大学的 Versprille 首次提出具有划时代意义的有理 B 样条（NURBS）方法。NURBS 方法可以精确地表示二次规则曲线曲面，从而能用统一的数学形式表示规则曲面与自由曲面。这一方法的提出，终于使非均匀有理 B 样条方法成为现代曲面造型中最为广泛流行的技术。

随着计算机图形技术以及工业制造技术的不断发展，曲面造型在近几年得到了长足的发展，这主要表现在以下几个方面。

（1）从研究领域来看，曲面造型技术已从传统的研究曲面表示、曲面求交和曲面拼接扩充到曲面变形、曲面重建、曲面简化、曲面转换和曲面等距性等。

（2）从表示方法来看，以网格细分为特征的离散造型方法得到了高度的运用。这种曲面造型方法在生动逼真的特征动画和雕塑曲面的设计加工中更是独具优势。

（3）从曲面造型方法来看，出现了一些新的方法，如基于物理模型的曲面造型方法、基于偏微分方程的曲面造型方法、流曲线曲面造型方法等。

如今，人们对产品的使用远远超出了只要求性能符合的底线，在此基础上人们更愿意接受能在视觉上带来冲击的产品。在较为生硬的三维建模设计中，曲面扮演的就是让模型更活泼，甚至具有装饰性的角色。不仅如此，在普通产品的设计中也对曲面的连续性提出了更高的要求，由原来的点连续提高到了相切连续甚至更高。在生活中，人们随处可见的电子产品、儿童玩具以及办公用品等产品的设计中都可以见证曲面设计的必要性以及重要性。

### 5.1.2　曲面造型的数学概念

曲面造型技术随着数学相关研究领域的不断深入而得到长足的发展，多种曲线、曲面被广泛应用。我们在此主要介绍其中最基本的一些曲线、曲面的理论及构造方法，使读者在原理和概念上有一个大致的了解。

#### 1．贝塞尔（Bezier）曲线与曲面

Bezier 曲线与曲面是法国雷诺公司的 Bezier 在 1962 年提出的一种构造曲线曲面的方法，是三次曲线的形成原理，这是由四个位置矢量 Q0、Q1、Q2、Q3 定义的曲线。通常将 Q0、Q1…Qn 组成的多边形折线称为 Bezier 控制多边形，多边形的第一条折线和最后一条折线代表曲线的起点和终点的切线方向，其他曲线用于定义曲线的阶次与形状。

#### 2．B 样条曲线与曲面

B 样条曲线继承了 Bezier 曲线的优点，仍采用特征多边形及权函数定义曲线，所不同的是权函数不采用伯恩斯坦基函数，而采用 B 样条基函数。

B 样条曲线与特征多边形十分接近，同时便于进行局部修改。与 Bezier 曲面生成过程相似，由 B 样条曲线可以很容易推广到 B 样条曲面。

#### 3．非均匀有理 B 样条（NURBS）曲线与曲面

NURBS 是 Non-Uniform Rational B-Splines 的缩写，是非均匀有理 B 样条的意思。具体解释如下。

- Non-Uniform（非均匀）：指能够改变控制顶点的影响力的范围。当创建一个不规则曲面的时候，这一点非常有用。同样，统一的曲线和曲面在透视投影下也不是无变化的，对于交互的 3D 建模来说，这是一个严重的缺陷。
- Rational（有理）：指每个 NURBS 物体都可以用数学表达式来定义。
- B-Spline（B 样条）：指用路线来构建一条曲线，在一个或更多的点之间以内插值替换。

NURBS 技术提供了对标准解析几何和自由曲线、曲面的统一数学描述方法，它可通过调整控制顶点和因子，方便地改变曲面的形状，同时也可以方便地转换成对应的 Bezier 曲面，因此 NURBS 方法已成为曲线、曲面建模中最为流行的技术。STEP 产品数据交换标准

也将非均匀有理 B 样条（NURBS）作为曲面几何描述的唯一方法。

#### 4．NURBS 曲面的特性及曲面连续性定义

（1）NURBS 曲面的特性。

NURBS 是用数学方式来描述形体，采用解析几何图形，曲线或曲面上任何一点都有其对应的坐标（x,y,z），所以具有高度的精确性。NURBS 曲面可以由任何曲线生成。

对于 NURBS 曲面而言，剪切是不会对曲面的 UV 方向产生影响的，也就是说不会对网格产生影响，如图 5.1.1 所示。剪切前后，网格（U 方向和 V 方向）并不会发生实质的改变，这也是通过剪切四边面来构成三边面和五边面等多边面的理论基础。

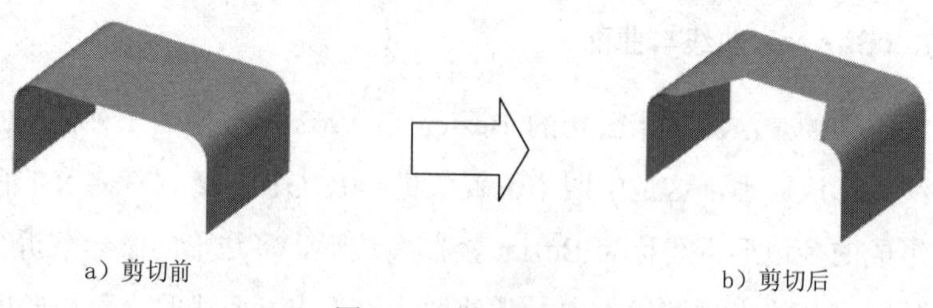


图 5.1.1　剪切曲面

（2）曲面 G1 与 G2 连续性定义。

Gn 表示两个几何对象间的实际连续程度。例如：

- G0 意味着两个对象相连或两个对象的位置是连续的。
- G1 意味着两个对象光滑连接，一阶微分连续，或者是相切连续的。
- G2 意味着两个对象光滑连接，二阶微分连续，或者两个对象的曲率是连续的。
- G3 意味着两个对象光滑连接，三阶微分连续。

### 5.1.3　曲面造型方法

曲面造型的方法有很多种，下面介绍最常见的几种方法。

#### 1．拉伸面

将一条截面曲线沿一定的方向拉伸所形成的曲面，称为拉伸面，如图 5.1.2 所示。

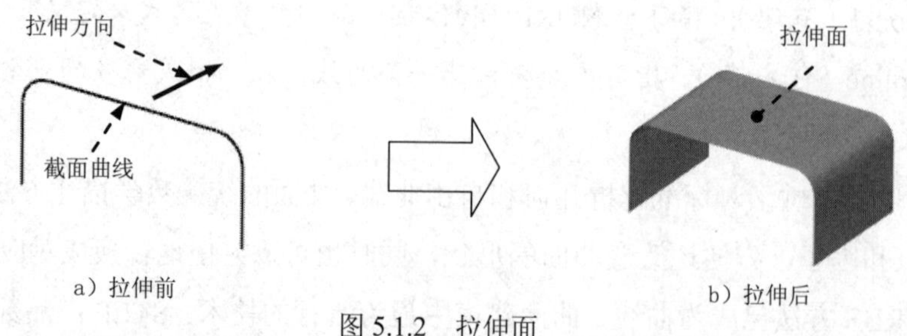


图 5.1.2　拉伸面

### 2. 直纹面

直纹面可以理解为将两条曲线轮廓线（截面线串）用一系列直线连接而成的曲面，如图 5.1.3 所示。其中剖面线串可由单个对象（对象包括曲线、实体边缘或实体面）或多个对象组成。在创建直纹面时，只能使用两组剖面线串，这两组线串可以封闭，也可以不封闭。另外，构成直纹面的两组剖面线串的走向必须相同，否则曲面将会出现扭曲。

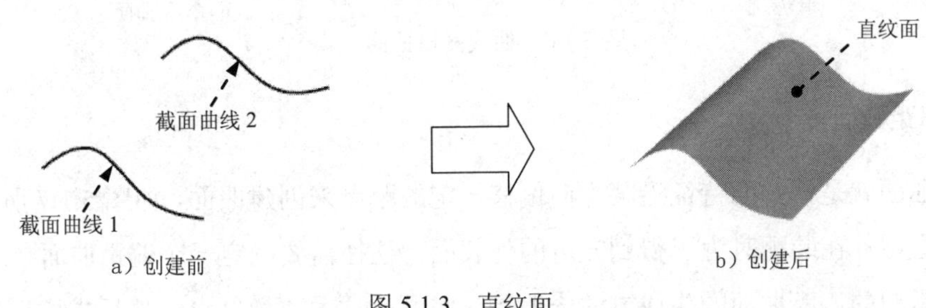


图 5.1.3　直纹面

### 3. 旋转面

将一条截面曲线沿着某一旋转轴旋转一定的角度，就形成了一个旋转面，如图 5.1.4 所示。

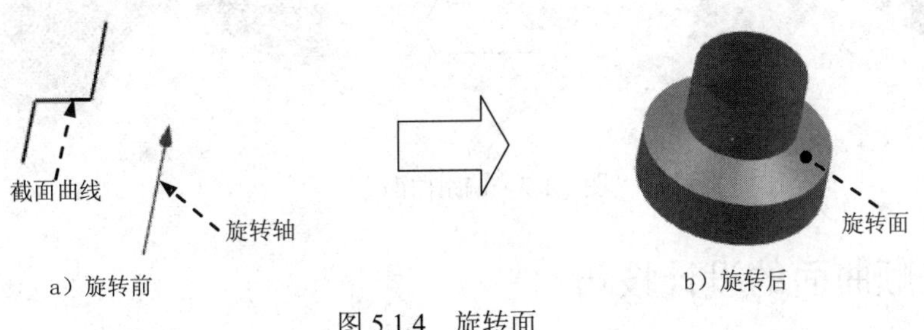


图 5.1.4　旋转面

### 4. 扫掠面

将截面曲线沿着轨迹曲线扫掠而形成的曲面，即为扫掠面，如图 5.1.5 所示。

截面曲线和轨迹线可以有多条，截面曲线形状可以不同，可以封闭也可以不封闭。生成扫掠时，软件会自动过渡，生成光滑连续的曲面。

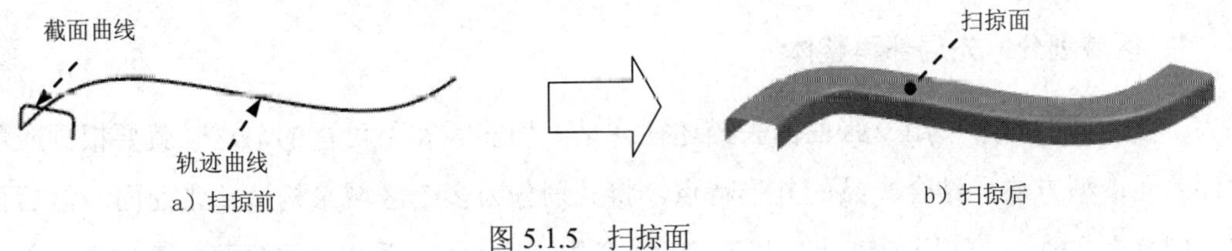


图 5.1.5　扫掠面

### 5. 曲线网格曲面

曲线网格曲面是以一系列曲线为骨架进行形状控制，且通过这些曲线自然过渡生成曲面，如图 5.1.6 所示。

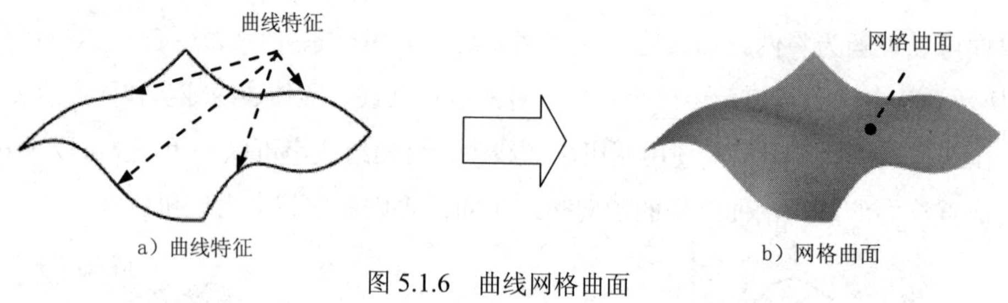


图 5.1.6　曲线网格曲面

#### 6. 偏距曲面

偏距曲面就是把曲面特征沿某方向偏移一定的距离来创建曲面，如图 5.1.7 所示，机械加工或钣金零件在装配时为了得到光滑的外表面，往往需要确定一个偏距曲面。

现在常用的偏距曲面的生成方法一般是先将原始曲面离散细分，然后求取原始曲面离散点上的等距点，最后将这些等距点拟合成等距面。

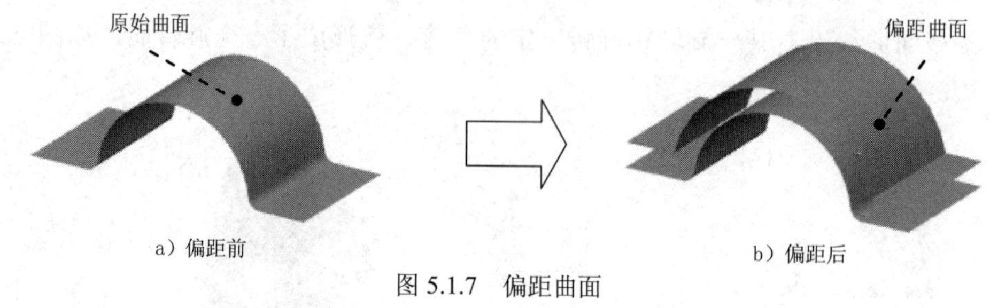


图 5.1.7　偏距曲面

### 5.1.4　光顺曲面的设计技巧

一个美观的产品外形往往是光滑而圆顺的。光滑的曲面，从外表看流线顺畅，不会引起视觉上的凸凹感，从理论上是指具有二阶几何连续、不存在奇点与多余拐点、曲率变化较小以及应变较小等特点的曲面。

要保证构造出来的曲面既光滑又能满足一定的精度要求，就必须掌握一定的曲面造型技巧，下面我们就一些常用的技巧进行介绍。

#### 1. 区域划分，先局部再整体

一个产品的外形，用一张曲面去描述往往是不切实际和不可行的，这时就要根据应用软件曲面造型方法，结合产品的外形特点，将其划分为多个区域来构造几张曲面，然后再将它们缝合在一起，或用过渡面与其连接。当今的三维 CAD 系统中的曲面几乎都是定义在四边形域上。因此，在划分区域时，应尽量将各个子域定义在四边形域内，即每个子面片都具有四条边。

### 2. 创建光滑的控制曲线是关键

控制曲线的光滑程度往往决定着曲面的品质。要创建一条高质量的控制曲线，主要应从以下几点着手：①要达到精度的要求。②曲率主方向要尽可能一致。③曲线曲率要大于将作圆角过渡的半径值。

在创建步骤上，首先利用投影、插补、光顺等手段生成样条曲线，然后根据其曲率图的显示来调整曲线段，从而达到光滑的效果。有时也可通过调整空间曲线的参数一致性，或生成足够数目的曲线上的点，再通过这些点重新拟合曲线，来达到光滑的目的。

### 3. 光滑连接曲面片

曲面片的光滑连接，应具备以下两个条件：要保证各连接面片间具有公共边；要保证各曲面片的控制线连接光滑。其中第二条是保证曲面片连接光滑的必要条件，可以通过修改控制线的起点、终点约束条件，使其曲率或切线在接点处保证一致。

### 4. 还原曲面，再塑轮廓

一个产品的曲面轮廓往往是已经修剪过的，如果我们直接利用这些轮廓线来构造曲面，常常难以保证曲面的光滑性，所以造型时要充分考察零件的几何特点，利用延伸、投影等方法将三维空间轮廓线还原为二维轮廓线，并去掉细节部分，然后还原出“原始”的曲面，最后再利用面的修剪方法获得理想的曲面外轮廓。

### 5. 注重实际，从模具的角度考察曲面质量

再漂亮的曲面造型，如果不注重实际的生产制造，也毫无用处。产品三维造型的最终目的是制造模具。产品零件大多由模具生产出来，因此在三维造型时，要从模具的角度去考虑，在确定产品出模方向后，应检查曲面能否出模，是否有倒扣现象（即拔模角为负角）。如发现问题，应对曲面进行修改或重构曲面。

### 6. 随时检查，及时修改

在进行曲面造型时，要随时检查所建曲面的状况，注意检查曲面是否光滑，有无扭曲、曲率变化等情况，以便及时修改。

检查曲面光滑程度的方法主要有以下两种：①对构造的曲面进行渲染处理，可通过透视、透明度和多重光源等处理手段产生高清晰度的逼真的彩色图像，再根据处理后图像的光亮度的分布规律来判断曲面的光滑度。图像明暗变化比较均匀，则曲面光滑性好。②可对曲面进行高斯曲率分析，进而显示高斯曲率的彩色光栅图像，这样可以直观地了解曲面的光滑性情况。

# 5.2 曲线设计

曲线是曲面的基础，是曲面造型设计中必须用到的基础元素，并且曲线质量的好坏直接影响到曲面质量的高低。因此，了解和掌握曲线的创建方法，是学习曲面设计的基本要求。利用 UG 的曲线功能可以建立多种曲线，其中基本曲线包括点及点集、直线、圆及圆弧、倒圆角、倒斜角等，特殊曲线包括样条曲线、二次曲线、螺旋线和规律曲线等。

## 5.2.1 基本空间曲线

UG 基本曲线的创建包括直线、圆弧、圆等规则曲线的创建，以及曲线的倒圆角等操作。下面一一对其进行介绍。

**1. 直线**

下面分别介绍几种创建直线的方法。

**方法一：点-相切**

进入建模环境，选择下拉菜单 插入(S) ➡ 曲线(C) ➡ 直线(L)... 命令，系统弹出图 5.2.1 所示的“直线”对话框。通过该对话框可以创建多种类型的直线，创建的直线类型取决于对直线两个端点的约束。

下面以图 5.2.2 所示的例子来说明通过“直线（点-切线）”创建直线的一般过程。

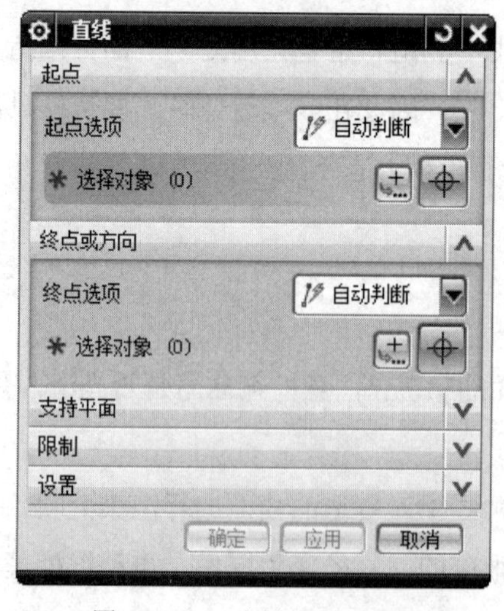

图 5.2.1 “直线”对话框

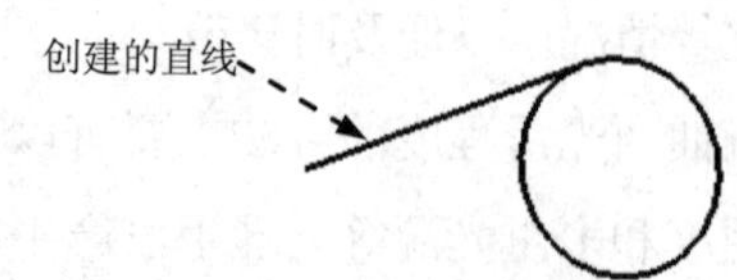


图 5.2.2 创建的直线

说明：在不打开“直线”对话框的情况下，要迅速创建简单的关联或非关联的直线，可以选择下拉菜单 插入(S) ➡ 曲线(C) ➡ 直线和圆弧(A) 下面相关的子命令。

Step1. 打开文件 D:\ug12pd\work\ch05.02.01\line01.prt。

Step2. 选择下拉菜单插入(S) ➡ 曲线(C) ▸ ➡ 直线(L)...命令，系统弹出“直线”对话框。

Step3. 定义起点。在起点区域起点选项的下拉列表中选择+ 点选项（或者在图形区的空白处右击，在系统弹出的图 5.2.3 所示的快捷菜单中选择点命令），此时系统弹出图 5.2.4 所示的动态文本输入框，在XC、YC、ZC文本框中分别输入值 10、30、0，按 Enter 键确认。

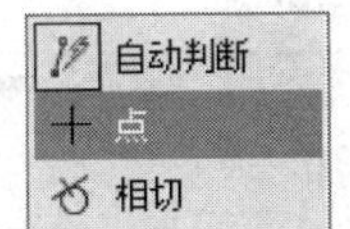

图 5.2.3　快捷菜单

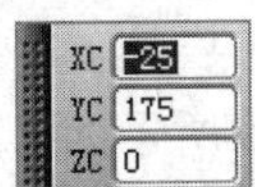

图 5.2.4　动态文本输入框

**说明：**

- 第一次按键盘上的 F3 键，可以将动态文本输入框隐藏；第二次按，可将“直线”对话框隐藏；第三次按，则显示“直线”对话框和动态文本输入框。
- 在动态文本框中输入点坐标时需要按键盘上的 Tab 键切换，将坐标输入后按 Tab 键或 Enter 键确认。这里也可以通过“点”对话框输入点。

Step4. 定义终点。在图 5.2.5 所示的“直线”对话框终点或方向区域的终点选项下拉列表中选择 相切选项（或者在图形区的空白处右击，在弹出的快捷菜单中选择相切命令）；选取图 5.2.6 所示的曲线 1，单击对话框中的< 确定 >按钮（或者单击鼠标中键），完成直线的创建。

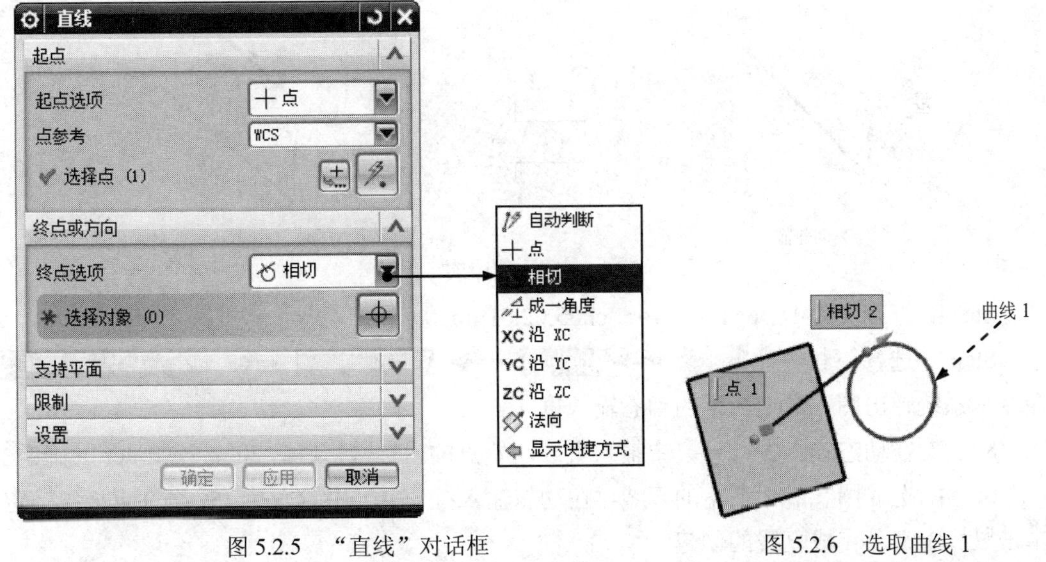

图 5.2.5　“直线”对话框　　　　图 5.2.6　选取曲线 1

**方法二：点-点**

使用 直线(点-点)(P)...命令绘制直线时，用户可以在系统弹出的动态输入框中输入起始点和终点相对于原点的坐标值来完成直线的创建。

下面以图 5.2.7 所示的例子来说明使用“直线（点-点）”命令创建直线的一般操作过程。

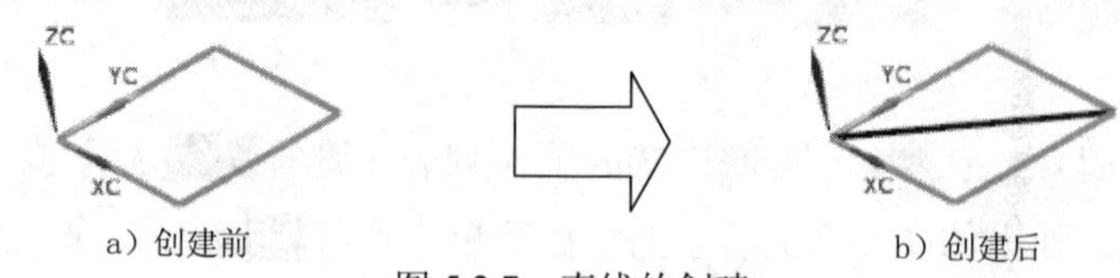


图 5.2.7　直线的创建

Step1. 打开文件 D:\ug12pd\work\ch05.02.01\line02.prt。

Step2. 选择下拉菜单 插入(S) → 曲线(C) → 直线和圆弧(A) → 直线(点-点)(P)... 命令，系统弹出图 5.2.8 所示的“直线（点-点）”对话框。

Step3. 在图形区选取图 5.2.9 所示的坐标原点为直线起点，选取与坐标原点相对应的矩形对角点为直线终点。

Step4. 单击鼠标中键，完成直线的创建。

图 5.2.8　“直线（点-点）”对话框　　图 5.2.9　选取直线起点和终点

**方法三：点-平行**

使用 直线(点-平行)(R)... 命令可以精确绘制一条与已有直线平行的平行线，下面通过图 5.2.10 所示的例子来说明使用“直线（点-平行）”命令创建直线的一般操作过程。

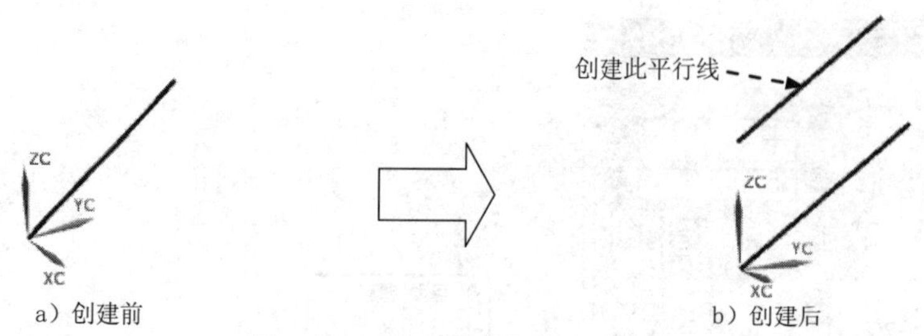


图 5.2.10　水平线的创建

Step1. 打开文件 D:\ug12pd\work\ch05.02.01\line04.prt。

Step2. 选择下拉菜单 插入(S) → 曲线(C) → 直线和圆弧(A) → 直线(点-平行)(R)... 命令，系统弹出图 5.2.11 所示的动态输入框（一）。

Step3. 在动态输入框（一）中输入直线起始点的坐标（0，0，20），按 Enter 键确定。

Step4. 选取图 5.2.12 所示的直线，在动态输入框（二）中输入值 35，按 Enter 键确定；单击鼠标中键，完成直线的创建。

### 2. 圆弧/圆

选择下拉菜单 插入(S) → 曲线(C) → 圆弧/圆(C)... 命令，系统弹出“圆弧/圆”对话框（一）。通过该对话框可以创建多种类型的圆弧或圆，创建的圆弧或圆的类型取决于对与圆弧或圆相关的点的不同约束。

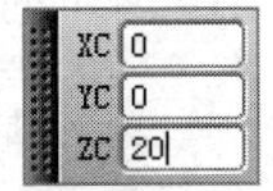


图 5.2.11　动态输入框（一）

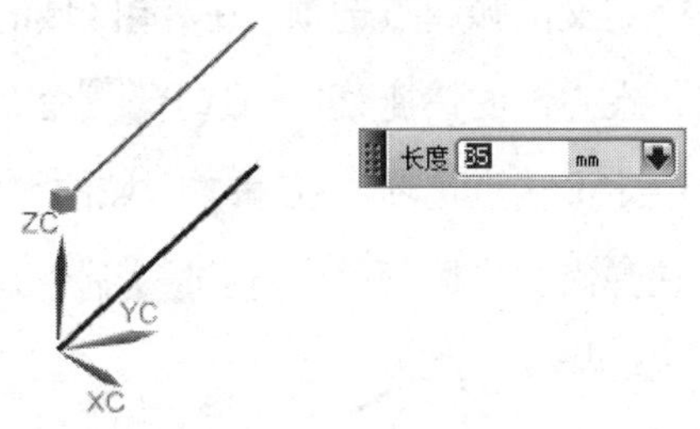


图 5.2.12　动态输入框（二）

**说明：** 在不必打开此对话框的情况下，要迅速创建简单的关联或非关联的圆弧，可以选择下拉菜单 插入(S) → 曲线(C) → 直线和圆弧(A) 命令下的相关子命令。

**方法一：三点画圆弧**

下面通过图 5.2.13 所示的例子来介绍使用“相切-相切-相切”方式创建圆的一般操作过程。

Step1. 打开文件 D:\ug12pd\work\ch05.02.01\circul01.prt。

Step2. 选择下拉菜单 插入(S) → 曲线(C) → 圆弧/圆(C)... 命令，系统弹出图 5.2.14 所示的“圆弧/圆”对话框。

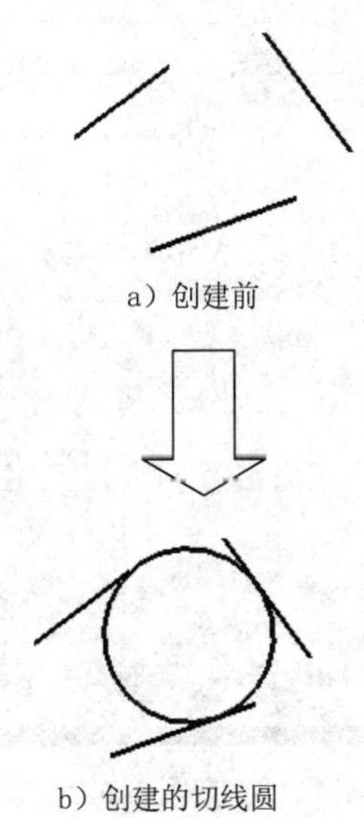


图 5.2.13　圆弧/圆的创建

图 5.2.14　“圆弧/圆”对话框

Step3. 定义圆弧类型。在 类型 区域的下拉列表中选择 三点画圆弧 选项。

Step4. 定义圆弧起点选项。在 起点 区域的 起点选项 下拉列表中选择 相切 选项（或者在图形区右击，在弹出的快捷菜单中选择 相切 命令），然后选取图 5.2.15 所示的曲线 1。

Step5. 定义端点选项。在 端点 区域的 终点选项 下拉列表中选择 相切 选项（或者在图形区右击，在弹出的快捷菜单中选择 相切 命令），然后选取图 5.2.16 所示的曲线 2。

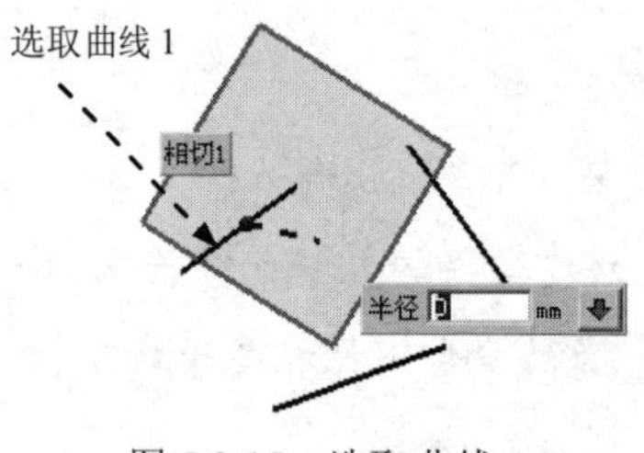


图 5.2.15 选取曲线 1

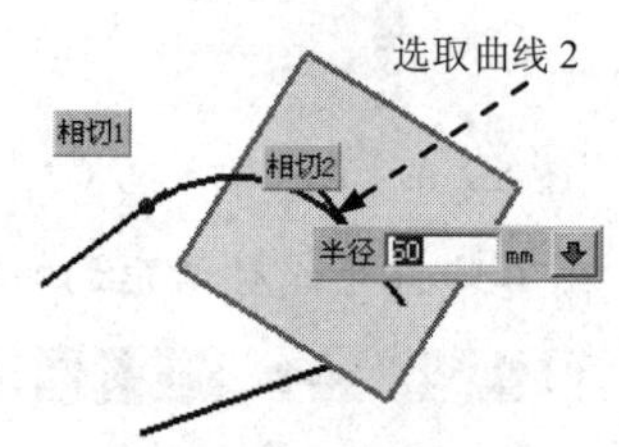


图 5.2.16 选取曲线 2

Step6. 定义中点选项。在 中点 区域的 中点选项 下拉列表中选择 相切 选项（或者在图形区右击，在弹出的快捷菜单中选择 相切 命令），然后选取图 5.2.17 所示的曲线 3。

Step7. 定义限制属性。在 限制 区域选中 ☑ 整圆 复选框，然后在 设置 区域单击“备选解”按钮，切换至所需要的圆。

Step8. 单击对话框中的 < 确定 > 按钮，完成圆的创建。

**说明：**在“圆弧/圆”对话框的 限制 区域中取消选中 □ 整圆 复选框，系统弹出的对话框如图 5.2.18 所示，此时可以对圆弧进行限制。

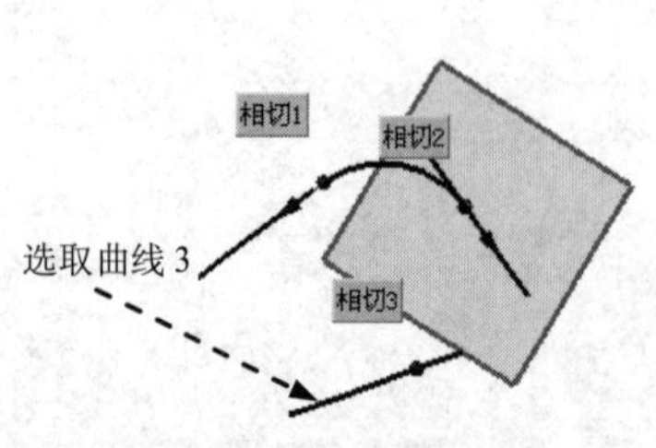


图 5.2.17 选取曲线 3

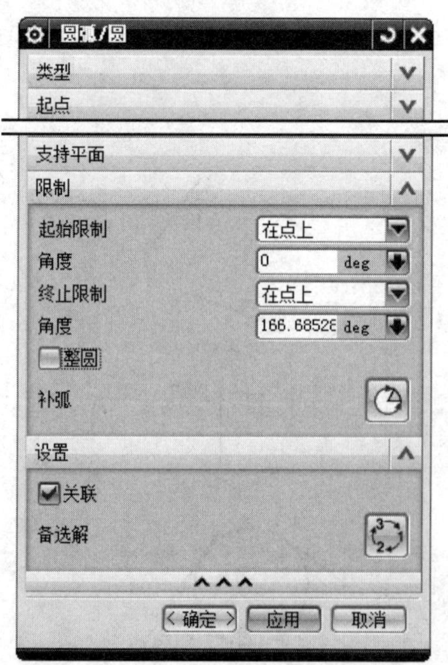


图 5.2.18 “圆弧/圆”对话框

图 5.2.18 所示的“圆弧/圆”对话框中部分选项及按钮的功能说明如下：

- 起始限制区域：定义弧的起始位置。
- 终止限制区域：定义弧的终止位置。
- ☑ 整圆（整圆）：该复选框被选中时，生成的曲线为一个整圆，如图 5.2.19b 所示。
- （补弧）：单击该按钮，图形区中的弧变为它的补弧，如图 5.2.19c 所示。
- （备选解）：有多种满足条件的曲线时，单击该按钮在几个备选解之间切换。

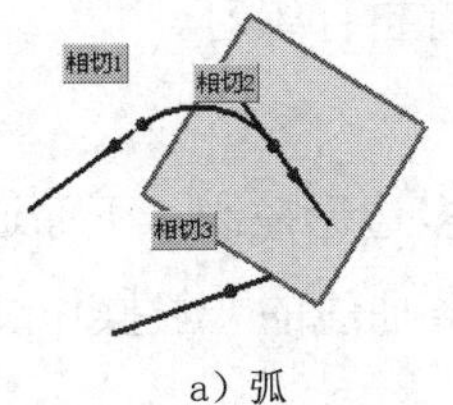

a）弧

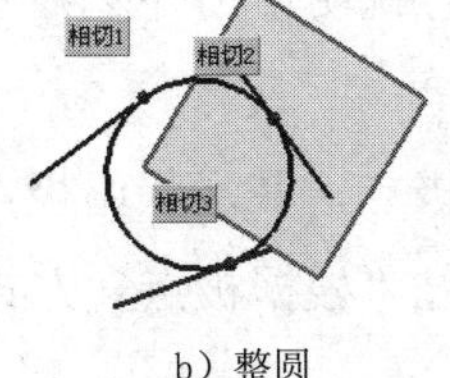

b）整圆

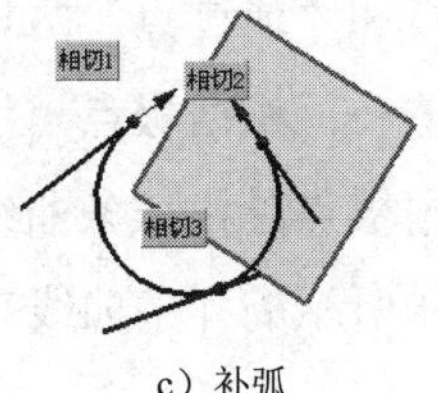

c）补弧

图 5.2.19　几种圆弧/圆的比较

**方法二：点-点-点**

使用“圆弧(点-点-点)”命令绘制圆弧时，用户可以分别在系统弹出的动态输入框中输入三个点的坐标来完成圆弧的创建。下面通过创建图 5.2.20 所示的圆弧来说明使用“圆弧（点-点-点)”命令创建圆弧的一般操作过程。

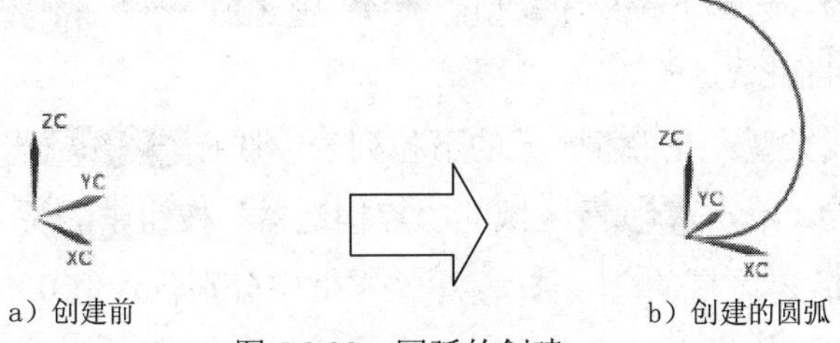

a）创建前　　b）创建的圆弧

图 5.2.20　圆弧的创建

Step1. 打开文件 D:\ug12pd\work\ch05.02.01\circul02.prt。

Step2. 选择下拉菜单 插入(S) → 曲线(C) → 直线和圆弧(A) → 圆弧(点-点-点)(O)... 命令，系统弹出图 5.2.21 所示的动态输入框（一）。

Step3. 在动态输入框（一）中输入直线起始点的坐标（0，0，0），按 Enter 键确定，系统弹出图 5.2.22 所示的动态输入框（二）。

Step4. 在动态输入框（二）中输入直线终点的坐标（0，0，20），按 Enter 键确定，系统弹出图 5.2.23 所示的动态输入框（二）。

Step5. 在动态输入框（三）中输入直线中间点的坐标（10，0，10），按 Enter 键确定。

Step6. 单击鼠标中键，完成圆弧的创建。

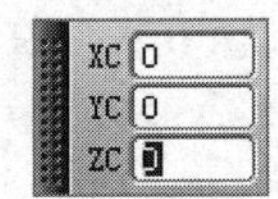

图 5.2.21　动态输入框（一）

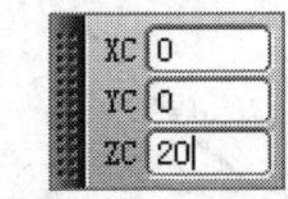

图 5.2.22　动态输入框（二）

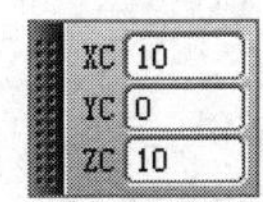

图 5.2.23　动态输入框（三）

## 5.2.2 高级空间曲线

高级空间曲线在曲面建模中的使用非常频繁，主要包括螺旋线、样条曲线、二次曲线、规律曲线和文本曲线等。下面将分别对其进行介绍。

### 1. 样条曲线

样条曲线的创建方法有四种：根据极点、通过点、拟合和垂直于平面。下面将对“根据极点”和“通过点”两种方法进行说明，另外两种方法请读者自行练习。

**方法一：根据极点**

根据极点是指样条曲线不通过极点，其形状由极点形成的多边形控制。下面通过创建图 5.2.24 所示的样条曲线来说明通过“根据极点”方式创建样条曲线的一般操作过程。

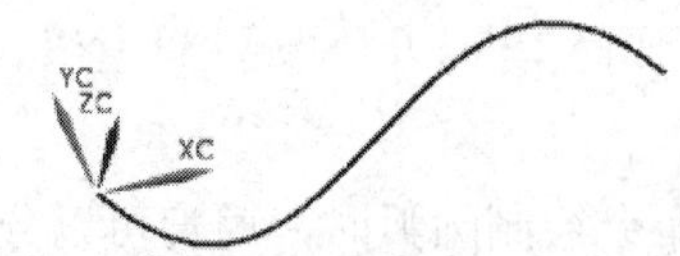


图 5.2.24 “根据极点”方式创建样条曲线

Step1. 新建一个模型文件，文件名为 spline.prt。

Step2. 选择命令。选择下拉菜单插入(S) → 曲线(C) → 艺术样条(D)...命令，系统弹出“艺术样条”对话框。

Step3. 定义曲线类型。在类型区域的下拉列表中选择根据极点选项。

Step4. 定义极点。单击极点位置区域的“点构造器”按钮，系统弹出“点”对话框；在“点”对话框输出坐标区域的 X、Y、Z 文本框中分别输入值 0、0、0，单击确定按钮，完成第一极点坐标的指定。

Step5. 参照 Step4 创建其余极点。依次输入值 10、-20、0；30、20、0；40、0、0，单击确定按钮。

Step6. 定义曲线次数。在“艺术样条”对话框参数化区域的次数文本框中输入值 3。

Step7. 单击< 确定 >按钮，完成样条曲线的创建。

**方法二：通过点**

样条曲线还可以通过使用文档中点的坐标数据来创建。下面通过创建图 5.2.25 所示的样条曲线来说明利用“通过点”方式创建样条曲线的一般操作过程。

Step1. 新建一个模型文件，文件名为 spline1.prt。

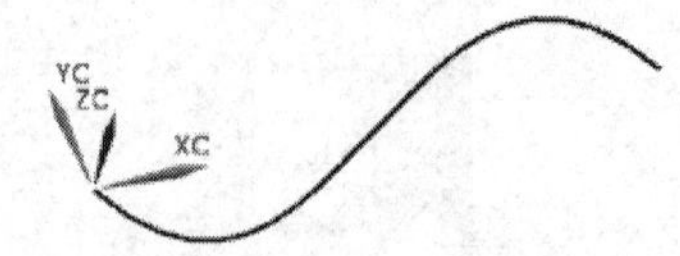


图 5.2.25 “通过点”方式创建样条

Step2. 选择命令。选择下拉菜单插入(S) ➡ 曲线(C) ➡ 艺术样条(D)... 命令，系统弹出“艺术样条”对话框。

Step3. 定义曲线类型。在对话框的类型下拉列表中选择通过点选项。

Step4. 定义极点。单击点位置区域的“点构造器”按钮，系统弹出“点”对话框；在“点”对话框输出坐标区域的X、Y、Z文本框中分别输入值0、0、0，单击确定按钮，完成第一极点坐标的指定。

Step5. 参照Step4创建其余极点。依次输入值10、10、0；20、0、0；40、0、0，单击确定按钮。

Step6. 单击< 确定 >按钮，完成样条曲线的创建。

### 2. 螺旋线

在建模或者造型过程中，螺旋线经常被用到。UG NX 12.0通过定义转数、螺距、半径方式、旋转方向和方位等参数来生成螺旋线。创建螺旋线的方法有两种：一种是沿矢量方式，另外一种是沿脊线方式，下面具体介绍这两种螺旋线的创建方法。

**方法一：沿矢量螺旋线**

下面以图5.2.26所示的螺旋线为例来介绍沿矢量螺旋线的创建方法。

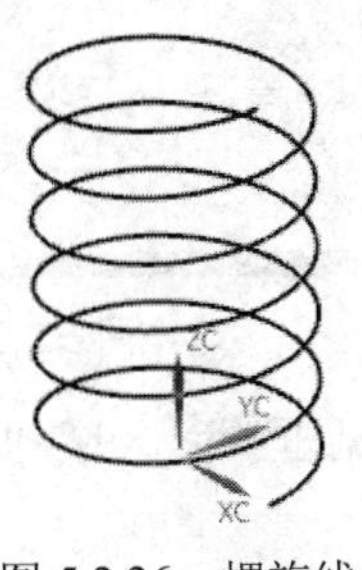


图5.2.26　螺旋线

Step1. 新建一个模型文件，文件名为helix.prt。

Step2. 选择命令。选择下拉菜单插入(S) ➡ 曲线(C) ➡ 螺旋线(X)... 命令，系统弹出“螺旋线”对话框。

Step3. 定义类型和方位。在“螺旋线”对话框类型区域的下拉列表中选择沿矢量选项，单击方位区域的“CSYS对话框”按钮，系统弹出图5.2.27所示的“CSYS”对话框；在“CSYS”对话框的类型下拉列表中选择绝对 CSYS选项，单击对话框中的确定按钮，系统返回到“螺旋线”对话框。

Step4. 定义螺旋线参数。

（1）定义大小。在图5.2.28所示“螺旋线”对话框的大小区域中选中⊙直径单选项，在规律类型下拉列表中选择恒定选项，然后输入直径值为20。

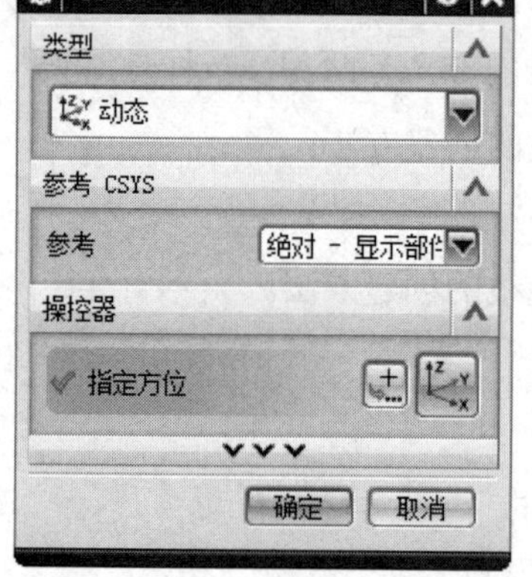


图 5.2.27 “CSYS”对话框

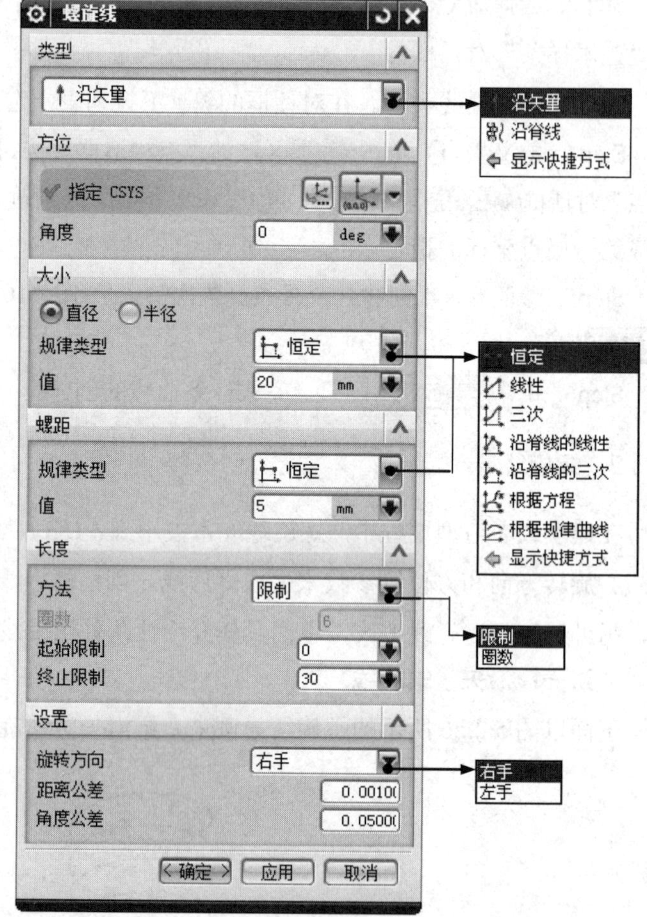


图 5.2.28 “螺旋线”对话框

（2）定义螺距。在“螺旋线”对话框螺距区域的规律类型下拉列表中选择恒定选项，然后输入螺距值 5。

（3）定义长度。在“螺旋线”对话框长度区域的方法下拉列表中选择限制选项，在起始限制文本框中输入值 0，在终止限制文本框中输入值 30。

（4）定义旋转方向。在“螺旋线”对话框设置区域的旋转方向下拉列表中选择右手选项。

Step5. 单击对话框中的< 确定 >按钮，完成螺旋线的创建。

图 5.2.28 所示的“螺旋线”对话框中的部分选项说明如下。

- 类型下拉列表：用于定义生成螺旋线的类型。
  - ☑ 沿矢量：选中该选项，根据选择的矢量方向来创建螺旋线。
  - ☑ 沿脊线：选中该选项，根据选择的脊线来创建螺旋线。
- 大小区域：用于定义螺旋线的截面大小，有直径和半径两种定义方式。
- 螺距区域：用于定义螺旋线的螺距值。
- 长度区域：用于定义螺旋线的长度参数。

☑ 限制：选中该选项，使用起始值来限定螺旋线的长度。

☑ 圈数：选中该选项，使用圈数来定义螺旋线的长度。

**方法二：沿脊线螺旋线**

下面以图 5.2.29 所示的螺旋线为例来介绍沿脊线螺旋线的创建方法。

Step1. 打开文件 D:\ug12pd\work\ch05.02.02\helix_02.prt。

Step2. 选择命令。选择下拉菜单插入(S) → 曲线(C) → 螺旋线(X)...命令，系统弹出“螺旋线”对话框。

Step3. 定义类型。在“螺旋线”对话框类型区域的下拉列表中选择沿脊线选项，选取图 5.2.29a 所示的曲线为脊线。

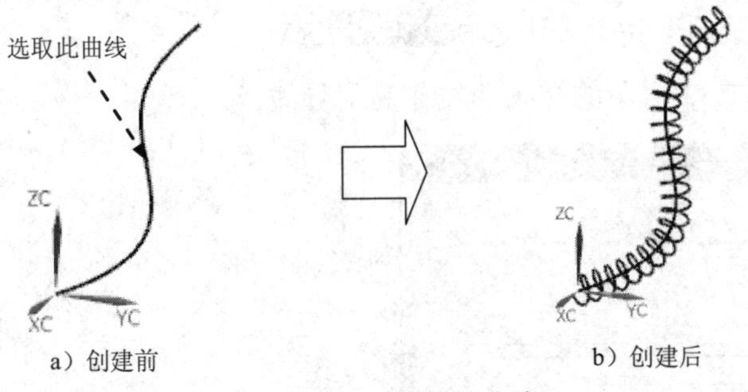


图 5.2.29　沿脊线螺旋线

Step4. 定义螺旋线参数。

（1）定义大小。在“螺旋线”对话框的大小区域中选中 ⊙ 直径单选项，在规律类型下拉列表中选择恒定选项，然后输入直径值 10。

（2）定义螺距。在“螺旋线”对话框螺距区域的规律类型下拉列表中选择恒定选项，然后输入螺距值 5。

（3）定义长度。在“螺旋线”对话框长度区域的方法下拉列表中选择圈数选项，输入圈数值 25。

（4）定义旋转方向。在“螺旋线”对话框设置区域的旋转方向下拉列表中选择右手选项。

Step5. 单击对话框中的< 确定 >按钮，完成螺旋线的创建。

**3．文本曲线**

使用 A 文本(T)... 命令可将本地 Windows 字体库中 True Type 字体中的“文本”生成 NX 曲线。无论何时需要文本，都可以将此功能作为部件模型中的一个设计元素使用。在“文本”对话框中，允许用户选择 Windows 字体库中的任何字体，指定字符属性（粗体、斜体、类型、字母）；在“文本”对话框中输入文本字符串，并立即在 NX 部件模型内将字符串转换为几何体。文本将跟踪所选 True Type 字体的形状，并使用线条和样条生成文本字符串的字符外形，在平面、曲线或曲面上放置生成的几何体。

下面通过创建图 5.2.30 所示的文本曲线来说明创建文本曲线的一般操作过程。

图 5.2.30　文本曲线

Step1. 打开文件 D:\ug12pd\work\ch05.02.02\text_line.prt。

Step2. 选择下拉菜单插入(S) → 曲线(C) → A 文本(T)...命令，系统弹出图 5.2.31 所示的“文本”对话框。在文本属性文本框中输入“HELLO”并设置其属性。

Step3. 在类型区域的下拉列表中选择曲线上选项。

Step4. 选择图 5.2.32 所示的样条曲线作为引导线。

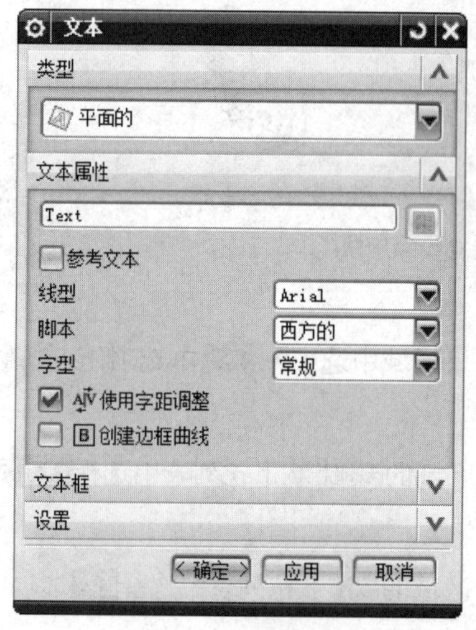

图 5.2.31　“文本”对话框

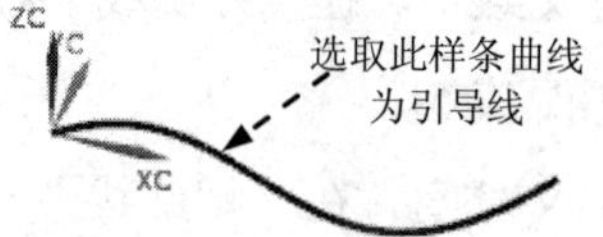


图 5.2.32　文本曲线放置路径

Step5. 在图 5.2.33 所示“文本”对话框竖直方向区域的定位方法下拉列表中选择自然选项。

Step6. 在“文本”对话框文本框区域的锚点位置下拉列表中选择左选项，并在其下的参数百分比文本框中输入值 3。

Step7. 在“文本”对话框中单击< 确定 >按钮，完成文本曲线的创建。

说明：如果曲线长度不够放置文本，可对文本的尺寸进行相应的调整。

图 5.2.33 所示的“文本”对话框中的部分按钮说明如下。

- 类型区域：该区域包括平面的选项、曲线上选项和面上选项，用于定义放置文本的类型。
  - ☑ 平面的：用于在平面上创建文本。

☑ 曲线上：用于沿曲线创建文本。

☑ 面上：用于在一个或多个相连面上创建文本。

- 文本放置曲线区域：该区域中的按钮会因在类型区域中选择按钮的不同而变化。例如在类型区域选择曲线上选项，则在文本放置曲线区域中出现按钮。

  ☑ （截面）：该按钮用于选取放置文字的曲线。

- ☑ 使用字距调整：该复选框用于增大或者减小字符间的间距。如果使用中的字体内置有字距调整的数据，才有可能使用字距调整，但并不是所有的字体都有字距调整的数据。
- ☐ 创建边框曲线：该复选框在选中平面的选项时可用，用于在文本四周添加边框。
- ☑ 连结曲线选项：选中该选项可以连接所有曲线形成一个环形的样条，因而可大大减少每个文本特征的曲线输出数目。

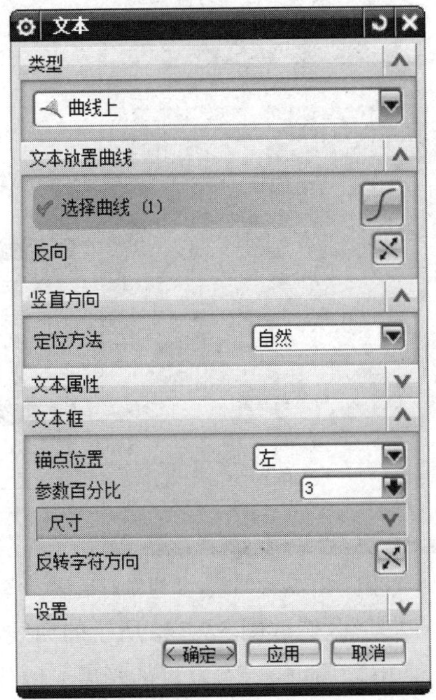


图 5.2.33 “文本”对话框

## 5.2.3 派生曲线

派生曲线是指利用现有的曲线，通过不同的方式而创建的新曲线。在 UG NX 12.0 中，主要是通过在插入(S)下拉菜单的派生曲线(U)子菜单中选择相应的命令来进行操作。下面将分别对这些方法进行介绍。

### 1. 镜像

曲线的镜像复制是将源曲线相对于一个平面或基准平面（称为镜像中心平面）进行镜

像，从而得到源曲线的一个副本。下面介绍创建图 5.2.34 所示的镜像曲线的一般操作过程。

Step1. 打开文件 D:\ug12pd\work\ch05.02.03\mirror_curves.prt。

Step2. 选择下拉菜单 插入(S) ➡ 派生曲线(U) ➡ 镜像(M)... 命令（或在 曲线 功能选项卡 派生曲线 区域中单击 镜像曲线 按钮），此时系统弹出“镜像曲线”对话框，如图 5.2.35 所示。

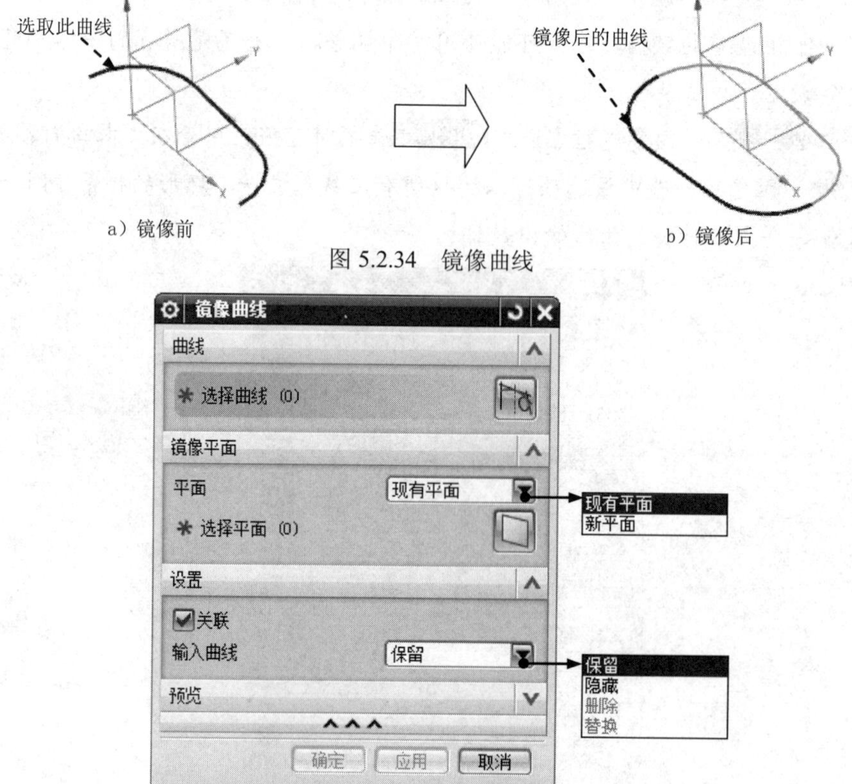


图 5.2.34　镜像曲线

图 5.2.35　“镜像曲线”对话框

Step3. 定义镜像曲线。在图形区选取图 5.2.34a 所示的曲线，然后单击中键确认。

Step4. 选取镜像平面。在“镜像曲线”对话框的 平面 下拉列表中选择 现有平面 选项，然后在图形区中选取 ZX 平面为镜像平面。

Step5. 单击 确定 按钮（或单击中键）完成镜像曲线的创建。

## 2. 偏置

偏置曲线是通过移动选中的曲线对象来创建新的曲线。使用下拉菜单 插入(S) ➡ 派生曲线(U) ➡ 偏置(O)... 命令可以偏置由直线、圆弧、二次曲线、样条及边缘组成的线串。曲线可以在选中曲线所定义的平面内偏置，也可以使用 拔模 方法偏置到一个平行平面上，或者沿着使用 3D 轴向 方法时指定的矢量进行偏置。下面将对“拔模”和“3D 轴向”两种偏置方法分别进行介绍。

**方式一：拔模**

通过图 5.2.36 所示的例子来说明用“拔模”方式创建偏置曲线的一般过程。

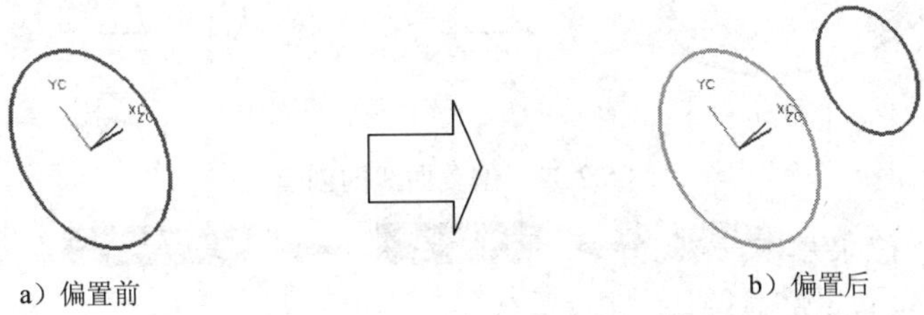

a）偏置前　　b）偏置后

图 5.2.36　偏置曲线的创建

Step1. 打开文件 D：\ug12pd\work\ch05.02.03\offset_curve1.prt。

Step2. 选择下拉菜单 插入(S) → 派生曲线(U) → 偏置(O)... 命令，系统弹出图 5.2.37 所示的“偏置曲线”对话框。

Step3. 在对话框 偏置类型 区域的下拉列表中选择 拔模 选项，选取图 5.2.38 所示的曲线为偏置对象。

图 5.2.37　“偏置曲线”对话框

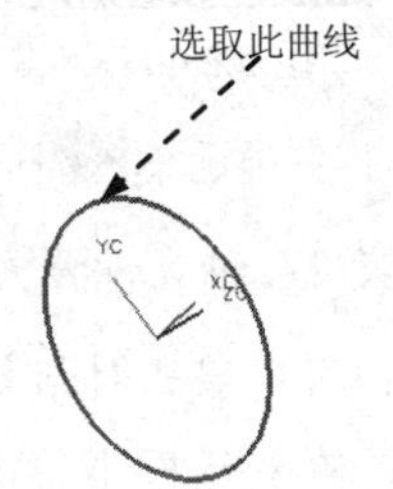


图 5.2.38　定义偏置曲线

Step4. 在对话框 偏置 区域的 高度 文本框中输入数值 10，在 角度 文本框中输入数值 10，在 副本数 文本框中输入数值 1。

注意：可以单击对话框中的 按钮改变偏置的方向。

Step5. 在对话框中单击 < 确定 > 按钮，成偏置曲线的创建。

**方式二：3D 轴向**

通过图 5.2.39 所示的例子来说明用“3D 轴向”方式创建偏置曲线的一般过程。

Step1. 打开文件 D：\ug12pd\work\ch05.02.03\offset_curve2.prt。

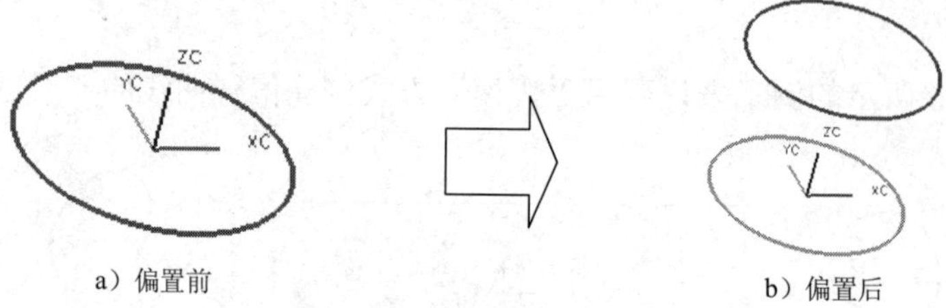

a）偏置前　　b）偏置后

图 5.2.39　偏置曲线的创建

Step2. 选择下拉菜单 插入(S) → 派生曲线(U) → 偏置(O)... 命令，系统弹出图 5.2.40 所示的“偏置曲线”对话框。

Step3. 在对话框 偏置类型 区域的下拉列表中选择 3D 轴向 选项，选取图 5.2.41 所示的曲线为偏置对象。

图 5.2.40　“偏置曲线”对话框

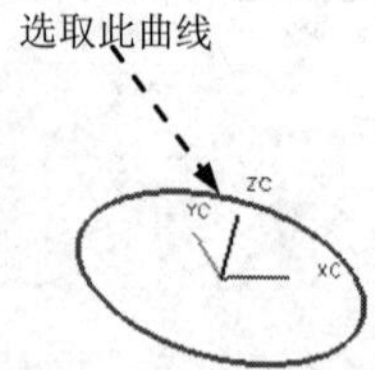

图 5.2.41　定义偏置曲线

Step4. 在对话框 偏置 区域的 距离 文本框中输入数值 8；在 指定方向 (1) 下拉列表中选择 ZC 选项，定义 ZC 轴为偏置方向。

**注意**：可以单击对话框中的按钮改变偏置的方向，以达到用户想要的方向。

Step5. 在对话框中单击 < 确定 > 按钮完成偏置曲线的创建。

### 3. 在面上偏置

在面上偏置... 命令可以在一个或多个面上根据相连的边或曲面上的曲线创建偏置曲线，偏置曲线距源曲线或曲面边缘有一定的距离。下面介绍创建图 5.2.42 所示的在面上偏置曲线的一般操作过程。

Step1. 打开文件 D:\ug12pd\work\ch05.02.03\offset_in_face.prt。

Step2. 选择下拉菜单 插入(S) → 派生曲线(U) → 在面上偏置(F)... 命令（或在 曲线 功能选项卡 派生曲线 区域中单击 在面上偏置曲线 按钮），此时系统弹出“在面上偏置曲线”对话框，如图 5.2.43 所示。

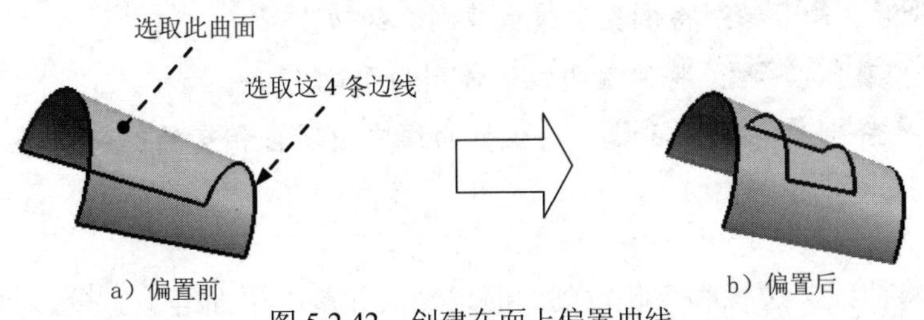


图 5.2.42　创建在面上偏置曲线

Step3. 定义偏置类型。在对话框的类型下拉列表中选择恒定选项。

Step4. 选取偏置曲线。在图形区的模型上依次选取图 5.2.42a 所示的 4 条边线为要偏置的曲线。

Step5. 定义偏置距离。在对话框的截面线1:偏置1文本框中输入偏置距离值为 15。

Step6. 定义偏置面。单击对话框面或平面区域中的“面或平面”按钮，然后选取图 5.2.42a 所示的曲面为偏置面。

Step7. 单击“在面上偏置曲线”对话框中的< 确定 >按钮，完成在面上偏置曲线的创建。

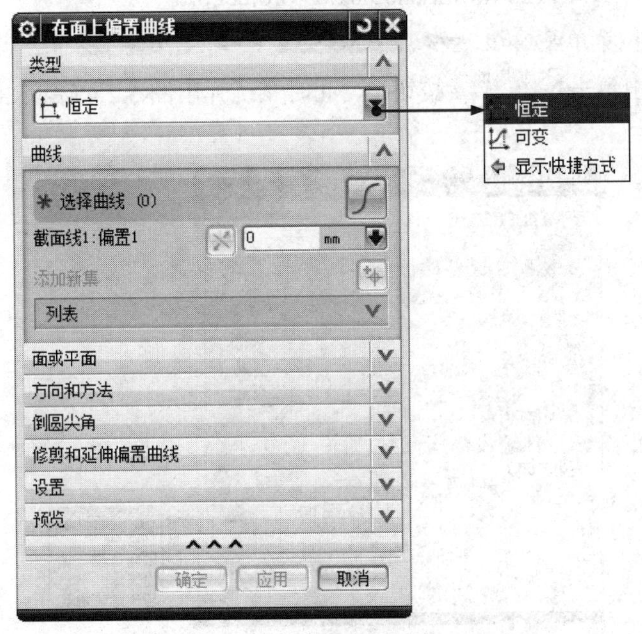


图 5.2.43　“在面上偏置曲线”对话框

说明：按 F3 键可以显示系统弹出的截面线1:偏置1动态输入文本框，再按一次则隐藏，再次按则显示。

图 5.2.43 所示的“在面上偏置曲线”对话框中部分选项的功能说明如下。

修剪和延伸偏置曲线区域：此区域用于修剪和延伸偏置曲线，包括☑ 在截面内修剪至彼此、☑ 在截面内延伸至彼此、☑ 修剪至面的边、☑ 延伸至面的边和☑ 移除偏置曲线内的自相交五个复选框。

- ☑ 在截面内修剪至彼此：将偏置的曲线在截面内相互之间进行修剪。
- ☑ 在截面内延伸至彼此：对偏置的曲线在截面内进行延伸。

☑ 修剪至面的边：将偏置曲线裁剪到面的边。

☑ 延伸至面的边：将偏置曲线延伸到曲面边。

☑ 移除偏置曲线内的自相交：将偏置曲线中出现自相交的部分移除。

### 4. 投影

投影用于将曲线、边缘和点映射到曲面、平面和基准平面等上。投影曲线在孔或面边缘处都要进行修剪，投影之后可以自动合并输出的曲线。下面介绍创建图 5.2.44 所示的投影曲线的一般操作过程。

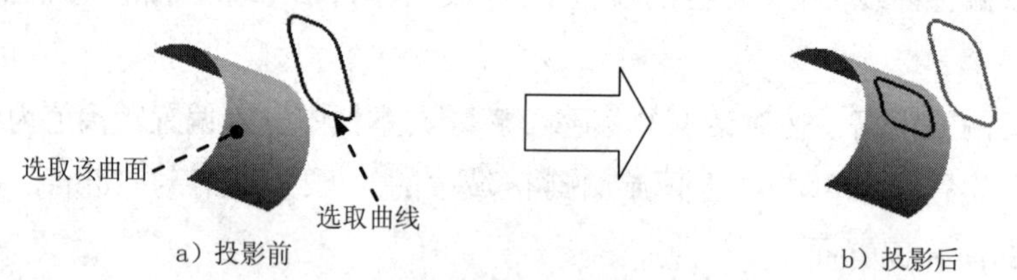


图 5.2.44 创建投影曲线

Step1. 打开文件 D:\ug12pd\work\ch05.02.03\project.prt。

Step2. 选择下拉菜单 插入(S) → 派生曲线(U) → 投影(P)... 命令（或在 曲线 功能选项卡 派生曲线 区域中单击 投影曲线 按钮），此时系统弹出图 5.2.45 所示的“投影曲线”对话框。

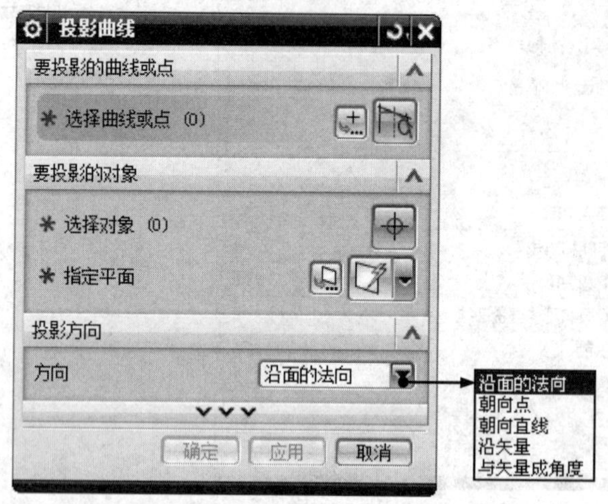


图 5.2.45 “投影曲线”对话框

Step3. 在图形区选取图 5.2.44a 所示的曲线，单击中键确认。

Step4. 定义投影面。在对话框 投影方向 区域的 方向 下拉列表中选择 沿面的法向 选项，然后选取图 5.2.44a 所示的曲面作为投影曲面。

Step5. 在对话框中单击 < 确定 > 按钮（或者单击中键），完成投影曲线的创建。

图 5.2.45 所示的“投影曲线”对话框 投影方向 区域的 方向 下拉列表中各选项的说明如下。

- 沿面的法向：此方式是沿所选投影面的法向投影面投射曲线。
- 朝向点：此方式用于从原定义曲线朝着一个点向选取的投影面投射曲线。

- 朝向直线：此方式用于从原定义曲线朝着一条直线向选取的投影面投射曲线。
- 沿矢量：此方式用于沿设定的矢量方向选取的投影面投射曲线。
- 与矢量成角度：此方式用于沿与设定矢量方向成一角度的方向，向选取的投影面投射曲线。

5. 组合投影

组合投影曲线是将两条不同的曲线沿着指定的方向进行投影和组合，而得到的第三条曲线。两条曲线的投影必须相交。在创建过程中，可以指定新曲线是否与输入曲线关联，以及对输入曲线作保留、隐藏等方式的处理。创建图 5.2.46 所示的组合投影曲线的一般过程如下。

Step1. 打开文件 D:\ug12pd\work\ch05.02.03\project_1.prt。

Step2. 选择下拉菜单 插入(S) → 派生曲线(U) → 组合投影(C)... 命令，系统弹出图 5.2.47 所示的“组合投影”对话框。

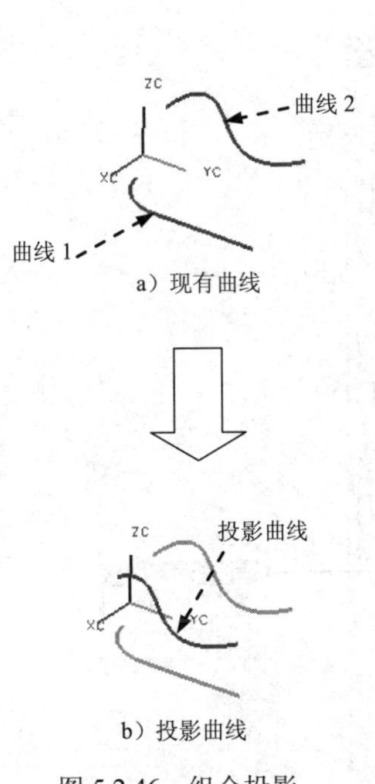


图 5.2.46　组合投影

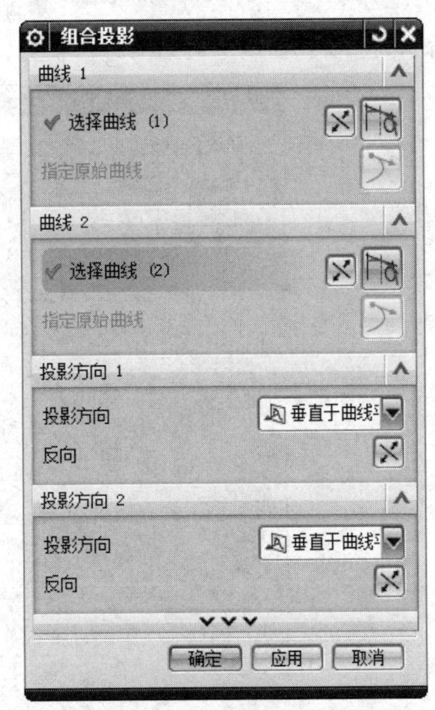


图 5.2.47 “组合投影”对话框

Step3. 在图形区选取图 5.2.46a 所示的曲线 1 作为第一曲线串，单击鼠标中键确认。

Step4. 选取图 5.2.46a 所示的曲线 2 作为第二曲线串。

Step5. 定义投影矢量。在投影方向 1 和投影方向 2 的下拉列表中选择 **垂直于曲线平面**。

Step6. 单击 确定 按钮，完成组合投影曲线的创建。

### 6. 桥接

桥接(B)...命令可以创建位于两曲线上用户定义点之间的连接曲线。输入曲线可以是片体或实体的边缘。生成的桥接曲线可以在两曲线确定的面上，或者在自行选择的约束曲面上。

下面通过创建图 5.2.48 所示的桥接曲线来说明创建桥接曲线的一般过程。

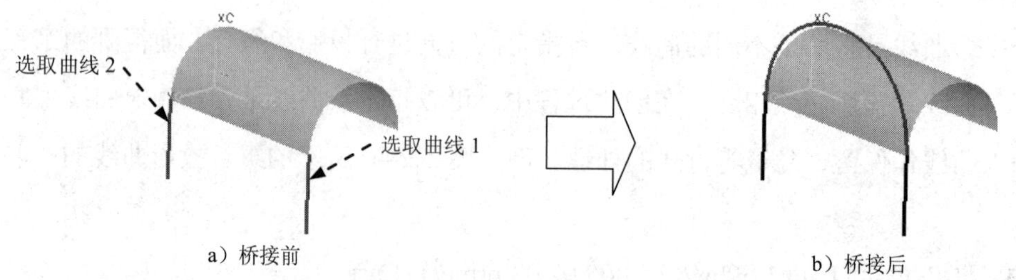


图 5.2.48　创建桥接曲线

Step1. 打开文件 D:\ug12pd\work\ch05.02.03\bridge_curve.prt。

Step2. 选择下拉菜单 插入(S) → 派生曲线(U) → 桥接(B)... 命令，系统弹出图 5.2.49 所示的“桥接曲线”对话框。

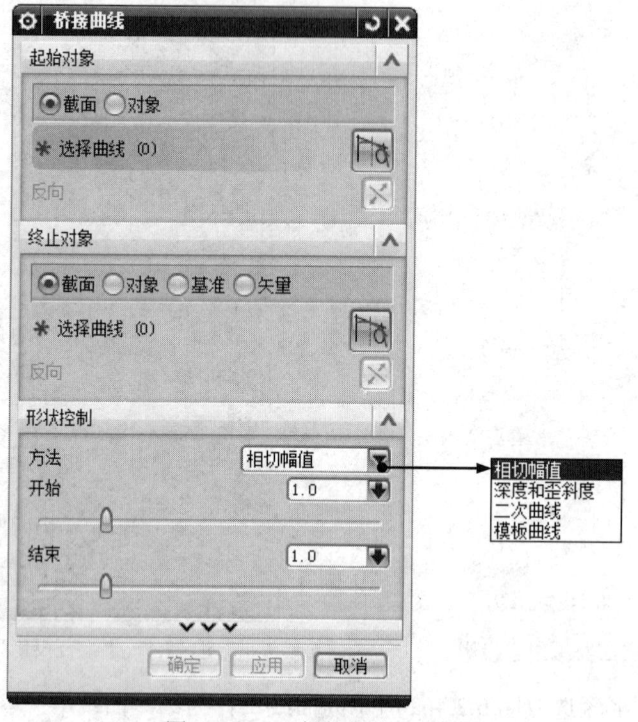


图 5.2.49　“桥接曲线”对话框

Step3. 定义桥接曲线。在图形区依次选取图 5.2.48a 所示的曲线 1 和曲线 2。

Step4. 完成曲线桥接的操作。对话框各选项可参考图 5.2.49。单击“桥接曲线”对话框中的 < 确定 > 按钮，完成曲线桥接的操作。

**说明：** 通过在形状控制区域的开始、结束文本框中输入数值或拖动相对应的滑块，可以调整桥接曲线端点的位置，图形区中显示的图形也会随之改变。

图 5.2.49 所示“桥接曲线”对话框中“形状控制”区域的部分选项说明如下。

- 相切幅值：用户通过使用滑块推拉第一条曲线及第二条曲线的一个或两个端点，或在文本框中键入数值来调整桥接曲线。滑块范围表示相切的百分比。初始值在 0.0 和 3.0 之间变化。如果在一个文本框中输入大于 3.0 的数值，则几何体将作相应的调整，并且相应的滑块将增大范围以包含这个较大的数值。
- 深度和歪斜度：该滑块用于控制曲线曲率影响桥接的程度。在选中两条曲线后，可以通过移动滑块来调整深度和歪斜度。歪斜滑块的值为曲率影响程度的百分比；深度滑块控制最大曲率的位置。滑块的值是沿着桥接从曲线 1 到曲线 2 之间的距离数值。
- 二次曲线：用于通过改变二次曲线的饱满程度来更改桥接曲线的形状。将启用 Rho 值及滑块数据输入文本框。
  ☑ Rho：表示从曲线端点到顶点的距离比值。Rho 值的范围是 0.01 ~ 0.99。二次曲线形状控制只能和“相切”（方向区域⊙ 相切单选项）方法同时使用。小的 Rho 值会生成很平的二次曲线，而大的 Rho 值（接近 1）会生成很尖的二次曲线。

**说明**：此例中创建的桥接曲线可以约束在选定的曲面上。其操作步骤要增加：在“桥接曲线”对话框约束面区域中单击按钮，选取图 5.2.50a 所示的曲面为约束面。结果如图 5.2.50b 所示。

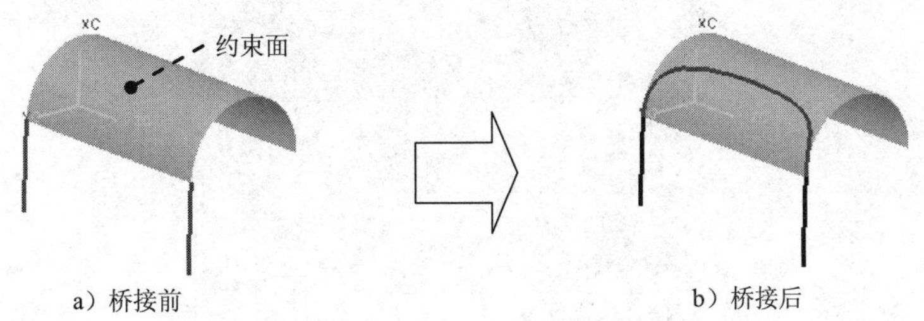


图 5.2.50　添加约束面的桥接曲线

## 5.2.4　来自体的曲线

来自体的曲线主要是从已有模型的边、相交线等提取出来的曲线，主要类型包括相交曲线、截面线和抽取曲线等。

### 1. 相交曲线

利用 相交(I)... 命令可以创建两组对象之间的相交曲线。相交曲线可以是关联的或不关联的，关联的相交曲线会根据其定义对象的更改而更新。用户可以选择多个对象来创建相交曲线。下面以图 5.2.51 所示的范例来介绍创建相交曲线的一般操作过程。

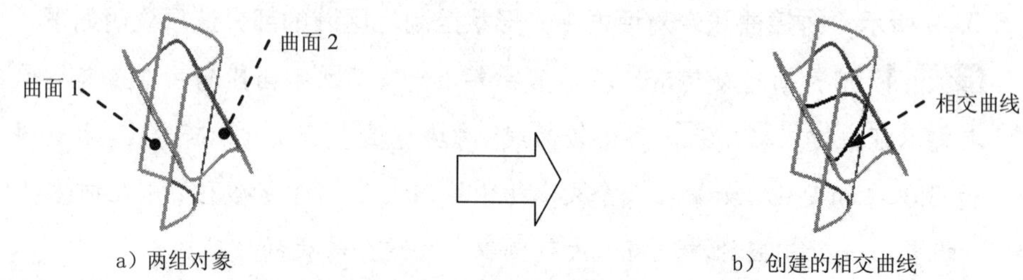


图 5.2.51　相交曲线的创建

Step1. 打开文件 D:\ug12pd\work\ch05.02.04\inter_curve.prt。

Step2. 选择下拉菜单 插入(S) → 派生曲线(U) → 相交(I)... 命令，系统弹出图 5.2.52 所示的“相交曲线”对话框。

Step3. 定义相交曲面。在图形区选取图 5.2.51a 所示的曲面 1，单击鼠标中键确认，然后选取曲面 2，其他参数均采用系统默认设置。

Step4. 单击“相交曲线”对话框中的 < 确定 > 按钮，完成相交曲线的创建。

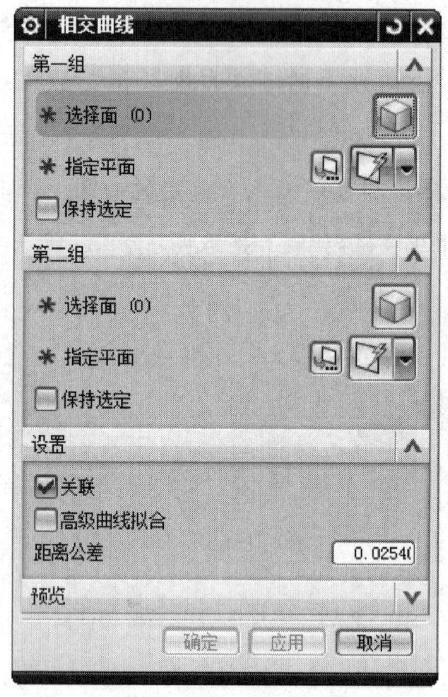


图 5.2.52　“相交曲线”对话框

图 5.2.52 所示“相交曲线”对话框中各选项的说明如下。

- 第一组：用于选取要求相交的第一组对象，所选的对象可以是曲面也可以是平面。
  - ☑ * 选择面 (0)：在按钮激活的状态下，选取一曲面作为相交曲线的第一组对象。
  - ☑ * 指定平面：选取一平面作为相交曲线的第一组对象。
  - ☑ 保持选定：保持选定的对象在相交完成之后继续使用。

- 第二组：用于选取要求相交的第二组对象，所选的对象可以是曲面也可以是平面。

### 2．截面曲线

使用 截面(X)... 命令可以在指定平面与体、面、平面和（或）曲线之间创建相关联或非关联的相交曲线。平面与曲线相交可以创建一个或多个点。下面以图 5.2.53 所示的例子来介绍创建截面曲线的一般操作过程。

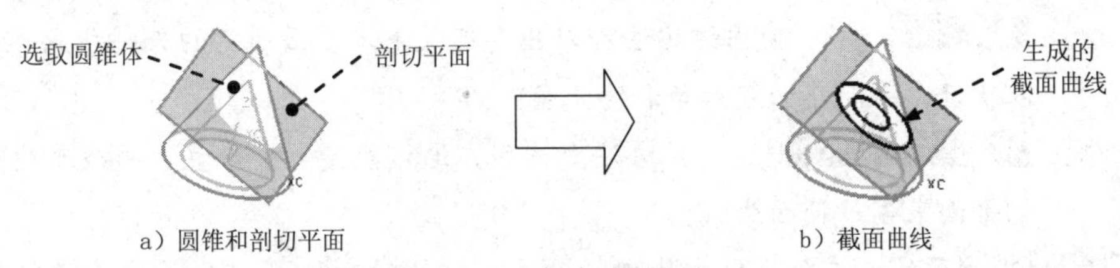


图 5.2.53　创建截面曲线

Step1．打开文件 D:\ug12pd\work\ch05.02.04\plane_curve.prt。

Step2．选择下拉菜单 插入(S) → 派生曲线(U) → 截面(X)... 命令，系统弹出图 5.2.54 所示的"截面曲线"对话框。

Step3．在图 5.2.55 所示的"选择条"工具条的"类型过滤器"下拉列表中选择 实体 选项，在图形区选取图 5.2.53a 所示的圆锥体，单击鼠标中键确认。

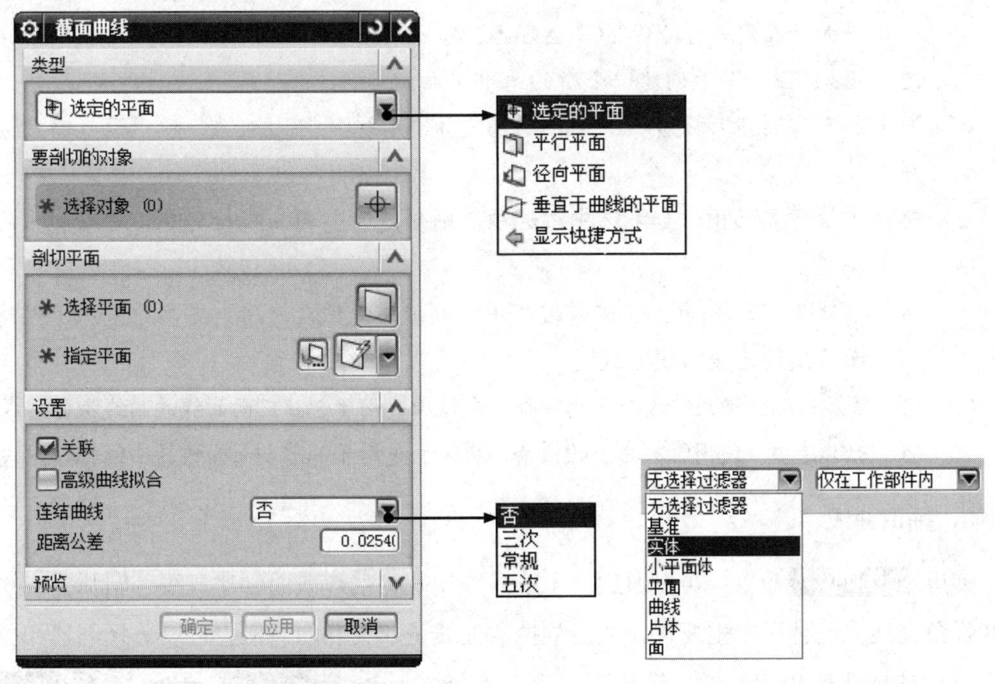


图 5.2.54　"截面曲线"对话框　　　　图 5.2.55　设置过滤器

Step4．选取图 5.2.53a 所示的剖切平面，其他参数均采用系统默认设置。

Step5．单击"截面曲线"对话框中的 确定 按钮，完成截面曲线的创建。

图 5.2.54 所示“截面曲线”对话框中部分选项的说明如下。

- 类型区域：包括选定的平面选项、平行平面选项、径向平面选项和垂直于曲线的平面选项，用于设置创建截面曲线的方法。
  - ☑ 选定的平面选项：可以通过选定的单个平面或基准平面来创建截面曲线。
  - ☑ 平行平面选项：使用该方法可以通过指定平行平面集的基本平面、步长值和起始及终止距离来创建截面曲线。
  - ☑ 径向平面选项：使用该方法可以指定定义基本平面所需的矢量和点、步长值以及径向平面集的起始角和终止角。
  - ☑ 垂直于曲线的平面选项：该方法允许用户通过指定多个垂直于曲线或边缘的剖切平面来创建截面曲线。
- 要剖切的对象区域：在该区域中出现的“要剖切的对象”按钮用于选择将要剖切的对象。
- 剖切平面区域：该区域中的按钮会因在类型区域中选择的选项不同而变化。例如，在类型区域中选中选定的平面选项，则在剖切平面区域中出现“平面”按钮、* 指定平面下拉列表和“平面对话框”按钮。
  - ☑ 按钮：用于选择将要剖切的平面。
  - ☑ * 指定平面下拉列表：用于选择剖切平面。用户可以选择现有的平面或者基准平面，指定基于 XC-YC、XC-ZC 或 YC-ZC 平面的临时平面。
  - ☑ 按钮：用于创建一个新的基准平面。
- 设置区域：包括☑ 关联与☑ 高级曲线拟合复选框和连结曲线下拉列表，用于设置曲线的性质。
  - ☑ ☑ 关联复选框：如果选中该选项，则创建的剖面曲线与其定义对象和平面相关联。
  - ☑ 连结曲线下拉列表：在编辑过程中，利用该区域允许用户更改原先用于创建剖面曲线的连接曲线方式。
  - ☑ 三次选项：使用阶次为 3 的样条，更改原先用于创建剖面曲线的曲线拟合方式。
  - ☑ 五次选项：使用阶次为 5 的样条，更改原先用于创建剖面曲线的曲线拟合方式。

### 3. 抽取曲线

使用抽取(E)...命令，可以通过一个或多个现有体的边或面创建直线、圆弧、二次曲线和样条曲线，而体不发生变化。大多数抽取曲线是非关联的，但也可以选择创建相关的等斜度曲线或阴影轮廓曲线。选择下拉菜单插入(S) ➡ 派生曲线(U) ➡ 抽取(E)...命令，系统弹出“抽取曲线”对话框，如图 5.2.56 所示。

图 5.2.56 所示“抽取曲线”对话框中按钮的说明如下。

- 边曲线：从指定边抽取曲线。

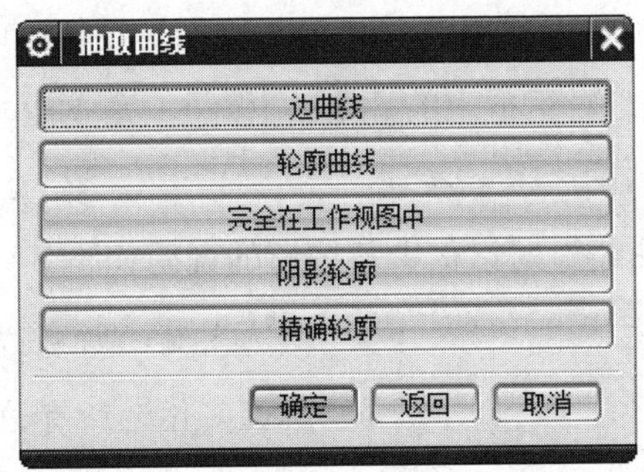


图 5.2.56 “抽取曲线”对话框

- 轮廓曲线：利用轮廓线创建曲线。
- 完全在工作视图中：利用工作视图中体的所有可视边（包括轮廓线）创建曲线。
- 阴影轮廓：在工作视图中创建仅显示体轮廓的曲线。
- 精确轮廓：在工作视图中创建显示体轮廓的曲线。

下面以图 5.2.57 所示的例子来介绍利用“边缘曲线”创建抽取曲线的一般操作过程。

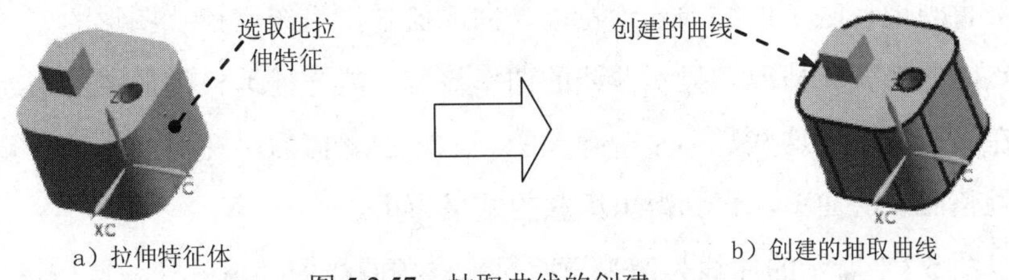


图 5.2.57 抽取曲线的创建

Step1. 打开文件 D:\ug12pd\work\ch05.02.04\solid _curve.prt。

Step2. 选择下拉菜单插入(S) → 派生曲线(U) → 抽取(E)...命令，系统弹出“抽取曲线”对话框。

Step3. 单击边曲线按钮，系统弹出图 5.2.58 所示的“单边曲线”对话框。

Step4. 在“单边曲线”对话框中单击实体上所有的按钮，系统弹出图 5.2.59 所示的“实体中的所有边”对话框，选取图 5.2.57a 所示的拉伸特征。

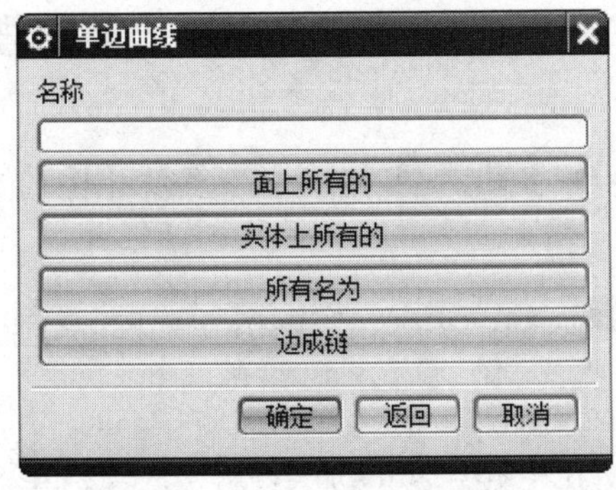


图 5.2.58 “单边曲线”对话框

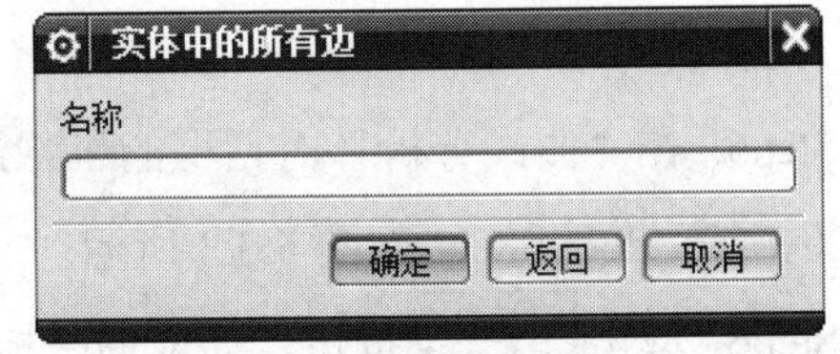


图 5.2.59 “实体中的所有边”对话框

Step5. 单击 确定 按钮，系统返回“单边曲线”对话框。

Step6. 单击“单边曲线”对话框中的 确定 按钮，完成抽取曲线的创建。系统重新弹出“抽取曲线”对话框，单击 取消 按钮。

图 5.2.58 所示“单边曲线”对话框中各按钮的说明如下。

- 面上所有的：所选表面的所有边。
- 实体上所有的：所选实体的所有边。
- 所有名为：所有命名相似的曲线。
- 边成链：所选链的起始边与结束边按某一方向连接而成的曲线。

## 5.3 曲线曲率分析

曲线质量的好坏对由该曲线产生的曲面、模型等的质量有重大的影响。曲率梳依附曲线存在，最直观地反映了曲线的连续特性。曲率梳是指系统用梳状图形的方式来显示样条曲线上各点的曲率变化情况。显示曲线的曲率梳后，能方便地检测曲率的不连续性、突变和拐点，在多数情况下这些是不希望存在的。显示曲率梳后，在对曲线进行编辑时，可以很直观地调整曲线的曲率，直到得出满意的结果为止。

下面以图 5.3.1 所示的曲线为例来说明显示样条曲线曲率梳的一般操作过程。

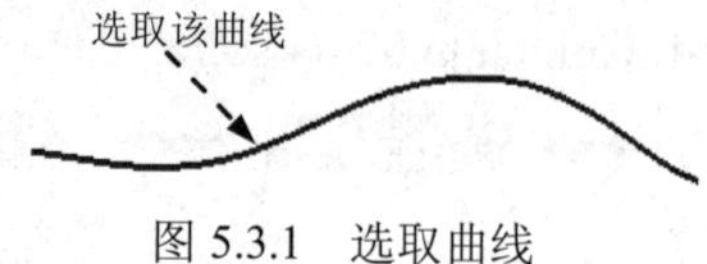


图 5.3.1 选取曲线

Step1. 打开文件 D:\ug12pd\work\ch05.03\combs.prt。

Step2. 选取图 5.3.1 所示的曲线。

Step3. 选择下拉菜单 分析(L) → 曲线(C) → 显示曲率梳(C) 命令，在绘图区显示图 5.3.2 所示的曲率梳。

**说明：**在选中此曲线时，再次选择下拉菜单 分析(L) → 曲线(C) → 显示曲率梳(C) 命令，则绘图区中不再显示曲率梳。

Step4. 选择下拉菜单 分析(L) → 曲线(C) → 曲线分析(U)... 命令，系统弹出图 5.3.3 所示的“曲线分析”对话框。

Step5. 在“曲线分析”对话框的 针比例、针数、起点百分比 和 终点百分比 文本框中分别输入值 500、20、20 和 80，如图 5.3.3 所示。

Step6. 单击 确定 按钮，完成曲率梳分析，结果如图 5.3.4 所示。

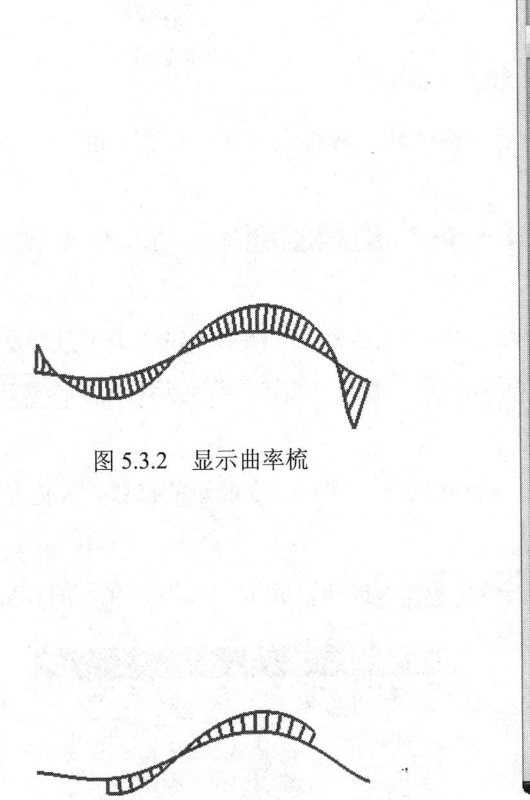

图 5.3.2　显示曲率梳

图 5.3.4　显示曲率梳

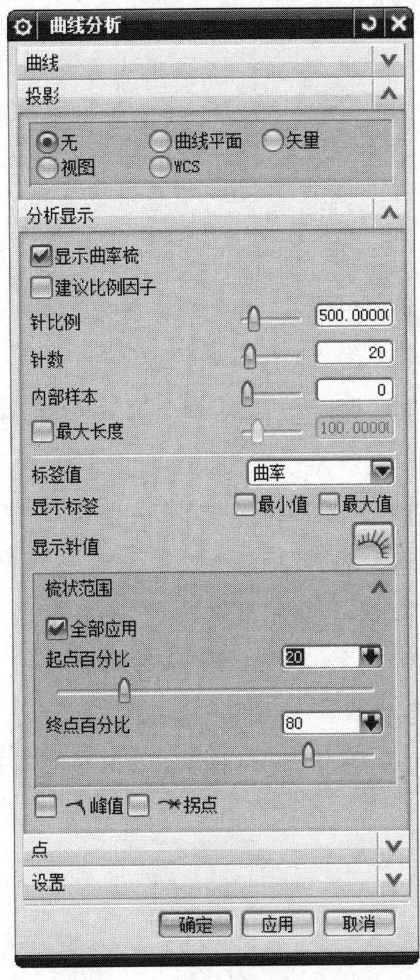


图 5.3.3　“曲线分析”对话框

# 5.4　创建简单曲面

UG NX 12.0 具有强大的曲面功能，并且对曲面的修改、编辑等非常方便。本节主要介绍一些简单曲面的创建，主要内容包括曲面网格显示、有界平面的创建、拉伸/旋转曲面的创建、偏置曲面的创建以及曲面的抽取。

## 5.4.1　曲面网格显示

网格线主要用于自由形状特征的显示。网格线仅仅是显示特征，对特征没有影响。下面以图 5.4.1 所示的模型为例来说明曲面网格显示的一般操作过程。

Step1. 打开文件 D:\ug12pd\work\ch05.04\static_wireframe.prt。

Step2. 调整视图显示。在图形区的空白区域右击，在弹出的快捷菜单中选择渲染样式(D)▶

➡ 静态线框(W) 命令，图形区中的模型变成线框状态。

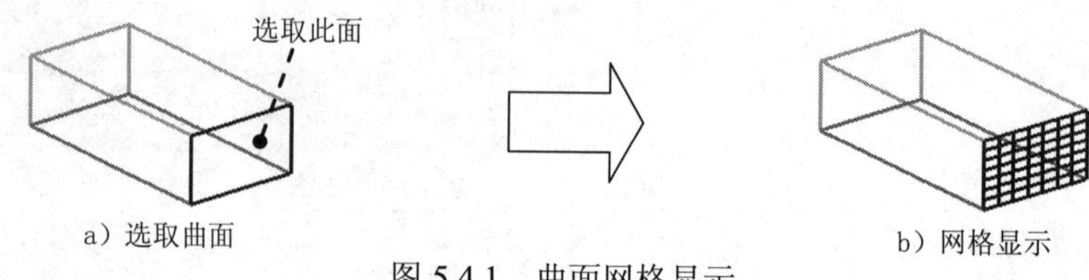


a）选取曲面　　b）网格显示

图 5.4.1　曲面网格显示

**说明**：模型在“着色”状态下是不显示网格线的，网格线只在“静态线框”“面分析”和“局部着色”三种状态下显示。

Step3. 选择命令。选择下拉菜单 编辑(E) ➡ 对象显示(J)... 命令，系统弹出“类选择”对话框。

Step4. 选取网格显示的对象。在图 5.4.2 所示“上边框条”工具条的“类型过滤器”下拉列表中选择面选项，然后选取图 5.4.1a 所示的面，单击“类选择”对话框中的 确定 按钮，系统弹出“编辑对象显示”对话框。

Step5. 定义参数。在“编辑对象显示”对话框中设置图 5.4.3 所示的参数，其他参数采用系统默认设置。

Step6. 单击“编辑对象显示”对话框中的 确定 按钮，完成曲面网格显示的设置。

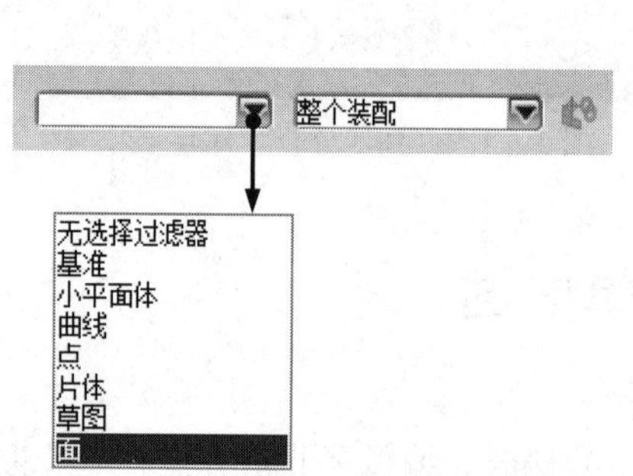


图 5.4.2　“上边框条”工具条

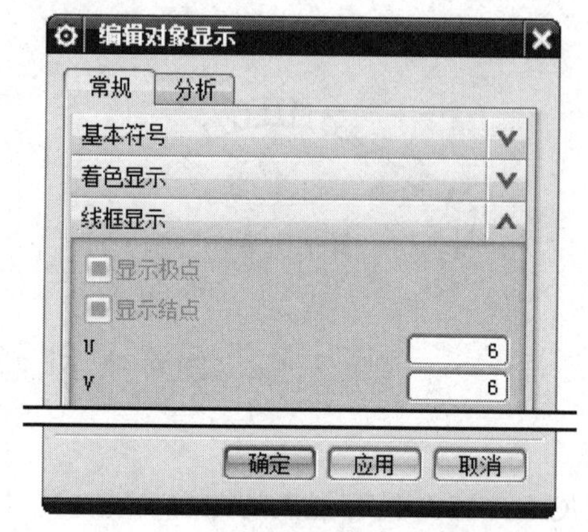


图 5.4.3　“编辑对象显示”对话框

## 5.4.2　创建拉伸和旋转曲面

拉伸曲面和旋转曲面的创建方法与相应的实体特征相同，只是要求生成特征的类型不同。下面将对这两种方法作简单介绍。

### 1. 创建拉伸曲面

拉伸曲面是将截面草图沿着草图平面的垂直方向拉伸而成的曲面。下面介绍创建图

5.4.4 所示的拉伸曲面特征的过程。

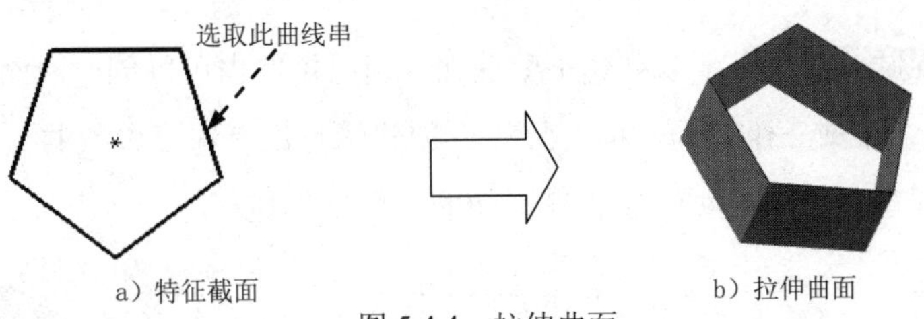


图 5.4.4　拉伸曲面

Step1. 打开文件 D:\ ug12pd\work\ch05.04\extrude_surf.prt。

Step2. 选择下拉菜单 插入(S) → 设计特征(E) → 拉伸(E)... 命令，此时系统弹出“拉伸”对话框。

Step3. 定义拉伸截面。在图形区选取图 5.4.4a 所示的曲线串为特征截面。

Step4. 确定拉伸起始值和结束值。在限制区域的开始下拉列表中选择值选项，在距离文本框中输入值 0，在结束下拉列表中选择值选项，在距离文本框中输入值 5 并按 Enter 键。

Step5. 定义拉伸特征的体类型。在设置区域的体类型下拉列表中选择片体选项，其他采用默认设置。

Step6. 单击“拉伸”对话框中的 < 确定 > 按钮（或者单击中键），完成拉伸曲面的创建。

**2. 创建旋转曲面**

创建图 5.4.5 所示的旋转曲面特征的一般操作过程如下。

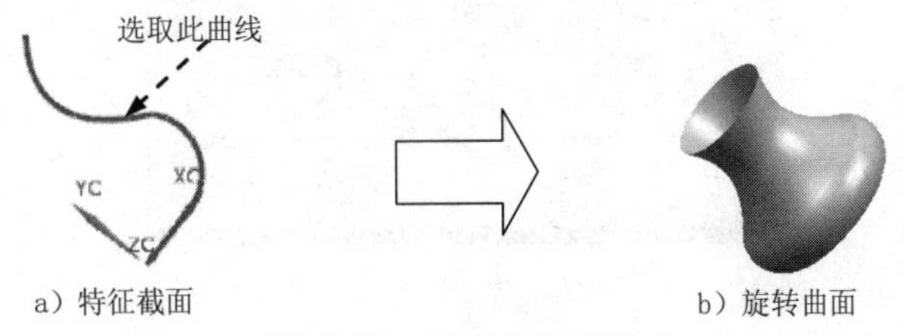


图 5.4.5　创建旋转曲面

Step1. 打开文件 D:\ug12pd\work\ch05.04\rotate_surf.prt。

Step2. 选择下拉菜单 插入(S) → 设计特征(E) → 旋转(R)... 命令，系统弹出“旋转”对话框。

Step3. 定义旋转截面。选取图 5.4.5a 所示的曲线为旋转截面。

Step4. 定义旋转轴。选择 YC 轴作为旋转轴，定义坐标原点为旋转点。

Step5. 定义旋转特征的体类型。在“旋转”对话框设置区域的体类型下拉列表中选择片体选项。

Step6. 单击“旋转”对话框中的 < 确定 > 按钮，完成旋转曲面的创建。

## 5.4.3 有界平面的创建

使用 有界平面(P)... 命令可以创建平整曲面，利用拉伸也可以创建曲面，但拉伸创建的是有深度参数的二维或三维曲面，而有界平面创建的是没有深度参数的二维曲面。下面以图 5.4.6 所示的模型为例来说明创建有界平面的一般操作过程。

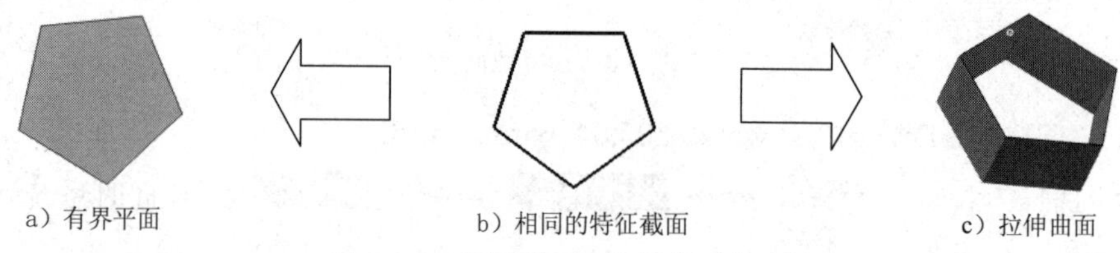

图 5.4.6 有界平面与拉伸曲面的比较

Step1. 打开文件 D:\ug12pd\work\ch05.04\ambit_surf.prt。

Step2. 选择命令。选择下拉菜单 插入(S) → 曲面(R) → 有界平面(B)... 命令，系统弹出图 5.4.7 所示的“有界平面”对话框。

Step3. 选取图 5.4.6b 所示的曲线串。

Step4. 单击 < 确定 > 按钮，完成有界平面的创建。

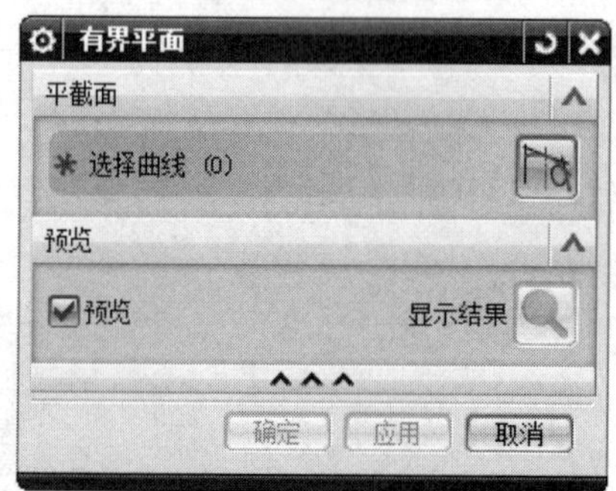

图 5.4.7 “有界平面”对话框

## 5.4.4 曲面的偏置

曲面的偏置用于创建一个或多个现有面的偏置曲面，从而得到新的曲面。下面分别对创建偏置曲面和偏移曲面进行介绍。

### 1. 创建偏置曲面

创建偏置曲面是以已有曲面为源对象，创建（偏置）新的与源对象形状相似的曲面。下面介绍创建图 5.4.8 所示的偏置曲面的一般过程。

Step1. 打开文件 D:\ ug12pd\work\ch05.04\offset_surface.prt。

Step2. 选择下拉菜单 插入(S) → 偏置/缩放(O) → 偏置曲面(O)... 命令（或在 主页 功

能选项卡曲面区域更多下拉选项中单击偏置曲面按钮)，此时系统弹出图 5.4.9 所示的“偏置曲面”对话框。

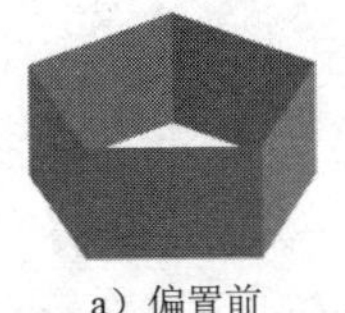
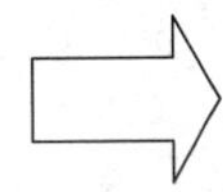

a）偏置前　　b）偏置后

图 5.4.8　偏置曲面的创建

Step3. 在图形区选取图 5.4.10 所示的 5 个面，同时图形区中出现曲面的偏置方向，如图 5.4.10 所示。此时“偏置曲面”对话框中的“反向”按钮被激活。

Step4. 定义偏置方向。接受系统默认的方向。

Step5. 定义偏置的距离。在偏置 1文本框中输入偏置距离值 2 并按 Enter 键，然后在“偏置曲面”对话框中单击< 确定 >按钮，完成偏置曲面的创建。

图 5.4.9　“偏置曲面”对话框

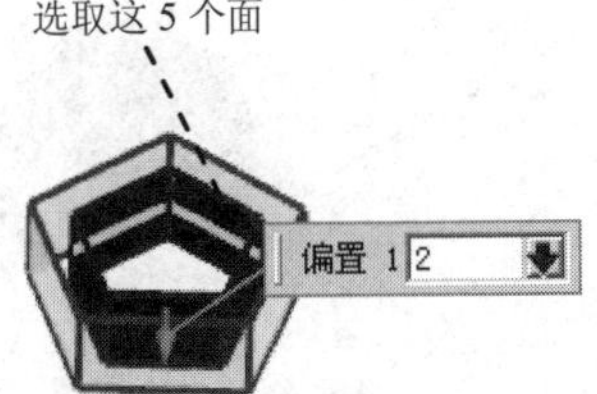


图 5.4.10　选取 5 个面

## 2. 偏置面

下面介绍图 5.4.11 所示的偏置面的一般操作过程。

Step1. 打开文件 D:\ ug12pd\work\ch05.04\offset_surf.prt。

Step2. 选择下拉菜单插入(S) → 偏置/缩放(O) → 偏置面(F)...命令，系统弹出图 5.4.12 所示的“偏置面”对话框。

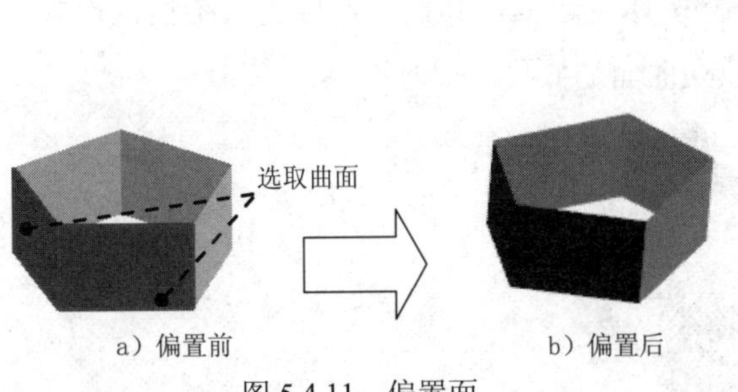


a）偏置前　　b）偏置后

图 5.4.11　偏置面

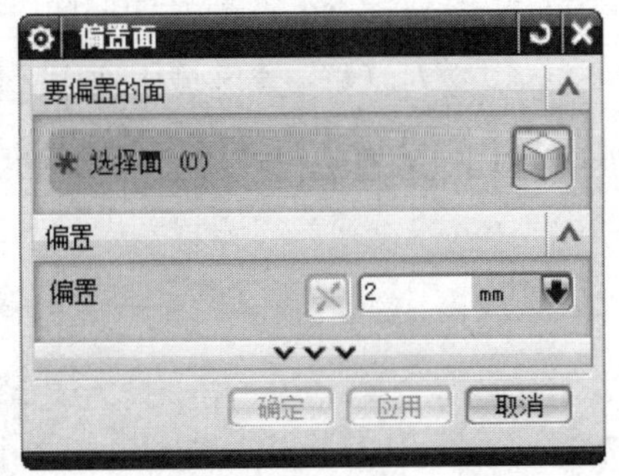


图 5.4.12　“偏置面”对话框

Step3. 在图形区选择图 5.4.11a 所示的曲面，然后在“偏置面”对话框的偏置文本框中输入值 2 并按 Enter 键，单击< 确定 >按钮或者单击中键，完成曲面的偏置操作。

注意：单击对话框中的“反向”按钮，改变偏置的方向。

## 5.4.5 曲面的抽取

曲面的抽取即从一个实体或片体抽取曲面来创建片体，曲面的抽取就是复制曲面的过程。抽取独立曲面时，只需单击此面即可；抽取区域曲面时，通过定义种子曲面和边界曲面来创建片体，创建的片体是从种子面开始向四周延伸到边界曲面的所有曲面构成的片体（其中包括种子曲面，但不包括边界曲面），这种方法在加工中定义切削区域时特别重要。下面分别介绍抽取独立曲面和抽取区域曲面。

### 1. 抽取独立曲面

下面以图 5.4.13 所示的模型为例，来说明创建抽取独立曲面的一般操作过程（图 5.4.13b 中实体模型已隐藏）。

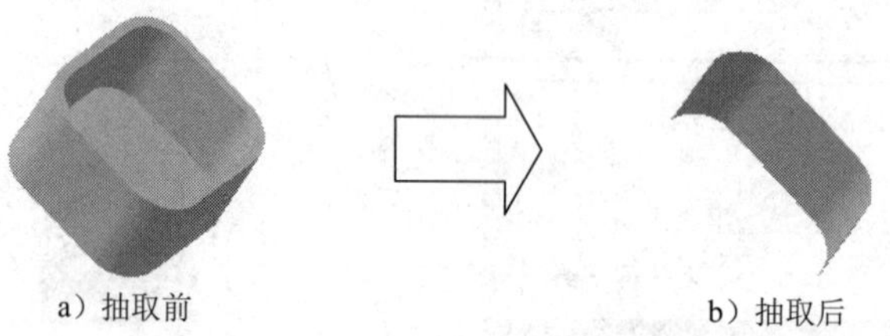

a）抽取前　　b）抽取后

图 5.4.13　抽取独立曲面

Step1. 打开文件 D:\ug12pd\work\ch05.04\extracted_region.prt。

Step2. 选择下拉菜单插入(S) → 关联复制(A) → 抽取几何特征(E)... 命令，系统弹出“抽取几何特征”对话框。

Step3. 定义抽取类型。在对话框类型区域的下拉列表中选择面选项。

Step4. 定义选取类型。在对话框面区域的面选项下拉列表中选择单个面选项。

Step5. 选取图 5.4.14 所示的曲面。

Step6. 在对话框设置区域中选中☑隐藏原先的复选框，其他参数接受系统默认设置。单击对话框中的< 确定 >按钮，完成抽取独立曲面的操作。

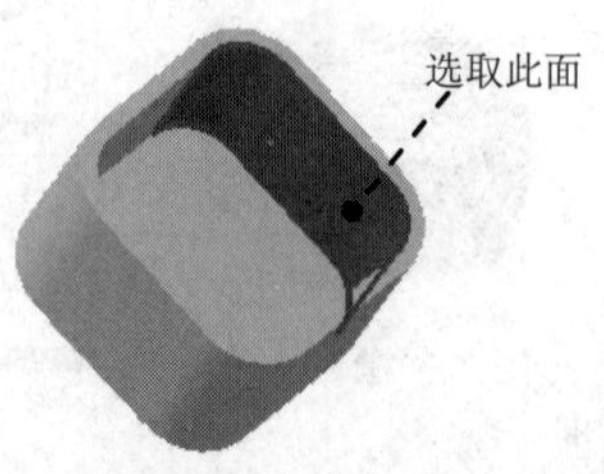


图 5.4.14　选取曲面

### 2. 抽取区域曲面

抽取区域曲面就是通过定义种子曲面和边界曲面来选择曲面，这种方法将选取从种子曲面开始向四周延伸，直到边界曲面的所有曲面（其中包括种子曲面，但不包括边界曲面）。下面以图 5.4.15 所示的模型为例，来说明创建抽取区域曲面的一般操作过程（图 5.4.15b 中的实体模型已隐藏）。

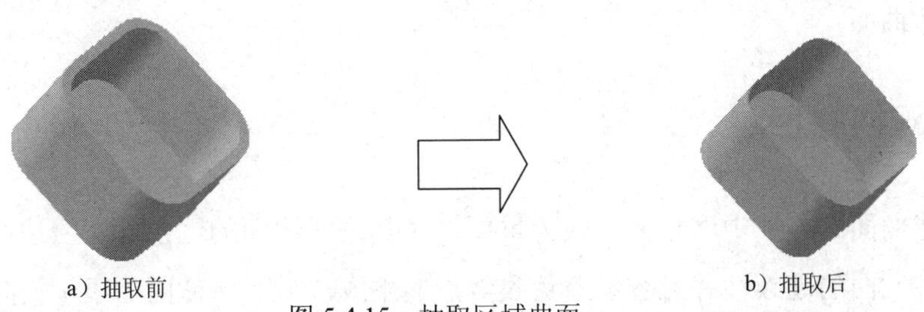


图 5.4.15　抽取区域曲面

Step1. 打开文件 D:\ug12pd\work\ch05.04\extracted_region01.prt。

Step2. 选择下拉菜单 插入(S) → 关联复制(A) → 抽取几何特征(E)... 命令，系统弹出“抽取几何特征”对话框。

Step3. 定义抽取类型。在对话框 类型 区域的下拉列表中选择 面区域 选项。

Step4. 定义种子面。在图形区选取图 5.4.16 所示的曲面作为种子面。

Step5. 定义边界曲面。选取图 5.4.17 所示的边界曲面。

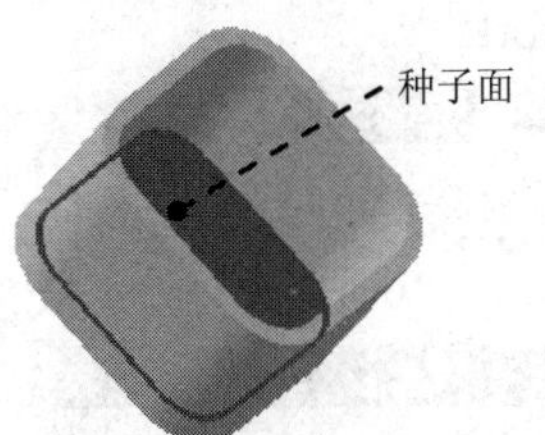


图 5.4.16　选取种子面

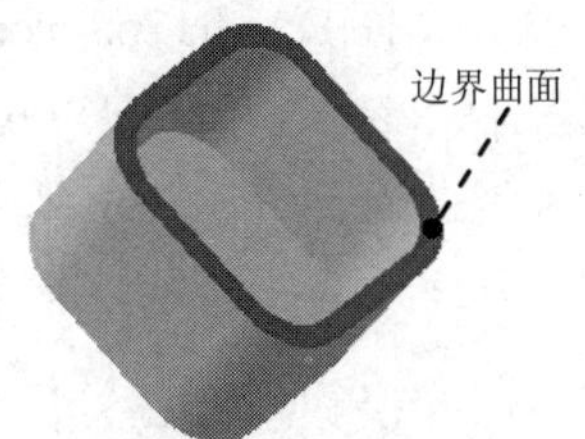


图 5.4.17　选取边界曲面

Step6. 在对话框 设置 区域中选中 ☑ 隐藏原先的 复选框，其他参数采用默认设置值。单击 < 确定 > 按钮，完成抽取区域曲面的操作。

**“抽取几何特征”对话框中部分选项的说明如下。**

- 区域选项 区域：包括 □ 遍历内部边 复选框和 □ 使用相切边角度 复选框。
  - ☑ □ 遍历内部边 复选框：该选项用于控制所选区域内部结构的组成面是否属于选择区域。
  - ☑ □ 使用相切边角度 复选框：如果选中该选项，则系统根据沿种子面的相邻面邻接边缘的法向矢量的相对角度，确定“曲面区域”中要包括的面。该功能主要用在 Manufacturing 模块中。

# 5.5 创建自由曲面

自由曲面的创建是 UG 建模模块的重要组成部分。本节将学习 UG 中常用且较重要的曲面创建方法，其中包括网格曲面、扫掠曲面、桥接曲面、艺术曲面、截面体曲面、N 边曲面和弯边曲面。

## 5.5.1 网格曲面

在创建曲面的方法中网格曲面较为重要，尤其是四边面的创建。在四边面的创建中能够很好地控制面的连续性并且容易避免收敛点的生成，从而保证面的质量较高。这在后续的产品中尤为重要。下面分别介绍几种网格面的创建方法。

### 1. 直纹面

直纹面可以理解为通过一系列直线连接两组线串而形成的一张曲面。在创建直纹面时只能使用两组线串，这两组线串可以封闭，也可以不封闭。下面介绍创建图 5.5.1 所示的直纹面的过程。

**说明：**若下拉菜单中没有此命令，可参照第 2 章中 2.3.3 节的内容进行设置。

Step1. 打开文件 D:\ ug12pd\work\ch05.05.01\ruled.prt。

Step2. 选择下拉菜单 插入(S) → 网格曲面(M) → 直纹(R)... 命令（或在 主页 功能选项卡 曲面 区域 更多 下拉选项中单击 直纹 按钮），此时系统弹出图 5.5.2 所示的“直纹”对话框。

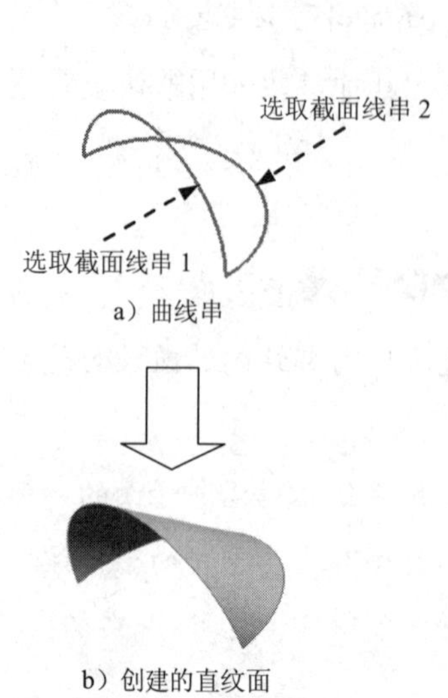


图 5.5.1 直纹面的创建

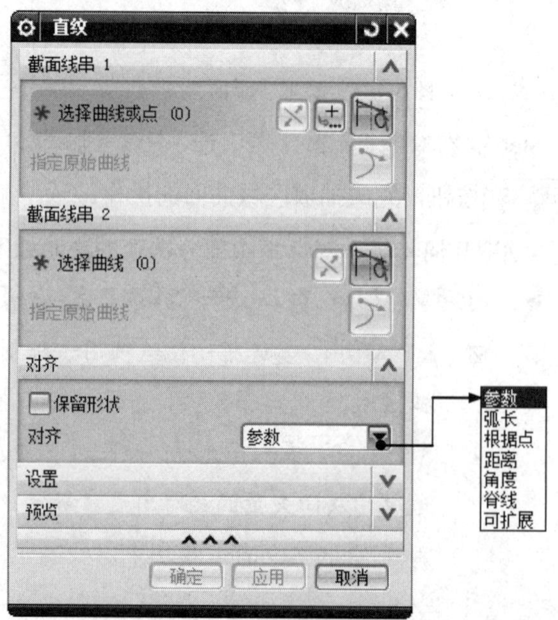


图 5.5.2 “直纹”对话框

Step3. 定义截面线串 1。在图形区中选择图 5.5.1a 所示的截面线串 1，然后单击中键确认。

Step4. 定义截面线串 2。在图形区中选择图 5.5.1a 所示的截面线串 2，然后单击中键确认。

注意：在选取截面线串时，要在线串的同一侧选取，否则就不能达到所需要的结果。

Step5. 设置对话框的选项。在“直纹”对话框的对齐区域中取消选中☐ 保留形状复选框。

Step6. 在“直纹”对话框中单击< 确定 >按钮（或单击中键），完成直纹面的创建。

说明：若选中对齐区域中的☑ 保留形状复选框，则对齐下拉列表中的部分选项将不可用。

**图 5.5.2 所示的“直纹”对话框对齐下拉列表中各选项的说明如下。**

- 参数：沿定义曲线将等参数曲线要通过的点以相等的参数间隔隔开。
- 弧长：两组截面线串和等参数曲线根据等弧长方式建立连接点。
- 根据点：将不同形状截面线串间的点对齐。
- 距离：在指定矢量上将点沿每条曲线以等距离隔开。
- 角度：在每个截面线上，绕着一个规定的轴等角度间隔生成。这样，所有等参数曲线都位于含有该轴线的平面中。
- 脊线：把点放在选择的曲线和正交于输入曲线的平面的交点上。
- 可扩展：可定义起始与终止填料曲面类型。

**2．通过曲线组**

通过曲线组选项，用同一方向上的一组曲线轮廓线也可以创建曲面。曲线轮廓线称为截面线串，截面线串可由单个对象或多个对象组成，每个对象都可以是曲线、实体边等。下面介绍创建图 5.5.3 所示“通过曲线组”曲面的过程。

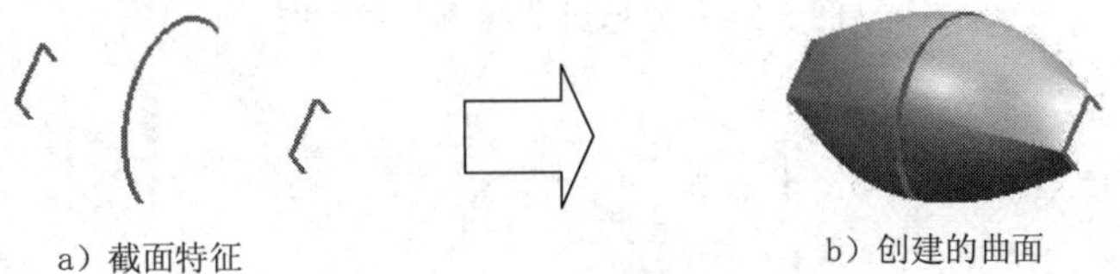

a）截面特征　　b）创建的曲面

图 5.5.3　创建“通过曲线组”曲面

Step1. 打开文件 D:\ ug12pd\work\ch05.05.01\through_ curves.prt。

Step2. 选择下拉菜单插入(S) ➡ 网格曲面(M) ➡ 通过曲线组(T)...命令（或在曲面下拉选项中单击通过曲线组按钮），系统弹出图 5.5.4 所示的“通过曲线组”对话框。

Step3. 在“上边框条”工具条的“曲线规则”下拉列表中选择相连曲线选项。

Step4. 定义截面线串。在工作区中依次选择图 5.5.5 所示的曲线串 1、曲线串 2 和曲线串 3，并分别单击中键确认。

注意：选取截面线串后，图形区显示的箭头矢量应该处于截面线串的同侧（图 5.5.5 所示），否则生成的片体将被扭曲。后面介绍的通过曲线网格创建曲面也有类似的问题。

Step5. 设置对话框的选项。在“通过曲线组”对话框设置区域放样选项卡的次数文本框中将阶次值调整到 2，其他均采用默认设置。

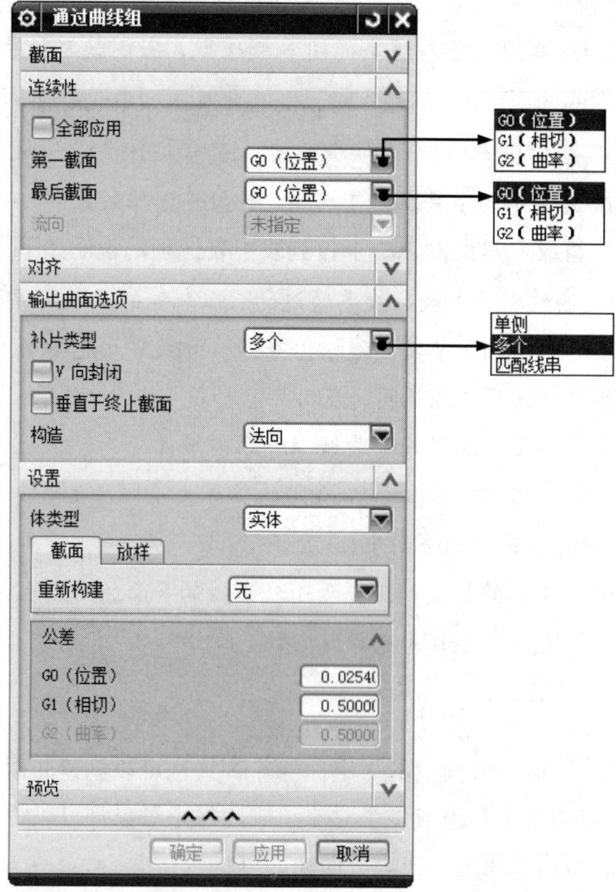

图 5.5.4 “通过曲线组”对话框

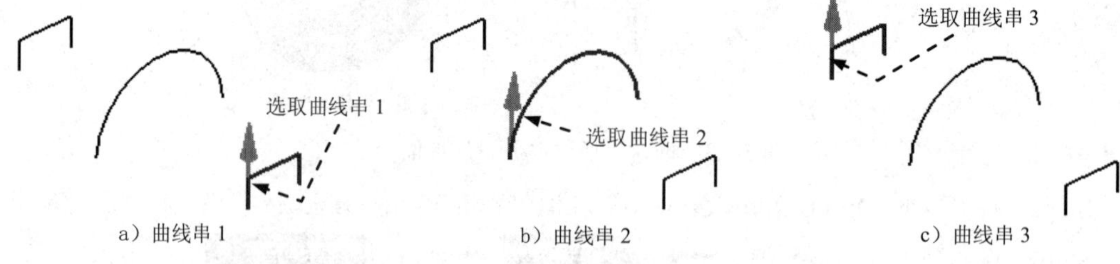


图 5.5.5 选取的曲线串

Step6. 单击 < 确定 > 按钮，完成“通过曲线组”曲面的创建。

**图 5.5.4 所示的“通过曲线组”对话框中的部分选项说明如下。**

- 连续性 区域：该区域的下拉列表用于对通过曲线生成的曲面的起始端和终止端定义约束条件。
  - ☑ G0（位置）：生成的曲面与指定面点连续，无约束。
  - ☑ G1（相切）：生成的曲面与指定面相切连续。
  - ☑ G2（曲率）：生成的曲面与指定面曲率连续。

- 次数文本框：该文本框用于设置生成曲面的V向阶次。
- 当选取了截面线串后，在列表区域中选择一组截面线串，则“通过曲线组”对话框中的一些按钮被激活，如图 5.5.6 所示。
- 对齐下拉列表：该下拉列表中的选项与“直纹面”命令中的相似，除了包括参数、圆弧长、根据点、距离、角度和脊线六种对齐方法外，还有一个“根据段”选项，其具体使用方法介绍如下。
  ☑ 根据段：根据包含段数最多的截面曲线，按照每一段曲面的长度比例划分其余的截面曲线，并建立连接对应点。
- 补片类型下拉列表：包括单侧、多个和匹配线串三个选项。
- 构造下拉列表：包括法向、样条点和简单三个选项。
  ☑ 法向：使用标准方法构造曲面，该方法比其他方法建立的曲面有更多的补片数。
  ☑ 样条点：利用输入曲线的定义点和该点的斜率值来构造曲面。要求每条线串都要使用单根B样条曲线，并且有相同的定义点，该方法可以减少补片数，简化曲面。
  ☑ 简单：用最少的补片数构造尽可能简单的曲面。

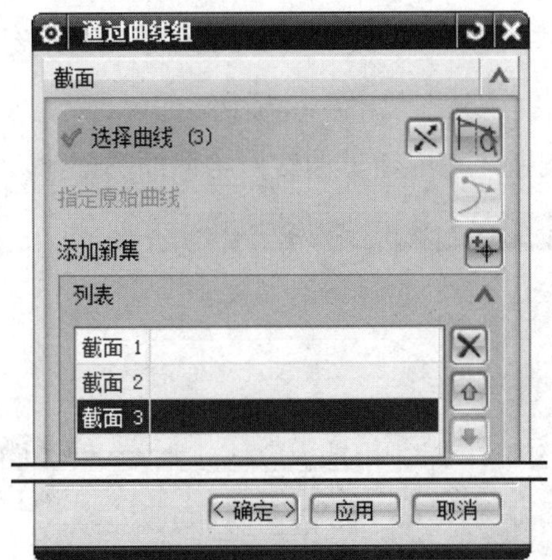


图 5.5.6　“通过曲线组”对话框的激活按钮

**图 5.5.6 所示的“通过曲线组”对话框中的部分按钮说明如下。**

- （移除）：单击该按钮，选中的截面线串被删除。
- （向上移动）：单击该按钮，选中的截面线串移至上一个截面线串的上级。
- （向下移动）：单击该按钮，选中的截面线串移至下一个截面线串的下级。

### 3. 通过曲线网格

使用“通过曲线网格”命令可以沿着不同方向的两组线串创建曲面。一组同方向的线串定义为主曲线，另外一组和主线串不在同一平面的线串定义为交叉线串，定义的主曲线与交叉线串必须在设定的公差范围内相交。这种创建曲面的方法定义了两个方向的控制曲线，可以很好地控制曲面的形状，因此它也是最常用的创建曲面的方法之一。下面将以图5.5.7为例说明通过曲线网格创建曲面的一般过程。

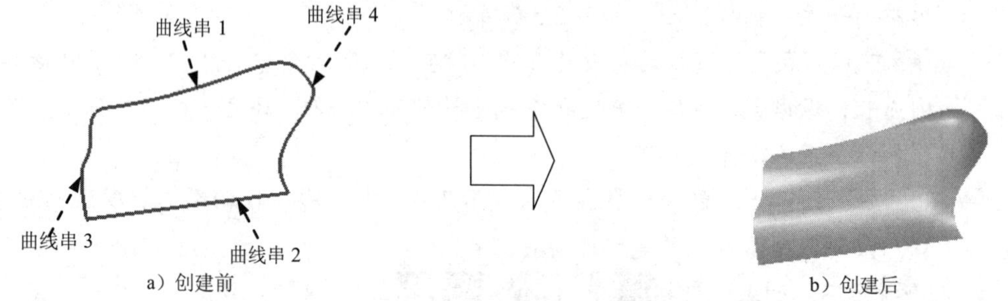


图 5.5.7　通过曲线网格创建曲面

Step1. 打开文件 D:\ug12pd\work\ch05.05.01\through_curves_mesh.prt。

Step2. 选择下拉菜单 插入(S) → 网格曲面(M) → 通过曲线网格(M)... 命令，系统弹出图 5.5.8 所示的“通过曲线网格”对话框。

Step3. 定义主线串。在图形区中依次选取图 5.5.7a 所示的曲线串 1 和曲线串 2 为主线串，并分别单击中键确认。

Step4. 定义交叉线串。单击中键完成主线串的选取，在图形区选取图 5.5.7a 所示的曲线串 3 和曲线串 4 为交叉线串，分别单击中键确认。

Step5. 单击 < 确定 > 按钮，完成通过曲线网格曲面的创建。

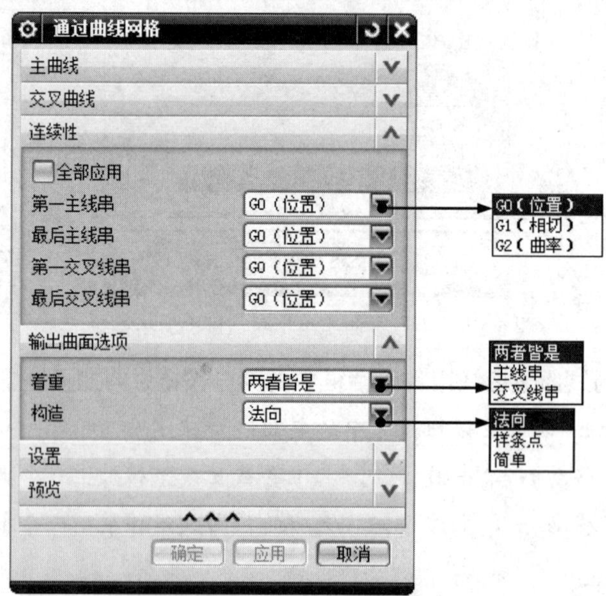


图 5.5.8　“通过曲线网格”对话框

图 5.5.8 所示“通过曲线网格”对话框的部分选项说明如下。

- 着重 下拉列表：该下拉列表用于控制系统在生成曲面的时候更强调主线串还是交叉线串，或者两者有同样效果。

☑ 两者皆是：系统在生成曲面的时候，主线串和交叉线串有同样效果。

☑ 主线串：系统在生成曲面的时候，更强调主线串。

☑ 交叉线串：系统在生成曲面的时候，交叉线串更有影响。

- 构造下拉列表：

☑ 法向：使用标准方法构造曲面，该方法比其他方法建立的曲面有更多的补片数。

☑ 样条点：利用输入曲线的定义点和该点的斜率值来构造曲面。要求每条线串都要使用单根B样条曲线，并且有相同的定义点。该方法可以减少补片数，简化曲面。

☑ 简单：用最少的补片数构造尽可能简单的曲面。

## 5.5.2　一般扫掠曲面

扫掠曲面就是用规定的方式沿一条（或多条）空间路径（引导线串）移动轮廓线（截面线串）而生成的曲面。

截面线串可以由单个或多个对象组成，每个对象可以是曲线、边缘或实体面，每组截面线串内对象的数量可以不同。截面线串的数量可以是1～150之间的任意数值。

引导线串在扫掠过程中控制着扫掠体的方向和比例。在创建扫掠体时，必须提供一条、两条或三条引导线串。提供一条引导线不能完全控制截面大小和方向变化的趋势，需要进一步指定截面变化的方法；提供两条引导线时，可以确定截面线沿引导线扫掠的方向趋势，但是尺寸可以改变，还需要设置截面比例变化；提供三条引导线时，完全确定了截面线被扫掠时的方位和尺寸变化，无需另外指定方向和比例就可以直接生成曲面。

下面通过创建图5.5.9所示的曲面来说明用选取一组引导线方式进行扫掠的一般操作过程。

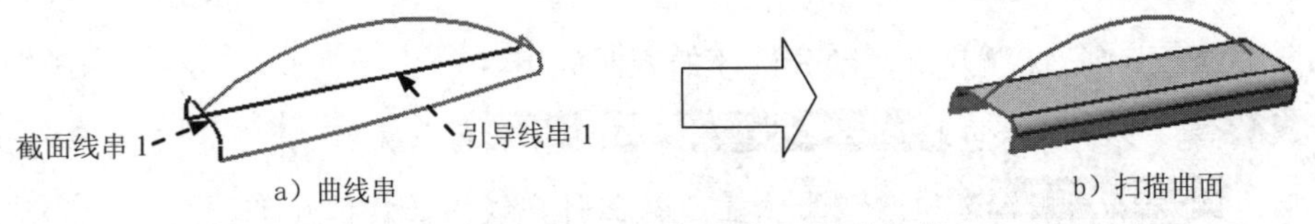


图5.5.9　选取一组引导线扫描

Step1. 打开文件D:\ug12pd\work\ch05.05.02\swept.prt。

Step2. 选择下拉菜单 插入(S) → 扫掠(W) → 扫掠(S)... 命令（或在 主页 功能选项卡 特征 区域 更多 下拉选项中单击 扫掠 按钮），系统弹出图5.5.10所示的“扫掠”对话框。

Step3. 定义截面线串和引导线串。选取图5.5.11所示的曲线为截面线串1，单击中键完成截面线串1的选择；再次单击中键后，选取图5.5.12所示的曲线为引导线串1，单击中键完成引导线串 1 的选择。

Step4. 定义截面位置。在截面选项区域的截面位置下拉列表中选择沿引导线任何位置选项，在对齐下拉列表中选择参数选项。

Step5. 定义截面约束条件。在定位方法区域的方向下拉列表中选择固定选项。

Step6. 定义缩放方法。在缩放方法区域的缩放下拉列表中选择恒定选项，在比例因子文本框中选用默认值 1.00。

Step7. 在“扫掠”对话框中单击< 确定 >按钮，完成扫掠曲面的创建。

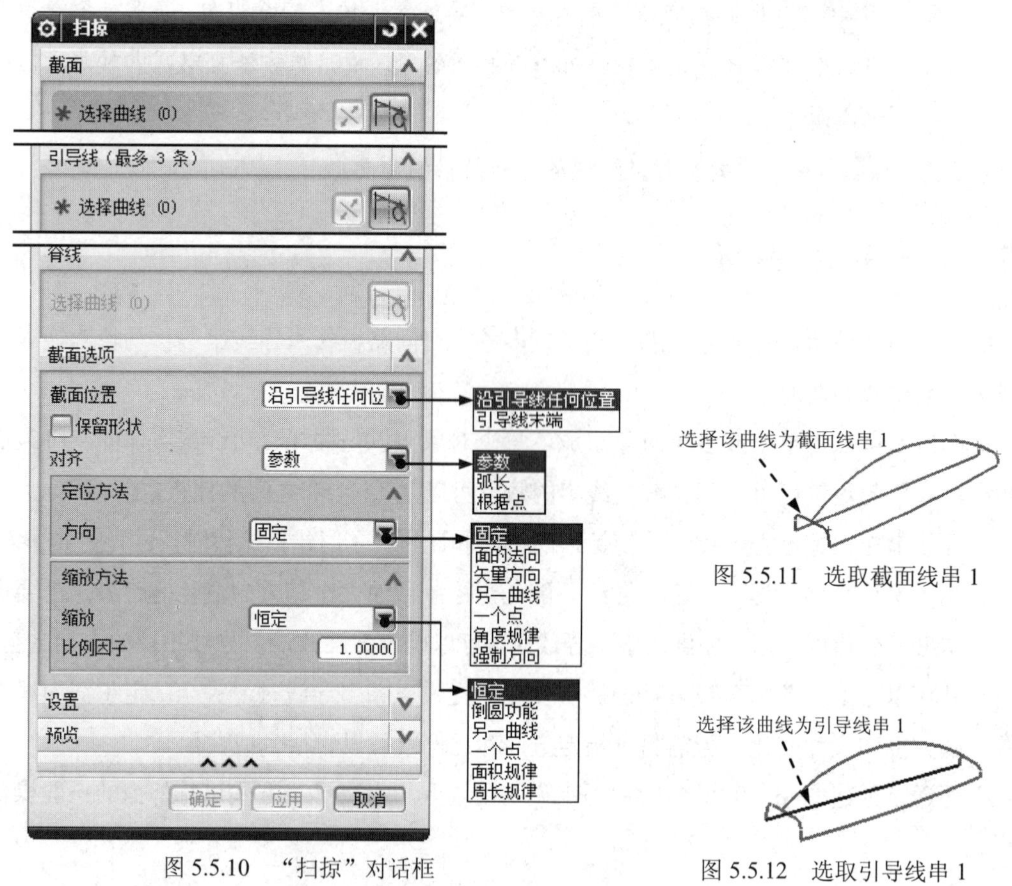


图 5.5.10 “扫掠”对话框

图 5.5.11 选取截面线串 1

图 5.5.12 选取引导线串 1

图 5.5.10 所示“扫掠”对话框部分选项的说明如下。

- 截面位置下拉列表：包括沿引导线任何位置和引导线末端两个选项，用于定义截面的位置。
  - ☑ 沿引导线任何位置选项：截面位置可以在引导线的任意位置。
  - ☑ 引导线末端选项：截面位置位于引导线末端。
- 对齐下拉列表：用来设置扫掠时定义曲线间的对齐方式，包括参数、弧长和根据点三种。
  - ☑ 参数选项：沿定义曲线将等参数曲线所通过的点以相等的参数间隔隔开。
  - ☑ 弧长选项：沿定义曲线将等参数曲线要通过的点以相等的弧长间隔隔开。
- 定位方法下拉列表中各选项的说明：

在扫掠时，截面线的方向无法唯一确定，所以需要通过添加约束来确定。该对话框中的按钮主要用于对扫掠曲面方向进行控制。

- ☑ 固定选项：在截面线串沿着引导线串移动时保持固定的方向，并且结果是简单平行的或平移的扫掠。
- ☑ 面的法向选项：局部坐标系的第二个轴与一个或多个沿着引导线串每一点指定公有基面的法向向量一致，这样约束截面线串保持和基面的固定联系。
- ☑ 矢量方向选项：局部坐标系的第二个轴和用户在整个引导线串上指定的矢量一致。
- ☑ 另一曲线选项：通过连接引导线串上相应的点和另一条曲线来获得局部坐标系的第二个轴（就好像在它们之间建立了一个直纹片体）。
- ☑ 一个点选项：与另一条曲线相似，不同之处在于第二个轴的获取是通过引导线串和点之间的三面直纹片体的等价对象实现的。
- ☑ 角度规律选项：让用户使用规律子函数定义一个规律来控制方向。旋转角度规律的方向控制具有一个最大值（限制），为 100 圈（转），36000°。
- ☑ 强制方向选项：在沿引导线串扫掠截面线串时用户使用一个矢量固定截面的方向。

● 缩放方法下拉列表中各选项的说明：

在“扫掠”对话框中，用户可以利用此功能定义一种扫掠曲面的比例缩放方式。

- ☑ 恒定选项：在扫掠过程中，使用恒定的比例对截面线串进行放大或缩小。
- ☑ 倒圆功能选项：定义引导线串的起点和终点的比例因子，并且在指定的起始和终止比例因子之间允许线性或三次比例。
- ☑ 另一曲线选项：使用比例线串与引导线串之间的距离为比例参考值，但是此处在任意给定点的比例是以引导线串和其他的曲线或实边之间的直纹线长度为基础的。
- ☑ 一个点选项：使用选择点与引导线串之间的距离为比例参考值，选择此种形式的比例控制的同时，还可以（在构造三面扫掠时）使用同一点作方向的控制。
- ☑ 面积规律选项：用户使用规律函数定义截面线串的面积来控制截面线比例缩放，截面线串必须是封闭的。
- ☑ 周长规律选项：用户使用规律函数定义截面线串的周长来控制截面线比例缩放。

## 5.5.3　沿引导线扫掠

“沿引导线扫掠”命令是通过沿着引导线串移动截面线串来创建曲面（当截面线串封闭时，生成的则为实体）。其中引导线串可以由一个或一系列曲线、边或面的边缘线构成；截面线串可以由开放的或封闭的边界草图、曲线、边缘或面构成。下面通过创建图 5.5.13

所示的曲面来说明沿引导线扫掠的一般操作过程。

Step1. 打开文件 D:\ug12pd\work\ch05.05.03\sweep.prt。

Step2. 选择下拉菜单 插入(S) → 扫掠(W) → 沿引导线扫掠(G)... 命令，系统弹出图 5.5.14 所示的“沿引导线扫掠”对话框。

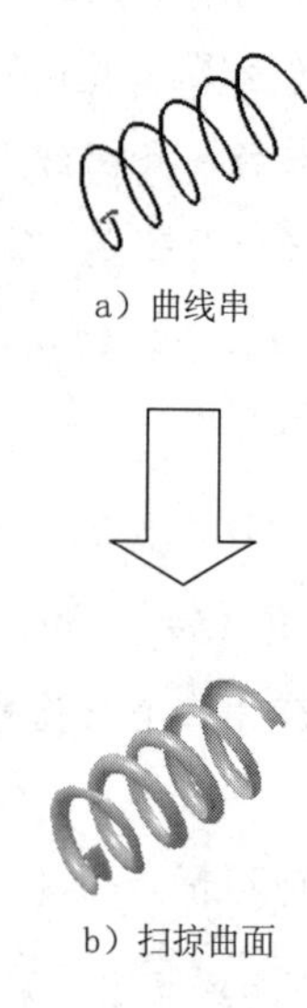

a）曲线串

b）扫掠曲面

图 5.5.13 沿引导线扫掠

图 5.5.14 “沿引导线扫掠”对话框

Step3. 选取图 5.5.15 所示的曲线为截面线串 1，单击中键确认。

Step4. 选取图 5.5.16 所示的螺旋线为引导线串 1。

Step5. 在“沿引导线扫掠”对话框中单击 < 确定 > 按钮，完成扫掠曲面的创建。

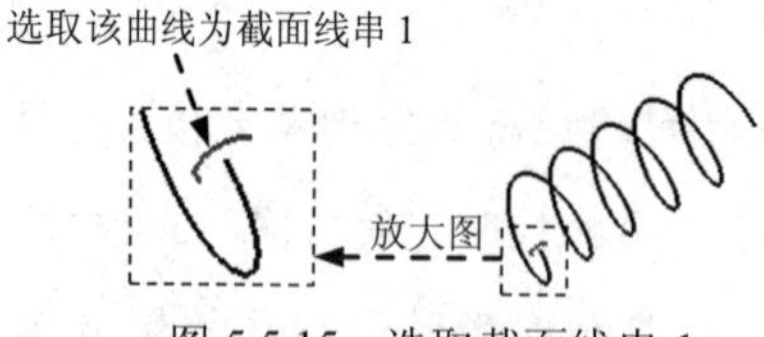

选取该曲线为截面线串 1

放大图

图 5.5.15 选取截面线串 1

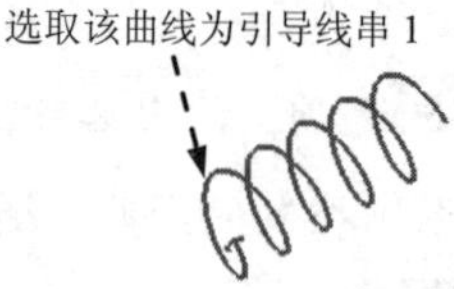

选取该曲线为引导线串 1

图 5.5.16 选取引导线串 1

## 5.5.4 管道

使用 管(T)... 命令可以通过沿着一个或多个曲线对象扫掠用户指定的圆形截面来创建实体。系统允许用户定义截面的外径值和内径值。用户可以使用此选项来创建线捆、电气线路、管、电缆或管路应用。创建图 5.5.17 所示的管道的一般操作过程如下。

Step1. 打开文件 D:\ug12pd\work\ch05.05.04\tube.prt。

Step2. 选择下拉菜单 插入(S) → 扫掠(W) → 管(T)... 命令，系统弹出图 5.5.18 所示的“管”对话框。

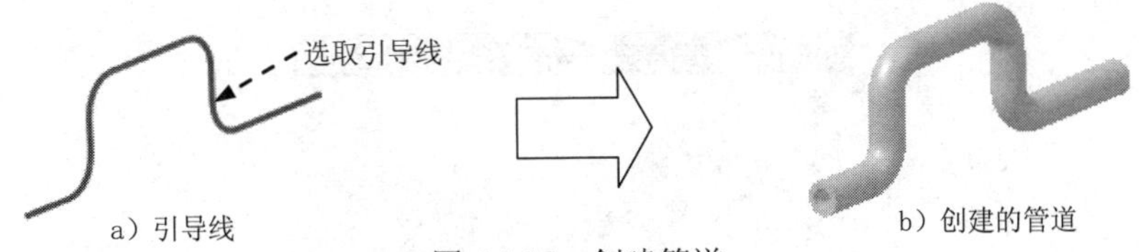

图 5.5.17　创建管道

Step3. 定义引导线。选择图 5.5.17a 所示的曲线为引导线。

Step4. 设置内外直径的大小。在“管”对话框横截面区域的外径文本框中输入值 8，在内径文本框中输入值 5。

Step5. 单击 确定 按钮，完成管道的创建。

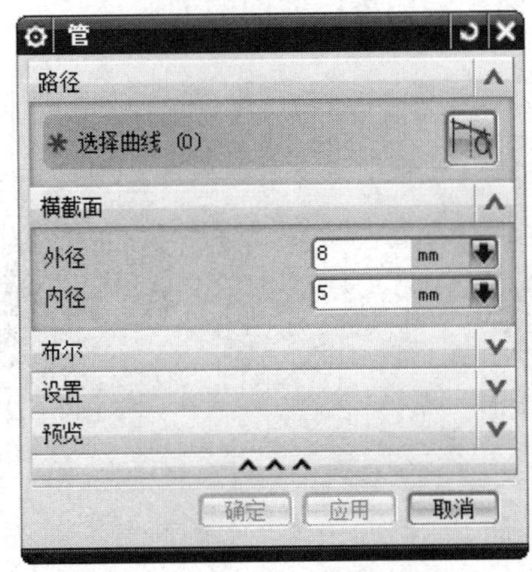

图 5.5.18　“管”对话框

## 5.5.5　桥接曲面

使用 桥接(B)... 命令可以在两个曲面间建立一张过渡曲面，且可以在桥接和定义面之间指定相切连续性或曲率连续性，还可以选择侧面或线串（至多两个，任意组合）或拖动选项来控制桥接片体的形状。

下面通过创建图 5.5.19 所示的桥接曲面来说明拖动控制桥接操作的一般过程。

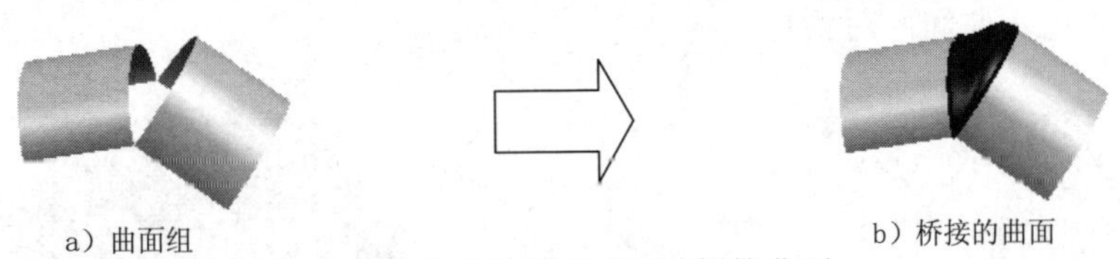

图 5.5.19　拖动控制方式创建桥接曲面

Step1. 打开文件 D:\ug12pd\work\ch05.05.05\bridge_surface01.prt。

Step2. 选择下拉菜单 插入(S) → 細节特征(L) → 桥接(B)... 命令，系统弹出图 5.5.20 所示的“桥接曲面”对话框。

Step3. 定义桥接边。选取图 5.5.21 所示的两条曲面边线为桥接边，结果如图 5.5.22

所示。

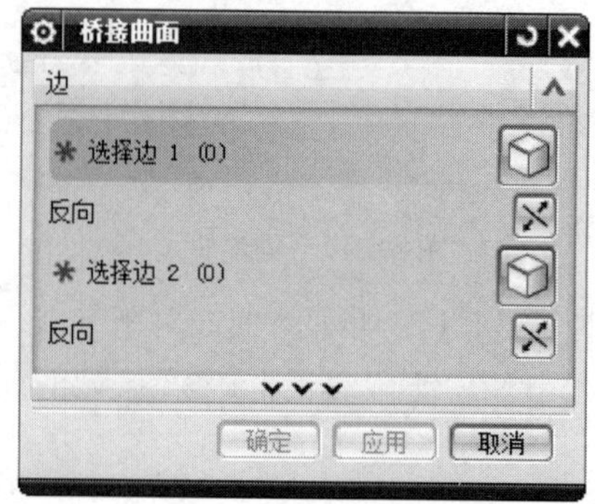


图 5.5.20 “桥接曲面”对话框

Step4. 单击 < 确定 > 按钮，完成桥接曲面的创建。

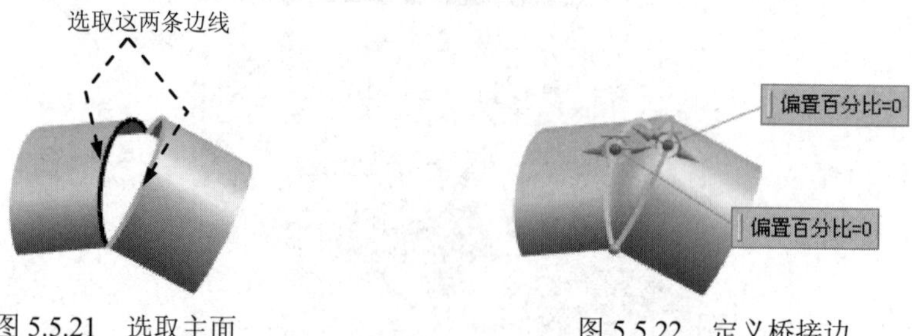


图 5.5.21 选取主面　　图 5.5.22 定义桥接边

## 5.5.6 艺术曲面

UG NX 12.0 允许用户使用预设置的曲面构造方法快速、简捷地创建艺术曲面。创建艺术曲面之后，通过添加或删除截面线串和引导线串，可以重新构造曲面。该工具还提供了连续性控制和方向控制选项。UG NX12.0 较之前的版本在艺术曲面的命令上有较大的改动，将之前的几个命令融合在一个命令当中，使操作更为简便。

下面通过图 5.5.23b 所示的实例来说明艺术曲面的一般操作过程。

Step1. 打开文件 D:\ug12pd\work\ch05.05.06\stidio_surface.prt。

Step2. 选择下拉菜单 插入(S) → 网格曲面(M) → 艺术曲面(U)... 命令，系统弹出图 5.5.24 所示的“艺术曲面”对话框。

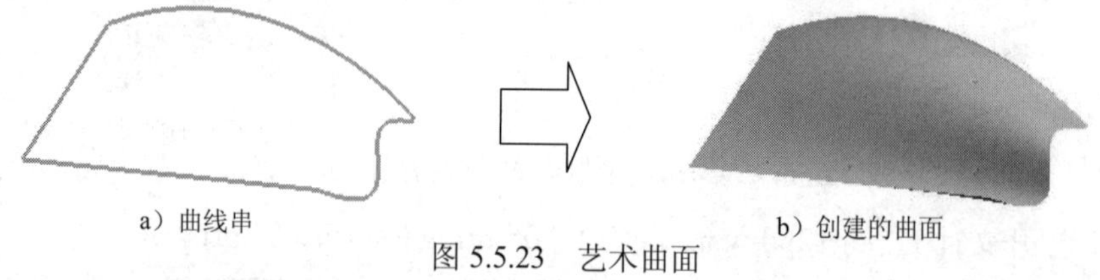


图 5.5.23 艺术曲面

Step3. 定义截面线。在图形区依次选取图 5.5.25 所示的曲线 1 和曲线 2 为截面线，并分别单击中键确认。

Step4. 定义引导线。单击对话框引导(交叉)曲线区域中的按钮，依次选取图 5.5.25 所示的曲线 3 和曲线 4 为引导线，并分别单击中键确认。

Step5. 完成曲面创建。对话框中的其他设置保持系统默认值，单击< 确定 >按钮，完成曲面的创建。

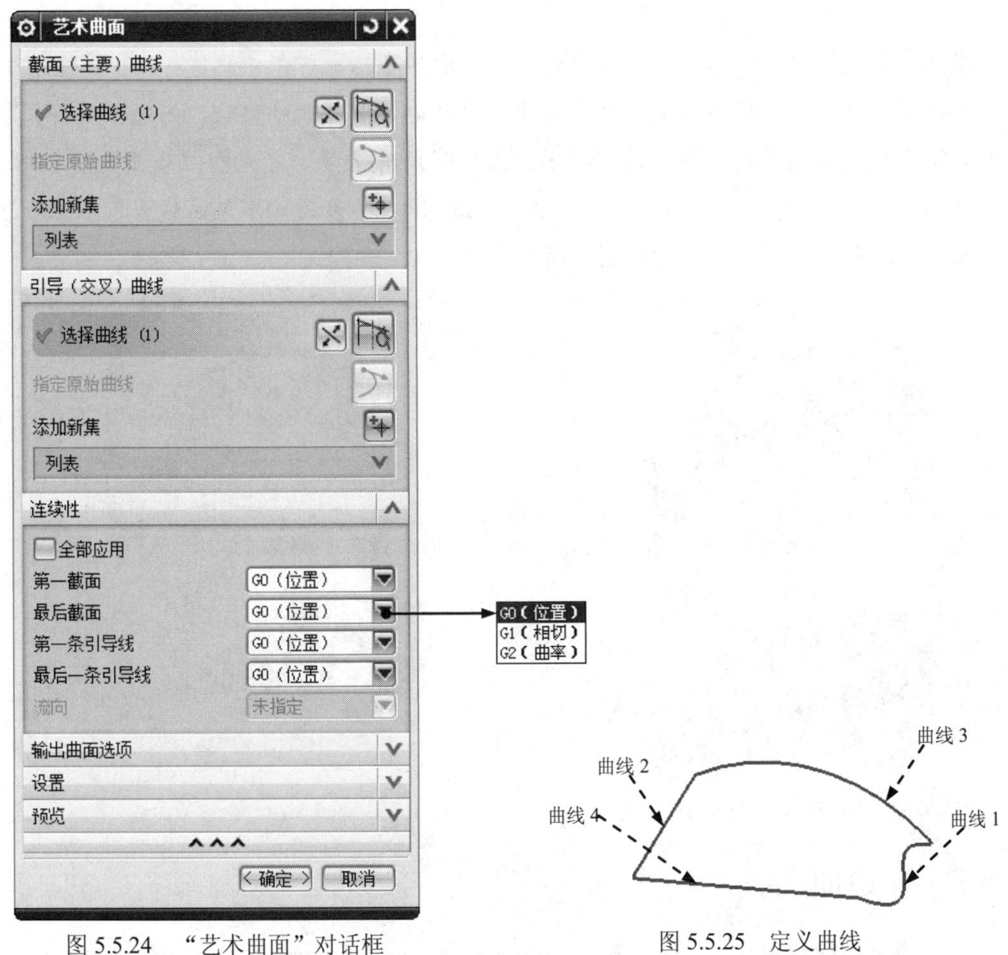


图 5.5.24 “艺术曲面”对话框　　　　图 5.5.25 定义曲线

图 5.5.24 所示“艺术曲面”对话框中部分选项说明如下。

- 截面(主要)曲线区域：用于选取艺术曲面(U)...命令中需要的截面线串。
- 引导(交叉)曲线区域：用于选取艺术曲面(U)...命令中需要的引导线串。
- 列表区域：分为“截面曲线”和“引导曲线”两个区域。分别用于显示所选中的截面线串和引导线串；其中的按钮功能相同，列表中的按钮只有在选择线串后被激活。
  - ☑ (移除线串)：单击该图标可从滚动窗口的线串列表中删除当前选中的线串。
  - ☑ (向上移动)：每次单击该图标时，当前选中的截面线串就会在滚动窗口的线串列表中向上移动一层。
  - ☑ (向下移动)：每次单击该图标时，当前选中的截面线串就会在滚动窗口的线串列表中向下移动一层。

- 连续性区域：此区域用于设置艺术曲面边界的约束情况，包括四个下拉列表，分别是第一截面下拉列表、最后截面下拉列表、第一条引导线下拉列表和最后一条引导线下拉列表。四个下拉列表中的选项相同，分别是G0（位置）、G1（相切）和G2（曲率）选项。
- 输出曲面选项区域：用于控制曲面的生成。此区域的调整下拉列表中包括“参数”“圆弧长”和“根据点”三个选项。

说明：在选择截面线串和引导线串时可以选取多条，也可以分别选一条；甚至有时可以不选择引导线串。选择多条截面线串是为了更好地控制曲面的形状，而选择多条引导线串是为了更好地控制面的走势。这里要求截面线串没有必要一定光顺但必须连续（即 G0 连续）；引导线必须光顺（即 G1 连续）。图 5.5.26~图 5.5.29 是以本例曲线为基础但所选取的截面线串和引导线串各有不同而创建的曲面。

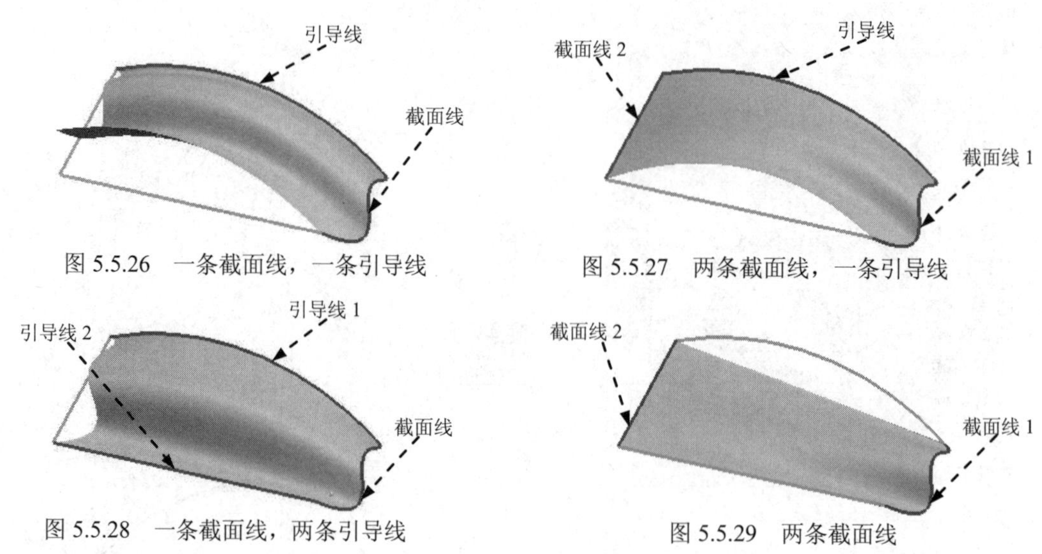


图 5.5.26　一条截面线，一条引导线

图 5.5.27　两条截面线，一条引导线

图 5.5.28　一条截面线，两条引导线

图 5.5.29　两条截面线

## 5.5.7　N 边曲面

使用 N 边曲面(N)...命令可以通过使用不限数目的曲线或边建立一个曲面，并指定其与外部曲面的连续性，所用的曲线或边组成一个简单的、封闭的环，可以用来填补曲面上的洞。形状控制选项可用来修复中心点处的尖角，同时保持与原曲面之间的连续性约束。该操作有两种生成曲面的类型，下面分别进行介绍。

### 1. 已修剪的 N 边曲面

已修剪的类型用于创建单个 N 边曲面，并且覆盖选定曲面的封闭环内的整个区域。下面通过创建图 5.5.30 所示的曲面来说明创建已修剪的 N 边曲面的一般操作过程。

Step1. 打开文件 D:\ug12pd\work\ch05.05.07\N_side_surface_1.prt。

Step2. 选择下拉菜单 插入(S) ➡ 网格曲面(M)▸ ➡ N 边曲面... 命令，系统弹出图 5.5.31 所示的“N 边曲面”对话框。

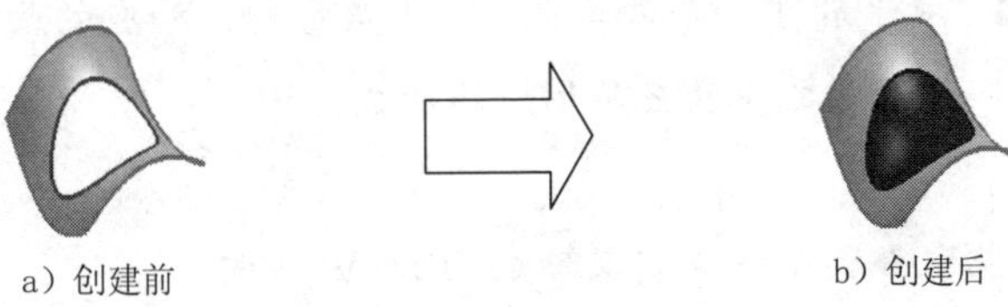


图 5.5.30 创建 N 边曲面

Step3. 在类型区域下选择已修剪选项，在图形区选取图 5.5.32 所示的曲线为边界曲线。

Step4. 单击约束面区域下选择面 (0)右侧的按钮，选取图 5.5.33 所示的曲面为约束面，在UV 方位下拉列表中选择区域选项，在设置区域选中☑ 修剪到边界复选框。

Step5. 在“N 边曲面”对话框中单击< 确定 >按钮，完成 N 边曲面的创建。

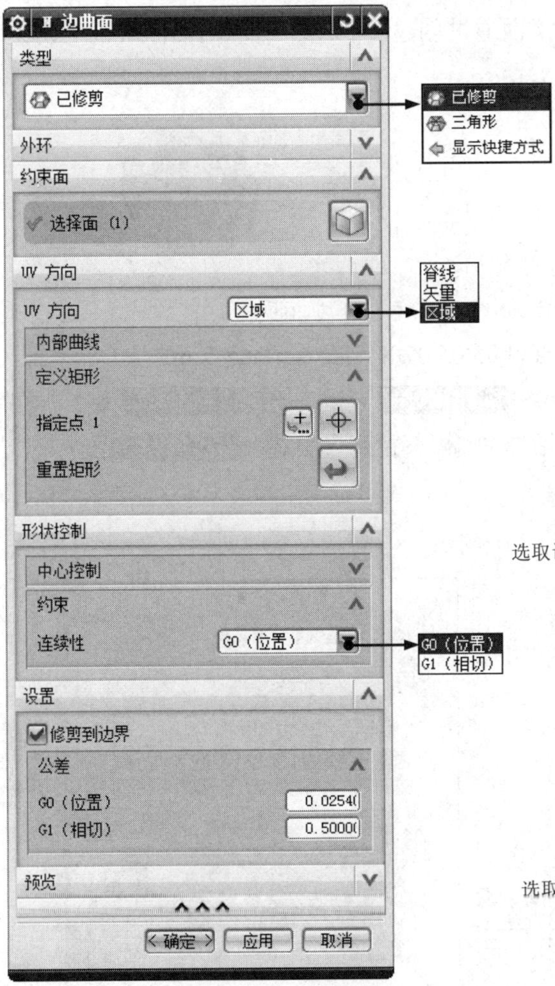

选取该曲线为边界曲线

图 5.5.32 选取边界曲线

选取该曲面为约束面

图 5.5.31 “N 边曲面”对话框

图 5.5.33 选取约束面

图 5.5.31 所示“N 边曲面”对话框中部分选项的说明如下。

- 类型区域：
  - ☑ 已修剪：用于创建单个曲面，覆盖选定曲面中封闭环内的整个区域。

☑ 三角形：用于创建一个由单独的、三角形补片构成的曲面，每个补片由各条边和公共中心点之间的三角形区域组成。

- UV 方向下拉列表：

☑ 脊线：选取脊线曲线来定义新曲面的 V 方向。

☑ 矢量：通过“矢量方法”来定义新曲面的 V 方向。

☑ 区域：通过两个对角点来定义 WCS 平面上新曲面的矩形 UV 方向。

- ☑ 修剪到边界：指定是否按边界曲线对所生成的曲面进行修剪。

### 2. 三角形 N 边曲面

三角形类型可以创建一个由单独的、三角形补片构成的曲面，每个补片由各条边和公共中心点之间的三角形区域组成。下面通过创建图 5.5.34 所示的曲面来说明创建三角形 N 边曲面的一般操作过程。

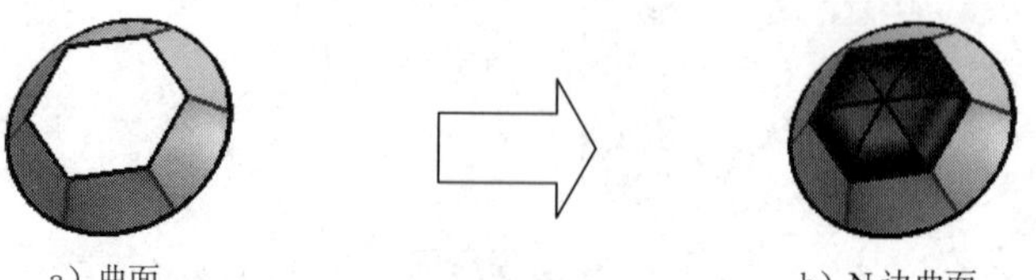

图 5.5.34　创建三角形 N 边曲面

Step1. 打开文件 D:\ug12pd\work\ch05.05.07\N_side_surface_2.prt。

Step2. 选择下拉菜单插入(S) → 网格曲面(M) → N 边曲面(N)...命令，在系统弹出的图 5.5.35 所示的“N 边曲面”对话框的类型下拉列表中选择三角形选项。

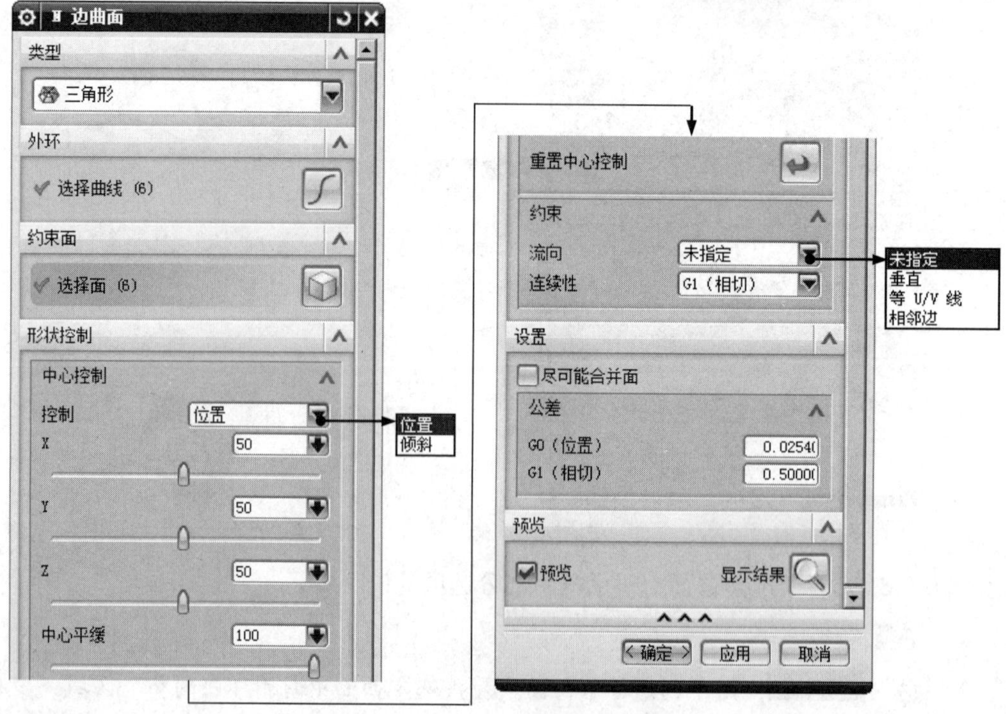

图 5.5.35　“N 边曲面”对话框

Step3. 选取图 5.5.36 所示的 6 条曲线为边界曲线。

Step4. 单击选择面 (0)右侧的按钮，选取图 5.5.37 所示的 6 个曲面为约束面。

Step5. 在“N 边曲面”对话框中单击< 确定 >按钮，完成 N 边曲面的创建。

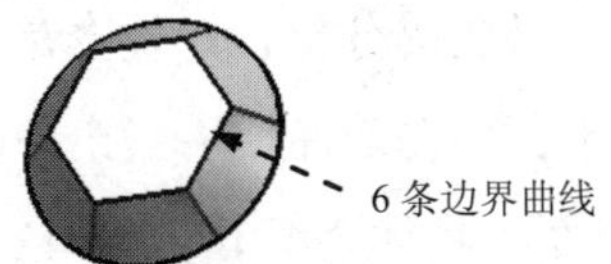


图 5.5.36　选取边界曲线

图 5.5.37　选取约束面

**图 5.5.35 所示“N 边曲面”对话框中部分选项的说明如下。**

- 中心控制区域的控制下拉列表：
  - ☑ 位置：将 X、Y、Z 滑块设定为“位置”模式来移动曲面中心点的位置。当拖动 X、Y 或 Z 滑块时，中心点在指明的方向上移动。
  - ☑ 倾斜：将 X、Y 滑块设定为“倾斜”模式，用来倾斜曲面中心点所在的 X 平面和 Y 平面。当拖动 X 或 Y 滑块时，中心点的平面法向在指明的方向倾斜，中心点的位置不改变。在使用“倾斜”模式时，Z 滑块不可用。
- X：沿着曲面中心点的 X 法向轴重定位或倾斜。
- Y：沿着曲面中心点的 Y 法向轴重定位或倾斜。
- Z：沿着曲面中心点的 Z 法向轴重定位或倾斜。
- 中心平缓：用户可借助此滑块使曲面上下凹凸，如同泡沫的效果。如果采用“三角形”方式，则中心点不受此选项的影响。
- 流向下拉列表：包含未指定、垂直、等 U/V 线和相邻边四个选项。
  - ☑ 未指定：生成片体的 UV 参数和中心点等距。
  - ☑ 垂直：生成曲面的 V 方向等参数的直线，以垂直于该边的方向开始于外侧边。只有当环中所有的曲线或边至少连续相切时才可用。
  - ☑ 等 U/V 线：生成曲面的 V 方向等参数直线开始于外侧边并沿着外侧表面的 U/V 方向，只有当边界约束为斜率或曲率且已经选取了面时才可用。
  - ☑ 相邻边：生成曲面的 V 方向等参数线将沿着约束面的侧边。
- ：把“形状控制”对话框的所有设置返回到系统默认位置。
- 约束面区域：结合连续性下拉列表中的各个选项生成曲面的不同形状，如图 5.5.38 ~ 图 5.5.40 所示。

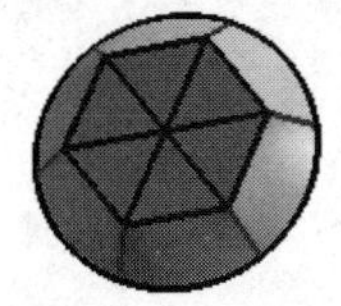

图 5.5.38　G0（位置）

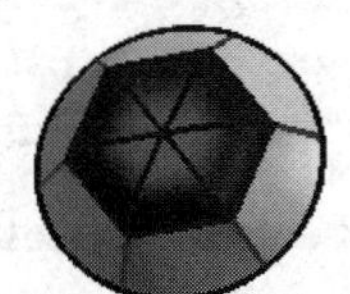

图 5.5.39　G1（相切）

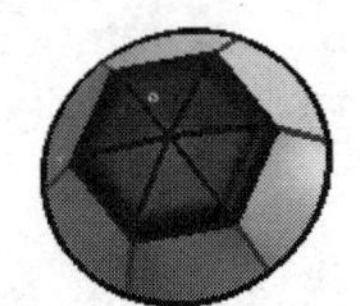

图 5.5.40　G2（曲率）

# 5.6 曲 面 分 析

曲面设计过程中或设计完成后要对曲面进行必要的分析，以检查是否达到设计过程的要求以及设计完成后的要求。曲面分析工具用于评估曲面品质，找出曲面的缺陷位置，从而方便修改和编辑曲面，以保证曲面的质量。下面将具体介绍 UG NX 12.0 中的一些曲面分析功能。

## 5.6.1 曲面连续性分析

曲面的连续性分析功能主要用于分析曲面之间的位置连续、斜率连续、曲率连续和曲率斜率的连续性。下面以图 5.6.1 所示的曲面为例，介绍如何分析曲面连续性。

Step1. 打开文件 D:\ ug12pd\work\ch05.06\continuity.prt。

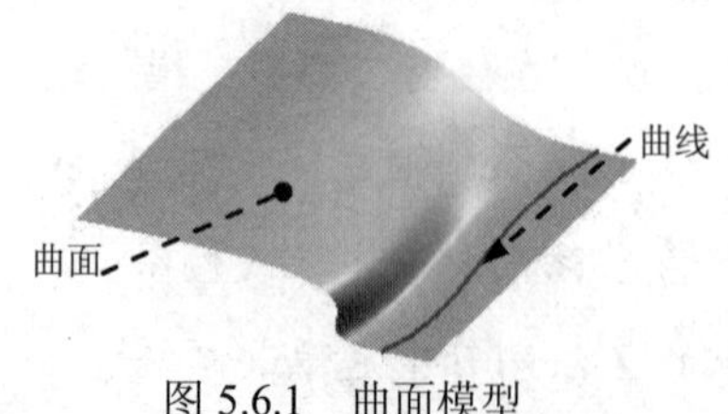


图 5.6.1 曲面模型

Step2. 选择下拉菜单 分析(L) → 形状(S) → 曲面连续性(C)... 命令，系统弹出图 5.6.2 所示的“曲面连续性”对话框。

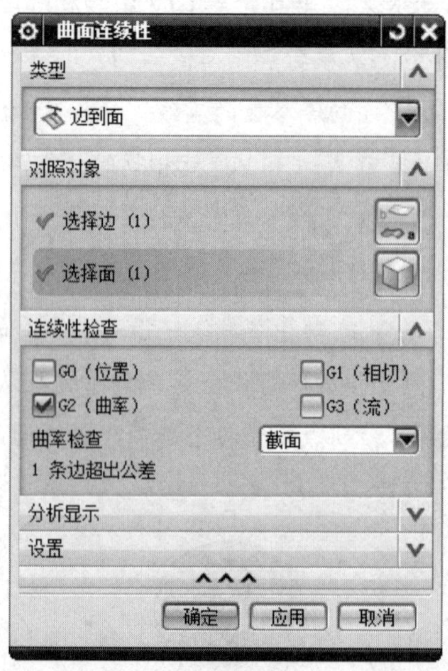


图 5.6.2 “曲面连续性”对话框

图 5.6.2 所示“曲面连续性”对话框的选项及按钮说明如下。

- 类型区域：包括边到边、边到面和多面，用于设置偏差类型。
  - ☑ 边到边：分析边缘与边缘之间的连续性。
  - ☑ 边到面：分析边缘与曲面之间的连续性。
  - ☑ 多面：分析曲面与曲面之间的连续性。
- 连续性检查区域：包括“位置”按钮G0（位置）、“相切”按钮G1（相切）、“曲率”按钮G2（曲率）和“加速度”按钮G3（流），用于设置连续性检查的类型。
  - ☑ G0（位置）（位置）：分析位置连续性，显示两条边缘线之间的距离分布。
  - ☑ G1（相切）（相切）：分析斜率连续性，检查两组曲面在指定边缘处的斜率连续性。
  - ☑ G2（曲率）（曲率）：分析曲率连续性，检查两组曲面之间的曲率误差分布。
  - ☑ G3（流）（加速度）：分析曲率的斜率连续性，显示曲率变化率的分布。
- 曲率检查下拉列表：用于指定曲率分析的类型。

Step3. 在“曲面连续性”对话框中选中类型区域的边到面。

Step4. 在图形区选取图 5.6.1 所示的曲线作为第一个边缘集，单击中键，然后选取图 5.6.1 所示的曲面作为第二个边缘集。

Step5. 定义连续性分析类型。在连续性检查区域中单击“位置”按钮G0（位置），取消位置连续性分析；单击“曲率” 按钮G2（曲率），开启曲率连续性分析。

Step6. 定义显示方式。在分析显示区域选中☑显示连续性针复选框，则两曲面的交线上自动显示曲率梳，单击确定按钮完成曲面连续性分析，如图 5.6.3 所示。

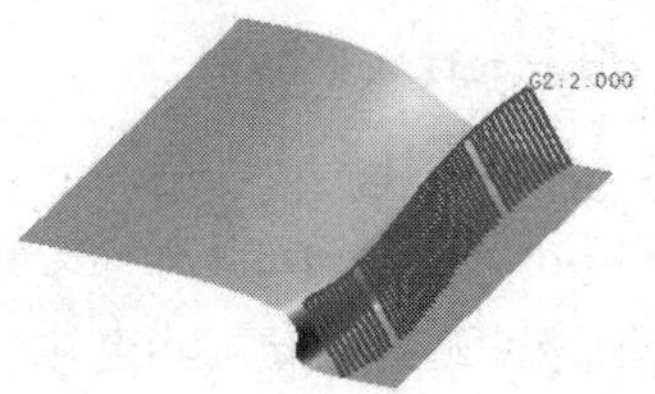


图 5.6.3 曲面连续性分析

## 5.6.2 反射分析

反射分析主要用于分析曲面的反射特性（从面的反射图中我们能观察曲面的光顺程度，通俗的理解是：面的光顺度越好，面的质量就越高），使用反射分析可显示从指定方向观察曲面上自光源发出的反射线。下面以图 5.6.4 所示的曲面为例，介绍反射分析的方法。

Step1. 打开文件 D:\ug12pd\work\ch05.06\reflection.prt。

Step2. 选择下拉菜单分析(L) ➡ 形状(S) ➡ 反射(F)...命令，系统弹出图 5.6.5 所示的“反射分析”对话框。

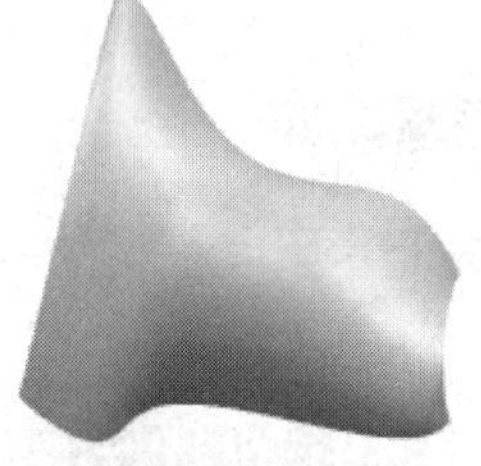

图 5.6.4　曲面模型

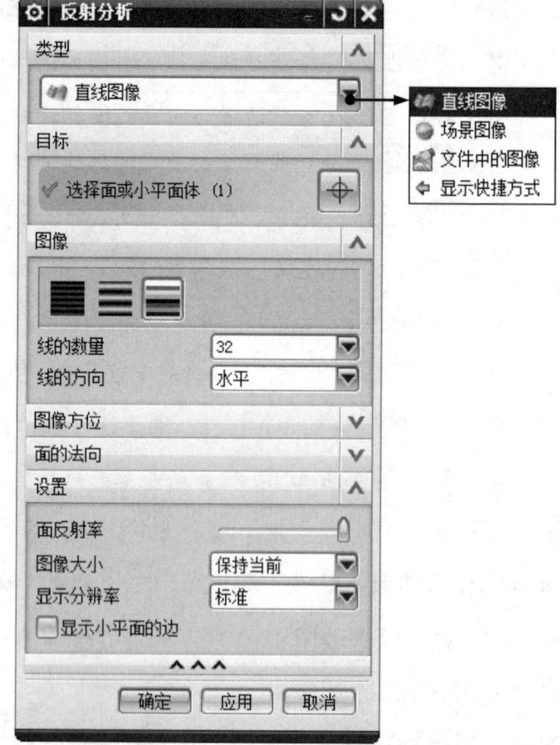


图 5.6.5　“反射分析”对话框

图 5.6.5 所示“反射分析”对话框中的部分选项及按钮说明如下。

- 类型下拉列表：用于指定图像显示的类型，包括直线图像、场景图像和文件中的图像三种类型。
  - ☑ 直线图像：用直线图形进行反射分析。
  - ☑ 场景图像：使用场景图像进行反射分析。
  - ☑ 文件中的图像：使用用户自定义的图像进行反射分析。
- 线的数量：在其后的下拉列表中选择数值可指定反射线条的数量。
- 线的方向：在其后的下拉列表中选择方式可指定反射线的方向。
- 图像方位：在该区域拖动滑块，可以对反射图像进行水平、竖直的移动或旋转。
- 面的法向区域：设置分析面的法向方向。
- 面反射率：拖动其后的滑块，可以调整反射图像的清晰度。
- 图像大小：下拉列表：用于调整反射图像在面上的显示比例。
- 显示分辨率下拉列表：设置面分析显示的公差。
- 显示小平面的边：使用高亮显示边界来显示所选择的面。

Step3. 选取图 5.6.4 所示的曲面作为反射分析的对象。

Step4. 在类型下拉列表中选择直线图像选项，然后在图像区域单击“彩色线”按钮，其他参数采用系统默认设置。

Step5. 在“反射分析”对话框中单击确定按钮，完成反射分析（图 5.6.6）。

图 5.6.6　反射分析

**说明**：图 5.6.6 所示的结果与其所处的视图方位有关，如果调整模型的方位，会得到不同的显示结果。

# 5.7　曲面的编辑

完成曲面的分析，我们只是对曲面的质量有了了解。要想真正得到高质量、符合要求的曲面，就要在进行完分析后对面进行修整，这就涉及曲面的编辑。本节我们将学习 UG NX 12.0 中曲面编辑的几种工具。

## 5.7.1　曲面的修剪

曲面的修剪（Trim）就是将选定曲面上的某一部分去除。曲面的修剪有多种方法，下面将分别介绍。

### 1. 一般的曲面修剪

一般的曲面修剪就是使用拉伸、旋转等操作，通过布尔求差运算将选定曲面上的某部分去除。下面以图 5.7.1 所示的手机盖曲面的修剪为例来说明曲面修剪的一般操作过程。

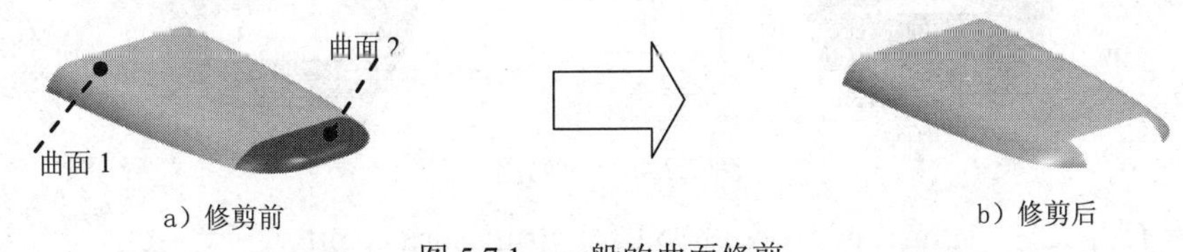


图 5.7.1　一般的曲面修剪

**说明**：本例中的曲面存在收敛点，无法直接加厚，所以在加厚之前必须通过修剪、补片和缝合等操作去除收敛点。

Step1. 打开文件 D:\ug12pd\work\ch05.07.01\trim.prt。

Step2. 选择下拉菜单 插入(S) → 设计特征(E) → 拉伸(E)... 命令，系统弹出“拉伸”对话框。

Step3. 单击“拉伸”对话框 截面线 区域中的“绘制截面”按钮，选取 XY 基准平面为草图平面，接受系统默认的方向。单击“创建草图”对话框中的 确定 按钮进入草图环境。

Step4. 绘制图 5.7.2 所示的截面草图。

Step5. 单击 完成 按钮，退出草图环境。

Step6. 在“拉伸”对话框 限制 区域的 开始 下拉列表中选择 值 选项，并在其下的 距离 文本框中输入值 0；在 限制 区域的 结束 下拉列表中选择 值 选项，并在其下的 距离 文本框中输入值 15；在 方向 区域的 * 指定矢量 (0) 下拉列表中选择 ZC 选项；在 布尔 区域的下拉列表中选择 减去 选项，在图形区选取图 5.7.1a 所示的曲面 2 为求差对象，单击 < 确定 > 按钮，完成曲面的修剪，结果如图 5.7.3 所示。

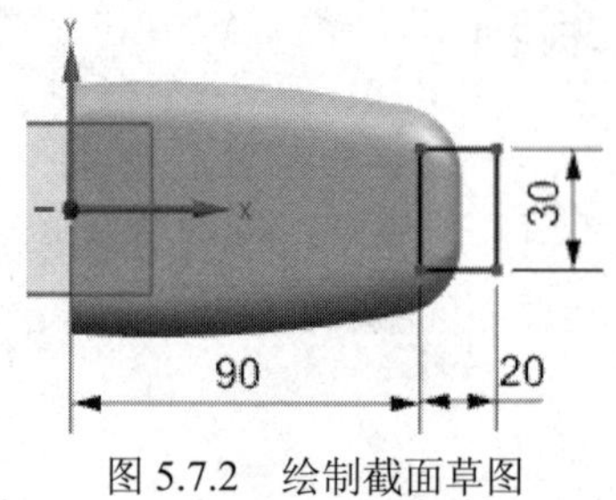


图 5.7.2 绘制截面草图

图 5.7.3 修剪后的曲面

说明：用“旋转”命令也可以对曲面进行修剪，这里不再赘述。

## 2. 修剪片体

修剪片体就是通过一些曲线和曲面作为边界，对指定的曲面进行修剪，形成新的曲面边界。所选的边界可以在将要修剪的曲面上，也可以在曲面之外通过投影方向来确定修剪的边界。图 5.7.4 所示的修剪片体的一般过程如下。

a）修剪前　　b）修剪后

图 5.7.4 修剪片体

Step1. 打开文件 D:\ug12pd\work\ch05.07.01\trim_surface.prt。

Step2. 选择下拉菜单 插入(S) → 修剪(T) → 修剪片体(R)... 命令（或在 主页 功能选项卡 曲面 区域 更多 下拉选项中单击 修剪片体 按钮），此时系统弹出图 5.7.5 所示的“修剪片体”对话框。

Step3. 设置对话框选项。在“修剪片体”对话框的投影方向下拉列表中选择垂直于面选项，然后选择区域选项组中的⊙保留单选项，如图 5.7.5 所示。

Step4. 在图形区选取需要修剪的曲面和修剪边界，如图 5.7.6 所示。

Step5. 在“修剪片体”对话框中单击 确定 按钮（或者单击中键），完成曲面的修剪。

**注意**：在选取需要修剪的曲面时，如果选取曲面的位置不同，则修剪的结果也将截然不同，如图 5.7.7 所示。

图 5.7.5 “修剪片体”对话框

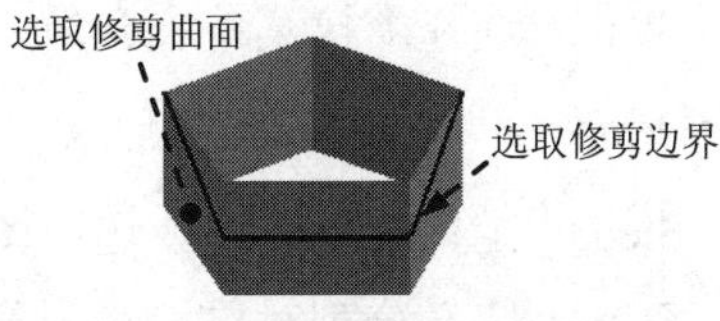


图 5.7.6 选取修剪曲面和修剪边界

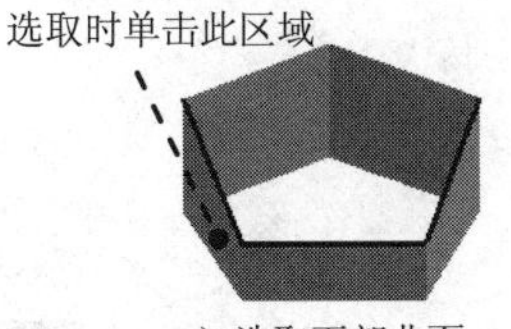


a）选取下部曲面

b）原始曲面和修剪曲线

c）选取上部曲面

图 5.7.7 修剪曲面的不同效果

图 5.7.5 所示“修剪片体”对话框中部分选项的说明如下。

- 目标区域：用来定义“修剪片体”命令所需要的目标片体面。
  - ☑ ：定义需要进行修剪的目标片体。
- 边界区域：用来定义“修剪片体”命令所需要的修剪边界。
  - ☑ ：定义需要进行修剪的修剪边界。
- 投影方向下拉列表：定义要做标记的曲面的投影方向。该下拉列表包含垂直于面、垂直于曲线平面和沿矢量选项。
  - ☑ 垂直于面：定义修剪边界投影方向是选定边界面的垂直投影。

☑ 垂直于曲线平面：定义修剪边界投影方向是选定边界曲面的垂直投影。

☑ 沿矢量：定义修剪边界投影方向是用户指定方向投影。

- 区域区域：定义所选的区域是被保留还是被舍弃。

☑ 保留：定义修剪曲面是选定的区域保留。

☑ 放弃：定义修剪曲面是选定的区域舍弃。

### 3. 分割表面

分割面就是用多个分割对象，如曲线、边缘、面、基准平面或实体，把现有体的一个面或多个面进行分割。在这个操作中，要分割的面和分割对象是关联的，即如果任一对象被更改，那么结果也会随之更新。图 5.7.8 所示的分割面的一般步骤如下。

Step1. 打开文件 D:\ ug12pd\work\ch05.07.01\divide_face.prt。

图 5.7.8 分割面

Step2. 选择下拉菜单 插入(S) → 修剪(T) → 分割面(D)... 命令，此时系统弹出图 5.7.9 所示的“分割面”对话框。

Step3. 定义分割曲面。选取图 5.7.10 所示的曲面为需要分割的曲面，单击中键确认。

Step4. 定义分割对象。在图形区选取图 5.7.11 所示的曲线串为分割对象。曲面分割预览如图 5.7.12 所示。

图 5.7.9 “分割面”对话框

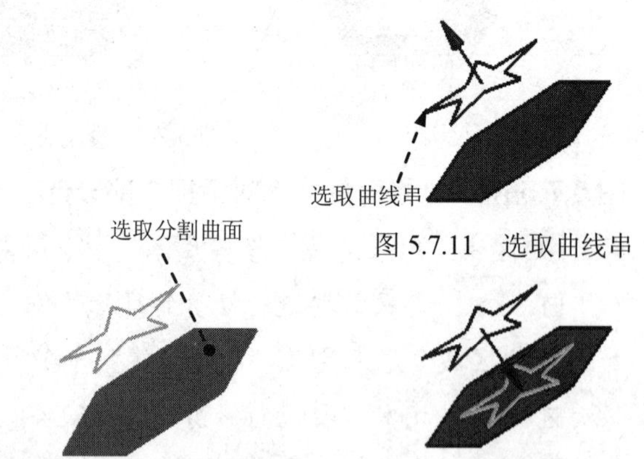


图 5.7.11 选取曲线串

图 5.7.10 选取要分割的曲面

图 5.7.12 曲面分割预览

Step5. 在“分割面”对话框中单击 < 确定 > 按钮，完成分割面的操作。

4．修剪与延伸

使用 修剪与延伸(N)... 命令可以创建修剪曲面，也可以通过延伸所选定的曲面创建拐角，以达到修剪或延伸的效果。选择下拉菜单 插入(S) → 修剪(T) → 修剪与延伸(N)... 命令，系统弹出“修剪与延伸”对话框。该对话框提供了“直至选定”和“制作拐角”两种修剪与延伸方式。下面以图 5.7.13 所示的修剪与延伸曲面为例来说明“直至选定”修剪与延伸方式的一般操作过程。

Step1．打开文件 D:\ug12pd\work\ch05.07\trim_and_extend.prt。

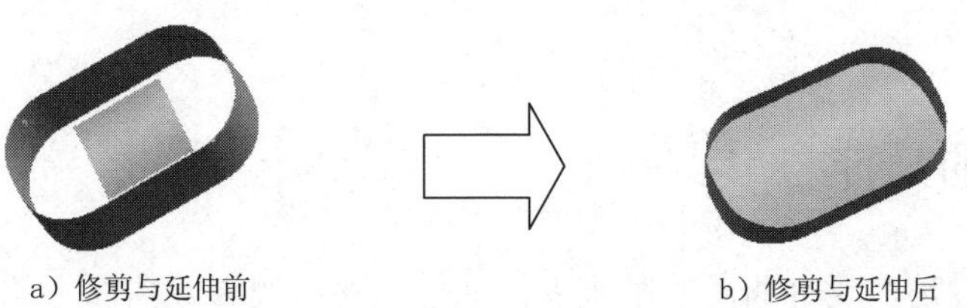


图 5.7.13　修剪与延伸曲面

Step2．选择下拉菜单 插入(S) → 修剪(T) → 修剪与延伸(N)... 命令，系统弹出图 5.7.14 所示的“修剪和延伸”对话框。

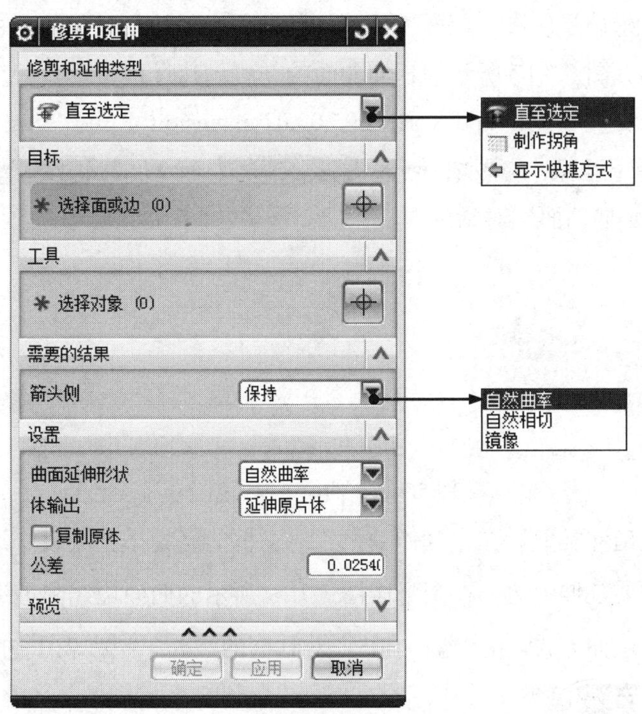


图 5.7.14　“修剪和延伸”对话框

Step3．在 类型 区域的下拉列表中选择 直至选定 选项，在 设置 区域的 曲面延伸形状 下拉列表中选择 自然曲率 选项，如图 5.7.14 所示。

Step4．定义目标边。在“上边框条”工具条的下拉列表中选择 相连曲线 选项，如图 5.7.15 所示，然后在图形区选取图 5.7.16 所示的片体边，单击鼠标中键确认。

Step5. 定义刀具面。在图形区选取图 5.7.16 所示的曲面。

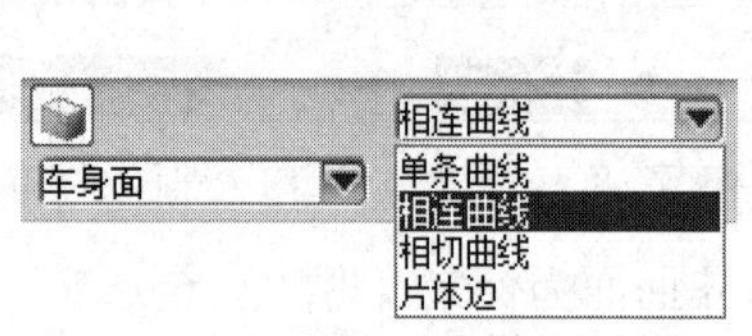


图 5.7.15 “上边框条”工具条

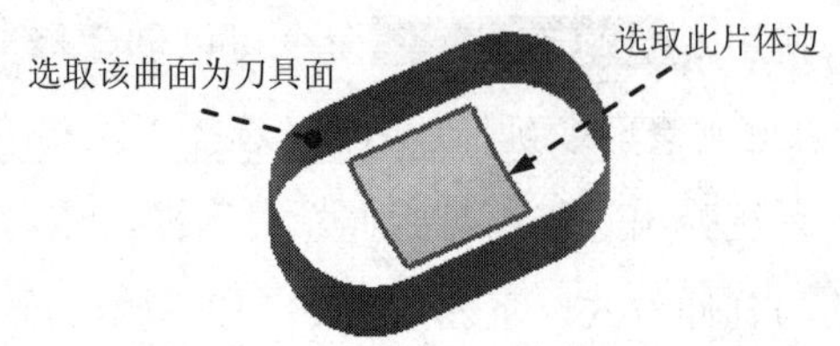


图 5.7.16 目标边缘和刀具面

Step6. 在“修剪和延伸”对话框中单击< 确定 >按钮，完成曲面的修剪与延伸操作，结果如图 5.7.13b 所示。

## 5.7.2 曲面的延伸

曲面的延伸就是在现有曲面的基础上，通过曲面的边界或曲面上的曲线进行延伸，扩大曲面。

### 1. “相切的”延伸

“相切的”延伸是以参考曲面（被延伸的曲面）的边缘拉伸一个曲面，所生成的曲面与参考曲面相切。图 5.7.17 所示的延伸曲面的一般创建过程如下。

Step1. 打开文件 D:\ug12pd\work\ch05.07.02\extension_1.prt。

Step2. 选择下拉菜单插入(S) → 弯边曲面(G) ▸ → 延伸(E)...命令，系统弹出图 5.7.18 所示的“延伸曲面”对话框。

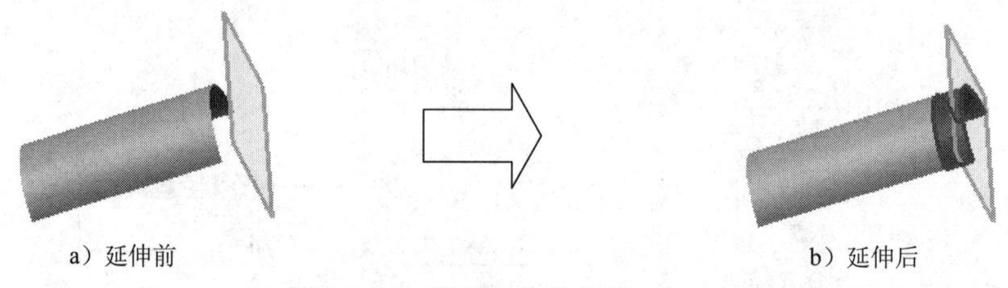


图 5.7.17 曲面延伸的创建

Step3. 定义延伸类型。在“延伸曲面”对话框的类型下拉列表中选择边选项。

Step4. 选取要延伸的边。在图形区图 5.7.19 所示的曲面边线附近选取面。

Step5. 定义延伸方式。在“延伸曲面”对话框的方法下拉列表中选择相切选项，在距离下拉列表中选择按长度选项。

Step6. 定义延伸长度。在“延伸曲面”对话框中单击长度文本框后的按钮，系统弹出图 5.7.20 所示的快捷菜单。在快捷菜单中选择测量(M)...命令，系统弹出“测量距离”对话框。在图形区选取图 5.7.21 所示的曲面边缘和基准平面 1 作为测量对象，单击“测量距离”对话框中的< 确定 >按钮，系统返回到“延伸曲面”对话框。单击< 确定 >按钮，完成延伸曲面的操作。

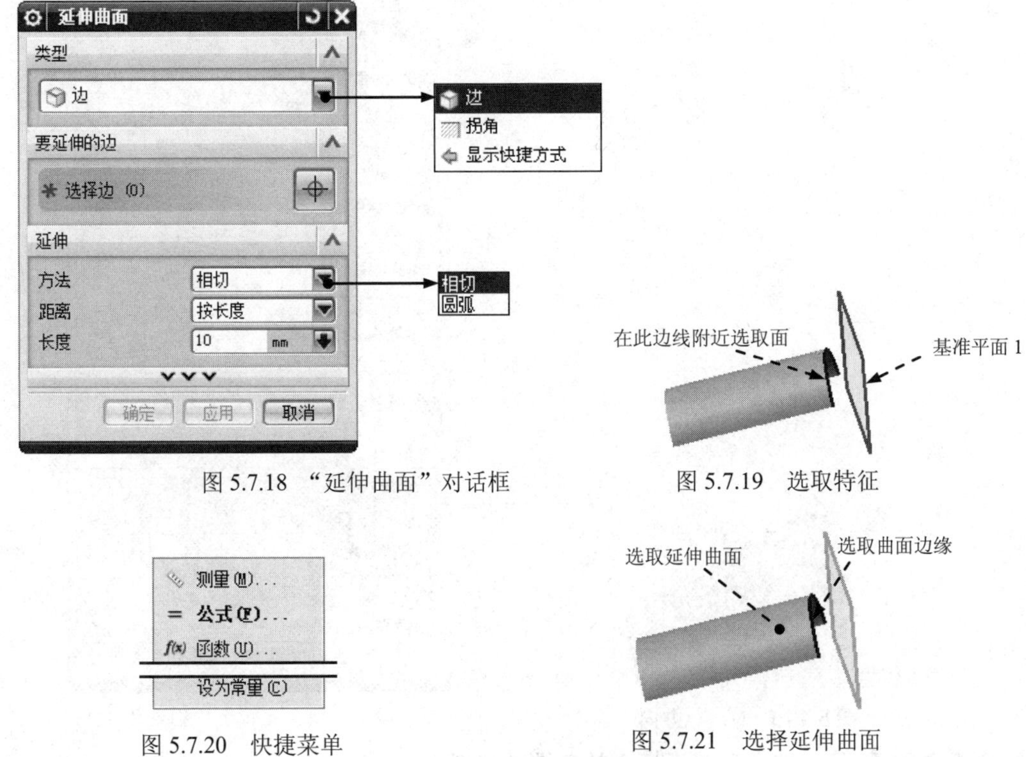


图 5.7.18 “延伸曲面”对话框

图 5.7.19 选取特征

图 5.7.20 快捷菜单

图 5.7.21 选择延伸曲面

## 2. 扩大曲面

使用 扩大(L)... 命令可以更改未修剪过的曲面的大小。用户也可以设定“编辑一个副本”选项使创建的新曲面与源曲面相关联，而且允许改变各个未修剪边的尺寸。图 5.7.22 所示创建扩大曲面的一般操作过程如下。

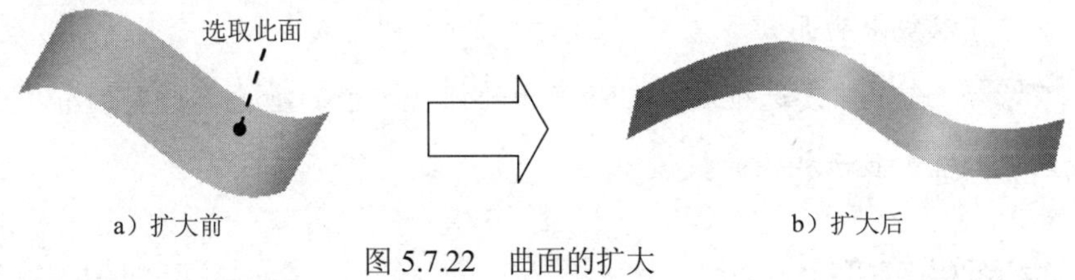


图 5.7.22 曲面的扩大

Step1. 打开文件 D:\ug12pd\work\ch05.07.02\enlarge.prt。

Step2. 选择下拉菜单 编辑(E) → 曲面(R) → 扩大(L)... 命令，系统弹出“扩大”对话框。

Step3. 在图形区选取图 5.7.22a 所示的曲面，图形区中显示图 5.7.23 所示的 U、V 方向。

Step4. 在“扩大”对话框中设置图 5.7.24 所示的参数，单击 < 确定 > 按钮，完成曲面的扩大操作。

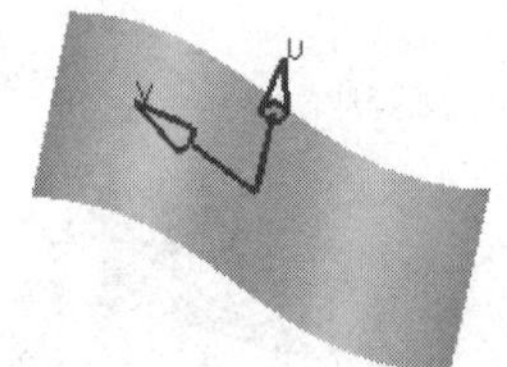

图 5.7.23　U、V 方向

图 5.7.24　“扩大”对话框

图 5.7.24 所示“扩大”对话框中的各选项说明如下。

- 模式区域：定义扩大曲面的方法。
  - ☑ 线性：用于在单一方向上线性地延伸扩大片体的边。选择该单选项，则只能增大曲面，而不能减小曲面。
  - ☑ 自然：用于自然地延伸扩大片体的边。选择该单选项，可以增大曲面，也可以减小曲面。
- 全部：选中该复选框后，移动下面的任一单个的滑块，所有的滑块会同时移动且文本框中显示相同的数值。

## 5.7.3　曲面的变形

曲面的变形用于动态快速地修改曲面，可以使用拉伸、折弯、歪斜和扭转等操作来得到需要的曲面。下面以图 5.7.25 所示的曲面变形为例来说明其一般操作过程。

图 5.7.25　曲面的变形

Step1. 打开文件 D:\ug12pd\work\ch05.07.03\distortion.prt。

Step2. 选择下拉菜单 编辑(E) ➡ 曲面(R) ➡ 变形(Q)... 命令，系统弹出图 5.7.26 所示的“使曲面变形”对话框（一）。

Step3. 在绘图区选取图 5.7.25a 所示的曲面，系统弹出图 5.7.27 所示的“使曲面变形”对话框（二），同时图形区中显示“水平”和“竖直”方向。

Step4. 分别拖动 拉长、折弯、歪斜度 下面的滑块，可以看到图形区中的模型随之发生变化，滑块上方显示的参数分别接近 60、86、30 即可；单击 确定 按钮，完成曲面的变形操作。

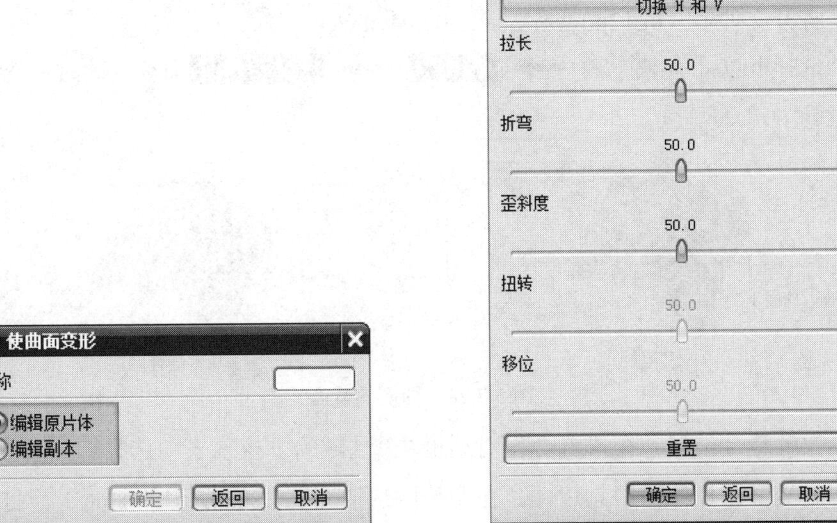

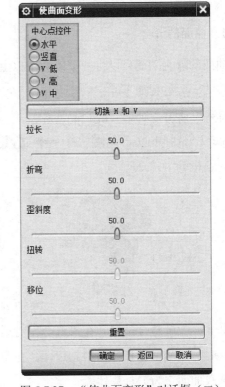

图 5.7.26　“使曲面变形”对话框（一）　　图 5.7.27　“使曲面变形”对话框（二）

图 5.7.27 所示“使曲面变形”对话框（二）中各选项及按钮的说明如下。

- 中心点控件 区域：用于设置进行变形的参考位置和方向。
  - ☑ 水平：曲面在水平方向上变形。
  - ☑ 竖直：曲面在竖直方向上变形。
  - ☑ V 低：变形从曲面的最低位置开始。
  - ☑ V 高：变形从曲面的最高位置开始。
  - ☑ V 中：变形从曲面的中间位置开始。
- 切换 H 和 V：重置滑块设置，且在水平模式和竖直模式之间切换中心点控制。
- 拉长：用于拉伸曲面使其变形。

- 折弯：用于折弯曲面使其变形。
- 歪斜度：用于歪斜曲面使其变形。
- 扭转：用于扭转曲面使其变形。
- 移位：用于移动曲面。
- 重置：取消所有滑块的设置，重置曲面使其返回到原始状态。

## 5.7.4 曲面的缝合与实体化

### 1. 曲面的缝合

曲面的缝合功能可以将两个或两个以上的曲面连接形成一个曲面。图 5.7.28 所示的曲面缝合的一般过程如下。

Step1. 打开文件 D:\ ug12pd\work\ch05.07.04\sew.prt。

Step2. 选择下拉菜单 插入(S) → 组合(B) ▸ → 缝合(W)... 命令，此时系统弹出“缝合”对话框。

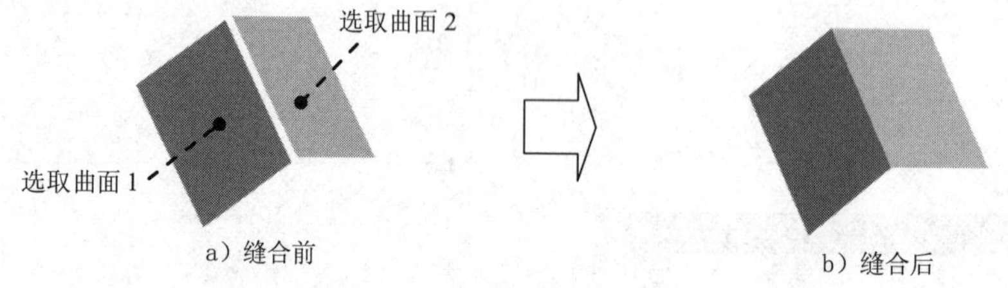


图 5.7.28 曲面的缝合

Step3. 设置缝合类型。在“缝合”对话框类型区域的下拉列表中选择 片体 选项。

Step4. 定义目标片体和刀具片体。在图形区选取图 5.7.28a 所示的曲面 1 为目标片体，然后选取曲面 2 为刀具片体。

Step5. 设置缝合公差。在“缝合”对话框的公差文本框中输入值 3，然后单击 确定 按钮（或者单击中键）完成曲面的缝合操作。

### 2. 曲面的实体化

曲面的创建最终是为了生成实体，所以曲面的实体化在设计过程中是非常重要的。曲面的实体化有多种类型，下面将分别介绍。

#### 类型一：封闭曲面的实体化

封闭曲面的实体化就是将一组封闭的曲面转化为实体特征。图 5.7.29 所示的封闭曲面实体化的操作过程如下。

Step1. 打开文件 D:\ug12pd\work\ch05.07.04\ surface_solid.prt。

Step2. 选择下拉菜单 视图(V) ➡ 截面(S) ▸ ➡ 新建截面(T)... 命令，系统弹出“视图剖切”对话框。在 类型 选项组中选取 一个平面 选项，然后单击 剖切平面 区域的“设置平面至 X”按钮，此时可看到在图形区中显示的特征为片体（图 5.7.30）。单击此对话框中的 取消 按钮。

图 5.7.29　封闭曲面的实体化

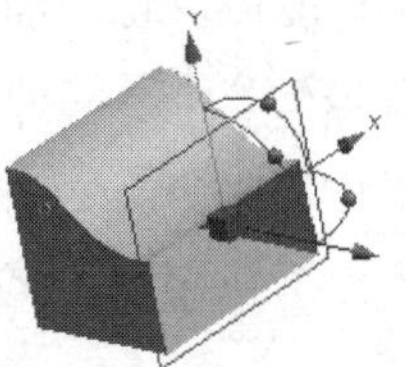

图 5.7.30　剖面视图

Step3. 选择下拉菜单 插入(S) ➡ 组合(B) ▸ ➡ 缝合(W)... 命令，系统弹出“缝合”对话框。在绘图区选取图 5.7.31 所示的曲面和片体特征，其他均采用默认设置值。单击“缝合”对话框中的 确定 按钮，完成实体化操作。

Step4. 选择下拉菜单 视图(V) ➡ 截面(S) ▸ ➡ 新建截面(T)... 命令，系统弹出“视图剖切”对话框。在 类型 选项组中选取 一个平面 选项，在 剖切平面 区域中单击 按钮，此时可看到在图形区中显示的特征为实体（图 5.7.32）。单击此对话框中的 取消 按钮。

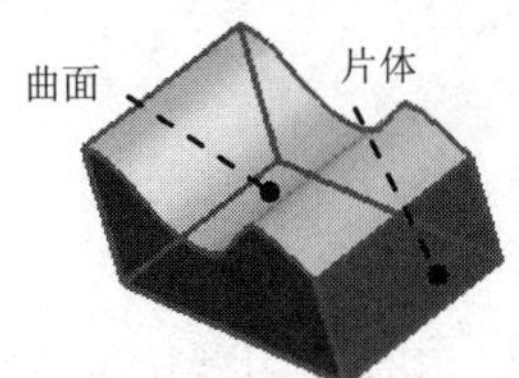


图 5.7.31　选取特征

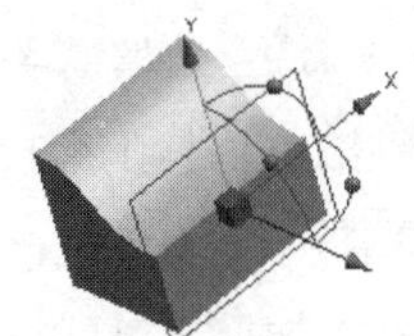

图 5.7.32　剖面视图

**类型二：使用补片创建实体**

曲面的补片功能就是使用片体替换实体上的某些面，或者将一个片体补到另一个片体上。图 5.7.33 所示的使用补片创建实体的一般过程如下。

Step1. 打开文件 D:\ug12pd\work\ch05.07.04\ surface_solid_replace.prt。

Step2. 选择下拉菜单 插入(S) ➡ 组合(B) ▸ ➡ 修补(C)... 命令，系统弹出“补片”对话框。

Step3. 在绘图区选取图 5.7.33a 所示的实体为要修补的体特征，选取图 5.7.33a 所示的片体为用于修补的体特征。单击“反向”按钮，使其与图 5.7.34 所示的方向一致。

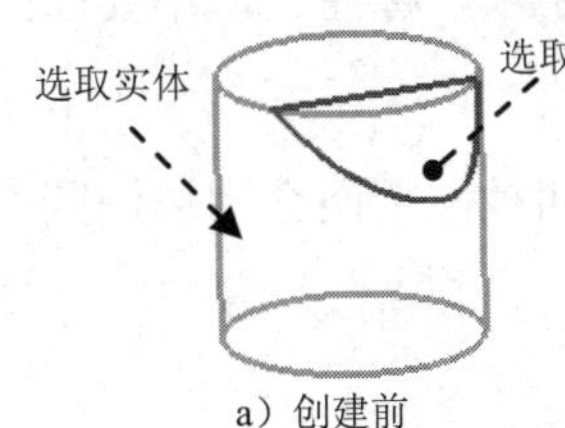


a）创建前

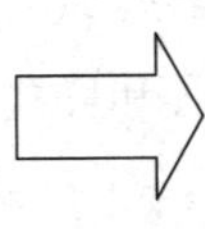

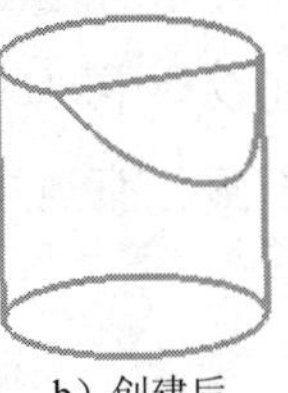

b）创建后

图 5.7.33　创建补片实体

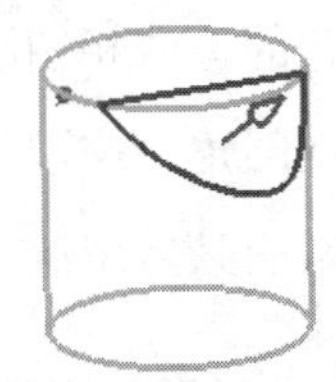

图 5.7.34　移除方向

Step4. 单击“补片”对话框中的 确定 按钮，完成补片操作。

**注意：**在进行补片操作时，工具片体的所有边缘必须在目标体的面上，而且工具片体必须在目标体上创建一个封闭的环，否则系统会提示出错。

**类型三：开放曲面的加厚**

曲面加厚功能可以将曲面进行偏置生成实体，并且生成的实体可以和已有的实体进行布尔运算。图 5.7.35 所示的曲面加厚的一般过程如下。

Step1. 打开文件 D:\ug12pd\work\ch05.07.04\thicken.prt。

Step2. 选择下拉菜单 插入(S) → 偏置/缩放(O) → 加厚(T)... 命令，系统弹出“加厚”对话框。

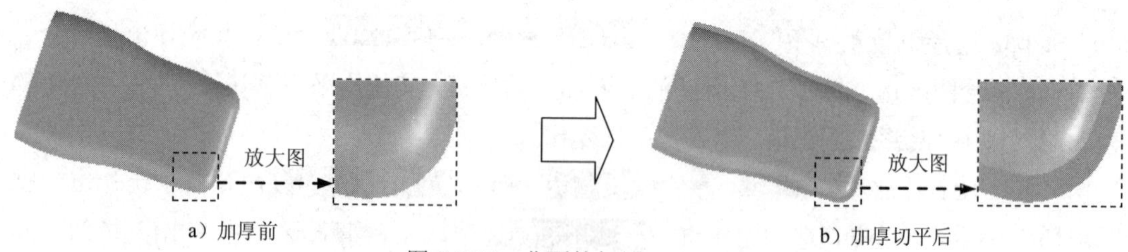


图 5.7.35 曲面的加厚

**“加厚”对话框中的部分选项说明如下。**

- (面)：选取需要加厚的面。
- 偏置 1：该选项用于定义加厚实体的起始位置。
- 偏置 2：该选项用于定义加厚实体的结束位置。

Step3. 在“加厚”对话框的 偏置 1 文本框中输入数值-2，其他采用默认设置值，在绘图区选取图 5.7.35a 所示的曲面为加厚的面，定义 ZC 基准轴的反方向为加厚方向。单击 < 确定 > 按钮，完成曲面加厚操作。

**说明：**曲面加厚完成后，它的剖面是不平整的，所以加厚后一般还需切平。

## 5.8 曲面中的倒圆角

倒圆角在曲面建模中具有相当重要的地位。倒圆角功能可以在两组曲面或者实体表面之间建立光滑连接的过渡曲面，创建过渡曲面的截面线可以是圆弧、二次曲线和等参数曲线等。在创建圆角时，应注意：为了避免创建从属于圆角特征的子项，标注时，不要以圆角创建的边或相切边为参照；在设计中要尽可能晚些添加圆角特征。

倒圆角的类型主要包括边倒圆、面倒圆、软倒圆和样式圆角四种。下面介绍边倒圆、面倒圆的具体用法。

## 5.8.1　边倒圆

边倒圆可以使至少由两个面共享的选定边缘变光滑。倒圆时，就像它沿着被倒圆角的边缘（圆角半径）滚动一个球，同时使球始终与在此边缘处相交的各个面接触。边倒圆的方式有以下四种：恒定半径方式、变半径方式、空间倒角方式和突然停止点边倒圆方式。

### 1．恒定半径方式

创建图 5.8.1 所示的恒定半径方式边倒圆的一般操作过程如下。

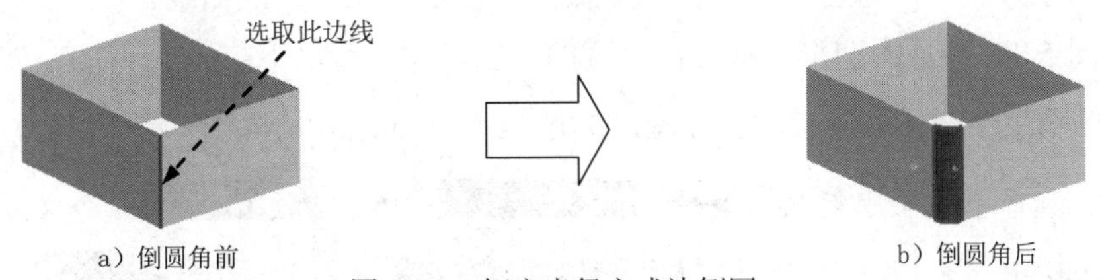


图 5.8.1　恒定半径方式边倒圆

Step1. 打开文件 D:\ug12pd\work\ch05.08.01\blend.prt。

Step2. 选择下拉菜单 插入(S) → 细节特征(L) ▸ → 边倒圆(E)... 命令（或单击 按钮），系统弹出“边倒圆”对话框。

Step3. 在绘图区选取图 5.8.1a 所示的边线，在 边 区域的 半径 1 文本框中输入值 5.0。

Step4. 单击“边倒圆”对话框中的 < 确定 > 按钮，完成恒定半径方式的边倒圆操作。

### 2．变半径方式

下面通过变半径方式创建图 5.8.2 所示的边倒圆（接上例继续操作）。

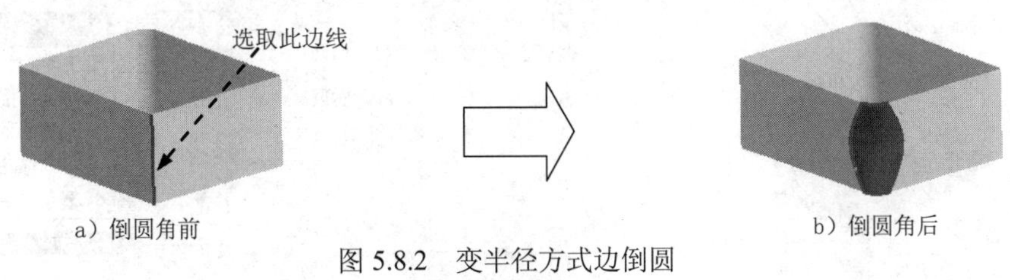


图 5.8.2　变半径方式边倒圆

Step1. 选择下拉菜单 插入(S) → 细节特征(L) ▸ → 边倒圆(E)... 命令（或单击 按钮），系统弹出“边倒圆”对话框。

Step2. 在绘图区选取图 5.8.2a 所示的边线，在 变半径 区域中单击 指定新的位置 按钮，选取图 5.8.2a 所示边线的上端点，在 V 半径 文本框中输入值 5，在 位置 文本框中选择 弧长百分比 选项，在 弧长百分比 文本框中输入值 100。

Step3. 单击图 5.8.2a 所示边线的中点，在系统弹出的 V 半径 文本框中输入值 10，在 弧长百分比 文本框中输入值 50。

Step4. 单击图 5.8.2a 所示边线的下端点，在系统弹出的V 半径文本框中输入值 5，在弧长百分比文本框中输入值 0。

Step5. 单击“边倒圆”对话框中的< 确定 >按钮，完成变半径方式的边倒圆操作。

## 5.8.2 面倒圆

面倒圆(F)...命令可用于创建复杂的圆角面，该圆角面与两组输入曲面相切，并且可以对两组曲面进行裁剪和缝合。圆角面的横截面可以是圆弧或二次曲线。

创建图 5.8.3 所示的圆形横截面面倒圆的一般操作过程如下。

Step1. 打开文件 D:\ug12pd\work\ch05.08.02\face_blend_1.prt。

Step2. 选择下拉菜单插入(S) → 细节特征(L) ▸ → 面倒圆(F)...命令（或单击按钮），系统弹出图 5.8.4 所示的“面倒圆”对话框，在类型下拉列表中选择双面选项。

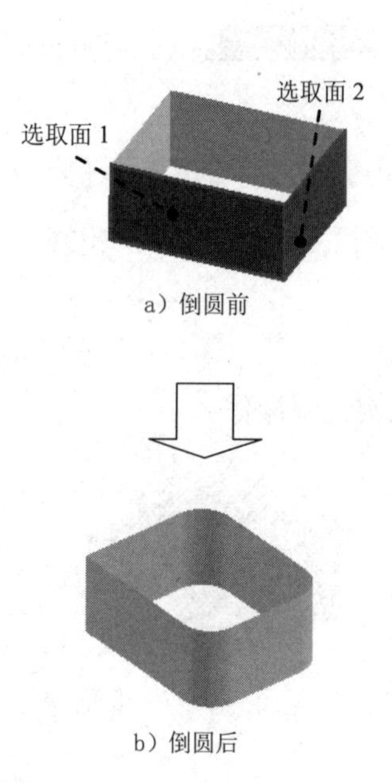


图 5.8.3 面倒圆特征

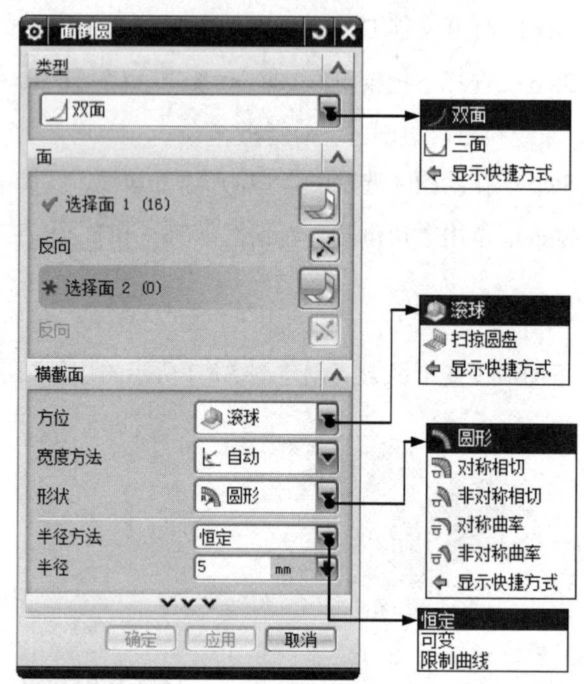


图 5.8.4 “面倒圆”对话框

Step3. 在绘图区选取图 5.8.3a 所示的面 1，单击鼠标中键确认；选取图 5.8.3a 所示的面 2，在横截面区域的方位下拉列表中选择滚球选项，在形状下拉列表中选择圆形选项，在半径方法下拉列表中选择恒定选项，在半径文本框中输入值 10；在“面倒圆”对话框中单击应用按钮，系统再次弹出“面倒圆”对话框。

Step4. 在绘图区选取图 5.8.5 所示的面 2，单击鼠标中键确认；选取图 5.8.5 所示的面 3，在半径文本框中输入值 10；其他参数采用系统默认设置；在“面倒圆”对话框中单击应用按钮，系统再次弹出“面倒圆”对话框。

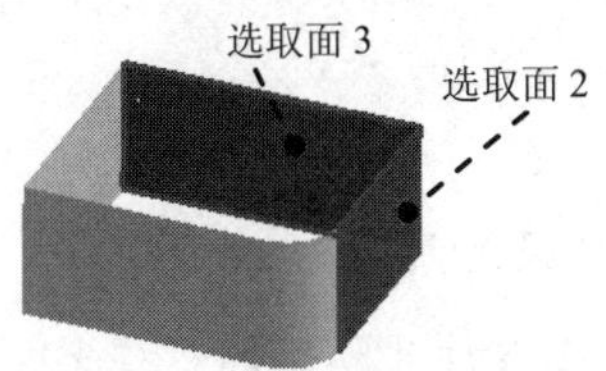


图 5.8.5　面倒圆参照

Step5. 在绘图区选取图 5.8.6 所示的面，单击鼠标中键确认；选取图 5.8.7 所示的面 4，在半径文本框中输入值 10；其他参数采用系统默认设置；单击“面倒圆”对话框中的< 确定 >按钮，完成面倒圆操作。

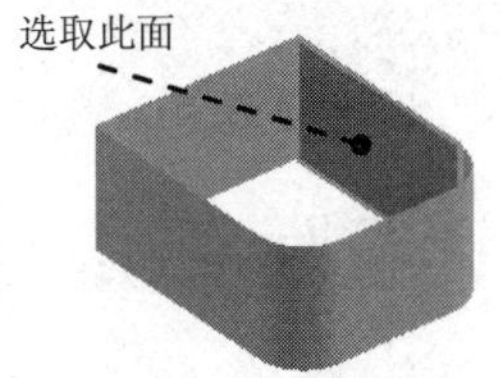


图 5.8.6　面倒圆参照

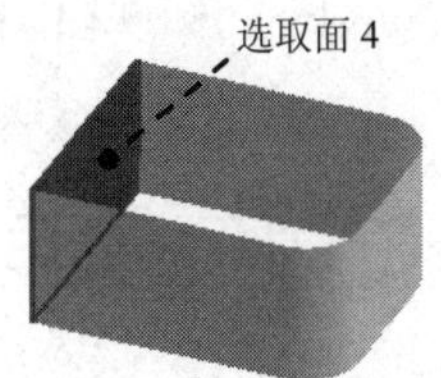


图 5.8.7　面倒圆参照

**图 5.8.4 所示“面倒圆”对话框中各个选项的说明如下。**

- 类型下拉列表：用于定义面圆角的类型，包括以下两种类型的面圆角。
  - ☑ 双面：选取两个面链，在两个面链之间创建面圆角。
  - ☑ 三面：选取三个面链，在三个面链之间创建面圆角。
- 方位下拉列表：可以定义“滚球”和“扫掠圆盘”两种面倒圆的截面方位。
  - ☑ 滚球：使用滚动的球体创建面倒圆，倒圆截面线由球体与两组曲面的交点确定。
  - ☑ 扫掠圆盘：沿着脊线曲线扫掠横截面，倒圆横截面的平面始终垂直于脊线曲线。
- 形状下拉列表：用于定义面倒圆的截面形状。
  - ☑ 圆形：定义倒圆横截面的形状为圆形。
  - ☑ 对称相切：定义倒圆横截面的形状为对称二次曲线形式。
  - ☑ 非对称相切：定义倒圆横截面的形状为不对称二次曲线形式。
- 半径方法下拉列表：定义倒圆时半径为恒定、规律控制，或者为相切约束。
  - ☑ 恒定：使用恒定半径（正值）进行倒圆。
  - ☑ 可变：依照规律函数在沿着脊线曲线的单个点处定义可变的半径。
  - ☑ 限制曲线：控制倒圆半径，其中倒圆面与选定曲线/边缘保持相切约束。

## 5.9 UG 曲面产品设计实际应用 1

**应用概述：**

本应用主要运用了“拉伸”“投影曲线”“扫掠”“修剪和延伸”“倒斜角”等命令，在设计此零件的过程中注意基准面的创建，应便于特征截面草图的绘制。零件模型如图 5.9.1 所示。

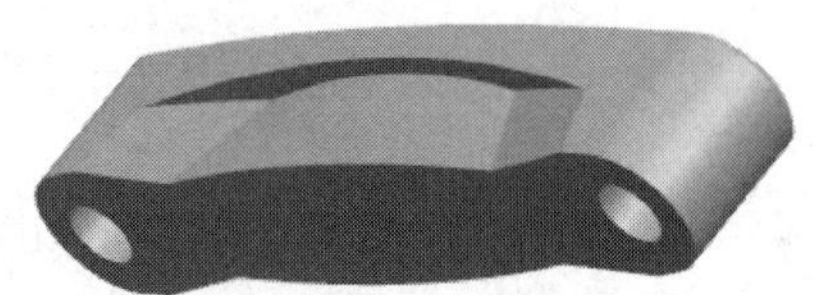

图 5.9.1 零件模型 1

**说明：**本应用的详细操作过程请参见随书光盘中 video\ch05.09\文件夹下的语音视频讲解文件。模型文件为 D:\ug12pd\work\ch05.09\LINK_BEAM.prt。

## 5.10 UG 曲面产品设计实际应用 2

**应用概述：**

本应用主要讲述涡轮零件建模，建模过程中主要使用了旋转、抽取面、修剪片体、投影曲线、通过曲线网格、有界平面和实例几何体等命令。其中曲线网格的操作技巧性较强，需要读者用心体会。零件模型如图 5.10.1 所示。

图 5.10.1 零件模型 2

**说明：**本应用的详细操作过程请参见随书光盘中 video\ch05.10\文件夹下的语音视频讲解文件。模型文件为 D:\ug12pd\work\ch05.10\TURBINE.prt。

## 5.11 UG 曲面产品设计实际应用 3

**应用概述：**

本应用设计的是生活中常用的产品——水嘴手柄。此例的设计思路是先通过绘制产品的外形控制曲线，再通过曲线得到模型的整体曲面特征。在创建曲面时要对可能产生收敛点的曲面有足够的重视，因为很多时候由于收敛点的存在使后续设计无法进行或变得非常复杂，对于收敛点的去除方法本例将有介绍。零件模型如图 5.11.1 所示。

**说明**：本应用的详细操作过程请参见随书光盘中 video\ch05.11\文件夹下的语音视频讲解文件。模型文件为 D:\ug12pd\work\ch05.11\tap_switch.prt。

## 5.12 UG 曲面产品设计实际应用 4

**应用概述**：

本应用介绍了肥皂盒的设计过程。通过学习本范例，会使读者对曲面特征有一定的了解。本范例主要采用实体的拉伸特征、曲面修剪、边倒角、抽壳和扫掠等特征。需要注意在创建曲面拉伸和曲面修剪过程中的一些技巧。零件模型如图 5.12.1 所示。

**说明**：本应用的详细操作过程请参见随书光盘中 video\ch05.12\文件夹下的语音视频讲解文件。模型文件为 D:\ug12pd\work\ch05.12\fancy_soap_box.prt。

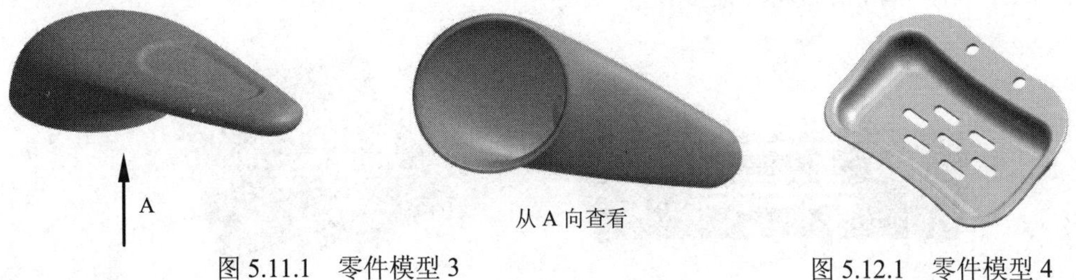


图 5.11.1 零件模型 3

图 5.12.1 零件模型 4

## 5.13 UG 曲面产品设计实际应用 5

**应用概述**：

本应用介绍了一个订书机盖的设计过程。主要运用了一些常用命令，包括拉伸、扫掠、修剪体和倒圆角等特征，其设计思路是先通过曲面创建出实体的外形，再通过缝合创建出实体，其中修剪体和有界平面的命令使用得很巧妙。零件模型如图 5.13.1 所示。

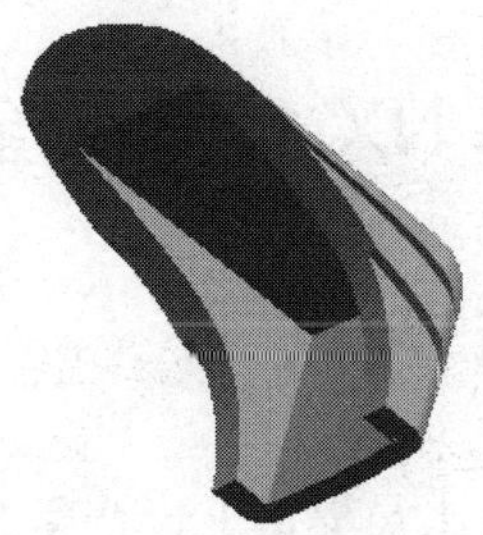

图 5.13.1 零件模型 5

**说明**：本应用的详细操作过程请参见随书光盘中 video\ch05.13\文件夹下的语音视频讲解文件。模型文件为 D:\ug12pd\work\ch05.13\STAPLER.prt。

# 第 6 章 钣金产品的设计

## 6.1 钣金设计概述

钣金件是利用金属的可塑性，针对金属薄板（一般是指 5mm 以下）通过弯边、冲裁和成形等工艺，制造出单个零件，然后通过焊接、铆接等组装成完整的钣金件。其最显著的特征是同一零件的厚度一致。因为钣金成形具有材料利用率高、重量轻、设计及操作方便等特点，所以钣金件的应用十分普遍，几乎占据了所有行业，如机床、电器、汽车、仪器仪表和航空航天等，日常生活中也十分常见。在市场中钣金零件占全部金属制品的 80%左右，图 6.1.1 所示为常见的几种钣金零件。

图 6.1.1 常见的几种钣金零件

## 6.2 UG NX 12.0 钣金概述

### 6.2.1 UG NX 12.0 钣金设计特点

UG NX 12.0 钣金设计为专业设计人员提供了一整套工具，根据材料特性和制造过程方面的知识高效地创建并管理钣金零件。UG NX 12.0 钣金模块包括用于合并材料和过程信息的特征及工具，用于表达钣金制作周期中的各个阶段，如弯曲、翻边、切口及其他可成形特征。使用 UG NX 12.0 钣金设计模块，用户在钣金零件的创建过程中可以根据所在行业应用默认值和标准值。比如，在制造质量要求已知的情况下，可以在一定范围内确定给定材料厚度的弯曲半径值。

钣金部件的折叠视图和展开视图既可以用于三维环境，又可以用于下游的二维文件和制造。与其他CAD软件包里面的钣金应用程序不同的是，在一个单一零件的情况下，UG NX 12.0可以让其他参数化建模操作与钣金特征之间实现相互操作。

### 6.2.2　UG NX 12.0 钣金设计基础过程

（1）新建一个模型文件，进入钣金模块。

（2）以钣金件所支持或保护的内部零部件大小和形状为基础，创建基础钣金特征。例如，设计机床床身护罩时，先要按床身的形状和尺寸创建基础钣金。

（3）添加弯边钣金。在基础钣金创建之后，往往需要在其基础上添加另外的钣金，即弯边钣金。

（4）在钣金模型中，还可以随时添加一些实体特征，如实体切削特征、孔特征、圆角特征和倒角特征等。

（5）创建钣金孔等特征，为钣金的折弯作准备。

（6）进行钣金的折弯。

（7）进行钣金的展开。

## 6.3　NX 钣金模块导入

本节主要讲解NX钣金模块的工作界面、配置文件、菜单和工具条以及钣金首选项的设置。通过本节的学习，可以对NX钣金模块有一个初步的了解。

### 6.3.1　NX 钣金模块的工作界面

在学习本小节时，请先打开文件D:\ug12pd\work\ch06.03\PRINTER_SHEET.prt。

UG NX 12.0钣金设计模块工作界面包括标题栏、下拉菜单区、部件导航器区、顶部工具条按钮区、消息区、图形区及资源工具条区，如图6.3.1所示。

#### 1. 工具条按钮区

工具条按钮区中的命令按钮为快速选择命令及设置工作环境提供了极大的方便，用户可以根据具体情况定制工具条。

**注意：**用户会看到有些菜单命令和按钮处于非激活状态（呈灰色，即暗色），这是因为它们目前还没有处在发挥功能的环境中，一旦它们进入有关的环境，便会自动激活。

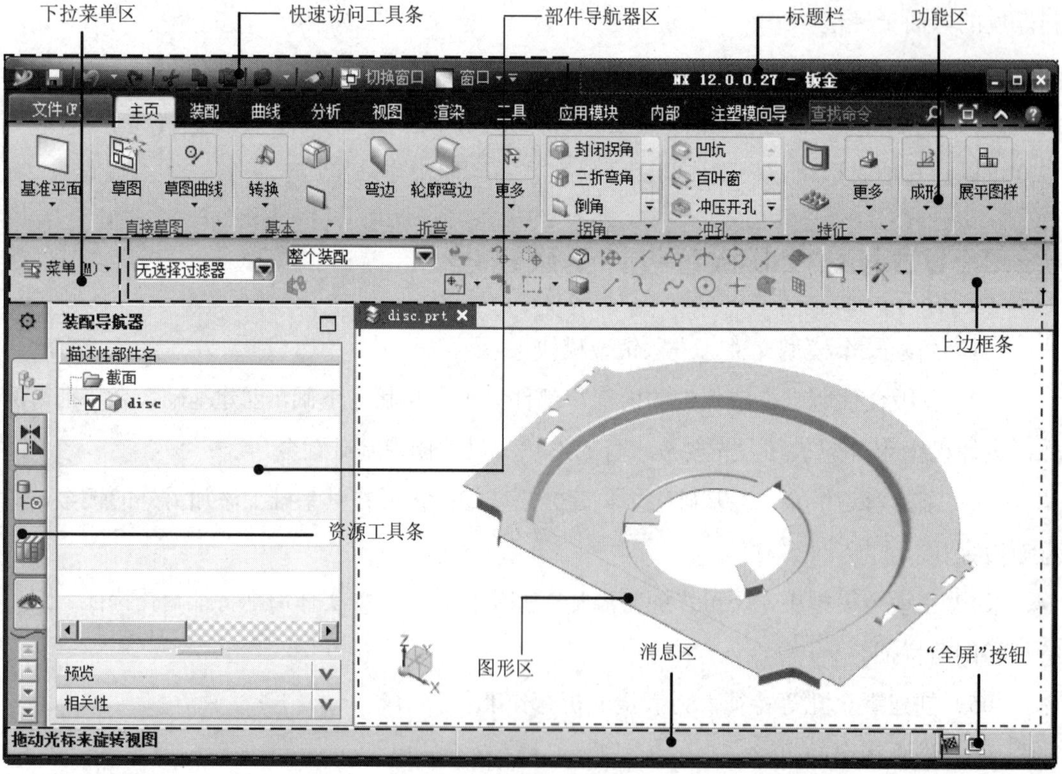

图 6.3.1　UG NX 12.0 钣金模块工作界面

### 2. 下拉菜单区

下拉菜单区中包含新建、保存、插入和设置 UG NX 12.0 环境的一些命令等。

### 3. 资源工具条区

资源工具条区包括“装配导航器”“部件导航器”“Internet Explorer”“历史记录”“系统材料”等导航工具。用户通过资源工具条区可以方便、快捷地进行一些查找、选取命令等操作。对于每一种导航器，都可以直接在其相应的项目上右击，快速地进行各种操作。

资源工具条区主要选项的功能说明如下。

- “装配导航器”显示装配的层次关系。
- “部件导航器”显示建模的先后顺序和父子关系。父对象（活动零件或组件）显示在模型树的顶部，其子对象（零件或特征）位于父对象之下。在“部件导航器”空白处右击，从弹出的快捷菜单中选择 时间戳记顺序 命令，则按“模型历史”显示。“模型历史记录”中列出了活动文件中的所有零件及特征，并按建模的先后顺序显示模型结构。若打开多个 UG NX 12.0 模型，则“部件导航器”只反映当前活动模型的内容。

- “Internet Explorer”是 Internet 浏览器。可以通过网络来查阅一些资料。
- “历史记录”中可以显示曾经打开过的部件。
- “系统材料”中可以设定模型的材料。

4．消息区

执行有关操作时，与该操作有关的系统提示信息会显示在消息区。消息区中间有一个可见的边线，左侧是提示栏，用来提示用户如何操作；右侧是状态栏，用来显示系统或图形当前的状态，如显示选取结果信息等。执行每个操作时，系统都会在提示栏中显示用户必须执行的操作，或者提示下一步操作。对于大多数的命令，用户都可以参考提示栏的提示来完成操作。

5．图形区

图形区是 UG NX 12.0 用户主要的工作区域，建模的主要过程及绘制前后的零件图形、分析结果和模拟仿真过程等都在这个区域内显示。用户在进行操作时，可以直接在图形区中选取相关对象进行操作。

## 6.3.2　NX 钣金模块的菜单及工具栏

打开 UG NX 12.0 软件后，首先选择 文件(F) → 新建(N)... 命令，然后在系统弹出的“新建”对话框中选择 NX 钣金 模板，进入钣金模块。选择下拉菜单 插入(S) 命令，系统则弹出钣金模块中的所有钣金命令（图 6.3.2）。

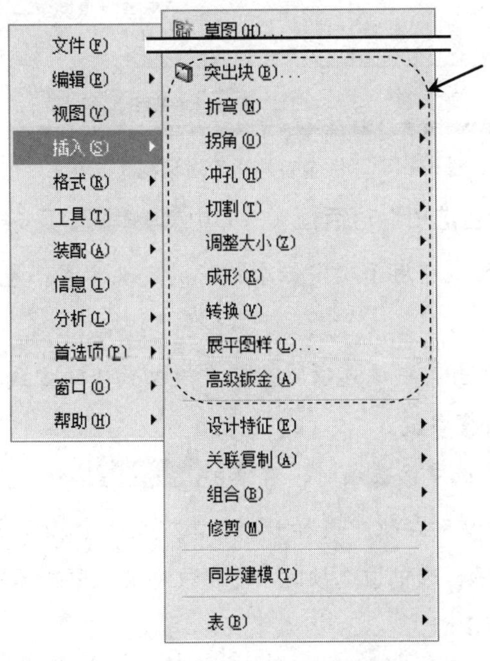


图 6.3.2　“插入”下拉菜单

在主页功能选项卡中同时也出现了钣金模块的相关命令按钮，如图 6.3.3 所示。

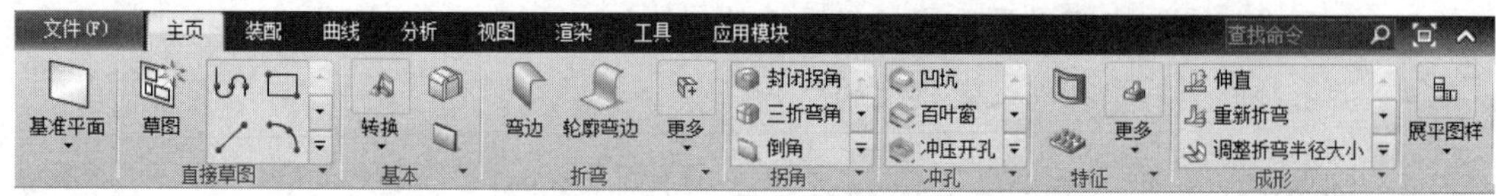


图 6.3.3 “主页”功能选项卡

## 6.3.3 NX 钣金模块的首选项设置

为了提高钣金件的设计效率以及使钣金件在设计完成后能顺利地加工及精确地展开，UG NX 12.0 提供了一些对钣金零件属性的设置及其平面展开图处理的相关设置。通过对首选项的设置极大地提高了钣金零件的设计速度。这些参数设置包括材料厚度、折弯半径、止裂口深度、止裂口宽度和折弯许用半径公式的设置，下面详细讲解这些参数的作用。

进入 NX 钣金模块后，选择下拉菜单首选项(P) ➡ 钣金(H)...命令，系统弹出“钣金首选项”对话框（一），如图 6.3.4 所示。

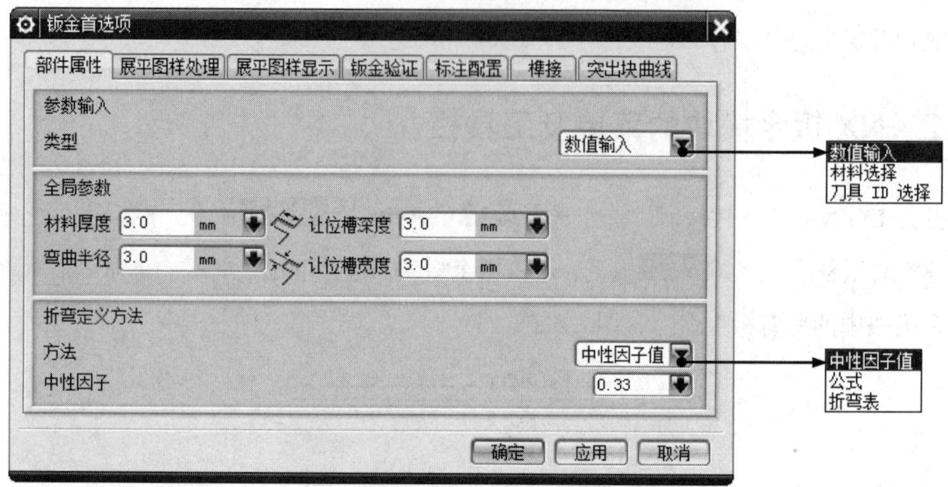


图 6.3.4 “钣金首选项”对话框（一）

**图 6.3.4 所示的“钣金首选项”对话框（一）中部件属性选项卡各选项的说明如下。**

- 参数输入区域：该区域可用于确定钣金折弯的定义方式，包含数值输入、材料选择和刀具 ID 选择选项。
  - ☑ 数值输入选项：当选中该选项时，可直接以数值的方式在折弯定义方法区域中直接输入钣金折弯参数。
  - ☑ 材料选择选项：选中该选项时，可单击选择材料按钮，系统弹出“选择材料”对话框，可在该对话框中选择一材料来定义钣金折弯参数。
  - ☑ 刀具 ID 选择选项：选中该选项时，可在该对话框中选择冲孔或冲模参数，以定义钣金的折弯参数。

- 在全局参数区域中可以设置以下4个参数。
  - ☑ 材料厚度文本框：在该文本框中可以输入数值，以定义钣金零件的全局厚度。
  - ☑ 弯曲半径文本框：在该文本框中可以输入数值，以定义钣金件折弯时默认的折弯半径。
  - ☑ 让位槽深度文本框：在该文本框中可以输入数值，以定义钣金件默认的让位槽的深度。
  - ☑ 让位槽宽度文本框：在该文本框中可以输入数值，以定义钣金件默认的让位槽的宽度。
- 折弯定义方法区域：该区域用于定义折弯定义方法，包含中性因子值、公式和折弯表选项。
  - ☑ 中性因子值选项：选中该选项时，采用中性因子定义折弯方法，且其后的文本框可用，可在该文本框中输入数值以定义折弯的中性因子。
  - ☑ 公式选项：当选中该选项时，使用半径公式来确定折弯参数。
  - ☑ 折弯表选项：选中该选项，可在创建钣金折弯时使用折弯表来定义折弯参数。

在“钣金首选项”对话框（一）中单击展平图样处理选项卡，“钣金首选项”对话框（二）如图6.3.5所示。

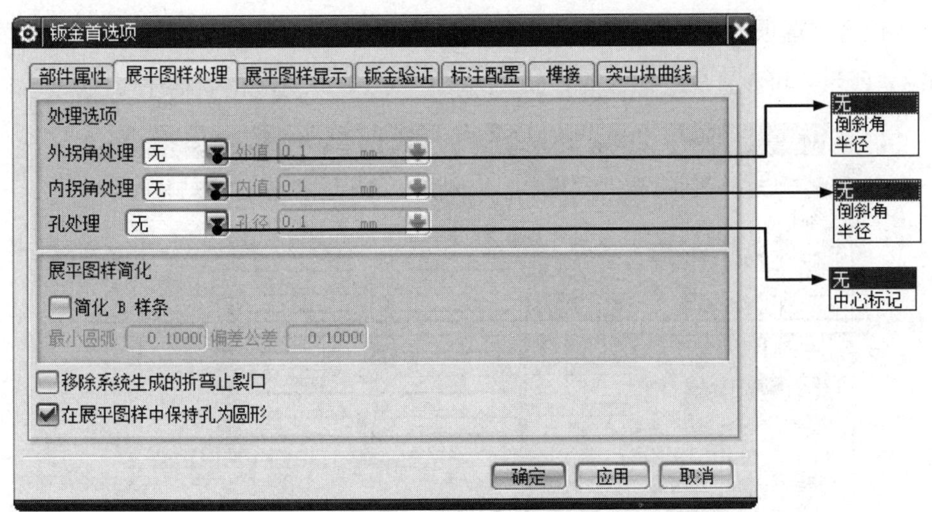


图6.3.5 “钣金首选项”对话框（二）

**图6.3.5所示的“钣金首选项”对话框（二）中展平图样处理选项卡中各选项的说明如下。**

- 处理选项区域：可以设置在展开钣金后内、外拐角及孔的处理方式。外拐角是去除材料，内拐角是创建材料。
- 外拐角处理下拉列表：该下拉列表中有无、倒斜角和半径三个选项，用于设置钣金展开后外拐角的处理方式。
  - ☑ 无选项：选择该选项时，不对内、外拐角做任何处理。

- ☑ 倒斜角选项：选择该选项时，对内、外拐角创建一个倒角，倒角的大小在其后的文本框中进行设置。
- ☑ 半径选项：选择该选项时，对内、外拐角创建一个圆角，圆角的大小在后面的文本框中进行设置。

- 内拐角处理下拉列表：该下拉列表中有无、倒斜角和半径三个选项，用于设置钣金展开后内拐角的处理方式。
- 孔处理下拉列表：该下拉列表中有无和中心标记两个选项，用于设置钣金展开后孔的处理方式。
- 展平图样简化区域：该区域用于在对圆柱表面或折弯处有裁剪特征的钣金零件进行展开时，设置是否生成 B 样条，当选中☑简化 B 样条复选框后，可通过最小圆弧及偏差公差两个文本框对简化 B 样条的最大圆弧和偏差公差进行设置。
- ☑移除系统生成的折弯止裂口复选框：选中该复选框后，钣金零件展开时将自动移除系统生成的缺口。
- ☑在展平图样中保持孔为圆形复选框：选中该复选框时，在平面展开图中保持折弯曲面上的孔为圆形。

在“钣金首选项”对话框（一）中单击展平图样显示选项卡，“钣金首选项”对话框（三）如图 6.3.6 所示，可设置展平图样的各曲线的颜色以及默认选项的新标注属性。

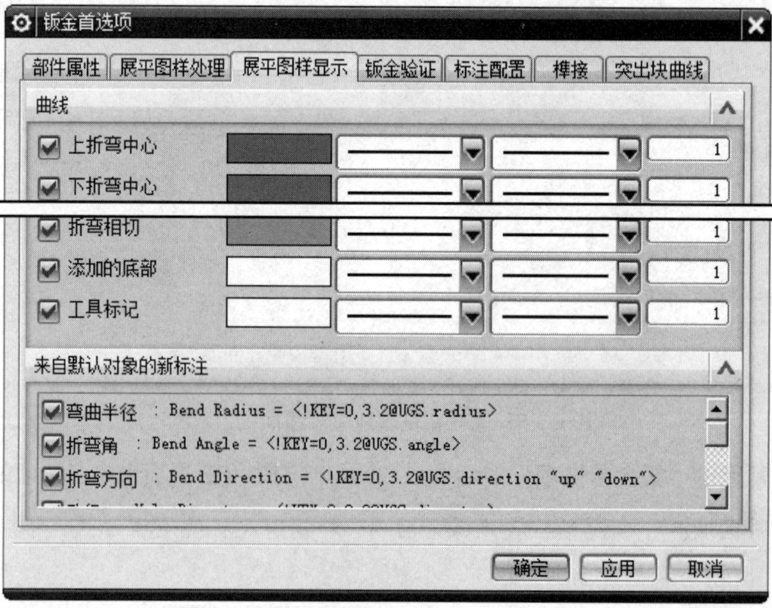

图 6.3.6 “钣金首选项”对话框（三）

在“钣金首选项”对话框（一）中单击钣金验证选项卡，此时“钣金首选项”对话框（四）如图 6.3.7 所示。在该选项卡中可设置钣金件验证的参数。

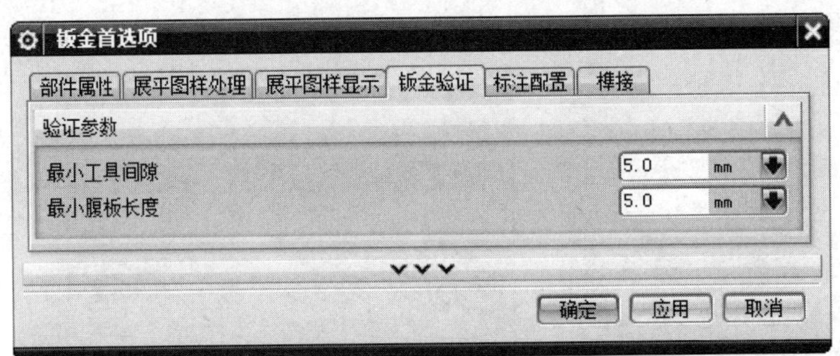


图 6.3.7　“钣金首选项”对话框（四）

在“钣金首选项”对话框（一）中单击标注配置选项卡，此时“钣金首选项”对话框（五）如图 6.3.8 所示。在该选项卡中显示钣金中标注的一些类型。

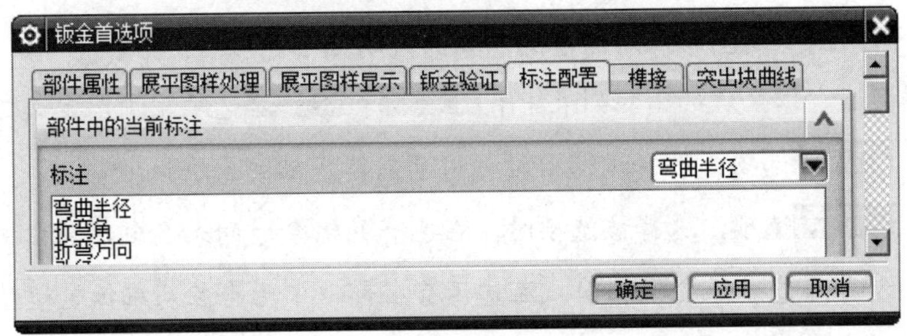


图 6.3.8　“钣金首选项”对话框（五）

# 6.4　基础钣金特征

## 6.4.1　突出块

使用“突出块”命令可以创建出一个平整的薄板（图 6.4.1），它是一个钣金零件的“基础”，其他的钣金特征（如冲孔、成形、折弯等）都要在这个“基础”上构建，因此这个平整的薄板就是钣金件最重要的部分。

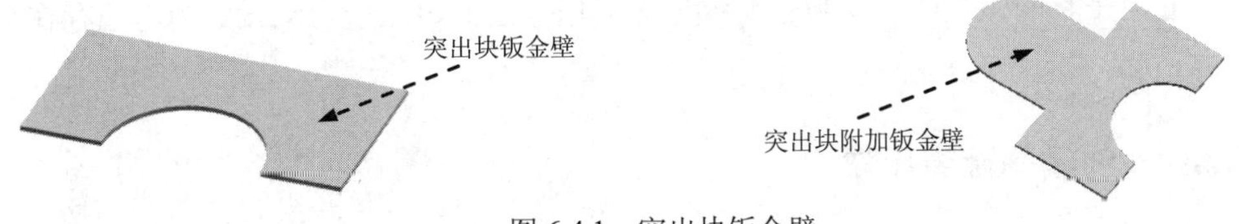


图 6.4.1　突出块钣金壁

### 1. 创建“突出块”的两种类型

选择下拉菜单插入(S) → 突出块(B)...命令后，系统弹出图 6.4.2a 所示的“突出块”对话框（一），创建完成后再次选择下拉菜单插入(S) → 突出块(B)...命令时，系统弹出图 6.4.2b 所示的“突出块”对话框（二）。

a）“突出块”对话框（一）

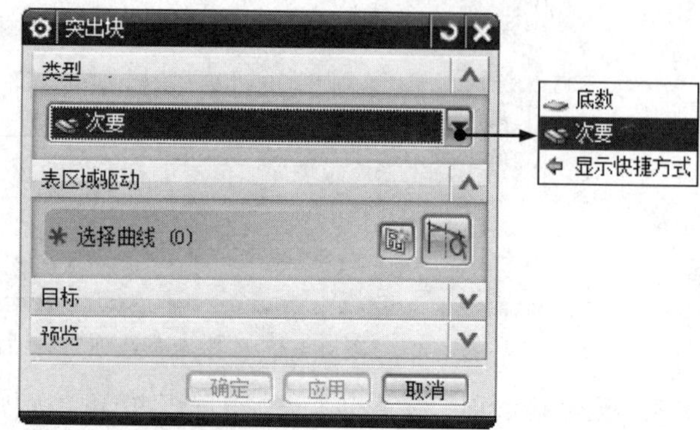


b）“突出块”对话框（二）

图 6.4.2 “突出块”对话框

图 6.4.2 所示的“突出块”对话框的选项的说明如下。

- 类型区域：该区域的下拉列表中有基本和次要选项，用以定义钣金的厚度。
  - ☑ 基本选项：选择该选项时，用于创建基础突出块钣金壁。
  - ☑ 次要选项：选择该选项时，在已有的钣金壁的表面创建突出块钣金壁，其壁厚与基础钣金壁相同。注意只有在部件中已存在基础钣金壁特征时，此选项才会出现。
- 表区域驱动区域：该区域用于定义突出块的截面曲线，截面曲线必须是封闭的曲线。
- 厚度区域：该区域用于定义突出块的厚度及厚度方向。
  - ☑ 厚度文本框：可在该区域中输入数值以定义突出块的厚度。
  - ☑ 反向按钮：单击按钮，可使钣金材料的厚度方向发生反转。

### 2. 创建突出块的一般过程

基础突出块是创建一个平整的钣金基础特征，在创建钣金零件时，需要先绘制钣金壁的正面轮廓草图（必须为封闭的线条），然后给定钣金厚度值即可。次要突出块是在已有的钣金壁上创建平整的钣金薄壁材料，其壁厚无需用户定义，系统自动设定为与已存在钣金壁的厚度相同。

### Task1. 创建基础突出块

下面以图 6.4.3 所示的模型为例，来说明创建基础突出块钣金壁的一般操作过程。

Step1. 新建文件。

（1）选择下拉菜单文件(F) ➡ 新建(N)...命令，系统弹出“新建”对话框。

（2）在模型选项卡模板区域下的列表中选择NX 钣金模板；在新文件名对话框的名称文本框中输入文件名称 tack；单击文件夹文本框后面的按钮，选择文件保存路径

D:\ug12pd\work\ch06.04.01。

Step2. 选择命令。选择下拉菜单 插入(S) → 突出块(B)... 命令，系统弹出“突出块”对话框。

Step3. 定义平板截面。单击按钮，选取 XY 平面为草图平面，单击 确定 按钮，绘制图 6.4.4 所示的截面草图，单击“主页”选项卡中的按钮，退出草图环境。

Step4. 定义厚度。厚度方向采用系统默认的矢量方向，在文本框中输入厚度值 3.0。

**说明：厚度方向可以通过单击“突出块”对话框中的按钮来调整。**

Step5. 在“突出块”对话框中单击 < 确定 > 按钮，完成特征的创建。

Step6. 保存零件模型。选择下拉菜单 文件(F) → 保存(S) 命令，即可保存零件模型。

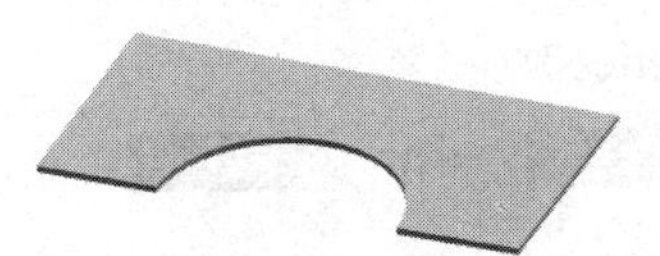

图 6.4.3　创建基础平板钣金壁

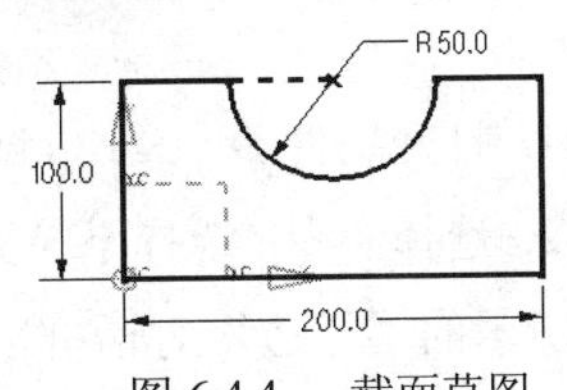


图 6.4.4　截面草图

### Task2. 创建次要突出块

下面继续以 Task1 的模型为例，来说明创建次要突出块的一般操作过程。

Step1. 选择命令。选择下拉菜单 插入(S) → 突出块(B)... 命令，系统弹出“突出块”对话框。

Step2. 定义平板类型。在“突出块”对话框 类型 区域的下拉列表中选择 次要 选项。

Step3. 定义平板截面。单击按钮，选取图 6.4.5 所示的模型表面为草图平面，单击 确定 按钮，绘制图 6.4.6 所示的截面草图。

Step4. 在“突出块”对话框中单击 < 确定 > 按钮，完成特征的创建。

Step5. 保存零件模型。选择下拉菜单 文件(F) → 保存(S) 命令，即可保存零件模型。

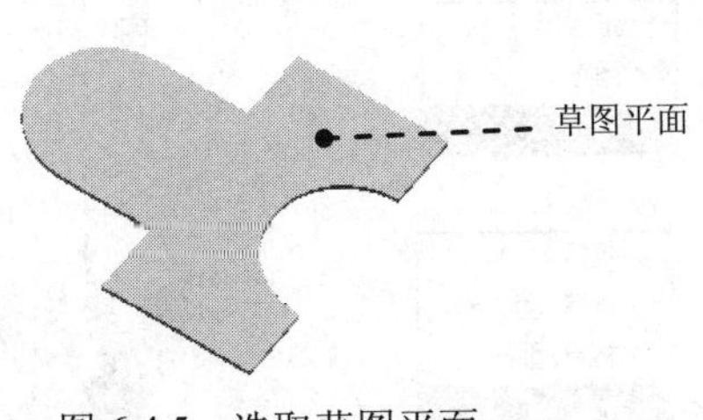


图 6.4.5　选取草图平面

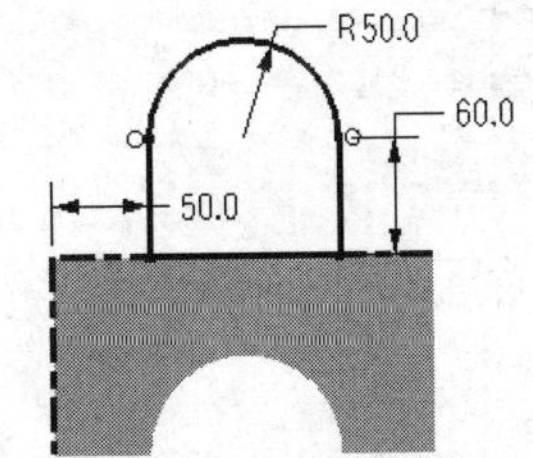


图 6.4.6　截面草图

## 6.4.2　弯边

钣金弯边是在已存在的钣金壁的边缘上创建出简单的折弯，其厚度与原有钣金厚度相同。在创建弯边特征时，需先在已存在的钣金中选取某一条边线作为弯边钣金壁的附着边，其次需要定义弯边特征的截面、宽度、弯边属性、偏置、折弯参数和让位槽。

### 1. 弯边特征的一般操作过程

下面以图 6.4.7 所示的模型为例，说明创建“弯边”特征的一般步骤。

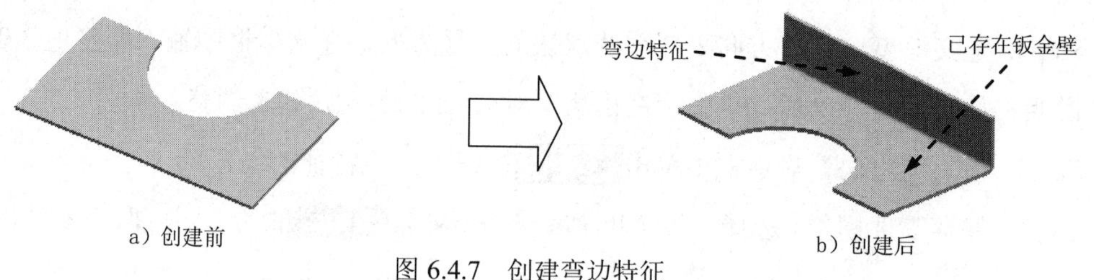


图 6.4.7　创建弯边特征

Step1. 打开文件 D:\ ug12pd\work\ch06.04.02\practice01。

Step2. 选择命令。选择下拉菜单 插入(S) → 折弯(N) → 弯边(F)... 命令，系统弹出图 6.4.8 所示的“弯边”对话框。

Step3. 选取线性边。选取图 6.4.9 所示的模型边线为折弯的附着边。

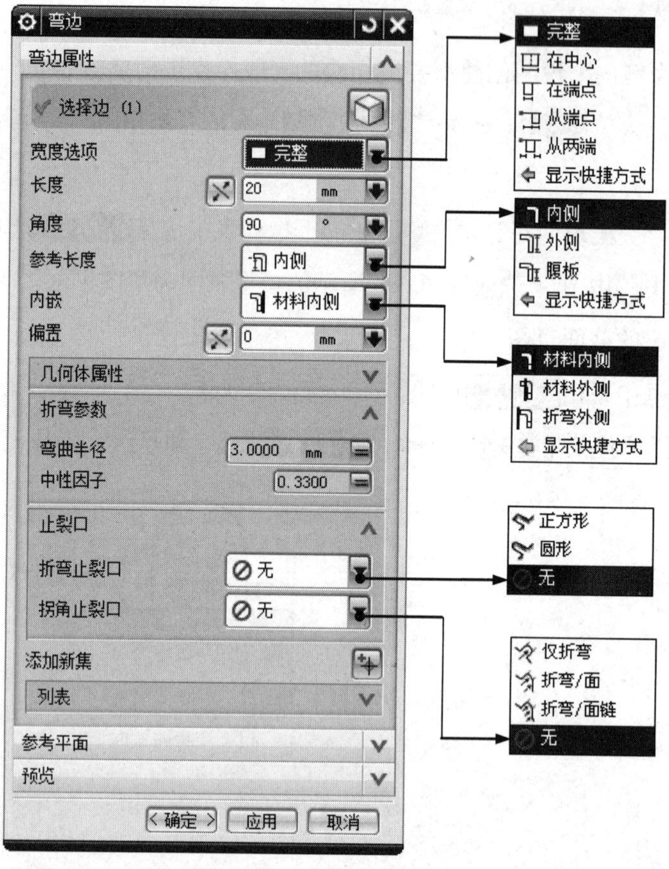

图 6.4.8　“弯边”对话框

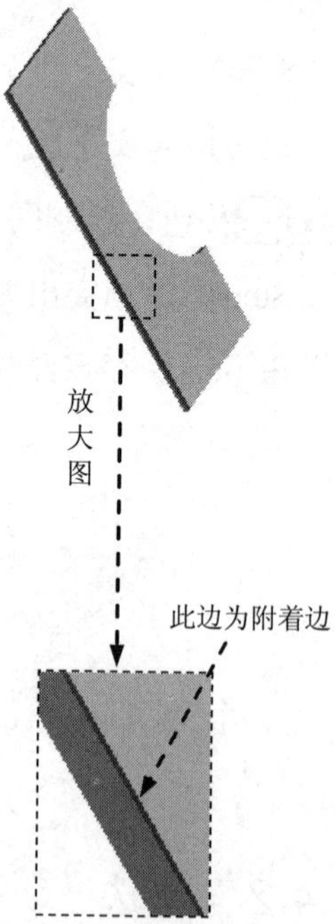

图 6.4.9　定义附着边

Step4. 定义弯边属性。在弯边属性区域的宽度选项下拉列表中选择完整选项；在长度文本框中输入数值 40；在角度文本框中输入数值 90；在参考长度下拉列表中选择外侧选项；在内嵌下拉列表中选择材料内侧选项；在偏置区域的偏置文本框中输入数值 0。

Step5. 定义弯边参数。在折弯参数区域中单击弯曲半径文本框右侧的按钮，在弹出的菜单中选择使用局部值选项，然后在弯曲半径文本框中输入数值 3；在止裂口区域的折弯止裂口下拉列表中选择无选项，在拐角止裂口下拉列表中选择无选项。

Step6. 在“弯边”对话框中单击< 确定 >按钮，完成特征的创建。

**图 6.4.8 所示的“弯边”对话框中的选项说明如下。**

- 弯边属性区域中包括宽度选项下拉列表、长度文本框、按钮、角度文本框、参考长度下拉列表、内嵌下拉列表和偏置文本框。
  - ☑ 宽度选项下拉列表：该下拉列表用于定义钣金弯边的宽度定义方式。
    - ◆ 完整选项：当选择该选项时，在基础特征的整个线性边上都应用弯边。
    - ◆ 在中心选项：当选择该选项时，在线性边的中心位置放置弯边，然后对称地向两边拉伸一定的距离，如图 6.4.10a 所示。
    - ◆ 在端点选项：当选择该选项时，将弯边特征放置在选定的直边的端点位置，然后以此端点为起点拉伸弯边的宽度，如图 6.4.10b 所示。
    - ◆ 从端点选项：当选择该选项时，在所选折弯边的端点定义距离来放置弯边，如图 6.4.10c 所示。
    - ◆ 从两端选项：当选择该选项时，在线性边的中心位置放置弯边，然后利用距离 1 和距离 2 来设置弯边的宽度，如图 6.4.10d 所示。

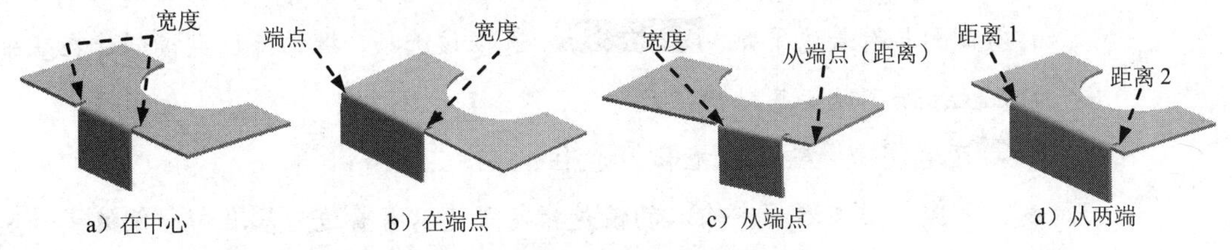


图 6.4.10　设置宽度选项

  - ☑ 长度：文本框中输入的值是指定弯边的长度，如图 6.4.11 所示。

图 6.4.11　设置长度选项

☑ [反向]：单击“反向”按钮可以改变弯边长度的方向，如图 6.4.12 所示。

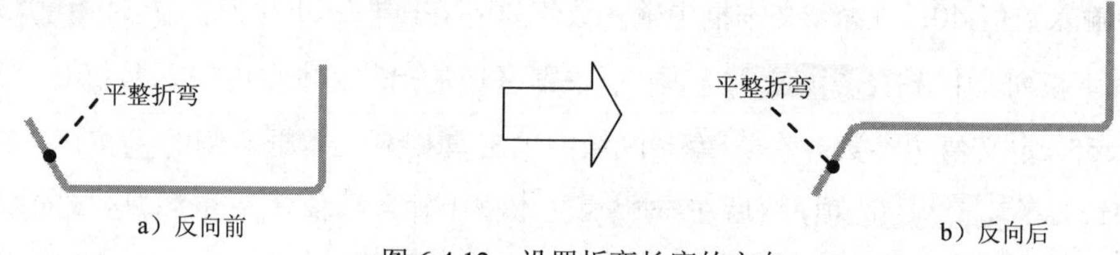


a）反向前　　b）反向后

图 6.4.12　设置折弯长度的方向

☑ 角度：文本框中输入的值是指定弯边的折弯角度，该值是与原钣金所成角度的补角，如图 6.4.13 所示。

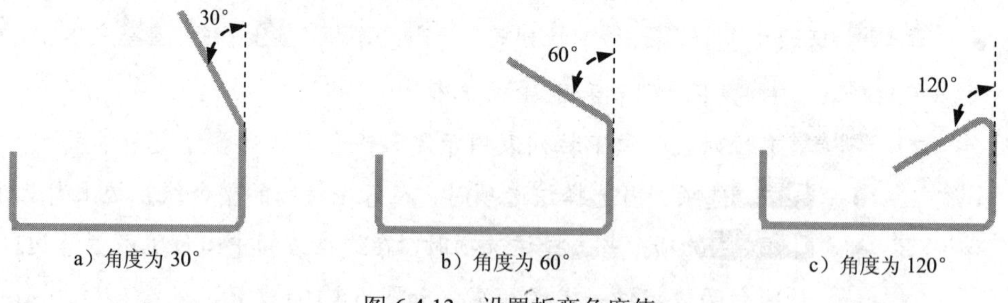


a）角度为 30°　　b）角度为 60°　　c）角度为 120°

图 6.4.13　设置折弯角度值

☑ 参考长度：下拉列表中包括 内侧、外侧 和 腹板 选项。内侧：选取该选项，输入的弯边长度值是从弯边的内部开始计算长度。外侧：选取该选项，输入的弯边长度值是从弯边的外部开始计算长度。腹板：选取该选项，输入的弯边长度值是从弯边圆角后开始计算长度。

☑ 内嵌：下拉列表中包括 材料内侧、材料外侧 和 折弯外侧 选项。材料内侧：选取该选项，弯边的外侧面与附着边平齐。材料外侧：选取该选项，弯边的内侧面与附着边平齐。折弯外侧：选取该选项，折弯特征直接创建在基础特征上，而不改变基础特征尺寸。

☑ 偏置 区域包括 偏置 文本框和 [反向] 按钮。

◆ 偏置：该文本框中输入的值是指定弯边以附着边为基准向一侧偏置一定值，如图 6.4.14 所示。

◆ [反向]：单击该按钮可以改变“偏置”的方向。

a）没有设置偏置　　b）设置偏置

图 6.4.14　设置偏置值

● 折弯参数 区域包括 弯曲半径 文本框和 中性因子 文本框。

☑ 折弯半径：文本框中输入的值指定折弯半径。

☑ 中性因子：文本框中输入的值指定中性因子。

- 止裂口区域包括折弯止裂口下拉列表和拐角止裂口下拉列表。

☑ 折弯止裂口：下拉列表包括正方形、圆形和无三个选项。正方形：选取该选项，在附加钣金壁的连接处，将主壁材料切割成矩形缺口来构建止裂口。圆形：选取该选项，在附加钣金壁的连接处，将主壁材料切割成圆形缺口来构建止裂口。无：选取该选项，在附加钣金壁的连接处，通过垂直切割主壁材料至折弯线处。

☑ 拐角止裂口：用于设置是否在特征相邻的表面创建拐角止裂口。该下拉列表包括仅折弯、折弯/面、折弯/面链和无选项。仅折弯：仅在相邻特征的折弯部分创建拐角止裂口。折弯/面：仅在相邻的折弯部分和面（平板）部分创建拐角止裂口。折弯/面链：在整个折弯部分及与其相邻的面链上创建拐角止裂口。无：不创建止裂口。选择此选项后将会产生一个小缝隙，但是在展平钣金件时，这个缝隙会被移除。

### 2. 创建止裂口

当弯边部分地与附着边相连，并且折弯角度不为 0 时，在连接处的两端创建止裂口。在钣金模块中提供的止裂口分为两种：正方形止裂口和圆弧形止裂口。

**方式一：正方形止裂口**

在附加钣金壁的连接处，将材料切割成正方形缺口来构建止裂口，如图 6.4.15 所示。

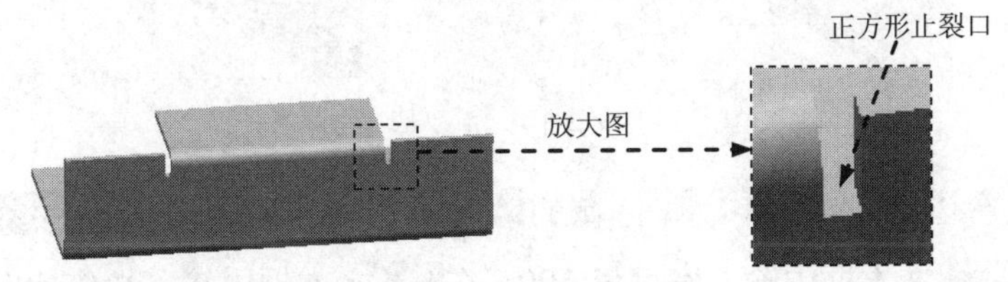


图 6.4.15 正方形止裂口

**方式二：圆弧形止裂口**

在附加钣金壁的连接处，将主壁材料切割成长圆弧形缺口来构建止裂口，如图 6.4.16 所示。

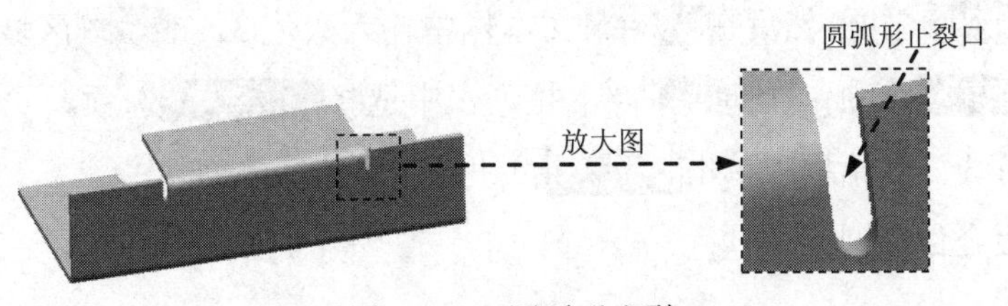


图 6.4.16 圆弧形止裂口

**方式三：无止裂口**

在附加钣金壁的连接处，通过垂直切割主壁材料至折弯线处，如图 6.4.17 所示。

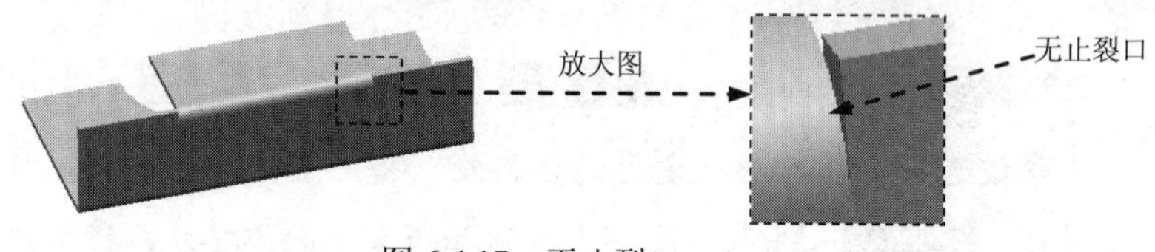


图 6.4.17　无止裂口

下面以图 6.4.18 所示的模型为例，介绍创建止裂口的一般过程。

Step1. 打开文件 D:\ ug12pd\work\ch06.04.02\practice02。

Step2. 选择命令。选择下拉菜单 插入(S) → 折弯(N) → 弯边(F)... 命令，系统弹出“弯边”对话框。

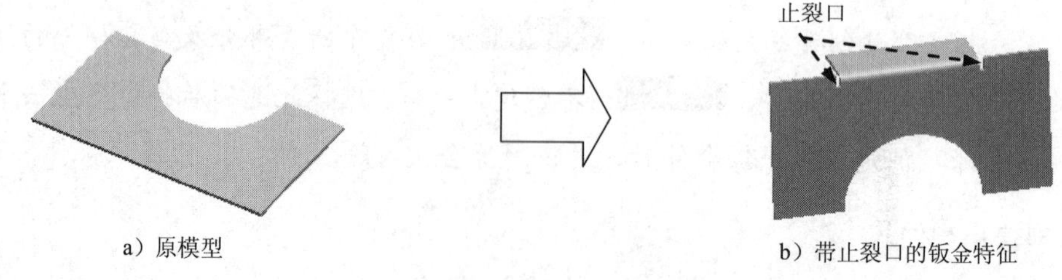


图 6.4.18　止裂口

Step3. 选取线性边。选取图 6.4.19 所示的模型边线为折弯的附着边。

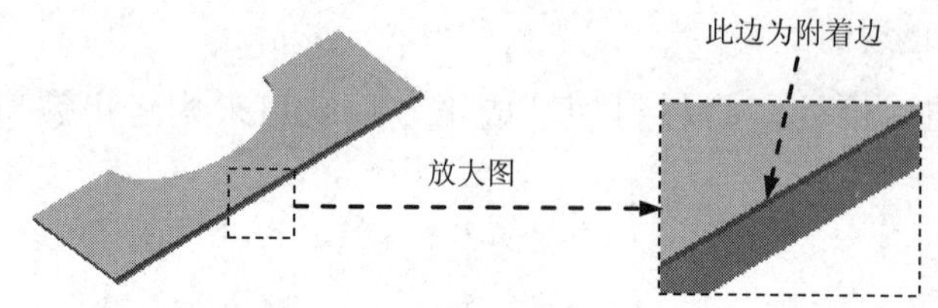


图 6.4.19　定义附着边

Step4. 定义弯边属性。在 弯边属性 区域的 宽度选项 下拉列表中选择 在中心 选项；宽度 文本框被激活，在 宽度 文本框中输入宽度值 100；在 长度 文本框中输入数值 40；在 角度 文本框中输入数值 90；在 参考长度 下拉列表中选择 外侧 选项；在 内嵌 下拉列表中选择 材料内侧 选项；在 偏置 区域的 偏置 文本框中输入数值 0。

Step5. 定义弯边参数。在 折弯参数 区域中单击 弯曲半径 文本框右侧的 按钮，在弹出的菜单中选择 使用局部值 选项，然后在 弯曲半径 文本框中输入数值 3；在 止裂口 区域的 折弯止裂口 下拉列表中选择 正方形 选项，在 拐角止裂口 下拉列表中选择 仅折弯 选项。

Step6. 在“弯边”对话框中单击 < 确定 > 按钮，完成特征的创建。

Step7. 保存钣金件模型。

## 6.4.3　轮廓弯边

NX 钣金模块中的轮廓弯边特征是以扫掠的方式创建钣金壁。在创建轮廓弯边特征时需要先绘制钣金壁的侧面轮廓草图，然后给定钣金的宽度值（即扫掠轨迹的长度值），则系统将轮廓草图沿指定方向延伸至指定的深度，形成钣金壁。值得注意的是，轮廓弯边所使用的草图必须是不封闭的。

基本轮廓弯边是创建一个轮廓弯边的钣金基础特征，在创建该钣金特征时，需要先绘制钣金壁的侧面轮廓草图（必须为开放的线条），然后给定钣金厚度值。

下面以图 6.4.20 所示的模型为例，说明创建基本轮廓弯边的一般操作步骤。

图 6.4.20　创建基本轮廓弯边

### Task1．新建一个零件模型，并进入“钣金”环境

Step1．新建文件。选择下拉菜单 文件(F) → 新建(N)... 命令，系统弹出“新建”对话框。

Step2．在 名称 下的列表中选择 NX 钣金 模板。

Step3．在 新文件名 区域的 名称 文本框中输入文件名称 base_cont_flange。

Step4．单击 确定 按钮，进入“钣金”环境。

### Task2．创建基本轮廓弯边

Step1．选择特征命令。选择下拉菜单 插入(S) → 折弯(N) ▸ → 轮廓弯边(C)... 命令，系统弹出“轮廓弯边”对话框。

Step2．定义轮廓弯边截面。单击按钮，选取 ZX 平面为草图平面，单击 确定 按钮，绘制图 6.4.21 所示的截面草图。

Step3．单击 完成 按钮，退出草图环境，此时“轮廓弯边”对话框如图 6.4.22 所示。

**说明**：在绘制轮廓弯边的截面草图时，如果没有将折弯位置绘制为圆弧，系统将在折弯位置自动添加圆弧作为折弯的半径。

Step4．定义厚度。厚度方向采用系统默认的矢量方向；单击 厚度 文本框右侧的按钮，在弹出的菜单中选择 使用局部值 选项，然后在 厚度 文本框中输入数值 3.0。

**说明**：轮廓弯边的厚度方向可以通过单击 厚度 区域中的“反向”按钮来调整。

Step5．定义宽度类型并输入宽度数值。在 宽度选项 下拉列表中选择 对称 选项；在 宽度 文本框中输入数值 30.0。

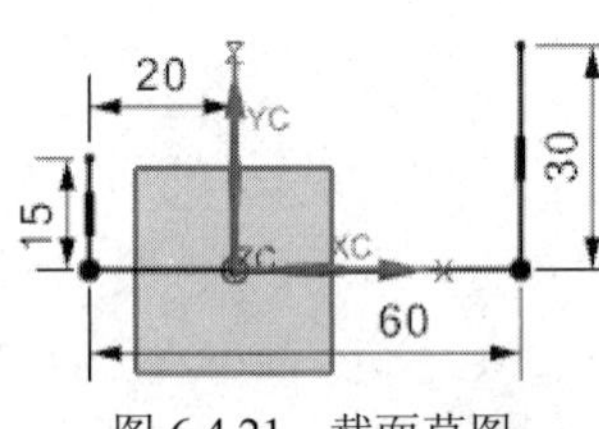


图 6.4.21　截面草图

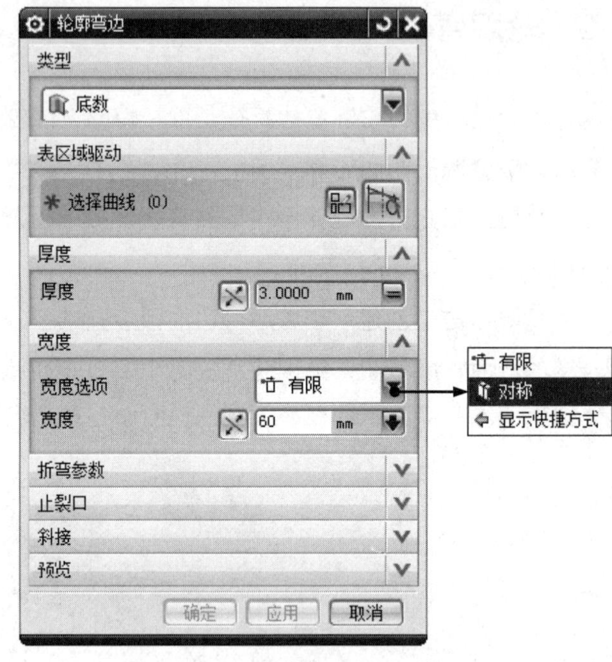


图 6.4.22　“轮廓弯边”对话框

Step6. 定义折弯参数。在折弯参数区域中单击弯曲半径文本框右侧的按钮，在弹出的菜单中选择使用局部值选项，然后在弯曲半径文本框中输入数值 5。

Step7. 在“轮廓弯边”对话框中单击< 确定 >按钮，完成特征的创建。

Step8. 保存零件模型。

## 6.4.4　法向除料

法向除料是沿着钣金件表面的法向，以一组连续的曲线作为裁剪的轮廓线进行裁剪。法向除料与实体拉伸切除都是在钣金件上切除材料。当草图平面与钣金面平行时，二者没有区别；当草图平面与钣金面不平行时，二者有很大的不同。法向除料的孔是垂直于该模型的侧面去除材料，形成垂直孔，如图 6.4.23a 所示；实体拉伸切除的孔是垂直于草图平面去除材料，形成斜孔，如图 6.4.23b 所示。

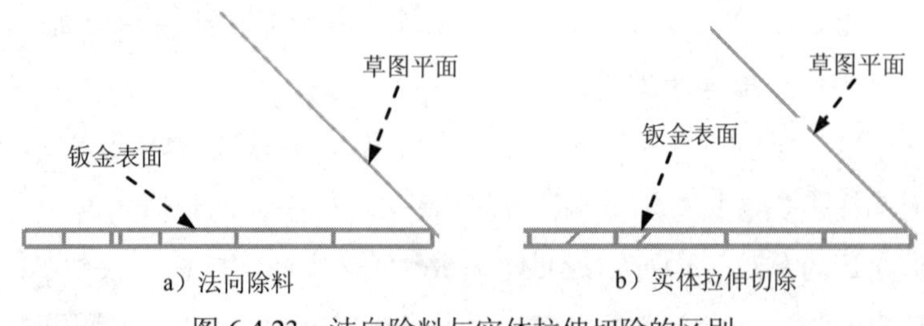


图 6.4.23　法向除料与实体拉伸切除的区别

### 1．用封闭的轮廓线创建法向除料

下面以图 6.4.24 所示的模型为例，说明用封闭的轮廓线创建法向除料的一般操作步骤。

Step1. 打开文件 D:\ug12pd\work\ch06.04.04\ remove01。

Step2. 选择命令。选择下拉菜单 插入(S) ➡ 切割(T) ➡ 法向开孔(N)... 命令，系统弹出图 6.4.25 所示的“法向开孔”对话框。

图 6.4.24　法向除料

图 6.4.25　“法向开孔”对话框

Step3. 绘制除料截面草图。单击按钮，选取图 6.4.26 所示的基准平面 1 为草图平面，绘制图 6.4.27 所示的截面草图。

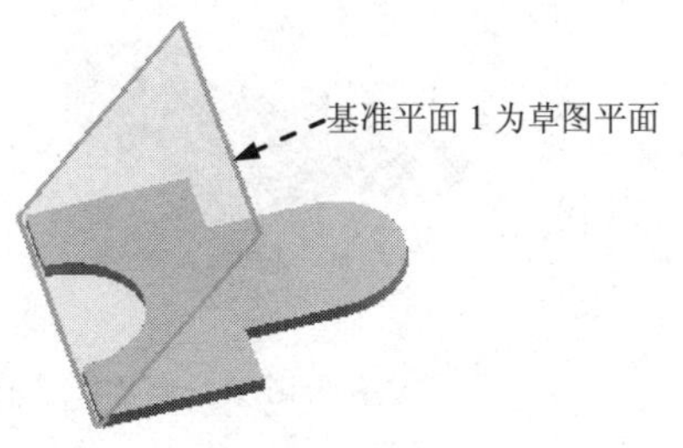


图 6.4.26　选取草图平面

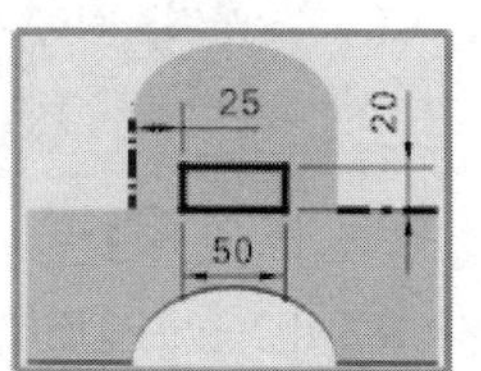


图 6.4.27　截面草图

Step4. 定义除料深度属性。在 切割方法 下拉列表中选择 厚度 选项，在 限制 下拉列表中选择 贯通 选项。

Step5. 在“法向开孔”对话框中单击 < 确定 > 按钮，完成特征的创建。

**图 6.4.25 所示的“法向除料”对话框中各主要选项的功能说明如下。**

- 类型 下拉列表：用于选择法向除料截面的类型，包含 草图 和 3D 曲线 两个选项。
  - ☑ 草图：当选择该选项时，可选取一个现有草图或创建一个草图作为法向除料的截面。
  - ☑ 3D 曲线：当选择该选项时，可选取一个 3D 草图作为法向除料的截面。

- 开孔属性区域包括切割方法下拉列表、限制下拉列表和按钮。
- 切割方法下拉列表包括厚度、中位面和最近的面选项。
  - ☑ 厚度：选取该选项，在钣金件的表面沿厚度方向进行裁剪。
  - ☑ 中位面：选取该选项，在钣金件的中间面向两侧进行裁剪。
- 限制下拉列表包括值、所处范围、直至下一个和贯通选项。
  - ☑ 值：选取该选项，特征将从草图平面开始，按照所输入的数值（即深度值）向特征创建的方向一侧进行拉伸。
  - ☑ 所处范围：选取该选项，草图沿着草图面向两侧进行裁剪。
  - ☑ 直至下一个：选取该选项，去除材料深度从草图开始直到下一个曲面上。
  - ☑ 贯通：选取该选项，去除材料深度贯穿所有曲面。

## 2．用开放的轮廓线创建法向除料

下面以图 6.4.28 所示的模型为例，说明用开放的轮廓线创建法向除料的一般操作步骤。

Step1．打开文件 D:\ug12pd\work\ch06.04.04\remove02。

Step2．选择命令。选择下拉菜单插入(S) → 切割(T) → 法向开孔(N)...命令，系统弹出“法向开孔”对话框。

Step3．绘制除料截面草图。单击按钮，选取图 6.4.29 所示的钣金表平面为草图平面，绘制图 6.4.30 所示的截面草图。

图 6.4.28　用开放的轮廓线创建法向除料

图 6.4.29　选取草图平面

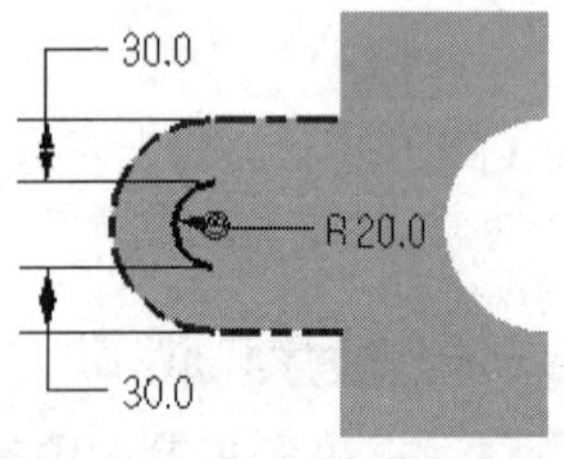


图 6.4.30　截面草图

Step4．定义除料属性。在切割方法下拉列表中选择厚度选项，在限制下拉列表中选择贯通选项。

Step5．定义除料的方向。定义图 6.4.31 所示的切削方向。

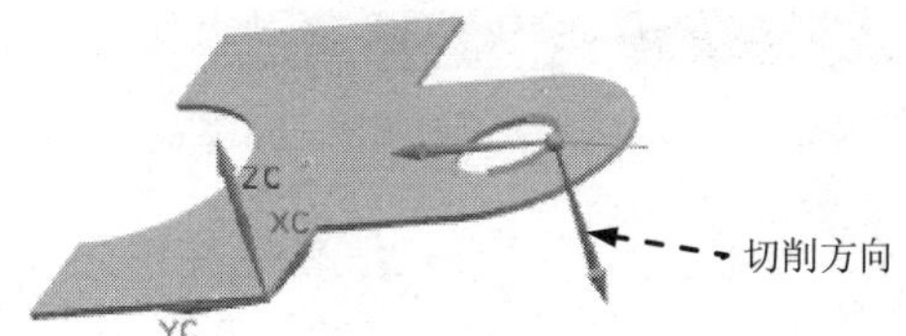


图 6.4.31 定义法向除料的切削方向

Step6. 在“法向开孔”对话框中单击〈确定〉按钮，完成特征的创建。

# 6.5 钣金的折弯与展开

## 6.5.1 钣金折弯

钣金折弯是将钣金的平面区域沿指定的直线弯曲某个角度。

钣金折弯特征包括如下三个要素。

折弯角度：控制折弯的弯曲程度。

折弯半径：折弯处的内半径或外半径。

折弯应用曲线：确定折弯位置和折弯形状的几何线。

### 1．钣金折弯的一般操作过程

下面以图 6.5.1 所示的模型为例，说明创建“折弯”特征的一般操作步骤。

Step1. 打开文件 D:\ug12pd\work\ch06.05.01\ offsett01。

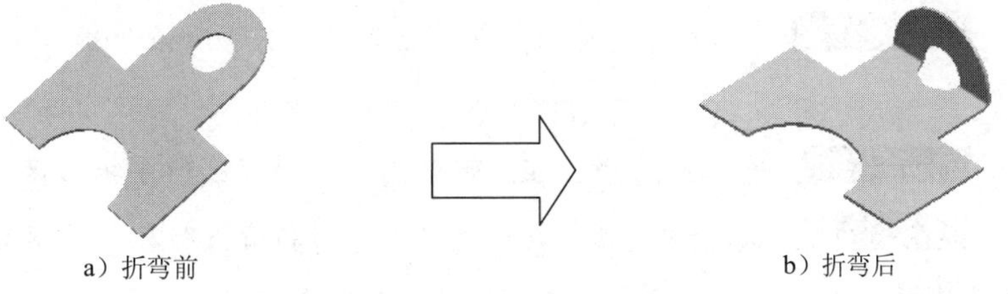

a）折弯前　　b）折弯后

图 6.5.1 折弯的一般过程

Step2. 选择命令。选择下拉菜单 插入(S) → 折弯(N) ▸ → 折弯(B)... 命令，系统弹出图 6.5.2 所示的“折弯”对话框。

**图 6.5.2 所示的“折弯”对话框中部分区域功能说明如下。**

- 折弯属性 区域包括 角度 文本框、“反向”按钮、“反侧”按钮、内嵌 下拉列表和 ☑ 延伸截面 复选框。
  - ☑ 角度：在该文本框输入的数值用于设置折弯角度值。
  - ☑ ：“反向”按钮，单击该按钮，可以改变折弯的方向。
  - ☑ ：“反侧”按钮，单击该按钮，可以改变要折弯部分的方向。

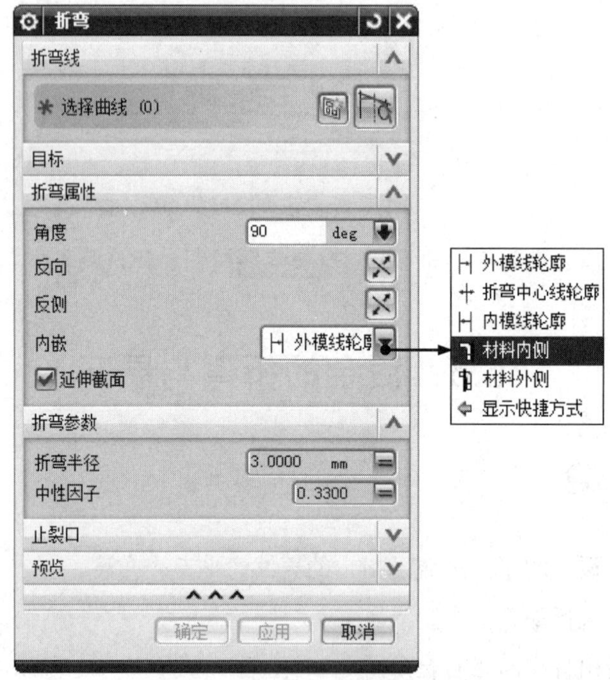


图 6.5.2 “折弯”对话框

- 内嵌下拉列表中包括外模线轮廓、折弯中心线轮廓、内模线轮廓、材料内侧和材料外侧五个选项。
  - ☑ 外模线轮廓：选择该选项，在展开状态时，折弯线位于折弯半径的第一相切边缘。
  - ☑ 折弯中心线轮廓：选择该选项，在展开状态时，折弯线位于折弯半径的中心。
  - ☑ 内模线轮廓：选择该选项，在展开状态时，折弯线位于折弯半径的第二相切边缘。
  - ☑ 材料内侧：选择该选项，在成形状态下，折弯线位于折弯区域的外侧平面。
  - ☑ 材料外侧：选择该选项，在成形状态下，折弯线位于折弯区域的内侧平面。
- ☑ 延伸截面：选中该复选框，将弯边轮廓延伸到零件边缘的相交处；取消选择该复选框，在创建弯边特征时不延伸。

Step3. 绘制折弯线。单击按钮，选取图 6.5.3 所示的模型表面为草图平面，单击确定按钮，绘制图 6.5.4 所示的折弯线。

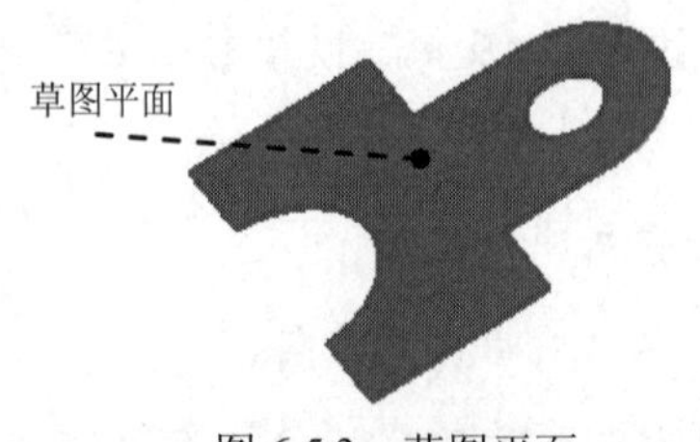


图 6.5.3 草图平面

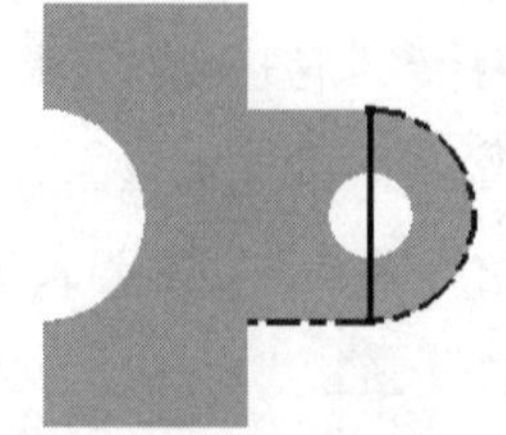

图 6.5.4 绘制折弯线

Step4. 定义折弯属性。在“折弯”对话框 折弯属性 区域的 角度 文本框中输入数值 90；在 内嵌 下拉列表中选择 折弯中心线轮廓 选项；选中 延伸截面 复选框，折弯方向如图 6.5.5 所示。

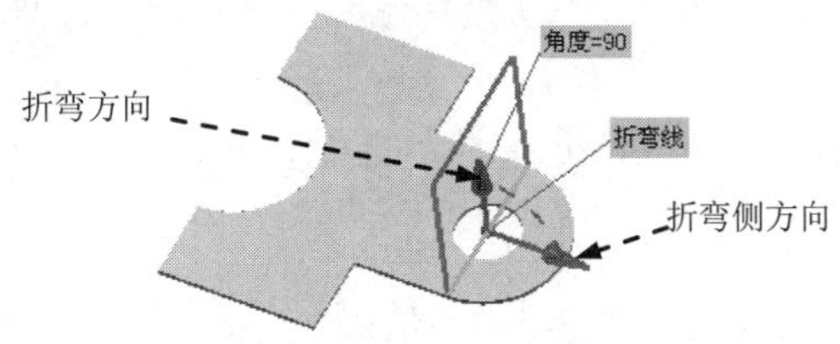


图 6.5.5　折弯方向

**说明：在模型中双击图 6.5.5 所示的折弯方向箭头可以改变折弯方向。**

Step5. 在“折弯”对话框中单击 < 确定 > 按钮，完成特征的创建。

### 2. 在钣金折弯处创建止裂口

在进行折弯时，由于折弯半径的关系，折弯面与固定面可能会互相干涉，此时用户可通过创建止裂口来解决干涉问题。下面以图 6.5.6 为例，说明在钣金折弯处加止裂口的一般操作步骤。

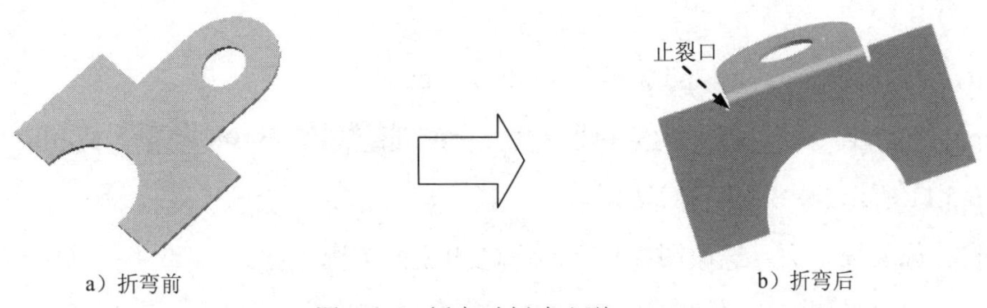


图 6.5.6　折弯时创建止裂口

Step1. 打开文件 D:\ug12pd\work\ch06.05.01\offset02。

Step2. 选择命令。选择下拉菜单 插入(S) → 折弯(N) ▸ → 折弯(B)... 命令，系统弹出“折弯”对话框。

Step3. 绘制折弯线。单击 按钮，选取图 6.5.7 所示的模型表面为草图平面，单击 确定 按钮，绘制图 6.5.8 所示的折弯线。

Step4. 定义折弯属性。在“折弯”对话框 折弯属性 区域的 角度 文本框中输入数值 90；在 内嵌 下拉列表中选择 材料内侧 选项；取消选中 延伸截面 复选框，折弯方向如图 6.5.9 所示。

Step5. 定义止裂口。在 止裂口 区域的 折弯止裂口 下拉列表中选择 圆形 选项；在 拐角止裂口 下拉列表中选择 仅折弯 选项。

Step6. 在“折弯”对话框中单击 < 确定 > 按钮，完成特征的创建。

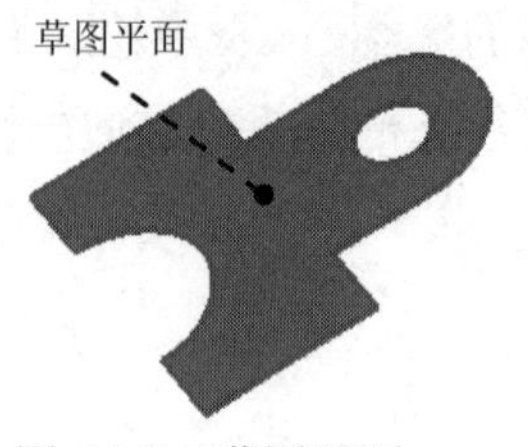


图 6.5.7　草图平面

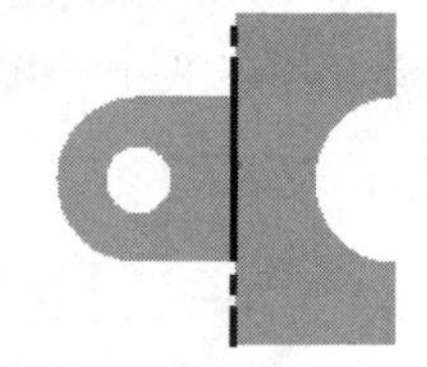

图 6.5.8　绘制折弯线

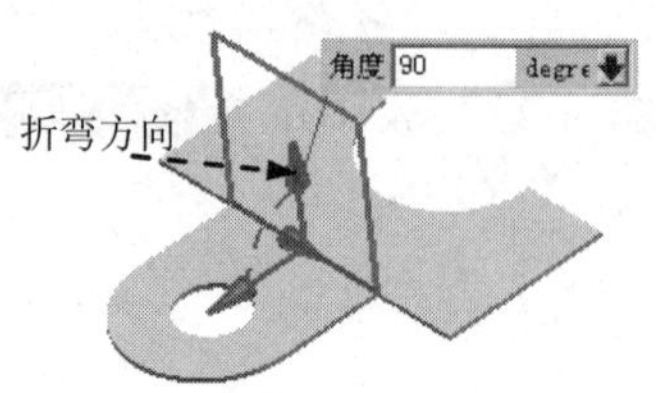


图 6.5.9　折弯方向

## 6.5.2　伸直

在钣金设计中，如果需要在钣金件的折弯区域创建裁剪或孔等特征，首先用伸直命令可以取消折弯钣金件的折弯特征，然后就可以在展平的折弯区域创建裁剪或孔等特征。

下面以图 6.5.10 所示的模型为例，介绍创建“伸直”的一般操作步骤。

图 6.5.10　钣金伸直

Step1. 打开文件 D:\ug12pd\work\ch06.05.02\ cancel。

Step2. 选择命令。选择下拉菜单 插入(S) → 成形(R) → 伸直(U)... 命令，系统弹出图 6.5.11 所示的“伸直”对话框。

Step3. 选取固定面。选取图 6.5.12 所示的内表面为固定面。

Step4. 选取折弯特征。选取图 6.5.13 所示的折弯特征。

Step5. 在“伸直”对话框中单击 < 确定 > 按钮，完成特征的创建。

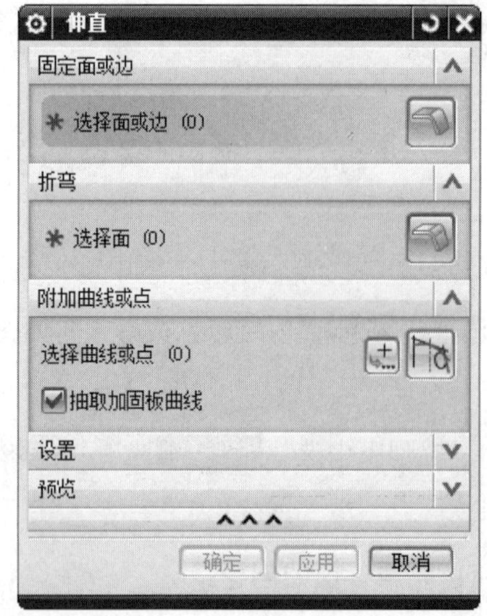


图 6.5.11　“伸直”对话框

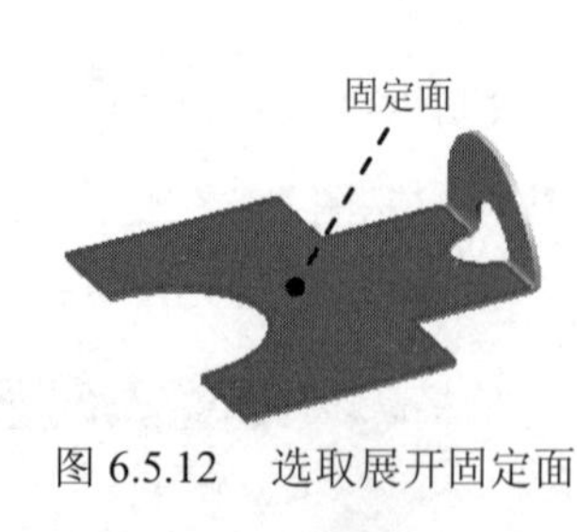


图 6.5.12　选取展开固定面

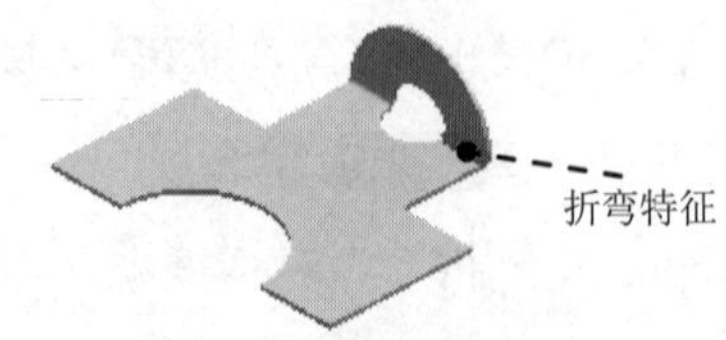


图 6.5.13　选取折弯特征

图 6.5.11 所示的“伸直”对话框中按钮的功能说明如下。

- ：“固定面或边”按钮在“伸直”对话框中为默认被按下，用来指定选取钣金件的一条边或一个平面作为固定位置来创建展开特征。
- ：“折弯”按钮在选取固定面后自动被激活，可以选取将要执行伸直操作的折弯区域（折弯面），当选取折弯面后，折弯区域在视图中将高亮显示。可以选取一个或多个折弯区域圆柱面（选择钣金件的内侧和外侧均可）。

## 6.5.3　重新折弯

可以将伸直后的钣金壁部分或全部重新折弯回来（图 6.5.14），这就是钣金的重新折弯。

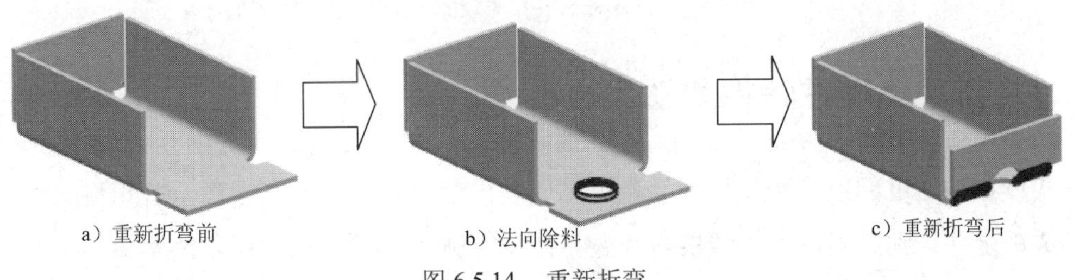


图 6.5.14　重新折弯

下面以图 6.5.14 所示的模型为例，说明创建“重新折弯”特征的一般操作步骤。

### Task1．打开一个现有的零件模型，并创建“法向除料”特征

Step1．打开文件 D:\ug12pd\work\ch06.05.03\sm_rebend_02.prt。

Step2．创建图 6.5.14b 所示的法向除料特征。

（1）选择特征命令。选择下拉菜单 插入(S) → 切割(T) → 法向开孔(N)... 命令，系统弹出“法向开孔”对话框。

（2）绘制除料截面草图。在“法向开孔”对话框 类型 区域的下拉列表中选择 草图 选项，单击 按钮，选取图 6.5.15 所示的模型表面为草图平面，单击 确定 按钮，绘制图 6.5.16 所示的截面草图，然后退出草图环境。

（3）定义除料的深度属性。在 开孔属性 区域的 切割方法 下拉列表中选择 厚度 选项，在 限制 下拉列表中选择 贯通 选项。

（4）在“法向开孔”对话框中单击 < 确定 > 按钮，完成特征的创建。

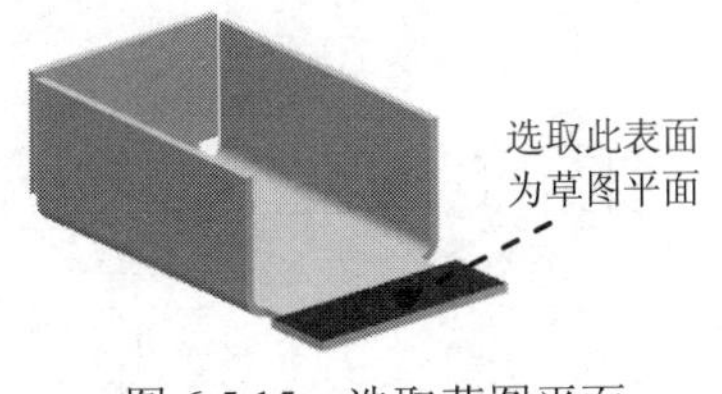


图 6.5.15　选取草图平面

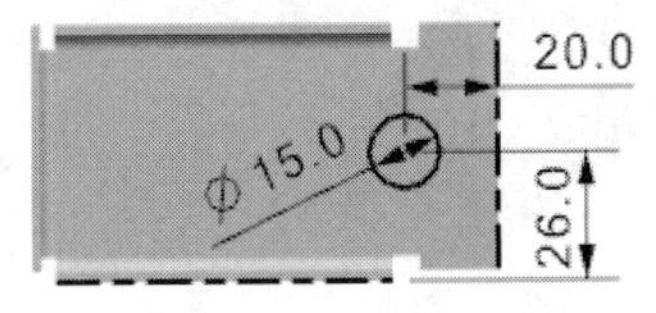


图 6.5.16　截面草图

### Task2．创建“重新折弯”特征

Step1．选择特征命令。选择下拉菜单 插入(S) → 成形(R) → 重新折弯(R)... 命令，系统弹出“重新折弯”对话框。

Step2．定义伸直面。在系统 选择伸直面 的提示下，选取图 6.5.17 所示的伸直面。

Step3．在“重新折弯”对话框中单击 < 确定 > 按钮，完成特征的创建。

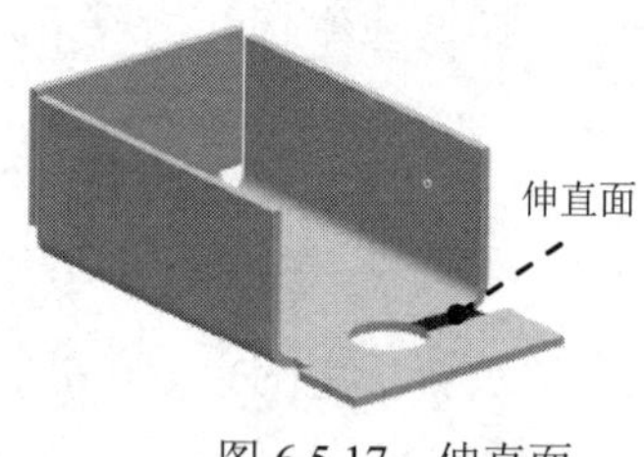


图 6.5.17　伸直面

## 6.5.4　将实体零件转换为钣金件

实体零件通过创建“壳”特征后，可以创建出壁厚相等的钣金零件，若想将此类零件转换成钣金件，则必须使用“转换为钣金”命令。例如，图 6.5.18 所示的实体零件通过抽壳方式转换为薄壁件后，其壁是完全封闭的，通过创建转换特征后，钣金件四周产生了裂缝，这样该钣金件便可顺利展开。

下面以图 6.5.19 所示的模型为例，说明创建“转换为钣金”特征的一般操作步骤。

### Task1．打开一个现有的零件模型，并将实体转换为钣金件

Step1．打开文件 D:\ug12pd\work\ch06.05.04\ transition。

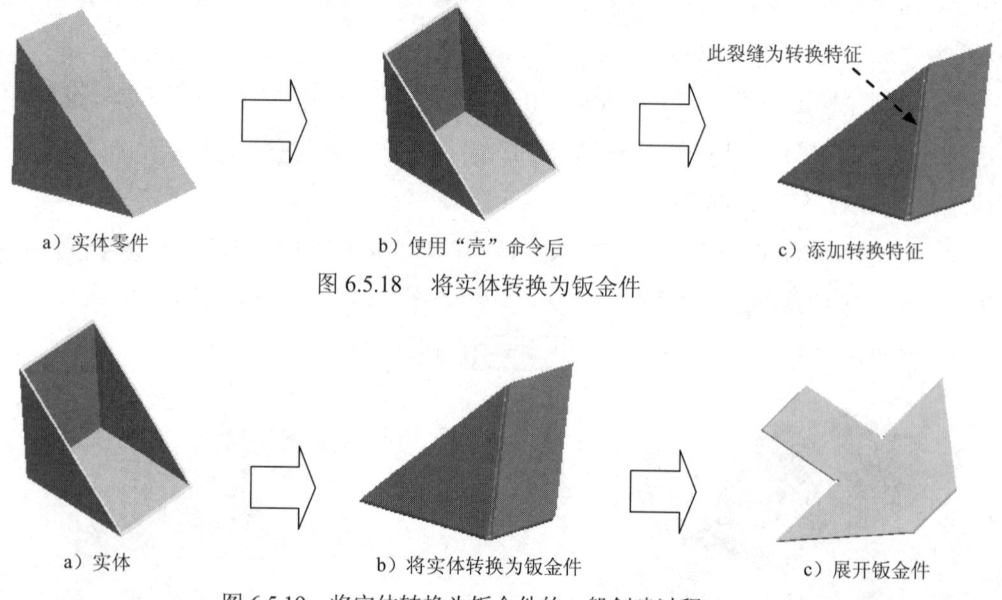


a）实体零件　b）使用“壳”命令后　c）添加转换特征

图 6.5.18　将实体转换为钣金件

a）实体　b）将实体转换为钣金件　c）展开钣金件

图 6.5.19　将实体转换为钣金件的一般创建过程

Step2. 选择命令。选择下拉菜单 插入(S) → 转换(V) ▸ → 转换为钣金(C)... 命令，系统弹出图 6.5.20 所示的“转换为钣金”对话框。

Step3. 选取基本面。确认“转换为钣金”对话框的“全局转换”按钮被按下，在系统 选择基本面以进行全局转换 的提示下，选取图 6.5.21 所示的模型表面为基本面。

Step4. 选取要撕裂的边。在 要撕开的边 区域中单击“撕边”按钮，选取图 6.5.22 所示的两条边线为要撕裂的边。

Step5. 在“转换为钣金”对话框中单击 确定 按钮，完成特征的创建。

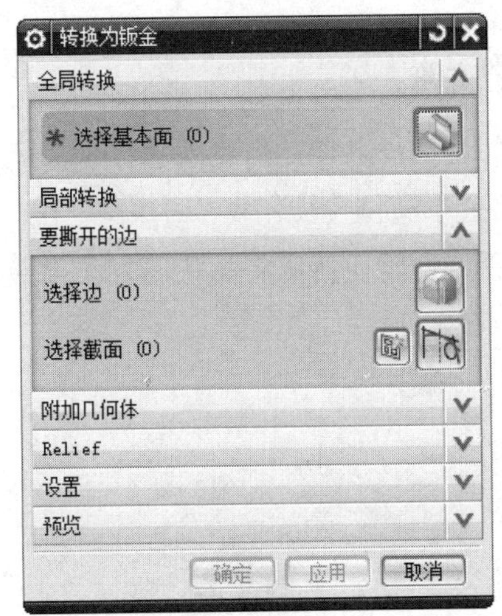


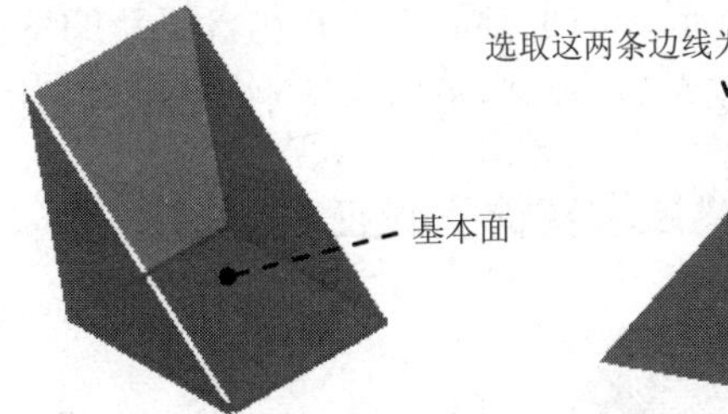


图 6.5.20　“转换为钣金”对话框　　图 6.5.21　选取基本面　　图 6.5.22　选取要撕裂的边

图 6.5.20 所示的“转换为钣金”对话框中各按钮的功能说明如下。

- （全局转换）按钮：在“转换为钣金”对话框中此按钮默认被按下，选择钣金件的表面作为固定位置（基本面）来创建特征。
- （撕边）按钮：单击此按钮后，用户可以在钣金件模型中选择要撕裂（创建边缘裂口）的边。

## Task2. 将转换后的钣金件伸直

Step1. 选择下拉菜单 插入(S) → 成形(R) ▸ → 伸直(U)... 命令，系统弹出“伸直”对话框。

Step2. 选取固定面。选取图 6.5.23 所示的表面为展开基准面。

Step3. 选取折弯特征。选取图 6.5.24 所示的三个面为折弯特征。

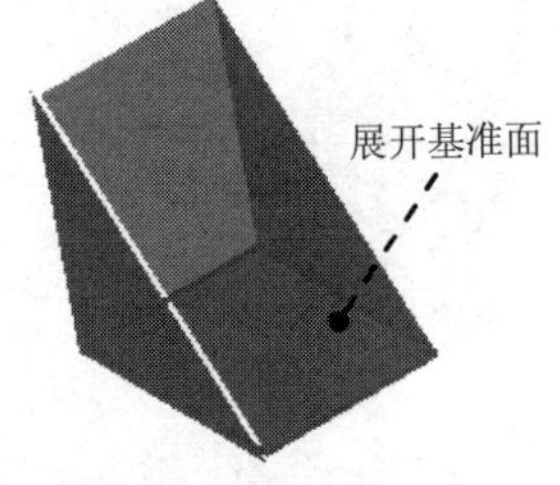


图 6.5.23　选取展开基准面

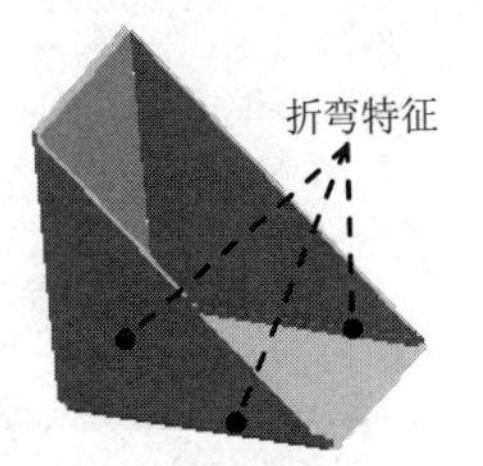


图 6.5.24　选取折弯特征

Step4. 在“伸直”对话框中单击< 确定 >按钮，完成特征的创建。

## 6.5.5 展平实体

在钣金零件的设计过程中，将成形的钣金零件展平为二维的平面薄板是非常重要的步骤，钣金件展开的作用如下。

钣金展开后，可更容易地了解如何剪裁薄板以及其各部分的尺寸。

有些钣金特征（如减轻切口）需要在钣金展开后创建。

钣金展开对于钣金的下料和创建钣金的工程图十分有用。

采用“展平实体”命令可以在同一钣金零件中创建平面展开图。展平实体特征与成形特征相关联。当采用展平实体命令展开钣金零件时，将展平实体特征作为“引用集”在“部件导航器”中显示。如果钣金零件包含变形特征，这些特征将保持原有的状态，如果钣金模型更改，平面展开图也自动更新并包含了新的特征。

下面以 6.5.25 为例，介绍创建展平实体的一般操作步骤。

### Task1. “展平实体”特征的创建

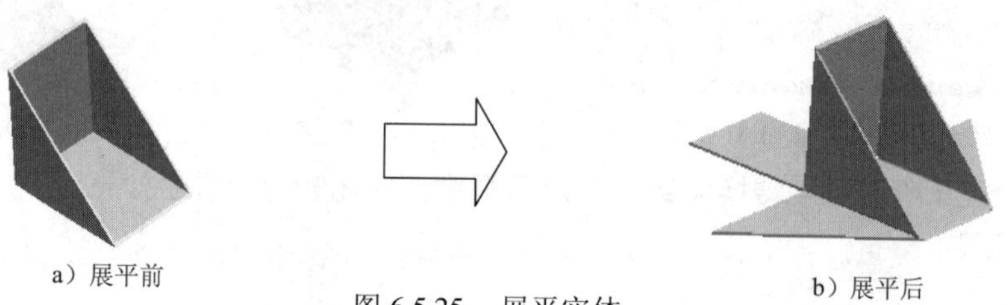

a）展平前　　b）展平后

图 6.5.25　展平实体

Step1. 打开文件 D:\ug12pd\work\ch06.05.05\ evolve。

Step2. 选择下拉菜单 插入(S) → 展平图样(L)... → 展平实体(S)... 命令，系统弹出图 6.5.26 所示的“展平实体”对话框。

Step3. 定义固定面。此时“选择面”按钮处于激活状态，选取图 6.5.27 所示的模型表面为固定面。

图 6.5.26　“展平实体”对话框

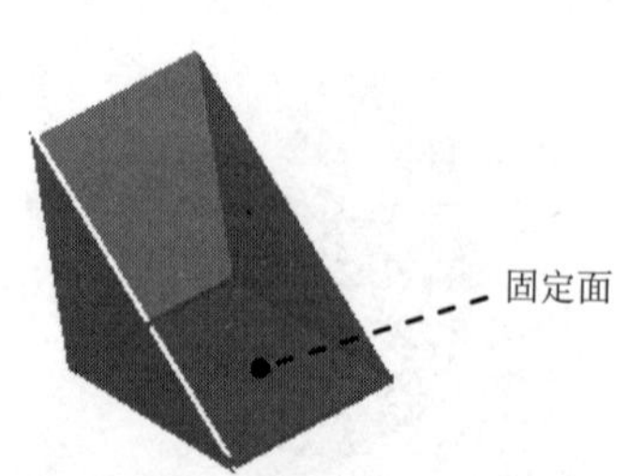


图 6.5.27　定义固定面

Step4. 定义参考边。取消选中 □ 移至绝对坐标系 复选框，使用系统默认的展平方位参考。

Step5. 在“展平实体”对话框中单击 确定 按钮，完成展平特征的创建。

### Task2. 展平实体相关特征的验证

平面展开图会随着钣金模型的更改发生相应的变化，下面通过在图 6.5.28 所示的钣金模型上添加一个“法向除料”特征来验证这一特征。

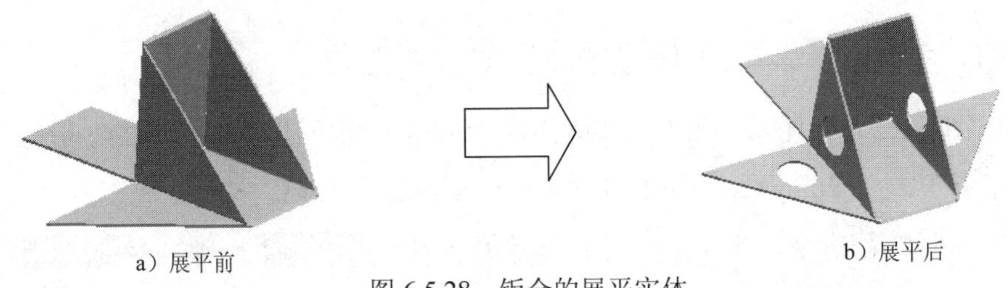
a）展平前 b）展平后

图 6.5.28 钣金的展平实体

Step1. 选择命令。选择下拉菜单 插入(S) → 切割(T) → 法向开孔(N)... 命令，系统弹出“法向开孔”对话框。

Step2. 绘制除料截面草图。单击 按钮，选取图 6.5.29 所示的模型表面为草图平面，单击 确定 按钮，绘制图 6.5.30 所示的除料截面草图。

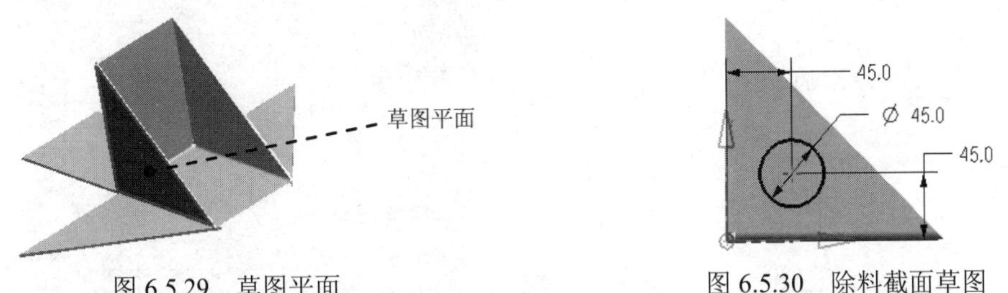

图 6.5.29 草图平面　图 6.5.30 除料截面草图

Step3. 定义除料属性。在 除料属性 区域的 切割方法 下拉列表中选择 厚度 选项，在 限制 下拉列表中选择 贯通 选项。

Step4. 单击“法向开孔”对话框中的 < 确定 > 按钮，完成法向除料特征。

## 6.6 高级钣金特征

### 6.6.1 凹坑

凹坑就是用一组连续的曲线作为轮廓，沿着钣金件表面的法线方向冲出凸起或凹陷的成形特征，如图 6.6.1 所示。

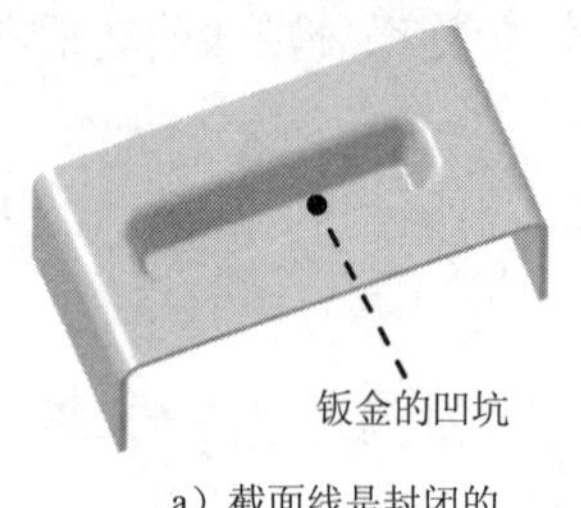


a）截面线是封闭的

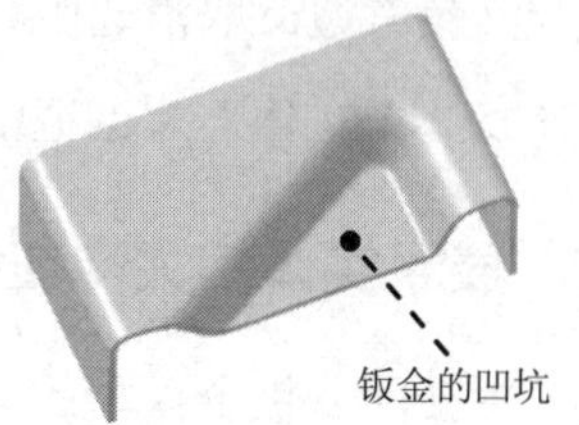


b）截面线是开放的

图 6.6.1　钣金的“凹坑”特征

## Task1．封闭的截面线创建“凹坑”的一般过程

下面以图 6.6.2 所示的模型为例，说明用封闭的截面线创建“凹坑”的一般操作步骤。

Step1．打开文件 D:\ug12pd\work\ch06.06\sm_dimple_01.prt。

Step2．选择特征命令。选择下拉菜单 插入(S) ➡ 冲孔(H) ▸ ➡ 凹坑(D)... 命令，系统弹出图 6.6.3 所示的“凹坑”对话框。

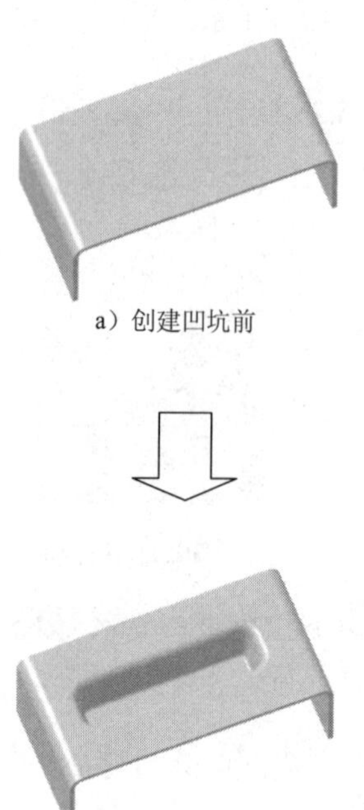

a）创建凹坑前

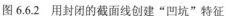

b）创建凹坑后

图 6.6.2　用封闭的截面线创建“凹坑”特征

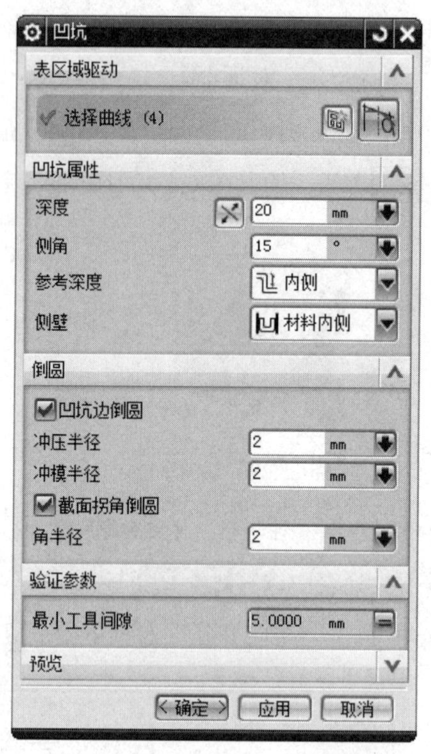


图 6.6.3　“凹坑”对话框

Step3．绘制凹坑截面。单击按钮，系统弹出“创建草图”对话框，选取图 6.6.4 所示的模型表面为草图平面，单击 确定 按钮，绘制图 6.6.5 所示的凹坑截面草图。

Step4．定义凹坑的属性及倒圆。

（1）定义凹坑属性。在 凹坑属性 区域的 深度 文本框中输入数值 20；在 侧角 文本框中输入数值 15；在 参考深度 下拉列表中选择 内侧 选项；在 侧壁 下拉列表中选择 材料内侧 选项，单击“反向”按钮。

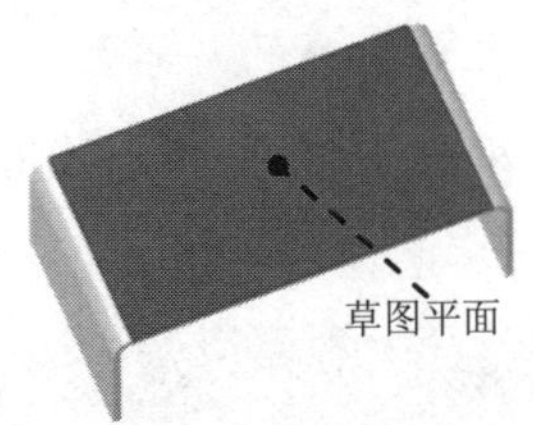


图 6.6.4 选取草图平面

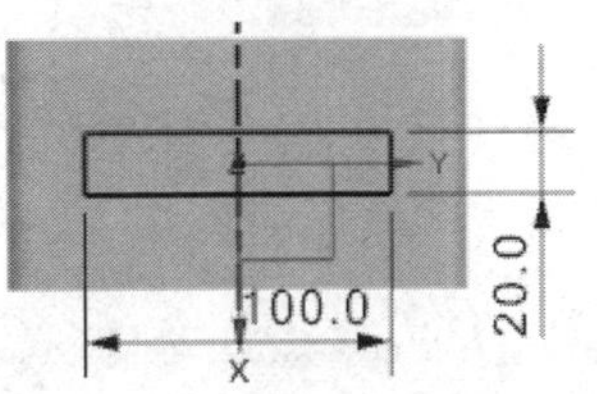


图 6.6.5 凹坑截面草图

（2）定义倒圆。在倒圆区域中选中☑ 凹坑边倒圆复选框；在冲压半径文本框中输入数值 2；在冲模半径文本框中输入数值 2；选中☑ 截面拐角倒圆复选框；在角半径文本框中输入数值 2。

（3）单击“凹坑”对话框的< 确定 >按钮，完成“凹坑”特征的创建。

**说明**：凹坑方向（图 6.6.6）可以通过单击“凹坑”对话框中的“反向”按钮来调整。

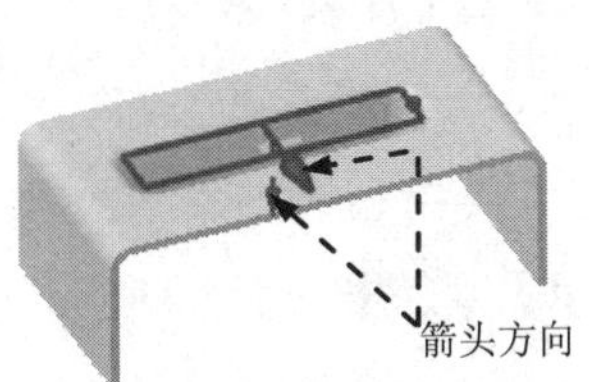


图 6.6.6 凹坑的创建方向

**图 6.6.3 所示的“凹坑”对话框中各选项的功能说明如下。**

- 表区域驱动区域：用于定义凹坑的截面曲线，可选取现有的曲线或创建草图曲线作为凹坑的截面曲线，该截面曲线可以是封闭的也可以是开放的。
- 凹坑属性区域：用于定义凹坑的属性。
  - ☑ 深度文本框：可在该文本框中输入数值以定义从钣金件的放置面到弯边底部的距离。
  - ☑ 反向后的按钮：单击该按钮，可将凹坑的方向调整为默认方向的反方向。
  - ☑ 侧角文本框：可在该文本框中输入数值以定义凹坑在钣金件放置面法向的倾斜角度值。
  - ☑ 参考深度下拉列表：用于定义凹坑深度定义的方式，包含内侧和外侧两个选项。当选择内侧选项时，凹坑的深度从截面线的草图平面开始计算，延伸至总高，如图 6.6.7a 所示；当选择外侧选项时，凹坑的深度从截面线的草图平面开始计算，延伸至总高，如图 6.6.7b 所示。

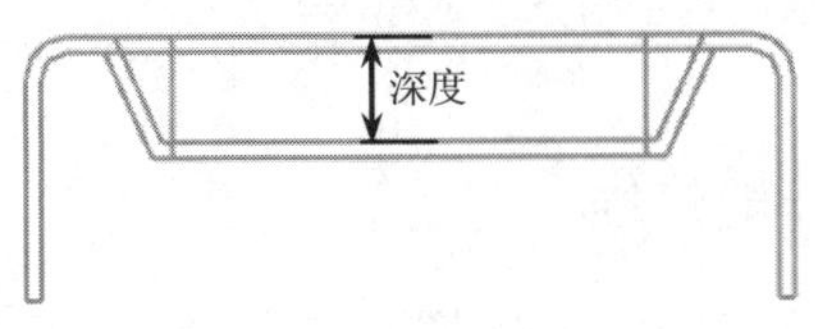


a）内侧

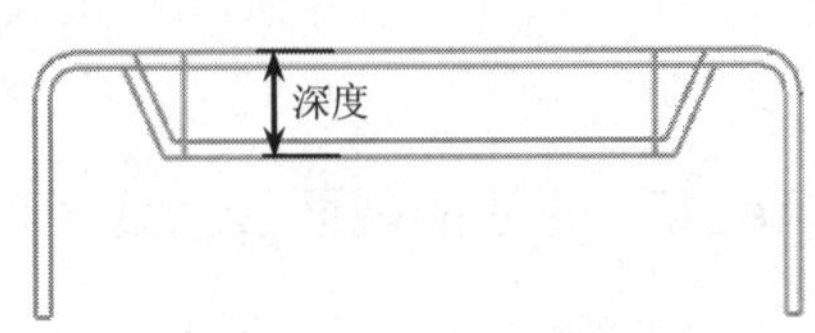


b）外侧

图 6.6.7 参考深度

☑ 侧壁下拉列表：用于定义生成的凹坑壁与截面曲线的相对位置，包含 材料内侧和 材料外侧两个选项。当选择 材料内侧时，在截面线的内部生成凹坑，如图6.6.8a所示；当选择 材料外侧时，在截面线的外部生成凹坑，如图6.6.8b所示。

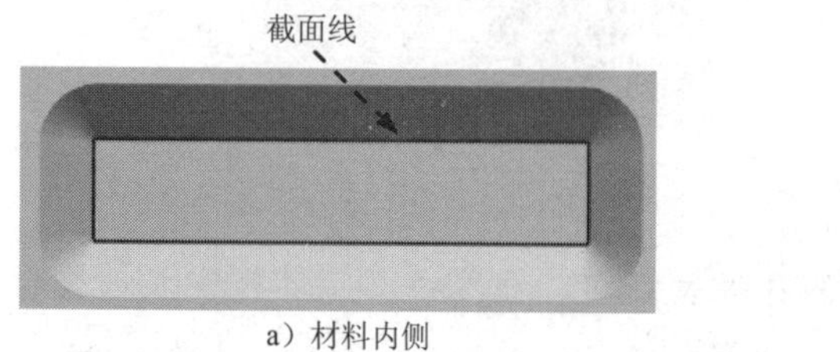

a）材料内侧

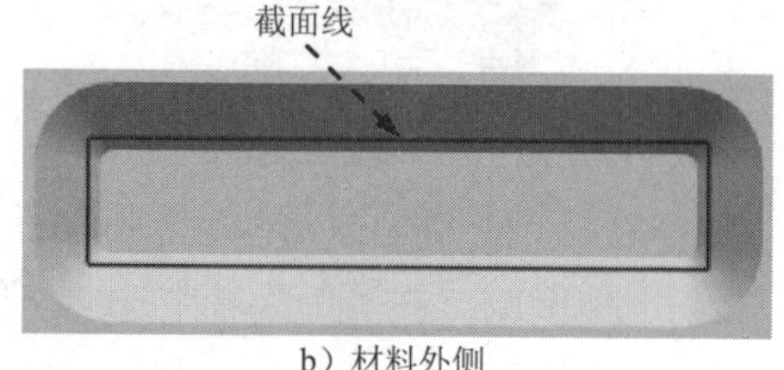

b）材料外侧

图6.6.8 设置“侧壁”选项

- 倒圆区域：用于定义凹坑的圆角。

☑ 凹坑边倒圆复选框：当选中该复选框时，在“凹坑”特征的冲压面到折弯部分使用圆角过渡（图6.6.9），可在其下的冲压半径文本框中输入数值以定义凸模半径（图6.6.9a），在其下的冲模半径文本框中输入数值以定义凹模半径（图6.6.9b）；当取消选中☐ 凹坑边倒圆复选框时，在“凹坑”特征的冲压面到折弯部分不使用圆角过渡，如图6.6.10所示。

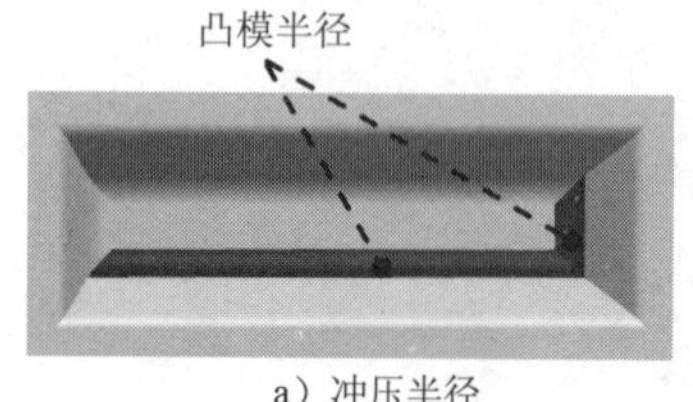

a）冲压半径

b）冲模半径

图6.6.9 凹坑边使用圆角过渡

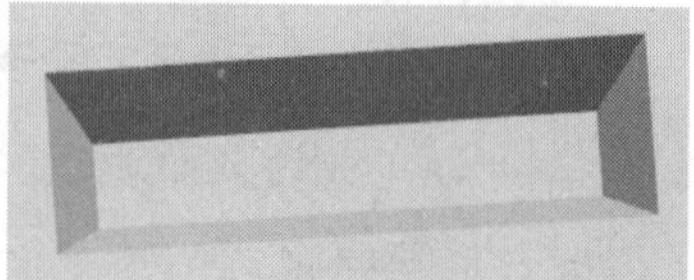

图6.6.10 凹坑边不使用圆角过渡

☑ 截面拐角倒圆复选框：当选中该复选框时，折弯部分内侧拐角使用圆柱面过渡（图6.6.11b），可在其下的角半径文本框中输入数值以定义圆柱面的半径；当取消选中该复选框时，折弯部分内侧拐角不使用圆柱面过渡（图6.6.11a）。

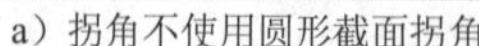
a）拐角不使用圆形截面拐角

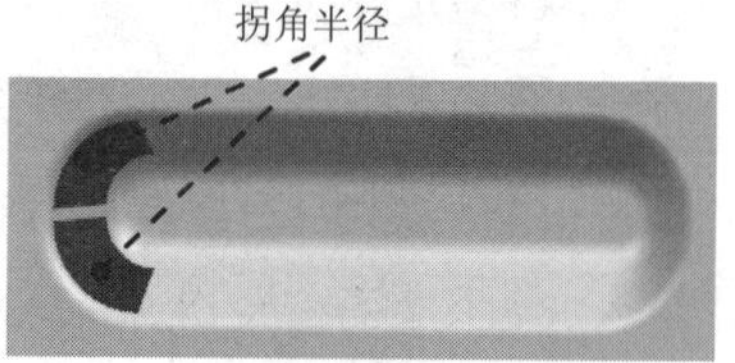

b）拐角使用圆形截面拐角

图6.6.11 拐角圆角

## Task2. 开放的截面线创建“凹坑”的一般过程

下面以图6.6.12所示的模型为例，说明用开放的截面线创建“凹坑”的一般步骤。

Step1. 打开文件 D:\ug12pd\work\ch06.06\sm_dimple_02.prt。

Step2. 选择特征命令。选择下拉菜单 插入(S) → 冲孔(H) ▸ → 凹坑(D)... 命令，系统弹出“凹坑”对话框。

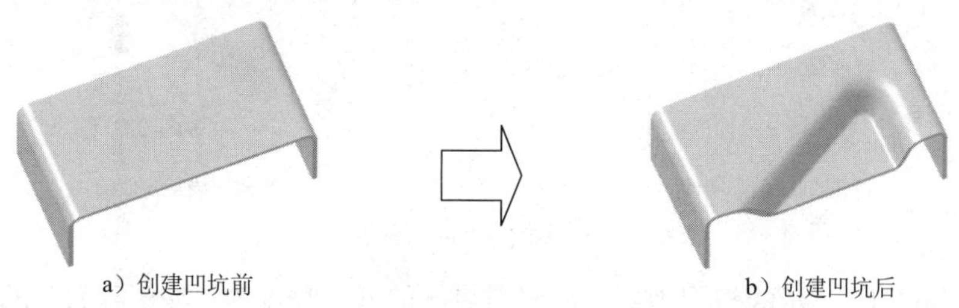


图 6.6.12 用开放的截面线创建“凹坑”特征

Step3. 绘制凹坑截面。单击按钮，选取图 6.6.13 所示的模型表面为草图平面，单击 确定 按钮，绘制图 6.6.14 所示的截面草图。

Step4. 定义凹坑的属性及倒圆。

（1）定义凹坑属性。在 凹坑属性 区域的 深度 文本框中输入数值 20；调整凹坑方向如图 6.6.15 所示，在 侧角 文本框中输入数值 25；在 参考深度 下拉列表中选择 内侧 选项；在 侧壁 下拉列表中选择 材料内侧 选项。

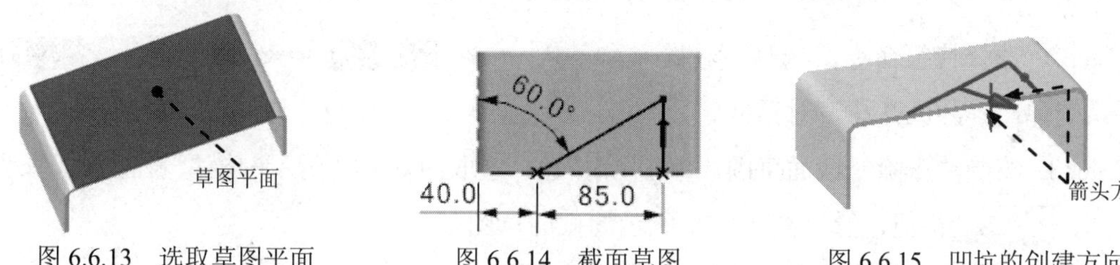


图 6.6.13 选取草图平面　　图 6.6.14 截面草图　　图 6.6.15 凹坑的创建方向

**说明：** 凹坑方向可以通过单击“凹坑”对话框中的“反向”按钮来调整，凹坑的创建区域可通过双击箭头来调整。

（2）定义倒圆。在 倒圆 区域中选中 ☑ 凹坑边倒圆 复选框；在 冲压半径 文本框中输入数值 4；在 冲模半径 文本框中输入数值 10；选中 ☑ 截面拐角倒圆 复选框；在 角半径 文本框中输入数值 6。

（3）单击“凹坑”对话框的 < 确定 > 按钮，完成“凹坑”特征的创建。

## 6.6.2 冲压除料

冲压除料就是用一组连续的曲线作为轮廓，沿着钣金件表面的法向方向进行裁剪，同时在轮廓线上建立弯边，如图 6.6.16 所示。

**说明：** 冲压除料的成形面的截面线可以是封闭的，也可以是开放的。

## Task1. 封闭的截面线创建“冲压除料”的一般过程

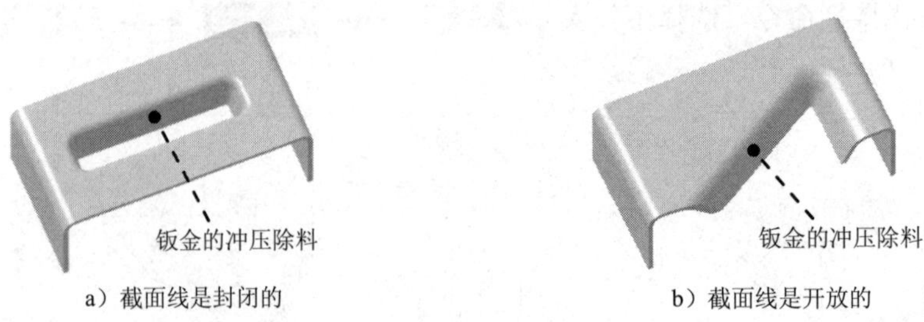


a）截面线是封闭的　　b）截面线是开放的

图 6.6.16　钣金的“冲压除料”特征

下面以图 6.6.17 所示的模型为例，说明用封闭的截面线创建“冲压除料”的一般步骤。

Step1. 打开文件 D:\ug12pd\work\ch06.06\sm_drawn_cutout_01.prt。

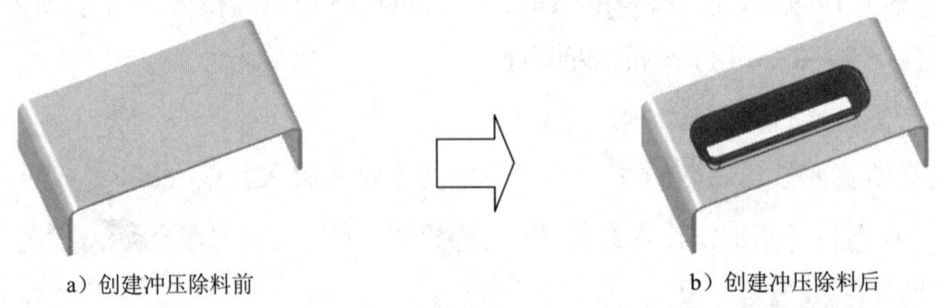

a）创建冲压除料前　　b）创建冲压除料后

图 6.6.17　用封闭的截面线创建“冲压除料”特征

Step2. 选择特征命令。选择下拉菜单 插入(S) → 冲孔(H) ▸ → 冲压开孔(C)... 命令，系统弹出“冲压开孔”对话框。

Step3. 绘制冲压除料截面草图。单击按钮，选取图 6.6.18 所示的模型表面为草图平面，单击 确定 按钮，绘制图 6.6.19 所示的截面草图。

Step4. 定义冲压除料的属性及倒圆。

（1） 定义冲压除料属性。在 开孔属性 区域的 深度 文本框中输入数值 20，单击 深度 下面的 反向 按钮，接受图 6.6.20 所示的箭头方向为冲压除料的裁剪方向，在 侧角 文本框中输入数值 15；在 侧壁 下拉列表中选择 材料内侧 选项。

（2）定义倒圆。在 倒圆 区域中选中 ☑开孔边倒圆 复选框；在 冲模半径 文本框中输入数值 2；选中 ☑ 截面拐角倒圆 复选框；在 角半径 文本框中输入数值 2。

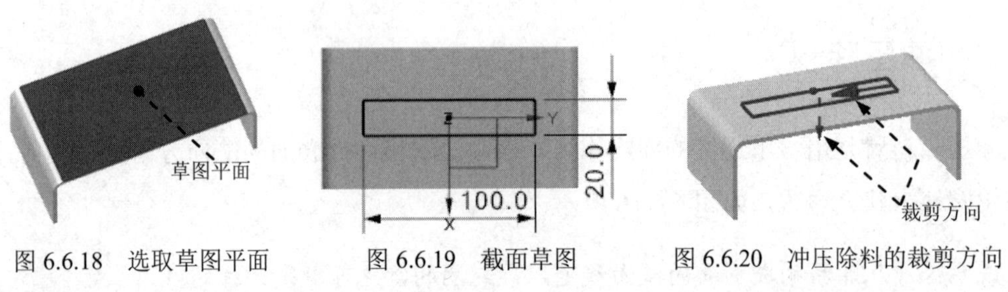


图 6.6.18　选取草图平面　　图 6.6.19　截面草图　　图 6.6.20　冲压除料的裁剪方向

（3）单击“冲压开孔”对话框的 < 确定 > 按钮，完成“冲压除料”特征的创建。

### Task2. 开放的截面线创建“冲压除料”的一般过程

下面以图 6.6.21 所示的模型为例，说明用开放的截面线创建“冲压除料”的一般步骤。

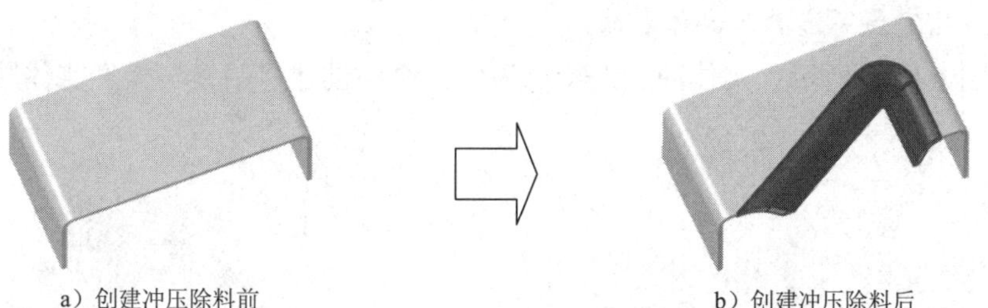


图 6.6.21　用开放的截面线创建“冲压除料”特征

Step1. 打开文件 D:\ug12pd\work\ch06.06\sm_drawn_cutout_02.prt。

Step2. 选择特征命令。选择下拉菜单 插入(S) ➡ 冲孔(H) ▸ ➡ 冲压开孔(C)... 命令，系统弹出“冲压开孔”对话框。

Step3. 绘制冲压除料截面草图。单击按钮，选取图 6.6.22 所示的模型表面为草图平面，单击 确定 按钮，绘制图 6.6.23 所示的截面草图。

Step4. 定义冲压除料的属性及倒圆。

（1） 定义冲压除料属性。在 开孔属性 区域的 深度 文本框中输入数值 20，单击 反向 按钮，在 侧角 文本框中输入数值 25，在 侧壁 下拉列表中选择 材料内侧 选项。

（2） 定义倒圆。在 倒圆 区域中选中 ☑开孔边倒圆 复选框；在 冲模半径 文本框中输入数值 10；选中 ☑ 截面拐角倒圆 复选框；在 角半径 文本框中输入数值 2。

（3）接受图 6.6.24 所示的箭头方向为冲压除料的裁剪方向。

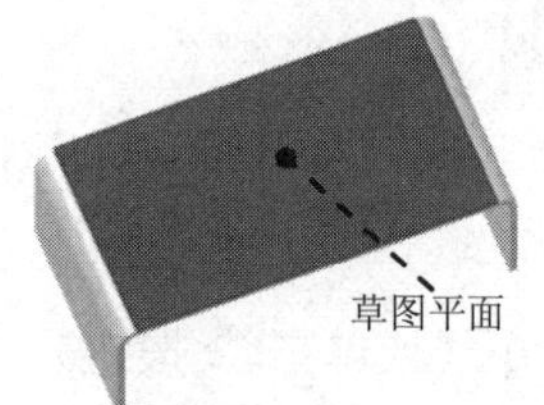


图 6.6.22　选取草图平面

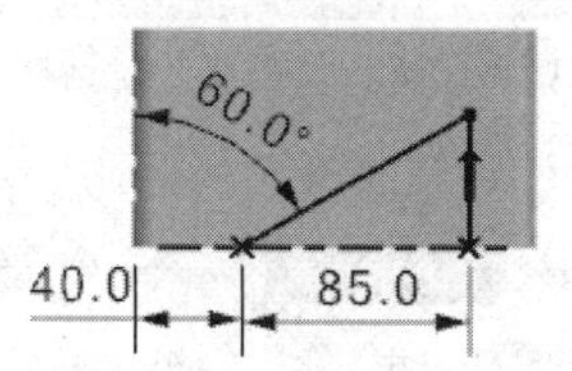


图 6.6.23　截面草图

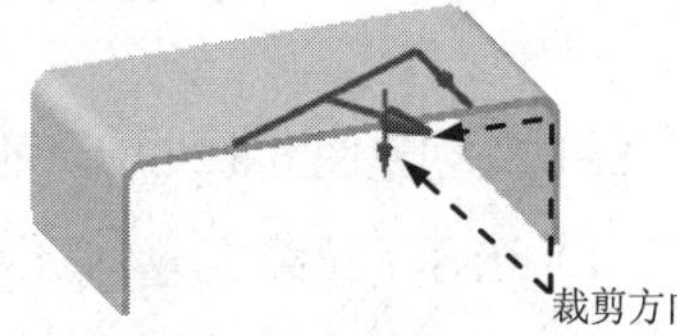


图 6.6.24　冲压除料的裁剪方向

**说明：**若方向相反可双击箭头，改变箭头方向。

（4）单击“冲压开孔”对话框的 < 确定 > 按钮，完成“冲压除料”特征的创建。

## 6.6.3　实体冲压

钣金实体冲压是通过模具等对板料施加外力，使板料分离或者成形而得到工件的一种工艺。在钣金特征中，通过冲压成形的钣金特征占有钣金件成形的很大比例。

钣金实体特征包括如下三个要素。

目标面：实体冲压特征的创建面。

工具体：使目标体具有预期形状的体。

冲裁面：指定要穿透的工具体表面。

下面以图 6.6.25 所示“实体冲压”特征为例，介绍创建“凸模”类型实体冲压的一般步骤。

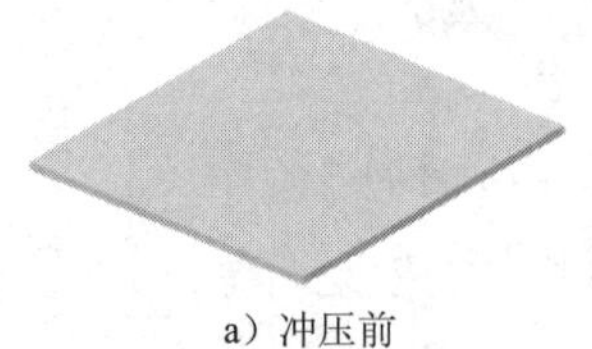

a）冲压前

b）冲压后

图 6.6.25　实体冲压特征

Step1. 打开文件 D:\ug12pd\work\ch06.06\sm_punch1.prt，并确认该模型处于“建模”环境中。

**说明：**由于使用实体冲压时，工具体大多在“钣金”以外的环境中创建，因此在创建钣金冲压时需将当前钣金模型转换至其他设计环境中。本例采用的工具体需在“建模”环境中创建，因而在打开模型后需切换至“建模”环境。其操作步骤为：单击 应用模块 功能选项卡，选择“设计” 设计 区域中的 建模 命令，进入“建模”环境后，系统弹出图 6.6.26 所示的“钣金”对话框，单击其中的 确定(O) 按钮将其关闭即可。

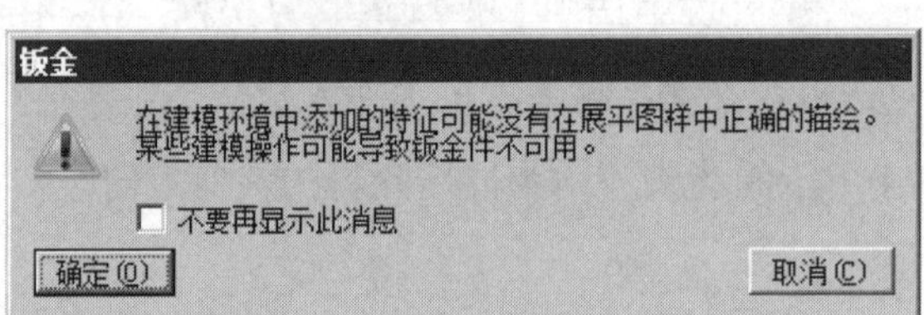


图 6.6.26　“钣金”对话框

Step2. 创建图 6.6.27 所示的拉伸特征 1。

（1）选择下拉菜单 插入(S) → 设计特征(E) → 拉伸(E)... 命令（或单击 按钮）。

（2）定义拉伸截面草图。单击 按钮，系统弹出“创建草图”对话框，选取图 6.6.28 所示的模型表面为草图平面，单击 确定 按钮，进入草图环境，绘制图 6.6.29 所示的截面草图，完成后退出草图环境。

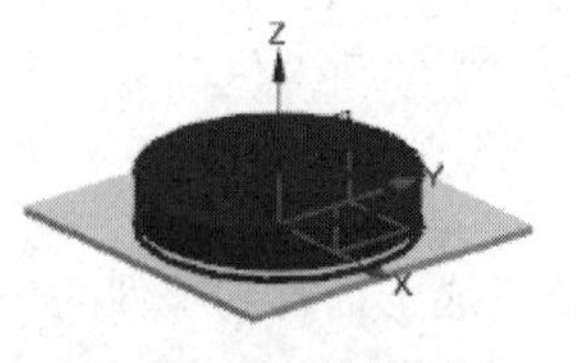


图 6.6.27　拉伸特征 1

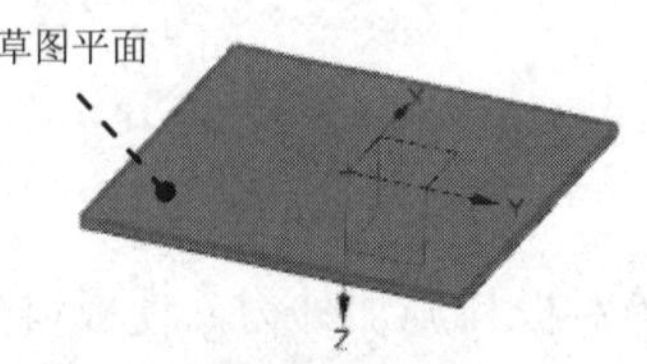


图 6.6.28　选取草图平面

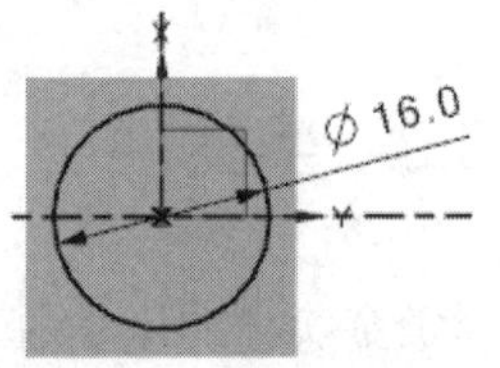


图 6.6.29　截面草图

（3）定义拉伸属性。单击“反向”按钮，在“拉伸”对话框限制区域的开始下拉列表中选择值选项，并在其下的距离文本框中输入数值 0；在结束下拉列表中选择值选项，并在其下的距离文本框中输入数值 3。

（4）在布尔区域的下拉列表中选择无选项，单击“拉伸”对话框中的<确定>按钮，完成拉伸特征 1 的创建。

Step3. 创建图 6.6.30 所示的拉伸特征 2。

（1）选择下拉菜单 插入(S) ➡ 设计特征(E) ➡ 拉伸(E)... 命令（或单击按钮）。

（2）定义截面。单击按钮，选取图 6.6.30 所示的模型表面为草图平面，绘制图 6.6.31 所示的截面草图。

（3）定义拉伸属性。拉伸方向采用系统默认的矢量方向；在“拉伸”对话框限制区域的开始下拉列表中选择值选项，并在其下的距离文本框中输入数值 0；在结束下拉列表中选择值选项，并在其下的距离文本框中输入数值 2；在布尔区域的布尔下拉列表中选择合并选项，选取 Step2 中创建的拉伸特征 1 作为求和对象。

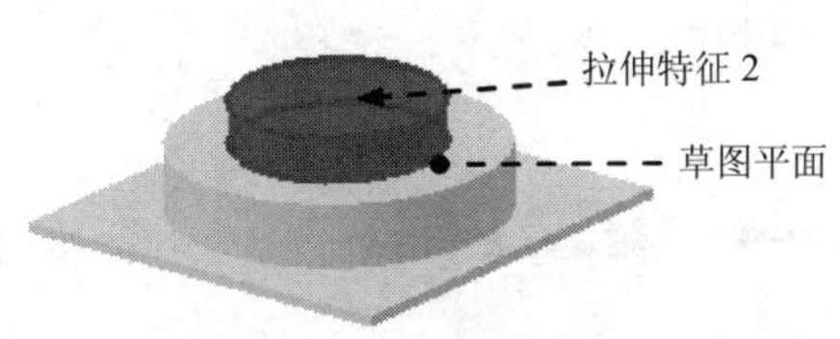


图 6.6.30 拉伸特征 2

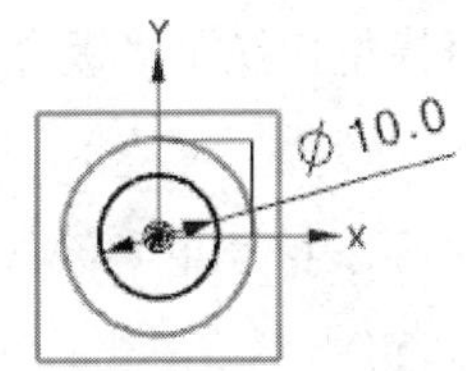


图 6.6.31 截面草图

（4）单击“拉伸”对话框中的<确定>按钮，完成拉伸特征 2 的创建。

Step4. 创建图 6.6.32 所示的拉伸特征 3。

（1）选择下拉菜单 插入(S) ➡ 设计特征(E) ➡ 拉伸(E)... 命令（或单击按钮）。

（2）定义截面。单击按钮，选取图 6.6.32 所示的模型表面为草图平面，绘制图 6.6.33 所示的截面草图。

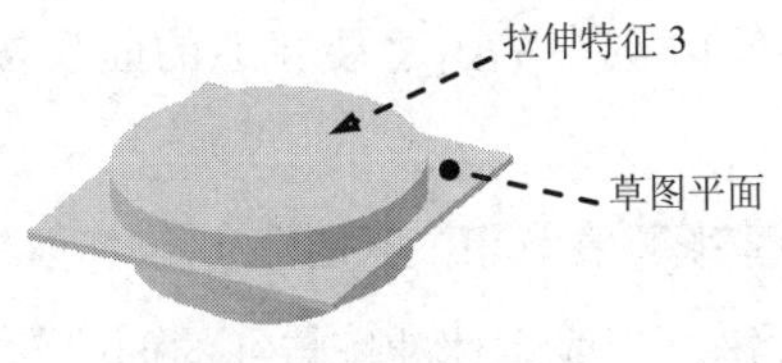


图 6.6.32 拉伸特征 3

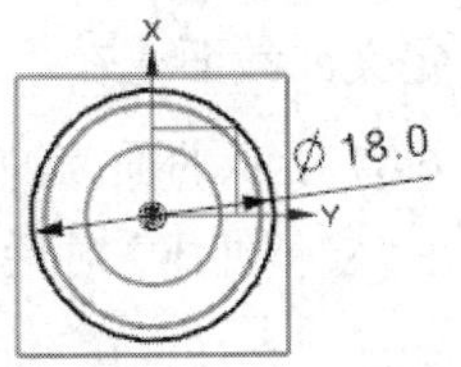


图 6.6.33 截面草图

（3）定义拉伸属性。在“拉伸”对话框限制区域的开始下拉列表中选择值选项，并在其下的距离文本框中输入 0；在结束下拉列表中选择值选项，并在其下的距离文本框中输入 2；在布尔区域的布尔下拉列表中选择合并选项，选取 Step2 中创建的拉伸特征 1 作为求和对象。

（4）单击“拉伸”对话框中的<确定>按钮，完成拉伸特征 3 的创建。

**说明：**以上所创建的三个拉伸特征将作为后面实体冲压特征的工具体。

Step5. 创建图 6.6.34b 所示的圆角特征。

（1）选择下拉菜单 插入(S) → 细节特征(L) → 边倒圆(E)... 命令，系统弹出“边倒圆”对话框。

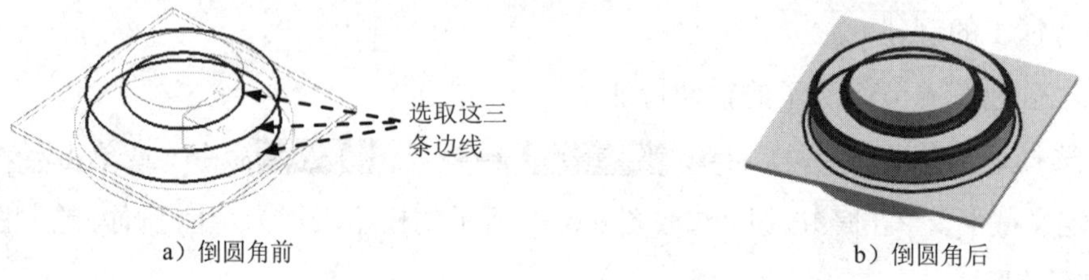


a）倒圆角前　　b）倒圆角后

图 6.6.34　圆角特征

（2）选取倒圆参照边。选取图 6.6.34a 所示的三条边线，在弹出的动态输入框中输入圆角半径值 0.5。

（3）单击“边倒圆”对话框的 < 确定 > 按钮，完成圆角特征的创建。

Step6. 创建实体冲压特征（图 6.6.25b）。

（1）将模型切换至“钣金”环境。单击 应用模块 功能选项卡，选择 设计 区域中的 钣金 命令，进入“钣金”环境。

（2）选择下拉菜单 插入(S) → 冲孔(H) ▸ → 实体冲压(S)... 命令，系统弹出“实体冲压”对话框。

（3）定义实体冲压类型。在“实体冲压”对话框的 类型 下拉列表中选择 冲压 选项，即采用凸模类型创建钣金特征。

（4）定义目标面。在“实体冲压”对话框 目标 区域中单击“选择面”按钮，选取图 6.6.35 所示的面为目标面。

（5）定义工具体。在“实体冲压”对话框 工具 区域中单击“工具体”按钮，选取图 6.6.36 所示的特征为工具体。

（6）定义冲裁面。在“实体冲压”对话框 工具 区域中单击“要穿透的面”按钮，选取图 6.6.37 所示的面为冲裁面。

（7）在“实体冲压”对话框 设置 区域中选中 恒定厚度 复选框，取消选中 倒圆边 复选框。

（8）单击“实体冲压”对话框中的 < 确定 > 按钮，完成实体冲压特征的创建。

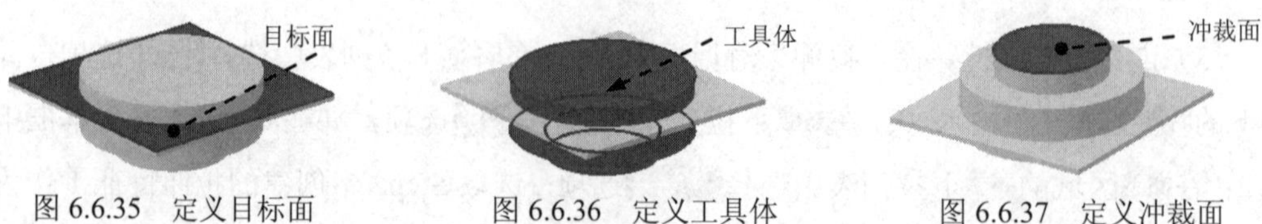


图 6.6.35　定义目标面　　图 6.6.36　定义工具体　　图 6.6.37　定义冲裁面

Step7. 保存零件模型。选择下拉菜单 文件(F) → 保存(S) 命令，即可保存零件模型。

下面以图 6.6.38 为例，介绍创建“凹模”类型实体冲压特征的一般步骤。

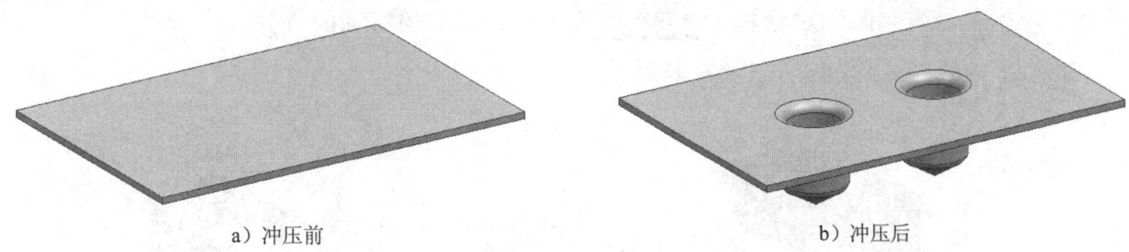

图 6.6.38　实体凹模

Step1. 打开文件 D:\ug12pd\work\ch06.06\sm_punch2.prt，并确认该模型处于“建模”环境中。

Step2. 创建图 6.6.39 所示的拉伸特征。

（1）选择下拉菜单 插入(S) → 设计特征(E) → 拉伸(E)... 命令（或单击按钮）。

（2）定义拉伸截面草图。单击按钮，选取 XY 基准平面为草图平面，绘制图 6.6.40 所示的截面草图。

（3）定义拉伸属性。在“拉伸”对话框限制区域的开始下拉列表中选择值选项，并在其下的距离文本框中输入数值-60；在结束下拉列表中选择值选项，并在其下的距离文本框中输入数值 20。

（4）在布尔区域的下拉列表中选择无选项，单击“拉伸”对话框中的< 确定 >按钮，完成拉伸特征的创建。

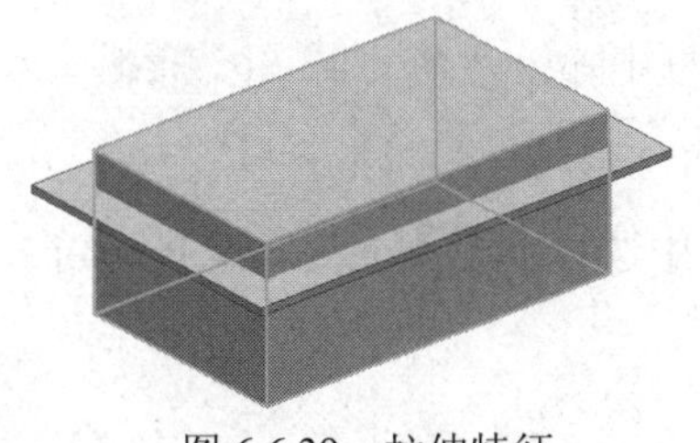
图 6.6.39　拉伸特征

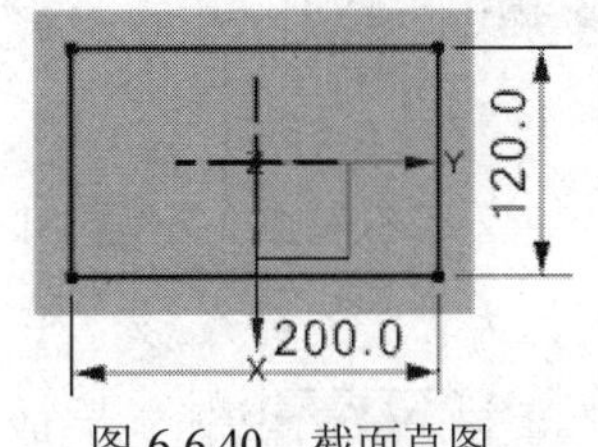

图 6.6.40　截面草图

Step3. 创建图 6.6.41b 所示的圆角特征。

（1）选择下拉菜单 插入(S) → 细节特征(L) → 边倒圆(E)... 命令，系统弹出“边倒圆”对话框。

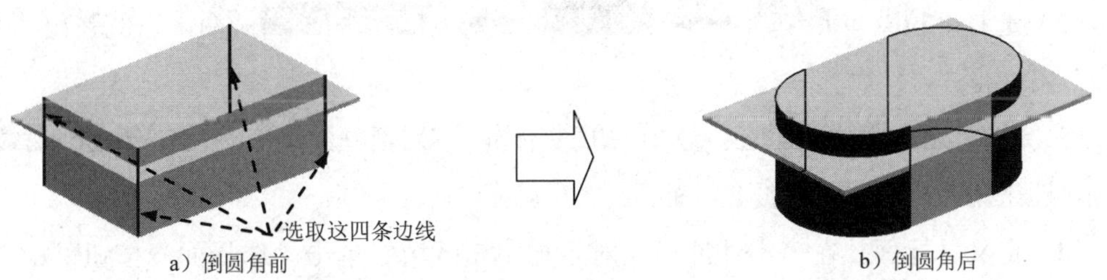

图 6.6.41　圆角特征

（2）选取倒圆参照边。选取图 6.6.41a 所示的四条边线为边倒圆参照，在弹出的动态输入框中输入圆角半径值 60。

（3）单击“边倒圆”对话框的< 确定 >按钮，完成圆角特征的创建。

Step4. 创建图 6.6.42b 所示的孔特征。

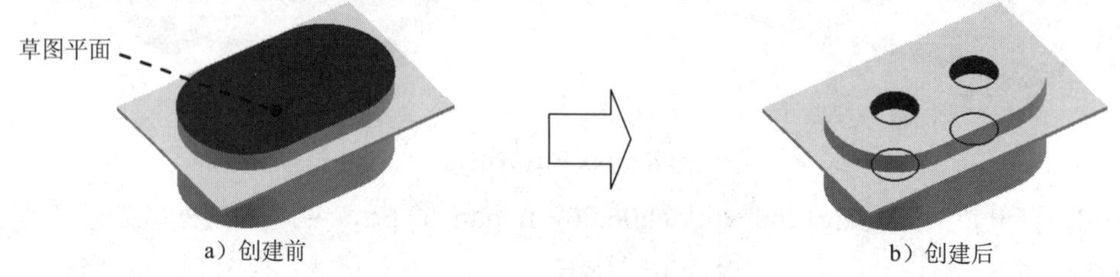


图 6.6.42　孔特征

（1）选择命令。选择下拉菜单 插入(S) → 设计特征(E) ▸ → 孔(H)... 命令（或单击按钮），系统弹出“孔”对话框。

（2）定义孔类型。在类型区域的下拉列表中选择 常规孔选项。

（3）定义孔位置。在位置区域中单击按钮，选取图 6.6.42a 所示的平面为草图平面，进入草图环境，此时系统弹出“草图点”对话框；通过“草图点”对话框创建图 6.6.43 所示的两个点，并添加重合约束，退出草图环境。

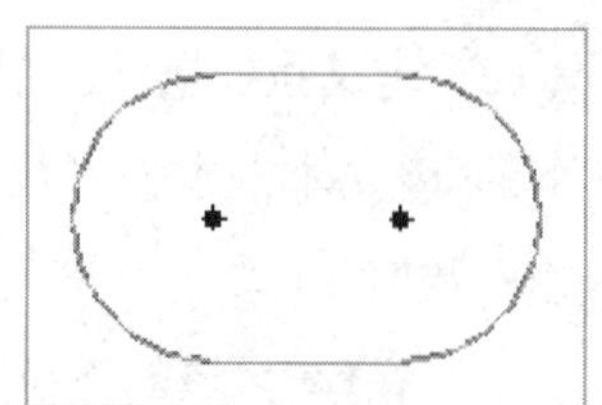

图 6.6.43　草图点

（4）定义孔的形状和尺寸。在形状和尺寸区域的成形下拉列表中选择 简单孔选项；在尺寸区域的直径文本框中输入数值 40，在深度限制下拉列表中选择值选项，在深度文本框中输入数值 60，在顶锥角文本框中输入数值 118。

（5）定义布尔参数。在布尔区域的布尔下拉列表中选择 减去命令，选择 Step2 创建的拉伸特征为求差的对象。

（6）单击< 确定 >按钮，完成孔特征的创建。

Step5. 创建实体冲压特征（图 6.6.38b）。

（1）将模型切换至“钣金”环境。在 应用模块 功能选项卡 设计 区域单击 钣金按钮，进入“钣金”设计环境。

（2）选择下拉菜单 插入(S) → 冲孔(H) ▸ → 实体冲压(S)... 命令，系统弹出“实体冲压”对话框。

（3）定义实体冲压类型。在系统弹出的“实体冲压”对话框的类型下拉列表中选择 冲模选项，即采用冲模类型创建钣金特征。

（4）定义目标面。在“实体冲压”对话框目标区域中单击“选择面”按钮，选取图 6.6.44 所示的面为目标面。

（5）定义工具体。在“实体冲压”对话框工具区域中单击“工具体”按钮，选取图 6.6.45 所示的特征为工具体。

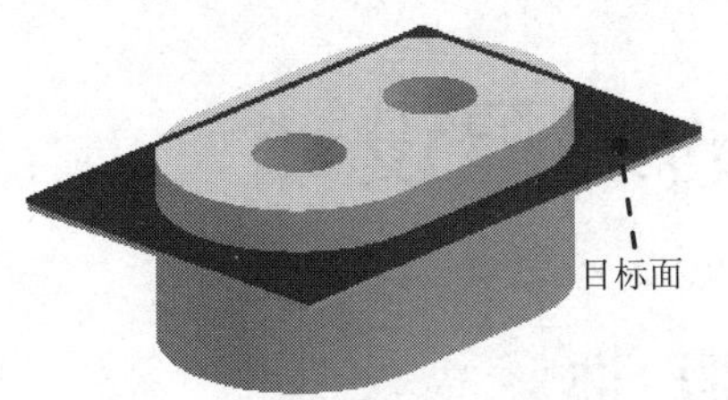


图 6.6.44　定义目标面

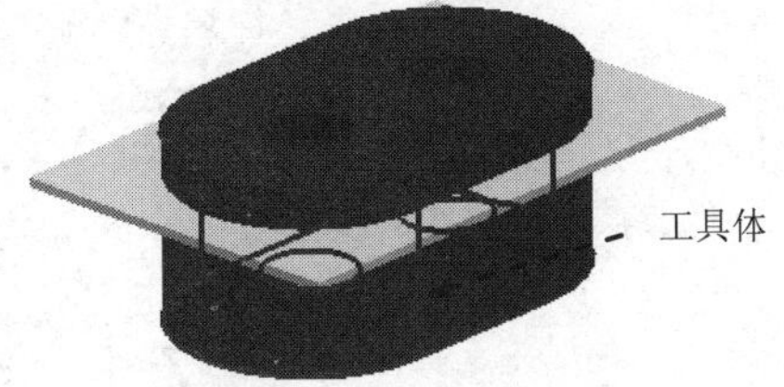


图 6.6.45　定义工具体

（6）设置冲压参数。选中☑隐藏工具体、☑恒定厚度和☑倒圆边复选框，在冲模半径文本框中输入数值 2。

（7）单击“实体冲压”对话框中的< 确定 >按钮，完成实体冲压特征的创建。

Step6. 保存零件模型。选择下拉菜单文件(F) ➡ 保存(S)命令，即可保存零件模型。

## 6.7　钣金设计综合应用 1

**应用概述：**

本应用详细讲解了图 6.7.1 所示卷尺头的创建过程，主要应用了轮廓弯边、拉伸、法向除料等命令。钣金件模型如图 6.7.1 所示。

**说明：**本应用的详细操作过程请参见随书光盘中 video\ch06\文件夹下的语音视频讲解文件。模型文件为 D:\ug12pd\work\ch06.07\roll_ruler_heater.prt。

## 6.8　钣金设计综合应用 2

**应用概述：**

本应用详细讲解了卷尺挂钩的设计过程，这是一个典型的钣金件，在设计过程中先使用突出块及折弯命令创建出主体形状，然后通过法向除料和凹坑命令完成最终模型。钣金件模型如图 6.8.1 所示。

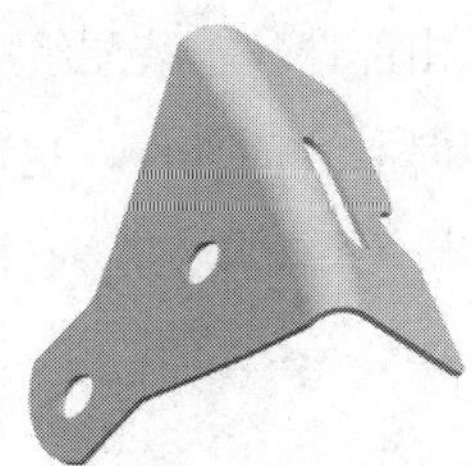

图 6.7.1　卷尺头

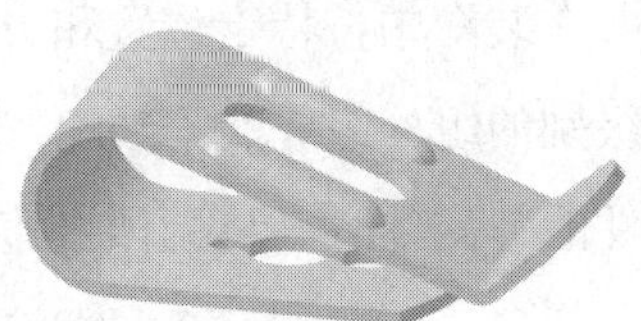

图 6.8.1　卷尺挂钩

**说明：**本应用的详细操作过程请参见随书光盘中 video\ch06.08\文件夹下的语音视频讲解文件。模型文件为 D:\ug12pd\work\ch06.08\roll_ruler_hip.prt。

# 第 7 章 产品的装配设计

## 7.1 装配概述

一个产品（组件）往往是由多个部件组合（装配）而成的，装配模块用来建立部件间的相对位置关系，从而形成复杂的装配体。部件间位置关系的确定主要通过添加约束实现。

一般的 CAD/CAM 软件包括两种装配模式：多组件装配和虚拟装配。多组件装配是一种简单的装配，其原理是将每个组件的信息复制到装配体中，然后将每个组件放到对应的位置。虚拟装配是建立各组件的链接，装配体与组件是一种引用关系。

相对于多组件装配，虚拟装配有明显的优点。

- 虚拟装配中的装配体是引用各组件的信息，而不是复制其本身，因此改动组件时，相应的装配体也自动更新；这样当对组件进行变动时，就不需要对与之相关的装配体进行修改，同时也避免了修改过程中可能出现的错误，提高了效率。
- 虚拟装配中，各组件通过链接应用到装配体中，比复制节省了存储空间。
- 控制部件可以通过引用集的引用，下层部件不需要在装配体中显示，简化了组件的引用，提高了显示速度。

UG NX 12.0 的装配模块具有下面一些特点。

- 利用装配导航器可以清晰地查询、修改和删除组件以及约束。
- 提供了强大的爆炸图工具，可以方便地生成装配体的爆炸图。
- 提供了很强的虚拟装配功能，有效地提高了工作效率。提供了方便的组件定位方法，可以快捷地设置组件间的位置关系。系统提供了八种约束方式，通过对组件添加多个约束，可以准确地把组件装配到位。

相关术语和概念：

装配：是指在装配过程中建立部件之间的相对位置关系，由部件和子装配组成。

组件：在装配中按特定位置和方向使用的部件。组件可以是独立的部件，也可以是由其他较低级别的组件组成的子装配。装配中的每个组件仅包含一个指向其主几何体的指针，在修改组件的几何体时，装配体将随之发生变化。

部件：任何 prt 文件都可以作为部件添加到装配文件中。

工作部件：可以在装配模式下编辑的部件。在装配状态下，一般不能对组件直接进行修改，要修改组件，需要将该组件设为工作部件。部件被编辑后，所作修改的变化会反映到所有引用该部件的组件。

子装配：子装配是在高一级装配中被用作组件的装配，子装配也可以拥有自己的子装配。子装配是相对于引用它的高一级装配来说的，任何一个装配部件可在更高级装配中用作子装配。

引用集：定义在每个组件中的附加信息，其内容包括该组件在装配时显示的信息。每个部件可以有多个引用集，供用户在装配时选用。

## 7.2 装配环境中的下拉菜单及选项卡

装配环境的下拉菜单中包含了进行装配操作的所有命令，而装配选项卡包含了进行装配操作的常用按钮。选项卡中的按钮都能在下拉菜单中找到与其对应的命令，这些按钮是进行装配的主要工具。

新建任意一个文件（如 work.prt）；在 应用模块 功能选项卡中确认 设计 区域的按钮处于按下状态，然后单击 装配 功能选项卡，如图 7.2.1 所示。如果没有显示，用户可以在功能选项卡空白的地方右击，在系统弹出的快捷菜单中选中 ✔ 装配 选项，即可调出“装配”功能选项卡。

**图 7.2.1 所示的“装配”功能选项卡中各部分选项的说明如下。**

- 查找组件：该选项用于查找组件。单击该按钮，系统弹出图 7.2.2 所示的“查找组件”对话框，利用该对话框中的 按名称 、 根据状态 、 根据属性 、 从列表 和 按大小 五个选项卡可以查找组件。
- 按邻近度打开：该选项用于按相邻度打开一个范围内的所有关闭组件。选择此选项，系统弹出“类选择”对话框，选择某一组件后，单击 确定 按钮，系统弹出图 7.2.3 所示的“按邻近度打开”对话框。用户在“按邻近度打开”对话框中可以拖动滑块设定范围，主对话框中会显示该范围的图形，应用后会打开该范围内的所有关闭组件。
- 显示产品轮廓：该按钮用于显示产品轮廓。单击此按钮，显示当前定义的产品轮廓。如果在选择显示产品轮廓选项时没有现有的产品轮廓，系统会弹出一条消息“选择是否创建新的产品轮廓”。
- ：该选项用于加入现有的组件。在装配中经常会用到此选项，其功能是向装配体中添加已存在的组件，添加的组件可以是未载入系统中的部件文件，也可以是已载入系统中的组件。用户可以选择在添加组件的同时定位组件，设定与其他组件的装配约束，也可以不设定装配约束。
- ：该选项用于创建新的组件，并将其添加到装配中。
- 阵列组件：该选项用于创建组件阵列。

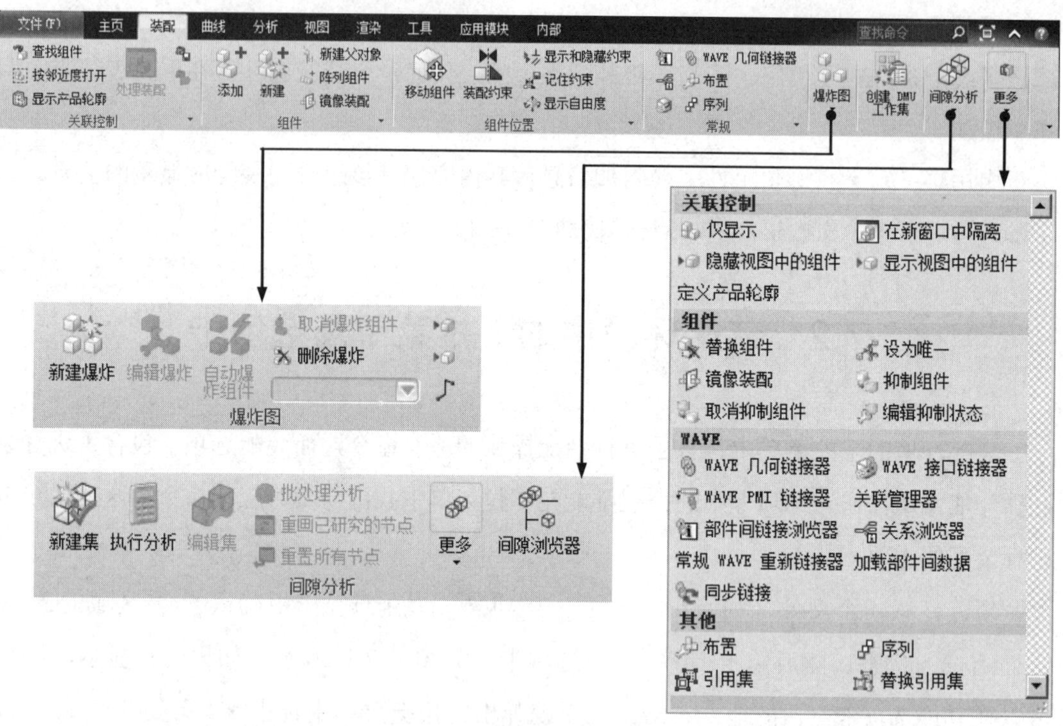

图 7.2.1 “装配”功能选项卡

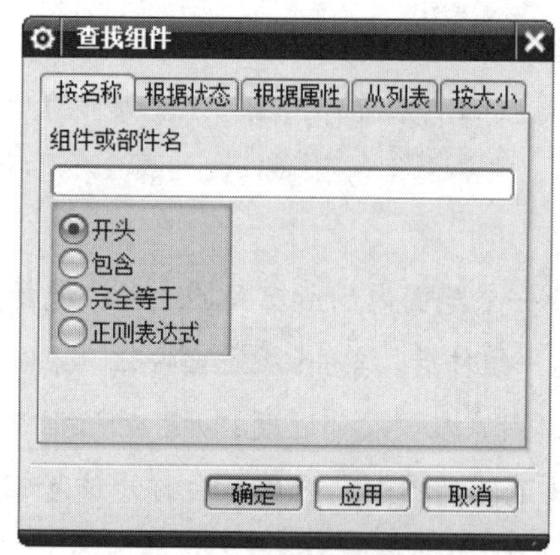

图 7.2.2 “查找组件”对话框

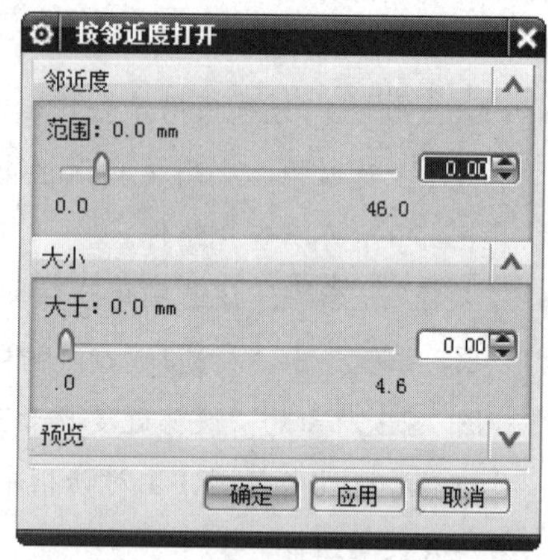

图 7.2.3 “按邻近度打开”对话框

- 镜像装配：该选项用于镜像装配。对于含有很多组件的对称装配，此命令是很有用的，只需要装配一侧的组件，然后进行镜像即可。可以对整个装配进行镜像，也可以选择个别组件进行镜像，还可指定要从镜像的装配中排除的组件。
- 抑制组件：该选项用于抑制组件。抑制组件将组件及其子项从显示中移去，但不删除被抑制的组件，它们仍存在于数据库中。
- 编辑抑制状态：该选项用于编辑抑制状态。选择一个或多个组件，选择此选项，系统弹出“抑制”对话框，其中可以定义所选组件的抑制状态。对于装配有多个布置或选定组件有多个控制父组件，则还可以对所选的不同布置或父组件定义不同的抑制状态。

- 移动组件：该选项用于移动组件。
- 装配约束：该选项用于在装配体中添加装配约束，使各零部件装配到合适的位置。
- 显示和隐藏约束：该按钮用于显示和隐藏约束及使用其关系的组件。
- 布置：该按钮用于编辑排列。单击此按钮，系统弹出“编辑布置”对话框，可以定义装配布置来为部件中的一个或多个组件指定备选位置，并将这些备选位置和部件保存在一起。
- ：该按钮用于调出“爆炸视图”工具条，然后可以进行创建爆炸图、编辑爆炸图以及删除爆炸图等操作。
- 序列：该按钮用于查看和更改创建装配的序列。单击此按钮，系统弹出“序列导航器”和“装配序列”工具条。
- ：该按钮用于定义其他部件可以引用的几何体和表达式、设置引用规则，并列出引用工作部件的部件。
- WAVE 几何链接器：该按钮用于 WAVE 几何链接器。允许在工作部件中创建关联的或非关联的几何体。
- WAVE PMI 链接器：将 PMI 从一个部件复制到另一个部件，或从一个部件复制到装配中。
- ：该按钮用于提供有关部件间链接的图形信息。
- ：该按钮用于快速分析组件间的干涉，包括软干涉、硬干涉和接触干涉。如果干涉存在，单击此按钮，系统会弹出干涉检查报告。在干涉检查报告中，用户可以选择某一干涉，隔离与之无关的组件。

## 7.3　装配导航器

为了便于用户管理装配组件，UG NX 12.0 提供了装配导航器功能。装配导航器在一个单独的对话框中以图形的方式显示出部件的装配结构，并提供了在装配中操控组件的快捷方法。可以使用装配导航器选择组件进行各种操作，以及执行装配管理功能，如更改工作部件、更改显示部件、隐藏和不隐藏组件等。

装配导航器将装配结构显示为对象的树形图。每个组件都显示为装配树结构中的一个节点。

### 7.3.1　功能概述

打开文件 D:\ug12pd\work\ch07.03\ASSEMBLY.prt；单击用户界面资源工具条区中的“装

配导航器”选项卡，显示“装配导航器”窗口。在装配导航器的第一栏，可以方便地查看和编辑装配体和各组件的信息。

### 1. 装配导航器的按钮

装配导航器的模型树中各部件名称前后有很多图标，不同的图标表示不同的信息。

- ☑：选中此复选标记，表示组件至少已部分打开且未隐藏。
- ☑：取消此复选标记，表示组件至少已部分打开，但不可见。不可见的原因可能是由于被隐藏、在不可见的层上或在排除引用集中。单击该复选框，系统将完全显示该组件及其子项，图标变成☑。
- □：此复选标记表示组件关闭，在装配体中将看不到该组件，该组件的图标将变为（当该组件为非装配或子装配时）或（当该组件为子装配时）。单击该复选框，系统将完全或部分加载组件及其子项，组件在装配体中显示，该图标变成☑。
- ：此标记表示组件被抑制。不能通过单击该图标编辑组件状态，如果要消除抑制状态，可右击，从弹出的快捷菜单中选择抑制...命令，在弹出的“抑制”对话框中选择从不抑制单选项，然后进行相应操作。
- ：此标记表示该组件是装配体。
- ：此标记表示装配体中的单个模型。

### 2. 装配导航器的操作

- 装配导航器窗口的操作。
  - ☑ 显示模式控制：通过单击右上角的按钮，可以使装配导航器窗口在浮动和固定之间切换。
  - ☑ 列设置：装配导航器默认的设置只显示几列信息，大多数都被隐藏了。在装配导航器空白区域右键单击，在快捷菜单中选择列，系统会展开所有列选项供用户选择。
- 组件操作。
  - ☑ 选择组件：单击组件的节点，可以选择单个组件。按住 Ctrl 键可以在装配导航器中选择多个组件。如果要选择的组件是相邻的，可以按住 Shift 键单击选择第一个组件和最后一个组件，则这中间的组件全部被选中。
  - ☑ 拖放组件：可在按住鼠标左键的同时选择装配导航器中的一个或多个组件，将它们拖到新位置。松开鼠标左键，目标组件将成为包含该组件的装配体，其按钮也将变为。

☑ 将组件设为工作组件：双击某一组件，可以将该组件设为工作组件，装配体中的非工作组件将变为浅蓝色，此时可以对工作组件进行编辑（这与在图形区域双击某一组件的效果是一样的）。要取消工作组件状态，只需在根节点处双击即可。

### 7.3.2 预览面板和相关性面板

#### 1．预览面板

在“装配导航器”窗口中单击预览标题栏，可展开或折叠面板。选择装配导航器中的组件，可以在预览面板中查看该组件的预览。添加新组件时，如果该组件已加载到系统中，预览面板也会显示该组件的预览。

#### 2．相关性面板

在“装配导航器”窗口中单击相关性标题栏，可展开或折叠面板。选择装配导航器中的组件，可以在相关性面板中查看该组件的相关性关系。

在相关性面板中，每个装配组件下都有两个文件夹：子级和父级。以选中组件为基础组件，定位其他组件时所建立的约束和配对对象属于子级；以其他组件为基础组件，定位选中的组件时所建立的约束和配对对象属于父级。单击“局部放大图”按钮，系统详细列出了其中所有的约束条件和配对对象。

## 7.4 组件的装配约束说明

配对条件用于在装配中定位组件，可以指定一个部件相对于装配体中另一个部件（或特征）的放置方式和位置。例如，可以指定一个螺栓的圆柱面与一个螺母的内圆柱面共轴。UG NX 12.0 中配对条件的类型包括配对、对齐和中心等。每个组件都有唯一的配对条件，这个配对条件由一个或多个约束组成。每个约束都会限制组件在装配体中的一个或几个自由度，从而确定组件的位置。用户可以在添加组件的过程中添加配对条件，也可以在添加完成后添加约束。如果组件的自由度被全部限制，可称为完全约束；如果组件的自由度没有被全部限制，则称为欠约束。

### 7.4.1 “装配约束”对话框

在 UG NX 12.0 中，配对条件是通过“装配约束”对话框中的操作来实现的，下面对“装配约束”对话框进行介绍。

选择下拉菜单 装配(A) ➡ 组件位置(P) ➡ 装配约束(N)... 命令，系统弹出图 7.4.1 所示的“装配约束”对话框。“装配约束”对话框中主要包括三个区域：“类型”区域、“要约束的几何体”区域和“设置”区域。

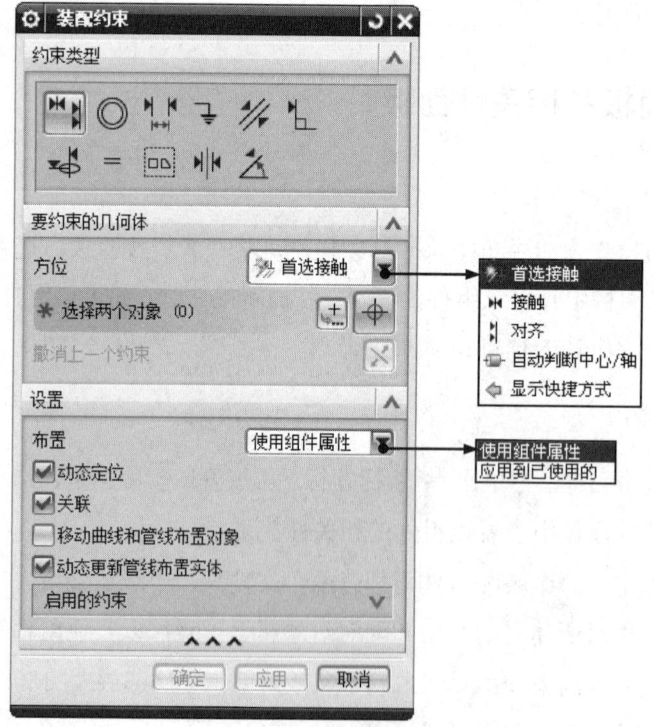


图 7.4.1 “装配约束”对话框

图 7.4.1 所示的“装配约束”对话框 约束类型 区域中各选项的说明如下。

- ![]：该约束用于两个组件，使其彼此接触或对齐。当选择该选项后，要约束的几何体 区域的 方位 下拉列表中出现 4 个选项。
  - ☑ 首选接触：若选择该选项，则当接触和对齐约束都可能时，显示接触约束（在大多数模型中，接触约束比对齐约束更常用）；当接触约束过度约束装配时，将显示对齐约束。
  - ☑ 接触：若选择该选项，则约束对象的曲面法向在相反方向上。
  - ☑ 对齐：若选择该选项，则约束对象的曲面法向在相同方向上。
  - ☑ 自动判断中心/轴：该选项主要用于定义两圆柱面、两圆锥面或圆柱面与圆锥面同轴约束。
- ◎：该约束用于定义两个组件的圆形边界或椭圆边界的中心重合，并使边界的面共面。
- ![]：该约束用于设定两个接触对象间的最小 3D 距离。选择该选项并选定接触对象后，距离 区域的 距离 文本框被激活，可以直接输入数值。

- ：该约束用于将组件固定在其当前位置，一般用在第一个装配元件上。
- ：该约束用于使两个目标对象的矢量方向平行。
- ：该约束用于使两个目标对象的矢量方向垂直。
- ：该约束用于使两个目标对象的边线或轴线重合。
- ：该约束用于定义将半径相等的两个圆柱面拟合在一起。此约束对确定孔中销或螺栓的位置很有用。如果以后半径变为不等，则该约束无效。
- ：该约束用于组件“焊接”在一起。
- ：该约束用于使一对对象之间的一个或两个对象居中，或使一对对象沿另一个对象居中。当选取该选项时，要约束的几何体区域的子类型下拉列表中出现 3 个选项。
  - ☑ 1对2：该选项用于定义在后 2 个所选对象之间使第一个所选对象居中。
  - ☑ 2对1：该选项用于定义将 2 个所选对象沿第三个所选对象居中。
  - ☑ 2对2：该选项用于定义将 2 个所选对象在两个其他所选对象之间居中。
- ：该约束用于约束两对象间的旋转角。选取角度约束后，要约束的几何体区域的子类型下拉列表中出现 2 个选项。
  - ☑ 3D角：该选项用于约束需要“源”几何体和“目标”几何体。不指定旋转轴；可以任意选择满足指定几何体之间角度的位置。
  - ☑ 方向角度：该选项用于约束需要“源”几何体和“目标”几何体，还特别需要一个定义旋转轴的预先约束，否则创建定位角约束失败。为此，希望尽可能创建 3D 角度约束，而不创建方向角度约束。

## 7.4.2　“接触”约束

“接触对齐”约束可使两个装配部件中的两个平面（图 7.4.2a）重合并且朝向相同方向，如图 7.4.2b 所示；同样，“接触约束”也可以使其他对象对齐（相应的模型在 D:\ug12pd\work\ch07.04.02 中可以找到）。

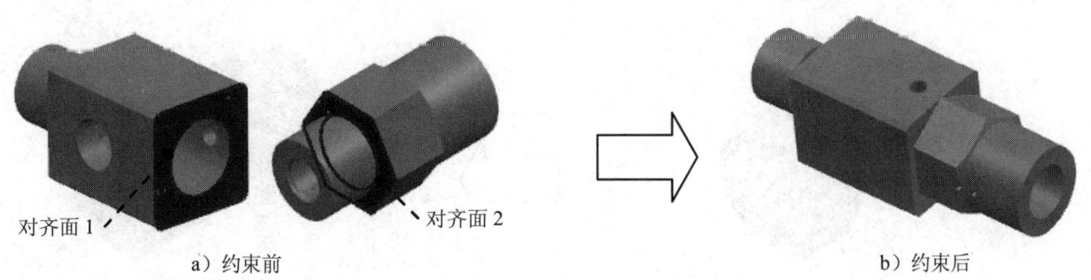


图 7.4.2　“接触对齐”约束

## 7.4.3 "中心"约束

"中心"约束可使两个装配部件中的两个旋转面的轴线重合。如图 7.4.3 所示（相应的模型在 D:\ug12pd\work\ch07.04.03 中可以找到）。

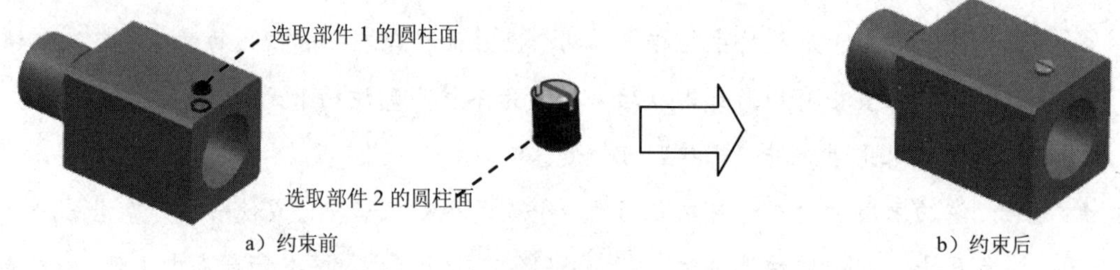


图 7.4.3 "中心"约束

**注意：**两个旋转曲面的直径不要求相等。当轴线选取无效或不方便选取时，可以用此约束。

## 7.4.4 "角度"约束

"角度"约束可使两个装配部件中的两个平面或实体以固定角度约束，如图 7.4.4 所示（相应的模型在 D:\ug12pd\work\ch07.04.04 中可以找到）。

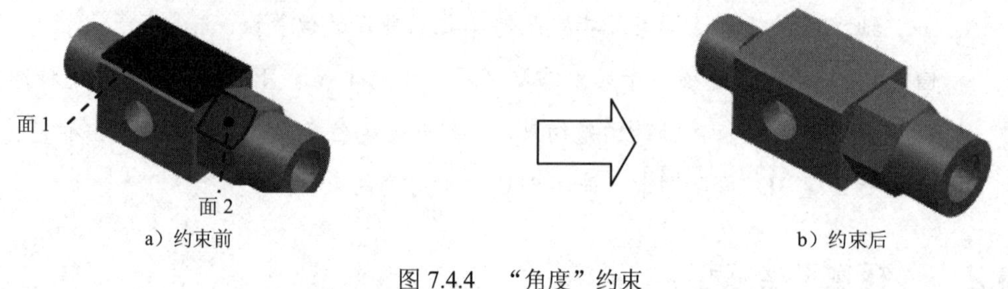


图 7.4.4 "角度"约束

## 7.4.5 "平行"约束

"平行"约束可使两个装配部件中的两个平面进行平行约束，如图 7.4.5 所示（相应的模型在 D:\ug12pd\work\ch07.04.05 中可以找到）。

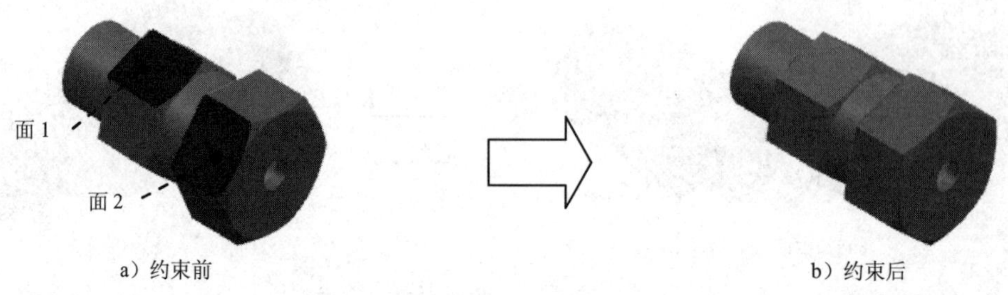


图 7.4.5 "平行"约束

### 7.4.6 “垂直”约束

“垂直”约束可使两个装配部件中的两个平面进行垂直约束，如图 7.4.6 所示（相应的模型在 D:\ug12pd\work\ch07.04.06 中可以找到）。

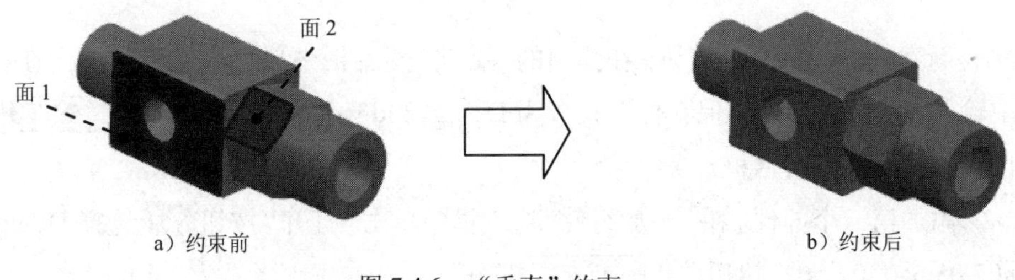


图 7.4.6 “垂直”约束

### 7.4.7 “距离”约束

“距离”约束可使两个装配部件中的两个平面保持一定的距离，可以直接输入距离值，如图 7.4.7 所示（相应的模型在 D:\ug12pd\work\ch07.04.07 中可以找到）。

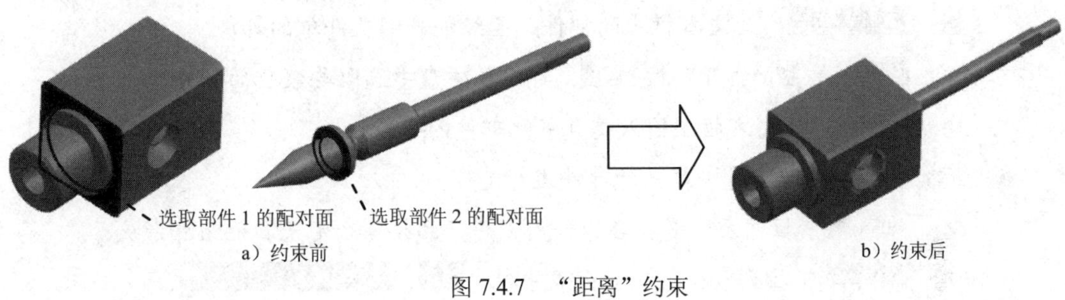


图 7.4.7 “距离”约束

### 7.4.8 “固定”约束

“固定”约束可使选定的部件在装配环境中保持固定状态，一般应用于装配开始的第一个零件或不能够移动的部件。

## 7.5 装配的一般过程

### 7.5.1 概述

部件的装配一般有两种基本方式：自底向上装配和自顶向下装配。如果首先设计好全部部件，然后将部件作为组件添加到装配体中，则称之为自底向上装配；如果首先设计好装配体模型，然后在装配体中创建组件模型，最后生成部件模型，则称之为自顶向下装配。

UG NX 12.0 提供了自底向上和自顶向下装配功能，并且两种方法可以混合使用。自底向上装配是一种常用的装配模式，本书主要介绍自底向上装配。

下面以两个轴类部件为例，说明自底向上创建装配体的一般过程。

### 7.5.2 添加第一个部件

Step1. 新建文件，单击按钮，在弹出的“新建”对话框中选择装配模板，在名称文本框中输入 assemblage，将保存位置设置为 D:\ug12pd\work\ch07.05，单击确定按钮。系统弹出“添加组件”对话框。

Step2. 添加第一个部件。在“添加组件”对话框中单击“打开”按钮，选择 D:\ug12pd\work\ch07.05\part_01.prt，然后单击OK按钮。

Step3. 定义放置定位。在“添加组件”对话框位置区域的装配位置下拉列表中选取绝对坐标系 - 显示部件选项，单击< 确定 >按钮。

“添加组件”对话框中主要选项的功能说明如下。

- 要放置的部件区域：用于从硬盘中选取的部件或已经加载的部件。
  - ☑ 已加载的部件：此文本框中的部件是已经加载到软件中的部件。
  - ☑ 打开：单击“打开”按钮，可以从硬盘中选取要装配的部件。
  - ☑ 数量：在此文本框中输入重复装配部件的个数。
- 位置区域：该区域是对载入的部件进行定位。
  - ☑ 组件锚点下拉列表：是指在组件内创建产品接口来定义其他组件系统。
  - ☑ 装配位置下拉列表：该下拉列表中包含对齐、绝对坐标系 - 工作部件、绝对坐标系 - 显示部件和工作坐标系三个选项。对齐是指选择位置来定义坐标系；绝对坐标系 - 工作部件是指将组件放置到当前工作部件的绝对原点；绝对坐标系 - 显示部件是指将组件放置到显示装配的绝对原点；工作坐标系是指将组件放置到工作坐标系。
  - ☑ 循环定向：是指改变组件的位置及方向。
- 放置区域：该区域是对载入的部件进行放置。
  - ☑ ◉约束是指把添加组件和添加约束放在一个命令中进行，选择该选项，系统显示“装配约束”界面，完成装配约束的定义。
  - ☑ ◉移动是指可重新指定载入部件的位置。
- 设置区域：此区域是设置部件的组件名、引用集和图层选项。
  - ☑ 组件名文本框：在文本框中可以更改部件的名称。
  - ☑ 图层选项下拉列表：该下拉列表中包含原始的、工作的和按指定的三个选项。原始的是指将新部件放到设计时所在的层；工作的是将新部件放到当前工作层；按指定的是指将载入部件放入指定的层中，选择按指定的选项后，其下方的图层文本框被激活，可以输入层名。

## 7.5.3 添加第二个部件

Step1. 添加第二个部件。在装配选项卡组件区域中单击按钮，在弹出的“添加组件”对话框中单击按钮，选择文件 D:\ug12pd\work\ch07.05\part_02.prt，然后单击 OK 按钮。

Step2. 定义放置定位。在“添加组件”对话框放置区域选择约束选项；在设置区域互动选项选项组中选中启用预览窗口复选框，此时系统弹出图 7.5.1 所示的“装配约束”界面和图 7.5.2 所示的“组件预览”窗口。

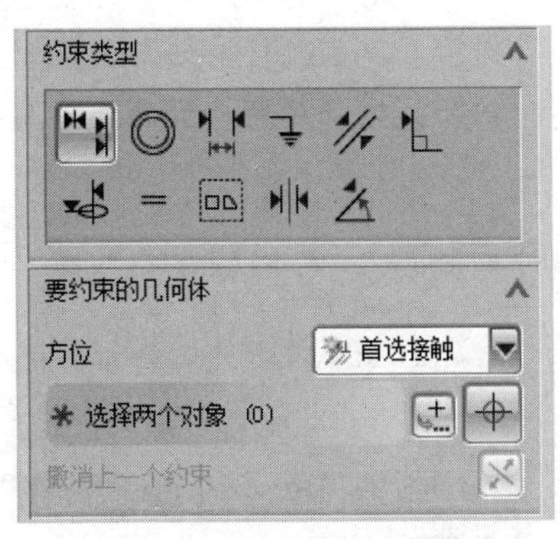


图 7.5.1 “装配约束”界面

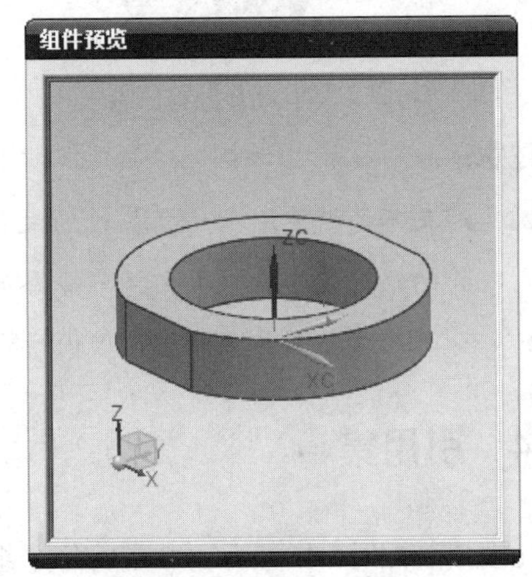


图 7.5.2 “组件预览”窗口

**说明：**在图 7.5.2 所示的“组件预览”窗口中可单独对要装入的部件进行缩放、旋转和平移，这样就可以将要装配的部件调整到方便选取装配约束参照的位置。

Step3. 添加“接触”约束。在“装配约束”对话框约束类型区域中选择选项，在要约束的几何体区域的方位下拉列表中选择首选接触选项；在“组件预览”窗口中选取图 7.5.3 所示的接触平面 1，然后在图形区中选取接触平面 2；结果如图 7.5.4 所示。

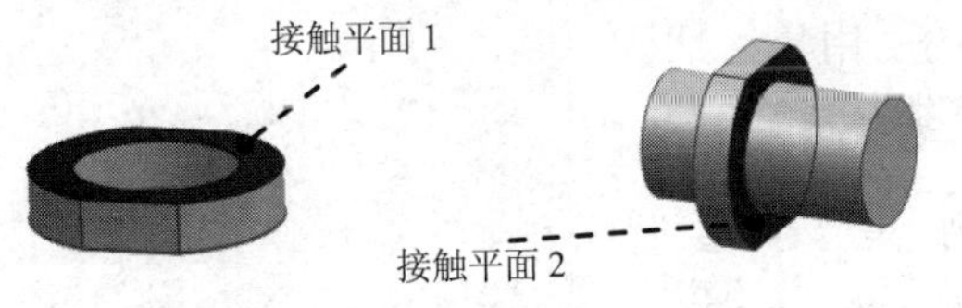


图 7.5.3 选取接触平面

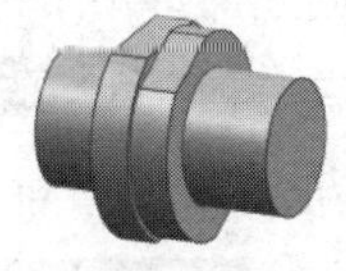

图 7.5.4 接触结果

Step4. 添加“对齐”约束。在“装配约束”对话框要约束的几何体区域的方位下拉列表中选择对齐选项，然后选取图 7.5.5 所示的对齐平面 1 和对齐平面 2，结果如图 7.5.6

所示。

图 7.5.5　选择对齐平面

图 7.5.6　对齐结果

Step5. 添加“同轴”约束。在“装配约束”对话框要约束的几何体区域的方位下拉列表中选择自动判断中心/轴选项，然后选取图 7.5.7 所示的曲面 1 和曲面 2，单击< 确定 >按钮，则这两个圆柱曲面的轴重合，结果如图 7.5.8 所示。

图 7.5.7　选择同轴曲面

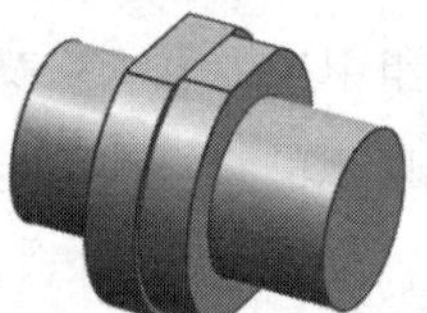

图 7.5.8　同轴结果

**注意：**

- 约束不是随意添加的，各种约束之间有一定的制约关系。如果后加的约束与先加的约束产生矛盾，那么将不能添加成功。
- 有时约束之间并不矛盾，但由于添加顺序不同可能导致不同的解或者无解。

## 7.5.4　引用集

在虚拟装配时，一般并不希望将每个组件的所有信息都引用到装配体中，通常只需要部件的实体图形，而很多部件还包含了基准平面、基准轴和草图等其他不需要的信息，这些信息会占用很大的内存空间，也会给装配带来不必要的麻烦。因此，UG NX 12.0 允许用户根据需要选取一部分几何对象作为该组件的代表参加装配，这就是引用集的作用。

用户创建的每个组件都包含默认的引用集，默认的引用集有三种：MODEL、空和整个部件。此外，用户可以修改和创建引用集，选择格式(R) → 引用集(R)...命令，系统弹出图 7.5.9 所示的“引用集”对话框，其中提供了对引用集进行创建、删除和编辑的功能。

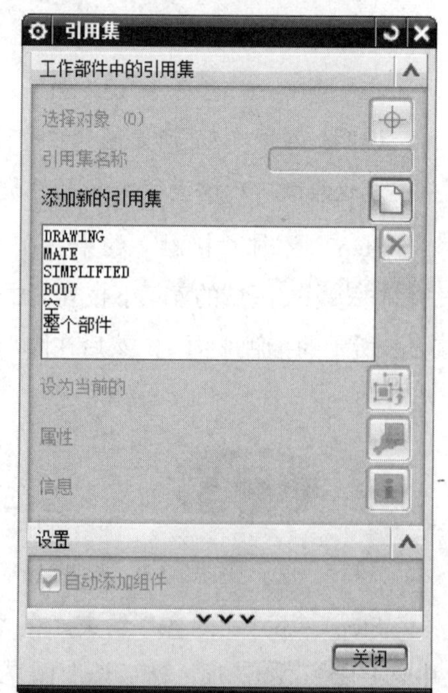


图 7.5.9　“引用集”对话框

# 7.6 部件的阵列

与零件模型中的特征阵列一样，在装配体中，也可以对部件进行阵列。部件阵列的类型主要包括“参考”阵列、“线性”阵列和“圆形”阵列。

## 7.6.1 部件的“参考”阵列

部件的“参考”阵列是以装配体中某一零件的特征阵列为参照，进行部件的阵列，如图 7.6.1 所示。图 7.6.1c 所示的六个螺钉阵列是参照装配体中部件 1 上的六个阵列孔来进行创建的。所以在创建“参考”阵列之前，应提前在装配体的某个零件中创建某一特征的阵列，该特征阵列将作为部件阵列的参照。

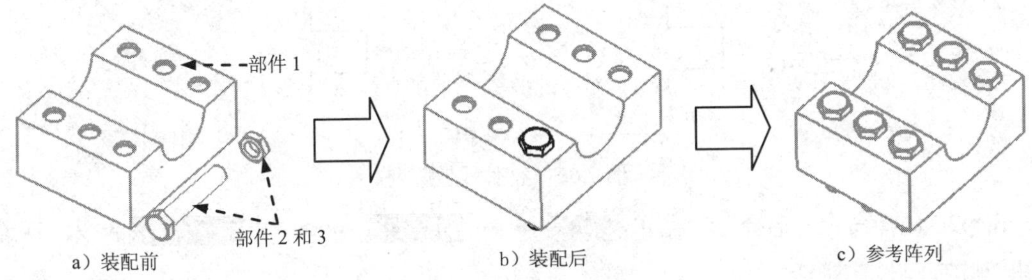


图 7.6.1　参考阵列部件

下面以图 7.6.1a 所示的部件 2 为例，说明“参考”阵列部件的一般操作过程。

Step1. 打开文件 D:\ug12pd\work\ch07.06.01\mount.prt。

Step2. 选择命令。选择下拉菜单 装配(A) → 组件(C) → 阵列组件(P)... 命令，系统弹出图 7.6.2 所示的“阵列组件”对话框。

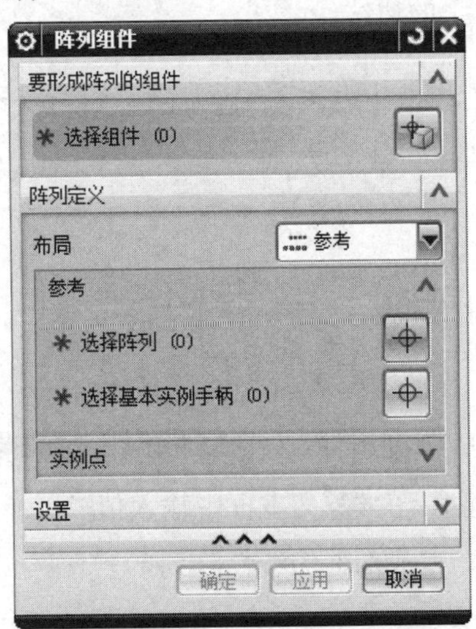


图 7.6.2　“阵列组件”对话框

Step3. 选取阵列对象。在图形区选取部件 2 作为阵列对象。

Step4. 定义阵列方式。在“阵列组件”对话框 阵列定义 区域 布局 的下拉列表中选中 参考 选项，单击 确定 按钮，系统自动创建图 7.6.1c 所示的部件阵列。

说明：如果修改阵列中的某一个部件，系统会自动修改阵列中的每一个部件。

## 7.6.2 部件的“线性”阵列

部件的“线性”阵列是使用装配中的约束尺寸创建阵列，所以只有使用诸如“接触”“对齐”和“偏距”这样的约束类型才能创建部件的“线性”阵列。下面以图 7.6.3 为例，来说明部件线性阵列的一般操作过程。

Step1. 打开文件 D:\ug12pd\ch06\ch07.06.02\linearity.prt。

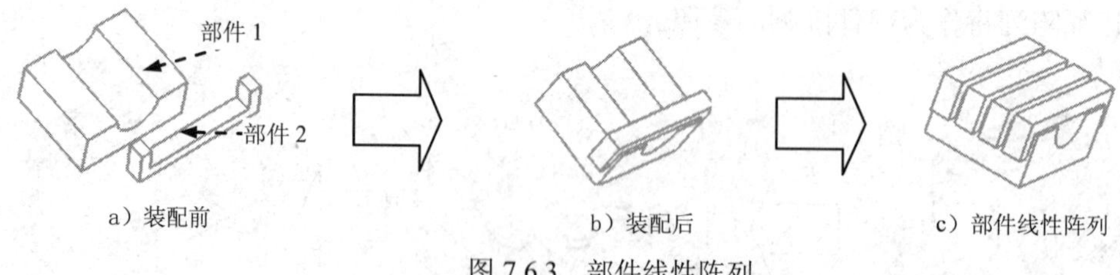


图 7.6.3 部件线性阵列

Step2. 选择命令。选择下拉菜单 装配(A) → 组件(C) → 阵列组件(P)... 命令，系统弹出“阵列组件”对话框。

Step3. 选取阵列对象。在图形区选取部件 2 为阵列对象。

Step4. 定义阵列方式。在“阵列组件”对话框 阵列定义 区域 布局 的下拉列表中选中 线性 选项。

Step5. 定义阵列方向。在“阵列组件”对话框 方向 1 区域中确认 * 指定矢量 处于激活状态，然后选取图 7.6.4 所示的部件 1 的边线。

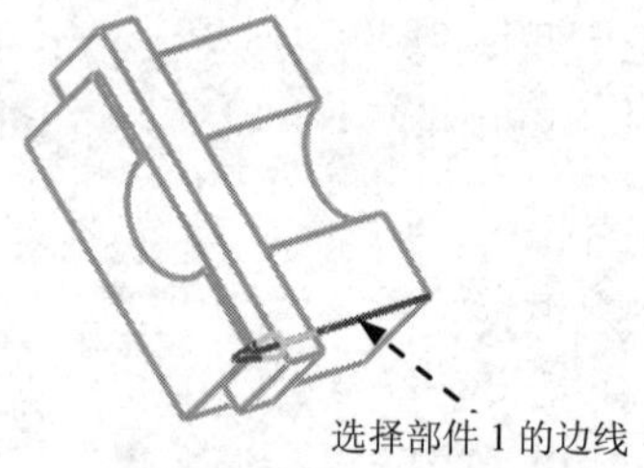


图 7.6.4 定义方向

Step6. 设置阵列参数。在“阵列组件”对话框 方向 1 区域的 间距 下拉列表中选择 数量和间隔 选项，在 数量 文本框中输入值 4，在 节距 文本框中输入值-20。

Step7. 单击 确定 按钮，完成部件的线性阵列。

### 7.6.3　部件的“圆形”阵列

部件的“圆形”阵列是使用装配中的中心对齐约束创建阵列，所以只有使用像“中心”这样的约束类型才能创建部件的“圆形”阵列。下面以图 7.6.5 为例，来说明“圆形”阵列的一般操作过程。

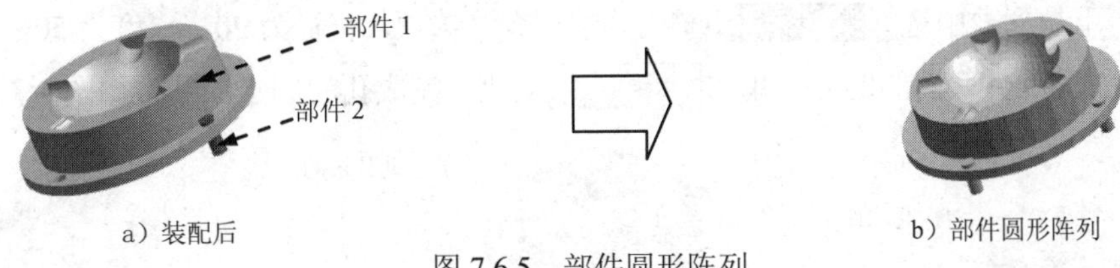


图 7.6.5　部件圆形阵列

Step1. 打开文件 D:\ug12pd\work\ch07.06.03\component_round.prt。

Step2. 选择命令。选择下拉菜单 装配(A) → 组件(C) → 阵列组件(P)... 命令，系统弹出“阵列组件”对话框。

Step3. 选取阵列对象。在图形区选取部件 2 为阵列对象。

Step4. 定义阵列方式。在“阵列组件”对话框 阵列定义 区域的 布局 下拉列表中选择 圆形 选项。

Step5. 定义阵列方向。在“阵列组件”对话框 旋转轴 区域中确认 * 指定矢量 处于激活状态，然后选取图 7.6.6 所示的部件 1 的边线。

图 7.6.6　选取边线

Step6. 设置阵列参数。在“阵列组件”对话框 方向 1 区域的 间距 下拉列表中选择 数量和间隔 选项，在 数量 文本框中输入值 4，在 节距角 文本框中输入值 90。

Step7. 单击 确定 按钮，完成部件圆形阵列的操作。

## 7.7　编辑装配体中的部件

装配体完成后，可以对该装配体中的任何部件（包括零件和子装配件）进行特征建模、修改尺寸等编辑操作。下面介绍编辑装配体中部件的一般操作过程。

Step1. 打开文件 D:\ug12pd\work\ch07.07\compile.prt。

Step2. 定义工作部件。双击部件 round，将该部件设为工作组件，装配体中的非工作部件将变为透明，如图 7.7.1 所示，此时可以对工作部件进行编辑。

Step3. 切换到建模环境下。在 应用模块 功能选项卡中单击 设计 区域的 建模 按钮。

Step4. 选择命令。选择下拉菜单 插入(S) → 设计特征(E) → 孔(H)... 命令，系统弹出“孔”对话框。

Step5. 定义孔位置。选取图 7.7.2 所示圆心为孔的放置点。

Step6. 定义编辑参数。在“孔”对话框的 类型 下拉列表中选择 常规孔 选项，在 方向 区域的 孔方向 下拉列表中选择 沿矢量 选项，再选择 ZC↑ 选项，直径为 20，深度为 50，顶锥角为 118°，位置为零件底面的圆心，单击 < 确定 > 按钮，完成孔的创建，结果如图 7.7.3 所示。

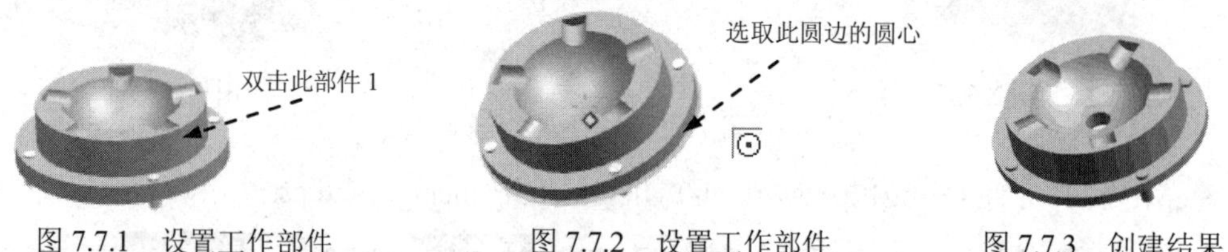


图 7.7.1　设置工作部件　　图 7.7.2　设置工作部件　　图 7.7.3　创建结果

Step7. 双击装配导航器中的装配体 compile，取消组件的工作状态。

# 7.8　爆　炸　图

爆炸图是指在同一幅图里，把装配体的组件拆分开，使各组件之间分开一定的距离，以便观察装配体中的每个组件，清楚地反映装配体的结构。UG 具有强大的爆炸图功能，用户可以方便地建立、编辑和删除一个或多个爆炸图。

## 7.8.1　爆炸图工具条

在 装配 功能选项卡中单击 爆炸图 区域，系统弹出“爆炸图”工具栏，如图 6.8.1 所示。利用该工具栏，用户可以方便地创建、编辑爆炸图，便于在爆炸图与无爆炸图之间切换。

图 7.8.1　“爆炸图”工具栏

图 7.8.1 所示的“爆炸图”工具栏中的按钮功能：

- ：该按钮用于创建爆炸图。如果当前显示的不是一个爆炸图，单击此按钮，系统弹出“新建爆炸”对话框，输入爆炸图名称后单击 确定 按钮，系统创建一个爆炸图；如果当前显示的是一个爆炸图，单击此按钮，弹出的“创建爆炸图”对话框会询问是否将当前爆炸图复制到新的爆炸图里。
- ：该按钮用于编辑爆炸图中组件的位置。单击此按钮，系统弹出“编辑爆炸”

对话框，用户可以指定组件，然后自由移动该组件，或者设定移动的方式和距离。

- ：该按钮用于自动爆炸组件。利用此按钮可以指定一个或多个组件，使其按照设定的距离自动爆炸。单击此按钮，系统弹出“类选择”对话框，选择组件后单击确定按钮，提示用户指定组件间距，自动爆炸将按照默认的方向和设定的距离生成爆炸图。
- 取消爆炸组件：该按钮用于不爆炸组件。此命令和自动爆炸组件刚好相反，操作也基本相同，只是不需要指定数值。
- 删除爆炸：该按钮用于删除爆炸图。单击该按钮，系统会列出当前装配体的所有爆炸图，选择需要删除的爆炸图后单击确定按钮，即可删除。
- Explosion 2：该下拉列表显示了爆炸图名称，可以在其中选择某个名称。用户利用此下拉列表，可以方便地在各爆炸图以及无爆炸图状态之间切换。
- ：该按钮用于隐藏组件。单击此按钮，系统弹出“类选择”对话框，选择需要隐藏的组件并执行后，该组件被隐藏。
- ：该按钮用于显示组件，此命令与隐藏组件刚好相反。如果图中有被隐藏的组件，单击此按钮后，系统会列出所有隐藏的组件，用户选择后，单击确定按钮即可恢复组件显示。
- ：该按钮用于创建跟踪线，该命令可以使组件沿着设定的引导线爆炸。

以上按钮与下拉菜单装配(A) → 爆炸图(X)中的命令一一对应。

## 7.8.2 新建爆炸图

Step1. 打开文件 D:\ug12pd\work\ch07.08.02\explosion.prt。

Step2. 选择命令。选择下拉菜单装配(A) → 爆炸图(X) → 新建爆炸(N)...命令，系统弹出图 7.8.2 所示的“新建爆炸”对话框（一）。

Step3. 新建爆炸图。在名称文本框处可以输入爆炸图名称，接受系统默认的名称 Explosion1，然后单击确定按钮，完成爆炸图的新建。

新建爆炸图后，视图切换到刚刚创建的爆炸图，“爆炸图”工具条中的以下项目被激活：“编辑爆炸”按钮、“自动爆炸组件”按钮、“取消爆炸组件”按钮取消爆炸组件和“工作视图爆炸”下拉列表Explosion 2。

图 7.8.2 “新建爆炸”对话框（一）

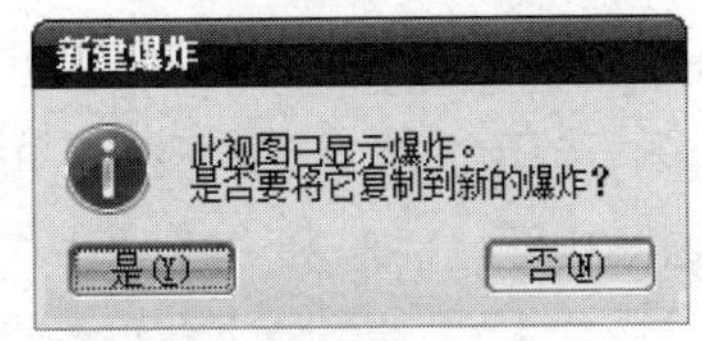


图 7.8.3 “新建爆炸”对话框（二）

关于新建爆炸图的说明：

- 如果用户在一个已存在的爆炸视图下创建新的爆炸视图，系统会弹出图 7.8.3 所示的“新建爆炸”对话框（二），提示用户是否将已存在的爆炸图复制到新建的爆炸图，单击 是(Y) 按钮后，新建立的爆炸图和原爆炸图完全一样；如果希望建立新的爆炸图，可以切换到无爆炸视图，然后进行创建即可。
- 可以按照上面方法建立多个爆炸图。
- 要删除爆炸图，可以选择下拉菜单 装配(A) → 爆炸图(X) → 删除爆炸(D)... 命令，系统会弹出图 7.8.4 所示的“爆炸图”对话框。选择要删除的爆炸图，单击 确定 按钮即可。如果所要删除的爆炸图正在当前视图中显示，系统会弹出图 7.8.5 所示的“删除爆炸”对话框，提示爆炸图不能删除。

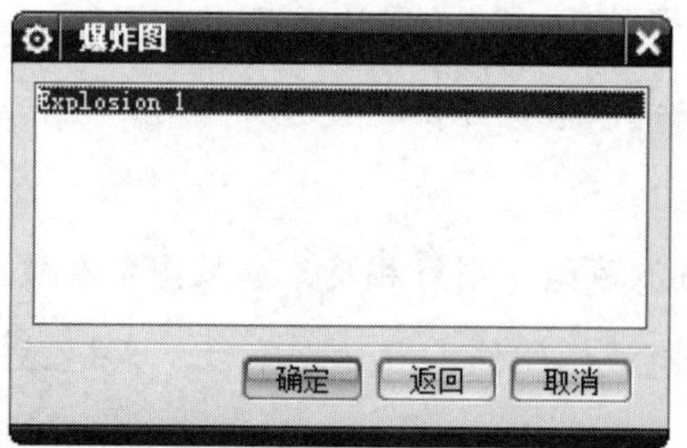


图 7.8.4 “爆炸图”对话框

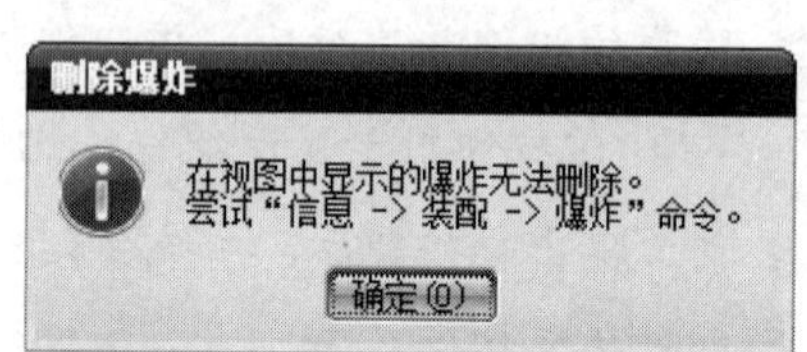


图 7.8.5 “删除爆炸”对话框

## 7.8.3 编辑爆炸图

爆炸图创建完成，创建的结果是产生了一个待编辑的爆炸图，在图形区中的图形并没有发生变化，爆炸图编辑工具被激活，可以进行编辑爆炸图。

### 1. 自动爆炸

自动爆炸只需要用户输入很少的内容，就能快速生成爆炸图，如图 7.8.6 所示。

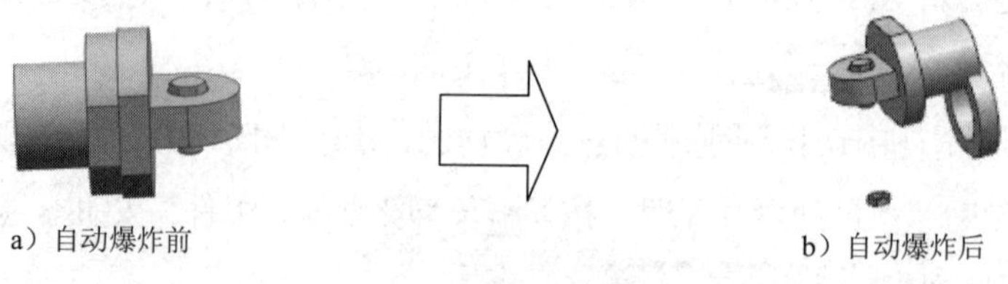


图 7.8.6 自动爆炸

Step1. 打开文件 D:\ug12pd\work\ch07.08.03\explosion_01.prt，按照上一节步骤新建爆炸图。

Step2. 选择命令。选择下拉菜单 装配(A) → 爆炸图(X) → 自动爆炸组件(A)... 命令，弹出“类选择”对话框。

Step3. 选取爆炸组件。选取图中所有组件，单击 确定 按钮，系统弹出图 7.8.7 所示的“自动爆炸组件”对话框。

图 7.8.7　“自动爆炸组件”对话框

Step4. 在 距离 文本框中输入值 40，单击 确定 按钮，系统会自动生成该组件的爆炸图，结果如图 7.8.6b 所示。

**关于自动爆炸组件的说明：**

- 自动爆炸组件可以同时选取多个对象，如果将整个装配体选中，可以直接获得整个装配体的爆炸图。
- “取消爆炸组件”的功能刚好与“自动爆炸组件”相反，因此可以将两个功能放在一起记。选择下拉菜单 装配(A) → 爆炸图(X) → 取消爆炸组件(U) 命令，系统弹出“类选择”对话框。选取要爆炸的组件后单击 确定 按钮，选中的组件自动回到爆炸前的位置。

## 2. 手动编辑爆炸图

自动爆炸并不能总是得到满意的效果，因此系统提供了编辑爆炸功能。

Step1. 打开文件 D:\ug12pd\work\ch07.08.03\explosion_01.prt。

Step2. 选择下拉菜单 装配(A) → 爆炸图(X) → 新建爆炸(N)... 命令，新建一个爆炸视图。

Step3. 选择下拉菜单 装配(A) → 爆炸图(X) → 编辑爆炸(E)... 命令，系统弹出图 7.8.8 所示的“编辑爆炸”对话框。

Step4. 选取要移动的组件。在对话框中选中 ⊙选择对象 单选项，在图形区选取图 7.8.9 所示的轴套模型。

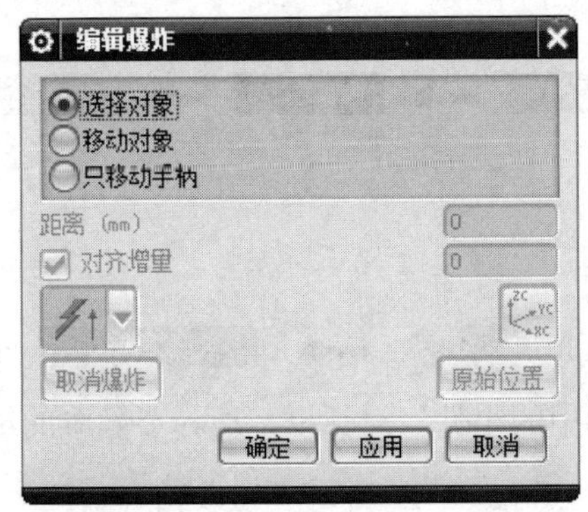


图 7.8.8　“编辑爆炸”对话框

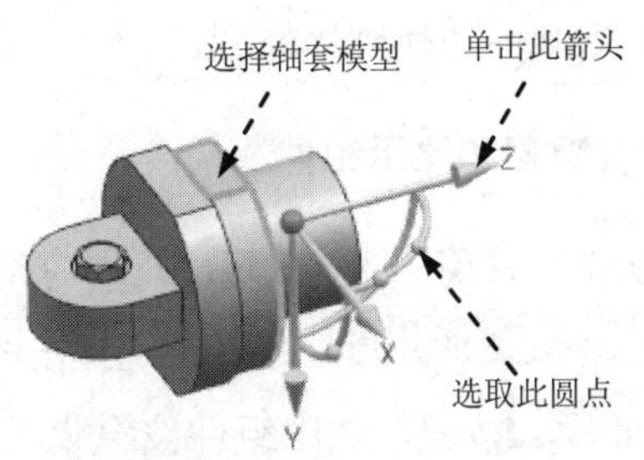


图 7.8.9　定义移动组件和方向

Step5. 移动组件。选中⊙移动对象单选项，系统显示图 7.8.9 所示的移动手柄；单击手柄上的箭头（图 7.8.9），对话框中的距离文本框被激活，供用户选择沿该方向的移动距离；单击手柄上沿轴套轴线方向的箭头，在文本框中输入距离值 60；单击确定按钮，结果如图 7.8.10 所示。

**说明**：单击图 7.8.9 所示两箭头间的圆点时，对话框中的角度文本框被激活，供用户输入角度值，旋转的方向沿第三个手柄，符合右手定则；也可以直接用鼠标左键按住箭头或圆点，移动鼠标实现手工拖动。

Step6. 编辑螺栓位置。参照 Step5，输入距离值-60，结果如图 7.8.11 所示。

Step7. 编辑螺母位置。参照 Step5，输入距离值 40，结果如图 7.8.12 所示。

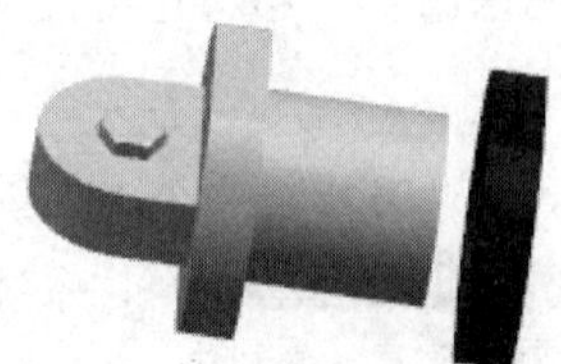

图 7.8.10 编辑轴套

图 7.8.11 编辑螺栓

图 7.8.12 编辑螺母

**关于编辑爆炸图的说明：**

- 选中⊙移动对象单选项后，按钮被激活。单击按钮，手柄被移动到 WCS 位置。
- 单击手柄箭头或圆点后，☑对齐增量复选框被激活，该选项用于设置手工拖动的最小距离，可以在文本框中输入数值。例如设置为 10mm，则拖动时会跳跃式移动，每次跳跃的距离为 10mm，单击取消爆炸按钮，选中的组件移动到没有爆炸的位置。
- 单击手柄箭头后，下拉列表被激活，可以直接将选中手柄方向指定为某矢量方向。

### 3．隐藏和显示爆炸图

如果当前视图为爆炸图，选择下拉菜单装配(A) → 爆炸图(X) → 隐藏爆炸(H)命令，则视图切换到无爆炸图。

要显示隐藏的爆炸图，可以选择下拉菜单装配(A) → 爆炸图(X) → 显示爆炸(S)命令，则视图切换到爆炸图。

### 4．隐藏和显示组件

要隐藏组件，可以选择下拉菜单装配(A) → 关联控制(O) → 隐藏视图中的组件(H)...命令，系统弹出“隐藏视图中的组件”对话框，选择要隐藏的组件后单击确定按钮，选中组件被隐藏。

要显示被隐藏的组件，可以选择下拉菜单 装配(A) → 关联控制(O) → 显示视图中的组件(M)... 命令，系统会列出所有隐藏的组件供用户选择。

### 5. 删除爆炸图

选择下拉菜单 装配(A) → 爆炸图(X) → 删除爆炸(D)... 命令，系统会列出所有爆炸图，选择要删除的视图，单击 确定 按钮。

如果当前视图是所选的爆炸图，操作不能完成；如果当前视图不是所选视图，所选中的爆炸图可以被删除。

# 7.9 简 化 装 配

## 7.9.1 简化装配概述

对于比较复杂的装配体，可以使用“简化装配”功能将其简化。被简化后，实体的内部细节被删除，但保留复杂的外部特征。当装配体只需要精确的外部表示时，可以将装配体进行简化，简化后可以减少所需的数据，从而缩短加载和刷新装配体的时间。

内部细节是指对该装配体的内部组件有意义，而对装配体与其他实体关联时没有意义的对象；外部细节则相反。简化装配主要就是区分内部细节和外部细节，然后省略掉内部细节的过程，在这个过程中，装配体被合并成一个实体。

## 7.9.2 简化装配操作

本节以轴和轴套装配体为例（图 7.9.1），说明简化装配的操作过程。

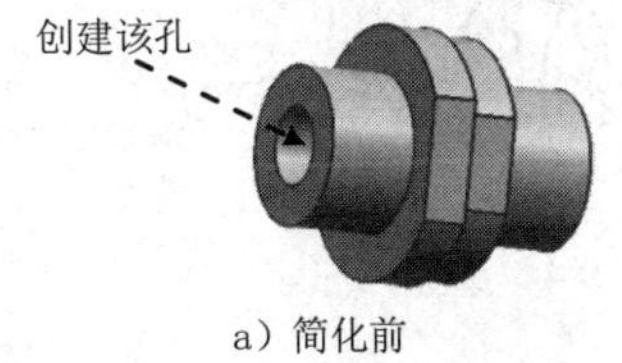


a）简化前

b）简化后

图 7.9.1 简化装配

Step1. 打开文件 D:\ug12pd\work\ch07.09\simple.prt。

**说明：**为了清楚地表示内部细节被删除，首先在轴上创建一个图 7.9.1a 所示的孔特征（打开的文件中已完成该操作），作为要删除的内部细节。

Step2. 选择命令。选择下拉菜单 装配(A) → 高级(E) ▸ → 简化装配(M)... 命令，系统弹出最初的“简化装配”对话框，单击 下一步 > 按钮，系统弹出“简化装配”对话框（一）。对话框的左侧显示操作步骤，右侧有三个单选项和两个复选框，供用户设置简化项。

Step3. 选取装配体中的所有组件，单击 下一步 > 按钮，系统弹出图 7.9.2 所示的“简化装配”对话框（二）。

**图 7.9.2 所示的“简化装配”对话框（二）中的相关选项说明如下。**

- 覆盖体 区域包含 5 个按钮，用于填充要简化的特征。有些孔在“修复边界”步骤（向导的后面步骤）中可以被自动填充，但并不是所有几何体都能被自动填充，因此有时需要用这些按钮进行手工填充。这里由于形状简单，可以自动填充。
- “全部合并”按钮 可以用来合并（或除去）模型上的实体，执行此命令时，系统会重复显示该步骤，供用户继续填充或合并。

图 7.9.2 “简化装配”对话框（二）

Step4. 合并组件。单击“简化装配”对话框（二）中的“全部合并”按钮 ，选取所有组件，单击 下一步 > 按钮，轴和轴套合并在一起，可以看到两平面的交线消失，如图 7.9.3 所示。

Step5. 单击 下一步 > 按钮，选取图 7.9.4 所示的外部面（用户也可以选择除要填充的内部细节之外的任何一个面）。

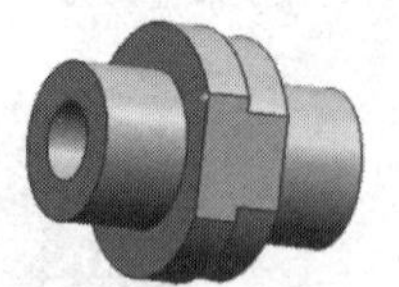

图 7.9.3 轴和轴套合并后

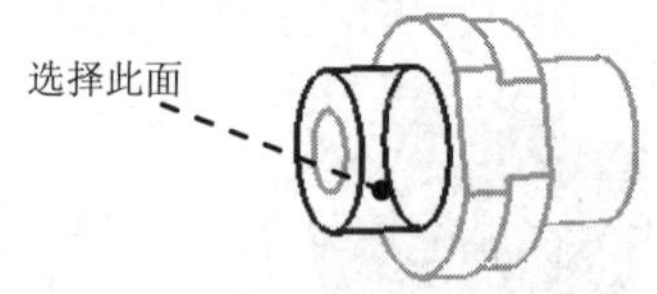


图 7.9.4 选择外部面

**说明**：在进行“修复边界”步骤时，应该先将所有部件合并成一个实体，如果仍有部件未被合并，则该步骤会将其隐藏。

Step6. 单击 下一步 > 按钮，选取图 7.9.5 所示的边缘（通过选择一边缘，将内部细节与外部细节隔离开）。

Step7. 选择裂纹检查选项。单击 下一步 > 按钮，选中 ⊙ 裂隙检查 单选项。

Step8. 单击 下一步 > 按钮，选取图 7.9.6 所示的圆柱体内表面，选择要删除的内部细节。

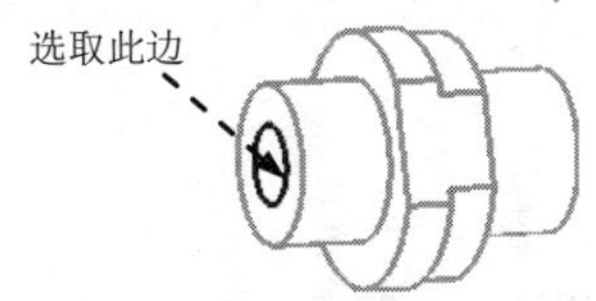


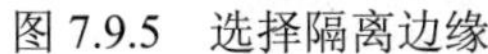
图 7.9.5　选择隔离边缘

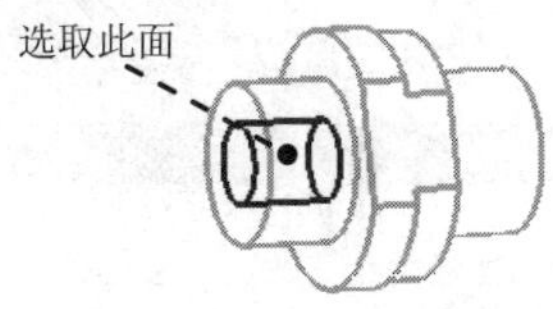


图 7.9.6　选择内部面

Step9. 查看裂纹检查结果。单击 下一步 > 按钮，可以通过选择 高亮显示 选项组中的 ⊙ 内部面 单选项，查看在主对话框中的隔离情况。

Step10. 单击 下一步 > 按钮，查看外部面。再单击 下一步 > 按钮，孔特征被移除。

Step11. 单击 完成 按钮，完成操作。

**关于内部细节与外部细节的说明：** 内部细节与外部细节是用户根据需要确定的，不是由对象在集合体中的位置确定的。读者在本例中可以尝试将孔设为外部面，将轴的外表面设为内部面，结果会将轴和轴套移除，留下孔特征形成的圆柱体。

# 7.10　多截面动态剖

UG NX 12.0 增强了动态剖切功能，可以通过模型导航工具来定义和显示所控制的多个截面。此外，还能够弹出一个包括网格显示的独立二维窗口，从而可以在屏幕上清楚地看到评审的几何结构。下面以一个滑动轴承座模型为例，说明对该模型进行多截面动态剖的一般过程。

Step1. 打开文件 D:\ug12pd\work\ch07.10\assembly.prt。

Step2. 选择命令。选择下拉菜单 视图(V) → 截面(S) ▸ → 新建截面(T)... 命令，系统弹出图 7.10.1 所示的“视图剖切”对话框，同时在模型上显示默认的视图截面（图 7.10.2）。

Step3. 创建第一个截面。在“视图剖切”对话框的 剖切平面 区域单击按钮设置截面位置。然后激活 2D 查看器设置 区域，在该区域中选中 ☑ 显示 2D 查看器 复选框，显示截面几何结构，此时在绘图区弹出图 7.10.3 所示的“2D 截面查看器”对话框（一）。单击 应用 按钮完成第一个截面的创建。

Step4. 创建第二个截面。在“视图剖切”对话框中的 剖切平面 区域单击按钮设置截面位置。在 偏置 区域右上角的文本框中输入值 25.0，此时在绘图区显示图 7.10.4 所示的“2D 截面查看器”对话框（二）。单击 应用 按钮完成第二个截面的创建。

Step5. 单击 取消 按钮，关闭“视图剖切”对话框。

Step6. 定义工作截面。单击选项卡，打开“装配导航器”，勾选 ☑ 截面 选项并单击该选项前的“+”，然后在 ☑ 截面 1 选项上右击，在弹出的快捷菜单中选择 设为工作截面 命令，此时在绘图区显示两个 2D 截面结构，如图 7.10.5 所示。

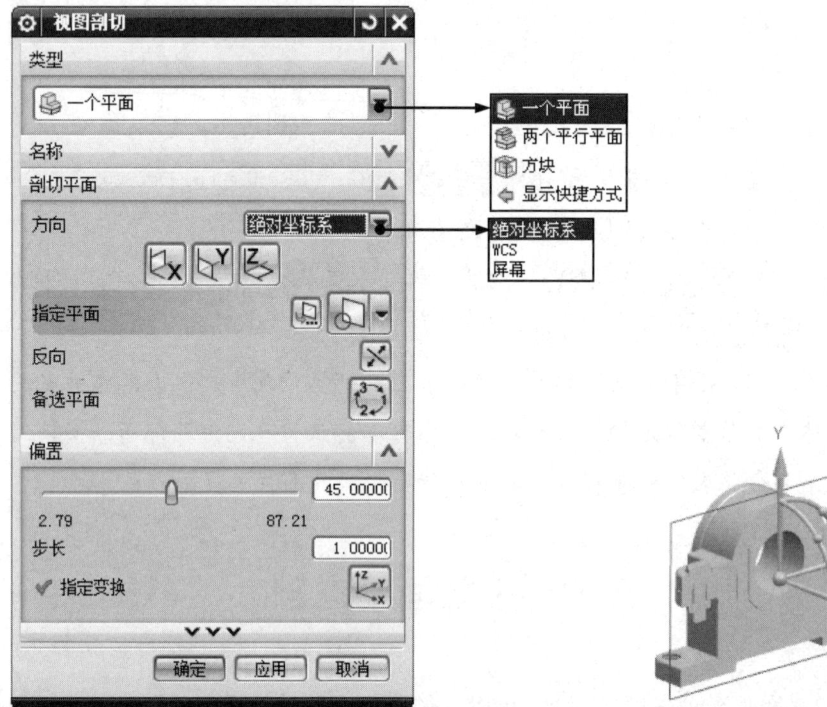


图 7.10.1 “视图剖切”对话框

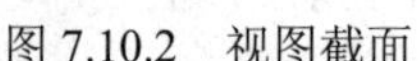

图 7.10.2 视图截面

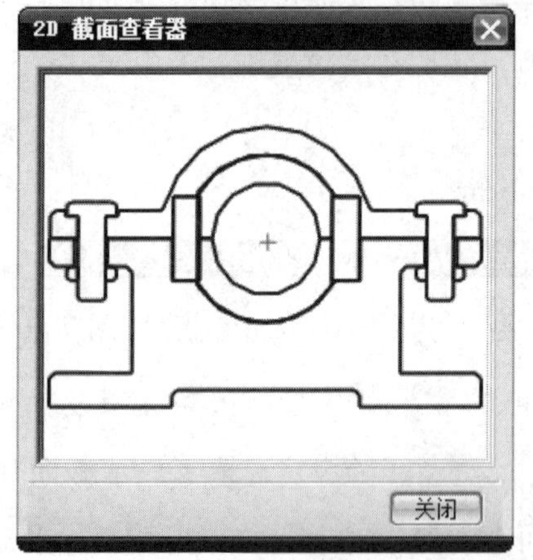


图 7.10.3 “2D 截面查看器”对话框（一）

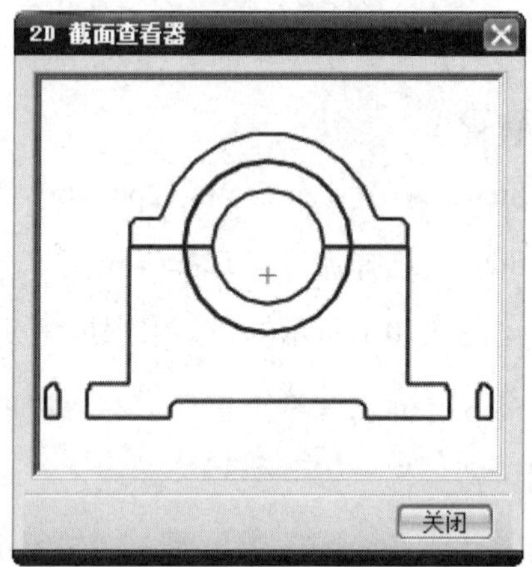


图 7.10.4 “2D 截面查看器”对话框（二）

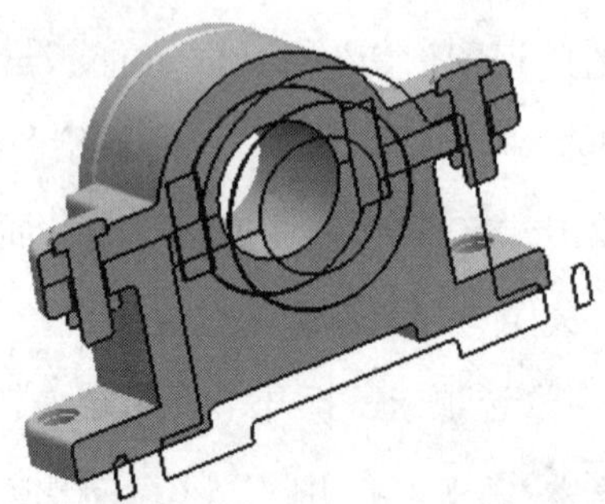

图 7.10.5 2D 截面结构

# 7.11　模型的外观处理

模型的外观设置包括对模型进行着色、纹理处理以及透明设置等。模型的外观将与模型一同保存，但模型外观只有在工作室状态下才会显示，在实体图、着色图和线框图状态下不会显示。单击用户界面资源工具条区中的“部件中的艺术外观材料”按钮（此按钮在选择下拉菜单 视图(V) → 可视化(V) → 材料/纹理(M)... 命令后才会出现），在系统弹出的“部件中的艺术外观材料”对话框中，直接拖动外观到模型上便可添加外观。下面以一个花瓶部件模型为例，说明对该模型进行外观处理的一般过程。

Step1. 打开文件 D:\ug12pd\work\ch07.11\vase.prt。

Step2. 选择命令。选择下拉菜单 视图(V) → 可视化(V) → 材料/纹理(M)... 命令，系统弹出图 7.11.1 所示的“材料/纹理”工具条。

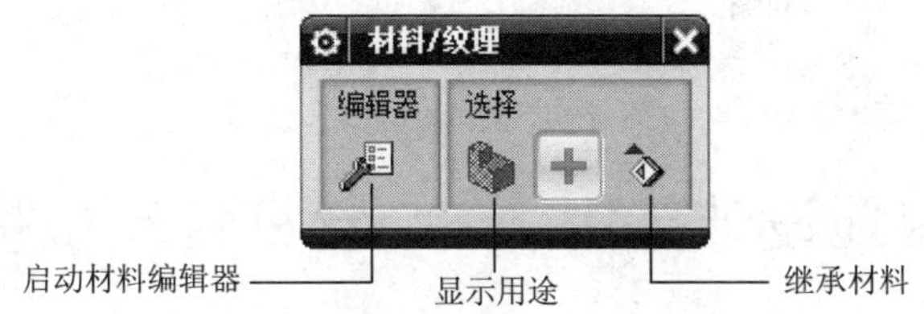


图 7.11.1　“材料/纹理”工具条

Step3. 设置显示样式。在绘图区右击，在系统弹出的快捷菜单中选择 渲染样式(D) → 艺术外观(T) 命令。

Step4. 添加外观设置。单击资源工具条区中的“部件中的艺术外观材料”按钮，系统弹出图 7.11.2 所示的“部件中的艺术外观材料”窗口，选择要添加的已有外观设置，直接拖动到模型上，如图 7.11.3 所示。

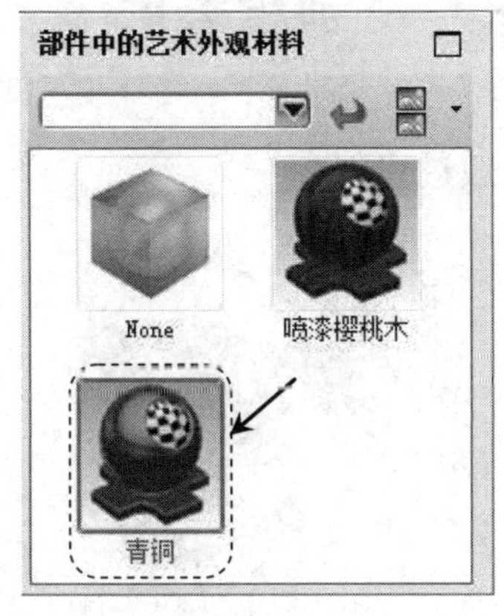


图 7.11.2　“部件中的艺术外观材料”窗口

图 7.11.3　直接添加外观结果

**说明**：如果“部件中的艺术外观材料”窗口中没有所需要的外观设置，可以单击“系统艺术外观材料”按钮，在系统弹出的“系统艺术外观材料”窗口（图 7.11.4）中，选择要添加的外观设置，直接拖动外观到模型上。如需要改变外观设置，可以直接将其他外观设置拖到部件上。

图 7.11.4 “系统艺术外观材料”窗口

## 7.12 装配设计范例 1——丝杆传动机构装配

下面以图 7.12.1 所示为例，介绍多部件装配的一般过程，使读者进一步熟悉 UG NX 12.0 的装配操作。

**说明：** 本范例的详细操作过程请参见随书光盘中 video\ch07.12\文件夹下的语音视频讲解文件。模型文件为 D:\ug12pd\work\ch07.12\SCREW_ASM.prt。

## 7.13 装配设计范例 2——轴箱装配

下面以图 7.13.1 所示为例，介绍综合装配的一般过程。

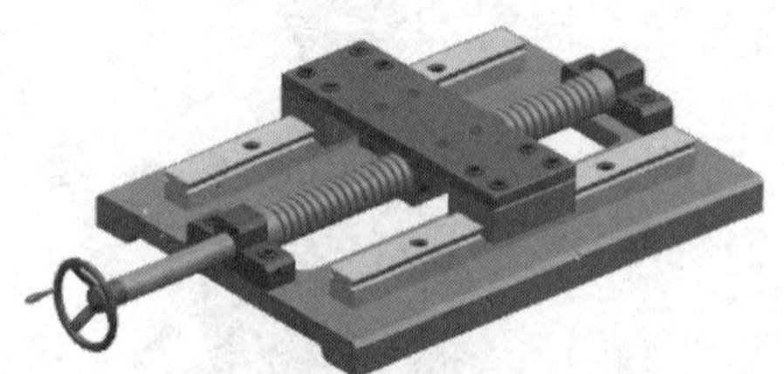

图 7.12.1 丝杆传动机构装配

图 7.13.1 轴箱装配

**说明：** 本范例的详细操作过程请参见随书光盘中 video\ch07.13\文件夹下的语音视频讲解文件。模型文件为 D:\ug12pd\work\ch07.13\SHAFT_ASM.prt。

# 第 8 章　产品的测量与分析

## 8.1　模型的测量

### 8.1.1　测量距离

下面以一个简单的模型为例，来说明测量距离的一般操作过程。

Step1. 打开文件 D:\ug12pd\work\ch08.01\distance.prt。

Step2. 选择下拉菜单 分析(L) ➡ 测量距离(D)... 命令，系统弹出图 8.1.1 所示的“测量距离”对话框。

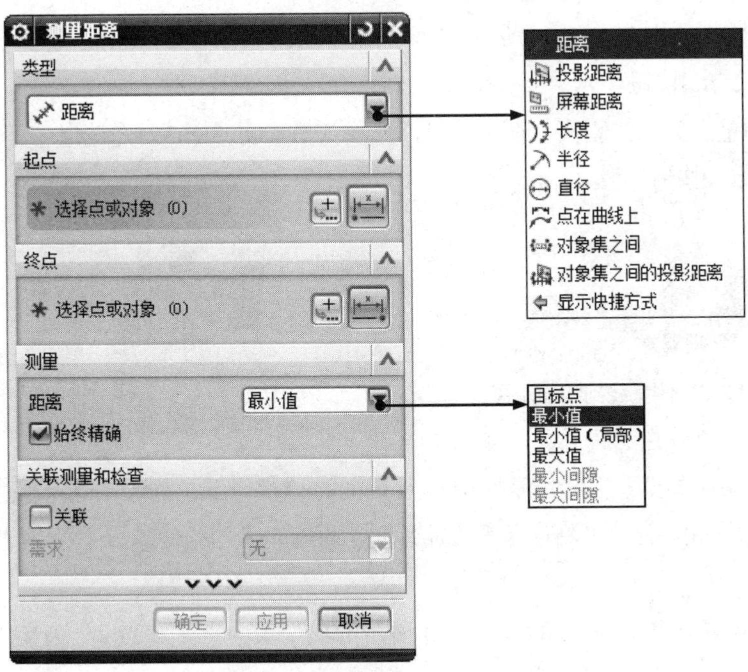


图 8.1.1　“测量距离”对话框

图 8.1.1 所示的“测量距离”对话框 类型 下拉列表中部分选项的说明如下。

☑ 距离 选项：可以测量点、线、面之间的任意距离。

☑ 投影距离 选项：可以测量空间上的点、线投影到同一个平面上，在该平面上它们之间的距离。

☑ 屏幕距离 选项：可以测量图形区的任意位置的距离。

☑ 长度 选项：可以测量任意线段的距离。

☑ 半径 选项：可以测量任意圆的半径值。

☑ 点在曲线上 选项：可以测量在曲线上两点之间的最短距离。

Step3. 测量面到面的距离。

（1）定义测量类型。在“测量距离”对话框的 类型 下拉列表中选择 距离 选项。

（2）定义测量距离。在“测量距离”对话框 测量 区域的 距离 下拉列表中选取 最小值 选项。

（3）定义测量对象。选取图 8.1.2a 所示的模型表面 1，再选取模型表面 2。测量结果如图 8.1.2b 所示。

（4）单击 应用 按钮，完成测量面到面的距离。

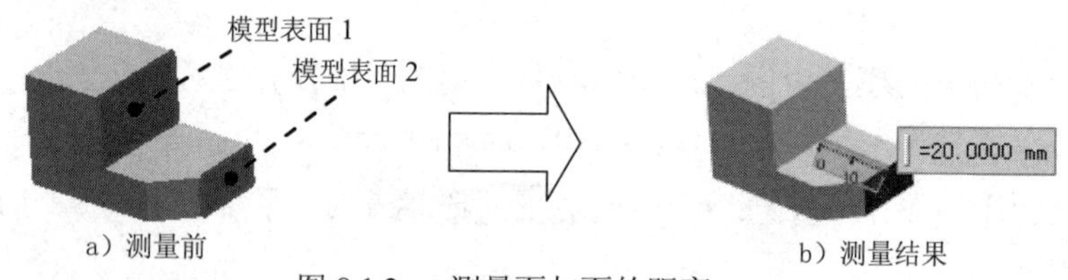


a）测量前　　b）测量结果

图 8.1.2　测量面与面的距离

Step4. 测量线到线的距离（图 8.1.3），操作方法参见 Step3，先选取边线 1，后选取边线 2，单击 应用 按钮。

Step5. 测量点到线的距离（图 8.1.4），操作方法参见 Step3，先选取中点 1，后选取边线，单击 应用 按钮。

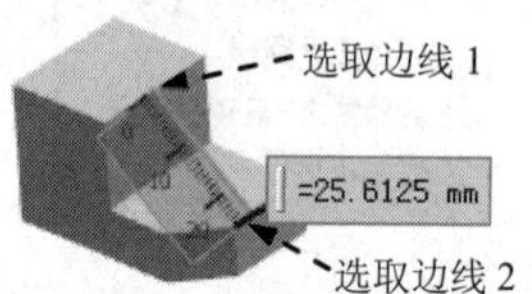


图 8.1.3　测量线到线的距离

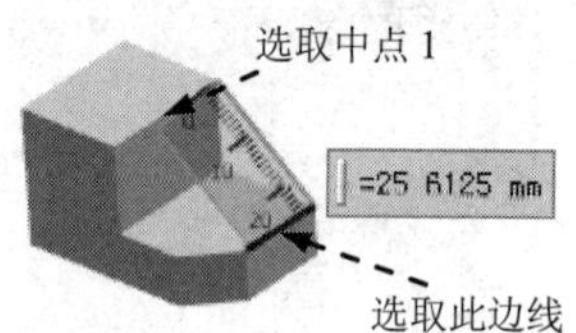


图 8.1.4　测量点到线的距离

Step6. 测量点到点的距离。

（1）定义测量类型。在“测量距离”对话框的 类型 下拉列表中选择 距离 选项。

（2）定义测量距离。在“测量距离”对话框 测量 区域的 距离 下拉列表中选取 目标点 选项。

（3）定义测量几何对象。选取图 8.1.5 所示的模型表面点 1 和点 2。测量结果如图 8.1.5 所示。

（4）单击 应用 按钮，完成测量点到点的距离。

Step7. 测量点与点的投影距离（投影参照为平面）。

（1）定义测量类型。在“测量距离”对话框的 类型 下拉列表中选择 投影距离 选项。

（2） 定义测量距离。在“测量距离”对话框 测量 区域的 距离 下拉列表中选取 最小值 选项。

（3）定义投影表面。选取图 8.1.6 所示的模型表面 1。

（4）定义测量几何对象。先选取图 8.1.6 所示的模型点 1，然后选取模型点 2，测量结果如图 8.1.6 所示。

（5）单击 < 确定 > 按钮，完成测量点与点的投影距离。

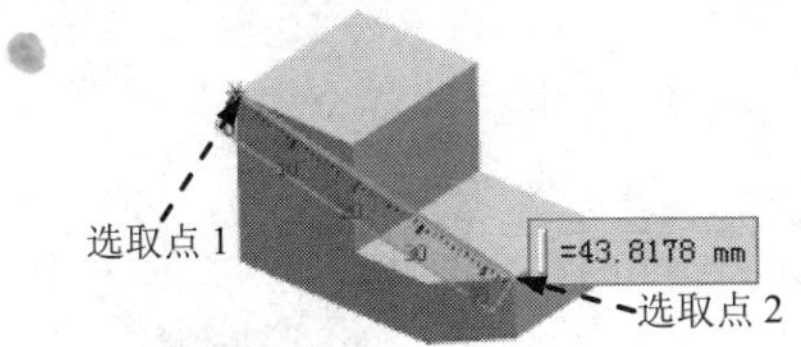

图 8.1.5　测量点到点的距离

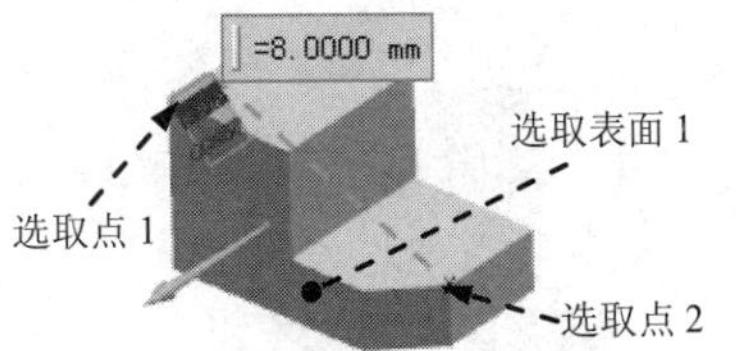

图 8.1.6　测量点与点的投影距离

## 8.1.2　测量角度

下面以一个简单的模型为例，来说明测量角度的一般操作过程。

Step1. 打开文件 D:\ug12pd\work\ch08.01\angle.prt。

Step2. 选择下拉菜单 分析(L) → 测量角度(A)... 命令，系统弹出图 8.1.7 所示的“测量角度”对话框。

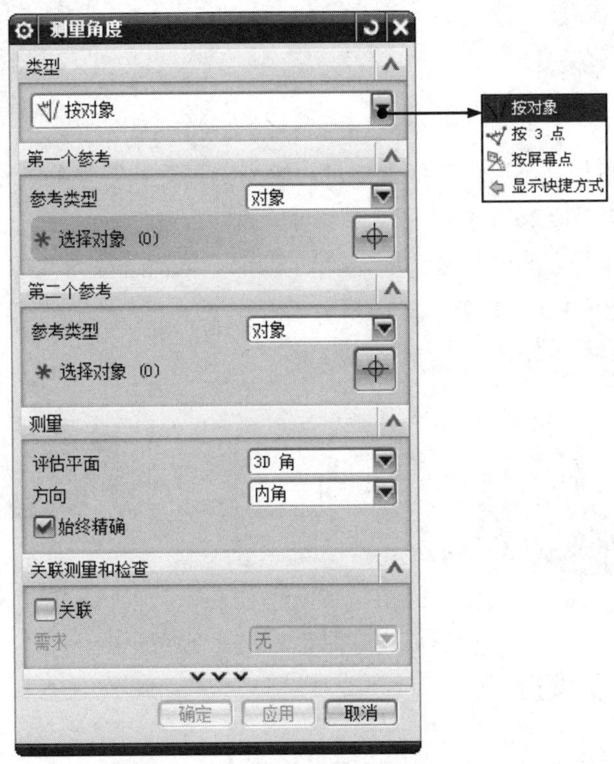

图 8.1.7　“测量角度”对话框

Step3. 测量面与面之间的角度。

（1）定义测量类型。在“测量角度”对话框的 类型 下拉列表中选择 按对象 选项。

（2）定义测量计算平面。选取 测量 区域 评估平面 下拉列表中的 3D 角 选项，选取 方向 下拉列表中的 内角 选项。

（3）定义测量几何对象。选取图 8.1.8a 所示的模型表面 1，再选取图 8.1.8a 所示的模型表面 2，测量结果如图 8.1.8b 所示。

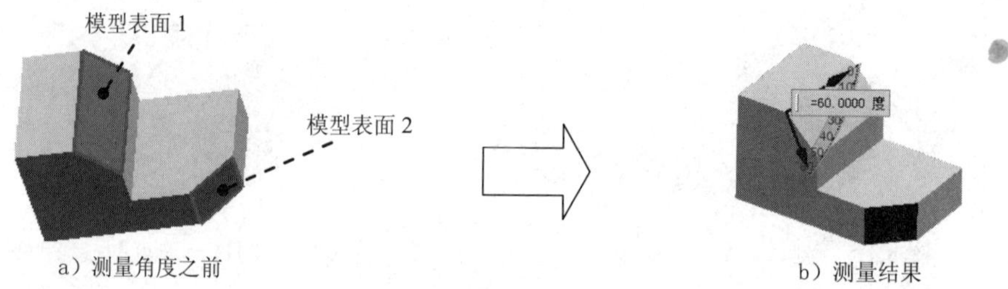


图 8.1.8　测量面与面之间的角度

（4）单击 应用 按钮，完成面与面之间的角度测量。

Step4. 测量线与面之间的角度。步骤参见测量面与面之间的角度。依次选取图 8.1.9a 所示的边线 1 和表面 2，测量结果如图 8.1.9b 所示，单击 应用 按钮。

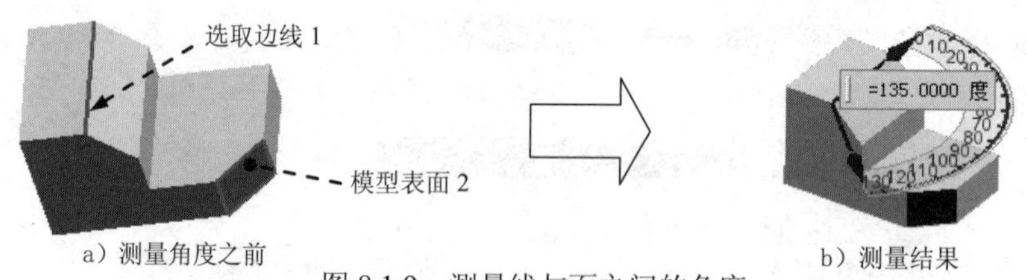


图 8.1.9　测量线与面之间的角度

**注意：**选取线的位置不同，即线上标示的箭头方向不同，所显示的角度值也可能会不同，两个方向的角度值之和为 180°。

Step5. 测量线与线之间的角度。步骤参见 Step3。依次选取图 8.1.10a 所示的边线 1 和边线 2，测量结果如图 8.1.10b 所示。

Step6. 单击 < 确定 > 按钮，完成角度测量。

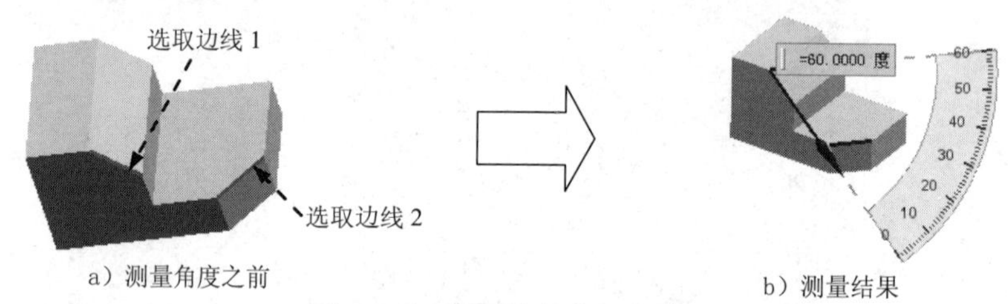


图 8.1.10　测量线与线间的角度

## 8.1.3　测量曲线长度

下面以一个简单的模型为例，说明测量曲线长度的方法以及相应的操作过程。

Step1. 打开文件 D:\ug12pd\work\ch08.01\curve.prt。

Step2. 选择下拉菜单 分析(L) → 测量长度(L)... 命令，系统弹出“测量长度”对话框。

Step3. 定义要测量的曲线。根据系统 **选择曲线或边以测量弧长** 的提示，选取图 8.1.11a 所示的曲线 1，系统显示这条曲线的长度结果，如图 8.1.11b 所示。

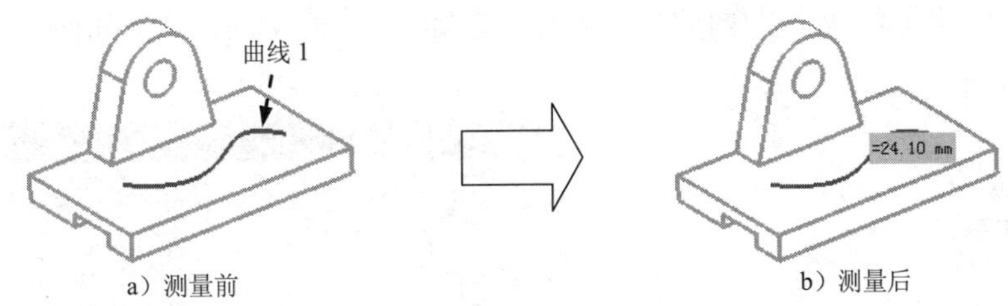


图 8.1.11 测量曲线长度

## 8.1.4 测量面积及周长

下面以一个简单的模型为例，来说明测量面积及周长的一般操作过程。

Step1. 打开文件 D:\ug12pd\work\ch08.01\area.prt。

Step2. 选择下拉菜单 分析(L) ➡ 测量面(F)... 命令，系统弹出“测量面”对话框。

Step3. 在“上边框条”工具条的下拉列表中选择单个面选项。

Step4. 测量模型表面面积。选取图 8.1.12 所示的模型表面 1，系统显示这个曲面的面积测量结果。

Step5. 测量曲面的周长。在图 8.1.12 所示的结果中选择面积下拉列表中的周长选项，测量周长的结果如图 8.1.13 所示。

Step6. 单击 确定 按钮，完成测量。

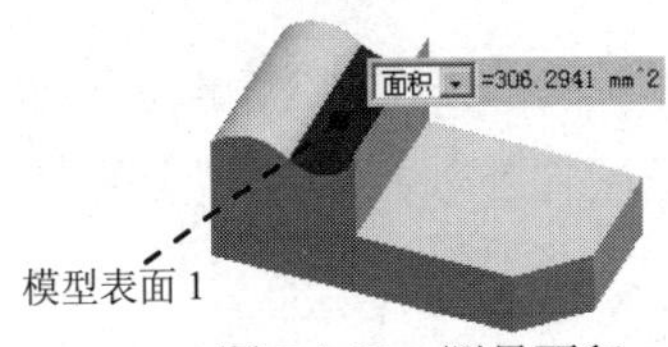


图 8.1.12 测量面积

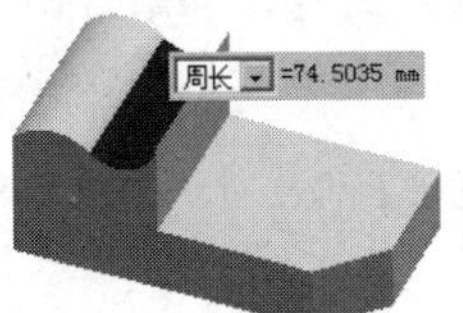


图 8.1.13 测量周长

## 8.1.5 测量最小半径

下面以一个简单的模型为例，来说明测量最小半径的一般操作过程。

Step1. 打开文件 D:\ug12pd\work\ch08.01\miniradius.prt。

Step2. 选择下拉菜单 分析(L) ➡ 最小半径(R)... 命令，系统弹出图 8.1.14 所示的“最小半径”对话框，选中☑在最小半径处创建点复选框。

Step3. 测量多个曲面的最小半径。

（1）连续选取图 8.1.15 所示的模型表面 1 和模型表面 2。

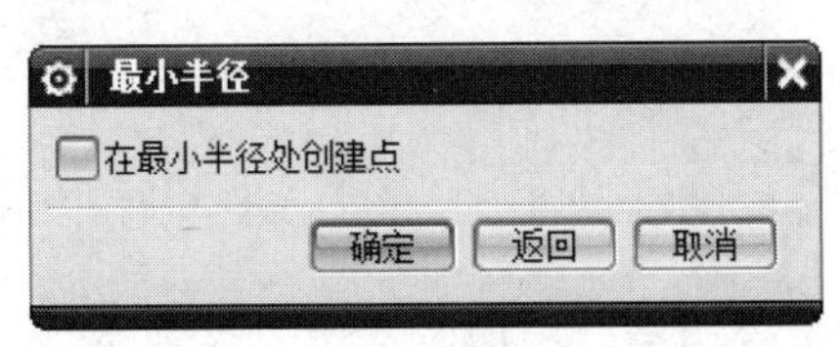


图 8.1.14 “最小半径”对话框

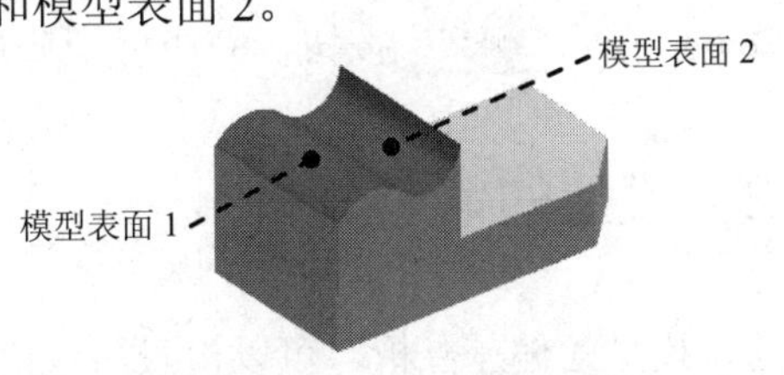


图 8.1.15 选取模型表面

（2）单击 确定 按钮，曲面的最小半径位置如图 8.1.16 所示，半径值如图 8.1.17 所示的“信息”窗口。

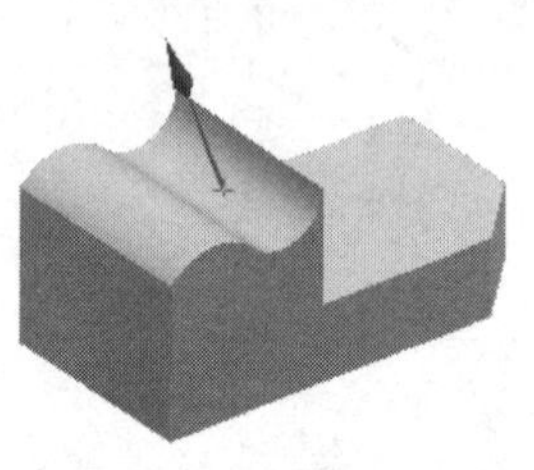

图 8.1.16　最小半径位置

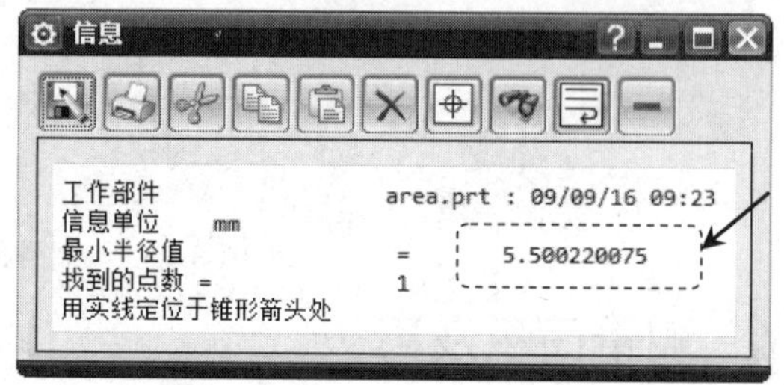


图 8.1.17　“信息”窗口

Step4. 单击 取消 按钮，完成最小半径的测量。

# 8.2　模型的基本分析

## 8.2.1　模型的质量属性分析

通过模型质量属性分析，可以获得模型的体积、表面积、质量、回转半径和重量等数据。下面以一个模型为例，简要说明模型质量属性分析的一般操作过程。

Step1. 打开文件 D:\ug12pd\work\ch08.02\mass.prt。

Step2. 选择下拉菜单 分析(L) → 测量体(B)... 命令，系统弹出“测量体”对话框。

Step3. 选取图 8.2.1a 所示的模型实体 1，系统弹出图 8.2.1b 所示模型上的“体积”下拉列表。

Step4. 选择“体积”下拉列表中的 表面积 选项，系统显示该模型的表面积。

Step5. 选择“体积”下拉列表中的 质量 选项，系统显示该模型的质量。

Step6. 选择“体积”下拉列表中的 回转半径 选项，系统显示该模型的回转半径。

Step7. 选择“体积”下拉列表中的 重量 选项，系统显示该模型的重量。

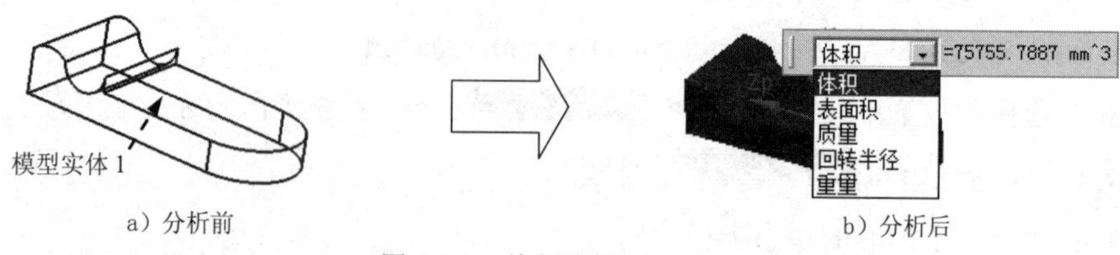


a）分析前　　b）分析后

图 8.2.1　体积分析

Step8. 单击 确定 按钮，完成模型质量属性分析。

## 8.2.2　模型的偏差分析

通过模型的偏差分析，可以检查所选的对象是否相接、相切以及边界是否对齐等，并得到所选对象的距离偏移值和角度偏移值。下面以一个模型为例，简要说明其操作过程。

Step1. 打开文件 D:\ug12pd\work\ch08.02\deviation.prt。

Step2. 选择下拉菜单 分析(L) → 偏差(V) ▸ → 检查(C)... 命令，系统弹出图 8.2.2 所示的“偏差检查”对话框。

Step3. 检查曲线至曲线的偏差。

（1）在该对话框的 偏差检查类型 下拉列表中选取 曲线到曲线 选项，在 设置 区域的 偏差选项 下拉列表中选择 所有偏差 选项。

（2）依次选取图 8.2.3 所示的曲线和边线。

（3）在该对话框中单击 检查 按钮，系统弹出图 8.2.4 所示的“信息”窗口，在弹出的“信息”窗口中会列出指定的信息，包括分析点的个数、两个对象的最小距离误差、最大距离误差、平均距离误差、最小角度误差、最大角度误差、平均角度误差以及各检查点的数据。

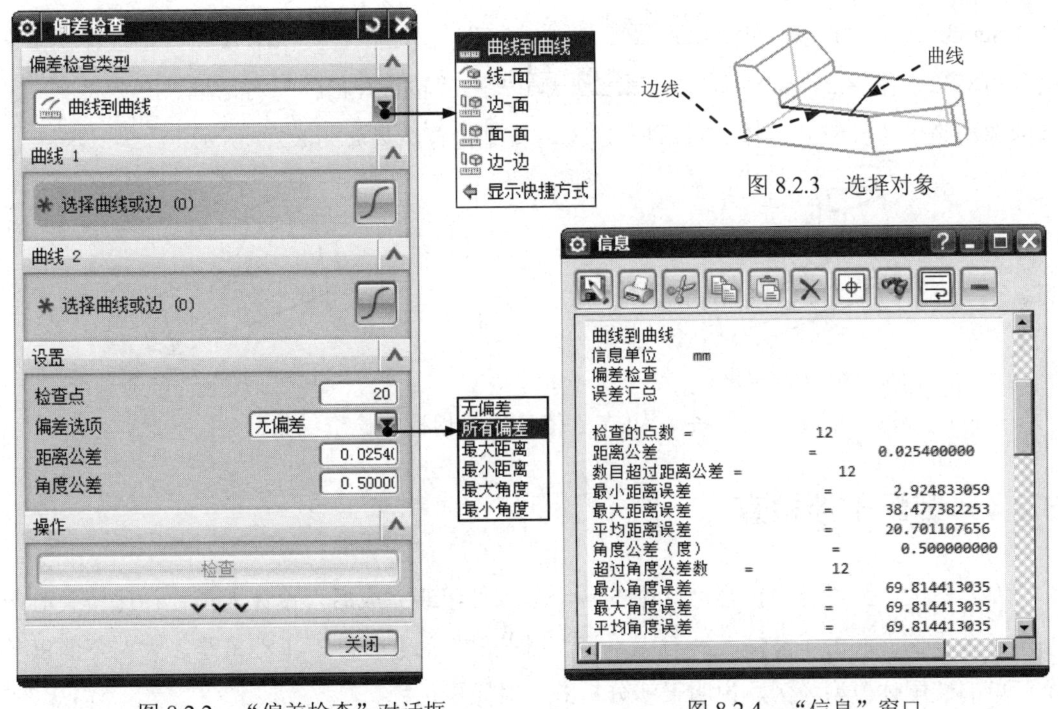


图 8.2.3 选择对象

图 8.2.2 “偏差检查”对话框

图 8.2.4 “信息”窗口

Step4. 检查曲线至面的偏差。根据经过点斜率的连续性，检查曲线是否真的位于模型表面上。在 类型 下拉列表中选取 线-面 选项，操作方法参见检查曲线至曲线的偏差。

**说明：** 进行曲线至面的偏差检查时，选取图 8.2.5 所示的曲线 1 和曲面为检查对象。曲线至面的偏差检查只能选取非边缘的曲线，所以只能选择曲线 1。

Step5. 对于边到面偏差、面至面偏差、边至边偏差的检测，操作方法参见检查曲线至曲线的偏差。

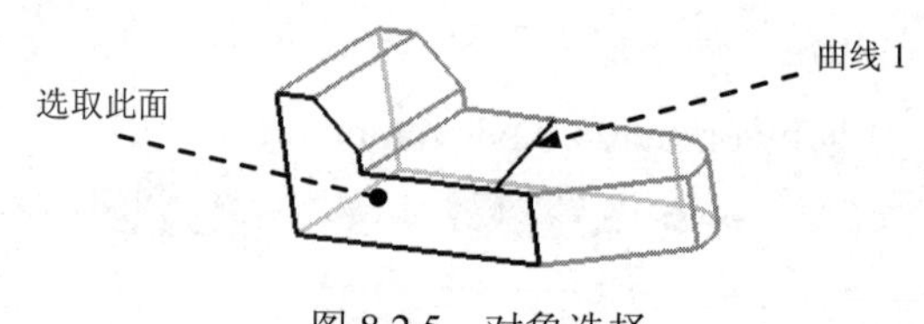


图 8.2.5　对象选择

## 8.2.3　模型的几何对象检查

“检查几何体”工具可以分析各种类型的几何对象，找出错误的或无效的几何体；也可以分析面和边等几何对象，找出其中无用的几何对象和错误的数据结构。下面以一个模型为例，简要说明几何对象检查的一般操作过程。

Step1. 打开文件 D:\ug12pd\work\ch08.02\examgeo.prt。

Step2. 选择下拉菜单 分析(L) ➡ 检查几何体(X)... 命令，系统弹出“检查几何体”对话框（一）。

Step3. 定义检查项。单击 全部设置 按钮，在键盘上按 Ctrl+A 组合键选择模型中的所有对象（图 8.2.6），然后单击 检查几何体 按钮，“检查几何体”对话框（一）将变成带有对象检查的“检查几何体”对话框（二），模型检查结果如图 8.2.7 所示。

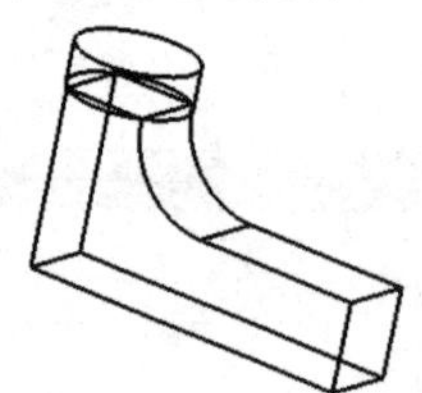

图 8.2.6　对象选择

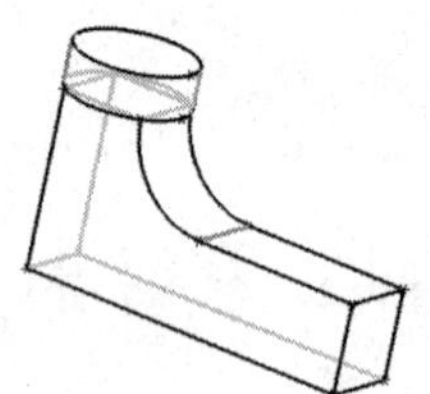

图 8.2.7　检查结果

Step4. 单击“信息”按钮 i ，可在“信息”对话框中检查结果。

## 8.2.4　装配干涉检查

在实际的产品设计中，当产品中的各个零部件组装完成后，设计人员往往比较关心产品中各个零部件间的干涉情况：有无干涉？哪些零件间有干涉？干涉量是多大？下面以一个简单的装配体模型为例，说明干涉分析的一般操作过程。

Step1. 打开文件 D:\ug12pd\work\ch08.02\interference.prt。

Step2. 在装配模块中选择下拉菜单 分析(L) ➡ 简单干涉(I)... 命令，系统弹出图 8.2.8 所示的“简单干涉”对话框。

Step3. “创建干涉体”简单干涉检查。

（1）在“简单干涉”对话框 干涉检查结果 区域的 结果对象 下拉列表中选择 干涉体 选项。

（2）依次选取图 8.2.9 所示的对象 1 和对象 2，单击“简单干涉”对话框中的 应用 按钮，系统弹出图 8.2.10 所示的“简单干涉”提示框。

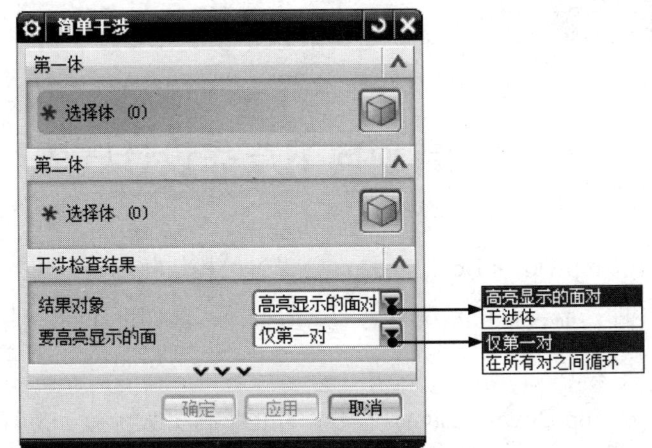


图 8.2.8　“简单干涉”对话框

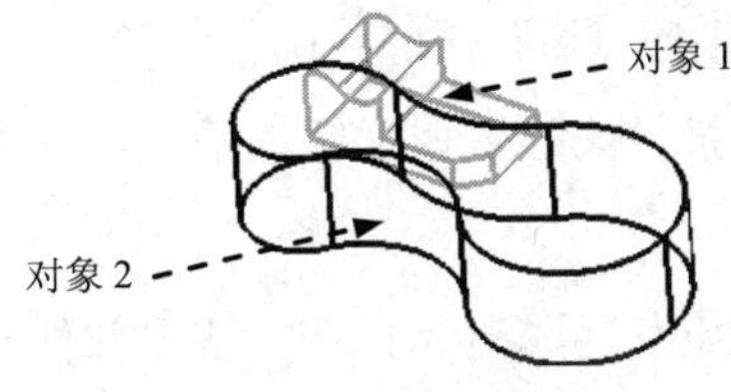


图 8.2.9　创建干涉实体

图 8.2.10　“简单干涉”提示框

（3）单击“简单干涉” 提示框的 确定(O) 按钮，完成“创建干涉体”简单干涉检查。

Step4. “高亮显示面”简单干涉检查。

（1）在“简单干涉”对话框 干涉检查结果 区域的 结果对象 下拉列表中选择 高亮显示的面对 选项，如图 8.2.8 所示。

（2）在“简单干涉”对话框 干涉检查结果 区域的 要高亮显示的面 下拉列表中选择 仅第一对 选项，依次选取图 8.2.9a 所示的对象 1 和对象 2。模型中将显示图 8.2.11b 所示的干涉平面。

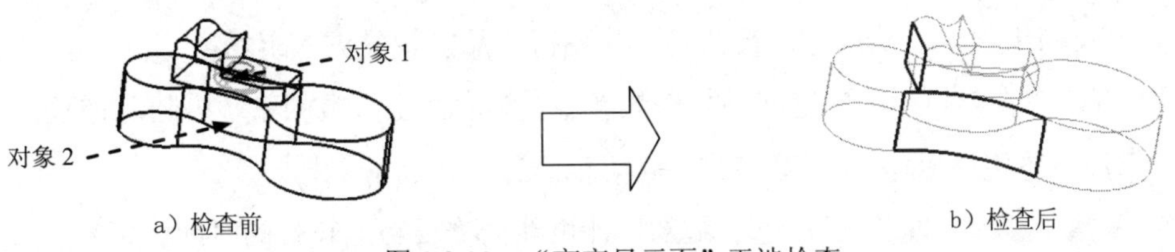


图 8.2.11　“高亮显示面”干涉检查

（3）在“简单干涉”对话框 干涉检查结果 区域的 要高亮显示的面 下拉列表中选择 在所有对之间循环 选项，单击 显示下一对 按钮，模型中将依次显示所有干涉平面。

（4）单击“简单干涉”对话框中的 取消 按钮，完成“高亮显示面”简单干涉检查操作。

# 第 9 章　产品的自顶向下设计

## 9.1　自顶向下产品设计概述

自顶向下设计（Top-Down Design）是一种先进的模块化的设计思想，是一种从整体到局部的设计思想，即产品设计由系统布局、总图设计、部件设计到零件设计的一种自上而下、逐步细化的设计过程。

自顶向下设计（Top-Down Design）符合产品的实际开发流程。进行自顶向下设计时，设计者从系统角度入手，针对设计目的，综合考虑形成产品的各种因素，确定产品的性能、组成以及各部分的相互关系和实现方式，形成产品的总体方案；在此基础上分解设计目标，分派设计任务到分系统具体实施；分系统从上级系统获得关键数据和定位基准，并在上级系统规定的边界内展开设计，最终完成产品开发。

通过该过程，确保设计由原始的概念开始，逐渐地发展成熟为具有完整零部件造型的最终产品，把关键信息放在一个中心位置，在设计过程中通过捕捉中心位置的信息，传递到较低级别的产品结构中。如果改变这些信息，将自动更新整个系统。

自顶向下设计（Top-Down Design）方法主要包括以下特点。

（1）自顶向下的设计方法可以获得较好的整体造型，尤其适合以项目小组形式展开并行设计，极大提高产品更新换代的速度，加快新产品的上市时间。

（2）零件之间彼此不会互相牵制，所有重要变动可以由主架构来控制，设计弹性较大。

（3）零件彼此间的关联性较低，机构可预先拆分给不同的人员进行设计工作，充分实现设计分工及同步设计，从而缩短设计时程，使得产品能较早进入市场。

（4）可以在骨架模型中指定产品规格的参数，然后在全参数的系统中随意调整，理论上只要变动骨架模型中的产品规格参数，就可以产生一个新的机构。

（5）先期的规划时程较长，进入细部设计可能会需要经过较长的时间。

## 9.2　WAVE 几何链接器

WAVE（What-if Alternative Value Engineering）是一种实现产品装配的各组件间关联建模的技术，提供了实际工程产品设计中所需要的自顶向下的设计环境。WAVE 的存在不仅使得上下级之间的部件实现了外形和尺寸等的传递性（相关性），在同级别中也有传递性。

本节将介绍创建同级别间传递性的一般操作过程。

### 1. 创建链接部件

WAVE 几何链接器是用于组件之间关联性复制几何体的工具。一般来讲，关联性复制几何体可以在任意两个组件之间进行，可以是同级组件，也可以在上下级组件之间。创建链接部件的一般操作过程如下。

Step1. 打开文件 D:\ug12pd\work\ch09.02\moxing.prt。

Step2. 在左侧的资源工具条区单击装配导航器按钮，在装配导航器区的空白处右击，在弹出的快捷菜单中选择 WAVE 模式选项。

Step3. 在装配导航器区选择 moxing 选项并右击，在弹出的快捷菜单中选择 WAVE ▸ → 创建链接部件命令，系统弹出图 9.2.1 所示的“创建链接部件”对话框。

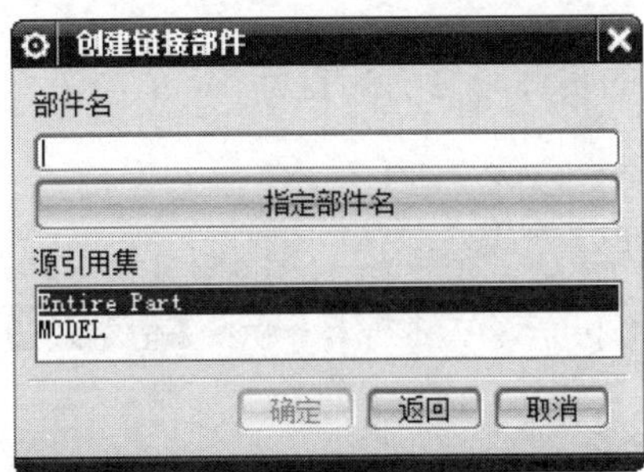


图 9.2.1　“创建链接部件”对话框

Step4. 在“创建链接部件”对话框中单击 指定部件名 按钮，系统弹出图 9.2.2 所示的“选择部件名”对话框。

Step5. 在“选择部件名”对话框的 文件名(N): 文本框中输入链接部件名 moxing2，单击 OK 按钮，系统返回到“创建链接部件”对话框。

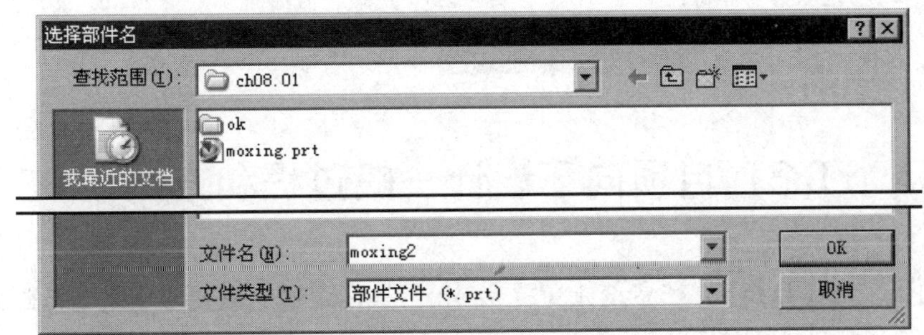


图 9.2.2　“选择部件名”对话框

Step6. 在“创建链接部件”对话框中选择 MODEL 选项，单击 确定 按钮，完成链接部件的创建，如图 9.2.3 所示。

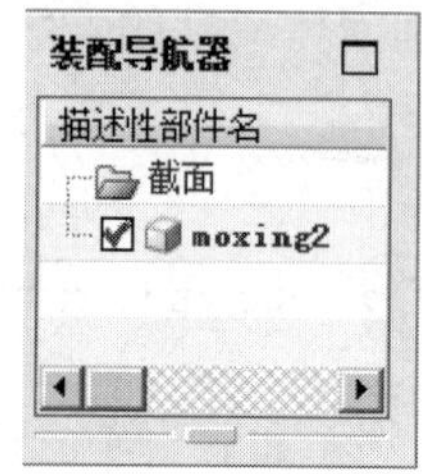


图 9.2.3　创建链接部件

### 2．编辑链接部件

从模型上得到所需的信息后要对创建的链接部件进一步细化。下面就上述例子继续讲解链接部件的编辑步骤。

Step1. 分割实体。选择下拉菜单 插入(S) → 修剪(T) ▸ → 修剪体(T)... 命令，系统弹出“修剪体”对话框。

Step2. 选取图 9.2.4 所示的实体为修剪的目标体，单击鼠标中键确认，然后选取图 9.2.4 所示的曲面为刀具体。

Step3. 单击 < 确定 > 按钮，完成修剪体的创建。

Step4. 隐藏分割面。选择下拉菜单 编辑(E) → 显示和隐藏(H) → 隐藏(H)... 命令，系统弹出“类选择”对话框。

Step5. 选取图 9.2.5 所示的曲面，单击 确定 按钮，完成分割面的隐藏操作，结果如图 9.2.6 所示。

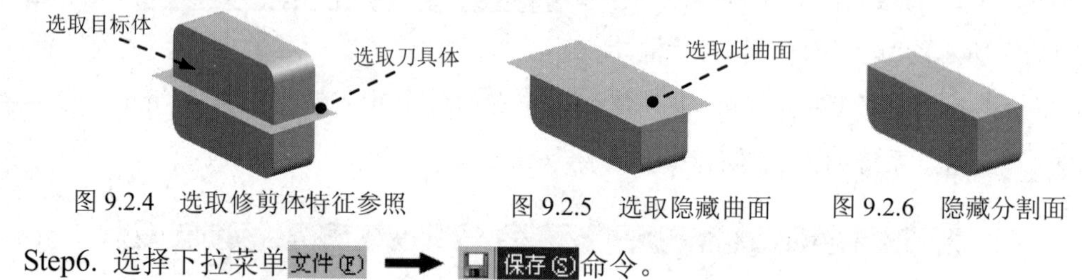


图 9.2.4　选取修剪体特征参照　　图 9.2.5　选取隐藏曲面　　图 9.2.6　隐藏分割面

Step6. 选择下拉菜单 文件(F) → 保存(S) 命令。

## 9.3　自顶向下设计一般过程和方法

自顶向下（Top_Down）产品设计（图 9.3.1）是 WAVE 的重要应用之一，通过在装配中建立产品的总体参数或整体造型，并将控制几何对象的关联性复制到相关组件来实现控制产品的细节设计。

在自顶向下设计过程中，当产品的总体参数被修改时，则“装配”控制的相关组件的属性也会随之自动更新，但是被控组件参数的修改不能传递到总组件。下面以简单的肥皂盒设计为例来说明自顶向下设计的一般方法。

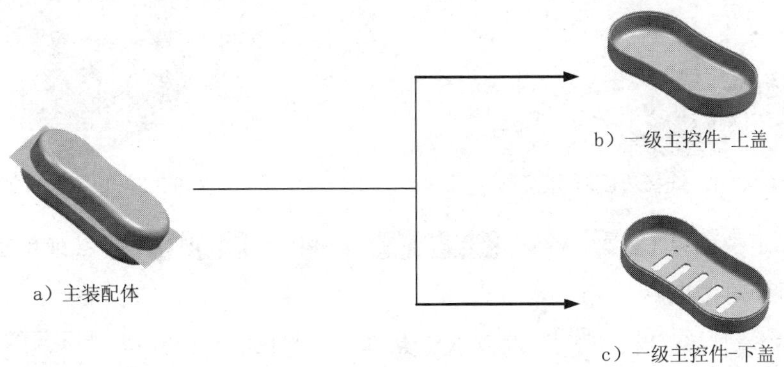


图 9.3.1 自顶向下设计

## Stage1. 创建主装配体

Step1. 新建文件。

（1）选择下拉菜单 文件(F) → 新建(N)... 命令，系统弹出“新建”对话框。

（2）在 模板 区域中选取模板类型为 模型，在 名称 文本框中输入文件名称 soap_box。

（3）单击 确定 按钮，进入建模环境。

Step2. 创建拉伸特征 1。

（1）选择下拉菜单 插入(S) → 设计特征(E) → 拉伸(E)... 命令（或单击 按钮），系统弹出“拉伸”对话框。

（2）单击“绘制截面”按钮，选取 XY 基准平面为草图平面，单击 确定 按钮进入草图环境，绘制图 9.3.2 所示的截面草图；在功能区中单击 完成 按钮，退出草图环境。

（3）在 指定矢量 下拉列表中选择 ZC 选项，定义 ZC 轴的正方向为拉伸方向。

（4）在 限制 区域的 开始 下拉列表中选择 值 选项，并在其下的 距离 文本框中输入值 0；在 结束 下拉列表中选择 值 选项，并在其下的 距离 文本框中输入值 48；在 布尔 区域的下拉列表中选择 无 选项，其他参数采用系统默认设置。

（5）单击 < 确定 > 按钮，拉伸特征 1 如图 9.3.3 所示。

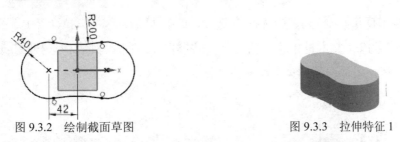

图 9.3.2 绘制截面草图　　图 9.3.3 拉伸特征 1

Step3. 选择下拉菜单 插入(S) → 细节特征(L) → 边倒圆(E)... 命令（或单击 按钮），系统弹出“边倒圆”对话框；选取图 9.3.4 所示的两条曲线为边倒圆参照，并在 半径 1 文本框中输入值 8，单击 < 确定 > 按钮，完成边倒圆特征操作，结果如图 9.3.5 所示。

Step4. 创建拉伸特征 2。

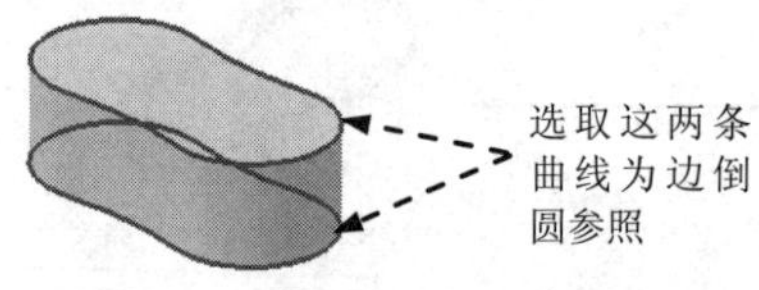

图 9.3.4 选择边倒圆参照

图 9.3.5 边倒圆特征

（1）选择下拉菜单 插入(S) → 设计特征(E) → 拉伸(E)... 命令（或单击按钮），系统弹出“拉伸”对话框。

（2）单击“绘制截面”按钮，选取 XY 基准平面为草图平面，单击 确定 按钮进入草图环境，绘制图 9.3.6 所示的截面草图；在功能区中单击 完成 按钮，退出草图环境。

（3）在 限制 区域的 开始 下拉列表中选择 值 选项，并在其下的 距离 文本框中输入值 0；在 结束 下拉列表中选择 值 选项，并在其下的 距离 文本框中输入值 2；在 方向 区域的 指定矢量 下拉列表中选择 -ZC 选项，定义 Z 轴的负方向为拉伸方向；在 布尔 区域的下拉列表中选择 合并 选项，采用系统默认的求和对象。

（4）单击 <确定> 按钮，拉伸特征 2 如图 9.3.7 所示。

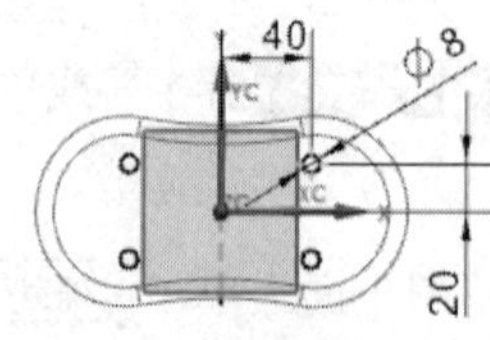

图 9.3.6 绘制截面草图

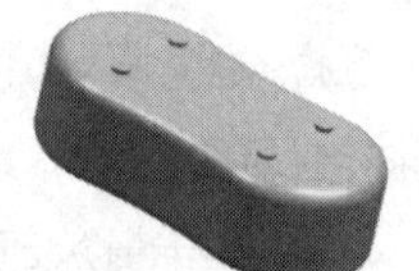
图 9.3.7 拉伸特征 2

Step5. 创建拉伸曲面。

(1) 选择下拉菜单 插入(S) → 设计特征(E) → 拉伸(E)... 命令，系统弹出“拉伸”对话框。

(2) 选取 ZX 基准平面为草图平面，单击 确定 按钮进入草图环境，绘制图 9.3.8 所示的截面草图；在功能区中单击 完成 按钮，退出草图环境。

(3) 在 指定矢量 下拉列表中选择 YC 选项，在 限制 区域的 开始 下拉列表中选择 对称值 选项，并在其下的 距离 文本框中输入值 50；在 布尔 区域的下拉列表中选择 无 选项；单击 <确定> 按钮，拉伸曲面结果如图 9.3.9 所示。

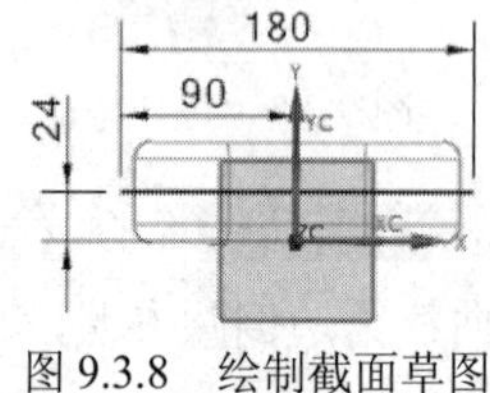

图 9.3.8 绘制截面草图

图 9.3.9 拉伸曲面结果

Step6. 选择下拉菜单 文件(F) → 保存(S) 命令，保存零件模型。

Stage2. 创建一级主控件——上盖

Step1. 在左侧的资源工具条区单击装配导航器按钮，在装配导航器区的空白处右击，在弹出的快捷菜单中选择 WAVE 模式选项。

Step2. 在装配导航器区选择 soap_box 选项并右击，在弹出的快捷菜单中选择 WAVE ▸ ➡ 新建层命令，系统弹出图 9.3.10 所示的"新建层"对话框。

Step3. 在"新建层"对话框中单击 指定部件名 按钮，系统弹出"选择部件名"对话框。

Step4. 在"选择部件名"对话框的 文件名(N): 文本框中输入链接部件名 up_cover，并单击 OK 按钮，系统回到"新建层"对话框。

Step5. 在"新建层"对话框中单击 类选择 按钮，选取图 9.3.11 所示的实体和曲面；单击"WAVE 部件间的复制"对话框中的 确定 按钮，系统自动弹出"新建层"对话框，然后单击 确定 按钮完成组件间的复制。

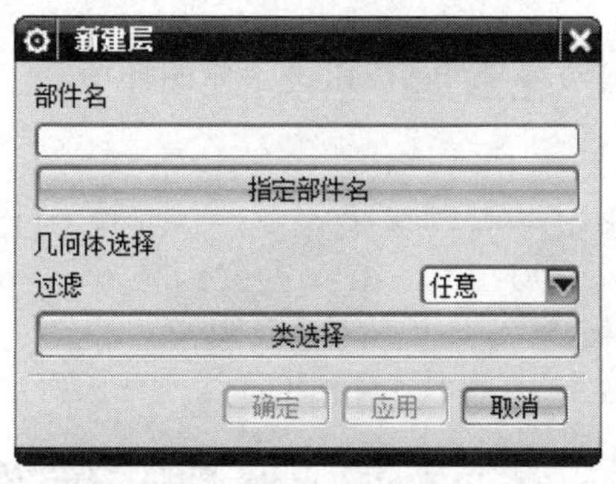

图 9.3.10　"新建层"对话框

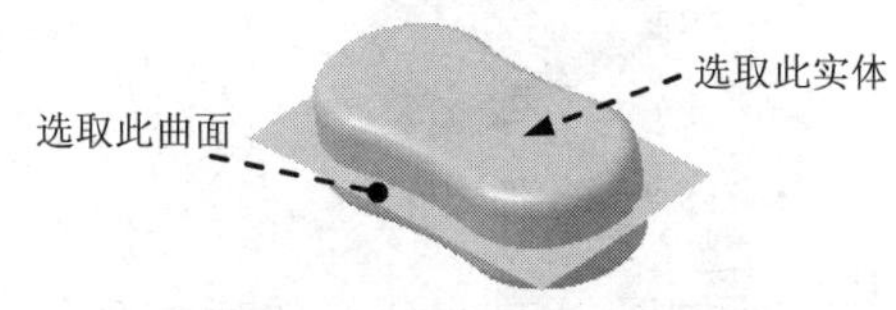

图 9.3.11　选取实体和曲面

Step6. 分割实体。

(1) 在左侧的资源工具条区单击装配导航器按钮，在装配导航器区选择 up_cover 选项并右击，在弹出的快捷菜单中选择 在窗口中打开 选项，此时系统只显示一级主控件 up_cover。

(2) 选择下拉菜单 插入(S) ➡ 修剪(T) ▸ ➡ 修剪体(T)... 命令，系统弹出"修剪体"对话框。

(3) 选取图 9.3.11 所示的实体为修剪的目标体，单击鼠标中键确认；选取图 9.3.11 所示的曲面为刀具体，单击按钮调整保留侧。

(4) 单击 < 确定 > 按钮，完成修剪体的创建。

(5) 选择下拉菜单 编辑(E) ➡ 显示和隐藏(H) ➡ 隐藏(H)... 命令，系统弹出"类选择"对话框；选取图 9.3.11 所示的曲面，单击 确定 按钮完成分割面的隐藏操作，结果如图 9.3.12 所示。

Step7. 抽壳。

（1）选择下拉菜单插入(S) → 偏置/缩放(O) → 抽壳(H)... 命令（或单击按钮），系统弹出“抽壳”对话框。

（2）在“抽壳”对话框类型区域的下拉列表中选择移除面，然后抽壳选项，选取图 9.3.13 所示的表面为移除面，并在厚度文本框中输入值 2，采用系统默认抽壳方向。

图 9.3.12 修剪体

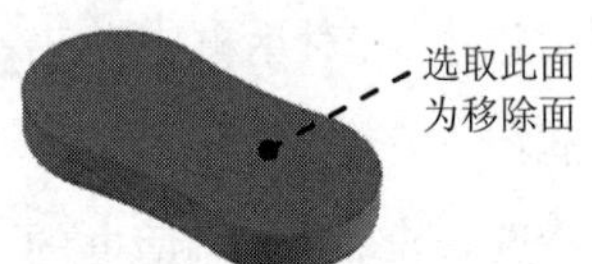


图 9.3.13 选取移除面

（3）单击< 确定 >按钮完成抽壳特征的操作，结果如图 9.3.14 所示。

Step8. 创建拉伸特征。

（1）选择下拉菜单插入(S) → 在任务环境中绘制草图(V)...命令，系统弹出“创建草图”对话框。

（2）选取图 9.3.15 所示的平面为草图平面，单击确定按钮进入草图环境。

图 9.3.14 抽壳特征

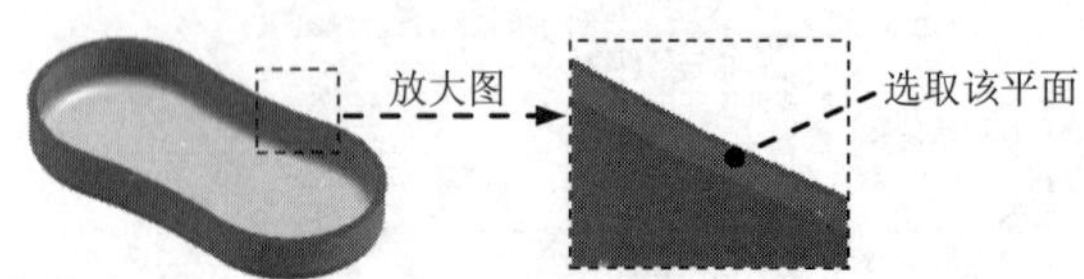


图 9.3.15 选取草图平面

（3）绘制图 9.3.16 所示的截面草图。选择下拉菜单插入(S) → 来自曲线集的曲线(F) → 偏置曲线(V)...命令，系统弹出“偏置曲线”对话框；选取图 9.3.16 所示的外边缘曲线为要偏置的曲线（将选择范围调整为“在工作部件内部”）；在距离文本框中输入值 1，单击按钮调整偏置方向为向里；单击< 确定 >按钮，完成偏置曲线的创建；单击完成按钮，退出草图环境。

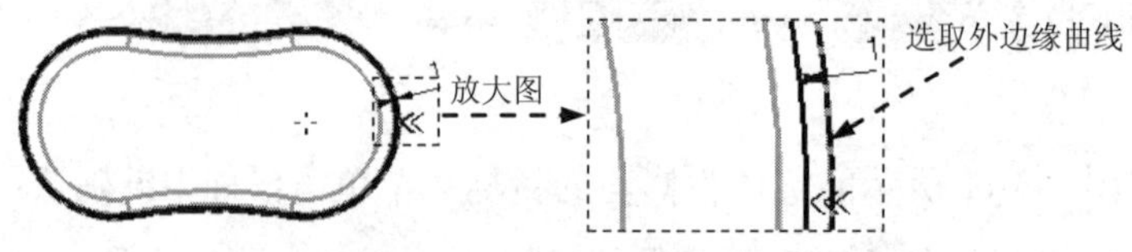


图 9.3.16 绘制截面草图

（4）选择下拉菜单插入(S) → 设计特征(E) → 拉伸(E)...命令（或单击按钮），系统弹出“拉伸”对话框。

（5）选取步骤（3）中绘制的草图为拉伸截面；在“拉伸”对话框限制区域的开始下拉列表中选择值选项，并在其下的距离文本框中输入值 0；在结束下拉列表中选择值选项，并在其下的距离文本框中输入值 2；在方向区域中单击按钮，定义 Z 基准轴的正方向为拉伸方向，在布尔区域的下拉列表中选择减去选项，采用系统默认的求差对象。

（6）单击< 确定 >按钮，完成拉伸特征的创建，如图 9.3.17 所示。

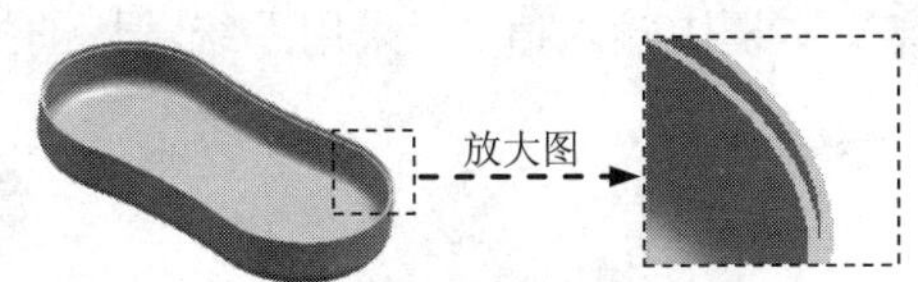


图 9.3.17　创建拉伸特征

Step9. 选择下拉菜单文件(F) → 保存(S)命令，保存零件模型。

Step10. 在左侧的资源工具条区单击装配导航器按钮，在装配导航器区选择☑up_cover选项并右击，在弹出的快捷菜单中选择显示父项 → soap_box命令。

Stage3．创建一级主控件——下盖

Step1. 在装配导航器区选择soap_box选项并右击，在弹出的快捷菜单中选择WAVE → 新建层命令，系统弹出“新建层”对话框。

Step2. 在“新建层”对话框中单击指定部件名按钮，系统弹出“选择部件名”对话框。

Step3. 在“选择部件名”对话框的文件名(N):文本框中输入链接部件名 down_cover，单击OK按钮，系统返回到“新建层”对话框。

Step4. 在“新建层”对话框中单击类选择按钮，选取图 9.3.18 所示的实体和曲面，单击“WAVE 部件间的复制”对话框中的确定按钮；系统返回“新建层”对话框，然后单击确定按钮完成组件间的复制。

Step5. 分割实体。

（1）在左侧的资源工具条区单击装配导航器按钮，在装配导航器区选择☑down_cover选项并右击，在弹出的快捷菜单中选择在窗口中打开选项，此时系统只显示一级主控件 down_cover。

（2）选择下拉菜单插入(S) → 修剪(T) → 修剪体(T)...命令，系统弹出“修剪体”对话框。

（3）选取图 9.3.18 所示的实体为修剪的目标体，单击鼠标中键确认，然后选取图 9.3.18 所示的曲面为刀具体，定义 Z 基准轴的正方向为修剪方向。

（4）单击< 确定 >按钮，完成修剪体的创建。

（5）选择下拉菜单编辑(E) → 显示和隐藏(H) → 隐藏(H)...命令，系统弹出“类选择”对话框；选取图 9.3.18 所示的曲面，单击确定按钮完成分割面的隐藏操作，结果如图 9.3.19 所示。

Step6. 创建抽壳特征。

（1）选择下拉菜单插入(S) ➡ 偏置/缩放(O) ➡ 抽壳(H)... 命令（或单击按钮），系统弹出“抽壳”对话框。

（2）在“抽壳”对话框类型区域的下拉列表中选择移除面，然后抽壳选项，选取图 9.3.20 所示的表面为移除面，并在厚度文本框中输入值 2，采用系统默认的抽壳方向。

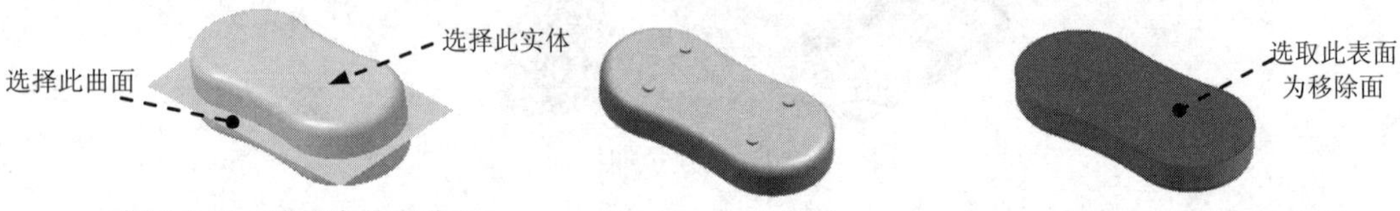


图 9.3.18 选择实体和曲面　　图 9.3.19 修剪体　　图 9.3.20 选取移除面

（3）单击< 确定 >按钮完成抽壳特征的操作，结果如图 9.3.21 所示。

Step7. 创建拉伸特征 1。

（1）选择下拉菜单插入(S) ➡ 在任务环境中绘制草图(V)...命令，选取图 9.3.22 所示的平面为草图平面，绘制截面草图。

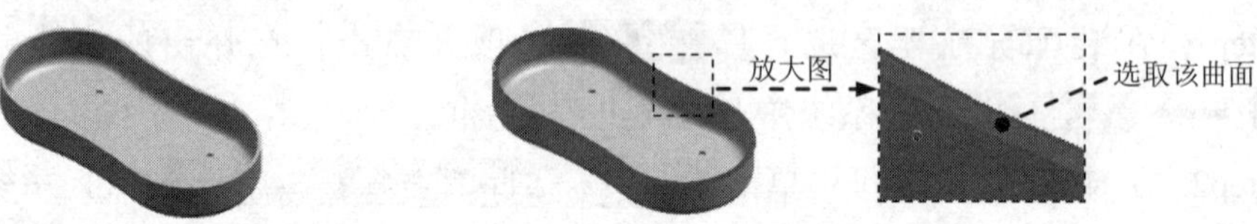


图 9.3.21 抽壳特征　　图 9.3.22 选取草图平面

（2）创建图 9.3.23 所示的偏置曲线。选择下拉菜单插入(S) ➡ 来自曲线集的曲线(F) ➡ 偏置曲线(V)...命令，系统弹出“偏置曲线”对话框；选取图 9.3.23 所示的外边缘曲线为要偏置的曲线，在距离文本框中输入值 1，单击按钮，调整偏置方向为向里；单击< 确定 >按钮，完成偏置曲线的创建。

（3）选择下拉菜单插入(S) ➡ 配方曲线(U) ➡ 投影曲线(J)...命令，系统弹出“投影曲线”对话框。选取图 9.3.24 所示的边线为要投影的曲线，单击确定按钮完成投影曲线的创建。

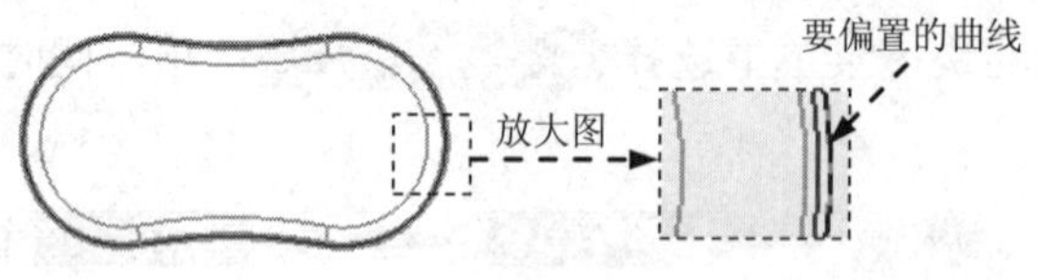


图 9.3.23 创建偏置曲线

（4）在功能区中单击完成按钮，退出草图环境。

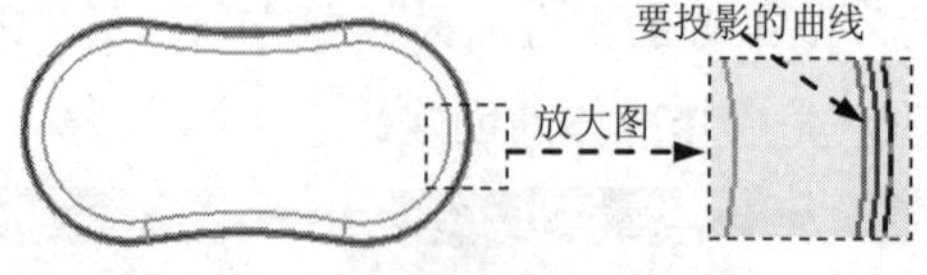


图 9.3.24 创建投影曲线

（5）选择下拉菜单插入(S) ➡ 设计特征(E) ➡ 拉伸(E)...命令（或单击按钮），系统弹出“拉伸”对话框。

（6）选取步骤（1）中绘制的草图为拉伸截面，在指定矢量下拉列表中选择ZC选项；在“拉伸”对话框限制区域的开始下拉列表中选择值选项，并在其下的距离文本框中输入值0；在限制区域的结束下拉列表中选择值选项，并在其下的距离文本框中输入值2；在布尔区域的下拉列表中选择合并选项，采用系统默认的求和对象。

（7）单击< 确定 >按钮，完成拉伸特征的创建，如图9.3.25所示。

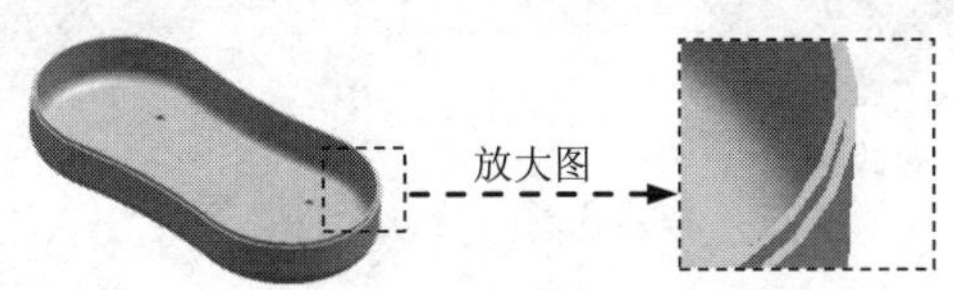


图9.3.25　创建拉伸特征1

Step8. 创建拉伸特征2。

（1）创建基准坐标系。选择下拉菜单插入(S) → 基准/点(D) → 基准CSYS...命令，系统弹出“基准坐标系”对话框；在参考下拉列表中选择绝对－显示部件选项，单击< 确定 >按钮完成基准坐标系的创建。

（2）以XY基准平面为草图平面，绘制图9.3.26所示的截面草图。

（3）选取步骤（2）中所绘制的草图为拉伸截面。

（4）在“拉伸”对话框限制区域的开始下拉列表中选择对称值选项，并在其下的距离文本框中输入值50，在布尔区域的下拉列表中选择减去选项，采用系统默认的求差对象。

（5）单击< 确定 >按钮，完成拉伸特征2的创建，结果如图9.3.27所示。

Step9. 选择下拉菜单文件(F) → 保存(S)命令，保存零件模型。

## Stage4. 修改主装配体

Step1. 在左侧的资源工具条区单击装配导航器按钮，选择down_cover选项并右击，在弹出的快捷菜单中选择显示父项 → soap_box命令。

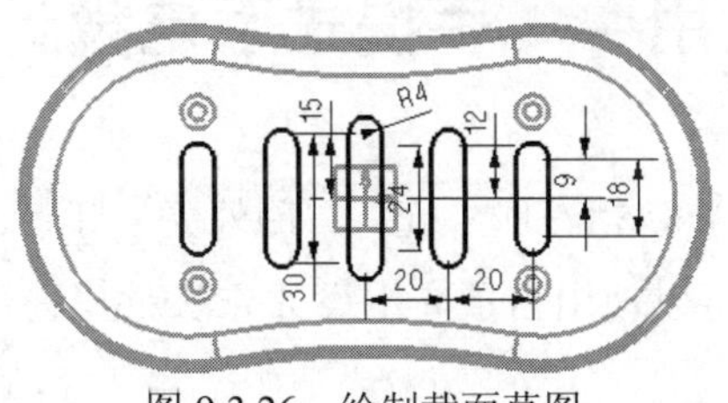


图9.3.26　绘制截面草图

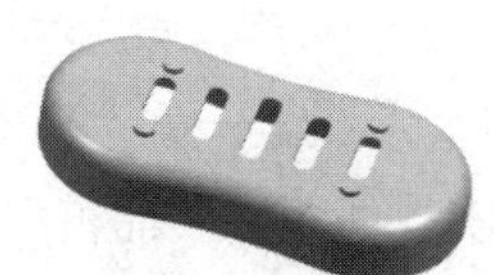

图9.3.27　创建拉伸特征2

Step2. 在装配导航器区选择soap_box选项并右击，在弹出的快捷菜单中选择设为工作部件选项。

Step3. 在左侧的资源工具条区单击部件导航器按钮，在弹出的部件导航器区双击拉伸(1)选项，系统弹出“拉伸”对话框。

Step4. 在限制区域结束下面的距离文本框中输入值60，单击< 确定 >按钮，此时上盖的高度会发生变化，如图 9.3.28 所示。

Step5. 在左侧的资源工具条区单击部件导航器按钮，在弹出的部件导航器区双击 边倒圆 (2) 选项，系统弹出“边倒圆”对话框。

a）修改前　　b）修改后

图 9.3.28　修改拉伸特征

Step6. 在“边倒圆”对话框的 半径 1 文本框中输入值 12，单击 确定 按钮，此时肥皂盒的边缘形状会发生变化，如图 9.3.29 所示。

a）修改前　　b）修改后

图 9.3.29　修改边倒圆特征

Step7. 隐藏片体和草图。选择下拉菜单 编辑(E) → 显示和隐藏(H) → 显示和隐藏(O)... 命令，系统弹出“显示和隐藏”对话框；在对话框内分别单击 片体 和 草图 后的 按钮，单击 关闭 按钮，完成草图和片体的隐藏。

Step8. 隐藏控件。在左侧的装配导航器中右击 soap_box 选项，在弹出的快捷菜单中选择 显示和隐藏 → 隐藏节点 命令，隐藏控件。

Step9. 选择下拉菜单 文件(F) → 保存(S) 命令，保存零件模型。

## 9.4　自顶向下设计综合应用——手提式手电设计

图 9.4.1 所示的是一款手提式手电模型，主要包括左侧外壳、右侧外壳、灯罩、开关和玻璃镜片部件。根据该产品模型的结构特点，可以使用自顶向下设计方法对其进行设计，其自顶向下设计流程如图 9.4.2 所示。

图 9.4.1　手提式手电模型

## 9.4.1 创建一级主控件——骨架模型

下面讲解一级控件（FLASHLIGHT.prt）骨架模型的创建过程，一级控件在整个设计过程中起着十分重要的作用，它不仅为二级控件提供原始模型并且确定了手电的整体外观形状。零件模型及模型树如图 9.4.3 所示。

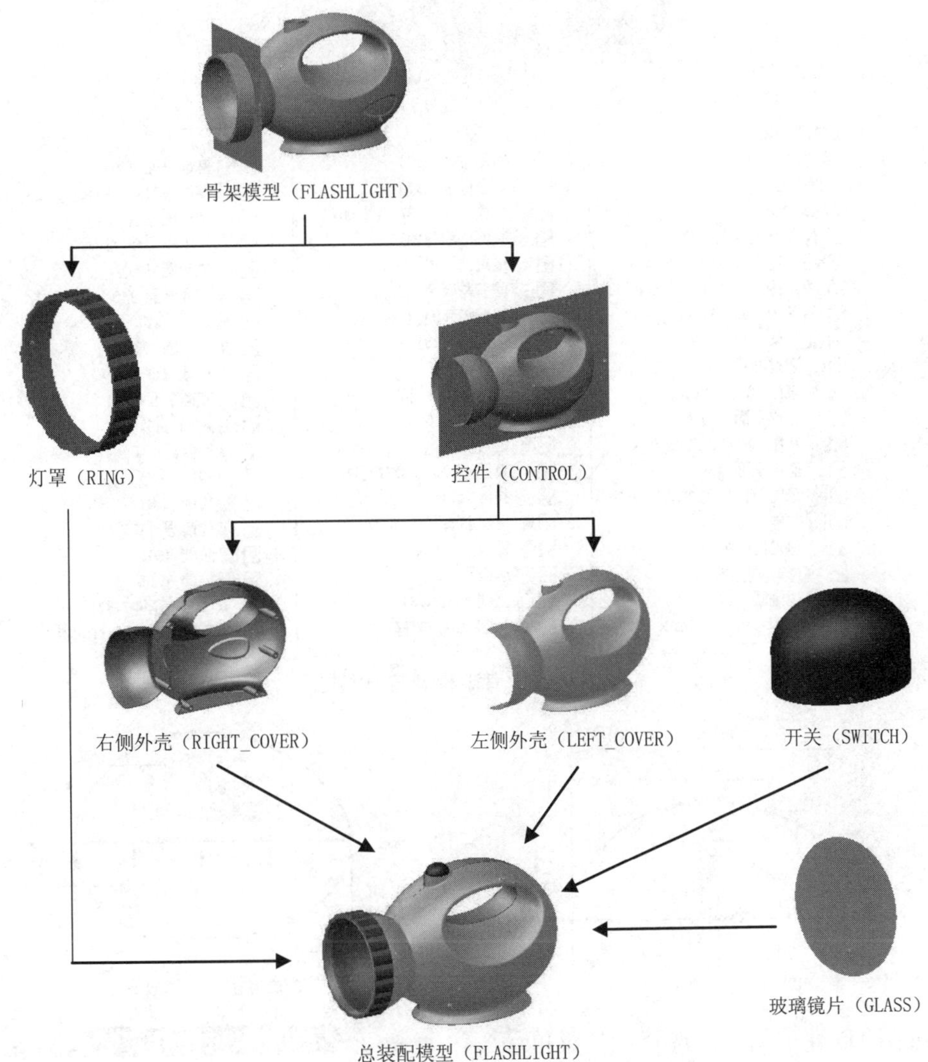


图 9.4.2 手电自顶向下设计流程

Step1. 新建模型文件。选择下拉菜单 文件(F) → 新建(N)... 命令，系统弹出"新建"对话框。在 模板 选项卡中选取模板类型为 模型；在 名称 文本框中输入文件名称 FLASHLIGHT；单击 确定 按钮，进入建模环境。

Step2. 创建草图 1。选择下拉菜单 插入(S) → 在任务环境中绘制草图(V)... 命令，选取 XZ 基准平面为草图平面，单击 确定 按钮；绘制图 9.4.4 所示的草图。

Step3. 创建草图 2。选择下拉菜单 插入(S) → 在任务环境中绘制草图(V)... 命令，选取 XZ 基准平面为草图平面，单击 确定 按钮，绘制图 9.4.5 所示的草图。

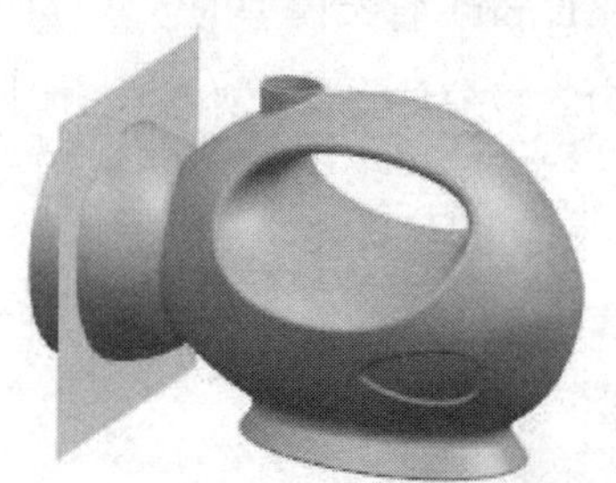

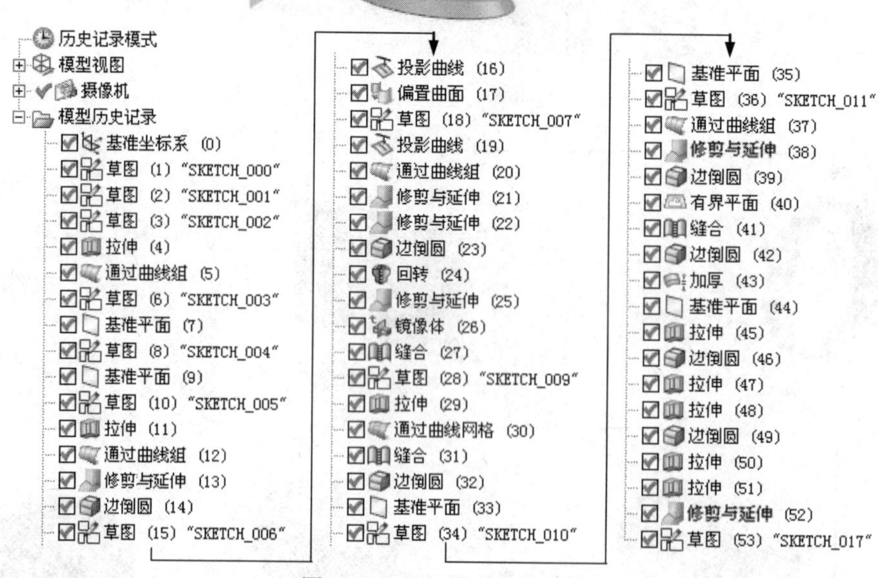


图 9.4.3 骨架模型与模型树

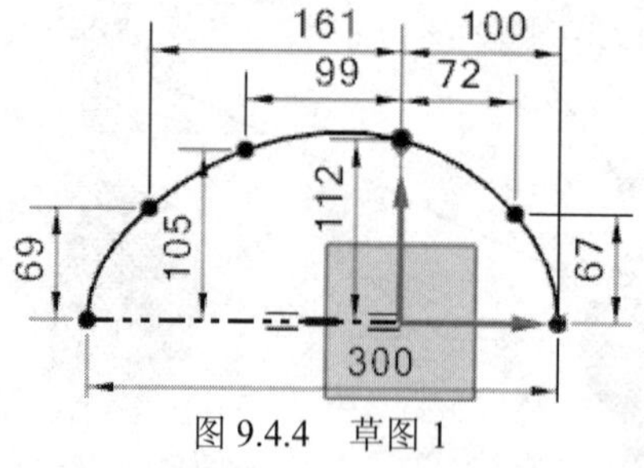


图 9.4.4 草图 1

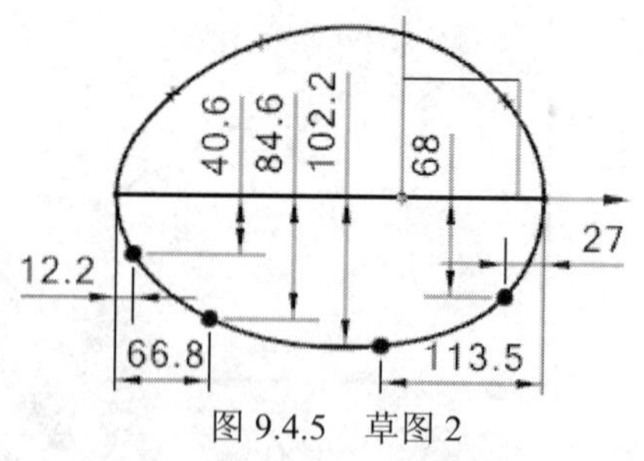


图 9.4.5 草图 2

Step4. 创建草图 3。选择下拉菜单 插入(S) → 在任务环境中绘制草图(V)... 命令，选取 XY 基准平面为草图平面；绘制图 9.4.6 所示的草图。

Step5. 创建图 9.4.7 所示的拉伸特征 1。选择下拉菜单 插入(S) → 设计特征(E) → 拉伸(E)... 命令；选取图 9.4.8 所示的草图 1 和草图 2 为截面轮廓；在 限制 区域的 开始 下拉列表中选择 值 选项，并在其下的 距离 文本框中输入值 0，在 限制 区域的 结束 下拉列表中选择 值 选项，并在其下的 距离 文本框中输入值 20，在 布尔 区域的下拉列表中选择 无 选项，在 设置 区域的 体类型 下拉列表中选择 片体 选项，单击 <确定> 按钮，完成拉伸特征 1 的创建。

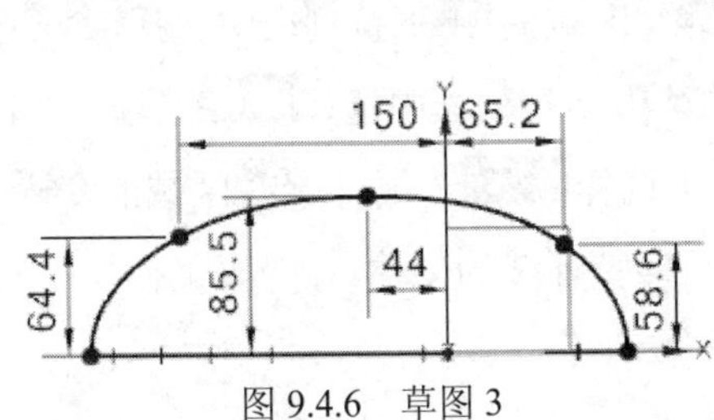

图 9.4.6 草图 3

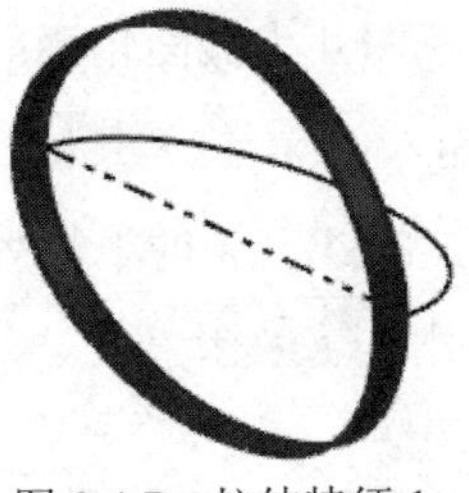
图 9.4.7 拉伸特征 1

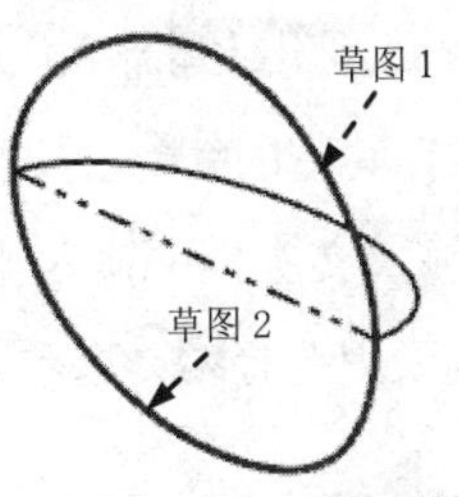

图 9.4.8 定义截面轮廓

Step6. 创建图 9.4.9 所示的通过曲线组 1。选择下拉菜单 插入(S) → 网格曲面(M) → 通过曲线组(T)... 命令；依次选取图 9.4.10 所示的曲线 1、曲线 2 和曲线 3；在 连续性 区域的 第一截面 下拉列表中选择 G1(相切) 选项，选取图 9.4.11 所示的面 1 为相切对象；在 连续性 区域的 最后截面 下拉列表中选择 G1(相切) 选项，选取图 9.4.11 所示的面 2 为相切对象；在 对齐 区域中选中 ☑ 保留形状 复选框；在 设置 区域的 体类型 下拉列表中选择 片体 选项，单击 < 确定 > 按钮，完成曲面的创建。

图 9.4.9 通过曲线组 1

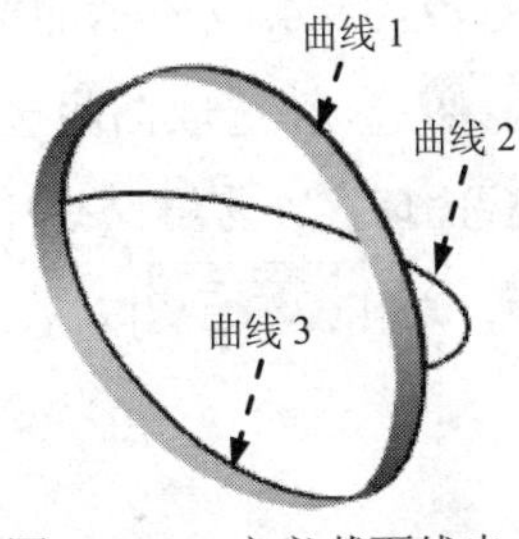

图 9.4.10 定义截面线串

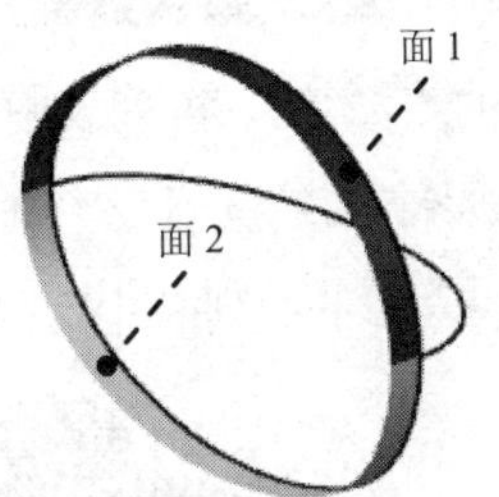

图 9.4.11 定义相切对象

Step7. 创建草图 4。选取 XZ 基准平面为草图平面；绘制图 9.4.12 所示的草图。

Step8. 创建图 9.4.13 所示的基准平面 1（本步的详细操作过程请参见随书光盘中 video\ch09.04.01\reference\文件夹下的语音视频讲解文件 FLASHLIGHT-r01.exe）。

Step9. 创建草图 5。选取基准平面 1 为草图平面，绘制图 9.4.14 所示的草图。

Step10. 创建图 9.4.15 所示的基准平面 2（本步的详细操作过程请参见随书光盘中 video\ch09.04.01\reference\文件夹下的语音视频讲解文件 FLASHLIGHT-r02.exe）。

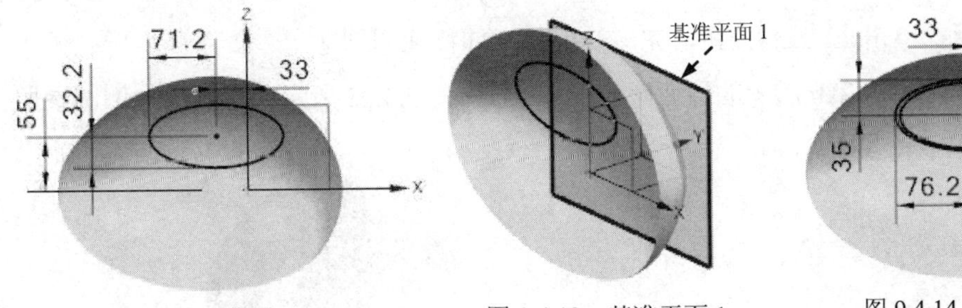

图 9.4.12 草图 4　　图 9.4.13 基准平面 1　　图 9.4.14 草图 5

Step11. 创建草图 6。选取基准平面 2 为草图平面，绘制图 9.4.16 所示的草图。

Step12. 创建图 9.4.17 所示的拉伸特征 2。选择下拉菜单 插入(S) → 设计特征(E) ▸

→ 拉伸(E)...命令；选取草图 4 为截面轮廓；在限制区域的开始下拉列表中选择值选项，并在其下的距离文本框中输入值 0，在限制区域的结束下拉列表中选择值选项，并在其下的距离文本框中输入值 20，在布尔区域的下拉列表中选择无选项，在设置区域的体类型下拉列表中选择片体选项，单击< 确定 >按钮，完成拉伸特征 2 的创建。

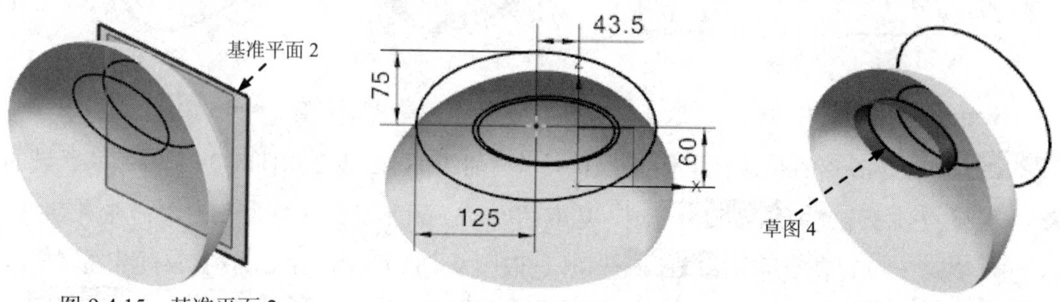


图 9.4.15　基准平面 2　　图 9.4.16　草图 6　　图 9.4.17　拉伸特征 2

Step13. 创建图 9.4.18 所示的通过曲线组 2。选择下拉菜单插入(S) → 网格曲面(M) → 通过曲线组(T)...命令；依次选取图 9.4.19 所示的草图 4、草图 5 和草图 6；在连续性区域的第一截面下拉列表中选择G1(相切)选项，选取曲面拉伸特征 2 为相切对象；在连续性区域的最后截面下拉列表中选择G0(位置)选项；在对齐区域中选中☑ 保留形状复选框；在设置区域的体类型下拉列表中选择片体选项，单击< 确定 >按钮，完成曲面的创建。

图 9.4.18　通过曲线组 2

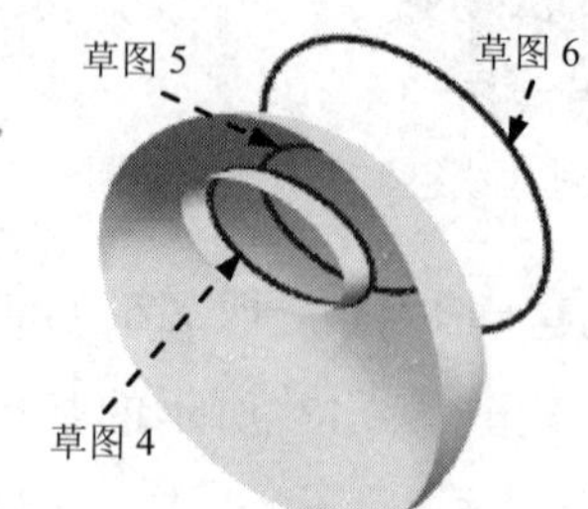


图 9.4.19　定义截面线串

Step14. 创建图 9.4.20 所示的修剪与延伸 1（隐藏拉伸特征 2）。选择下拉菜单插入(S) → 修剪(T) → 修剪与延伸(N)...命令；在类型下拉列表中选择制作拐角选项，选取通过曲线组 1 为目标体，选取通过曲线组 2 为刀具体，并定义其修剪与延伸方向如图 9.4.21 所示；单击确定按钮，完成修剪与延伸特征的创建。

Step15. 创建图 9.4.22b 所示的边倒圆特征 1。选择图 9.4.22 所示的边线为边倒圆参照，并在半径 1文本框中输入值 6。

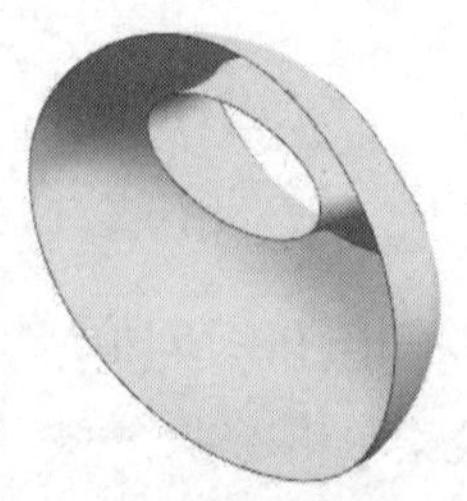

图 9.4.20　修剪与延伸 1

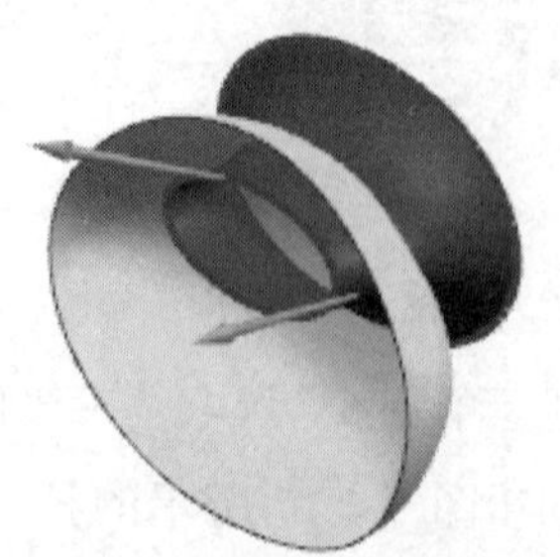

图 9.4.21　定义修剪和延伸方向

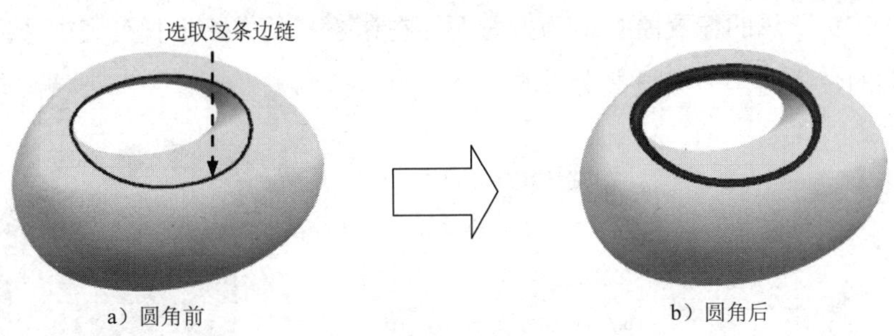

图 9.4.22　边倒圆 1

Step16. 创建草图 7。选取基准平面 2 为草图平面，绘制图 9.4.23 所示的草图。

Step17. 创建图 9.4.24 所示的投影曲线 1。选择下拉菜单 插入(S) → 派生曲线(U) → 投影(P)... 命令；在 要投影的曲线或点 区域选取草图 1 为要投影的曲线，选取图 9.4.25 所示的面为投影面；在 投影方向 的 方向 下拉列表中选择 沿矢量 选项，选取 Y 轴的负方向作为矢量参考方向，其他采用系统默认对象，单击 < 确定 > 按钮，完成投影曲线 1 的创建。

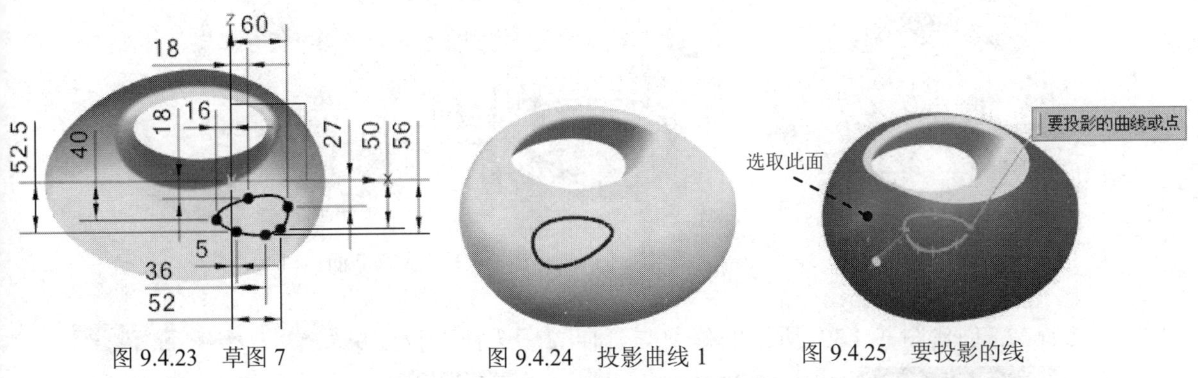

图 9.4.23　草图 7　　图 9.4.24　投影曲线 1　　图 9.4.25　要投影的线

Step18. 创建偏置曲面 1。选择下拉菜单 插入(S) → 偏置/缩放(O) → 偏置曲面(O)... 命令；选择图 9.4.26 所示的曲面为偏置曲面，单击“反向”按钮，调整曲面朝模型的内部偏置；在 偏置 1 文本框中输入偏置距离值 2，单击 < 确定 > 按钮，完成偏置曲面 1 的创建。

Step19. 创建草图 8。选取基准平面 2 为草图平面，绘制图 9.4.27 所示的草图。

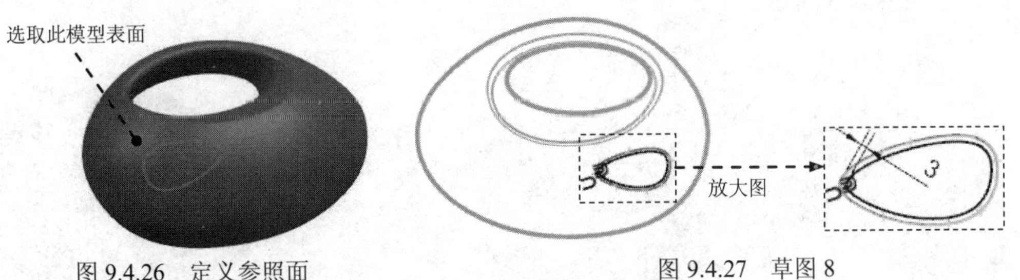

图 9.4.26　定义参照面　　图 9.4.27　草图 8

Step20. 创建图 9.4.28 所示的投影曲线 2（隐藏通过曲线组 1）。选择下拉菜单 插入(S) → 派生曲线(U) → 投影(P)... 命令；在 要投影的曲线或点 区域选取草图 8 为要投影的曲线，选取图 9.4.29 所示的偏置曲面 1 为投影面；在投影方向的方向下拉列表中选择沿矢量选项，选取 Y 轴的负方向作为矢量参考方向。

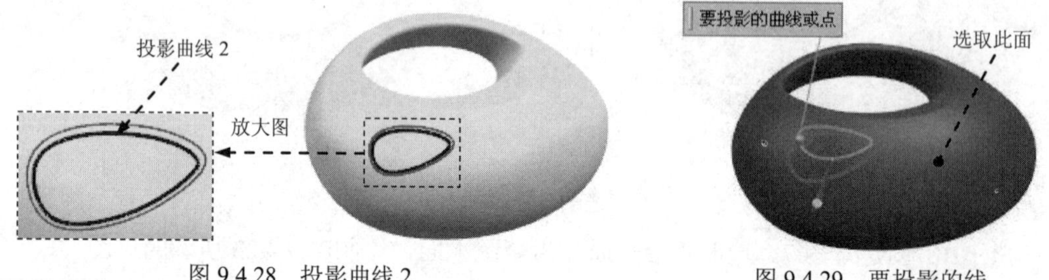


图 9.4.28　投影曲线 2　　图 9.4.29　要投影的线

Step21. 创建图 9.4.30 所示的通过曲线组 3。选择下拉菜单插入(S) → 网格曲面(M) → 通过曲线组(T)...命令；依次选取图 9.4.31 所示的投影曲线 1 和投影曲线 2；在对齐区域中选中☑ 保留形状复选框；在设置区域的体类型下拉列表中选择片体选项。

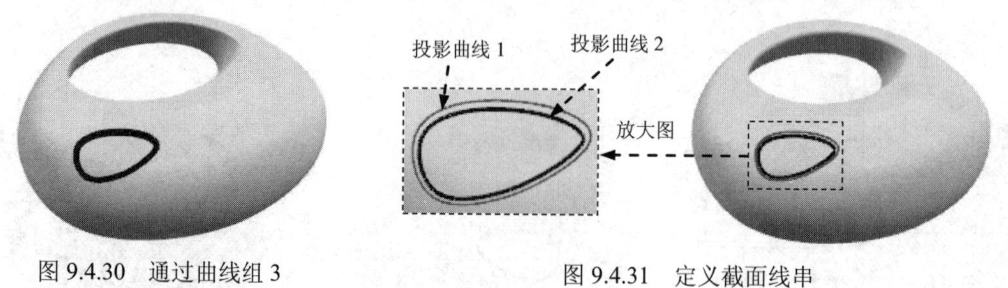


图 9.4.30　通过曲线组 3　　图 9.4.31　定义截面线串

Step22. 创建图 9.4.32 所示的修剪与延伸 2。选择下拉菜单插入(S) → 修剪(T) → 修剪与延伸(N)...命令；在类型下拉列表中选择制作拐角选项，选取偏置曲面 1 为目标体，选取通过曲线组 3 为刀具体，并定义其修剪与延伸方向如图 9.4.33 所示。

Step23. 创建图 9.4.34 所示的修剪与延伸 3（显示通过曲线组 1）。选择下拉菜单插入(S) → 修剪(T) → 修剪与延伸(N)...命令；在类型下拉列表中选择制作拐角选项，在模型树上选取通过曲线组 1 为目标体，选取修剪与延伸 2 为刀具体，并定义其修剪与延伸方向如图 9.4.35 所示。

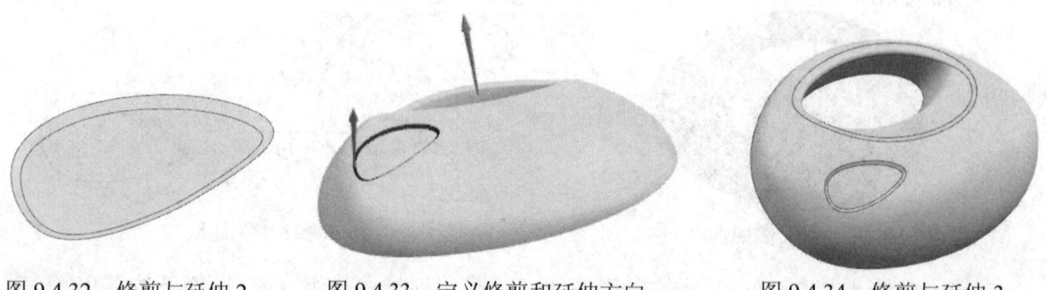

图 9.4.32　修剪与延伸 2　　图 9.4.33　定义修剪和延伸方向　　图 9.4.34　修剪与延伸 3

Step24. 创建图 9.4.36b 所示的边倒圆特征 2。选择图 9.4.36 所示的边线为边倒圆参照，在半径 1文本框中输入值 2。

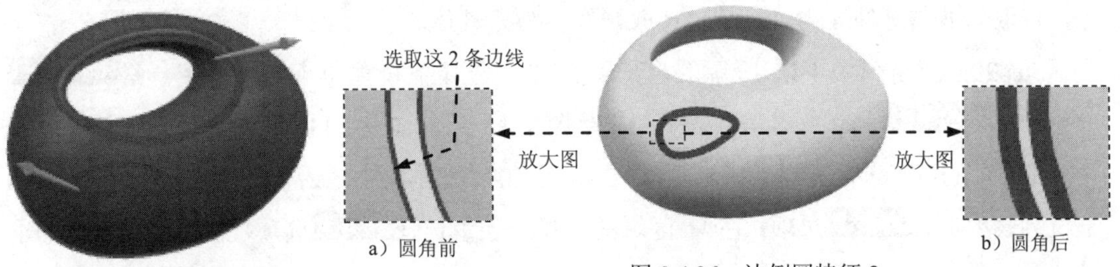


图 9.4.35　定义修剪和延伸方向

图 9.4.36　边倒圆特征 2

Step25. 创建图 9.4.37 所示的旋转特征 1。选择插入(S) → 设计特征(E) → 旋转(R)...命令；选取 XZ 基准平面为草图平面，绘制图 9.4.38 所示的截面草图，选取图 9.4.38 所示的直线为旋转轴；在限制区域的开始下拉列表中选择值选项，并在角度文本框中输入值 0，在结束下拉列表中选择值选项，并在角度文本框中输入值-180；在布尔区域的下拉列表中选择无选项，单击< 确定 >按钮，完成旋转特征 1 的创建。

Step26. 创建图 9.4.39 所示的修剪与延伸 4。选择下拉菜单插入(S) → 修剪(T) → 修剪与延伸(N)...命令；在类型下拉列表中选择制作拐角选项，在模型树上选取修剪与延伸 3 为目标体，选取旋转特征 1 为刀具体，并定义其修剪与延伸方向如图 9.4.40 所示；单击确定按钮，完成修剪与延伸特征的创建。

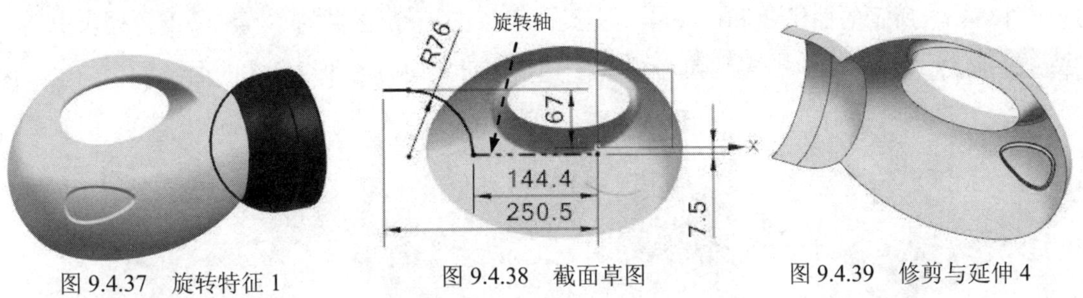


图 9.4.37　旋转特征 1

图 9.4.38　截面草图

图 9.4.39　修剪与延伸 4

Step27. 创建图 9.4.41 所示的镜像体特征 1。选择下拉菜单插入(S) → 关联复制(A) → 抽取几何特征(E)...命令；在类型下拉列表中选择镜像体选项；选取整个片体作为要镜像的体，选取 XZ 基准平面作为镜像平面，单击确定按钮，完成镜像体特征 1 的创建。

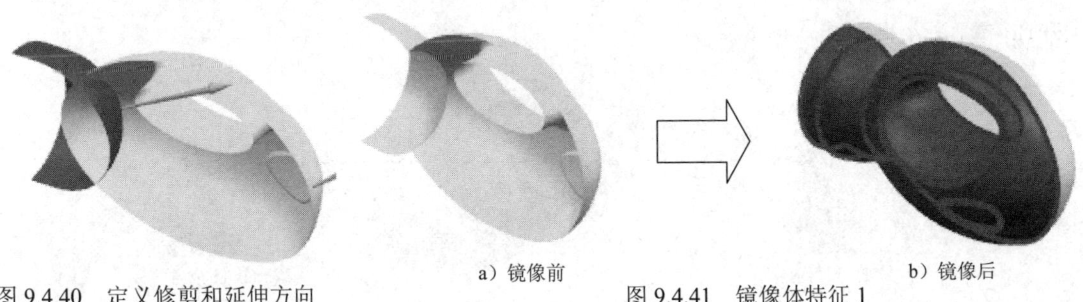


图 9.4.40　定义修剪和延伸方向

图 9.4.41　镜像体特征 1

Step28. 创建缝合特征 1。选择下拉菜单插入(S) → 组合(B) ▸ → 缝合(W)...命令，选取修剪与延伸 4 为目标体，选取镜像体为刀具体。

Step29. 创建图 9.4.42 所示的拉伸特征 3。选择下拉菜单插入(S) → 设计特征(E) ▸ → 拉伸(E)...命令；选取 YZ 平面为草图平面，绘制图 9.4.43 所示的截面草图；在限制区域的开始下拉列表中选择值选项，并在其下的距离文本框中输入值 0，在限制区域的结束下拉列表中选择贯通选项；在布尔区域的下拉列表中选择减去选项，采用系统默认的求差对象。

**说明**：此步操作旨在切除曲面中的收敛点，保证后续过程中能够加厚。

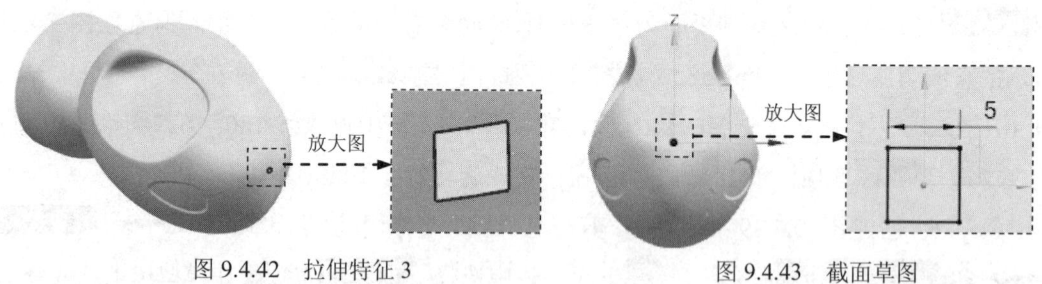

图 9.4.42　拉伸特征 3　　图 9.4.43　截面草图

Step30. 创建图 9.4.44 所示的通过曲线网格 1。选择下拉菜单插入(S) → 网格曲面(M) ▸ → 通过曲线网格(M)...命令；依次选取图 9.4.45 所示的曲线 1、曲线 2 为主曲线；依次选取图 9.4.45 所示的曲线 3 和曲线 4 为交叉曲线；在连续性区域的第一主线串下拉列表中选择G1（相切）选项，并选中☑ 全部应用复选框，其相切对象均为各曲线所在的面。

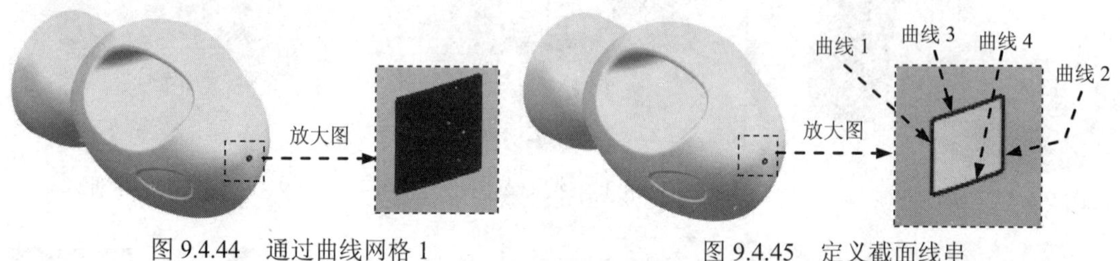

图 9.4.44　通过曲线网格 1　　图 9.4.45　定义截面线串

Step31. 创建缝合特征 2。选择下拉菜单插入(S) → 组合(B) ▸ → 缝合(W)...命令，在模型树中选取拉伸特征 3 为目标体，选取通过曲线网格 1 为刀具体。

Step32. 创建图 9.4.46b 所示的边倒圆特征 3。选择图 9.4.46 所示的边线为边倒圆参照，并在半径 1文本框中输入值 8。

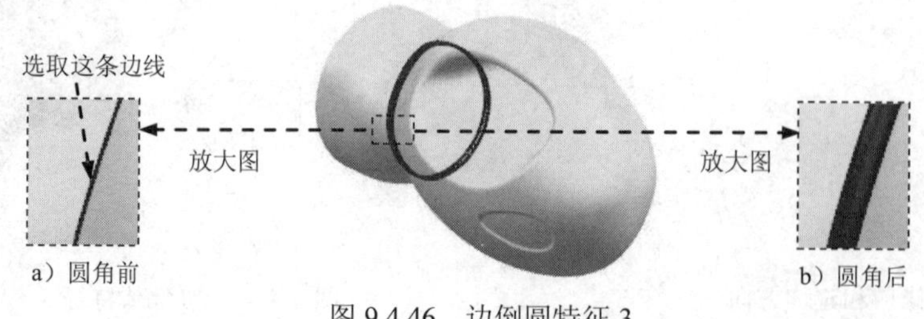

图 9.4.46　边倒圆特征 3

Step33. 创建基准平面 3（本步的详细操作过程请参见随书光盘中 video\ ch09.04.01\reference\文件夹下的语音视频讲解文件 FLASHLIGHT-r03.exe）。

Step34. 创建草图 9。选取基准平面 3 为草图平面；绘制图 9.4.47 所示的草图。

Step35. 创建图 9.4.48 所示的基准平面 4（本步的详细操作过程请参见随书光盘中 video\ch09.04.01\reference\文件夹下的语音视频讲解文件 FLASHLIGHT-r04.exe）。

Step36. 创建草图 10。选取基准平面 4 为草图平面；绘制图 9.4.49 所示的草图。

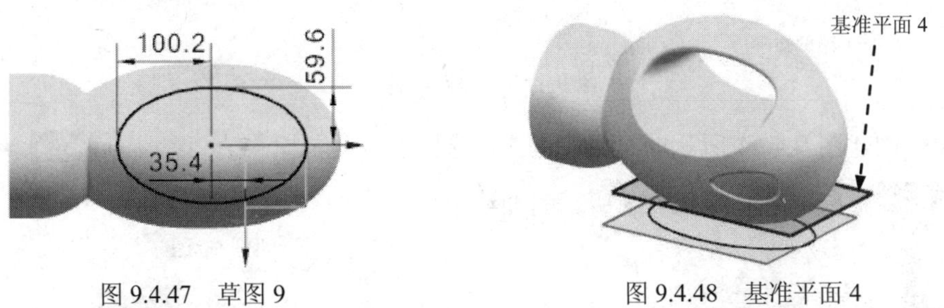


图 9.4.47　草图 9　　　图 9.4.48　基准平面 4

Step37. 创建图 9.4.50 所示的通过曲线组 4。选择下拉菜单 插入(S) → 网格曲面(M) → 通过曲线组(T)... 命令；依次选取图 9.4.51 所示的草图 9 和草图 10；在 对齐 区域中选中 ☑ 保留形状 复选框；在 设置 区域的 体类型 下拉列表中选择 片体 选项。

图 9.4.49　草图 10　　　图 9.4.50　通过曲线组 4　　　图 9.4.51　定义截面线串

Step38. 创建图 9.4.52b 所示的修剪与延伸 5。选择下拉菜单 插入(S) → 修剪(T) → 修剪与延伸(N)... 命令；在 类型 下拉列表中选择 制作拐角 选项，选取图 9.4.52a 所示的模型表面为目标体，选取通过曲线组 4 为刀具体，并定义其修剪与延伸方向如图 9.4.52a 所示。

a）修剪与延伸前　　　b）修剪与延伸后

图 9.4.52　修剪与延伸 5

Step39. 创建图 9.4.53b 所示的边倒圆特征 4。选择图 9.4.53 所示的边线为边倒圆参照，并在半径 1文本框中输入值 10。

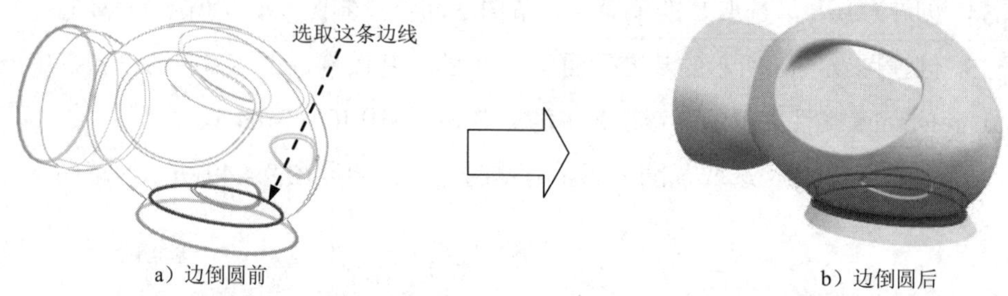

图 9.4.53 边倒圆特征 4

Step40. 创建图 9.4.54 所示的有界平面 1。选择下拉菜单 插入(S) → 曲面(R) → 有界平面(P)... 命令；选取图 9.4.55 所示的曲线串。

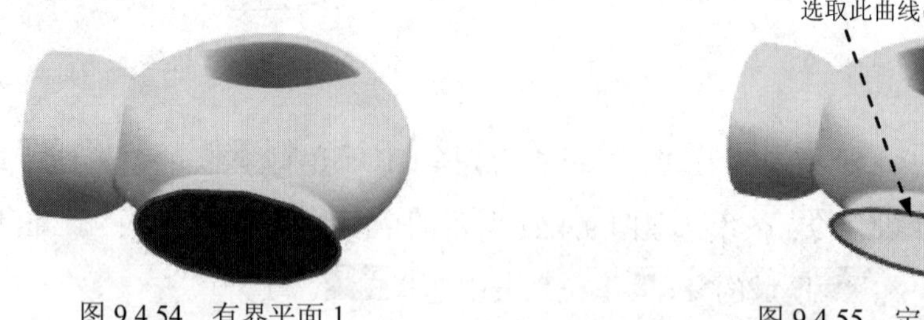

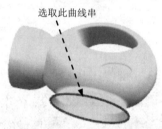

图 9.4.54 有界平面 1　　图 9.4.55 定义曲线串

Step41. 创建缝合特征 3。选择下拉菜单 插入(S) → 组合(B) → 缝合(W)... 命令，在模型树中选取修剪与延伸 5 为目标体，选取有界平面 1 为刀具体。

Step42. 创建图 9.4.56b 所示的边倒圆特征 5。选择图 9.4.56 所示的边线为边倒圆参照，并在半径 1文本框中输入值 2.0。

Step43. 创建图 9.4.57 所示的加厚特征 1。选择下拉菜单 插入(S) → 偏置/缩放(O) → 加厚(T)... 命令；在模型树中选取缝合特征 3 为加厚面，加厚方向朝模型的内部，在偏置 1文本框中输入值 2.0。

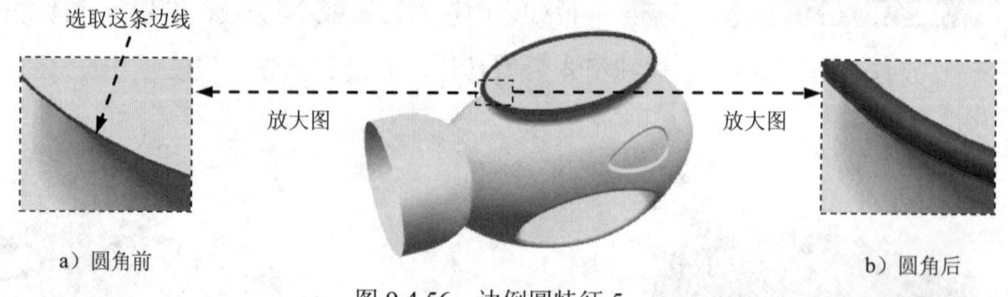

图 9.4.56 边倒圆特征 5

Step44. 创建图 9.4.58 所示的基准平面 5。选择下拉菜单 插入(S) → 基准/点(D) → 基准平面(D)... 命令；在类型区域的下拉列表中选择 按某一距离 选项，选取 XY 平面为平面参考，在偏置区域的距离文本框中输入值 115。

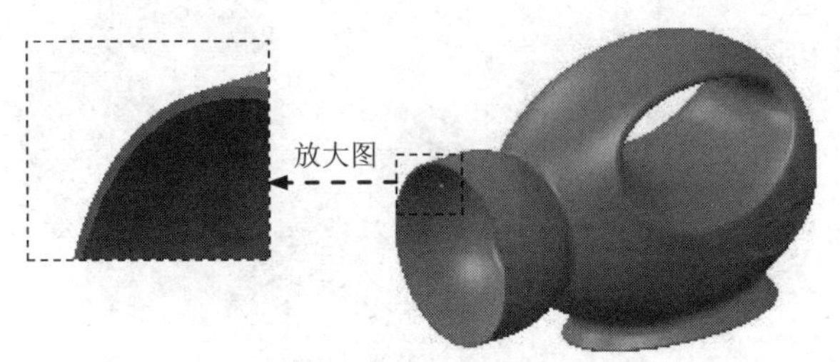


图 9.4.57　加厚特征 1

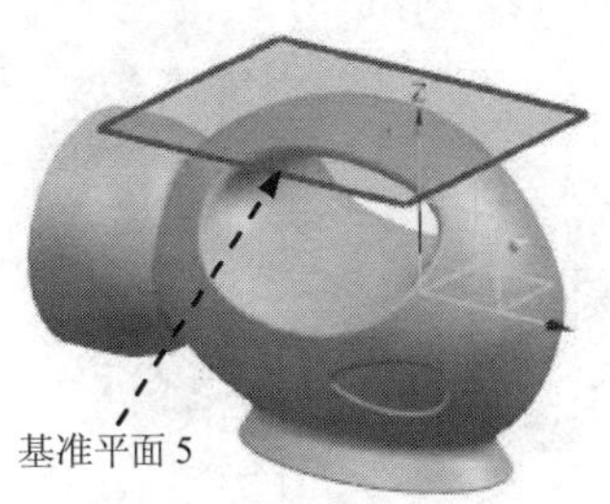


图 9.4.58　基准平面 5

Step45. 创建图 9.4.59 所示的拉伸特征 4。选择下拉菜单 插入(S) ➡ 设计特征(E) ➡ 拉伸(E)... 命令；选取基准平面 5 为草图平面，绘制图 9.4.60 所示的截面草图；在限制区域的开始下拉列表中选择值选项，并在其下的距离文本框中输入值 0，在限制区域的结束下拉列表中选择直至下一个选项；在布尔区域的下拉列表中选择合并选项，采用系统默认的求和对象。

图 9.4.59　拉伸特征 4

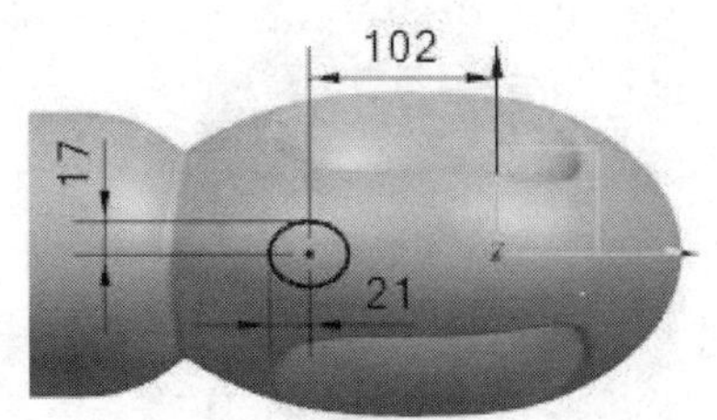


图 9.4.60　截面草图

Step46. 创建图 9.4.61b 所示的边倒圆特征 6。选择图 9.4.61 所示的边线为边倒圆参照，并在半径 1文本框中输入值 3.0。

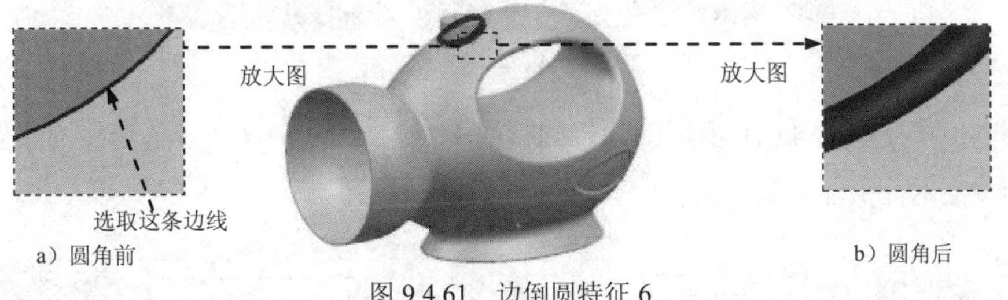


图 9.4.61　边倒圆特征 6

Step47. 创建图 9.4.62 所示的拉伸特征 5。选择下拉菜单 插入(S) ➡ 设计特征(E) ➡ 拉伸(E)... 命令；选取图 9.4.63 所示的模型表面为草图平面，绘制图 9.4.64 所示的截面草图；在限制区域的开始下拉列表中选择值选项，并在其下的距离文本框中输入值 0，在限制区域的结束下拉列表中选择值选项，并在其下的距离文本框中输入值 33；在布尔区域的下拉列表中选择合并选项，采用系统默认的求和对象。

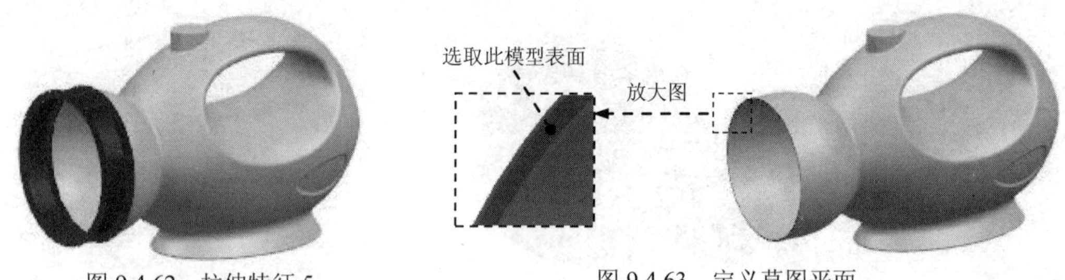


图 9.4.62　拉伸特征 5　　　　图 9.4.63　定义草图平面

Step48. 创建图 9.4.65 所示的拉伸特征 6。选择下拉菜单 插入(S) → 设计特征(E) → 拉伸(E)... 命令；选取基准平面 5 为草图平面，绘制图 9.4.66 所示的截面草图；在 限制 区域的 开始 下拉列表中选择 值 选项，并在其下的 距离 文本框中输入值 0，在 限制 区域的 结束 下拉列表中选择 直至下一个 选项；在 布尔 区域的下拉列表中选择 减去 选项，采用系统默认的求差对象。

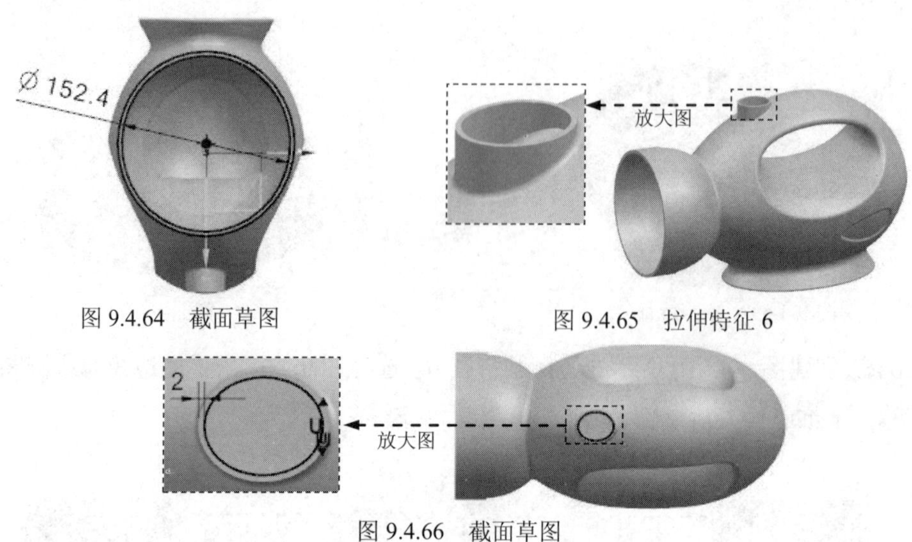


图 9.4.64　截面草图　　　　图 9.4.65　拉伸特征 6

图 9.4.66　截面草图

Step49. 创建图 9.4.67b 所示的边倒圆特征 7。选择图 9.4.67 所示的边线为边倒圆参照，并在 半径 1 文本框中输入值 3.0。

a）圆角前　　　　b）圆角后

图 9.4.67　边倒圆特征 7

Step50. 创建图 9.4.68 所示的拉伸特征 7。选择下拉菜单 插入(S) → 设计特征(E) → 拉伸(E)... 命令；选取图 9.4.69 所示的模型表面为草图平面，绘制图 9.4.70 所示的截面草图；在限制区域的开始下拉列表中选择值选项，并在其下的距离文本框中输入值 0，在限制区域的结束下拉列表中选择值选项，并在其下的距离文本框中输入值 80；在布尔区域的下拉列表中选择无选项，在设置区域的体类型下拉列表中选择片体选项，单击〈确定〉按钮，完成拉伸特征 7 的创建。

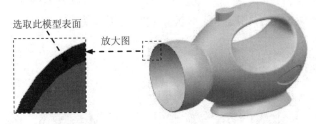

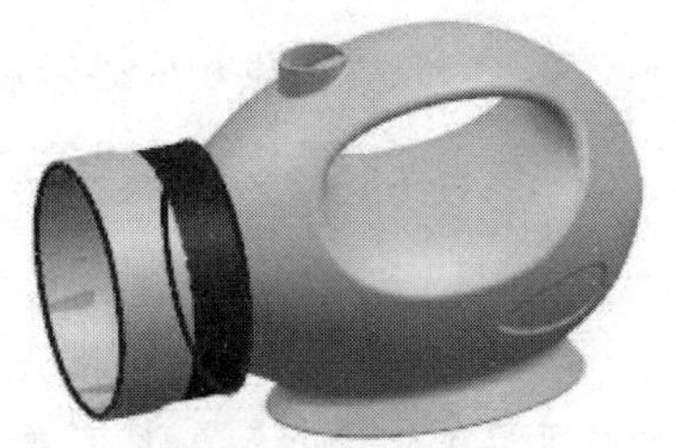

图 9.4.68　拉伸特征 7

图 9.4.69　定义草图平面

Step51. 创建图 9.4.71 所示的拉伸特征 8。选择下拉菜单插入(S) → 设计特征(E) → 拉伸(E)...命令；选取 XZ 平面为草图平面，绘制图 9.4.72 所示的截面草图；在限制区域的开始下拉列表中选择对称值选项，并在其下的距离文本框中输入值 100，在布尔区域的下拉列表中选择无选项，在设置区域的体类型下拉列表中选择片体选项。

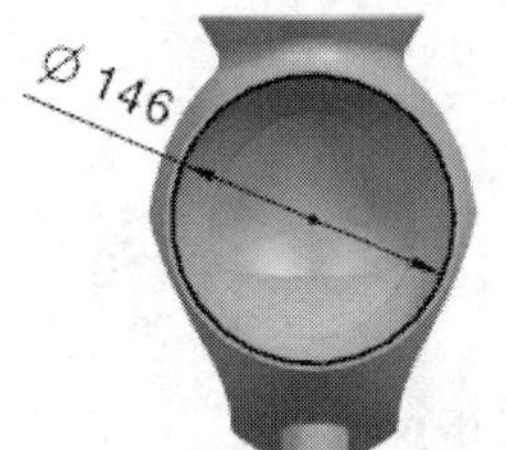

图 9.4.70　截面草图

图 9.4.71　拉伸特征 8

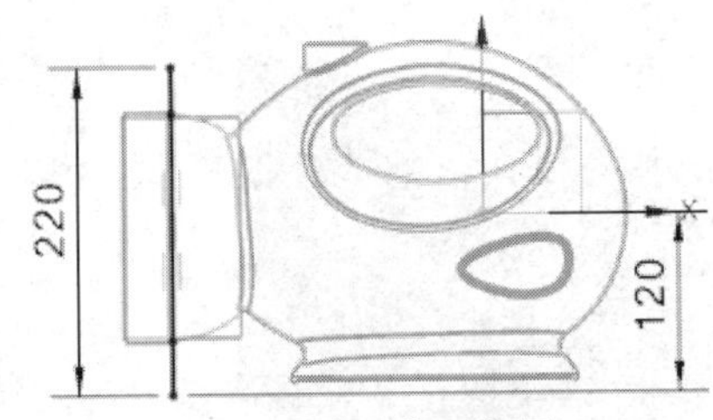


图 9.4.72　截面草图

Step52. 创建图 9.4.73b 所示的修剪与延伸 6（隐藏实体）。选择下拉菜单插入(S) → 修剪(T) → 修剪与延伸(N)...命令；选取拉伸特征 7 为目标体，选取拉伸特征 8 为刀具体，并定义其修剪与延伸方向如图 9.4.73a 所示；单击确定按钮，完成修剪与延伸特征的创建（显示缝合特征 1）。

Step53. 创建草图 11。选取 XZ 平面为草图平面；绘制图 9.4.74 所示的草图。

a）修剪与延伸前

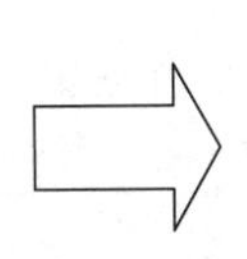

b）修剪与延伸后

图 9.4.73　修剪与延伸 6

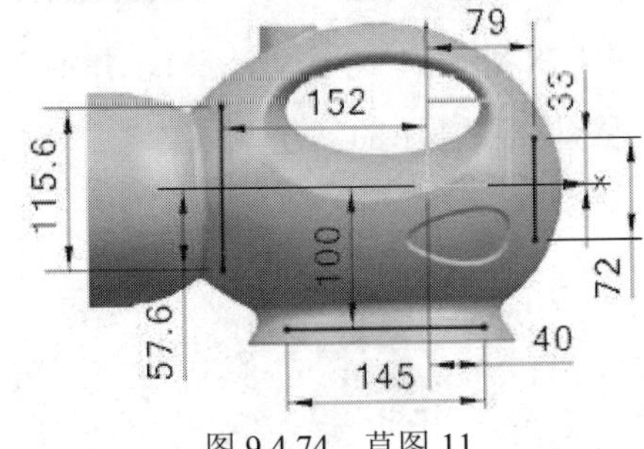


图 9.4.74　草图 11

Step54. 保存零件模型。选择下拉菜单 文件(F) ➡ 保存(S) 命令，即可保存零件模型。

## 9.4.2 创建二级主控件

下面要创建的二级控件（CONTROL）是从骨架模型中分割出来的一部分，它继承了骨架模型的相应外观形状，同时它又作为控件模型为左侧外壳和右侧外壳提供相应外观和对应尺寸，保证了设计零件的可装配性。下面讲解二级主控件的创建过程，零件模型及模型树如图 9.4.75 所示。

Step1. 创建 CONTROL 层。

（1）在“装配导航器”中右击 FLASHLIGHT，在弹出的快捷菜单中选择 WAVE ➡ 新建层 命令，系统弹出“新建层”对话框。单击 指定部件名 按钮，在“选择部件名”对话框的 文件名(N): 文本框中输入 CONTROL，单击 OK 按钮。

（2）单击“新建层”对话框中的 类选择 按钮，系统弹出“WAVE 部件间的复制”对话框，选取图 9.4.76 所示的一级控件（实体、片体、参考坐标系及草图曲线）为参照，单击两次 确定 按钮，完成 CONTROL 层的创建。

历史记录模式
模型视图
摄像机
模型历史记录
链接体 (0)
链接体 (1)
链接的基准坐标系 (2)
链接的复合曲线 (3) “Line36”
链接的复合曲线 (4) “Line37”
链接的复合曲线 (5) “Line38”
修剪体 (6)
拉伸 (7)

图 9.4.75 零件模型及模型树

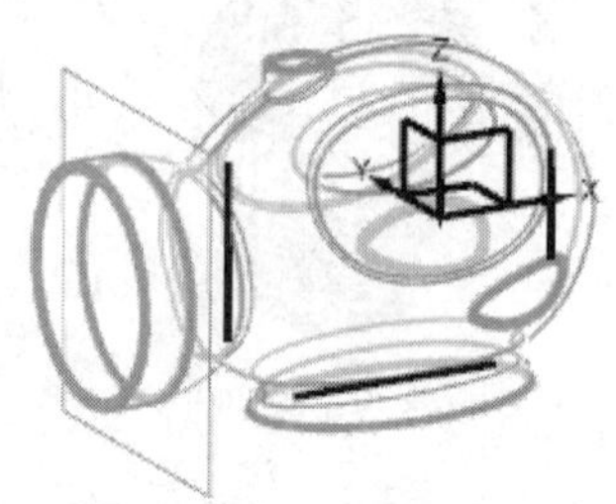

图 9.4.76 定义参照对象

（3）在“装配导航器”中右击 CONTROL，在弹出的快捷菜单中选择 在窗口中打开 命令。

Step2. 创建图 9.4.77 所示的修剪体特征 1（隐藏链接的片体）。选择下拉菜单 插入(S) ➡ 修剪(T) ➡ 修剪体(T)... 命令；选取图 9.4.78 所示的实体为目标体，选取图 9.4.78 所示的面为工具对象，并定义其修剪方向如图 9.4.78 所示；单击 确定 按钮，完成修剪体特征 1 的创建。

图 9.4.77 修剪体特征 1

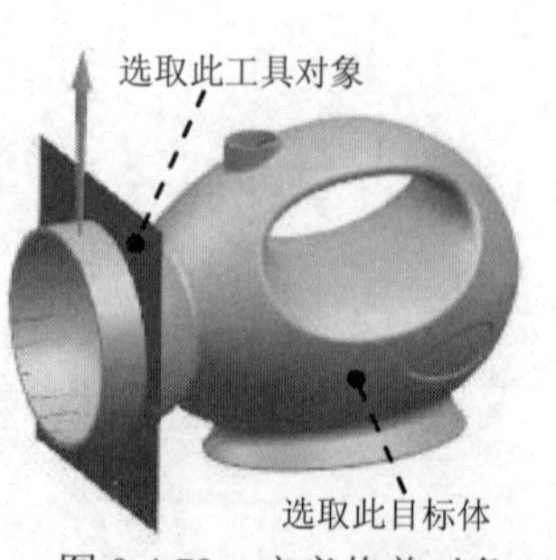


图 9.4.78 定义修剪对象

Step3. 创建图 9.4.79 所示的拉伸特征 1。选择下拉菜单 插入(S) → 设计特征(E) → 拉伸(E)... 命令；选取 XY 平面为草图平面，绘制图 9.4.80 所示的截面草图；在限制区域的开始下拉列表中选择 对称值 选项，并在其下的距离文本框中输入值 138，在布尔区域的下拉列表中选择 无 选项，在设置区域的体类型下拉列表中选择片体选项，单击 < 确定 > 按钮，完成拉伸特征 1 的创建。

Step4. 保存零件模型。选择下拉菜单 文件(F) → 保存(S) 命令，即可保存零件模型。

图 9.4.79 拉伸特征 1

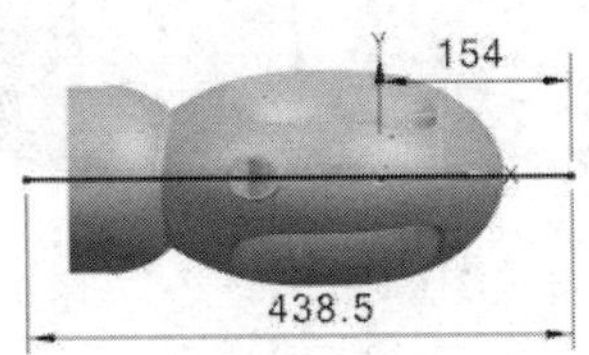


图 9.4.80 截面草图

## 9.4.3 创建右侧壳体

下面要创建的右侧壳体是从二级控件中分割出来，且经过必要的细化而得到的最终模型。下面讲解右侧壳体（RIGHT_COVER.PRT）的创建过程，零件模型及模型树如图 9.4.81 所示。

Step1. 创建 RIGHT_COVER 层。

（1）在“装配导航器”中右击 CONTROL，在弹出的快捷菜单中选择 WAVE → 新建层 命令，系统弹出“新建层”对话框。单击 指定部件名 按钮，在“选择部件名”对话框的文件名(N): 文本框中输入 RIGHT_COVER，单击 OK 按钮。

（2）单击“新建层”对话框中的 类选择 按钮，系统弹出“WAVE 部件间的复制”对话框，选取图 9.4.82 所示的二级控件（实体、片体、参考坐标系及复合曲线）为参照，单击两次 确定 按钮，完成 RIGHT_COVER 层的创建。

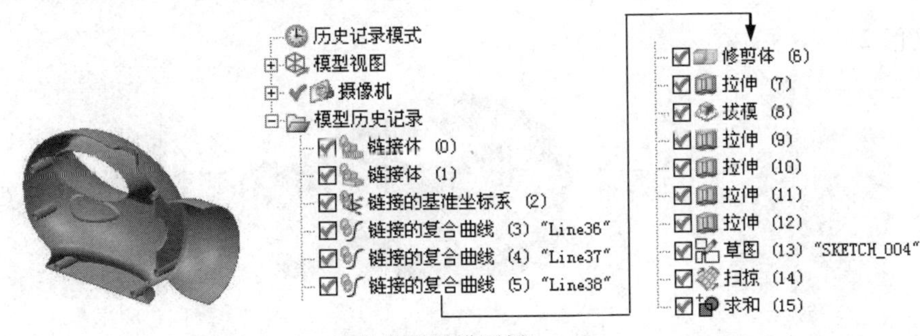


图 9.4.81 零件模型及模型树

（3）在“装配导航器”中右击 RIGHT_COVER，在弹出的快捷菜单中选择在窗口中打开命令。

Step2. 创建图 9.4.83 所示的修剪体特征 1（隐藏链接片体）。选择下拉菜单插入(S) → 修剪(T) → 修剪体(T)...命令；选取图 9.4.84 所示的实体为目标体，选取图 9.4.84 所示的面为工具对象，并定义其修剪方向如图 9.4.84 所示。

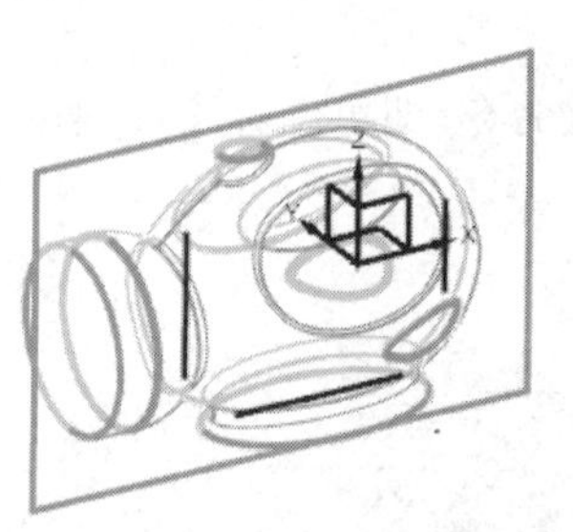

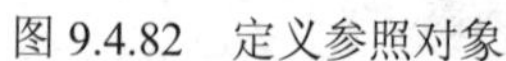

图 9.4.82　定义参照对象

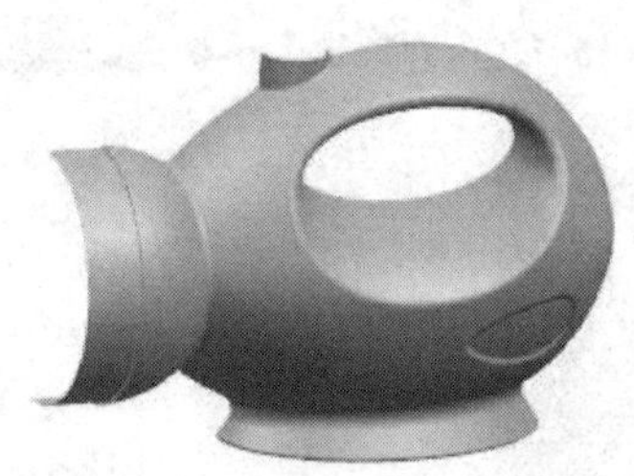

图 9.4.83　修剪体特征 1

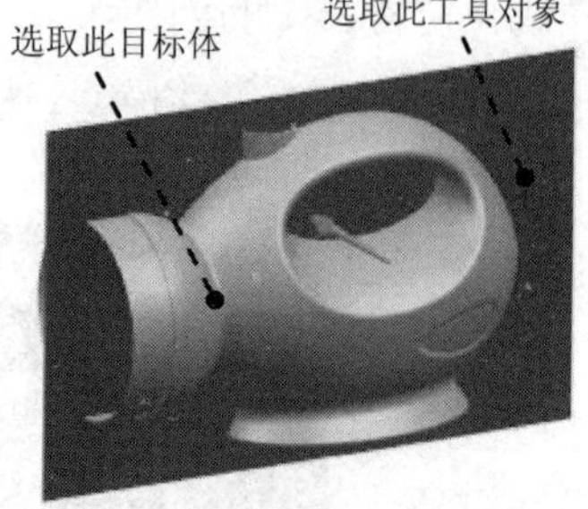


图 9.4.84　定义修剪对象

Step3. 创建图 9.4.85 所示的拉伸特征 1。选择下拉菜单插入(S) → 设计特征(E) → 拉伸(E)...命令；选取 XZ 平面为草图平面，绘制图 9.4.86 所示的截面草图；在限制区域的开始下拉列表中选择值选项，并在其下的距离文本框中输入值 0，在限制区域的结束下拉列表中选择直至下一个选项；在布尔区域的下拉列表中选择合并选项，采用系统默认的求和对象。

图 9.4.85　拉伸特征 1

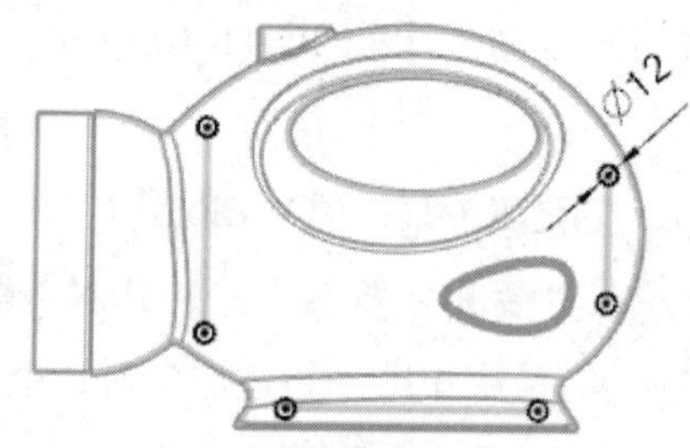


图 9.4.86　截面草图

Step4. 创建图 9.4.87 所示的拔模特征 1。选择下拉菜单插入(S) → 细节特征(L) → 拔模(T)...命令；选取 Y 轴正向作为拔模方向；选取 XZ 平面作为拔模固定平面；选取图 9.4.87a 所示的圆柱侧表面（共六个）作为要加拔模角的面，在角度 1文本框中输入拔模角度值 2。

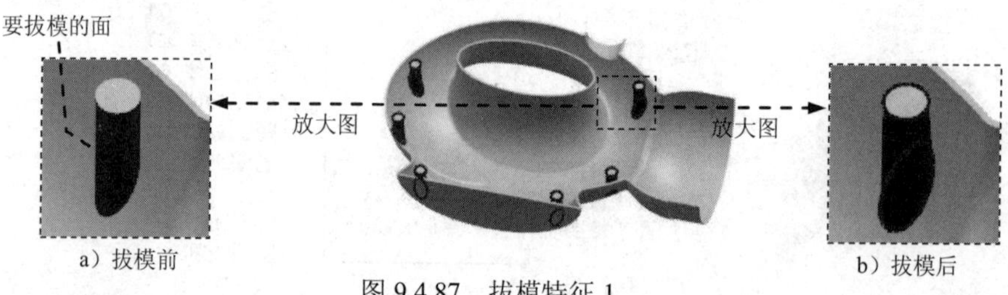


a）拔模前　　b）拔模后

图 9.4.87　拔模特征 1

Step5. 创建图 9.4.88 所示的拉伸特征 2。选择下拉菜单插入(S) → 设计特征(E) →

拉伸(E)... 命令；选取链接的复合曲线 1 作为截面轮廓（图 9.4.89）；在限制区域的开始下拉列表中选择值选项，并在其下的距离文本框中输入值 0，在限制区域的结束下拉列表中选择直至下一个选项；在偏置区域的偏置下拉列表中选择对称选项，在结束文本框中输入值 1.5；在布尔区域的下拉列表中选择合并选项，采用系统默认的求和对象。

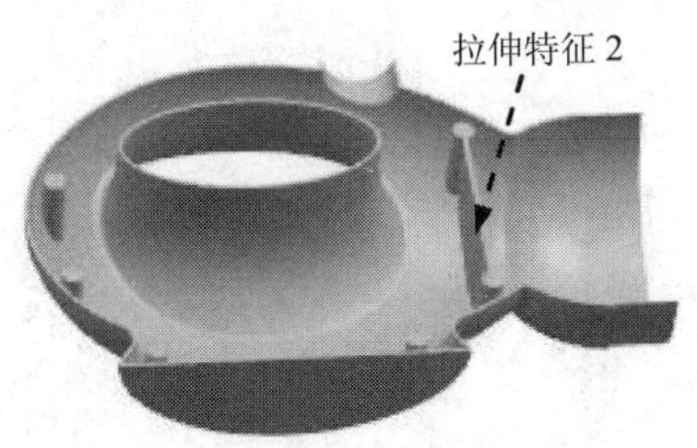

图 9.4.88　拉伸特征 2

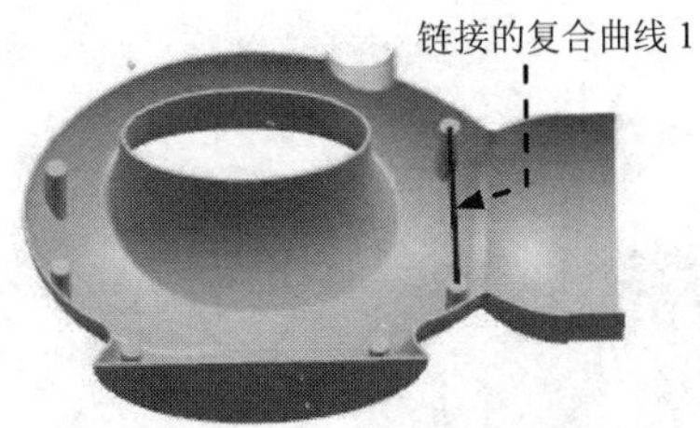

图 9.4.89　定义截面轮廓

Step6. 创建图 9.4.90 所示的拉伸特征 3。选择下拉菜单 插入(S) → 设计特征(E) → 拉伸(E)... 命令；选取 YZ 平面为草图平面，绘制图 9.4.91 所示的截面草图；在限制区域的开始下拉列表中选择值选项，并在其下的距离文本框中输入值 150，在限制区域的结束下拉列表中选择贯通选项；在布尔区域的下拉列表中选择减去选项，采用系统默认的求差对象。

图 9.4.90　拉伸特征 3

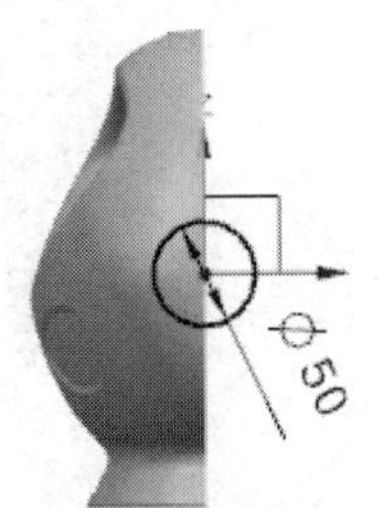

图 9.4.91　截面草图

Step7. 创建图 9.4.92 所示的拉伸特征 4。选择下拉菜单 插入(S) → 设计特征(E) → 拉伸(E)... 命令；选取 XZ 平面为草图平面，绘制图 9.4.93 所示的截面草图；在限制区域的开始下拉列表中选择值选项，并在其下的距离文本框中输入值 5，在限制区域的结束下拉列表中选择贯通选项；在布尔区域的下拉列表中选择减去选项，采用系统默认的求差对象。

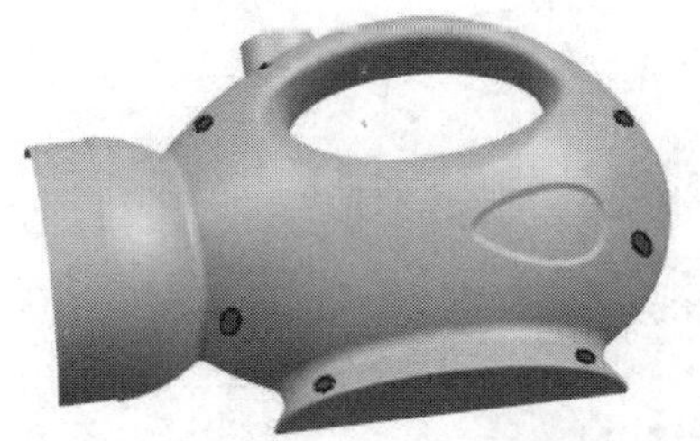
图 9.4.92　拉伸特征 4

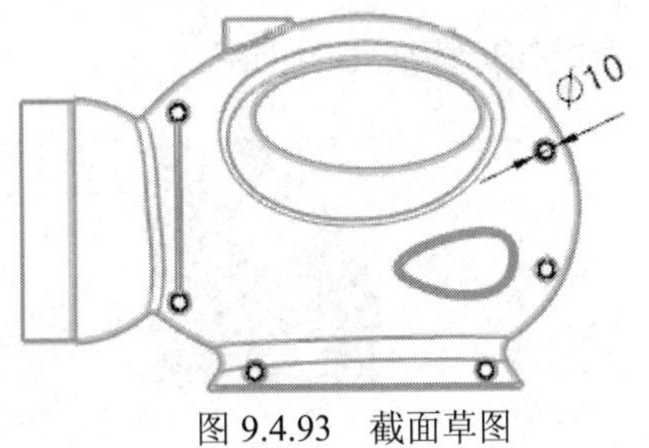

图 9.4.93　截面草图

Step8. 创建图 9.4.94 所示的拉伸特征 5。选择下拉菜单 插入(S) → 设计特征(E) ▸ → 拉伸(E)... 命令；选取 XZ 平面为草图平面，绘制图 9.4.95 所示的截面草图；在 限制 区域的 开始 下拉列表中选择 值 选项，并在其下的 距离 文本框中输入值 0，在 限制 区域的 结束 下拉列表中选择 贯通 选项；在 布尔 区域的下拉列表中选择 减去 选项，采用系统默认的求差对象。

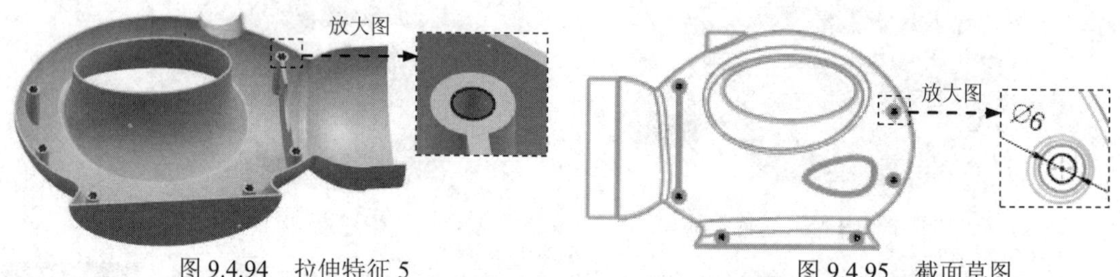


图 9.4.94　拉伸特征 5　　　　图 9.4.95　截面草图

Step9. 创建草图 1。选择下拉菜单 插入(S) → 在任务环境中绘制草图(V)... 命令，系统弹出"创建草图"对话框；在 类型 区域的下拉列表中选择 基于路径 选项；选取图 9.4.96 所示的模型边线为轨迹；在 平面位置 区域的 位置 下拉列表中选择 弧长百分比 选项；在 弧长百分比 文本框中输入值 0，单击 确定 按钮；绘制图 9.4.97 所示的草图。

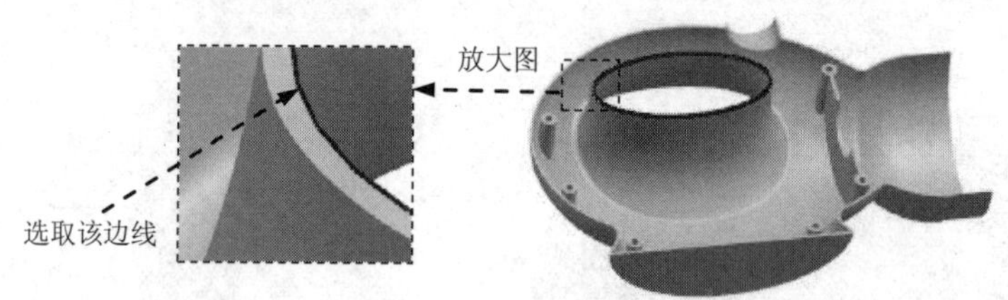


图 9.4.96　定义路径

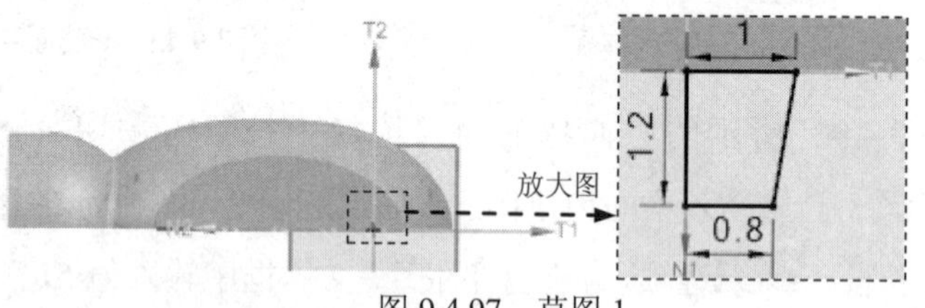


图 9.4.97　草图 1

Step10. 创建图 9.4.98 所示的扫掠特征 1。选择下拉菜单 插入(S) → 扫掠(W) ▸ → 扫掠(S)... 命令；选取草图 1 为截面曲线，选取图 9.4.96 所示的边线为引导线，单击 < 确定 > 按钮，完成扫掠特征 1 的创建。

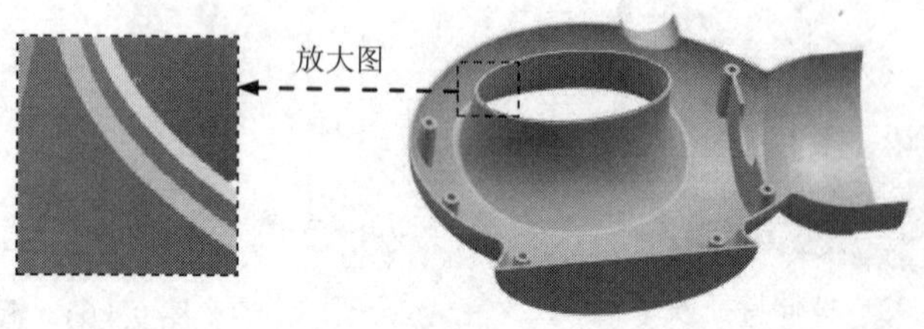


图 9.4.98　扫掠特征 1

Step11. 创建求和特征 1。选择下拉菜单 插入(S) → 组合(B) ▸ → 合并(U)... 命令，在模型树中选取链接的实体为目标体，选取扫掠特征 1 为刀具体。

Step12. 保存零件模型。选择下拉菜单 文件(F) → 保存(S) 命令，即可保存零件模型。

## 9.4.4 创建左侧壳体

下面要创建的左侧壳体是从二级控件中分割出来，且经过必要的细化而得到的最终模型。下面讲解左侧壳体（LEFT_COVER.PRT）的创建过程，零件模型及模型树如图 9.4.99 所示。

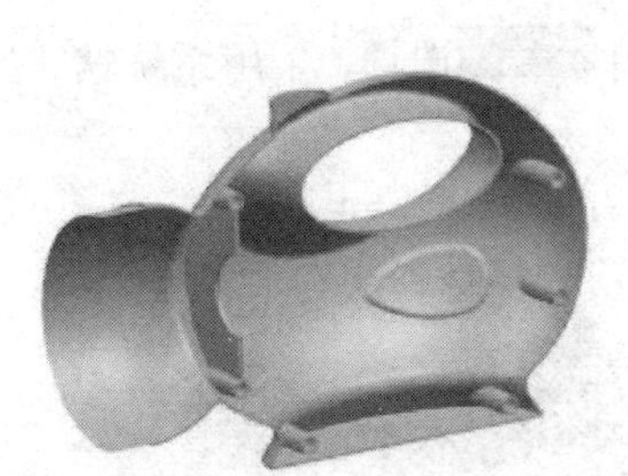

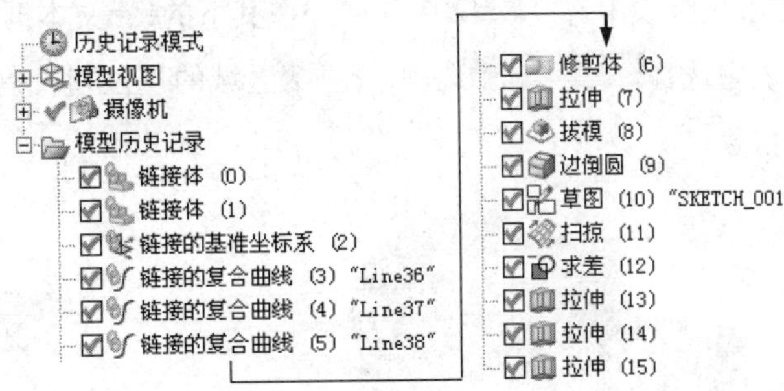


图 9.4.99 零件模型及模型树

Step1. 创建 LEFT_COVER 层。

（1）在"装配导航器"中右击 RIGHT_COVER，在弹出的快捷菜单中选择 显示父项 ▸ → CONTROL 命令，返回至上一级。

（2）在"装配导航器"中右击 CONTROL，在弹出的快捷菜单中选择 WAVE ▸ → 新建层 命令，系统弹出"新建层"对话框。单击 指定部件名 按钮，在"选择部件名"对话框的 文件名(N): 文本框中输入 LEFT_COVER，单击 OK 按钮。

（3）单击"新建层"对话框中的 类选择 按钮，系统弹出"WAVE 部件间的复制"对话框，选取图 9.4.100 所示的二级控件（实体、片体、参考坐标系及复合曲线）为参照，单击两次 确定 按钮，完成 LEFT_COVER 层的创建。

（4）在"装配导航器"中右击 LEFT_COVER，在弹出的快捷菜单中选择 在窗口中打开 命令。

Step2. 创建图 9.4.101 所示的修剪体特征 1（隐藏链接片体）。选择下拉菜单 插入(S) → 修剪(T) ▸ → 修剪体(T)... 命令；选取图 9.4.102 所示的实体为目标体，选取图 9.4.102 所示的面为工具对象，并定义其修剪方向如图 9.4.102 所示。

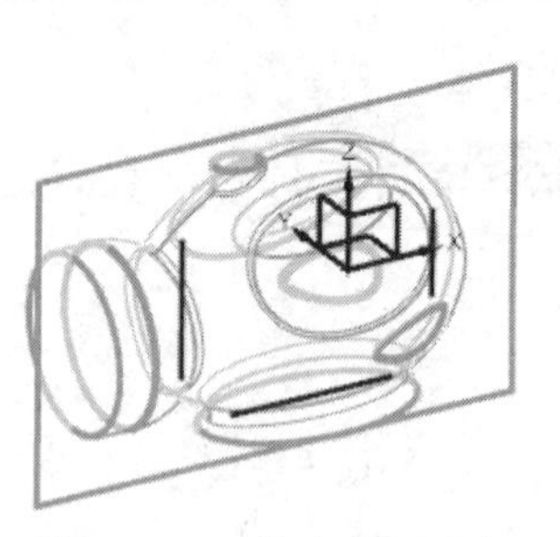
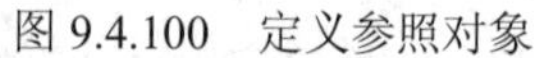

图 9.4.100　定义参照对象

图 9.4.101　修剪体特征 1

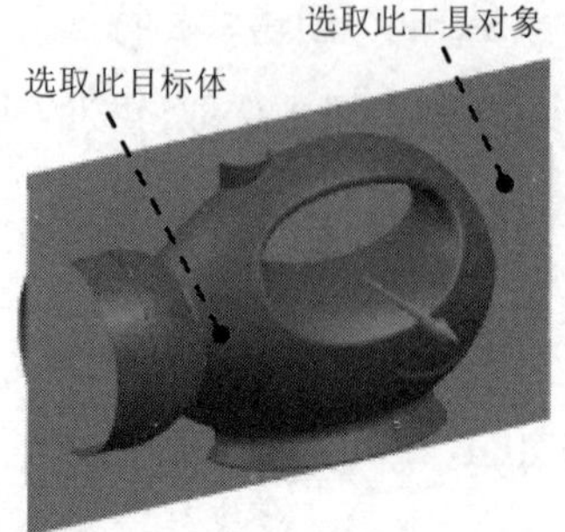


图 9.4.102　定义修剪对象

Step3. 创建图 9.4.103 所示的拉伸特征 1。选择下拉菜单 插入(S) → 设计特征(E) → 拉伸(E)... 命令；选取 XZ 平面为草图平面，绘制图 9.4.104 所示的截面草图；在限制区域的开始下拉列表中选择值选项，并在其下的距离文本框中输入值 0，在限制区域的结束下拉列表中选择直至下一个选项；在布尔区域的下拉列表中选择合并选项，采用系统默认的求和对象。

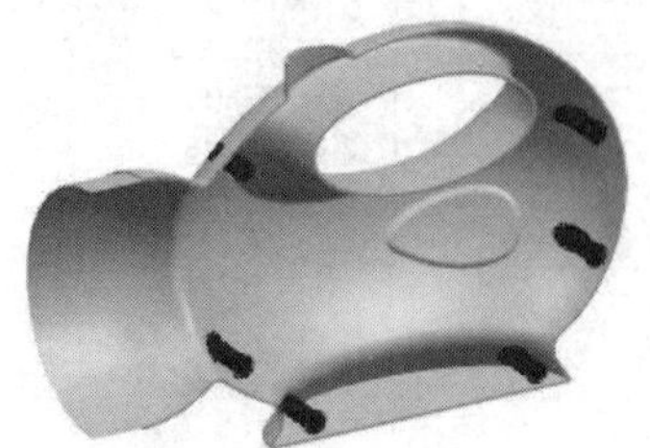

图 9.4.103　拉伸特征 1

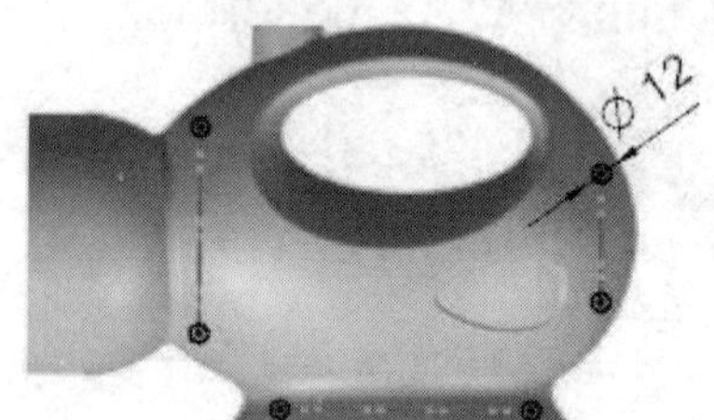


图 9.4.104　截面草图

Step4. 创建图 9.4.105 所示的拔模特征 1。选择下拉菜单 插入(S) → 细节特征(L) → 拔模(T)... 命令；选取 Y 轴负方向作为拔模方向；选取 XZ 平面作为拔模固定平面；选取图 9.4.105a 所示的圆柱侧表面（共六个）作为要加拔模角的面，在角度 1 文本框中输入拔模角度值 2。

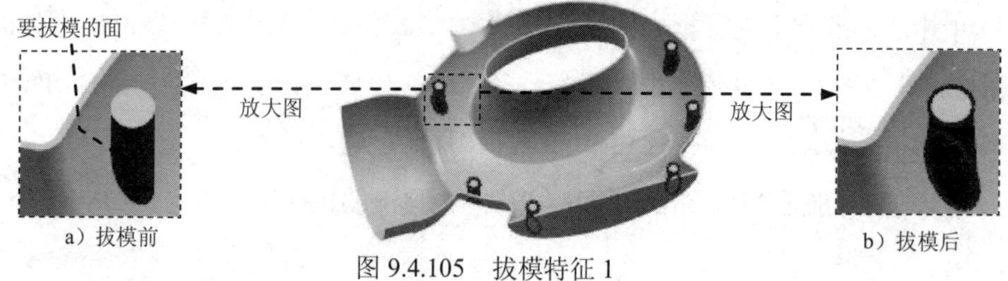


图 9.4.105　拔模特征 1

Step5. 创建图 9.4.106b 所示的边倒圆特征 1。选择图 9.4.106 所示的边线为边倒圆参照，并在半径 1 文本框中输入值 1。

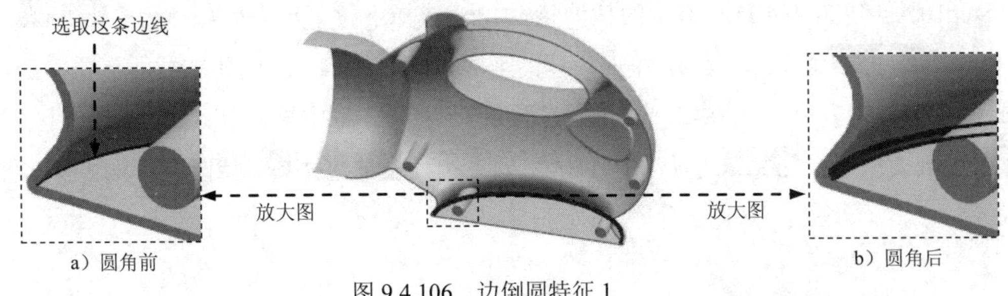


图 9.4.106　边倒圆特征 1

Step6. 创建草图 1。选择下拉菜单 插入(S) → 在任务环境中绘制草图(V)... 命令，系统弹出“创建草图”对话框；在 类型 区域的下拉列表中选择 基于路径 选项；选取图 9.4.107 所示的模型边线为轨迹；在 平面位置 区域的 位置 下拉列表中选择 弧长百分比 选项；在 弧长百分比 文本框中输入值 0，单击 确定 按钮；绘制图 9.4.108 所示的草图。

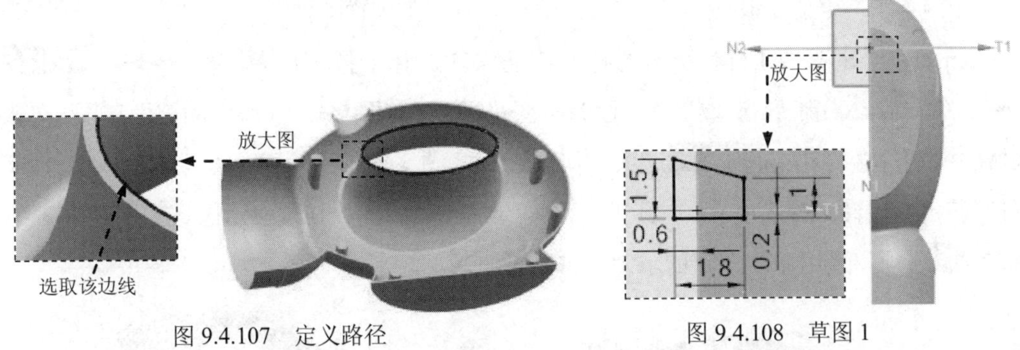


图 9.4.107　定义路径　　　　图 9.4.108　草图 1

Step7. 创建扫掠 1。选择下拉菜单 插入(S) → 扫掠(W) → 扫掠(S)... 命令；选取草图 1 为截面曲线，选取图 9.4.107 所示的边线为引导线。

Step8. 创建图 9.4.109 所示的求差特征 1。选择下拉菜单 插入(S) → 组合(B) → 减去(S)... 命令，在模型树中选取链接的实体为目标体，选取扫掠 1 为刀具体。

Step9. 创建图 9.4.110 所示的拉伸特征 2。选择下拉菜单 插入(S) → 设计特征(E) → 拉伸(E)... 命令；选取链接的复合曲线 1 作为截面轮廓（图 9.4.111）；在 限制 区域的 开始 下拉列表中选择 值 选项，并在其下的 距离 文本框中输入值 0，在 限制 区域的 结束 下拉列表中选择 直至下一个 选项；在 偏置 区域的 偏置 下拉列表中选择 对称 选项，在 结束 文本框中输入值 1.5；在 布尔 区域的下拉列表中选择 合并 选项，采用系统默认的求和对象。

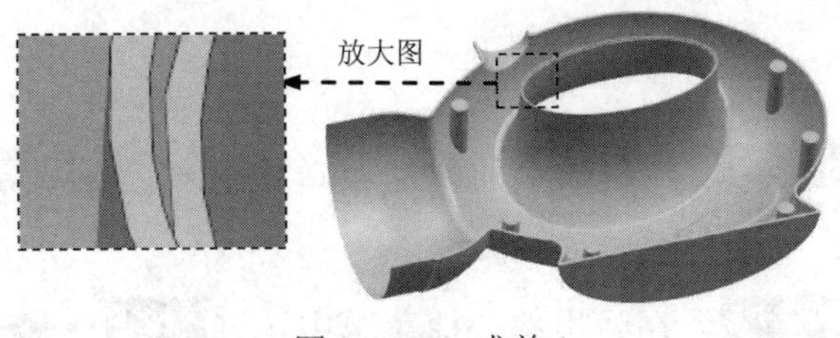


图 9.4.109　求差 1

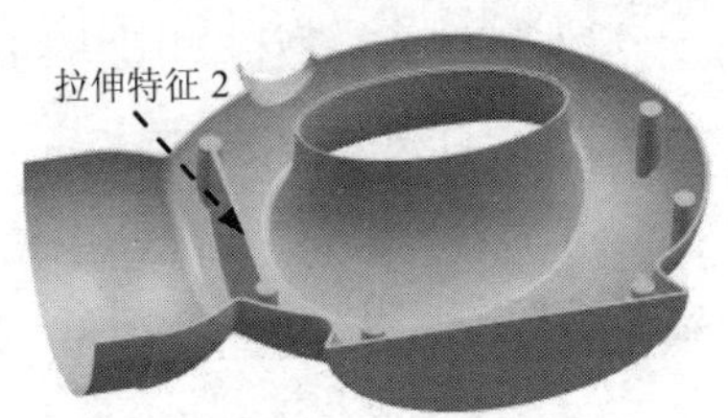


图 9.4.110　拉伸特征 2

Step10. 创建图 9.4.112 所示的拉伸特征 3。选择下拉菜单 插入(S) → 设计特征(E) ▸ → 拉伸(E)... 命令；选取 YZ 平面为草图平面，绘制图 9.4.113 所示的截面草图；在 限制 区域的 开始 下拉列表中选择 值 选项，并在其下的 距离 文本框中输入值 150，在 限制 区域的 结束 下拉列表中选择 贯通 选项；在 布尔 区域的下拉列表中选择 减去 选项，采用系统默认的求差对象。

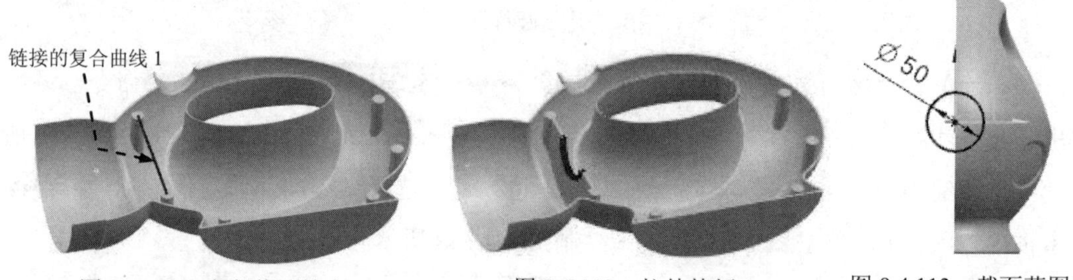


图 9.4.111　定义截面轮廓　　图 9.4.112　拉伸特征 3　　图 9.4.113　截面草图

Step11. 创建图 9.4.114 所示的拉伸特征 4。选择下拉菜单 插入(S) → 设计特征(E) ▸ → 拉伸(E)... 命令；选取 XZ 平面为草图平面，绘制图 9.4.115 所示的截面草图；在 限制 区域的 开始 下拉列表中选择 值 选项，并在其下的 距离 文本框中输入值 0，在 限制 区域的 结束 下拉列表中选择 值 选项，并在其下的 距离 文本框中输入值 20；在 布尔 区域的下拉列表中选择 减去 选项，采用系统默认的求差对象。

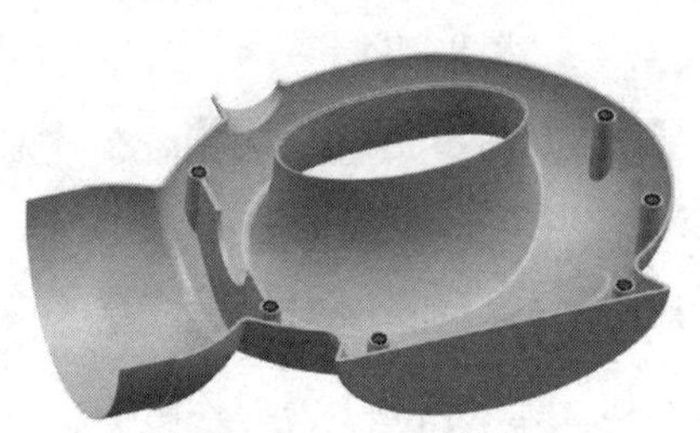

图 9.4.114　拉伸特征 4

图 9.4.115　截面草图

Step12. 保存零件模型。选择下拉菜单 文件(F) → 保存(S) 命令，即可保存零件模型。

## 9.4.5　创建玻璃镜片

零件模型及模型树如图 9.4.116 所示。

Step1. 创建 GLASS 层。

（1）在“装配导航器”中右击 LEFT_COVER，在弹出的快捷菜单中选择 显示父项 ▸ → FLASHLIGHT 命令。

（2）在“装配导航器”中右击 FLASHLIGHT，在弹出的快捷菜单中选择 WAVE ▸ →

新建层命令，系统弹出“新建层”对话框。单击 指定部件名 按钮，在“选择部件名”对话框的文件名(N):文本框中输入 GLASS，单击 OK 按钮。

（3）单击“新建层”对话框中的 类选择 按钮，系统弹出“WAVE 部件间的复制”对话框，选取图 9.4.117 所示的一级控件（仅实体）为参照，单击两次 确定 按钮，完成 GLASS 层的创建。

（4）在“装配导航器”中右击☑ GLASS，在弹出的快捷菜单中选择 在窗口中打开 命令。

图 9.4.116 零件模型及模型树

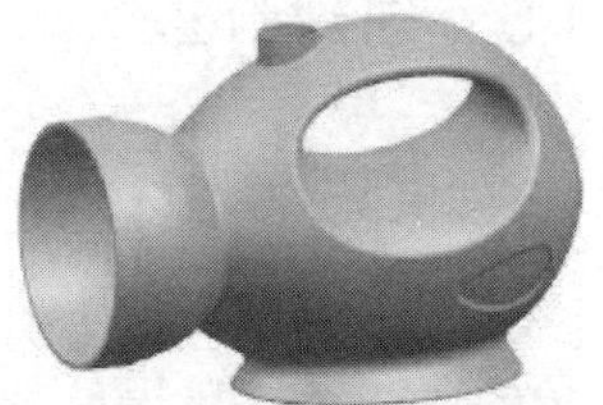

图 9.4.117 定义参照对象

Step2. 创建图 9.4.118 所示的基准平面 1。选择下拉菜单 插入(S) → 基准/点(D) → 基准平面(D)... 命令；在类型区域的下拉列表中选择 按某一距离 选项，选取图 9.4.119 所示的模型表面为平面参考，在偏置区域的距离文本框中输入值 11。

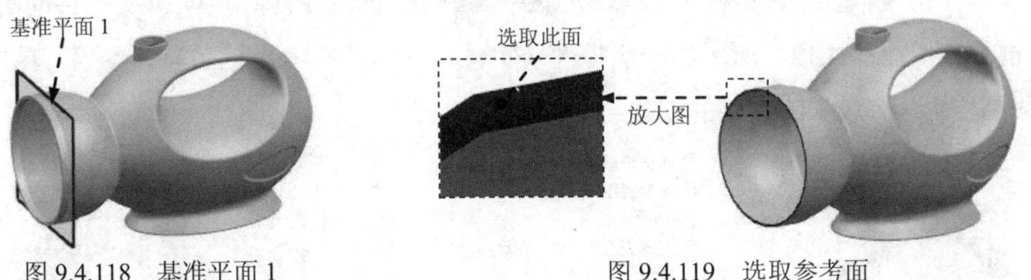


图 9.4.118 基准平面 1　　图 9.4.119 选取参考面

Step3. 创建图 9.4.120 所示的拉伸特征 1(隐藏链接的实体)。选择下拉菜单 插入(S) → 设计特征(E) → 拉伸(E)... 命令；选取基准平面 1 为草图平面，绘制图 9.4.121 所示的截面草图；在限制区域的开始下拉列表中选择 值 选项，并在其下的距离文本框中输入值 0，在限制区域的结束下拉列表中选择 值 选项，并在其下的距离文本框中输入值 3，在布尔区域的下拉列表中选择 无 选项。

**说明**：图 9.4.121 所示的草图为手电内圈圆，如有不明可参考视频。

Step4. 创建倒斜角特征 1。选择下拉菜单 插入(S) → 细节特征(L) → 倒斜角(C)... 命令；选择图 9.4.122 所示的边线为倒斜角参照；在偏置区域的横截面下拉列表中选择 对称 选项，并在距离文本框中输入值 1。

Step5. 保存零件模型。选择下拉菜单 文件(F) → 保存(S) 命令，即可保存零件模型。

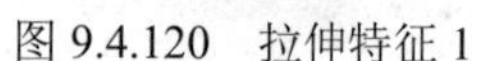
图 9.4.120　拉伸特征 1

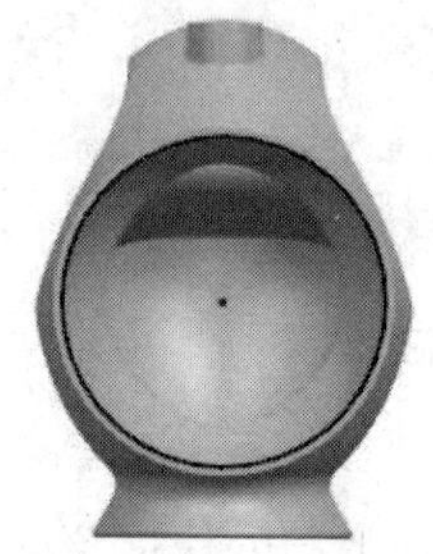
图 9.4.121　截面草图

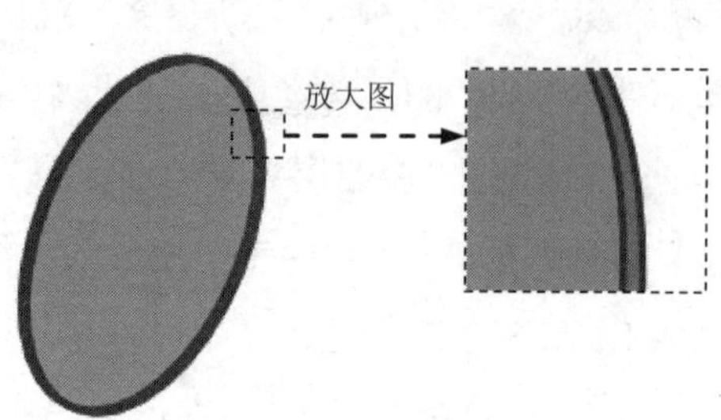

图 9.4.122　定义倒斜角参照

## 9.4.6　创建灯罩

零件模型及模型树如图 9.4.123 所示。

Step1. 创建 RING 层。

（1）在“装配导航器”中右击 GLASS，在弹出的快捷菜单中选择 显示父项 ▸ → FLASHLIGHT 命令，返回至上一级。

（2）在“装配导航器”中右击 FLASHLIGHT，在弹出的快捷菜单中选择 WAVE ▸ → 新建层 命令，系统弹出“新建层”对话框。单击 指定部件名 按钮，在“选择部件名”对话框的 文件名(N): 文本框中输入 RING，单击 OK 按钮。

（3）单击“新建层”对话框中的 类选择 按钮，系统弹出“WAVE 部件间的复制”对话框，选取图 9.4.124 所示的一级控件（实体、片体及参考坐标系）为参照，单击两次 确定 按钮，完成 RING 层的创建。

历史记录模式
模型视图
摄像机
用户表达式
模型历史记录
链接体 (0)
链接体 (1)
链接的基准坐标系 (2)
修剪体 (3)
倒斜角 (4)
拉伸 (5)
阵列 [圆形] (6)

图 9.4.123　零件模型及模型树

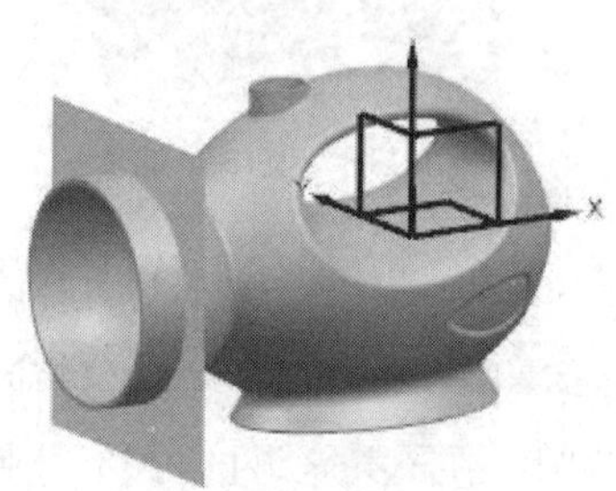
图 9.4.124　定义参照对象

（4）在“装配导航器”中右击 RING，在弹出的快捷菜单中选择 设为显示部件 命令。

Step2. 创建图 9.4.125 所示的修剪体特征 1（隐藏链接的片体）。选择下拉菜单 插入(S) → 修剪(T) ▸ → 修剪体(T)... 命令；选取图 9.4.126 所示的实体为目标体，选取图 9.4.126 所示的面为工具对象，并定义其修剪方向如图 9.4.126 所示。

Step3. 创建倒斜角特征 1。选择下拉菜单 插入(S) → 细节特征(L) ▸ → 倒斜角(C)... 命令；选择图 9.4.127 所示的边线为倒斜角参照；在 偏置 区域的 横截面 下拉列表中选择对称选项，并在距离文本框中输入值 1；单击确定按钮，完成倒斜角特征 1 的创建。

图 9.4.125 修剪体特征 1

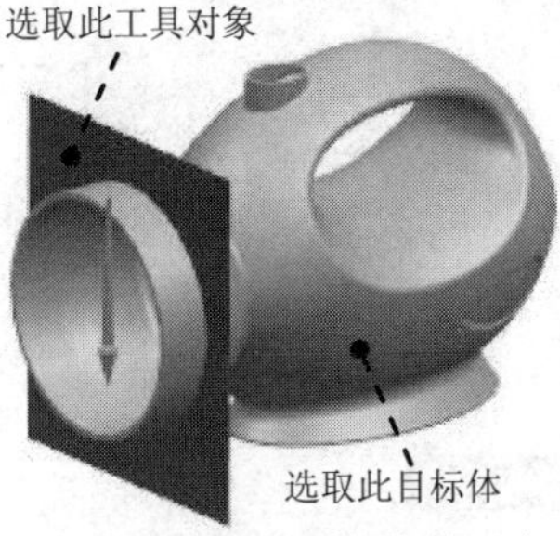


图 9.4.126 定义修剪对象

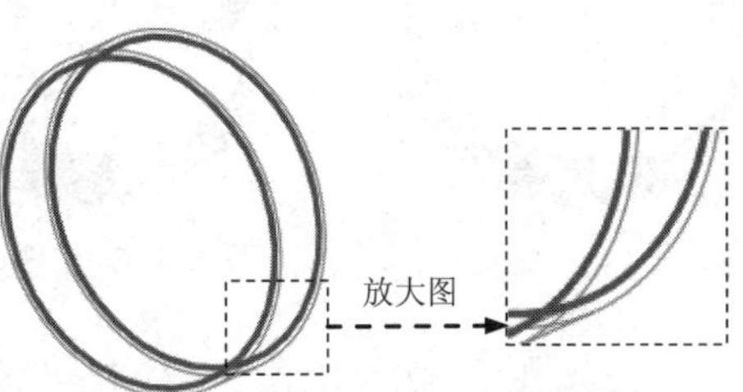


图 9.4.127 定义倒斜角参照

Step4. 创建图 9.4.128 所示的拉伸特征 1。选择下拉菜单插入(S) ➡ 设计特征(E) ➡ 拉伸(E)...命令；选取图 9.4.128 所示的平面为草图平面，绘制图 9.4.129 所示的截面草图；在限制区域的开始下拉列表中选择值选项，并在其下的距离文本框中输入值 0，在限制区域的结束下拉列表中选择值选项，并在其下的距离文本框中输入值 33，在布尔区域的下拉列表中选择合并选项，采用系统默认的求和对象。

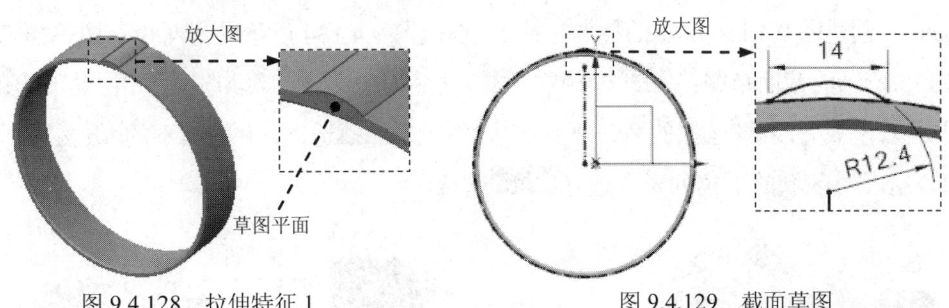


图 9.4.128 拉伸特征 1

图 9.4.129 截面草图

Step5. 创建图 9.4.130 所示的阵列特征 1。选择下拉菜单插入(S) ➡ 关联复制(A) ➡ 阵列特征(A)...命令；在模型树中选取拉伸特征 1 为要阵列的特征。在阵列定义区域的布局下拉列表中选择圆形选项。选取 X 轴为旋转轴；并选取图 9.4.131 所示的圆环的圆心为指定点；在角度方向区域的间距下拉列表中选择数量和跨距选项，在数量文本框中输入值 22，在跨角文本框中输入值 360，单击确定按钮，完成阵列特征 1 的创建。

Step6. 保存零件模型。选择下拉菜单文件(F) ➡ 保存(S)命令，即可保存零件模型。

## 9.4.7 创建开关

零件模型及模型树如图 9.4.132 所示。

Step1. 创建 SWITCH 层。

（1）在"装配导航器"中右击 RING，在弹出的快捷菜单中选择显示父项 ➡ FLASHLIGHT命令，返回至上一级。

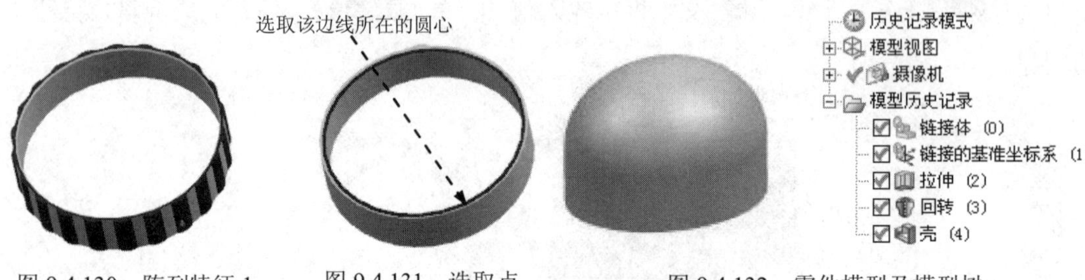

图 9.4.130　阵列特征 1　　图 9.4.131　选取点　　图 9.4.132　零件模型及模型树

（2）在“装配导航器”中右击FLASHLIGHT，在弹出的快捷菜单中选择WAVE ▸ ➡ 新建层命令，系统弹出“新建层”对话框。单击指定部件名按钮，在“选择部件名”对话框的文件名(N):文本框中输入 SWITCH，单击OK按钮。

（3）单击“新建层”对话框中的类选择按钮，系统弹出“WAVE 部件间的复制”对话框，选取图 9.4.133 所示的一级控件（实体和参考坐标系）为参照，单击两次确定按钮，完成 SWITCH 层的创建。

（4）在“装配导航器”中右击SWITCH，在弹出的快捷菜单中选择设为显示部件命令。

Step2. 创建图 9.4.134 所示的拉伸特征 1。选取图 9.4.134 所示的平面为草图平面，绘制图 9.4.135 所示的截面草图；在限制区域的开始下拉列表中选择值选项，并在其下的距离文本框中输入值 0，在限制区域的结束下拉列表中选择值选项，并在其下的距离文本框中输入值 11，在布尔区域的下拉列表中选择无选项。

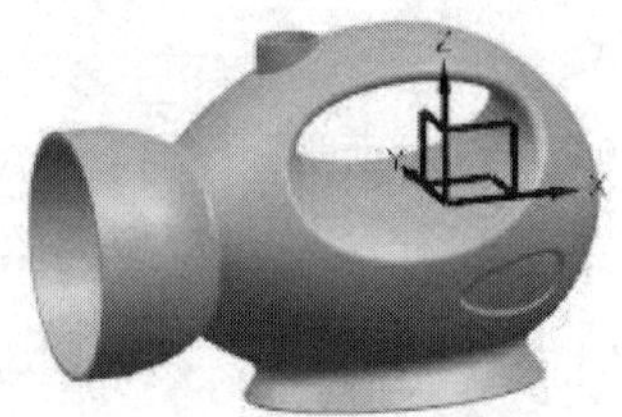
图 9.4.133　定义参照对象

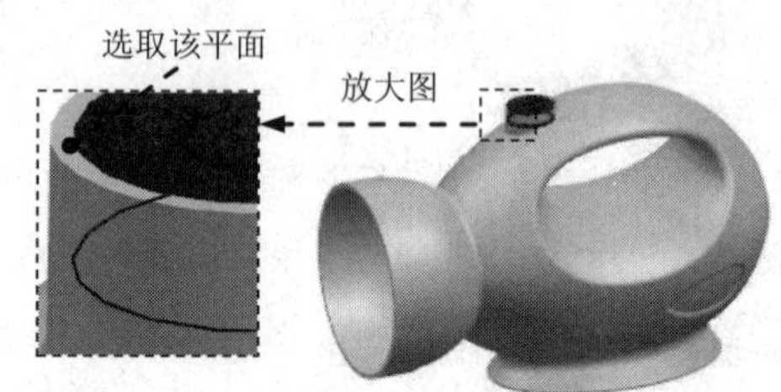

图 9.4.134　拉伸特征 1

Step3. 创建图 9.4.136 所示的旋转特征 1（隐藏链接实体）。选取图 9.4.136 所示的模型表面为草图平面，绘制图 9.4.137 所示的截面草图，选取图 9.4.137 所示的直线为旋转轴；在限制区域的开始下拉列表中选择值选项，并在角度文本框中输入值 0，在结束下拉列表中选择值选项，并在角度文本框中输入值 180；在布尔区域的下拉列表中选择合并选项，选取拉伸特征 1 为求和对象。

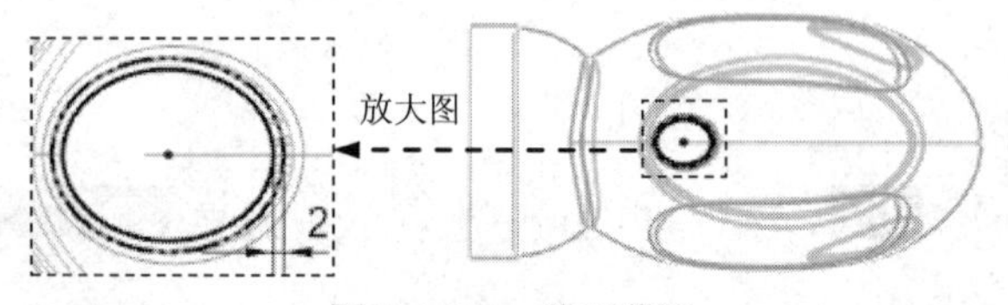

图 9.4.135　截面草图

图 9.4.136　旋转特征 1

**说明**：图 9.4.137 所示的草图中的旋转轴与 X 轴共线。

Step4. 创建图 9.4.138 所示的抽壳特征 1。选择下拉菜单 插入(S) → 偏置/缩放(O) → 抽壳(H)... 命令；在 类型 区域的下拉列表中选择 移除面，然后抽壳 选项，选取图 9.4.138 所示的模型表面为要穿透的面，在 厚度 文本框中输入值 1.0，单击 < 确定 > 按钮，完成抽壳特征 1 的创建。

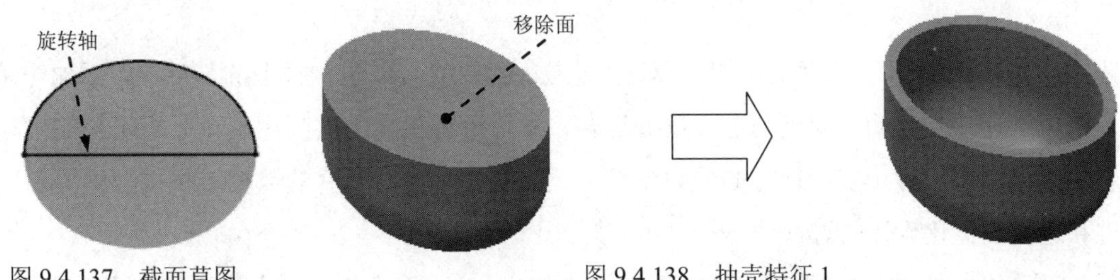


图 9.4.137 截面草图

图 9.4.138 抽壳特征 1

Step5. 保存零件模型。选择下拉菜单 文件(F) → 保存(S) 命令，即可保存零件模型。

## 9.4.8 编辑模型显示

以上对模型的各个部件已经创建完成，但还不能得到清晰的装配体模型，要想得到比较清晰的装配体部件还要进行如下的简单编辑。

Step1. 在“装配导航器”中右击 SWITCH，在弹出的快捷菜单中选择 显示父项 → FLASHLIGHT 命令，返回至上一级。

Step2. 在“装配导航器”窗口中的 FLASHLIGHT 选项上右击，在弹出的快捷菜单中选择 设为工作部件 命令，对模型进行编辑。

Step3. 选择下拉菜单 编辑(E) → 显示和隐藏(H) → 隐藏(H)... 命令，系统弹出“类选择”对话框；单击“类选择”对话框 过滤器 区域中的 按钮，系统弹出“根据类型选择”对话框，选择对话框列表中的曲线、草图、片体、基准和点选项，单击 确定 按钮。系统再次弹出“类选择”对话框，单击对话框的 对象 区域中的 按钮；单击对话框中的 确定 按钮。

Step4. 在“装配导航器”窗口中的 FLASHLIGHT 选项上右击，在弹出的快捷菜单中选择 显示和隐藏 → 隐藏节点 命令，将骨架模型隐藏。

Step5. 在“装配导航器”窗口中的 CONTROL 选项上右击，在弹出的快捷菜单中选择 显示和隐藏 → 隐藏节点 命令，将二级控件隐藏。

Step6. 至此，完整的手电筒模型已经完成，可以对整个部件进行保存。

# 第 10 章 产品的运动仿真与分析

## 10.1 运动仿真概述

UG NX 12.0 运动仿真是在初步设计、建模、组装完成的机构模型的基础上，添加一系列的机构连接和驱动，使机构连接进行运转，从而模拟机构的实际运动，分析机构的运动规律，研究机构静止或运行时的受力情况，最后根据分析和研究的数据对机构模型提出改进和进一步优化设计的过程。

运动仿真模块是 UG NX 12.0 主要的组成部分，它可以直接使用主模型的装配文件，并可以对一组机构模型建立不同条件下的运动仿真，每个运动仿真可以独立地编辑而不会影响主模型的装配。

UG NX 12.0 机构运动仿真的主要分析和研究类型如下。

分析机构的动态干涉情况。主要是研究机构运行时各个子系统或零件之间有无干涉情况，及时发现设计中的问题。在机构设计中期对已经完成的子系统进行运动仿真，还可以为下一步的设计提供空间数据参考，以便留有足够的空间进行其他子系统的设计。

跟踪并绘制零件的运动轨迹。在机构运动仿真时，可以指定运动构件中的任一点为参考并绘制其运动轨迹，这对于研究机构的运行状况很有帮助。

分析机构中零件的位移、速度、加速度、作用力与反作用力以及力矩等。

根据分析研究的结果初步修改机构的设计。一旦提出改进意见，可以直接修改机构主模型进行验证。

生成机构运动的动画视频，与产品的早期市场活动同步。机构的运行视频可以作为产品的宣传展示，用于客户交流，也可以作为内部评审时的资料。

### 10.1.1 进入运动仿真模块

Step1. 打开文件 D:\ug12pd\work\ch10.01\asm.prt。

Step2. 在 应用模块 功能选项卡 仿真 区域单击 运动 按钮，进入运动仿真模块。

### 10.1.2 运动仿真模块中的菜单及按钮

在运动仿真模块中，与“机构”相关的操作命令主要位于 插入(S) 下拉菜单中，如图 10.1.1 所示。

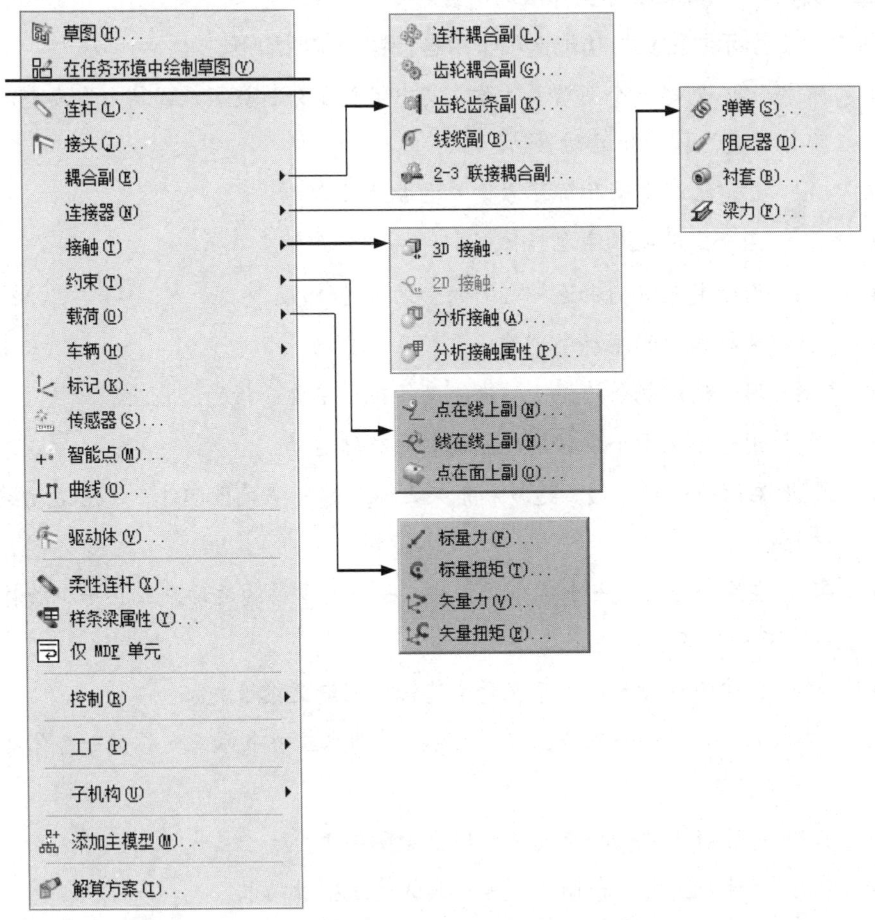


图 10.1.1　“插入”下拉菜单

进入到运动仿真模块，在“主页”及“分析”功能选项卡中列出了运动仿真常用的命令按钮，如图 10.1.2 及图 10.1.3 所示。

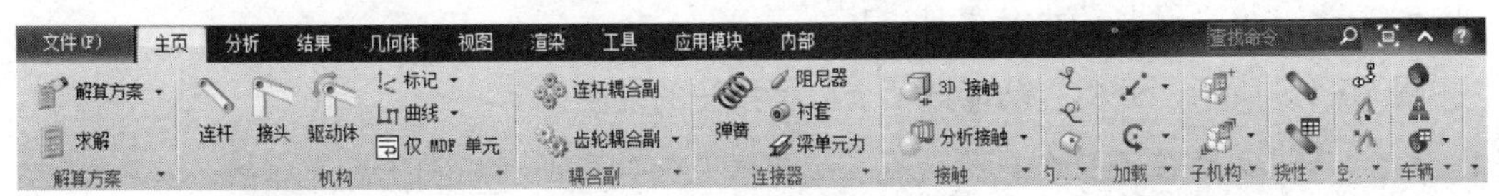


图 10.1.2　“主页”选项卡

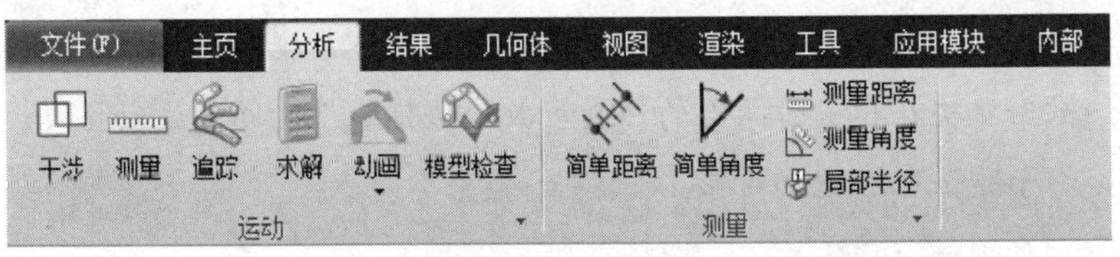


图 10.1.3　“分析”选项卡

**注意：**在“运动导航器”中右击 asm，在快捷菜单中选择 新建仿真 命令，在系统弹出的“新建仿真”对话框中单击 确定 按钮接受默认的仿真文件名称；然后在弹出的“环境”对话框中单击 确定 按钮，然后在系统弹出的“机构运动副向导”对话框中单击 确定

或 取消 按钮，此时运动仿真模块的所有命令才被激活。

图 10.1.2 所示“主页”功能选项卡中各按钮的说明如下。

- 解算方案：创建一个新解算方案，其中定义了分析类型、解算方案类型以及特定于解算方案的载荷和运动驱动。
- ：创建求解运动和解算方案并生成结果集。
- ：用于定义机构中刚性体的部件。
- ：用于定义机构中连杆之间的受约束的情况。
- ：为机构中的运动副创建一个独立的驱动。
- ：用于创建一个标记，该标记必须位于需要分析的连杆上。
- ：用于定义两个旋转副之间的相对旋转运动。
- ：在两个连杆之间、连杆和框架之间创建一个柔性部件，使用运动副施加力或转矩。
- ：在两个连杆、一个连杆和框架、一个可平移的运动副或在一个旋转副上创建一个反作用力或转矩。
- ：创建圆柱衬套，用于在两个连杆之间定义柔性关系。
- ：在一个体和一个静止体、在两个移动体或一个体来支撑另一个体之间定义接触关系。
- ：将连杆上的一个点与曲线建立接触约束。
- ：将连杆上的一条曲线与另一曲线建立接触约束。
- ：将连杆上的一个点与面建立接触约束。
- ：用于在两个连杆或在一个连杆和框架之间创建标量力。
- ：在围绕旋转副和轴之间创建标量转矩。
- ：定义该机构中的柔性连接。

图 10.1.3 所示“分析”功能选项卡中各按钮的说明如下。

- ：用于检测整个机构是否与选中的几何体之间在运动中存在碰撞。
- ：用于检测计算运动的每一步中两组几何体之间的最小距离或最小夹角。
- ：在运动的每一步创建选中几何体对象的副本。
- ：根据机构在指定时间内的仿真步数，执行基于时间的运动仿真。
- ：用于验证所有运动对象。

## 10.1.3 运动仿真参数设置

在 UG NX 12.0 运动仿真模块中，选择下拉菜单 首选项(P) → 运动(T)... 命令，系统弹出“运动首选项”对话框，如图 10.1.4 所示。该对话框主要用于设置运动仿真的环境参数，如运动对象的显示、单位、重力常数、求解器参数和后处理参数等。

图 10.1.4 所示的"运动首选项"对话框中部分选项的说明如下。

- ☑ 名称显示：该选项用于控制机构中的连杆、运动副以及其他对象的名称是否显示在图形区中，对于打开的机构对象和以后创建的对象均有效。
- ☑ 贯通显示：该选项用于控制机构对象图标的显示效果，选中该复选框后所有对象的图标会完整显示，而不会受到模型的遮挡，也不会受到模型的显示样式（如着色、线框等）的影响。

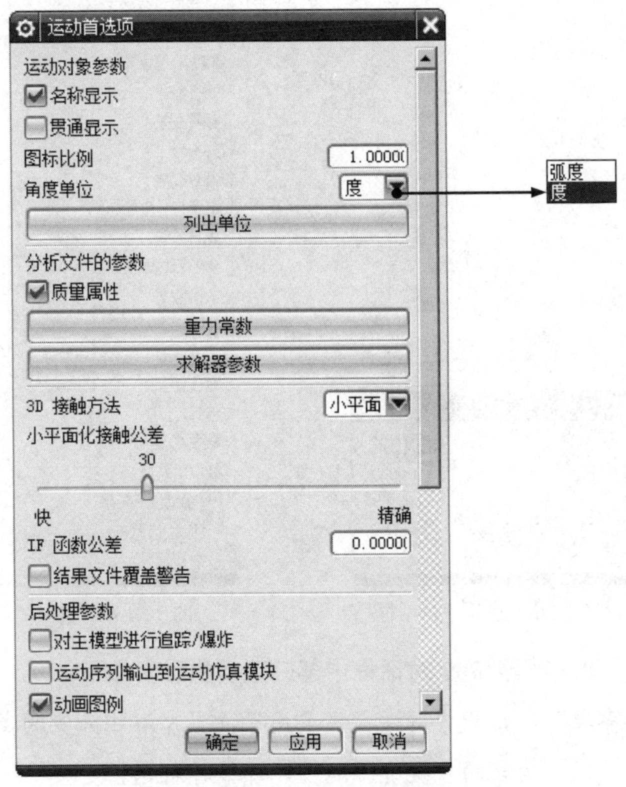


图 10.1.4　"运动首选项"对话框

- 图标比例：该选项用于控制机构对象图标的显示比例，修改比例后对于打开的机构对象和以后创建的对象均有效。
- 角度单位：该选项用于设置机构中输入或显示的角度单位。单击下方的 列出单位 按钮，系统会弹出一个信息窗口，在该窗口中会显示当前机构中的所有单位。值得注意的是，机构的单位制由创建的原始主模型决定，单击 列出单位 按钮得到的信息窗口只供用户查看当前单位，而不能修改单位。
- ☑ 质量属性：该选项用于控制运动仿真时是否启动机构的质量属性，也就是机构中零件的质量、重心以及惯性等参数。如果是简单的位移分析，可以不考虑质量。但是在进行动力学分析时，必须启用质量属性。

- 重力常数：单击该按钮，系统弹出图 10.1.5 所示的“全局重力常数”对话框，在该对话框中可以设置重力的方向及大小。
- 求解器参数：单击该按钮，系统弹出图 10.1.6 所示的“求解器参数”对话框，在该对话框中可以设置运动仿真求解器的参数。求解器是用于解算运动仿真方案的工具，是一种基于积分和微分方程理论的数学计算软件。

图 10.1.5 “全局重力常数”对话框

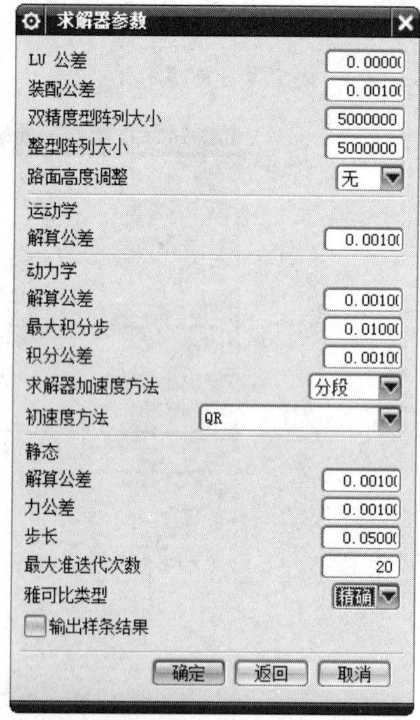


图 10.1.6 “求解器参数”对话框

**图 10.1.6 所示的“求解器参数”对话框中部分选项的说明如下。**

- “求解器参数”对话框中的参数主要用于设置求解积分器的类型以及计算精度，精度设置越高，消耗的系统资源越多，计算时间越长。
- 最大迭代次数用于设置积分器的最大迭代次数，当解算器的迭代次数达到最大，计算结果与理论微分方程之间的误差未达到要求时，解算器结束求解。

## 10.1.4 运动仿真流程

通过 UG NX 12.0 进行机构的运动仿真的大致流程如下。

Step1. 将创建好的模型调入装配模块进行装配。

Step2. 进入机构运动仿真模块。

Step3. 新建一个动力学仿真文件。

Step4. 为机构指定连杆。

Step5. 为机构设置运动副并根据运动需要在运动副上设置驱动。

Step6. 在机构中添加仿真对象。

Step7. 定义解算方案。

Step8. 开始仿真。

Step9. 获取运动分析结果。

# 10.2 连杆和运动副

机构装配完成后，各个部件并不能将装配模块中的连接关系连接起来，还必须再为每个部件赋予一定的运动学特性，即为机构指定连杆及运动副。在运动学中，连杆和运动副两者是相辅相成的，缺一不可的。运动是基于连杆和运动副的，而运动副是创建于连杆上的副。

## 10.2.1 连杆

连杆是具有机构特征的刚体，它代表了实际中的杆件，所以连杆就有了相应的属性，例如质量、惯性、初始位移和速度等。连杆相互连接，构成运动机构，它在整个机构中主要是进行运动的传递等。

下面以一个实例讲解指定连杆的一般过程。

Step1. 打开文件 D:\ug12pd\work\ch10.02\assemble.prt。

Step2. 在 应用模块 功能选项卡 仿真 区域单击 运动 按钮，进入运动仿真模块。

Step3. 新建仿真文件。

(1) 在“运动导航器”中右击 assemble，在弹出的快捷菜单中选择 新建仿真 命令，在系统弹出的“新建仿真”对话框中单击 确定 按钮接受默认的仿真文件名称；此时系统弹出图 10.2.1 所示的“环境”对话框。

(2) 在“环境”对话框中选中 动力学 单选项，单击 确定 按钮，在系统弹出的图 10.2.2 所示的“机构运动副向导”对话框中单击 取消 按钮。

图 10.2.1 所示的“环境”对话框的选项说明如下。

- 运动学：选中该单选项，指在不考虑运动原因状态下，研究机构的位移、速度、加速度与时间的关系。
- 动力学：选中该单选项，指考虑运动的真正因素（力、摩擦力、组件的质量和惯性等）及其他影响运动的因素。

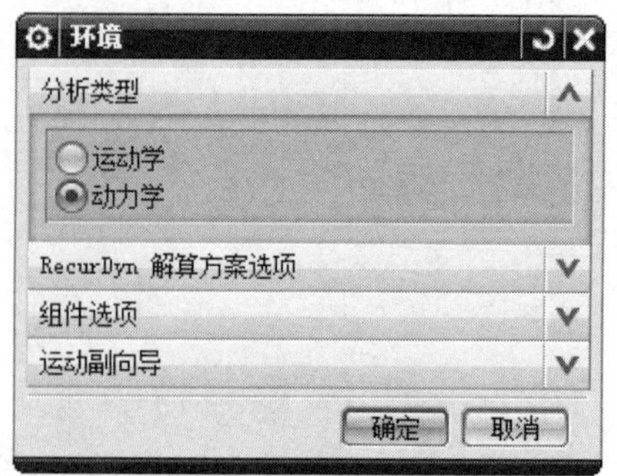


图 10.2.1 “环境”对话框

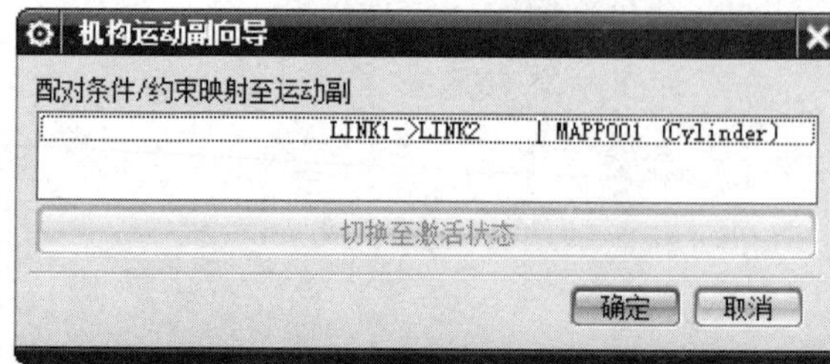


图 10.2.2 “机构运动副向导”对话框

图 10.2.2 所示的“机构运动副向导”对话框的选项说明如下。

- 确定：单击该按钮，接受系统自动对机构进行分析而生成的机构运动副向导，且为系统中的每一个相邻零件创建一个运动副。这些运动副可以根据分析需要进行激活或不进行激活。
- 取消：单击该按钮，不接受系统自动生成的机构运动副。

Step4. 选择下拉菜单 插入(S) → 连杆(L)... 命令，系统弹出图 10.2.3 所示的“连杆”对话框。

Step5. 在系统 选择几何对象以定义连杆 的提示下，选取图 10.2.4 所示的部件为连杆。

Step6. 在“连杆”对话框中单击 确定 按钮，完成连杆的指定。

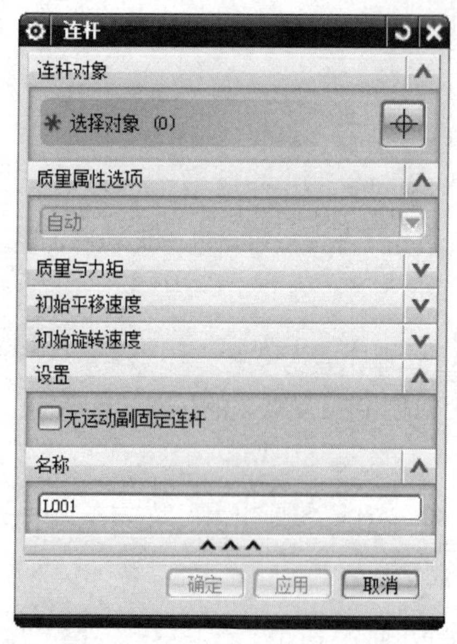


图 10.2.3 “连杆”对话框

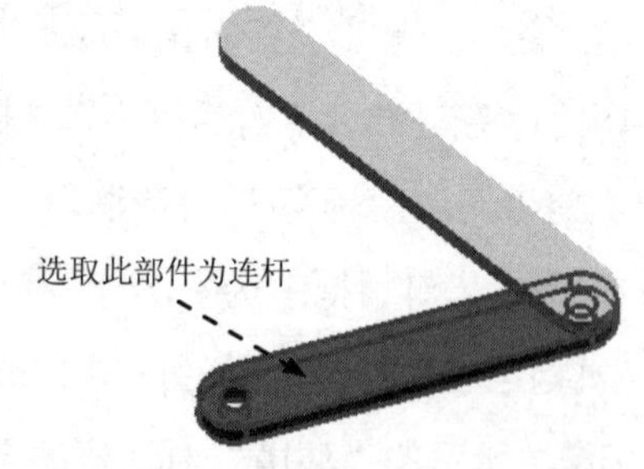


图 10.2.4 选取连杆对象

图 10.2.3 所示“连杆”对话框的选项说明如下。

- 连杆对象：该区域用于选取零部件作为连杆。
- 质量属性选项：用于设置连杆的质量属性。
  - ☑ 自动：选择该选项，系统将自动为连杆设置质量属性。

☑ 用户定义：选择该选项后，将由用户设置连杆的质量属性。

- 质量：在质量属性选项区域的下拉列表中选择用户定义选项后，质量与力矩区域中的选项即被激活，用于设置质量的相关属性。
- 初始平移速度：用于设置连杆最初的移动速度。
- 初始旋转速度：用于设置连杆最初的转动速度。
- 设置：用于设置连杆的基本属性。

☑ 无运动副固定连杆：选中该复选框后，连杆将固定在当前位置不动。

- 名称：通过该文本框可以为连杆指定一个名称。

## 10.2.2　运动副和驱动

为了组成一个具有运动作用的机构，必须把两个相邻连杆以一种方式连接起来，这种连接必须是可动连接，不能是固定连接，这种使两个连杆接触而又保持某些相对运动的可动连接即称为运动副。运动副的类型有很多种，下面将着重介绍 UG 中常用的 9 种运动副类型。选择下拉菜单插入(S) ➡ 接头(J)...命令，系统弹出图 10.2.5 所示的“运动副”对话框（一）。单击“运动副”对话框（一）中的驱动选项卡，系统弹出图 10.2.6 所示的对话框（二）。

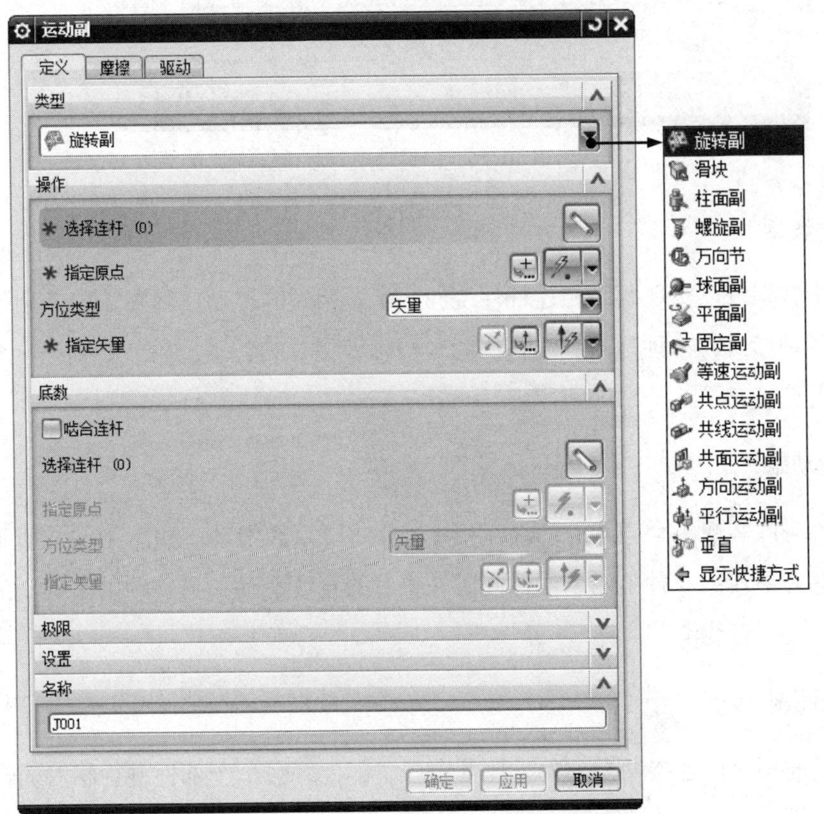


图 10.2.5　“运动副”对话框（一）

图 10.2.6 所示“运动副”对话框的 驱动 选项卡中各选项说明如下。

- 旋转 区域的下拉列表：该下拉列表用于选取为运动副添加驱动的类型。
  - ☑ 多项式：设置运动副为等常运动（旋转或者是线性运动），需要的参数是位移，速度、加速度。
  - ☑ 谐波：选择该选项，运动副产生一个正弦运动，需要的参数是振幅、频率、相位角和位移。
  - ☑ 铰接运动：选择该选项，设置运动副以特定的步长和特定的步数运动，需要的参数是步长和位移。
- 初位移 文本框：该文本框中输入数值定义初始位移。
- 速度 文本框：该文本框中输入数值定义运动副的初始速度。
- 函数 文本框：将给运动副添加一个复杂的、符合数学规律的函数运动。

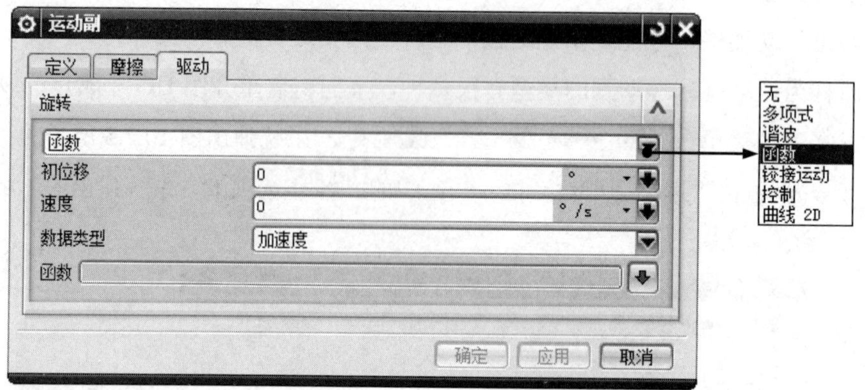


图 10.2.6 “运动副”对话框（二）

### 1. 旋转副

通过旋转副可以实现两个相连杆件绕同一轴做相对的转动，如图 10.2.7 所示。旋转副又可分为两种形式：一种是两个连杆绕同一根轴做相对的转动；另一种则是一个连杆绕固定的轴进行旋转。

### 2. 滑动副

滑动副可以实现两个相连的部件互相接触并进行直线滑动，如图 10.2.8 所示。滑动副又可分为两种形式：一种是两个部件同时做相对的直线滑动；另一种则是一个部件在固定的机架表面进行直线滑动。

### 3. 柱面副

通过柱面副可以连接两个部件，使其中一个部件绕另一个部件进行相对的转动，并可以沿旋转轴进行直线运动，如图 10.2.9 所示。

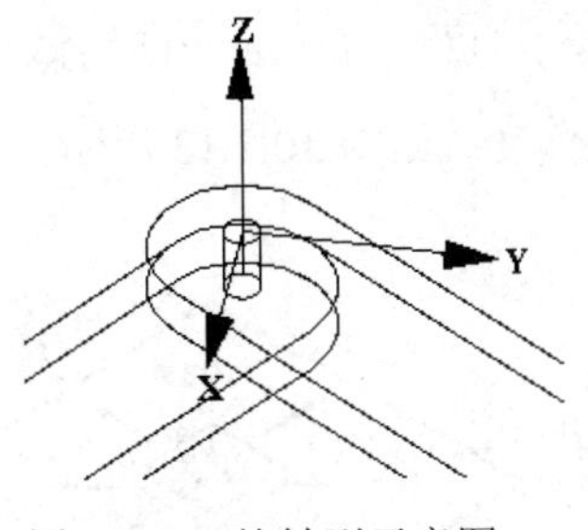


图 10.2.7 旋转副示意图

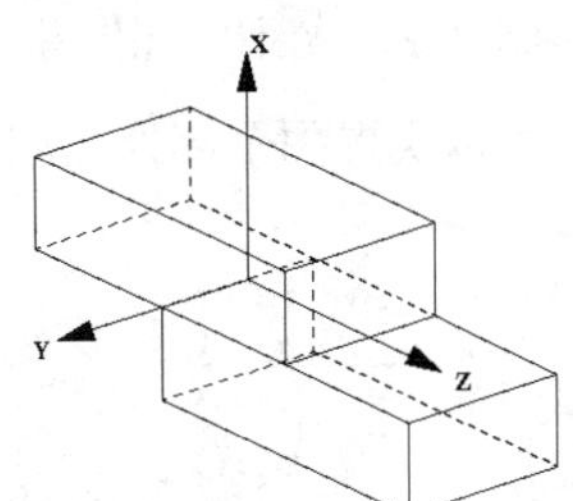


图 10.2.8 滑动副示意图

### 4．螺旋副

螺旋副可以实现一个部件绕另一个部件做相对的螺旋运动。螺旋副用于模拟螺母在螺杆上的运动，如图 10.2.10 所示。

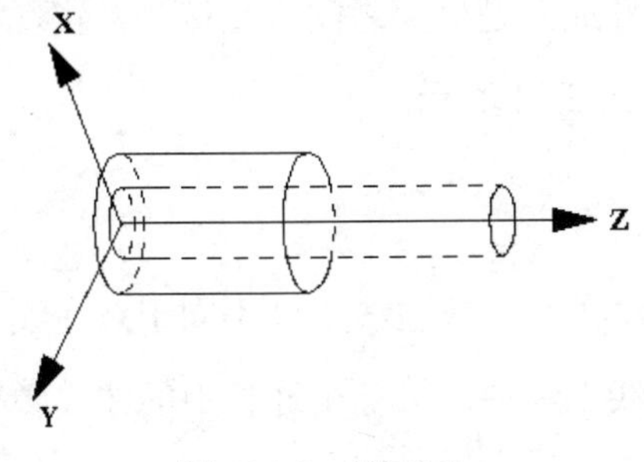


图 10.2.9 柱面副

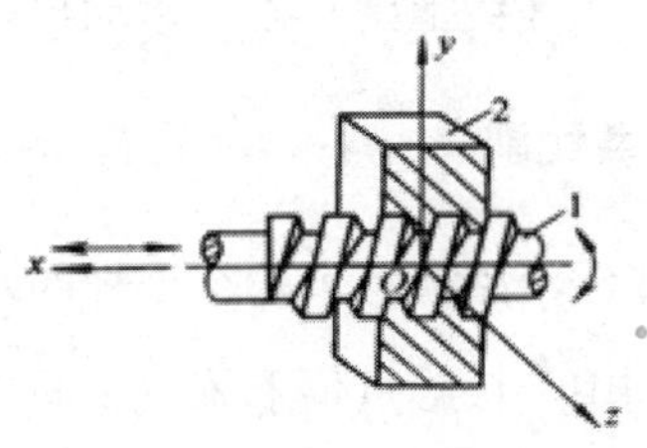


图 10.2.10 螺旋副

### 5．万向节

万向节可以连接两个成一定角度的转动连杆，且它有两个转动自由度。它实现了两个部件之间绕互相垂直的两根轴做相对转动，如图 10.2.11 所示。

### 6．球面副

球铰连接实现了一个部件绕另一个部件（或机架）做相对 3 个自由度的运动，它只有一种形式：必须是两个连杆相连，如图 10.2.12 所示。

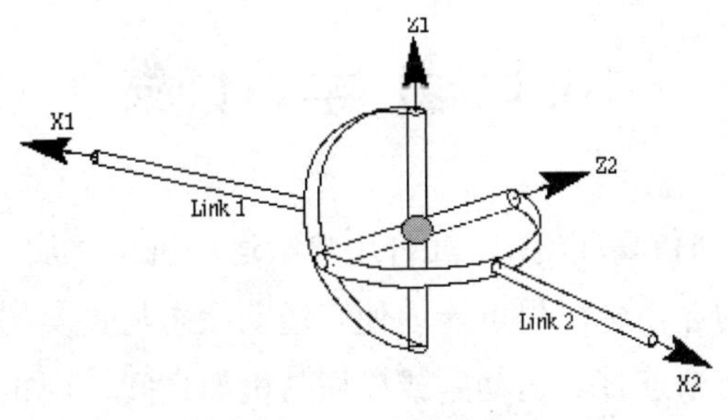


图 10.2.11 万向节

### 7．平面副

平面副是两个连杆在相互接触的平面上自由滑动，并可以绕平面的法向做自由转动。平面连接可以实现两个部件之间以平面相接触，互相约束，如图 10.2.13 所示。

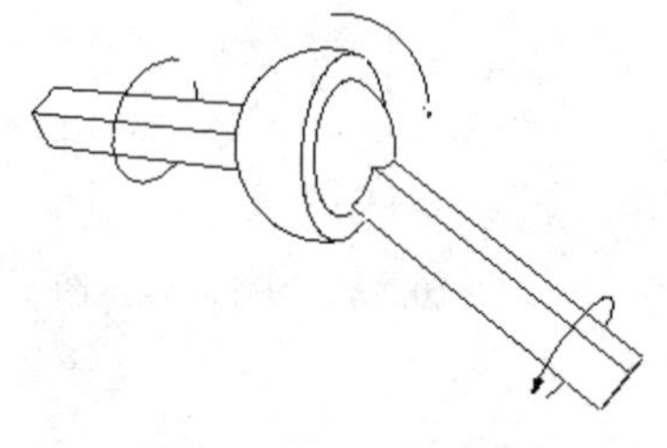

图 10.2.12　球面副

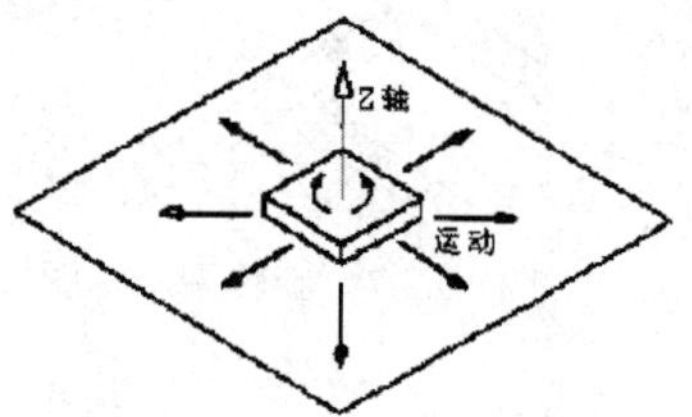


图 10.2.13　平面副

### 8．共点副

点在线上连接是一个部件始终与另一个部件或者是机架之间有点接触，实现相对运动的约束。点在线上副有 4 个运动自由度，如图 10.2.14 所示。

### 9．共线副

线在线上副模拟了两个连杆的常见凸轮运动关系。线在线上副不同于点在线上副。点在线上副中，接触点位于统一平面中；而线在线上副中，第一个连杆中的曲线必须和第二个连杆保持接触且相切，如图 10.2.15 所示。

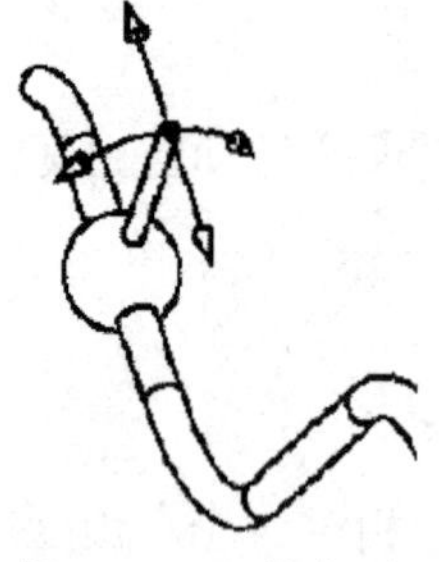

图 10.2.14　共点副

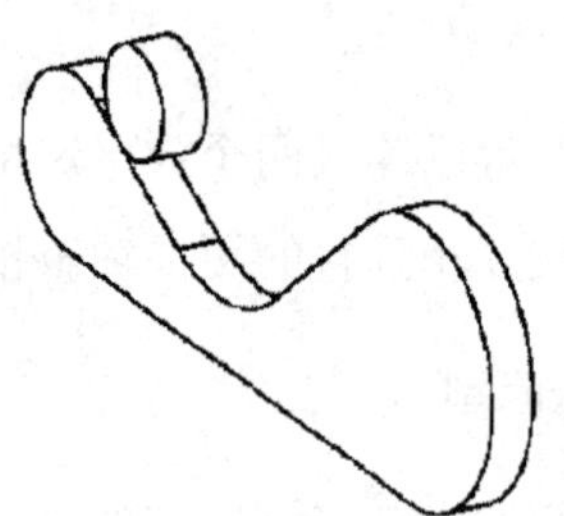

图 10.2.15　共线副

## 10.3　力 学 对 象

在 UG NX 12.0 的运动仿真环境中，允许用户给运动机构添加一定的力或载荷，使整个运动仿真处在一个真实的环境中，尽可能地使其运动状态与真实的情况相一致。力或载荷只能应用于运动机构的两个连杆、运动副或连杆与机架之间，用来模拟两个零件之间的弹性连接、弹簧或阻尼状态，以及传动力与原动力等零件之间的相互作用。

#### 1．弹簧

弹簧是一个弹性元件，就是在两个零件之间、连杆和框架之间或在平移的运动副内施加力或力矩。

#### 2．阻尼器

阻尼器是一个机构对象，它消耗能量，逐步降低运动的影响，对物体的运动起反作用力。阻尼器经常用于控制弹簧反作用力的行为。

#### 3．衬套

衬套是定义两个连杆之间的弹性关系的机构对象。它同时还可以起到力和力矩的效果。

#### 4．3D 接触

3D 接触可以实现一个球与连杆或是机架上所选定的一个面之间发生碰撞的效果。

#### 5．2D 接触

2D 接触结合了线线运动副类型的特点和碰撞载荷类型的特点。可以将 2D 接触作用在连杆上的两条平面曲线之间。

#### 6．标量力

标量力是可以使一个物体运动，也可以作为限制和延缓物体的反作用力。

#### 7．标量力矩

标量力矩只能作用在转动副上。正的标量力矩是添加在转动副上所绕轴的顺时针旋转的力矩。

#### 8．矢量力

矢量力是有一定大小、以某方向作用的力，且其方向在两坐标中的一个坐标中保持不变。标量力的方向是可以改变的，矢量力的方向在某一坐标中始终保持不变。

#### 9．矢量力矩

矢量力矩是作用在连杆上设定了一定的方向和大小的力矩。

## 10.4　创建解算方案

定义解算方案可以定义解算方案类型、分析类型及特定于解算方案的载荷和运动驱动。

选择下拉菜单 插入(S) → 解算方案(I)... 命令，系统就会弹出图 10.4.1 所示的“解算方案”对话框。

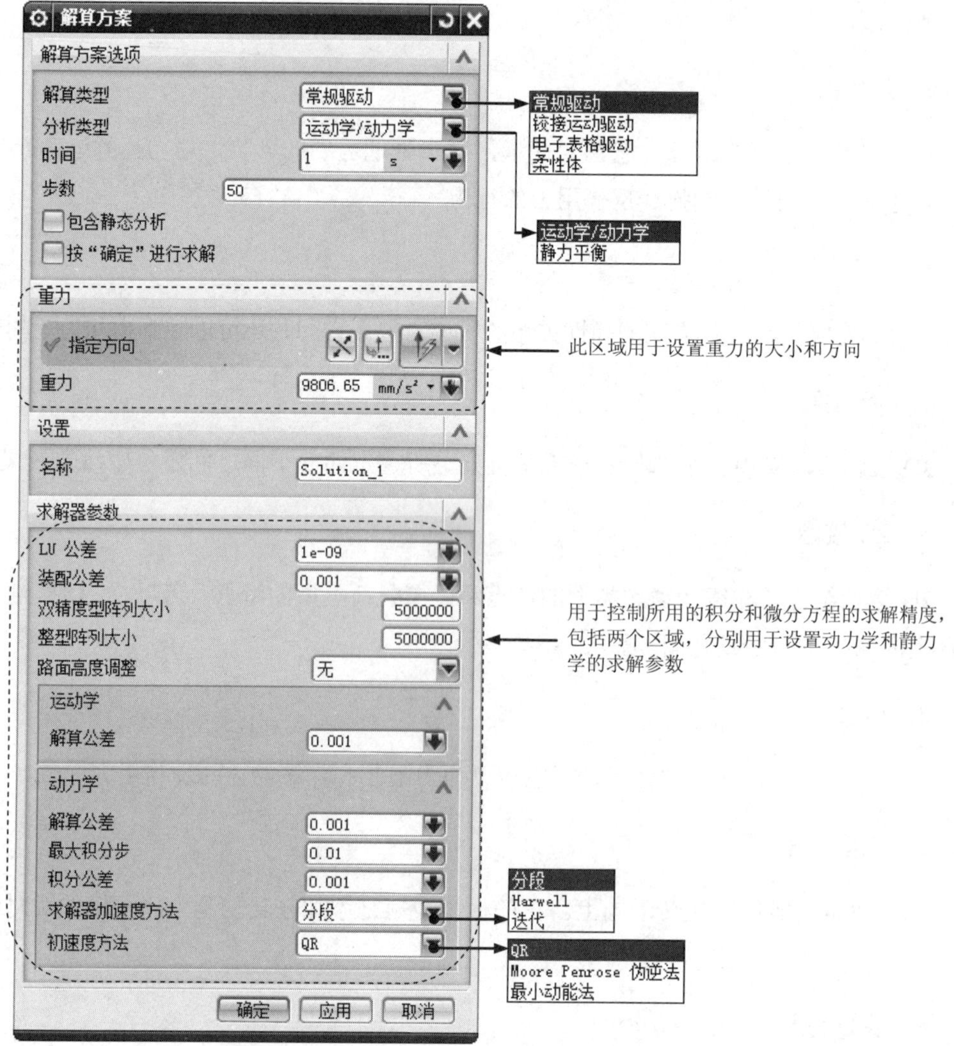


图 10.4.1 “解算方案”对话框

图 10.4.1 所示的“解算方案”对话框的部分说明如下。

- 解算类型：该下拉列表用于选取解算方案的类型。
  - ☑ 常规驱动：选择该选项，解算方案是基于时间的一种运动形式，在这种运动形式中，机构在指定的时间段内按指定的步数进行运动仿真。
  - ☑ 铰接运动驱动：选择该选项，解算方案是基于位移的一种运动形式，在这种运动形式中，机构以指定的步数和步长进行运动。
  - ☑ 电子表格驱动：选择该选项，解算方案是用电子表格功能进行常规和关节运动驱动的仿真。
- 分析类型：该下拉列表用于选取解算方案的分析类型。

- 时间：该文本框用于设置所用时间段的长度。
- 步数：该文本框用于对上述时间段内分成的几个瞬态位置（各个步数）进行分析和显示。
- 解算公差：该文本框用于控制求解结果与微分方程之间的误差，最大求解误差越小，求解精度越高。
- 最大积分步：该文本框用于设置运动仿真模型时，在该选项控制积分和微分方程的DX因子，最大步长越小，精度越高。
- 最大准迭代次数：当分析类型为静力平衡时，才出现该文本框。该文本框用于控制解算器在进行动力学或者静力学分析的最大迭代次数，如果解算器的迭代次数超过了最大迭代次数，而结果与微分方程之间的误差未达到要求，解算就结束。
- 求解器加速度方法：该下拉列表用于指定求解运动学或动力学加速度的方法，其中包括分段、Harwell和迭代选项。
- 初速度方法：该下拉列表用于指定求解运动学或动力学初速度的方法，其中包括QR、Moore_Penrose 伪逆法和最小动能法选项。

# 10.5　运动分析

运动分析用于建立运动机构模型分析其运动规律。运动分析自动复制主模型的装配文件，并建立一系列不同的运动分析方案，每个分析方案都可以独立修改，而不影响装配模型，一旦完成优化设计方案，就可以直接更新装配模型，达到分析目的。

## 10.5.1　动画

动画是基于时间的一种运动形式。机构在指定的时间中运动，并指定该时间段中的步数进行运动分析。

Step1. 打开文件 D:\ug12pd\work\ch10.05.01\asm_motion2.sim。

Step2. 在分析功能选项卡运动区域中单击动画按钮，系统弹出图 10.5.1 所示的“动画”对话框。

**图 10.5.1 所示“动画”对话框的选项说明如下。**

- 滑动模式：该下拉列表用于选择滑动模式，其中包括时间（秒）和步数两个选项。
  - ☑ 时间（秒）：指动画以设定的时间进行运动。
  - ☑ 步数：指动画以设定的步数进行运动。

- （设计位置）：单击此按钮，可以使运动模型回到运动仿真前置处理前的初始三维实体设计状态。

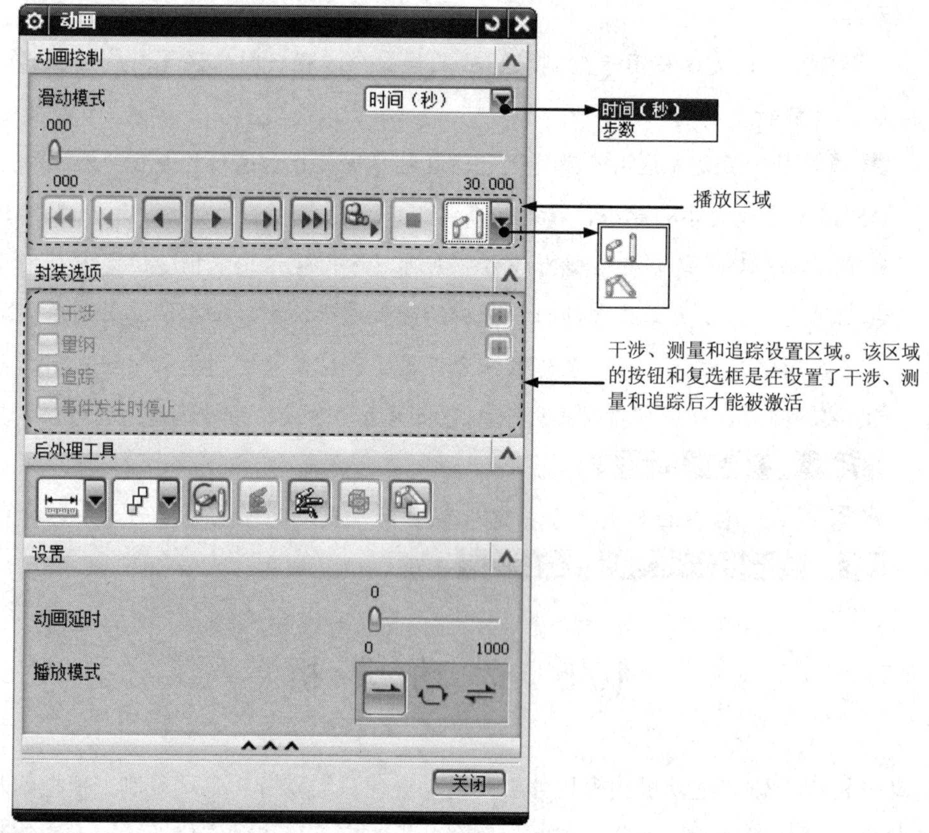


图 10.5.1 “动画”对话框

- （装配位置）：单击此按钮，可以使运动模型回到运动仿真前置处理后的 ADAMS 运动分析模型状态。

## 10.5.2 图表

图表是将生成的电子表格数据（位移、速度、加速度和力）以图表的形式表达仿真结果。图表是从运动分析中提取这些信息的唯一方法。

Step1. 打开文件 D:\ug12pd\work\ch10.05.02\asm_motion2.sim。

Step2. 在 分析 功能选项卡 运动 区域中单击 XY 结果 按钮。

Step3. 选择要生成图表的对象。在“运动导航器”窗口 运动副 节点下选择 J001，此时在 XY 结果视图窗口中会显示图 10.5.2 所示的信息。

**图 10.5.2 所示的“XY 结果视图”窗口的选项说明如下。**

- 绝对：该下拉列表用于定义分析模型的数据类型，其中包括 位移 、 速度 、 加速度

和 力 选项。若用此下拉列表中的数据，则图表显示的数值是按绝对坐标系测量获得的。

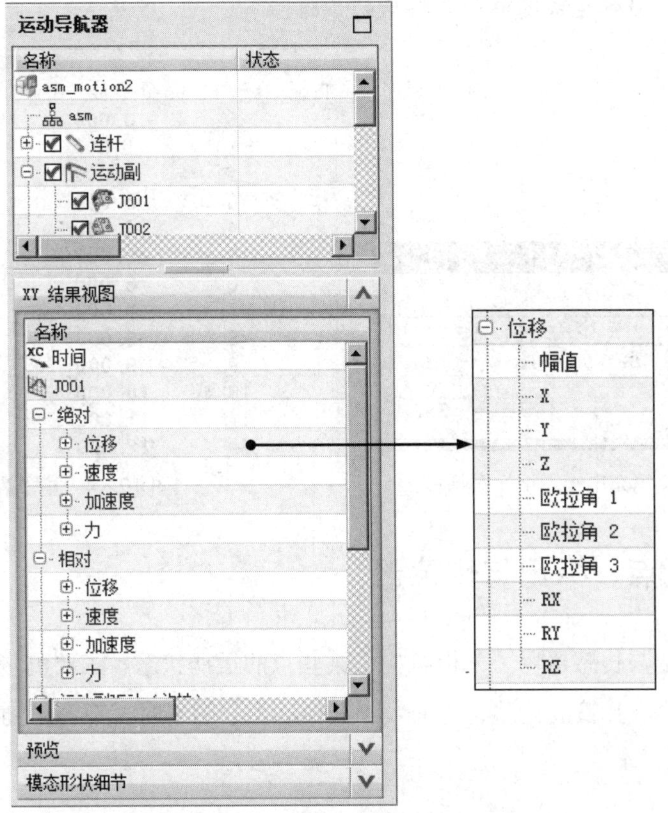


图 10.5.2　“XY 结果视图”窗口

- 相对：该下拉列表用于定义分析模型的数据类型，其中包括 位移 、 速度 、 加速度 和 力 选项。若用此下拉列表中的数据，则图表显示的数值是按所选取的运动副或标记的坐标系测量获得的。
- 在 位移 、 速度 、 加速度 和 力 选项的下拉列表用来定义要分析的数据的值，也就是图表中竖直轴上的值，其中包括 幅值 、 X 、 Y 、 Z 、、 欧拉角 1 、 欧拉角 2 、 欧拉角 3 、 RX 、 RY 和 RZ 选项等。

Step4. 定义参数。在“XY 结果视图”窗口中依次展开 绝对 ➡ 力 节点，然后右击 力幅值 选项，在弹出的快捷菜单中选择 绘图 命令，在绘图区域单击即可。

## 10.5.3　填充电子表格

机构在运动时，系统内部将自动生成一组数据表。在运动分析过程中，该数据表连续记录数据，在每一次更新分析时，数据表都将重新记录数据。

说明：生成的电子表格的数据与图表设置中的参数数据一致。

在分析功能选项卡运动区域中单击按钮，系统弹出图 10.5.3 所示的“填充电子表格”对话框。单击确定按钮，系统自动生成图 10.5.4 所示的电子表格。

**说明：该操作是继生成的电子表格后的步骤。**

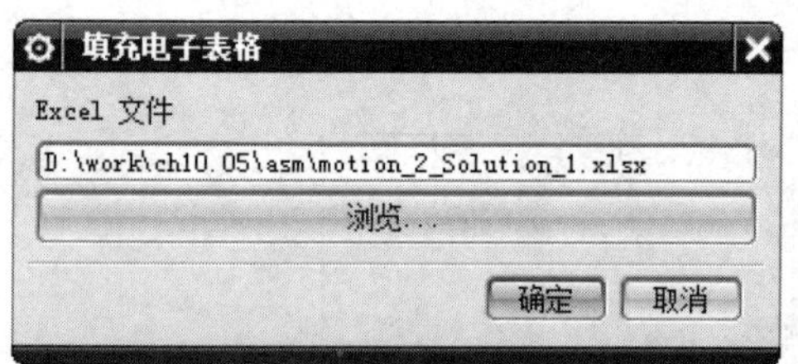


图 10.5.3 “填充电子表格”对话框

| | | 机构驱动 |
|---|---|---|
| Time Step | Elapsed Time | drv J001, revolute |
| 0 | 0.000 | -1E-10 |
| 1 | 1.000 | 30.00001286 |
| 2 | 2.000 | 60.00002572 |
| 3 | 3.000 | 90.00003857 |
| 4 | 4.000 | 120.0000514 |
| 5 | 5.000 | 150.0000643 |
| 6 | 6.000 | 180.0000771 |
| 7 | 7.000 | 210.00009 |
| 8 | 8.000 | 240.0001029 |
| 9 | 9.000 | 270.0001157 |
| 10 | 10.000 | 300.0001286 |
| 11 | 11.000 | 330.0001414 |
| 12 | 12.000 | 360.0001543 |

图 10.5.4 电子表格

## 10.5.4 智能点、标记与传感器

智能点、标记与传感器用于分析机构中某些点的运动状态。当要测量某一点的位移、速度、加速度、力、弹簧的位移、弯曲量和其他动力学因子时，都会用到这类测量工具。

### 1. 智能点

智能点是没有方向的点，只作为空间的一个点来创建，它没有附着在连杆上或与连杆有关。智能点在空间的作用是非常大的，如用智能点识别弹簧的附着点，当弹簧的自由端是“附着在框架上”（接地），智能点能精确地定位接地点。

**注意：在图表创建中，智能点不是可选对象，只有标记才能用于图表功能中。**

在运动仿真模块中选择下拉菜单插入(S) → 智能点(M)...命令，系统弹出图 10.5.5 所示的“点”对话框，在模型中选取参考点，单击确定按钮，完成智能点的创建。

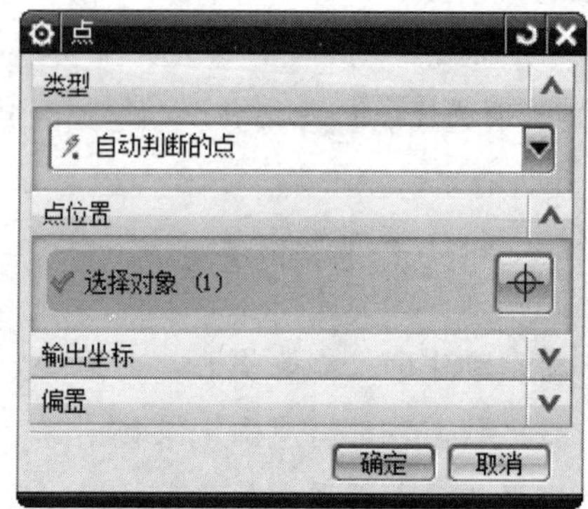


图 10.5.5 “点”对话框

## 2. 标记

标记不仅与连杆有关，而且有明确的方向定义。标记的方向特性在复杂的动力学分析中非常有用，如需要分析某个点的线性速度或加速度以及绕某个特定轴旋转的角度和角加速度等。

下面以图 10.5.6 所示的模型为例介绍创建标记的一般操作过程。

Step1. 打开文件 D:\ug12pd\work\ch10.05.04.02\motion_1.sim。

Step2. 选择下拉菜单 插入(S) → 标记(K)... 命令，系统弹出图 10.5.7 所示的“标记”对话框。

**图 10.5.7 所示的“标记”对话框选项说明如下。**

- 关联链接区域：用于选择定义标记位置的连杆。
- 方向区域：用于定义标记显示的位置及方位。
- 显示比例文本框：在该文本框中输入的数值用于定义标记显示的大小。
- 名称文本框：在该文本框中可以输入用于定义标记显示的名称。

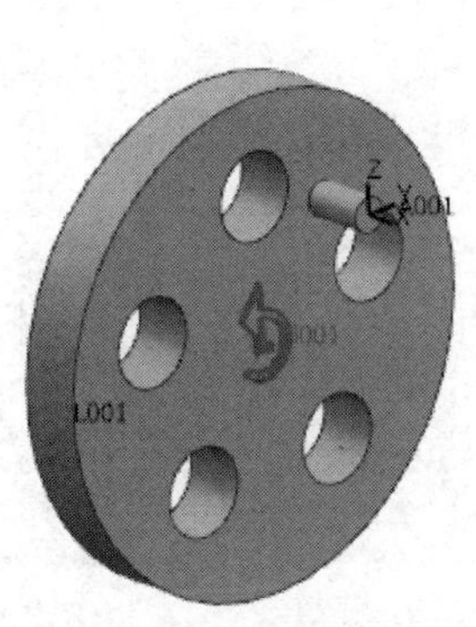

图 10.5.6 创建标记

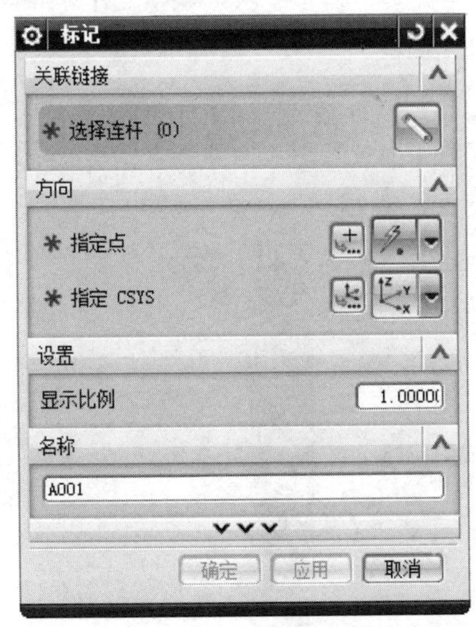


图 10.5.7 “标记”对话框

Step3. 在系统选择连杆来定义标记位置的提示下，选择图 10.5.8 所示的连杆，在* 指定点右侧的下拉列表中选择⊙选项，然后选择图 10.5.8 所示的边线；单击✔ 指定坐标系右侧的“坐标系对话框”按钮，在系统弹出图 10.5.9 所示的“坐标系”对话框的类型下拉列表中选择 动态选项，然后单击“点对话框”按钮，选择图 10.5.8 所示的边线，单击两次确定按钮。

Step4. 采用系统默认的显示比例和名称，单击确定按钮，完成标记的创建。

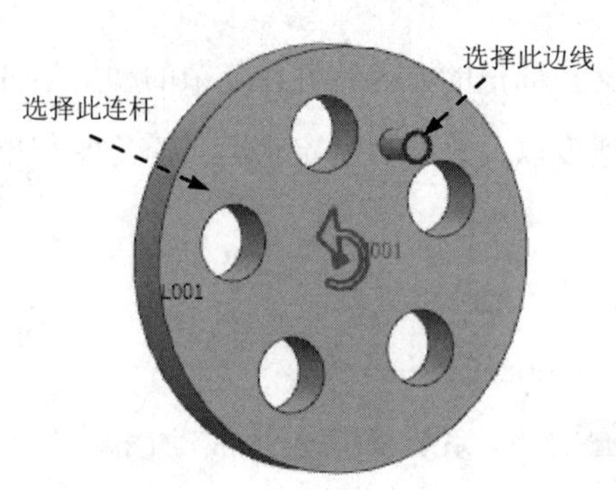


图 10.5.8 定义参照对象

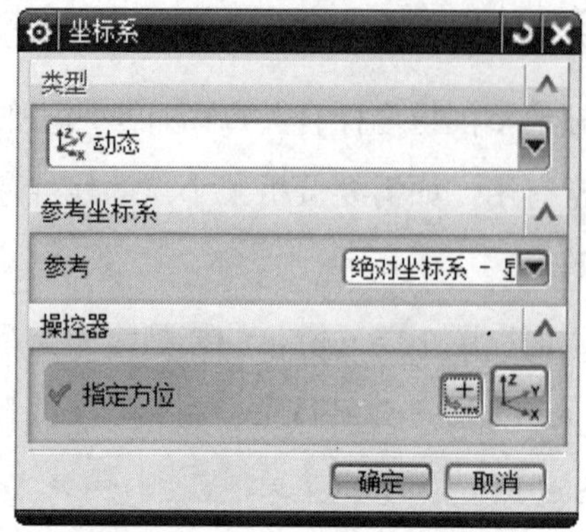


图 10.5.9 “坐标系”对话框

### 3. 传感器

传感器可以设置在标记或运动副上，能够对添加的对象进行精确的测量。

下面以图 10.5.10 所示的模型为例介绍创建传感器的一般操作过程。

Step1. 打开文件 D:\ug12pd\work\ch10.05.04.03\motion_1.sim。

Step2. 选择下拉菜单 插入(S) → 传感器(S)... 命令，系统弹出图 10.5.11 所示的“传感器”对话框。

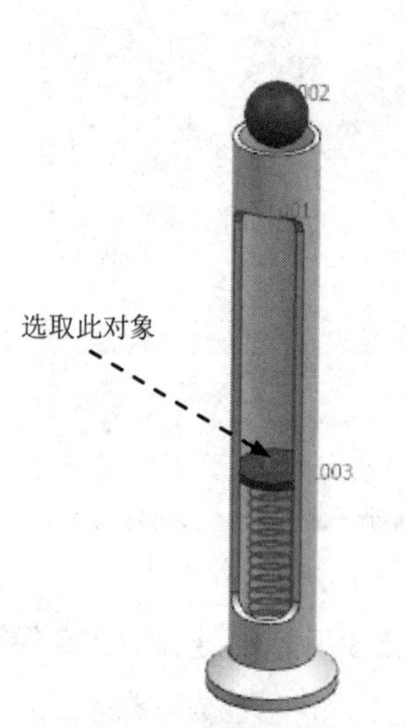


图 10.5.10 创建传感器

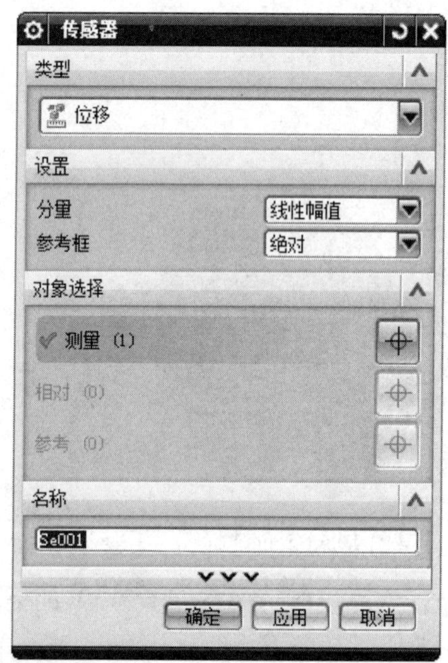


图 10.5.11 “传感器”对话框

Step3. 在“传感器”对话框的类型下拉列表中选择位移选项，在设置区域的分量下拉列表中选择Z选项，在参考框下拉列表中选择绝对选项，然后选择图 10.5.10 所示的对象，单击确定按钮，完成传感器的创建。

## 10.5.5　干涉、测量与追踪

干涉、测量和追踪都是调用相应的复选框，处理所要解算的问题。

### 1. 干涉

干涉检测功能是检测一对实体或片体的干涉重叠量。

Step1. 打开文件 D:\ug12pd\work\ch10.05.05.01\motion_1.sim。

Step2. 单击 分析 功能选项卡 运动 区域中的 干涉 按钮，系统弹出图 10.5.12 所示的“干涉”对话框。

Step3. 选择图 10.5.13 所示的实体 1 为第一组对象，选取实体 2 为第二组对象；在 设置 区域的 模式 下拉列表中选择 精确实体 选项，其他采用系统默认设置，单击 确定 按钮，完成操作。

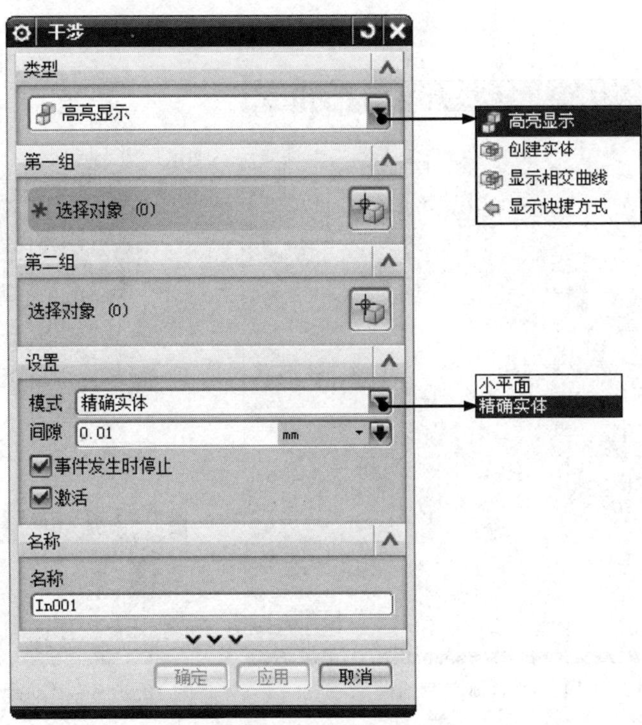


图 10.5.12　“干涉”对话框

图 10.5.12 所示的“干涉”对话框的选项说明如下。

- 类型 下拉列表中包括 高亮显示、创建实体 和 显示相交曲线 选项。
  - ☑ 高亮显示：选择该选项，在分析时出现干涉，干涉物体会变亮显示。
  - ☑ 创建实体：选择该选项，在分析时出现干涉，系统会生成一个非参数化的相交实体用来描述干涉体积。
  - ☑ 显示相交曲线：选择该选项，在分析时出现干涉，系统会生成曲线来显示干涉部分。

- 模式下拉列表中包括小平面和精确实体选项。
  - ☑ 小平面：选择该选项，是以小平面为干涉对象进行干涉分析。
  - ☑ 精确实体：选择该选项，是以精确的实体为干涉对象进行干涉分析。
- 间隙：该文本框中输入数值，定义分析时的安全参数。

Step4. 单击分析功能选项卡运动区域中的动画按钮，系统弹出图 10.5.14 所示的“动画”对话框。在该对话框中选中☑干涉和☑事件发生时停止复选框，然后单击▶按钮进行播放，此时系统弹出图 10.5.15 所示的“动画事件”对话框。动画停止并提示部件干涉，同时模型加亮显示。

Step5. 单击“动画事件”对话框中的确定按钮，然后取消选中“动画”对话框中的☑事件发生时停止复选框，单击▶按钮进行播放，结果如图 10.5.16 所示。单击确定按钮，完成操作。

图 10.5.14 “动画”对话框

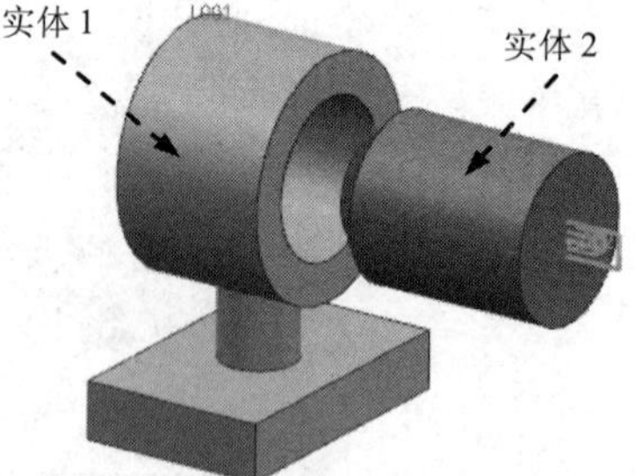


图 10.5.13 定义参照对象

图 10.5.15 “动画事件”对话框

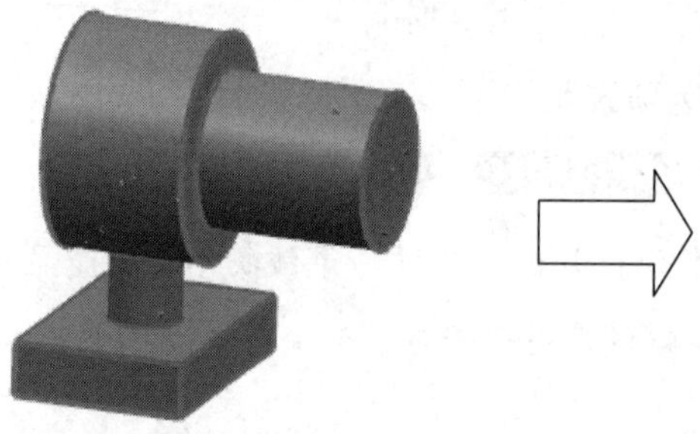

a）暂停事件

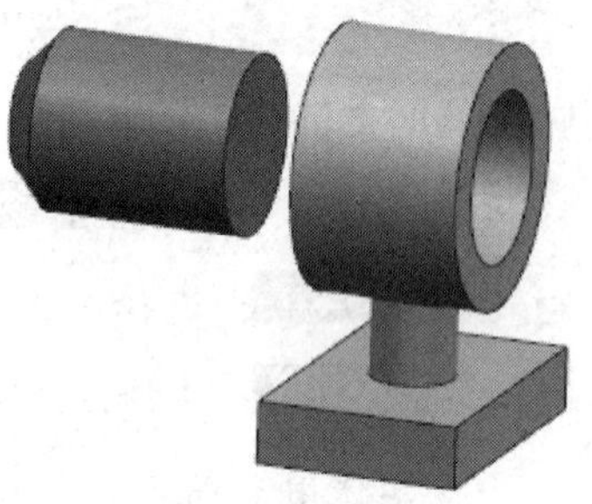

b）取消暂停事件

图 10.5.16 播放过程

### 2. 测量

测量检测功能是测量一对几何体的最小距离和角度。

Step1. 打开文件 D:\ug12pd\work\ch10.05.05.02\motion_1.sim。

Step2. 单击 分析 功能选项卡 运动 区域中的 测量 按钮，系统弹出图 10.5.17 所示的“测量”对话框。

图 10.5.17 所示的“测量”对话框说明如下。

- 类型 下拉列表中包括 最小距离 和 角度 两种选项。
  - ☑ 最小距离：选择该选项，测量的是两连杆的最小距离值。
  - ☑ 角度：选择该选项，测量的是两连杆的角度值。

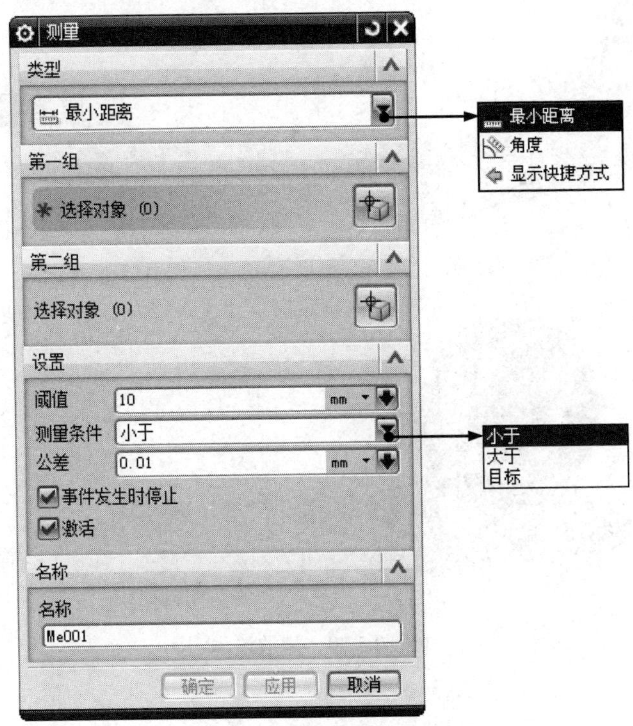


图 10.5.17 “测量”对话框

- 阈值：该文本框中输入的数值定义阈值（参照值）。
- 测量条件：下拉列表中包括 小于、大于 和 目标 选项。
  - ☑ 小于：选择该选项，测量值小于参照值。
  - ☑ 大于：选择该选项，测量值大于小参照值。
  - ☑ 目标：选择该选项，测量值等于小参照值。
- 公差：在该文本框中输入的数值定义比参照值大或小一个定值都能符合测量条件。

Step3. 选取图 10.5.18 所示的第一组面和第二组面，其他参数采用系统默认设置，单击确定按钮，完成操作。

Step4. 单击分析功能选项卡运动区域中的动画按钮，系统弹出“动画”对话框。在该对话框中选中☑测量和☑事件发生时停止复选框，然后单击▶按钮进行播放，此时系统弹出图 10.5.19 所示的“动画事件”对话框。动画停止并提示测量距离阈值（默认阈值为 0.1）已被超出，同时模型测量的地方加亮显示。

Step5. 单击“动画事件”对话框中的确定按钮，然后取消选中“动画”对话框中的☑事件发生时停止复选框，单击▶按钮进行播放，可观察到动画过程中测量距离的变化，结果如图 10.5.20 所示。单击确定按钮，完成操作。

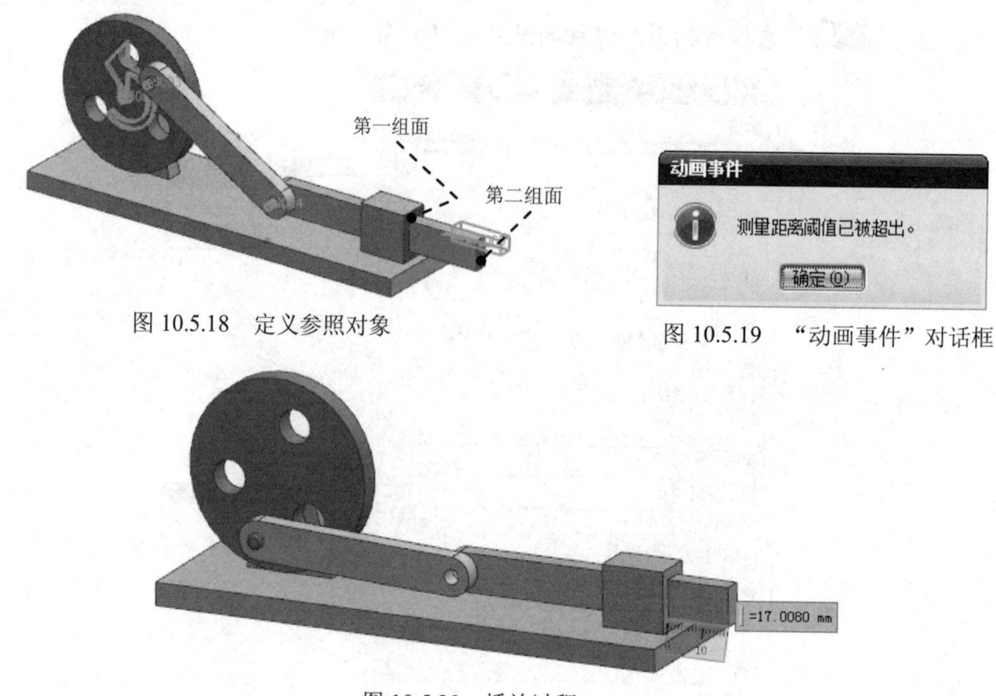


图 10.5.18 定义参照对象

图 10.5.19 “动画事件”对话框

图 10.5.20 播放过程

### 3. 追踪

追踪就是在运动的每一步创建选定几何体的副本。选择追踪对象后，追踪对象就会出现在列表窗口中。如果被追踪的对象有专有的名称，则该名称就会出现在列表窗口中，对象的名称可指定。但该名称为指定名称，而系统会用默认名称。

Step1. 打开文件 D:\ug12pd\work\ch10.05.05.03\motion_1.sim。

Step2. 单击分析功能选项卡运动区域中的追踪按钮，系统弹出图 10.5.21 所示“追踪”对话框。

Step3. 选取图 10.5.22 所示的连杆，其他参数采用系统默认设置，单击确定按钮，完成操作。

Step4. 单击分析功能选项卡运动区域中的动画按钮，系统弹出“动画”对话框。在该对话框中选中☑追踪复选框，然后单击▶按钮进行播放，结果如图 10.5.23 所示。

图 10.5.21 所示的“追踪”对话框说明如下。

- 参考框：指定被跟踪对象以一个坐标为中心运动。
- 目标层：指定被跟踪对象的放置层。
- ☑激活：选中该复选框，激活目标层。

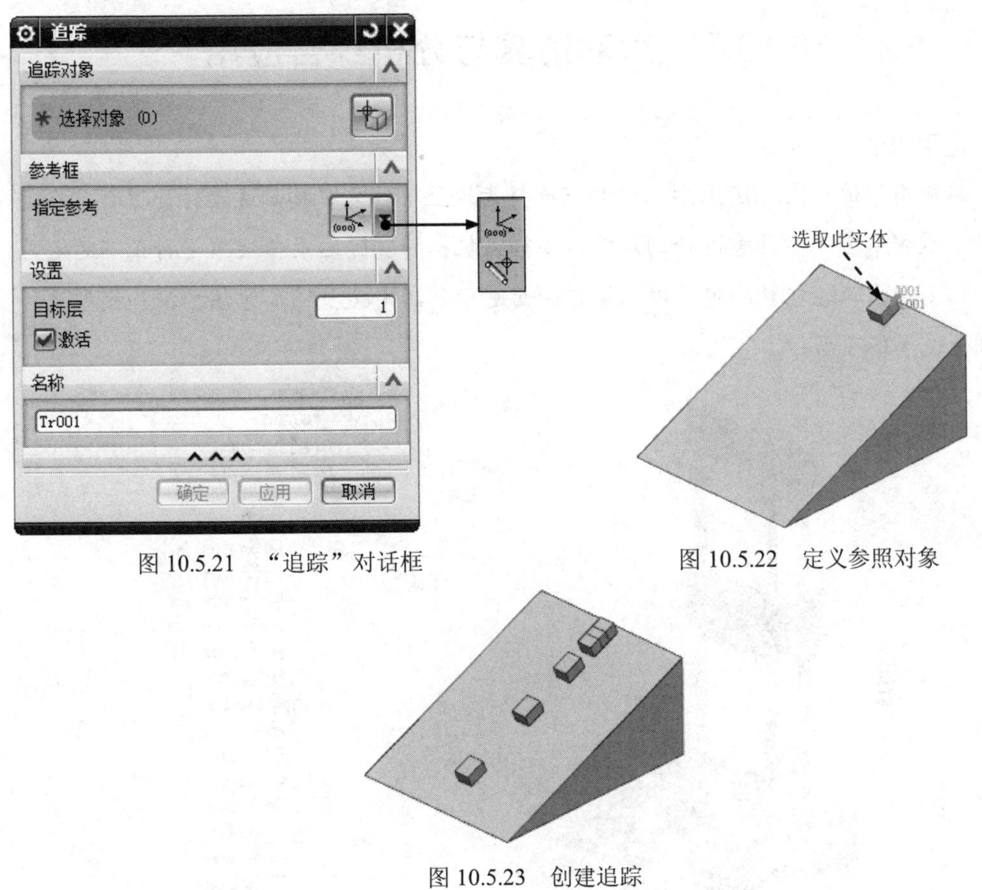


图 10.5.21　“追踪”对话框

图 10.5.22　定义参照对象

图 10.5.23　创建追踪

# 10.6　编 辑 仿 真

## 10.6.1　编辑运动对象

编辑运动对象用于重新定义连杆、运动副、力类对象、标记和运动约束。该功能可编辑 UG 运动分析模块特有的对象和特征。其操作与创建过程是一样的，这里就不详细讲解。

### 10.6.2 函数编辑器

函数编辑器是创建运动函数的工具。当使用解算运动函数或高级数学功能时，函数编辑器是非常有用的。单击 主页 功能选项卡 机构 区域中的 f(x) 按钮，系统弹出“XY 函数管理器”对话框，利用该对话框可以编辑函数。

## 10.7 运动仿真与分析综合应用

**应用概述：**

本应用讲述了图 10.7.1 所示的曲柄连杆齿轮上下往复机构的运动仿真过程。在定义运动仿真过程中首先要注意连杆的定义，要根据机构的实际运动情况来进行正确的定义；另外，还要注意齿轮机构的定义以及点在曲面运动副的定义技巧和方法。机构模型及仿真结构树如图 10.7.1 所示。

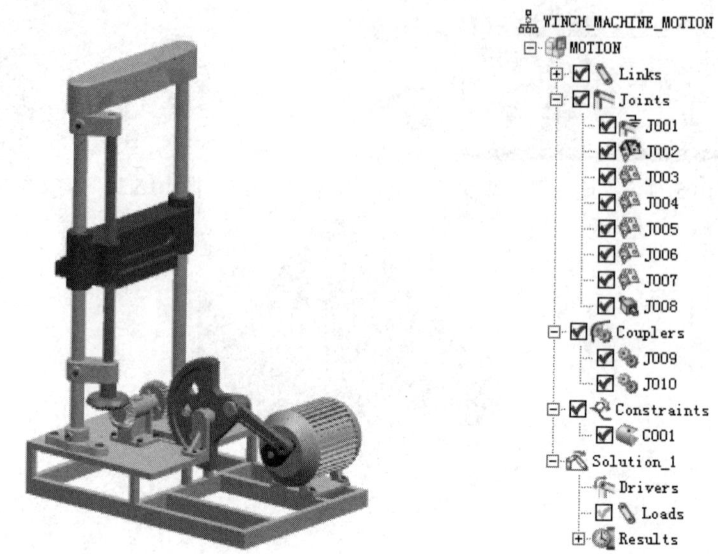


图 10.7.1 曲柄连杆齿轮上下往复机构仿真

**说明：** 本应用的详细操作过程请参见随书光盘中 video\ch10.07\文件夹下的语音视频讲解文件。模型文件为 D:\ug12pd\work\ch10.07\WINCH_MACHINE_MOTION.prt。

**学习拓展：** 扫码学习更多视频讲解。

**讲解内容：** 运动仿真实例精选。讲解了一些典型的运动仿真实例，并对操作步骤做了详细的演示。

# 第 11 章 产品的工程图设计（基础）

## 11.1 工程图概述

### 11.1.1 工程图的重要性

相信很多人都已经察觉到，如今的时代俨然是一个 3D 时代。游戏世界里早就出现了 3D 游戏，动画也成了 3D 动画，就连电影里的特技都离不开 3D 制作与渲染。机械设计软件行业里更是出现了众多优秀的 3D 设计软件，比如 Pro/ENGINEER、CATIA、UG、AutoCAD 以及 CAXA（国产软件）等。随着这些优秀软件相继进入我国市场并得以迅速推广，以及我国自主研发成功一定种类的 3D 设计软件，“三维设计”概念已逐渐深入人心，并成为一种潮流，许多高等院校也相继开设了三维设计的课程，并采用了相应的软件来辅助教学。

由于使用这些软件设计三维实体零件，复杂的空间曲面造型已经成为比较容易的事情，甚至有些现代化制造企业已经实现了设计、加工、生产无纸化的目标，因而很多人开始认为 2D 设计与 2D 图纸就要成为历史，我们不需要再学习这些烦人的绘图方法、难解的投影关系与枯燥无味的各种标准了。

不错，这是个与时俱进的观念，它改变着人们传统的机械设计观念，也指导我们追求更好、更高的技术，但是，只要我们认清中国的国情，了解我国机械设计、制造行业的现状，就会发现仍旧有大量的工厂使用着 2D 工程图，许多员工可以轻易地读懂工程图而不能从 3D 模型里面读出加工所需要的参数。国家标准对整个工程制图以及加工工艺等做了详细的规定，却未对 3D“图纸”做过多的标准制定。可以看出，几乎整个机械设计制造业都在遵循着国家标准，都在使用 2D 工程图来进行交流，3D 潮流显然还没有动摇传统的 2D 观念；虽然使用 3D 设计软件设计的零件模型的形状和结构很容易为人们所读懂，但是 3D“图纸”也具有本身的不足之处而无法替代 2D 工程图的地位。其理由有以下几个方面：

- 立体模型（3D“图纸”）无法像 2D 工程图那样可以标注完整的加工参数，如尺寸、几何公差、加工精度、基准、表面粗糙度符号和焊缝符号等。
- 不是所有零件都需要采用 CNC 或 NC 等数控机床加工，因而需要出示工程图在普通机床上进行传统加工。
- 立体模型（3D“图纸”）仍然存在无法表达清楚的局部结构，如零件中的斜槽和凹孔等，这时可以在 2D 工程图中通过不同方位的视图来表达局部细节。

- 通常把零件交给第三方厂家加工生产时，需要出示工程图。

所以，我们应该保持对 2D 工程图的重视，纠正 3D 淘汰 2D 的错误观点。当然我们也不能过分强调 2D 工程图的重要性，毕竟使用 3D 软件进行机械设计可以大大提高工作的效率和节省生产成本；要成为一个优秀的机械工程师或机械设计师，我们不仅要具备坚实的机械制图基础，也需要具备先进的三维设计观念。

## 11.1.2 UG NX 12.0 工程图特点

使用 UG NX 12.0 的制图环境可以创建三维模型的工程图，且图样与模型相关联。因此，图样能够反映模型在设计阶段中的更改，可以使图样与装配模型或单个零部件保持同步。其主要特点如下。

用户界面直观、易用、简洁，可以快速方便地创建图样。

“在图纸上”工作的画图板模式。此方法类似于制图人员在画图板上绘图。应用此方法可以极大地提高工作效率。

支持新的装配体系结构和并行工程。制图人员可以在设计人员对模型进行处理的同时制作图样。

可以快速地将视图放置到图纸上，系统会自动正交对齐视图。

具有创建与自动隐藏线和剖面线完全关联的横剖面视图的功能。

具有从图形窗口编辑大多数制图对象（如尺寸、符号等）的功能。用户可以创建制图对象，并立即对其进行修改。

图样视图的自动隐藏线渲染。

在制图过程中，系统的反馈信息可减少许多返工和编辑工作。

使用对图样进行更新的用户控件，能有效地提高工作效率。

## 11.1.3 工程图的组成

UG NX 12.0 的工程图主要由以下三个部分组成（图 11.1.1）。

- 视图：包括六个基本视图（主视图、俯视图、左视图、右视图、仰视图和后视图）、放大图、各种剖视图、断面图、辅助视图等。在制作工程图时，根据实际零件的特点选择不同的视图组合，以便简单清楚地表达各个设计参数。
- 尺寸、公差、注释说明及表面粗糙度：包括形状尺寸、位置尺寸、形状公差、位置公差、注释说明、技术要求以及零件的表面粗糙度要求。

● 图框、标题栏等。

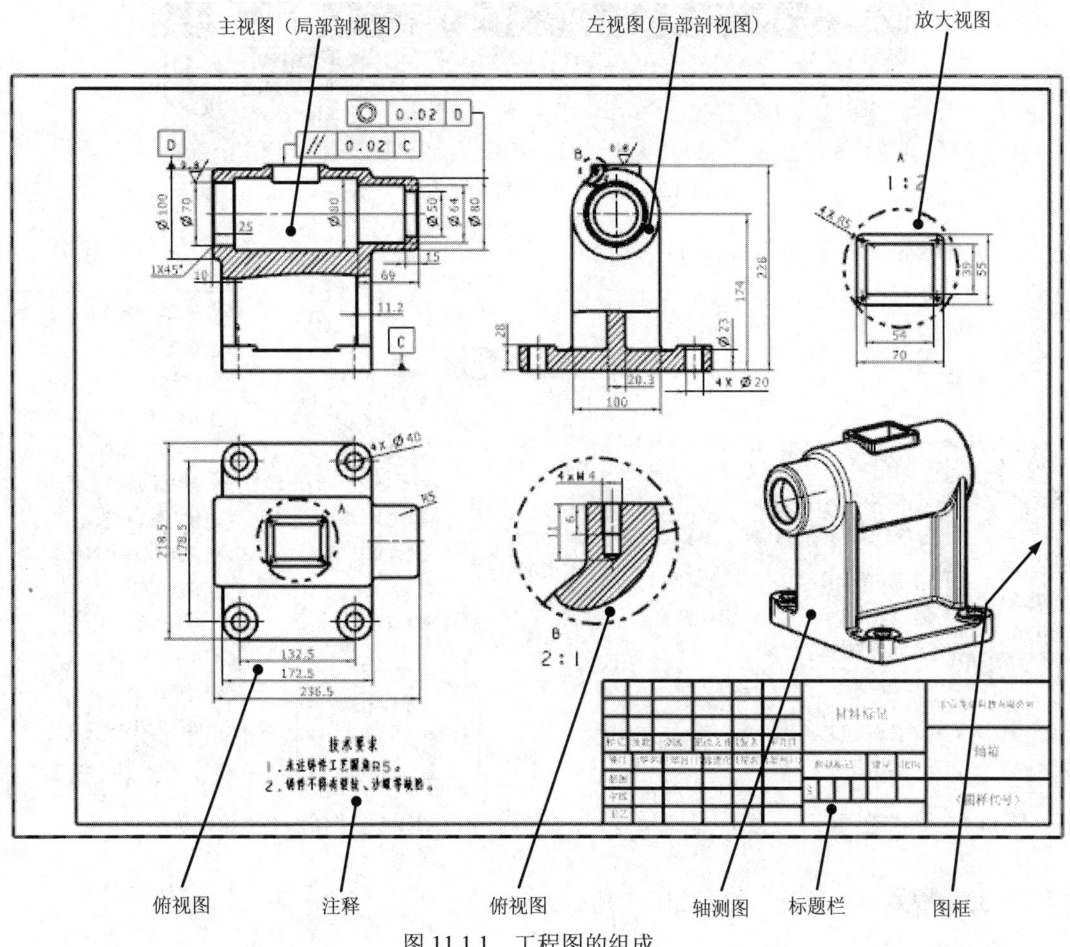


图 11.1.1 工程图的组成

## 11.1.4 工程图环境中的下拉菜单与工具条

打开一个模型文件后，有三种方法进入工程图环境，现分别介绍如下。

打开文件 D:\ug12pd\work\ch11.01\down_base.prt。

方法一：单击 文件(F) 功能选项卡 启动 区域中的 制图(D) 按钮。

方法二：单击 应用模块 功能选项卡 设计 区域中的 制图 按钮。

方法三：利用组合键 Ctrl+Shift+ D。

进入工程图环境以后，下拉菜单将会发生一些变化，系统为用户提供了一个方便、快捷的操作界面（图 11.1.2）。下面对工程图环境中较为常用的下拉菜单和工具条进行介绍。

### 1．下拉菜单

（1）首选项(P) 下拉菜单。该菜单主要用于在创建工程图之前对制图环境进行设置，如图

11.1.3 所示。

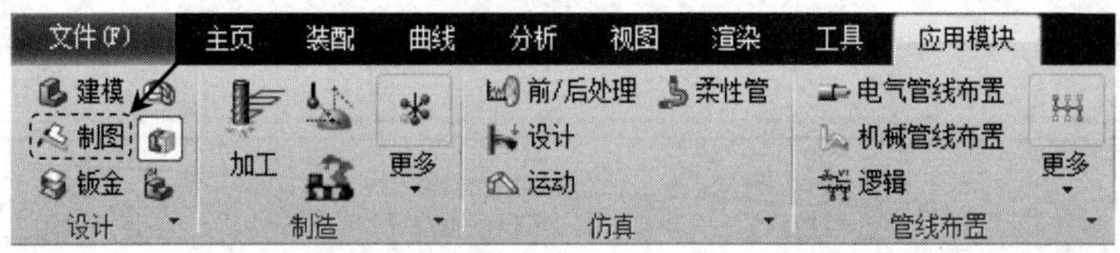


图 11.1.2　进入工程图环境的几种方法

（2）插入(S)下拉菜单，如图 11.1.4 所示。

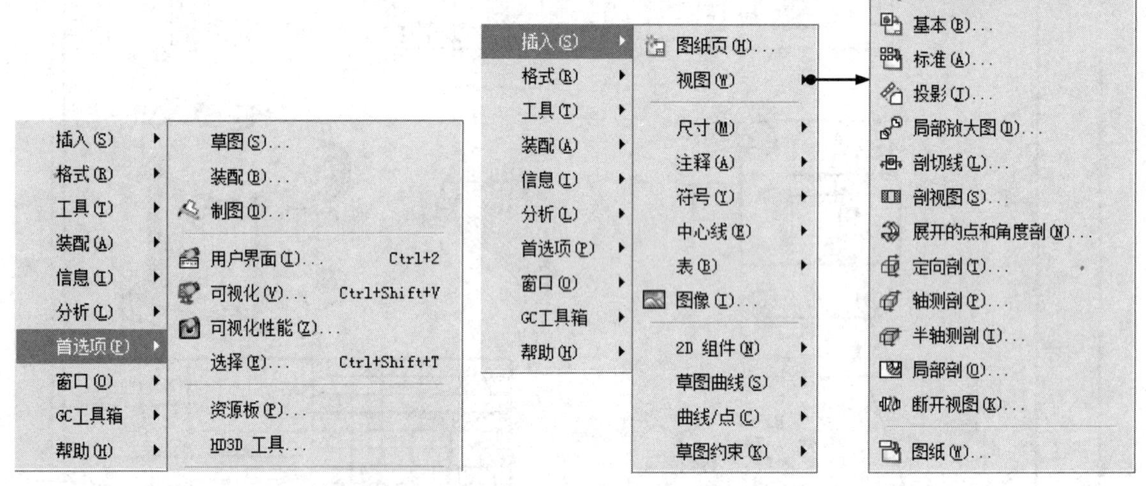


图 11.1.3 “首选项”下拉菜单　　　　图 11.1.4　“插入”下拉菜单

（3）编辑(E)下拉菜单，如图 11.1.5 所示。

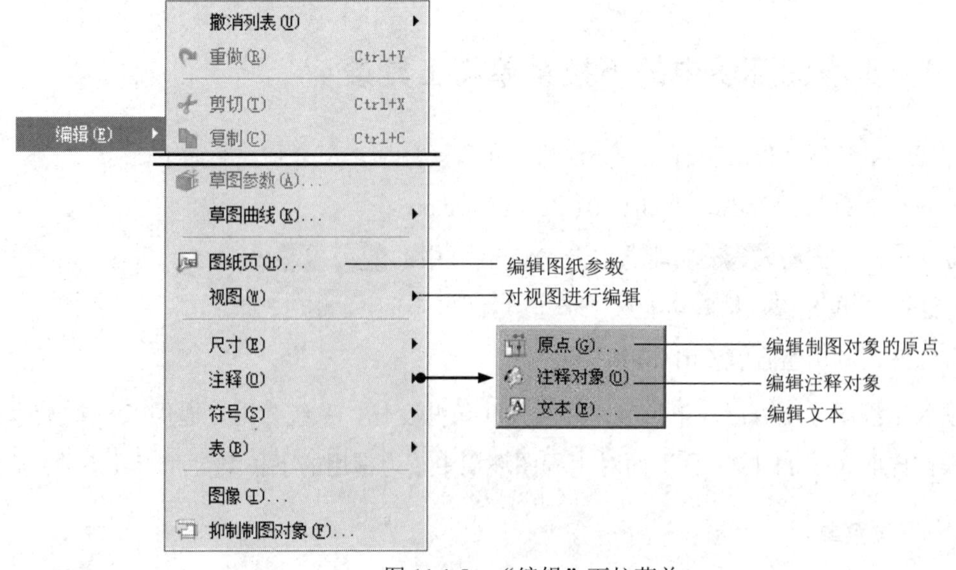


图 11.1.5　“编辑”下拉菜单

2．选项卡

进入工程图环境以后，系统会自动增加许多与工程图操作有关的选项卡。下面对工程图环境中较为常用的选项卡分别进行介绍。

说明：

- 选择下拉菜单 工具(T) → 定制(Z)... 命令，在弹出的“定制”对话框的 选项卡/条 选项卡中进行设置，可以显示或隐藏相关的选项卡。
- 选项卡中没有显示的按钮，可以通过下面的方法将它们显示出来：单击右下角的 按钮，在其下方弹出菜单中将所需要的选项组选中即可。

“主页”选项卡，如图 11.1.6 所示。

图 11.1.6　“主页”选项卡

图 11.1.6 所示的“主页”选项卡中部分按钮的说明如下。

- ：新建图纸页。
- ：编辑图纸页。
- ：视图创建向导。
- ：创建基本视图。
- ：创建投影视图。
- ：创建局部放大图。
- ：创建断开视图。
- ：创建剖切线。
- ：创建剖视图。
- ：创建展开的点和角度剖视图。
- ：创建定向剖视图。
- ：创建轴测剖视图。
- ：创建半轴测剖视图。
- ：创建局部剖视图。
- ：创建快速尺寸。
- ：创建线性尺寸。
- ：创建径向尺寸。
- ：创建坐标参数。
- ：创建注释。
- ：创建特征控制框。
- ：创建基准。
- ：创建基准目标。
- ：符号标注。
- ：表面粗糙度符号。
- ：焊接符号。
- ：目标点符号。
- ：相交符号。
- ：中心标记。
- ：图像。
- ：剖面线。
- ：表格注释。
- ：零件明细栏。
- ：自动符号标注。
- ：编辑设置。
- ：隐藏视图中的组件。
- ：显示视图中的组件。
- ：视图中的剖切。

## 11.1.5 部件导航器

在学习本节前，请先打开文件 D:\ug12pd\work\ch11.01\down_base_ok.prt。

在 UG NX 12.0 工程图环境中，部件导航器（图 11.1.7）可用于编辑、查询和删除图样（包括在当前部件中的成员视图），图纸节点下包括图纸页、成员视图、剖面线和相关的表格。

下面分别介绍部件导航器的各个节点的快捷菜单。

（1）在部件导航器中的图纸节点上右击，系统弹出图 11.1.8 所示的快捷菜单（一）。

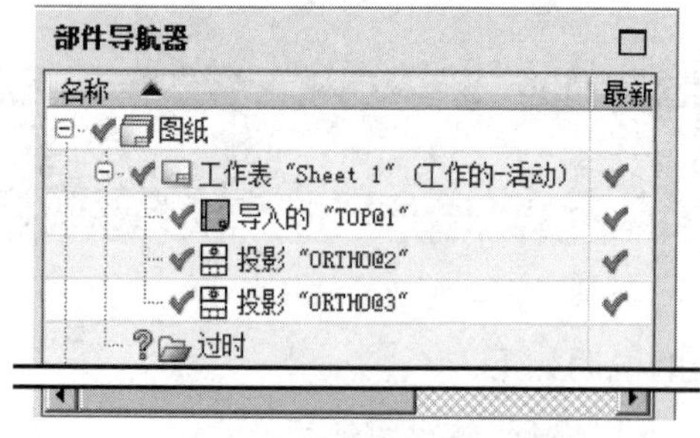


图 11.1.7 部件导航器

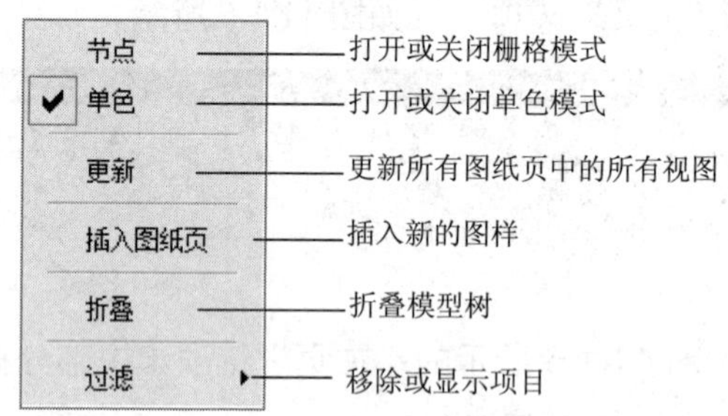


图 11.1.8 快捷菜单（一）

（2）在部件导航器中的工作表节点上右击，系统弹出图 11.1.9 所示的快捷菜单（二）。

（3）在部件导航器中的导入的视图节点上右击，系统弹出图 11.1.10 所示的快捷菜单（三）。

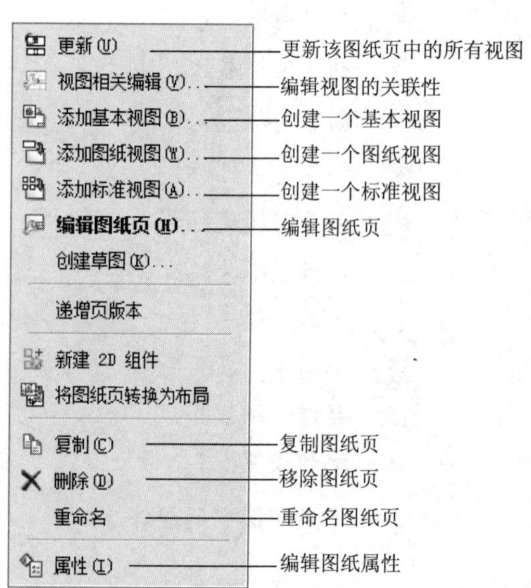


图 11.1.9 快捷菜单（二）

图 11.1.10 快捷菜单（三）

# 11.2　工程图参数预设置

UG NX 12.0 默认安装后提供了多个国际通用的制图标准，其中系统默认的制图标准"GB（出厂设置）"中的很多选项不满足企业的具体制图需要，所以在创建工程图之前，一般先要对工程图参数进行预设置。通过工程图参数的预设置可以控制箭头的大小、线条的粗细、隐藏线的显示与否、标注的字体和大小等。用户可以通过预设置工程图的参数来改变制图环境，使所创建的工程图符合我国的国家标准。

## 11.2.1　制图参数预设置

选择下拉菜单 首选项(P) → 制图(D)... 命令，系统弹出图 11.2.1 所示的"制图首选项"对话框，该对话框的功能如下。

（1）设置视图和注释的版本。

（2）设置成员视图的预览样式。

（3）视图的更新和边界、显示抽取边缘的面及加载组件的设置。

（4）保留注释的显示设置。

## 11.2.2　原点参数设置

选择下拉菜单 编辑(E) → 注释(O) ▸ → 原点(G)... 命令，系统弹出图 11.2.2 所示的"原点工具"对话框。

图 11.2.1　"制图首选项"对话框

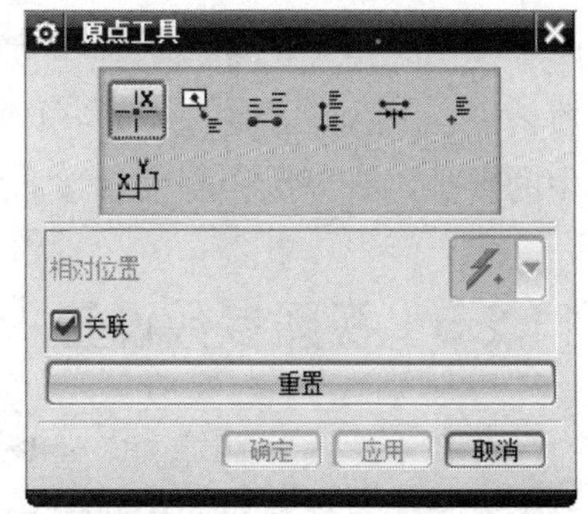


图 11.2.2　"原点工具"对话框

图 11.2.2 所示“原点工具”对话框中的各选项说明如下。

（拖动）：通过光标来指示屏幕上的位置，从而定义制图对象的原点。如果选择☑ 关联选项，可以激活相对位置下拉列表，以便用户可以将注释与某个参考点相关联。

（相对于视图）：定义制图对象相对于图样成员视图的原点移动、复制或旋转视图时，注释也随着成员视图移动。只有独立的制图对象（如注释、符号等）可以与视图关联。

（水平文本对齐）：该选项用于设置在水平方向与现有的某个基本制图对象对齐。此选项允许用户将源注释与目标注释上的某个文本定位位置相关联，让尺寸与选择的文本水平对齐。

（竖直文本对齐）：该选项用于设置在竖直方向与现有的某个基本制图对象对齐。此选项允许用户将源注释与目标注释上的某个文本定位位置相关联。打开时，会让尺寸与选择的文本竖直对齐。

（对齐箭头）：该选项用来创建制图对象的箭头与现有制图对象的箭头对齐，来指定制图对象的原点。打开时，会让尺寸与选择的箭头对齐。

（点构造器）：通过“原点位置”下拉菜单来启用所有的点位置选项，以使注释与某个参考点相关联。打开时，可以选择控制点、端点、交点和中心点为尺寸和符号的放置位置。

（偏置字符）：该选项可设置当前字符大小（高度）的倍数，使尺寸与对象偏移指定的字符数后对齐。

## 11.2.3 注释参数设置

选择下拉菜单首选项(P) ➡ 制图(D)... 命令，系统弹出图 11.2.1 所示的“制图首选项”对话框，在该对话框中的“公共”“尺寸”“注释”“表”节点下，可调整文字属性、尺寸属性及表格属性等注释参数。

## 11.2.4 截面线参数设置

选择下拉菜单首选项(P) ➡ 制图(D)... 命令，系统弹出图 11.2.1 所示的“制图首选项”对话框，在该对话框的⊟ 视图 节点下选择截面线选项，如图 11.2.3 所示，通过设置“截面线”中的参数，既可以控制以后添加到图样中的剖切线显示，也可以修改现有的剖切线。

## 11.2.5 视图参数设置

选择下拉菜单首选项(P) ➡ 制图(D)... 命令，系统弹出图 11.2.1 所示的“制图首选项”对话框，在对话框的⊟ 视图 节点下展开⊟ 公共 选项，如图 11.2.4 所示，通过对⊟ 公共 区域中参数的设置可以控制图样上的视图显示，包括隐藏线、可见线、光顺边、截面线和局部放大图等内容。这些参数设置只对以后添加的视图有效，而对于在设置之前添加的视图则需要通过编辑视图的样式来修改，因此在创建工程图之前，最好首先进行预设置，这样可以减少很多编辑工作，提高工作效率。

图 11.2.3　“截面线”选项

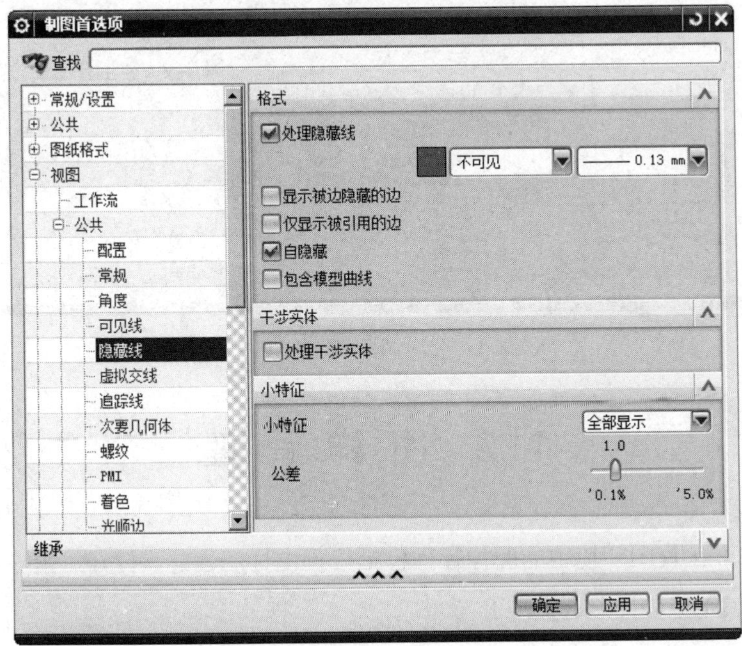


图 11.2.4　“公共”区域选项

### 11.2.6 视图标签参数预设置

选择下拉菜单 首选项(P) → 制图(D)... 命令，系统弹出图 11.2.1 所示的“制图首选项”对话框，在对话框的 视图 节点下展开 基本/图纸 选项，然后单击 标签 选项，如图 11.2.5 所示，功能如下。

- 控制视图标签的显示，并查看图样上成员视图的视图比例标签。
- 控制视图标签的前缀名、字母、字母格式和字母比例数值的显示。
- 控制视图比例的文本位置、前缀名、前缀文本比例数值、数值格式和数值比例数值的显示。

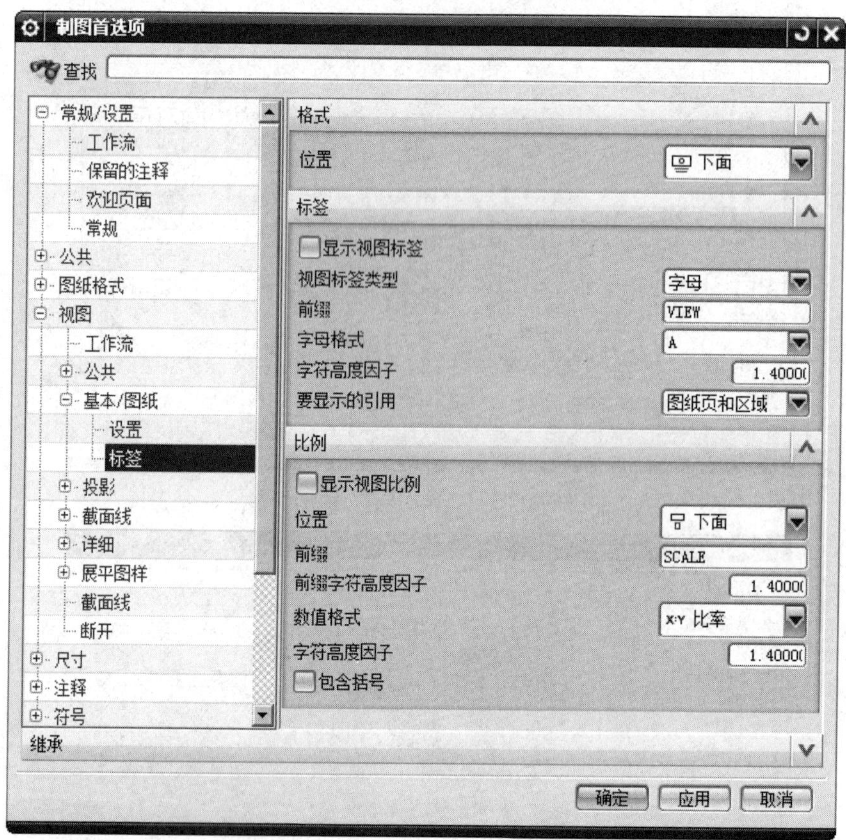


图 11.2.5 “标签”选项

## 11.3 图 样 管 理

UG NX 12.0 工程图环境中的图样管理包括工程图样的创建、打开、删除和编辑；下面主要对新建和编辑工程图进行简要介绍。

## 11.3.1 新建工程图

Step1. 打开零件模型。打开文件 D:\ug12pd\work\ch11.03\down_base.prt。

Step2. 进入制图环境。单击 应用模块 功能选项卡 设计 区域中的 制图 按钮。

Step3. 新建工程图。选择下拉菜单 插入(S) → 图纸页(H)... 命令（或单击“新建图纸页”按钮），系统弹出“工作表”对话框，如图 11.3.1 所示。在对话框中选择图 11.3.1 所示的选项。

Step4. 在“工作表”对话框中单击 确定 按钮，系统弹出图 11.3.2 所示的“视图创建向导”对话框。

Step5. 在“视图创建向导”对话框中单击 取消 按钮，完成图样的创建。

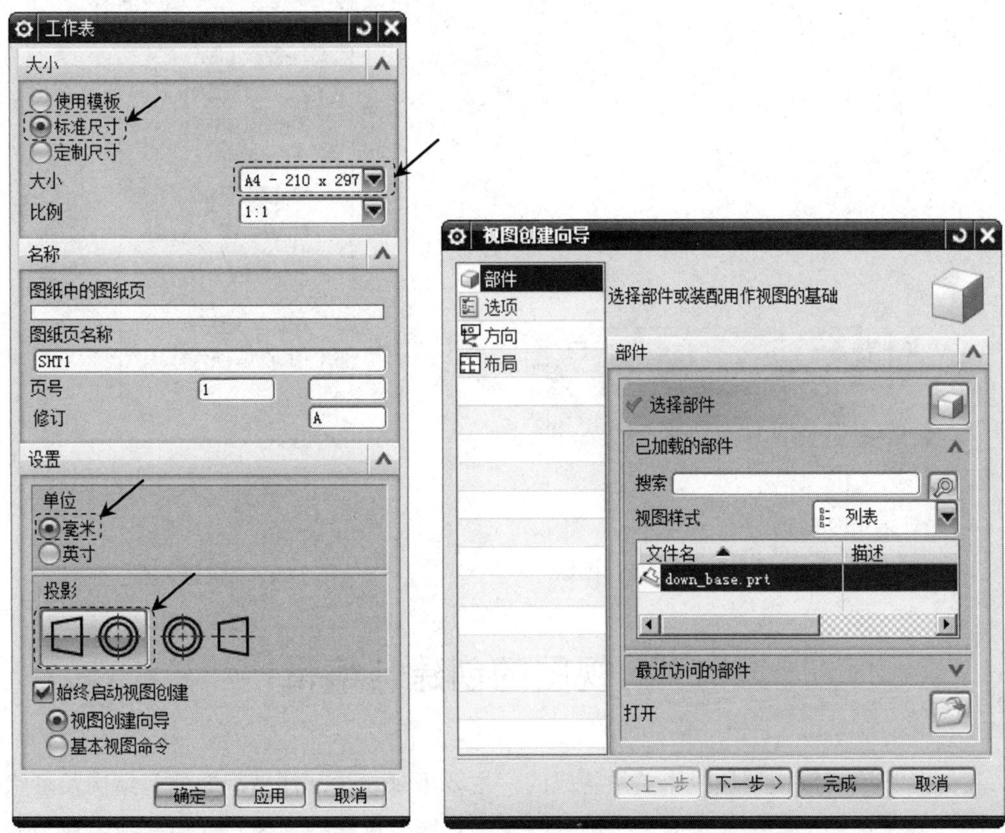

图 11.3.1 “工作表”对话框　　图 11.3.2 “视图创建向导”对话框

图 11.3.1 所示“工作表”对话框中的选项说明如下。

- 图纸页名称 文本框：指定新图样的名称，可以在该文本框中输入图样名；图样名最多可以包含 30 个字符；默认的图样名是 SHT1。
- A4 - 210 x 297 下拉列表：用于选择图纸大小，系统提供了 A4、A3、A2、A1、A0、A0+和 A0++七种型号的图纸。

- 比例下拉列表：为添加到图样中的所有视图设定比例。
- 度量单位：指定○英寸或⊙毫米为单位。
- 投影角度：指定第一角投影或第三角投影；按照国标，应选择⊙毫米和第一角投影。

## 11.3.2 编辑图纸页

新建一张图样；在图 11.3.3 所示的部件导航器中选择工作表并右击，在弹出的图 11.3.4 所示的快捷菜单中选择编辑图纸页(H)...命令，系统弹出“工作表”对话框，利用该对话框可以编辑已存图样的参数。

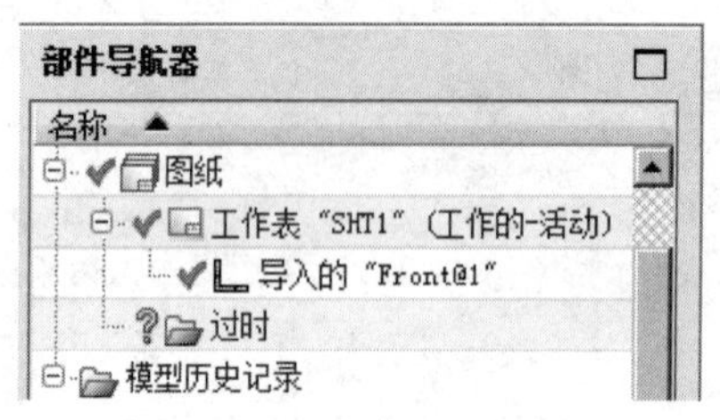


图 11.3.3 在部件导航器中选择图标

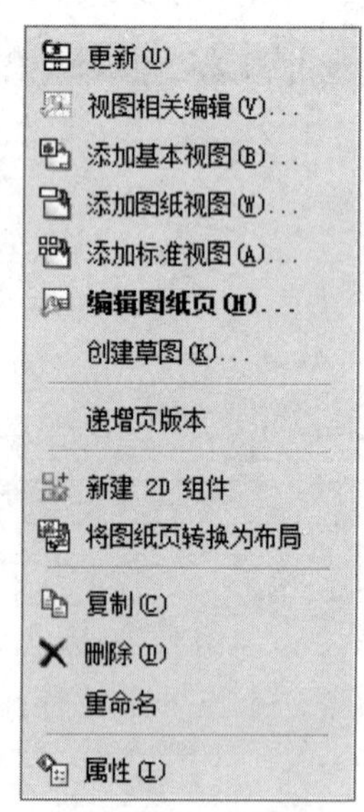


图 11.3.4 快捷菜单

# 11.4 视图的创建与编辑

视图是按照三维模型的投影关系生成的，主要用来表达部件模型的外部结构及形状。视图分为基本视图、局部放大图、剖视图、半剖视图、旋转剖视图、其他剖视图和局部剖视图。下面分别以具体的实例来说明各种视图的创建方法。

## 11.4.1 基本视图

基本视图是基于 3D 几何模型的视图，它可以独立放置在图纸页中，也可以成为其他视图类型的父视图。下面创建图 11.4.1 所示的基本视图，操作过程如下。

Step1. 打开零件模型。打开文件 D:\ug12pd\work\ch11.04.01\base.prt，零件模型如图 11.4.2 所示。

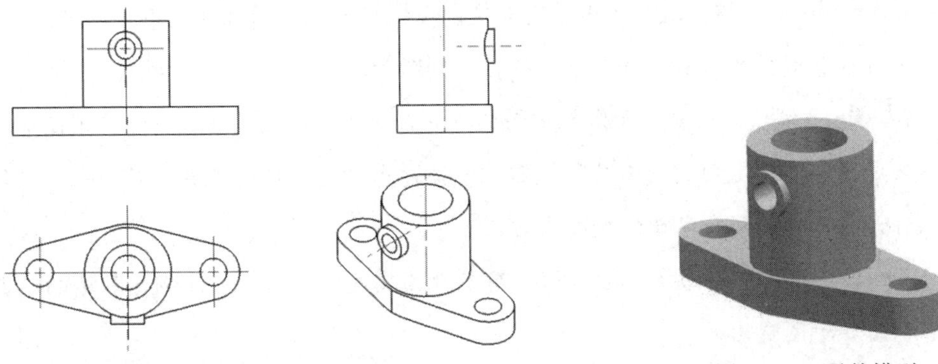

图 11.4.1　零件的基本视图　　　　图 11.4.2　零件模型

Step2. 进入制图环境。单击 应用模块 功能选项卡 设计 区域中的 制图 按钮。

Step3. 新建工程图。选择下拉菜单 插入(S) → 图纸页(H)... 命令，系统弹出图 11.4.3 所示的“工作表”对话框，在对话框中选择 ◉基本视图命令 单选项，然后单击 确定 按钮，系统弹出图 11.4.4 所示的“基本视图”对话框。

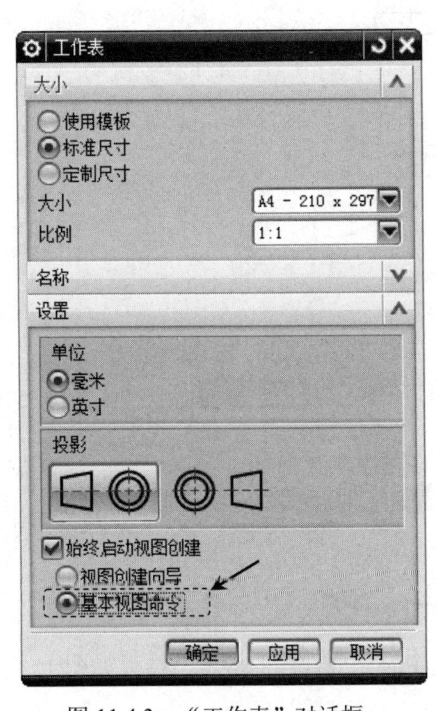


图 11.4.3　“工作表”对话框

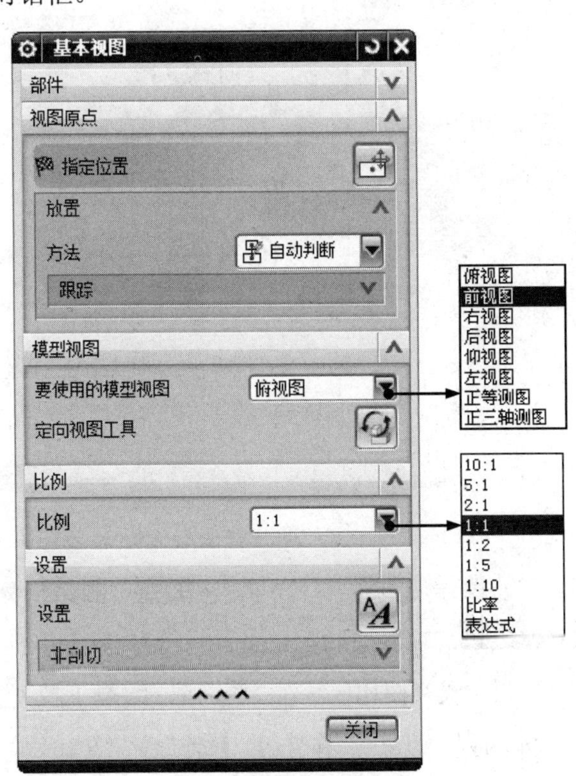


图 11.4.4　“基本视图”对话框

Step4. 定义基本视图参数。在“基本视图”对话框 模型视图 区域的 要使用的模型视图 下拉列表中选择 前视图 选项，在 比例 区域的 比例 下拉列表中选择 1:1 选项。

图 11.4.4 所示的“基本视图”对话框中的选项说明如下。

- 部件区域：该区域用于加载部件、显示已加载部件和最近访问的部件。
- 视图原点区域：该区域主要用于定义视图在图形区的摆放位置，例如水平、垂直、鼠标在图形区的点击位置或系统的自动判断等。
- 模型视图区域：该区域用于定义视图的方向，例如仰视图、前视图和右视图等；单击该区域的“定向视图工具”按钮，系统弹出“定向视图工具”对话框，通过该对话框可以创建自定义的视图方向。
- 比例区域：用于在添加视图之前为基本视图指定一个特定的比例。默认的视图比例值等于图样比例。
- 设置区域：该区域主要用于完成视图样式的设置，单击该区域的按钮，系统弹出“设置”对话框。

Step5. 放置视图。在图形区中的合适位置（图 11.4.5）依次单击以放置主视图、俯视图和左视图，单击中键完成视图的放置。

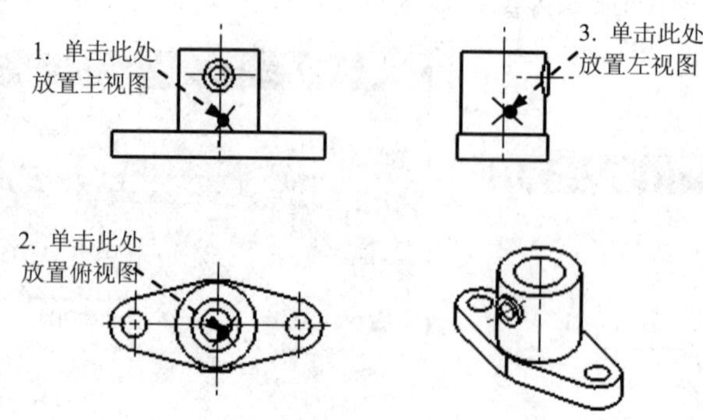


图 11.4.5 视图的放置

Step6. 创建正等测视图。

（1）选择命令。选择下拉菜单插入(S) → 视图(W) → 基本(B)...命令（或单击“基本视图”按钮），系统弹出“基本视图”对话框。

（2）选择视图类型。在“基本视图”对话框模型视图区域的要使用的模型视图下拉列表中选择正等测图选项。

（3）定义视图比例。在比例区域的比例下拉列表中选择1:1选项。

（4）放置视图。选择合适的放置位置并单击，单击中键完成视图的放置，结果如图 11.4.5 所示。

**说明：**如果视图位置不合适，可将鼠标移至视图出现边框时，拖动视图的边框来调整视图的位置。

## 11.4.2　视图的操作

### 1. 移动视图

UG NX 12.0 提供了比较方便的视图移动功能。将鼠标指针移至视图的边界上并按住左键，然后移动，此时系统会自动判断用户的意图，并显示图形辅助线动态对齐单个视图，当移动至适合的位置时松开鼠标左键即可。

下面以图 11.4.6 所示的视图为例来说明利用鼠标移动视图的操作过程。

Step1. 打开文件 D:\ug12pd\work\ch11.04.02\Move_view.prt，系统进入制图环境。

Step2. 移动鼠标指针到左视图的边界上，按下鼠标左键，拖动视图向上方移动。

Step3. 当图形区出现辅助线时松开鼠标左键，结果如图 11.4.6b 所示。

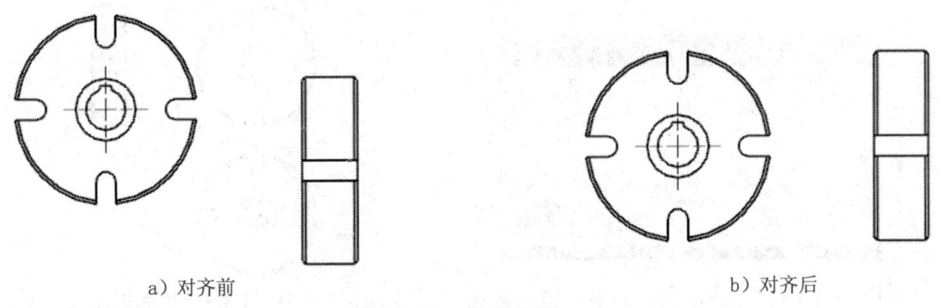


图 11.4.6　移动视图

### 2. 复制视图

复制视图命令可以将现有的视图通过选择“至一点”“水平”“竖直”“垂直于直线”和“至另一图纸”等多种方式进行复制。下面紧接着上面的操作，继续讲解复制视图的操作过程。

Step1. 选择命令。选择下拉菜单 编辑(E) ➡ 视图(W) ➡ 移动/复制(M)... 命令，系统弹出图 11.4.7 所示的“移动/复制视图”对话框。

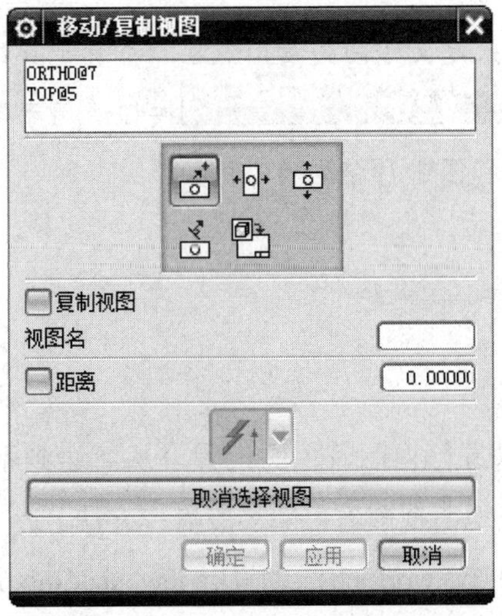


图 11.4.7　“移动/复制视图”对话框

Step2. 选择要复制的视图。在“移动/复制视图”对话框中选中☑复制视图复选框，在视图名文本框中输入复制后的视图名称 top2，然后在图形区中选择要复制的主视图。

Step3. 选择复制方式。在“移动/复制视图”对话框中单击“竖直”按钮，选择“竖直”的复制方式。

Step4. 放置视图。移动鼠标指针到合适的位置并单击，完成视图的复制。

Step5. 选择复制方式。在“移动/复制视图”对话框中单击“至另一图纸”按钮，选择“至另一图纸”的复制方式。

Step6. 选择图纸。在系统弹出的图 11.4.8 所示的“视图至另一图纸”对话框中选择SHT2选项，然后单击确定按钮完成视图的复制，结果如图 11.4.9 所示。

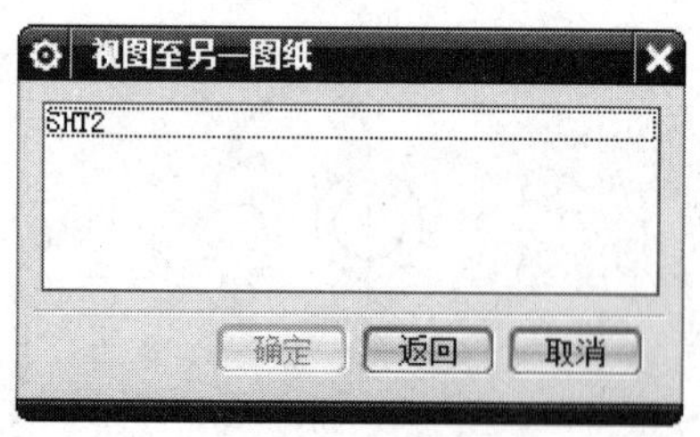


图 11.4.8 “视图至另一图纸”对话框

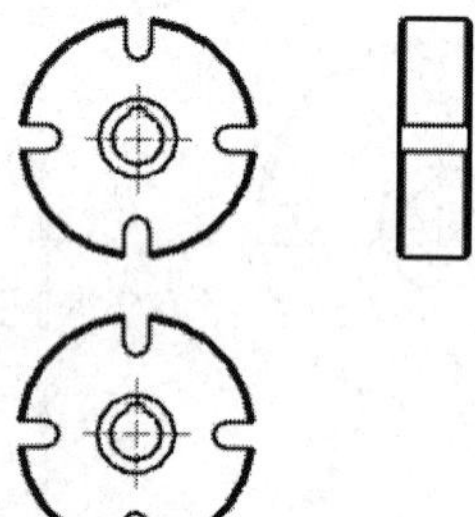

图 11.4.9 复制视图

Step7. 单击“移动/复制视图”对话框中的取消按钮，关闭对话框。

**图 11.4.7 所示“移动/复制视图”对话框中选项的说明如下。**

- ☑复制视图复选框：选中该复选框表示为复制视图，取消选中该复选框表示为移动视图，当选中该复选框进行复制视图时，需要同时在其后的视图名文本框中输入必要的视图名称。
- ☑距离复选框：用于定义移动或复制视图时的距离，选中后在其后的文本框中输入相应的数值。
- 下拉列表：用来定义方向矢量，仅在“垂直于直线”按钮被选中时有效。
- 取消选择视图按钮：用于取消已经选中的视图，此时可以继续选择其余视图进行相应的操作。

## 11.4.3 视图的样式

### 1. 设置视图着色样式

在工程图环境中也可以进行视图着色的设置，从而达到不同的设计目的。下面以图 11.4.10 所示的工程图为例，说明视图着色的一般操作方法。

Step1. 打开文件 D:\ug12pd\work\ch11.04.03\View_shading.prt，系统进入制图环境。

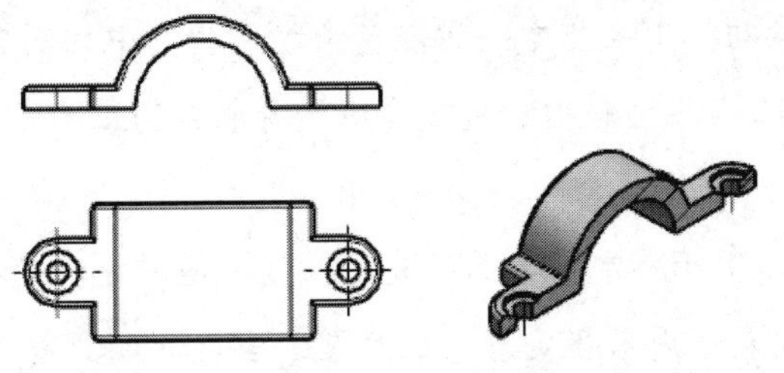

图 11.4.10　视图的着色

Step2. 在图纸中选取等轴测视图，然后选择下拉菜单 编辑(E) ➡ 设置(S)... 命令，系统弹出图 11.4.11 所示的“设置”对话框。

图 11.4.11　“设置”对话框

**说明：**也可以双击视图的边界；或者右击视图的边界，在弹出的快捷菜单中选择 设置(S)... 命令，此时系统弹出“设置”对话框。

Step3. 在“设置”对话框的 公共 节点下选择 着色 选项，然后在 格式 区域的 渲染样式 下拉列表中选择 完全着色 选项，其余采用系统默认参数设置。

Step4. 单击 确定 按钮，完成视图着色的编辑，结果如图 11.4.10 所示。

**图 11.4.11 所示“着色”选项中的按钮及选项说明如下。**

- 渲染样式 下拉列表：定义视图的渲染样式类型，包括 完全着色、局部着色 和 线框 三种类型，默认类型为 线框。
- 可见线框颜色 按钮：用来指定一种颜色来控制视图中可见边线的颜色。
- 隐藏线框颜色 按钮：用来指定一种颜色来控制视图中隐藏边线的颜色。

- 着色切割面颜色按钮：用来指定一种颜色来控制视图中切割后截面的颜色。
- ☑ 使用两侧光复选框：用来指定光线应用在着色面的正面还是背面，关闭该复选框，则光线不会应用在模型背面。
- 光亮度滑动条：用于指定着色面的光亮强度，通过拖动鼠标来改变。
- 着色公差下拉列表：用来指定着色的公差。当选取定制选项时，相应的定制文本框被激活，用户可以输入具体数值。

2．设置视图隐藏线样式

一般工程图的视图不显示不可见的隐藏线，如果需要显示，可以通过修改视图样式来完成。下面以图 11.4.12 所示的工程图为例说明显示隐藏线的一般操作方法。

Step1．打开文件 D:\ug12pd\work\ch11.04.03\View_line.prt，系统进入制图环境。

Step2．在图纸中选取图 11.4.12a 所示的视图，然后选择下拉菜单 编辑(E) ➡ 设置(S)... 命令，系统弹出图 11.4.13 所示的“设置”对话框。

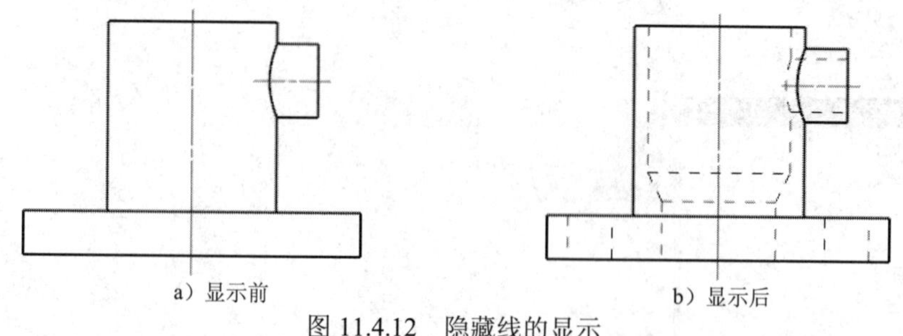

a）显示前　　b）显示后

图 11.4.12　隐藏线的显示

Step3．在 公共 的节点下选择隐藏线选项，然后在格式区域的线型下拉列表中选取 ------ 选项。

Step4．单击 确定 按钮，完成隐藏线的显示，结果如图 11.4.12b 所示。

图 11.4.13 所示“隐藏线”选项中按钮及选项的说明如下。

- ☑ 处理隐藏线复选框：用来定义隐藏线的状态，选中为开，取消选中为关闭。
- 颜色：用来定义隐藏线的颜色。
- 不可见 线型：用来定义隐藏线的线型。
- 0.13 mm 宽度：用来定义隐藏线的宽度。
- ☐ 显示被边隐藏的边复选框：用来控制被其他重叠边线隐藏的边的显示状态。
- ☐ 仅显示被引用的边复选框：用来控制参考注释的隐藏边的显示状态。
- ☑ 自隐藏复选框：用来控制被自身实体隐藏的边。
- 包含模型曲线区域：用来控制模型中的线框曲线或 2D 草图曲线的显示状态。
- 干涉实体区域：用来控制有干涉实体时图纸视图中的隐藏线是否被正确显示。

- 小特征 区域：用来控制图纸中小特征的渲染状态。如果特征与模型的大小比例小于指定的百分比，则要简化特征。

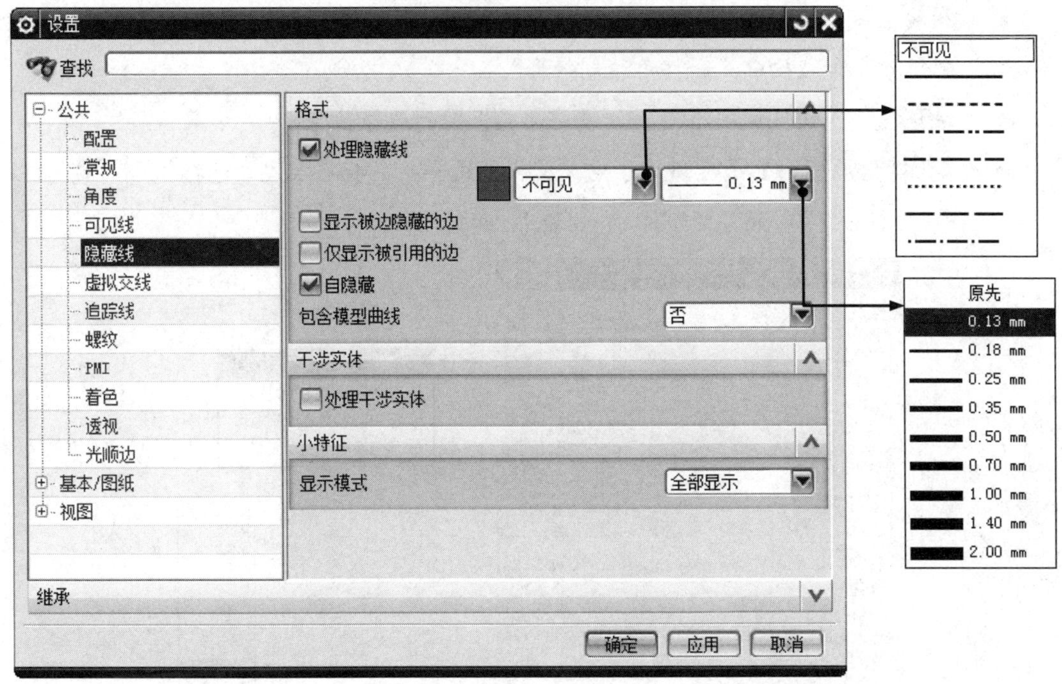


图 11.4.13　“设置”对话框

## 11.4.4　局部放大图

局部放大图是将现有视图的某个部位单独放大并建立一个新的视图，以便显示零件结构和便于标注尺寸。下面创建图 11.4.14 所示的局部放大图，操作过程如下。

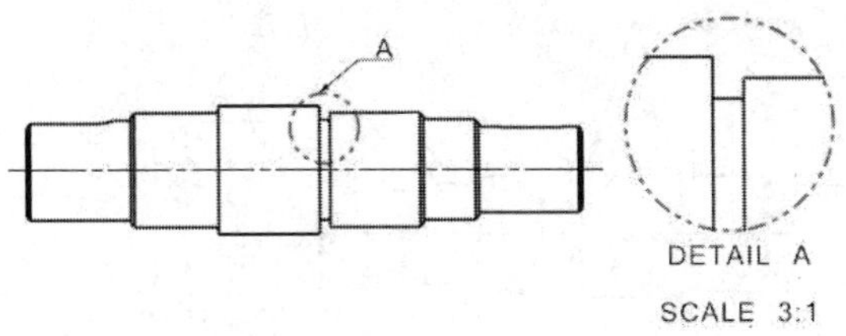


图 11.4.14　局部放大图

Step1. 打开文件 D:\ug12pd\work\ch11.04.04\magnify_view.prt。

**说明：**如果当前环境是建模环境，单击 应用模块 功能选项卡 设计 区域中的 制图 按钮，进入制图环境。

Step2. 选择命令。选择下拉菜单 插入(S) → 视图(W) → 局部放大图(D)... 命令（或单击“局部放大图”按钮），系统弹出图 11.4.15 所示的“局部放大图”对话框。

Step3. 选择边界类型。在“局部放大图”对话框的 类型 下拉列表中选择 圆形 选项。

Step4. 绘制放大区域的边界，如图 11.4.16 所示。

**图 11.4.15 所示“局部放大图”对话框的选项说明如下。**

- 类型区域：该区域用于定义绘制局部放大图边界的类型，包括“圆形”“按拐角绘制矩形”和“按中心和拐角绘制矩形”。
- 边界区域：该区域用于定义创建局部放大图的边界位置。
- 父项上的标签区域：该区域用于定义父视图边界上的标签类型，包括“无”“圆”“注释”“标签”“内嵌”“边界”和“边界上的标签”。

图 11.4.15 “局部放大图”对话框

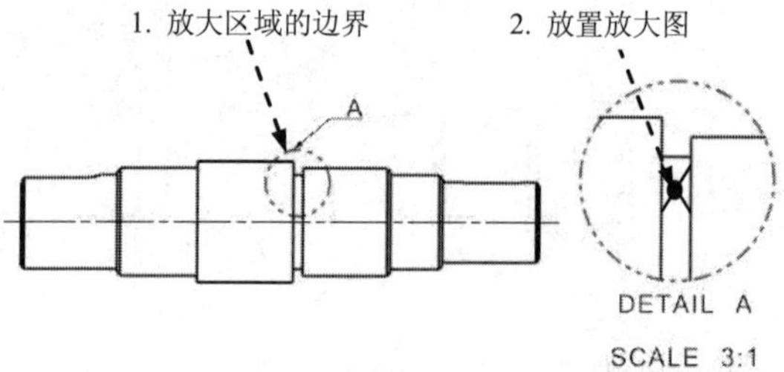


图 11.4.16 放大区域的边界

Step5. 指定放大图比例。在“局部放大图”对话框比例区域的比例下拉列表中选择比率选项，输入 3:1。

Step6. 定义父视图上的标签。在对话框父项上的标签区域的标签下拉列表中选择标签选项。

Step7. 放置视图。选择合适的位置（图 11.4.16）并单击以放置放大图，然后单击关闭按钮。

Step8. 设置视图标签样式。双击父视图上放大区域的边界，系统弹出“设置”对话框，如图 11.4.17 所示。选择⊟ 详细 下的 标签 选项，然后设置图 11.4.17 所示的参数，完成设置后单击 确定 按钮。

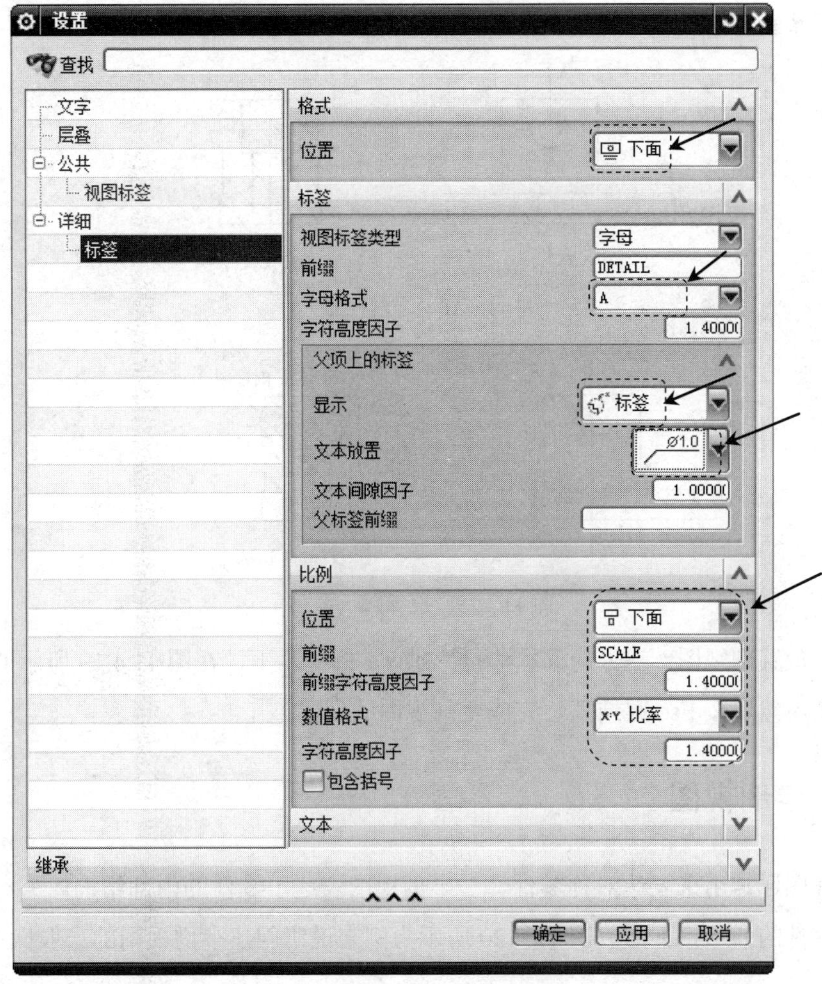


图 11.4.17　“设置”对话框

## 11.4.5　全剖视图

剖视图通常用来表达零件的内部结构和形状，在 UG NX 中可以使用简单/阶梯剖视图命令创建工程图中常见的全剖视图和阶梯剖视图。下面创建图 11.4.18 所示的全剖视图，操作过程如下。

Step1. 打开文件 D:\ug12pd\work\ch11.04.05\section_cut.prt，系统进入制图环境。

Step2. 选择命令。选择下拉菜单 插入(S) ➡ 视图(W) ➡ 剖视图(S)... 命令（或单击

“视图”区域中的按钮)，系统弹出“剖视图”对话框。

Step3. 定义剖切类型。在截面线区域的方法下拉列表中选择简单剖/阶梯剖选项。

Step4. 选择剖切位置。确认“捕捉方式”工具条中的按钮被按下，选取图 11.4.19 所示的圆，系统自动捕捉圆心位置。

**说明：**系统自动选择距剖切位置最近的视图作为创建全剖视图的父视图。

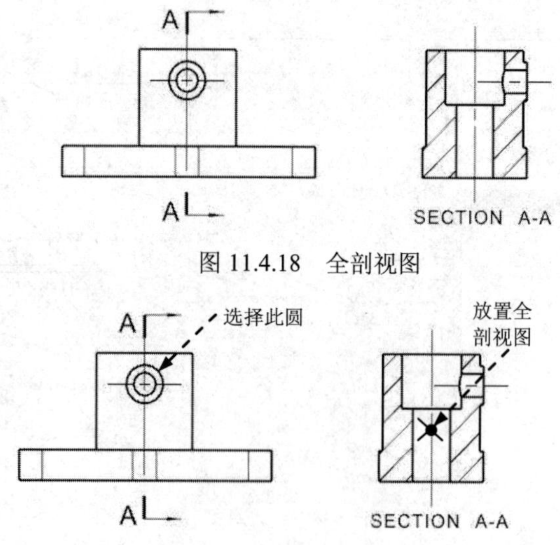


图 11.4.18　全剖视图

图 11.4.19　选择圆

Step5. 放置剖视图。在系统**指定放置视图的位置**的提示下，在图 11.4.19 所示的位置单击放置剖视图，然后按 Esc 键结束，完成全剖视图的创建。

## 11.4.6　半剖视图

半剖视图通常用来表达对称零件，一半剖视图表达了零件的内部结构，另一半视图则可以表达零件的外形。下面以图 11.4.20 所示为例来说明创建半剖视图的一般操作方法。

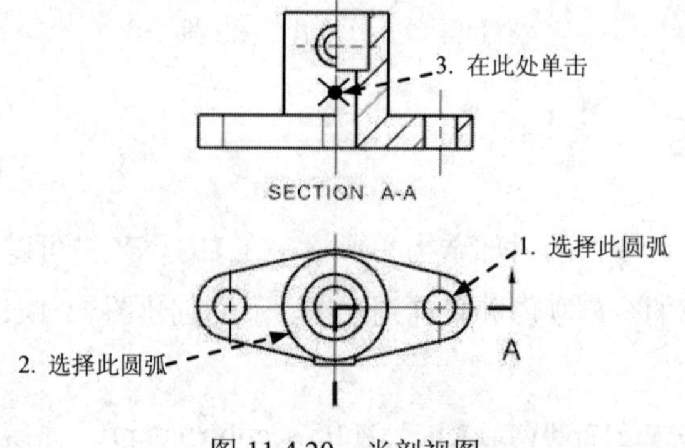


图 11.4.20　半剖视图

Step1. 打开文件 D:\ug12pd\work\ch11.04.06\half_section_cut.prt，系统进入制图环境。

Step2. 选择命令。选择下拉菜单 插入(S) → 视图(W) → 剖视图(S)... 命令，系统弹出“剖视图”对话框。

Step3. 定义剖切类型。在 截面线 区域的 方法 下拉列表中选择 半剖 选项。

Step4. 选择剖切位置。确认“捕捉方式”工具条中的按钮被按下，依次选取图 11.4.20 所示的 1 指示的圆弧和 2 指示的圆弧，系统自动捕捉圆心位置。

Step5. 放置半剖视图。移动鼠标到位置 3 单击，完成视图的放置。

## 11.4.7 旋转剖视图

旋转剖视图是采用相交的剖切面来剖开零件，然后将被剖切面剖开的结构等旋转到同一个平面上进行投影的剖视图。下面以图 11.4.21 所示为例说明创建旋转剖视图的一般操作方法。

Step1. 打开文件 D:\ ug12pd\work\ch04.05.04\revolved-section_cut.prt。

Step2. 选择命令。选择下拉菜单 插入(S) → 视图(W) → 剖视图(S)... 命令，系统弹出“剖视图”对话框。

Step3. 定义剖切类型。在 截面线 区域的 方法 下拉列表中选择 旋转 选项。

Step4. 选择剖切位置。单击“捕捉方式”工具条中的按钮，依次选取图 11.4.21 所示的 1 指示的圆弧和 2 所指示的圆弧，再取消选中“捕捉方式”工具条中的按钮，并单击按钮，然后选取图 11.4.21 所示的 3 指示的圆弧的象限点。

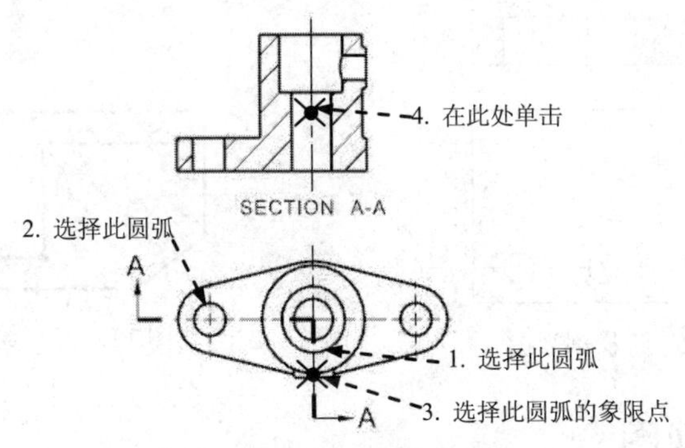


图 11.4.21 旋转剖视图

Step5. 放置剖视图。在系统 指定放置视图的位置 的提示下，单击图 11.4.21 所示的位置 4，完成视图的放置。

## 11.4.8 阶梯剖视图

阶梯剖视图也是一种全剖视图，只是阶梯剖的剖切平面一般是一组平行的平面，在工程图中，其剖切线为一条连续垂直的折线。下面创建图 11.4.22 所示的阶梯视图，操作过程如下。

Step1. 打开文件 D:\ug12pd\work\ch11.04.08\stepped_section_cut.prt。，系统进入制图环境。

Step2. 绘制剖面线。

（1）选择下拉菜单 插入(S) → 视图(W) → 剖切线(L)... 命令，系统自动进入草图环境。

**说明**：如果当前图纸中不止一个视图，则需要先选择父视图才能进入草图环境。

（2）绘制图 11.4.23 所示的剖切线。

（3）退出草图环境，系统返回到“截面线”对话框，在该对话框的 方法 下拉列表中选择 简单剖/阶梯剖 选项，单击 确定 按钮完成剖切线的创建。

Step3. 创建阶梯剖视图。

（1）选择下拉菜单 插入(S) → 视图(W) → 剖视图(S)... 命令，系统弹出“剖视图”对话框。

（2）定义剖切类型。在 截面线 区域的 定义 下拉列表中选择 选择现有的 选项，然后选择以前绘制的剖切线。

（3）在原视图的上方单击放置阶梯剖视图。

（4）单击“剖视图”对话框中的 关闭 按钮。

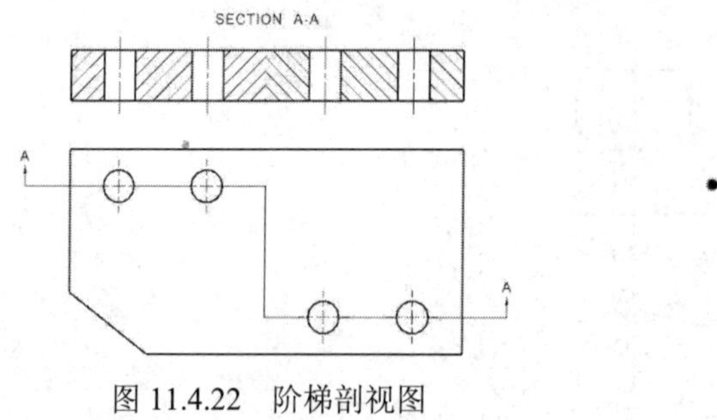

图 11.4.22 阶梯剖视图

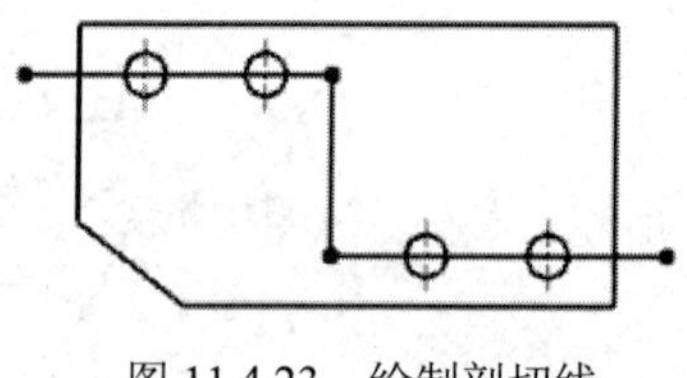
图 11.4.23 绘制剖切线

## 11.4.9 局部剖视图

局部剖视图是通过移除零件某个局部区域的材料来查看内部结构的剖视图，创建时需要提前绘制封闭或开放的曲线来定义要剖开的区域。下面以图 11.4.24 所示为例说明创建局部剖视图的一般操作方法。

Step1. 打开文件 D:\ug12pd\work\ch11.04.09\breakout_section.prt，系统进入制图环境。

Step2. 绘制草图曲线。

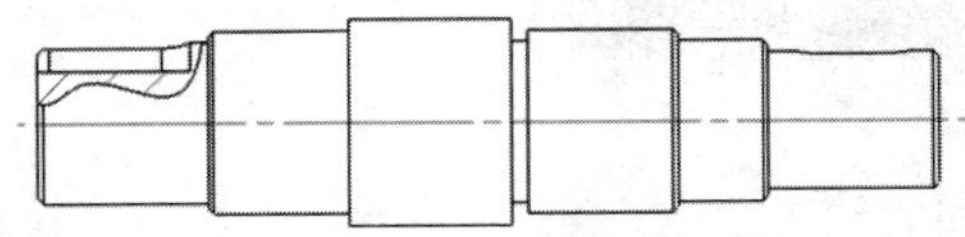

图 11.4.24　局部剖视图

（1）激活要创建局部剖的视图。在部件导航器中右击视图✔投影 "ORTHO@7"，在系统弹出的快捷菜单中选择活动草图视图命令，此时将激活该视图为草图视图。

**说明：**如果此时该视图已被激活，则无需进行此步操作。

（2）单击布局功能选项卡，然后在草图区域单击“艺术样条”按钮，系统弹出“艺术样条”对话框，选择通过点类型，在参数化区域中选中☑封闭复选框，绘制图 11.4.25 所示的样条曲线，单击对话框中的<确定>按钮。

（3）单击完成草图按钮，完成草图绘制。

Step3. 选择下拉菜单插入(S) → 视图(W) → 局部剖(O)...命令，系统弹出“局部剖”对话框（一）如图 11.4.26 所示。

Step4. 创建局部剖视图。

（1）选择视图。在“局部剖”对话框中选中⊙创建单选项，在系统选择一个生成局部剖的视图的提示下，在对话框中单击选取ORTHO@7为要创建的对象（也可以直接在图纸中选取），此时对话框变成图 11.4.27 所示的状态。

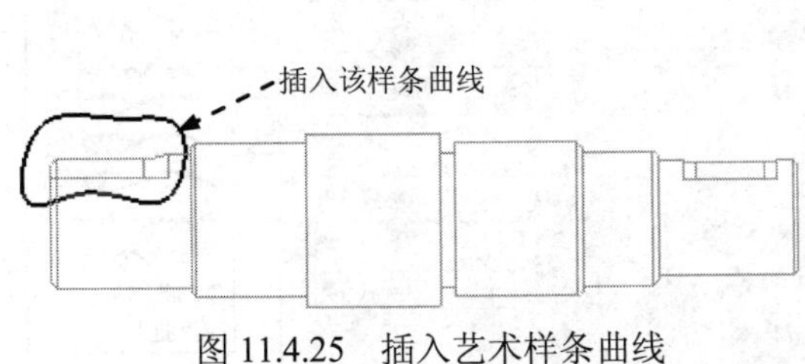


图 11.4.25　插入艺术样条曲线

图 11.4.26　“局部剖”对话框（一）

（2）定义基点。在系统选择对象以自动判断点的提示下，单击“捕捉方式”工具条中的按钮，选取图 11.4.28 所示的基点。

（3）定义拉出的矢量方向。接受系统的默认方向。

（4）选择剖切范围。单击“局部剖”对话框中的“选择曲线”按钮，选择样条曲线作为剖切线，单击应用按钮，再单击取消按钮，完成局部剖视图的创建。

图 11.4.27 “局部剖”对话框（二）

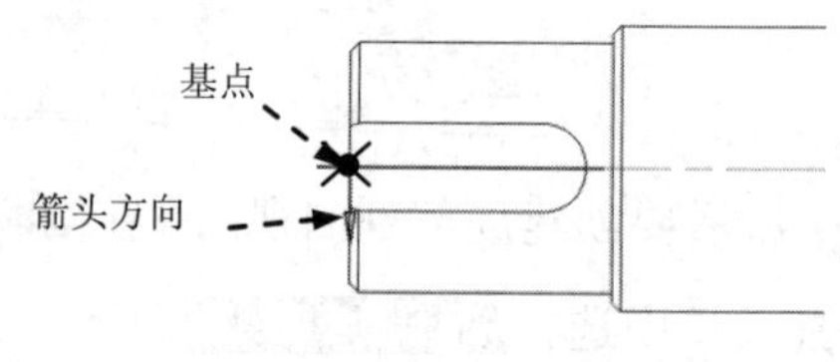


图 11.4.28 选取基点

## 11.4.10 断开视图

使用“断开视图”命令可以创建、修改和更新带有多个边界的压缩视图，由于视图边界发生了变化，因而视图的显示几何体也会随之改变。下面以图 11.4.29 所示为例来说明创建断开视图的一般操作方法。

Step1. 打开文件 D:\ug12pd\work\ch11.04.10\view_break.prt，系统进入制图环境。

Step2. 选择下拉菜单 插入(S) → 视图(W) → 断开视图(K)... 命令（或单击“视图”区域中的 按钮），系统弹出“断开视图”对话框，如图 11.4.30 所示。

Step3. 创建断开视图。

（1）选择视图。在系统 选择视图 的提示下选取要断开的模型视图。

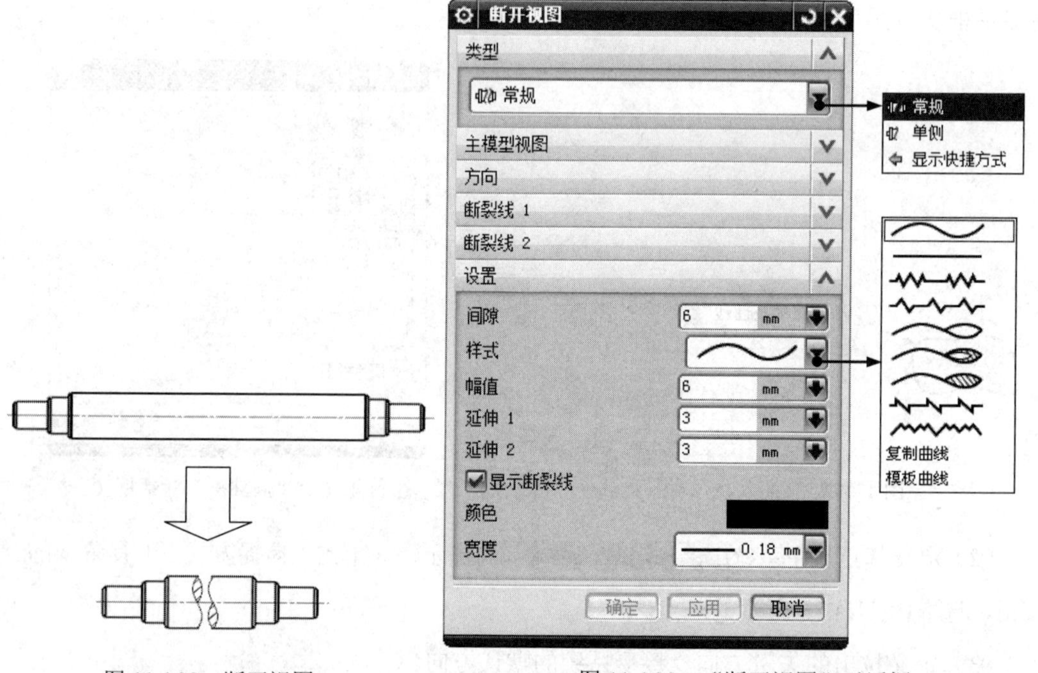


图 11.4.29 断开视图

图 11.4.30 “断开视图”对话框

图 11.4.30 所示“断开视图”对话框中选项和按钮的说明如下。

- 常规 选项：选择此类型创建的断开视图为两侧断开。

- 单侧选项：选择此类型创建的断开视图为单侧断开。
- 方向区域：定义断开视图的断开方向，可以通过单击其下的指定矢量来确定。
- 断裂线 1区域：用来定义第 1 条断裂线的位置，可以通过单击其下的“点构造器”来指定。
- 断裂线 2区域：用来定义第 2 条断裂线的位置，可以通过单击其下的“点构造器”来指定。
- 设置区域：用来定义断裂线的样式。
  - ☑ 间隙文本框：用来定义视图断开后两条断裂线间的距离。
  - ☑ 样式下拉列表：用来定义两条断裂线的线型。
  - ☑ 幅值文本框：用来定义断裂线的弯曲程度。
  - ☑ 延伸 1文本框：用来定义断裂线的一端超出视图实体轮廓的长度。
  - ☑ 延伸 2文本框：用来定义断裂线的另一端超出视图实体轮廓的长度。

（2）定义断裂线样式。在“断开视图”对话框的样式下拉列表中选择选项，在间隙文本框中输入值 12，其余参数采用系统默认设置。

（3）定义断裂线位置。确认“捕捉方式”工具条中的按钮被按下，依次选取图 11.4.31 所示的边线位置 1 和位置 2。

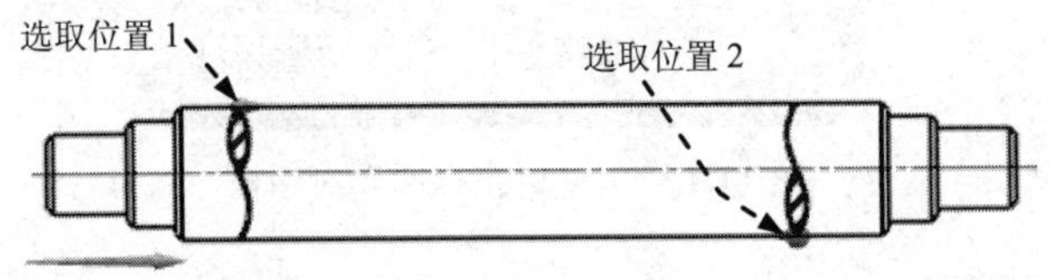


图 11.4.31　定义断裂线位置

（4）单击 确定 按钮，完成断开视图的创建。

**说明**：如果需要取消视图的断开效果，可以在断裂线上右击，然后在弹出的快捷菜单中选择抑制命令。

## 11.4.11　显示与更新视图

### 1．视图的显示

在“图纸”工具栏中单击按钮（该按钮默认不显示在工具条中，需要手动添加），系统会在模型的三维图形和二维工程图之间进行切换。

### 2．视图的更新

选择下拉菜单 编辑(E) → 视图(W) → 更新(U)... 命令（或单击“更新视图”按钮），可更新图形区中的视图。选择该命令后，系统弹出图 11.4.32 所示的“更新视图”

对话框。

**图 11.4.32 所示的“更新视图”对话框的按钮及选项说明如下。**

- 显示图纸中的所有视图：列出当前存在于部件文件中所有图纸页面上的所有视图，当该复选框被选中时，部件文件中的所有视图都在该对话框中可见并可供选择。如果取消选中该复选框，则只能选择当前显示的图样上的视图。
- 选择所有过时视图：用于选择工程图中的过时视图。单击 应用 按钮之后，这些视图将进行更新。
- 选择所有过时自动更新视图：用于选择工程图中的所有过期视图并自动更新。

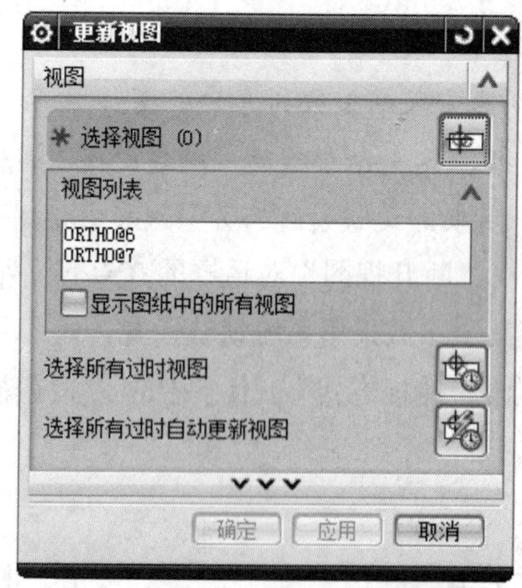


图 11.4.32 “更新视图”对话框

## 11.4.12 对齐视图

UG NX 12.0 提供了比较方便的视图对齐功能。将鼠标移至视图的边界上并按住左键，然后移动，系统会自动判断用户的意图，显示可能的对齐方式，当移动至适合的位置时，松开鼠标左键即可。但是如果这种方法不能满足要求的话，则用户还可以利用 视图对齐 命令来对齐视图。下面以图 11.4.33 所示的视图为例，来说明利用该命令对齐视图的一般过程。

图 11.4.33 对齐视图

Step1. 打开文件 D:\ug12pd\work\ch11.04.12\level1.prt。

Step2. 选择命令。选择下拉菜单 编辑(E) → 视图(W) → 对齐(I)... 命令，系统弹出图 11.4.34 所示的“视图对齐”对话框。

Step3. 选择要对齐的视图。选择图 11.4.35 所示的视图为要对齐的视图。

Step4. 定义对齐方式。在“视图对齐”对话框的方法下拉列表中选择水平选项。

Step5. 选择对齐视图。选择主视图为对齐视图。

Step6. 单击对话框中的取消按钮，完成视图的对齐。

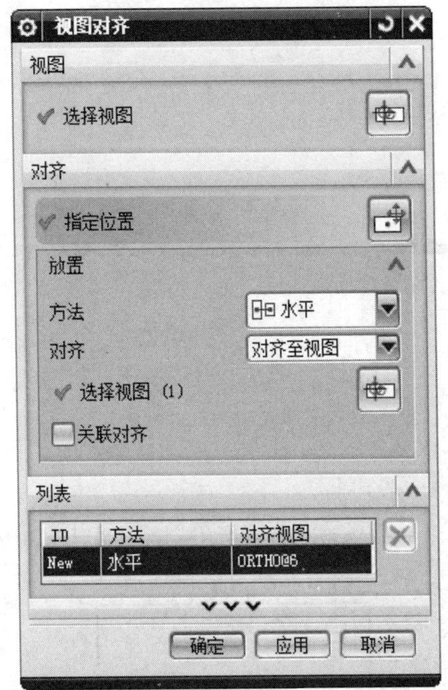

图 11.4.34 “视图对齐”对话框

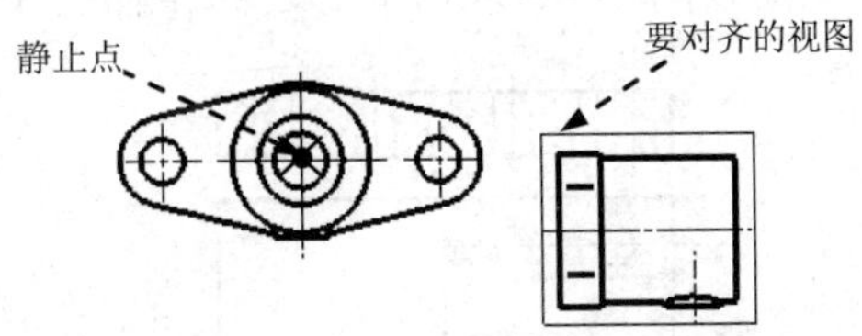


图 11.4.35 选择对齐视图

图 11.4.34 所示的“视图对齐”对话框中“方法”下拉列表的选项说明如下。

- 自动判断：自动判断两个视图可能的对齐方式。
- 水平：将选定的视图水平对齐。
- 竖直：将选定的视图垂直对齐。
- 垂直于直线：将选定视图与指定的参考线垂直对齐。
- 叠加：同时水平和垂直对齐视图，以便使它们重叠在一起。

## 11.4.13 编辑视图

### 1. 编辑整个视图

打开文件 D:\ug12pd \work\ch11.04.13\base_ok.prt，在视图的边框上右击，从弹出的快捷菜单中选择设置(S)...命令，系统弹出图 11.4.36 所示的“设置”对话框，使用该对话框可以改变视图的显示。

图 11.4.36 “设置”对话框

## 2．视图细节的编辑

### Stage1．编辑剖切线

下面以图 11.4.37 为例，来说明编辑剖切线的一般过程。

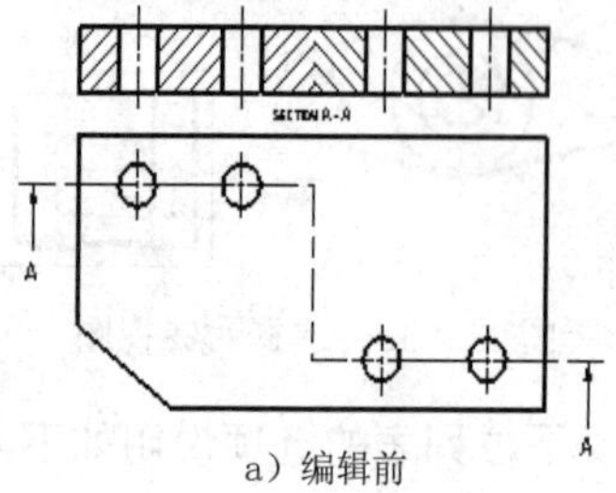


a）编辑前

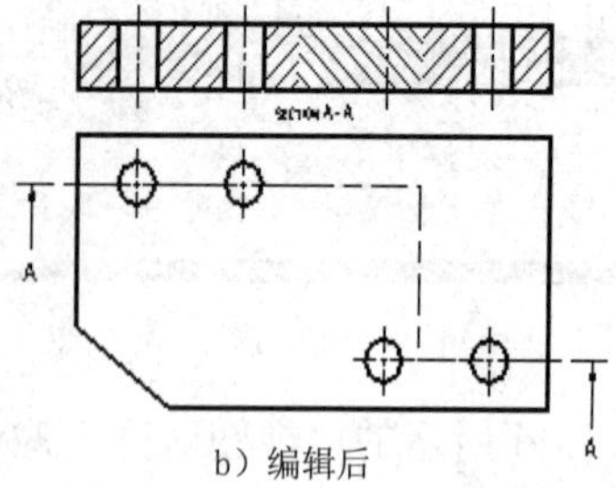


b）编辑后

图 11.4.37 编辑剖切线

Step1．打开文件 D:\ug12pd \work\ch11.04.13\edit_section.prt。

Step2．选择命令。在视图中双击要编辑的剖切线，系统弹出图 11.4.38 所示的“截面线”对话框。

Step3．选择编辑草图命令。单击“截面线”对话框中的按钮。

Step4．选择要移动的对象（图 11.4.39 所示的一段剖切线）。

Step5．选择放置位置，如图 11.4.39 所示。

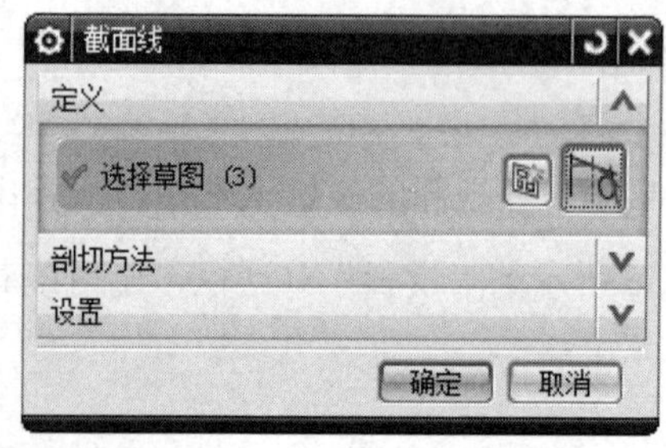


图 11.4.38 “截面线”对话框

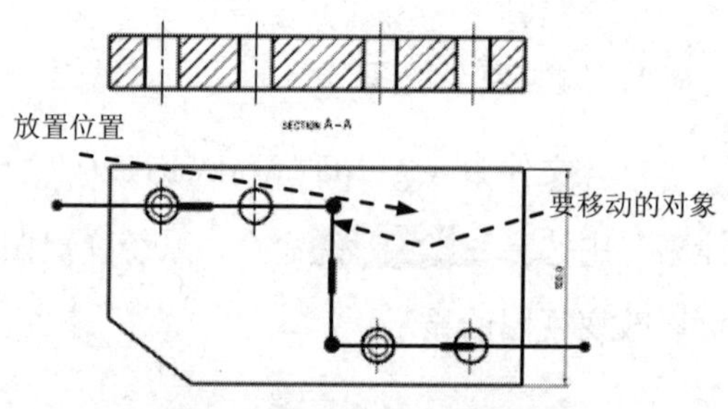


图 11.4.39 创建剖切线

**说明**：利用“截面线”对话框还可以增加、删除和移动剖切线。

Step6. 单击“剖切线”选项卡中的按钮，再单击< 确定 >按钮，此时视图并未立即更新。

Step7. 更新视图。选择下拉菜单编辑(E) → 视图(W) → 更新(U)... 命令，系统弹出“更新视图”对话框，单击“选择所有过时视图”按钮，选择全部视图，再单击 确定 按钮，完成剖切线的编辑。

### Stage2. 定义剖面线

在工程图环境中，用户可以选择现有剖面线或自定义的剖面线填充剖面。与产生剖视图的结果不同，填充剖面不会产生新的视图。下面以图 11.4.40 为例，来说明定义剖面线的一般操作过程。

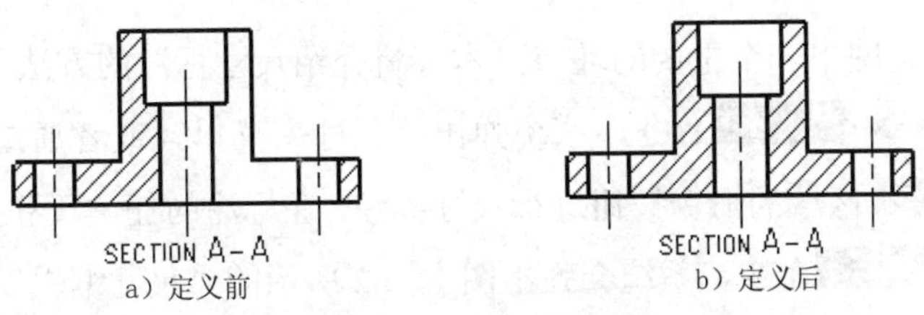


图 11.4.40　定义剖面线

Step1. 打开文件 D:\ug12pd \work\ch11.04.13\edit_section3.prt。

Step2. 选择命令。选择下拉菜单插入(S) → 注释(A) → 剖面线(Q)... 命令，系统弹出图 11.4.41 所示的“剖面线”对话框，在该对话框边界区域的选择模式下拉列表中选择边界曲线选项。

Step3. 定义剖面线边界。依次选择图 11.4.42 所示的边界为剖面线边界。

Step4. 设置剖面线。剖面线的设置如图 11.4.41 所示。

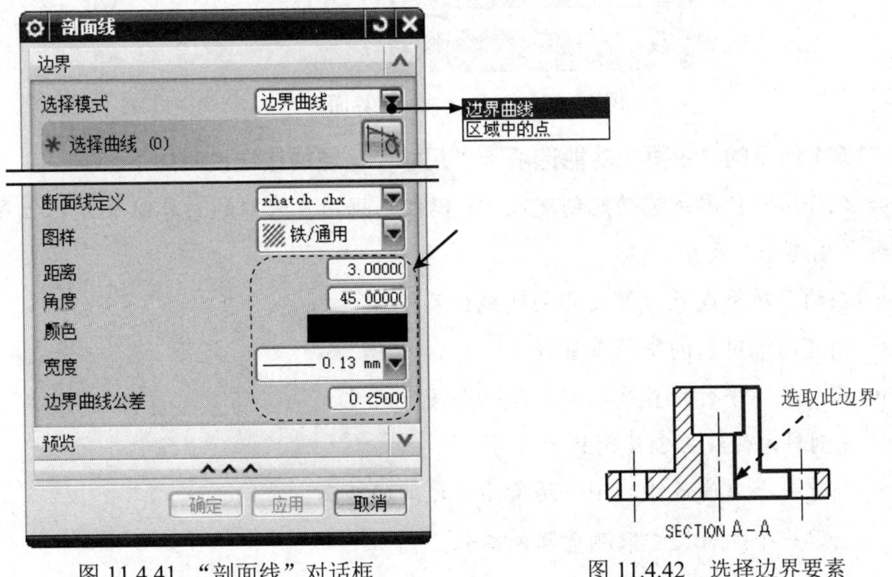


图 11.4.41　“剖面线”对话框　　　图 11.4.42　选择边界要素

Step5. 单击 确定 按钮，完成剖面线的定义。

**图 11.4.41 所示的“剖面线”对话框的边界区域说明如下。**

- 边界曲线选项：若选择该选项，则在创建剖面线时是通过在图形上选取一个封闭的边界曲线来得到。
- 区域中的点选项：若选择该选项，则在创建剖面线时，只需要在一个封闭的边界曲线内部单击一下，系统就会自动选取此封闭边界作为创建剖面线边界。

# 11.5 标注与符号

## 11.5.1 尺寸标注

尺寸标注是工程图中一个重要的环节，本节将介绍尺寸标注的方法及注意事项。选择下拉菜单 插入(S) ➡ 尺寸(M) ▸ 命令，系统弹出“尺寸”菜单，或者通过图 11.5.1 所示的 主页 功能选项卡 尺寸 区域的命令按钮进行尺寸标注。在标注的任一尺寸上右击，在弹出的快捷菜单中选择 编辑... 命令，系统会弹出图 11.5.2 所示的“尺寸编辑”界面。

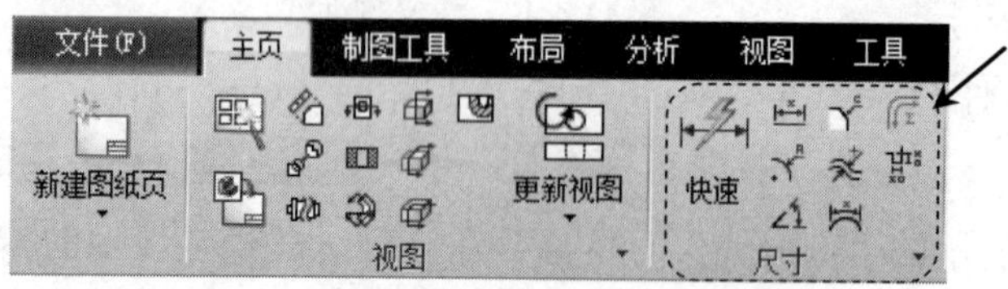


图 11.5.1 “主页”功能选项卡“尺寸”区域

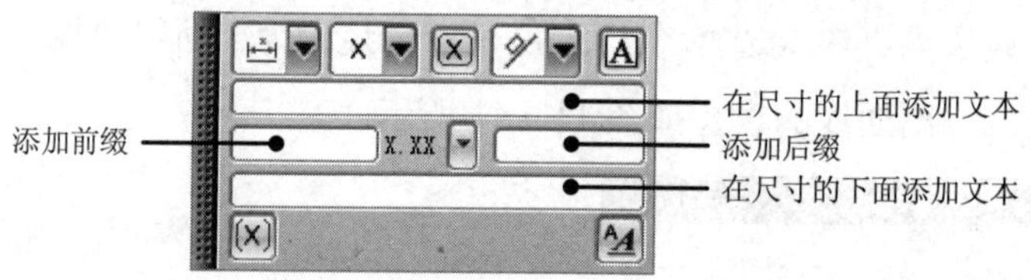


图 11.5.2 “尺寸编辑”界面

**图 11.5.1 所示的“主页”功能选项卡“尺寸”区域的按钮说明如下。**

⊢⊣：允许用户使用系统功能创建尺寸，以便根据用户选取的对象以及光标位置自动判断尺寸类型创建一个尺寸。

⊢⊣：在两个对象或点位置之间创建线性尺寸。

⤴：创建圆形对象的半径或直径尺寸。

∠：在两条不平行的直线之间创建一个角度尺寸。

⤴：在倒斜角曲线上创建倒斜角尺寸。

≈：创建一个厚度尺寸，测量两条曲线之间的距离。

⌒：创建一个弧长尺寸来测量圆弧周长。

：创建周长约束以控制选定直线和圆弧的集体长度。

：创建一个坐标尺寸，测量从公共点沿一条坐标基线到某一位置的距离。

**图 11.5.2 所示的“尺寸编辑”界面的按钮及选项说明如下。**

- ：用于设置尺寸类型。
- ：用于设置尺寸精度。
- ：检测尺寸。
- ：用于设置尺寸文本位置。
- ：单击该按钮，系统弹出“附加文本”对话框，用于添加注释文本。
- ：用于设置尺寸精度。
- ：用于设置参考尺寸。
- ：单击该按钮，系统弹出“设置”对话框，用于设置尺寸显示和放置等参数。

下面以图 11.5.3 为例，来介绍创建尺寸标注的一般操作过程。

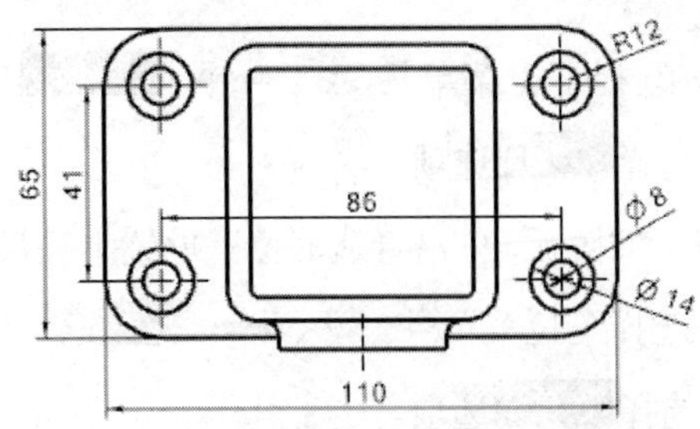


图 11.5.3 尺寸标注的创建

Step1. 打开文件 D:\ug12pd\work\ch11.05.01\DIMENSION.prt。

Step2. 标注竖直尺寸。选择下拉菜单 插入(S) → 尺寸(M) → 快速(P)... 命令，系统弹出“快速尺寸”对话框，在对话框 测量 区域的 方法 下拉列表中选择 竖直 选项。

Step3. 单击“捕捉方式”工具条中的按钮，选取图 11.5.4 所示的边线 1 和边线 2，系统自动显示活动尺寸，单击合适的位置放置尺寸；确认“捕捉方式”工具条中的按钮被按下，然后选取图 11.5.4 所示的圆 1 和圆 2，系统自动显示活动尺寸，单击合适的位置放置尺寸，结果如图 11.5.5 所示。

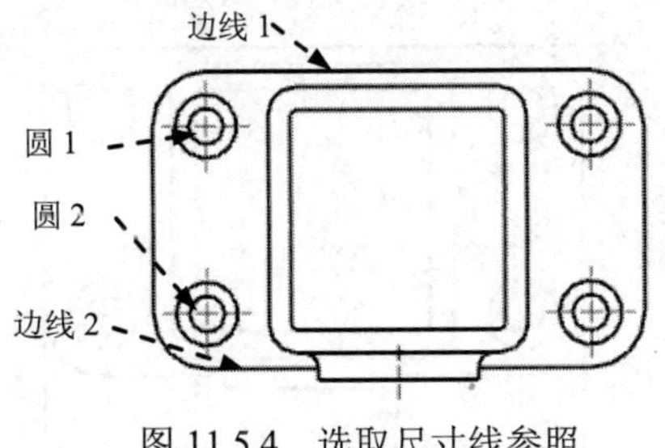


图 11.5.4 选取尺寸线参照

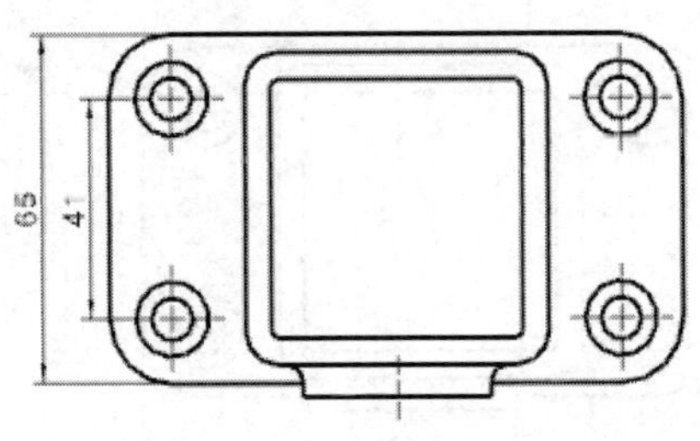


图 11.5.5 创建竖直尺寸

Step4. 标注水平尺寸。选择下拉菜单 插入(S) → 尺寸(M) → 快速(P)... 命令，系统弹出“快速尺寸”对话框，在对话框测量区域的方法下拉列表中选择水平选项。

Step5. 单击“捕捉方式”工具条中的按钮，选取图 11.5.6 所示的边线 1 和边线 2，系统自动显示活动尺寸，单击合适的位置放置尺寸；确认“捕捉方式”工具条中的按钮被按下，然后选取图 11.5.6 所示的圆 1 和圆 2，系统自动显示活动尺寸，单击合适的位置放置尺寸，结果如图 11.5.7 所示。

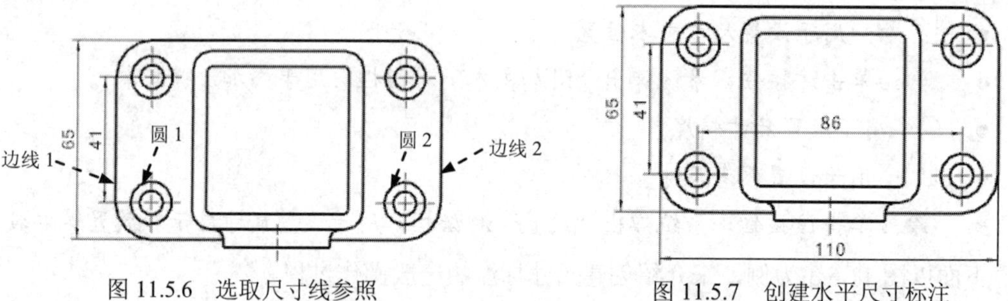


图 11.5.6　选取尺寸线参照　　图 11.5.7　创建水平尺寸标注

Step6. 标注半径尺寸。选择下拉菜单插入(S) ➡ 尺寸(M) ➡ 径向(R)...命令，在测量区域的方法下拉列表中选择径向选项。

Step7. 选取图 11.5.8 所示的圆弧，单击合适的位置放置半径尺寸，结果如图 11.5.9 所示。

Step8. 标注直径尺寸。选择下拉菜单插入(S) ➡ 尺寸(M) ➡ 快速(P)...命令。在测量区域的方法下拉列表中选择直径选项。

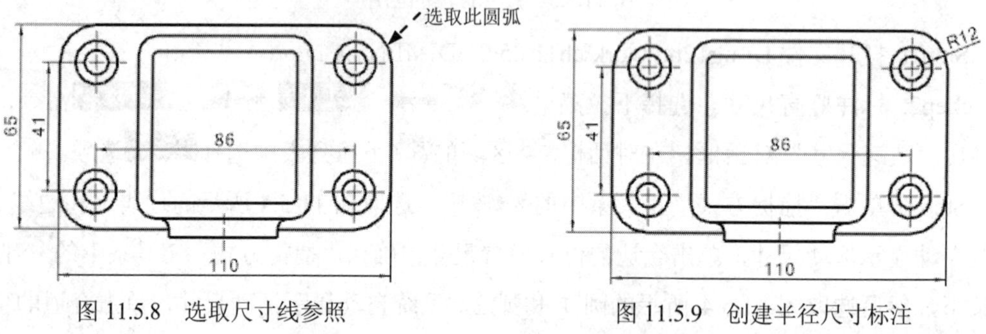


图 11.5.8　选取尺寸线参照　　图 11.5.9　创建半径尺寸标注

Step9. 选取图 11.5.10 所示的圆，单击合适的位置放置直径尺寸，结果如图 11.5.11 所示。

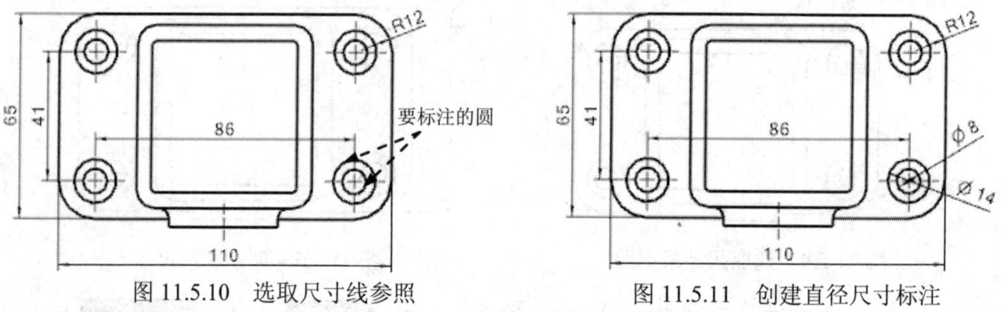


图 11.5.10　选取尺寸线参照　　图 11.5.11　创建直径尺寸标注

## 11.5.2　注释编辑器

制图环境中的几何公差和文本注释都是通过注释编辑器来标注的，因此，在这里先介绍一下注释编辑器的用法。

选择下拉菜单 插入(S) → 注释(A) → A 注释(N)... 命令（或单击“注释”按钮 A），系统弹出图 11.5.12 所示的“注释”对话框（一）。

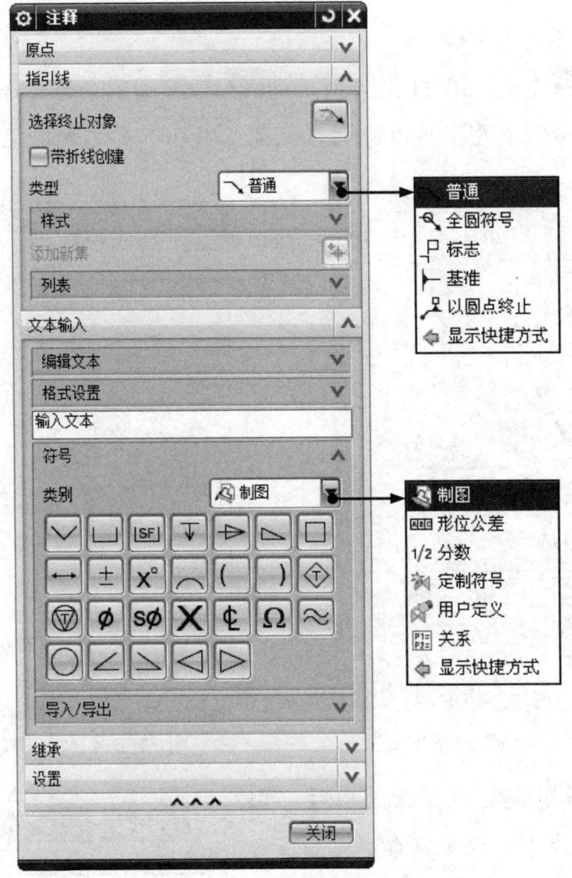


图 11.5.12　“注释”对话框（一）

**图 11.5.12 所示的“注释”对话框（一）的部分选项说明如下。**

- 编辑文本 区域：该区域（“编辑文本”工具栏）用于编辑注释，其主要功能和 Word 等软件的功能相似。
- 格式设置 区域：该区域包括“文本字体设置下拉列表” alien 、“文本大小设置下拉列表” 0.25 、“编辑文本按钮”和“多行文本输入区”。
- 符号 区域：该区域的 类别 下拉列表中主要包括“制图”“形位公差”“分数”“定制符号”“用户定义”和“关系”几个选项。

☑ 制图 选项：使用图 11.5.12 所示的 制图 选项可以将制图符号的控制字符

输入到编辑窗口。

☑ 形位公差选项：图 11.5.13 所示的形位公差选项可以将几何公差符号的控制字符输入到编辑窗口和检查几何公差符号的语法。几何公差窗格的上面有四个按钮，它们位于一排。这些按钮用于输入下列几何公差符号的控制字符："插入单特征控制框""插入复合特征控制框""开始下一个框"和"插入框分隔线"。这些按钮的下面是各种公差特征符号按钮、材料条件按钮和其他几何公差符号按钮。

☑ 分数选项：图 11.5.14 所示的分数选项分为上部文本和下部文本，通过更改分数类型，可以分别在上部文本和下部文本中插入不同的分数类型。

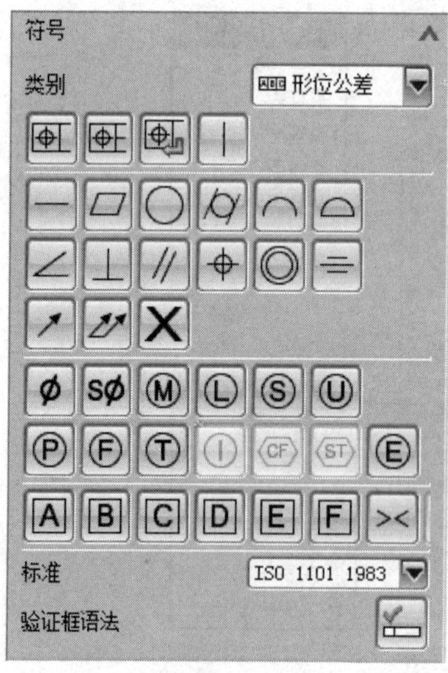


图 11.5.13 "注释"对话框（二）

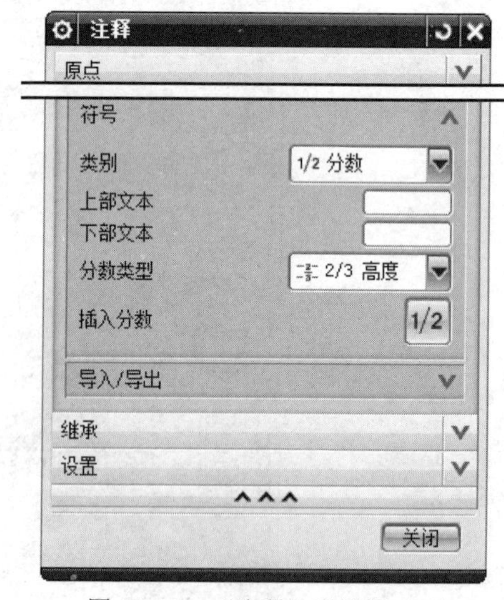


图 11.5.14 "注释"对话框（三）

☑ 定制符号选项：选择此选项后，可以在符号库中选取用户自定义的符号。

☑ 用户定义选项：图 11.5.15 所示为用户定义选项。该选项的符号库下拉列表中提供了"显示部件""当前目录"和"实用工具目录"选项。单击"插入符号"按钮后，在文本窗口中显示相应的符号代码，符号文本将显示在预览区域中。

☑ 关系选项：图 11.5.16 所示的关系选项包括四种：插入控制

图 11.5.15 "注释"对话框（四）

字符，以在文本中显示表达式的值；插入控制字符，以显示对象的字符串属性值；插入控制字符，以在文本中显示部件属性值；插入控制字符，以显示图纸页的属性值。

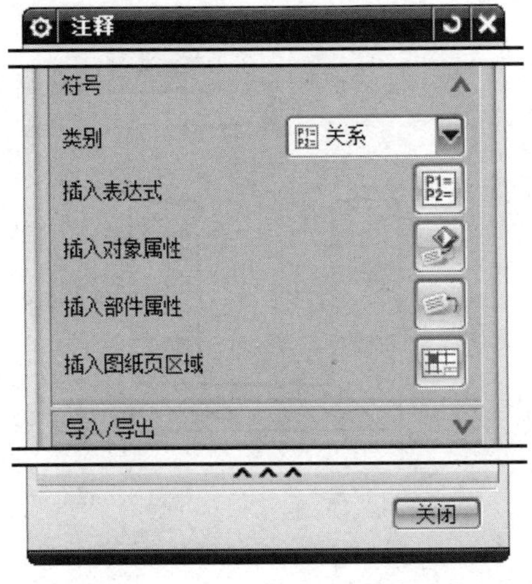


图 11.5.16 “注释”对话框（五）

## 11.5.3　基准符号标注

基准特征符号是一种表示设计基准的符号，在创建工程图中也是必要的。下面介绍创建基准特征符号的一般操作过程。

Step1. 打开文件 D:\ug12pd\work\ch11.05.03\datum_feature_symbol.prt。

Step2. 选择命令。选择下拉菜单 插入(S) → 注释(A) → 基准特征符号(R)... 命令（或单击“注释”区域中的按钮），系统弹出图 11.5.17 所示的“基准特征符号”对话框。

图 11.5.17　“基准特征符号”对话框

Step3. 创建基准。在基准标识符区域的字母文本框中输入 A，其余采用默认设置。

Step4. 在“基准特征符号”对话框的指引线区域中单击“选择终止对象”按钮，选择图 11.5.18 所示的标注位置向下拖动，然后按住 Shift 键拖动到放置位置，单击放置基准符号。

Step5. 在“基准特征符号”对话框中单击关闭按钮（或者单击鼠标中键），结果如图 11.5.18 所示。

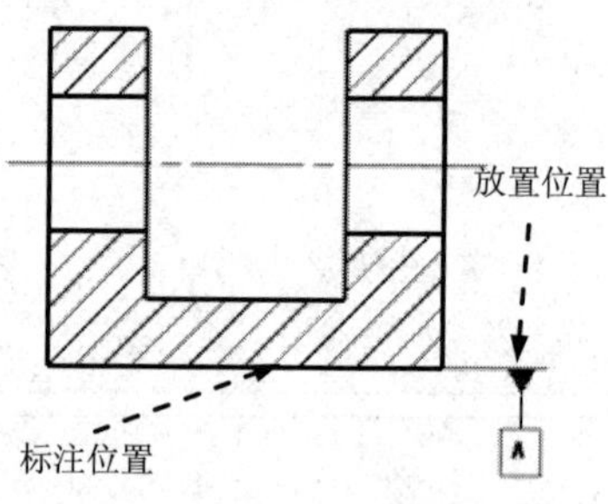


图 11.5.18 标注基准特征符号

## 11.5.4 几何公差标注

几何公差用来表示加工完成的零件的实际几何与理想几何之间的误差，包括形状公差和位置公差，简称为几何公差，是工程图中非常常见和重要的技术参数。下面以图 11.5.19 所示为例来介绍创建几何公差符号的一般操作过程。

Step1. 打开文件 D:\ug12pd\work\ch11.05.04\feature_control.prt。

Step2. 创建平面度公差。

（1）选择下拉菜单插入(S) → 注释(A) → 特征控制框(F)...命令（或单击“注释”区域中的按钮），系统弹出“特征控制框”对话框。

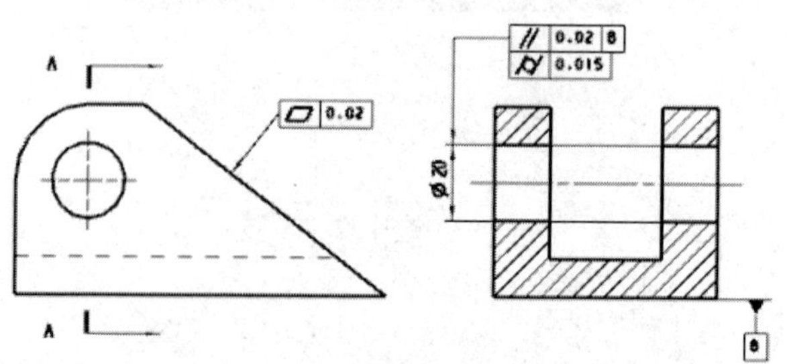


图 11.5.19 标注几何公差符号

（2）定义公差。在特性下拉列表中选择平面度选项，在框样式下拉列表中选择单框选项，在公差区域的0.0文本框中输入值 0.02，其余采用默认设置。

（3）放置公差框。选择图 11.5.20 所示的边线按下鼠标左键并拖动到放置位置，单击此位置以放置几何公差框。

Step3. 创建平行度公差。

（1）在“特征控制框”对话框的特性下拉列表中选择 平行度选项，在框样式下拉列表中选择 单框选项，在公差区域的0.0文本框中输入值 0.02，在第一基准参考区域的下拉列表中选择B选项，其余采用默认设置。

（2）放置公差框。选择图 11.5.21 所示的尺寸按下鼠标左键并拖动，此时出现公差框预览。

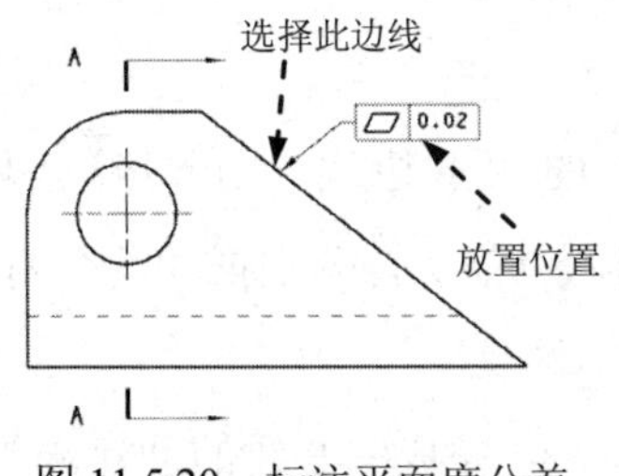

图 11.5.20　标注平面度公差

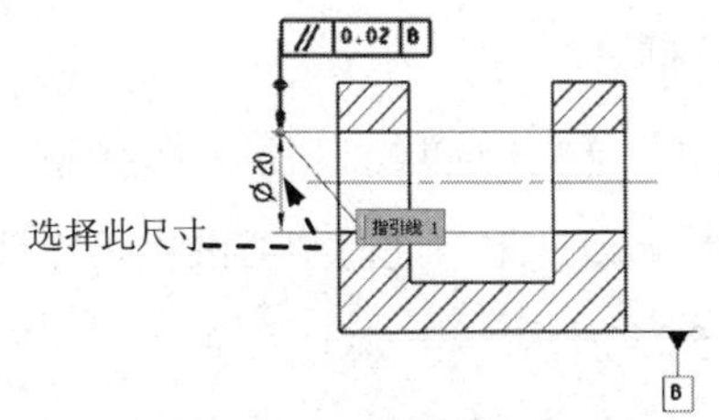

图 11.5.21　标注平行度公差

（3）调整指引线。在“特征控制框”对话框中展开指引线区域中的样式区域，在短划线长度文本框中输入值 15，单击图 11.5.22 所示的放置位置以放置几何公差框。

（4）在“特征控制框”对话框中单击关闭按钮（或者单击鼠标中键），结束命令。

Step4. 添加圆柱度公差。

（1）选择下拉菜单插入(S) → 注释(A) → 特征控制框(E)...命令（或单击“注释”区域中的按钮），系统弹出“特征控制框”对话框。

（2）定义公差。在特性下拉列表中选择 圆柱度选项，在框样式下拉列表中选择 单框选项，在公差区域的0.0文本框中输入值 0.015，在第一基准参考区域的下拉列表中选择空白选项，其余采用默认设置。

（3）放置公差框。确认“特征控制框”对话框中的指定位置被激活，移动鼠标指针到图 11.5.23 所示的位置，系统自动进行捕捉放置，单击此位置以放置几何公差框。

（4）在“特征控制框”对话框中单击关闭按钮（或者单击鼠标中键）。

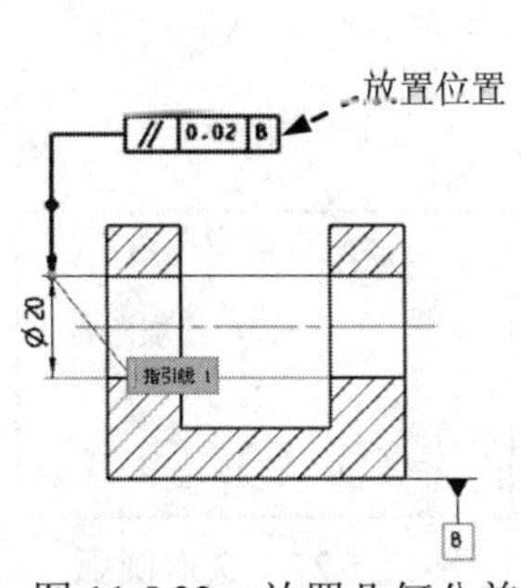

图 11.5.22　放置几何公差

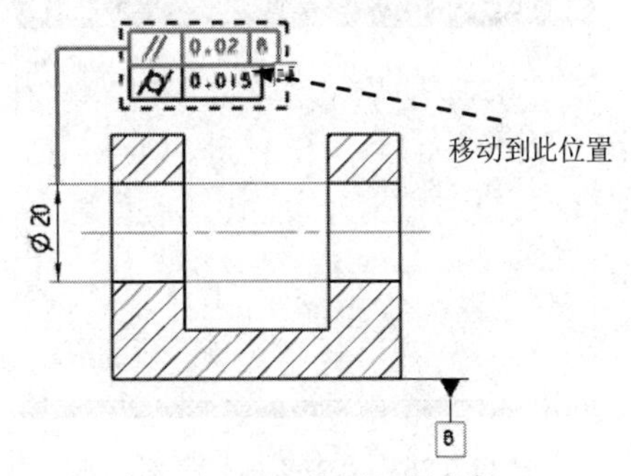

图 11.5.23　放置几何公差

## 11.5.5 中心线

### 1. 2D 中心线

2D 中心线通过选择两条边、两条曲线或者两个点来创建。下面介绍创建 2D 中心线的一般操作过程。

Step1. 打开文件 D:\ug12pd\work\ch11.05.05\utility_symbol.prt。

Step2. 选择命令。选择下拉菜单 插入(S) → 中心线(E) → 2D 中心线... 命令（或单击 主页 功能选项卡 注释 区域 下拉选项中的 2D 中心线 按钮），系统弹出“2D 中心线”对话框。

Step3. 定义中心线。依次选择图 11.5.24 所示的两条边线，在 尺寸 区域中选中 ☑ 单独设置延伸 复选框，此时中心线的两个端点上显示出两个箭头，分别拖动两个箭头，结果如图 11.5.25 所示。

Step4. 单击“2D 中心线”对话框中的 < 确定 > 按钮，完成中心线的创建。

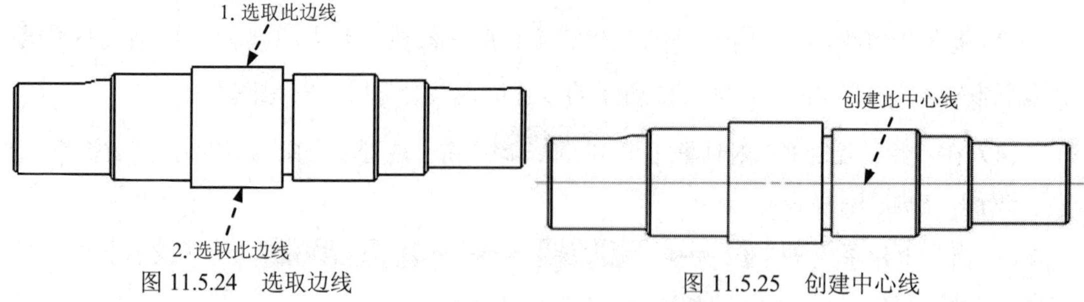


图 11.5.24　选取边线　　图 11.5.25　创建中心线

### 2. 中心标记

使用中心标记命令可以创建通过点或圆弧的中心标记符号。下面介绍创建中心标记符号的一般操作过程。

Step1. 打开文件 D:\ug12pd\work\ch11.05.05\center_mark.prt。

Step2. 选择命令。选择下拉菜单 插入(S) → 中心线(E) → 中心标记(M)... 命令，系统弹出图 11.5.26 所示的“中心标记”对话框。

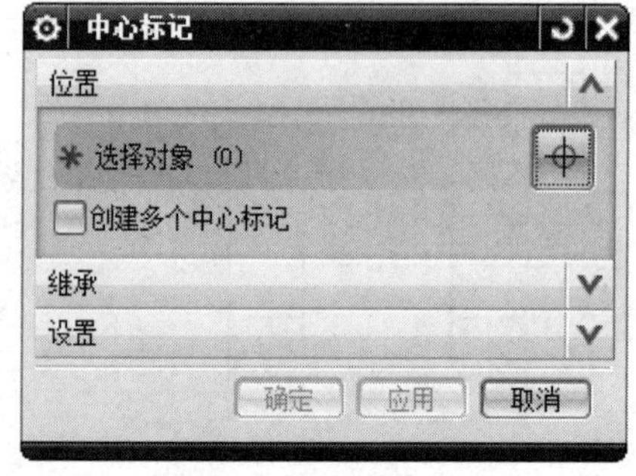


图 11.5.26　“中心标记”对话框

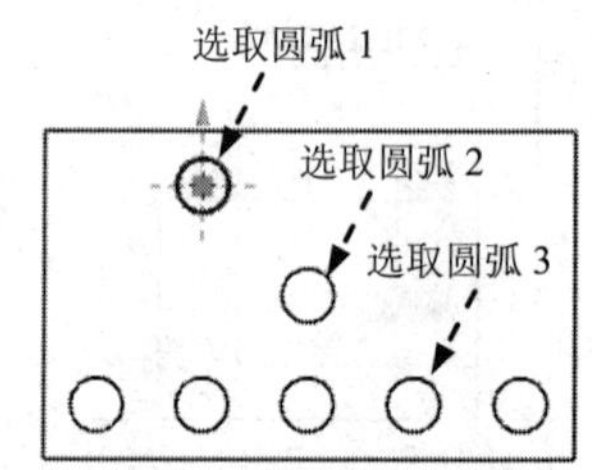


图 11.5.27　选取圆弧

Step3. 选择圆弧。在图样上选择图 11.5.27 所示的圆弧 1，此时中心标记如图 11.5.27 所示，依次选取其余的 2 个圆弧。

Step4. 单击“中心标记”对话框中的< 确定 >按钮，结果如图 11.5.28 所示。

**说明：**

- 如果在 Step3 中选中☑ 创建多个中心标记复选框，则结果如图 11.5.29 所示。
- 如果在取消选中☐ 创建多个中心标记复选框后，选择的中心点不在同一条线上，系统将无法创建中心线。

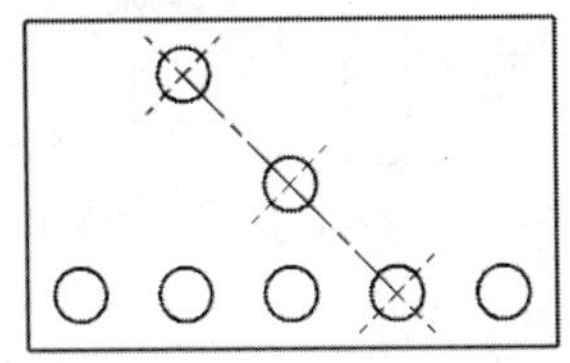

图 11.5.28　中心标记

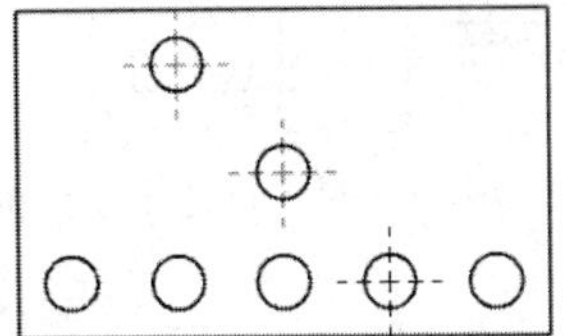

图 11.5.29　独立的中心标记

## 11.5.6　标识符号

下面以图 11.5.30 所示为例来介绍创建标识符号的一般操作过程。

Step1. 打开文件 D:\ug12pd\work\ch11.05.06\id_symbol.prt。

Step2. 选择命令。选择下拉菜单 插入(S) → 注释(A) → 符号标注(B)... 命令，系统弹出“符号标注”对话框。

Step3. 定义第 1 个符号参数。在文本区域的文本文本框中输入值 1，其余参数保持不变。

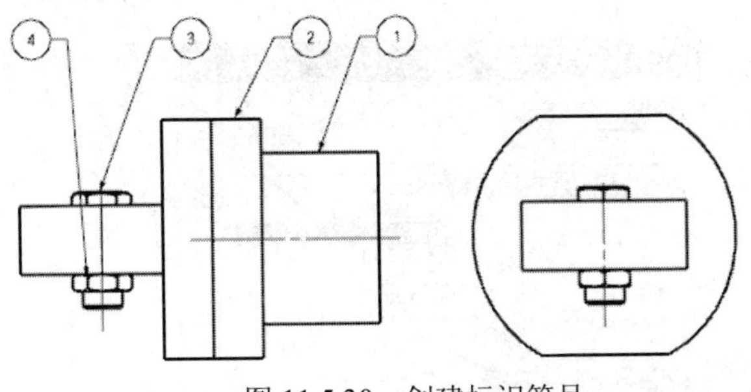


图 11.5.30　创建标识符号

Step4. 指定指引线。单击对话框指引线区域中的“选择终止对象”按钮，选择图 11.5.31 所示的点为引线的放置点。

Step5. 放置标识符号。单击图 11.5.31 所示的放置位置以放置标识符号。

Step6. 定义第 2 个符号参数。在文本区域的文本文本框中输入值 2，其余参数保持不变。

Step7. 单击对话框指引线区域中的“选择终止对象”按钮，选择图 11.5.32 所示的点为引线的放置点。

Step8. 放置标识符号。移动鼠标指针到图 11.5.32 所示的位置，系统自动捕捉到第一个标识符号并与之对齐。

Step9. 参照 Step6～Step8 的操作步骤完成其余标识符号 3、4 的标注。

Step10. 单击“符号标注”对话框中的 关闭 按钮，结果如图 11.5.30 所示。

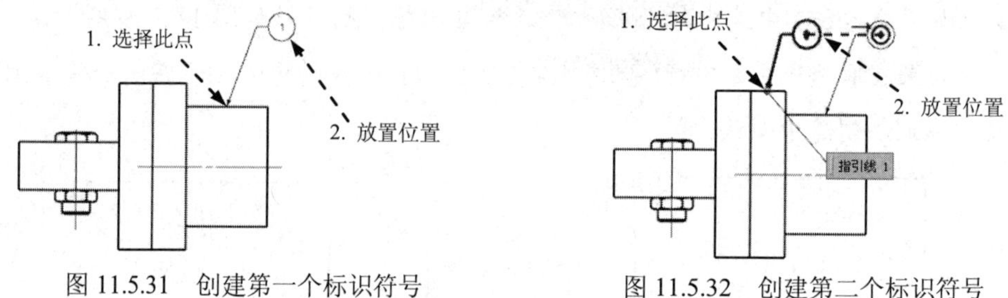


图 11.5.31 创建第一个标识符号　　图 11.5.32 创建第二个标识符号

## 11.5.7 自定义符号

利用自定义符号命令可以插入用户所需的各种符号，且可将其加入到自定义符号库中。下面介绍添加用户定义符号的一般操作过程。

Step1. 打开文件 D:\ug12pd\work\ch11.05.07\user-defined symbol.prt。

Step2. 选择命令。选择下拉菜单 插入(S) → 符号(Y) → 用户定义(D)... 命令，系统弹出“用户定义符号”对话框。

**说明：** 用户定义(D)... 命令系统默认没有显示在下拉菜单中，需要通过定制才可以使用，具体定制方法参见“用户界面简介”章节内容。

Step3. 在“用户定义符号”对话框中设置图 11.5.33 所示的参数。

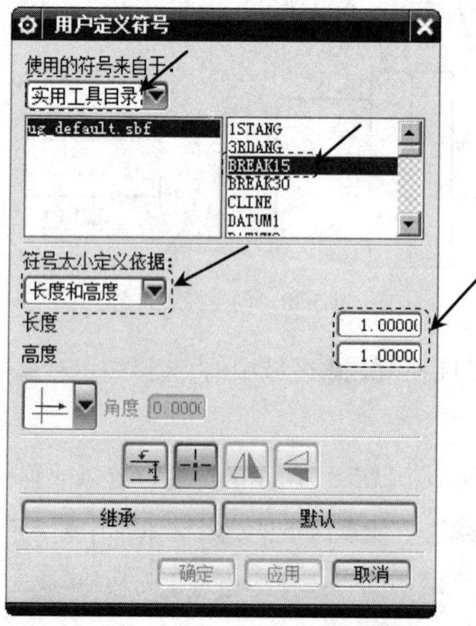


图 11.5.33 “用户定义符号”对话框

图 11.5.33 所示“用户定义符号”对话框常用的按钮及选项说明如下。

- 使用的符号来自于：：该下拉列表用于从当前部件或指定目录中调用“用户定义符号”。
  - ☑ 部件：使用该项将显示当前部件文件中所使用的符号列表。
  - ☑ 当前目录：使用该项将显示当前目录部件所用的符号列表。
  - ☑ 实用工具目录：使用该项可以从“实用工具目录”中的文件选择符号。
- 符号大小定义依据：：在该项中可以使用长度、高度或比例和宽高比来定义符号的大小。
- 符号方向：使用该项可以对图样上的独立符号进行定位。
  - ☑ ：用来定义与 XC 轴方向平行的矢量方向的角度。
  - ☑ ：用来定义与 YC 轴方向平行的矢量方向的角度。
  - ☑ ：用来定义与所选直线平行的矢量方向。
  - ☑ ：用从一点到另外一点所形成的直线来定义矢量方向。
  - ☑ ；用来在显示符号的位置输入一个角度。
- ：用来将符号添加到制图对象中去。
- ：用来指明符号在图样中的位置。

Step4. 放置符号。单击“用户定义符号”对话框中的按钮，选取图 11.5.34 所示的尺寸和放置位置。

Step5. 单击 取消 按钮，结果如图 11.5.35 所示。

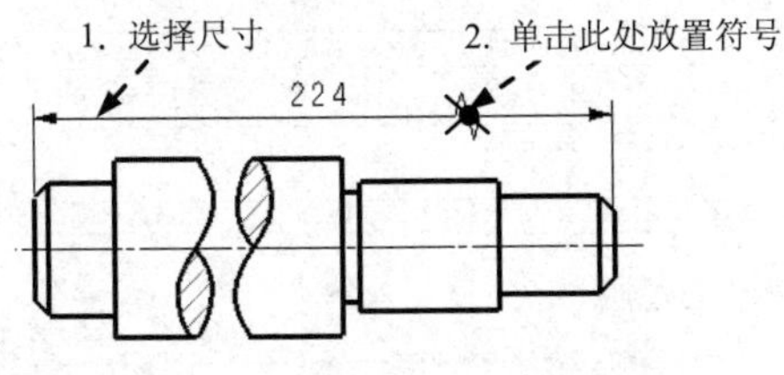

图 11.5.34　用户定义符号的创建

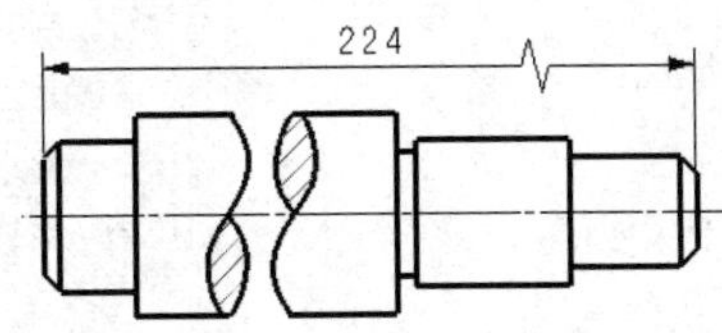

图 11.5.35　创建完的用户定义符号

# 11.6　钣金工程图

## 11.6.1　钣金工程图概述

在钣金件工程图中创建的展开视图是钣金工程图非常重要的部分，它能把钣金特征完全呈现在工程图中。钣金的三视图同样重要，它把钣金件的其他具体的数据反映出来。UG NX 12.0 的工程图模块为设计者提供了比较方便的创建展开视图的方法，而且可以直接在展开视图中自动添加折弯注释，省去了在展开视图中逐个添加折弯注释的麻烦。

由于钣金工程图的标注方法和其他零件工程图的标注是相同的，这里我们就不再详细讲解钣金工程图的标注。

## 11.6.2 钣金工程图设置

创建钣金工程图前需要对展开的折弯注释进行必要的设置，这样能使得自动产生的折弯注释符合制图的需要。

Step1. 启动 UG NX 12.0 软件。

Step2. 选择下拉菜单 文件(F) ▸ → 实用工具(U) ▸ → 用户默认设置(D)... 命令，系统弹出“用户默认设置”对话框。

Step3. 在“用户默认设置”对话框的左侧节点列表中选择“制图”下的 展平图样视图 节点，在右侧单击 标注 选项卡，此时对话框如图 11.6.1 所示。

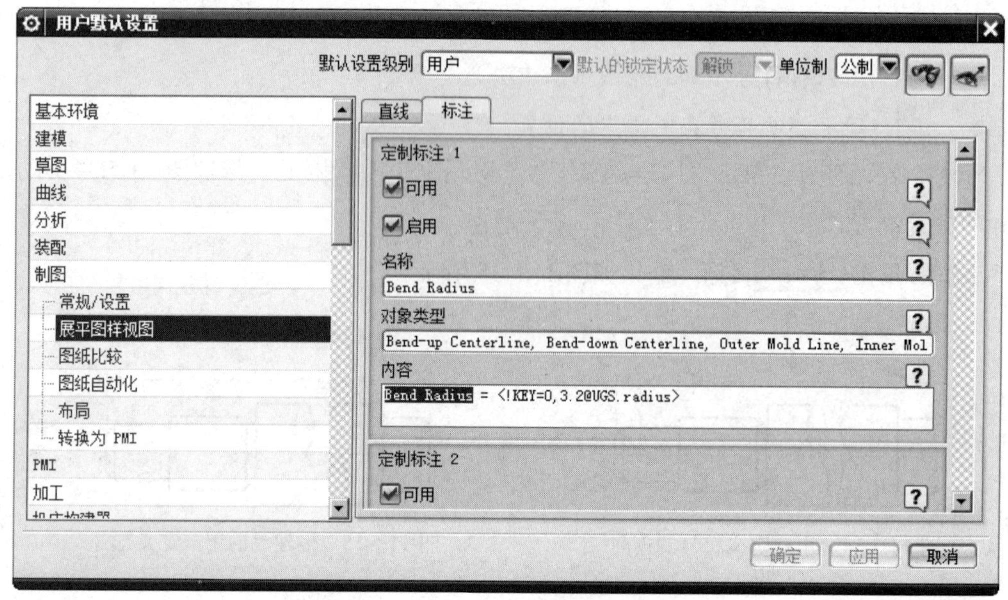


图 11.6.1 “用户默认设置”对话框（一）

图 11.6.1 所示“标注”选项卡中部分选项的说明如下。

- ☑ 可用 复选框：选中该复选框，表示在展平图样中该定制标注可以使用。
- ☑ 启用 复选框：选中该复选框，表示在展平图样中启用该定制标注。
- 名称 文本框：用于设置该标注的名称，一般建议采用英文字符。
- 对象类型 文本框：用于设置该标注所对应的钣金标注元素的类型。
- 内容 文本框：用于设置该标注的具体文本格式及内容。

Step4. 在 定制标注 1 区域的 内容 文本框中修改文本为“折弯半径 = <!KEY=0,3.2@UGS.radius>”（这里只是将 Bend Radius 替换为中文“折弯半径”，注意引号不要输入），其余参数保持不变。

**说明：**这里定制标注内容的格式是固定的，一般在“=”前面输入标注名称，接着输入“ <!KEY=0, ”固定的开头，后面的 3.2 表示数值的格式，这里 3.2 表示形如 xxx.xx 的 3 位整数加 2 位小数的形式，@后面的变量是 UG 的内部规定名称，分别对应钣金中的不同参数，每段标注内容均以“>”结束。

Step5. 在 定制标注 2 区域的 内容 文本框中修改文本为“折弯角度 = <!KEY=0,3.2@UGS.angle>”（这里只是将 Bend Angle 替换为中文“折弯角度”，注意引号不要输入），其余参数保持不变。

Step6. 在 定制标注 3 区域的 内容 文本框中修改文本为“折弯方向 = <!KEY=0,3.2@UGS.direction "上" "下">”（这里只是将 Bend Direction、up 和 down 分别替换为中文“折弯方向”“上”和“下”，注意引号不要输入），其余参数保持不变。

Step7. 在 定制标注 4 区域的 内容 文本框中修改文本为“孔直径 = <!KEY=0,3.2@UGS.diameter>”（这里只是将 Hole Diameter 替换为中文“孔直径”，注意引号不要输入），其余参数保持不变。

Step8. 在 定制标注 5 区域的 内容 文本框中修改文本为“榫接过渡距离 = <!KEY=0,3.2@UGS.joggleRunout>”（这里只是将 Joggle Runout 替换为中文“榫接过渡距离”，注意引号不要输入），其余参数保持不变。

Step9. 在 定制标注 6 区域的 内容 文本框中修改文本为“榫接深度 = <!KEY=0,3.2@UGS.joggleDepth>”（这里只是将 Joggle Depth 替换为中文“榫接深度”，注意引号不要输入），其余参数保持不变。

Step10. 在 定制标注 7 区域的 内容 文本框中修改文本为“刀具 ID = <!KEY=0,3.2@UGS.joggleDepth>”（这里只是将 Tool Id 替换为“刀具 ID”，注意引号不要输入），其余参数保持不变。

Step11. 在 定制标注 8 区域取消选中 □ 启用 复选框。

Step12. 在“用户默认设置”对话框中单击 直线 选项卡，此时对话框如图 11.6.2 所示。

Step13. 在 内模线 和 外模线 区域中取消选中 □显示 复选框。

**说明：**此选项卡中主要设置钣金展平图样中各种类型线的颜色、线型、线宽等，用户可根据制图需要自行修改。

Step14. 在“用户默认设置”对话框中单击 确定 按钮。

Step15. 关闭 UG NX 12.0 软件并重新启动，即可使新设置生效。

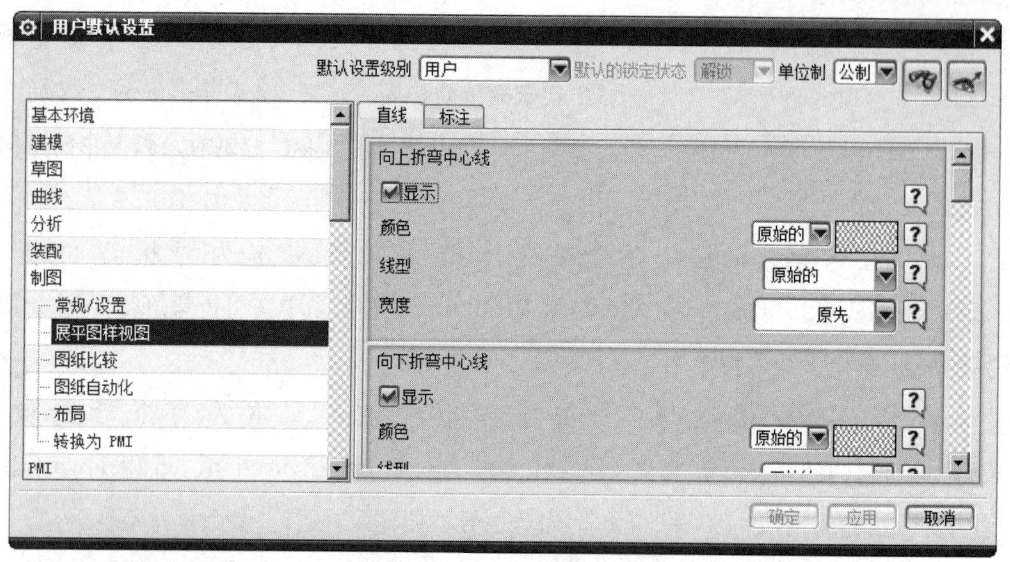


图 11.6.2 “用户默认设置”对话框（二）

## 11.6.3 创建钣金展开视图

要创建钣金件的展开视图，首先需要在 NX 钣金环境中创建钣金件的展平图样，然后在制图环境中直接引用这个展平图样，即可完成钣金展开视图的创建。下面介绍创建钣金展开视图的一般操作过程。

### Task1. 创建展平图样

Step1. 打开模型文件 D:\ug12pd\work\ch11.06.03\sm_jog.prt，进入 NX 钣金环境。

Step2. 设置展平图样显示。选择下拉菜单 首选项(P) ➡ 钣金(H)... 命令，系统弹出“钣金首选项”对话框；在 展平图样显示 选项卡内选中 ☑ 上折弯中心、☑ 下折弯中心 和 ☑ 折弯相切 复选框，其余均取消选中，单击 确定 按钮，完成设置。

Step3. 选择下拉菜单 插入(S) ➡ 展平图样(L)... ➡ 展平图样(P)... 命令，系统弹出“展平图样”对话框，如图 11.6.3 所示。

Step4. 选取图 11.6.4 所示的模型平面，单击 确定 按钮，完成展平图样的创建。

**说明：**此时系统可能会弹出“钣金”对话框，可单击 确定(O) 按钮继续。

Step5. 选择下拉菜单 视图(V) ➡ 布局(L) ➡ 替换视图(V)... 命令，系统弹出“视图替换为…”对话框。

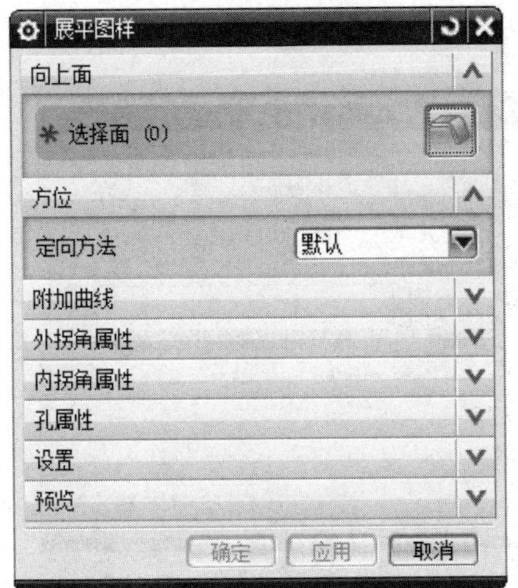


图 11.6.3　“展平图样”对话框

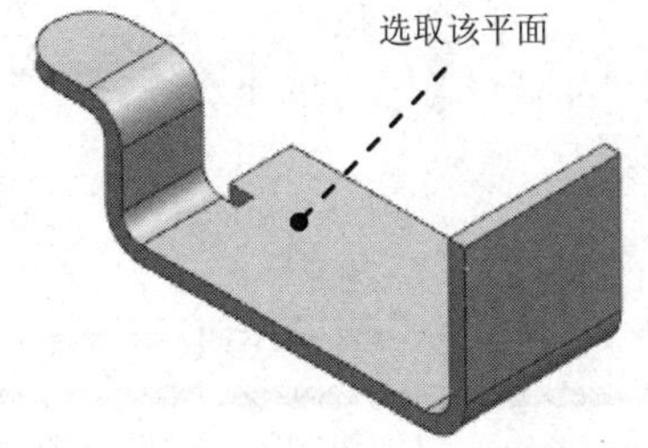


图 11.6.4　选择向上面

Step6. 在“视图替换为…”对话框中选择FLAT-PATTERN#1选项，单击确定按钮，结果如图 11.6.5 所示。

Step7. 再次选择下拉菜单视图(V) → 布局(L) → 替换视图(V)...命令，系统弹出“视图替换为…”对话框，选择正三轴测图选项，单击确定按钮，完成视图的恢复。

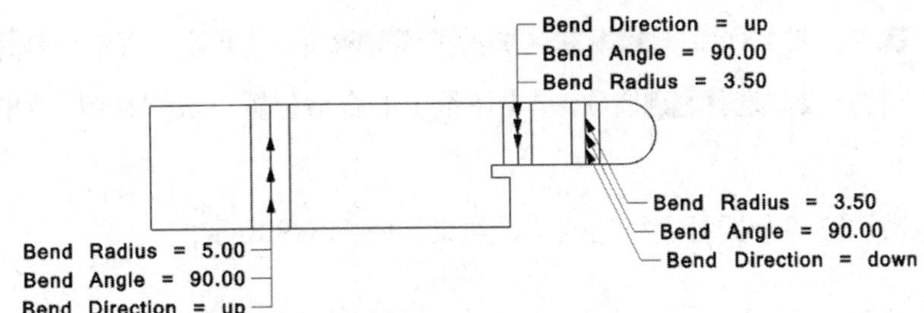


图 11.6.5　显示“FLAT-PATTERN#1”视图

## Task2. 创建展平视图

Step1. 在应用模块功能选项卡设计区域单击制图按钮，进入制图环境。

Step2. 加载制图标准。

（1）选择下拉菜单工具(T) → 制图标准(D)...命令，系统弹出“加载制图标准”对话框，如图 11.6.6 所示。

（2）在 “加载制图标准”对话框的从以下级别加载下拉列表中选择用户选项，在标准下拉列表中选择GB2016选项，单击确定按钮，完成新制图标准的加载。

Step3. 新建工作表。

（1）选择下拉菜单插入(S) → 图纸页(H)...命令（或单击“主页”选项卡中的按

钮），系统弹出“工作表”对话框，如图 11.6.7 所示。

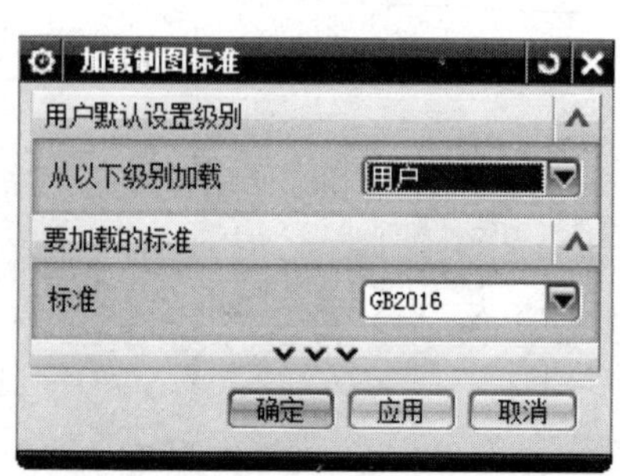


图 11.6.6 “加载制图标准”对话框

图 11.6.7 “工作表”对话框

（2）采用图 11.6.7 所示的参数设置，单击 确定 按钮，完成工作表的创建。

**说明**：此时系统可能会弹出“只读部件”对话框，可单击 确定(O) 按钮继续。

Step4. 创建视图。

（1）选择下拉菜单 插入(S) → 视图(W) → 基本(B)... 命令（或单击“主页”功能选项卡中的按钮），系统弹出“基本视图”对话框。

（2）在“基本视图”对话框 模型视图 区域的 要使用的模型视图 下拉列表中选择 FLAT-PATTERN#1 选项，在 比例 下拉列表中选择 1:1 选项，单击图纸上的合适位置以放置视图，结果如图 11.6.8 所示。

Step5. 适当调整各个折弯注释的位置，结果如图 11.6.9 所示。

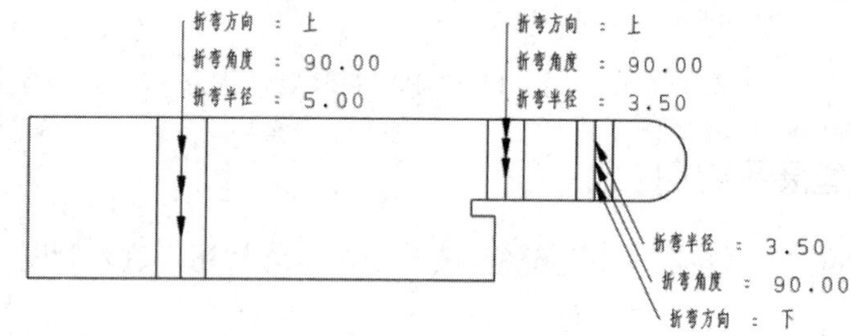


图 11.6.8 创建展平视图

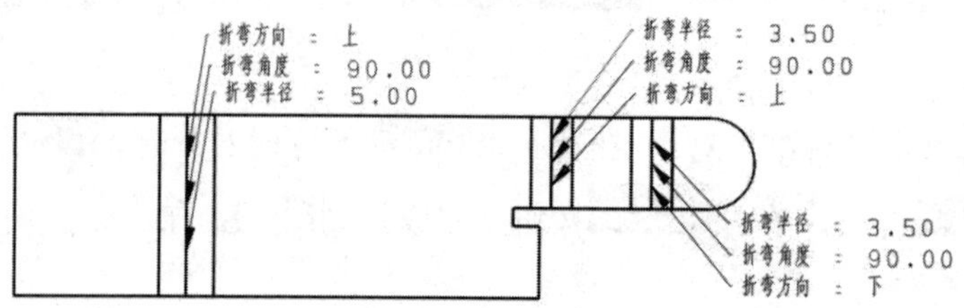


图 11.6.9 调整折弯注释的位置

## 11.6.4　钣金工程图范例

**范例概述：**

本范例为对卡件进行标注的综合范例，综合了钣金展开视图、尺寸、注释、基准和几何公差的标注及其编辑、修改等内容，在学习本范例的过程中读者应该注意对卡件的展开视图进行标注的要求及其特点。范例完成的效果图如图 11.6.10 所示。

**说明：**本范例的详细操作过程请参见随书光盘中 video\ch11\文件夹下的语音视频讲解文件。模型文件为 D:\ug12pd\work\ch11.06.04\SHEET_DRAWING.prt。

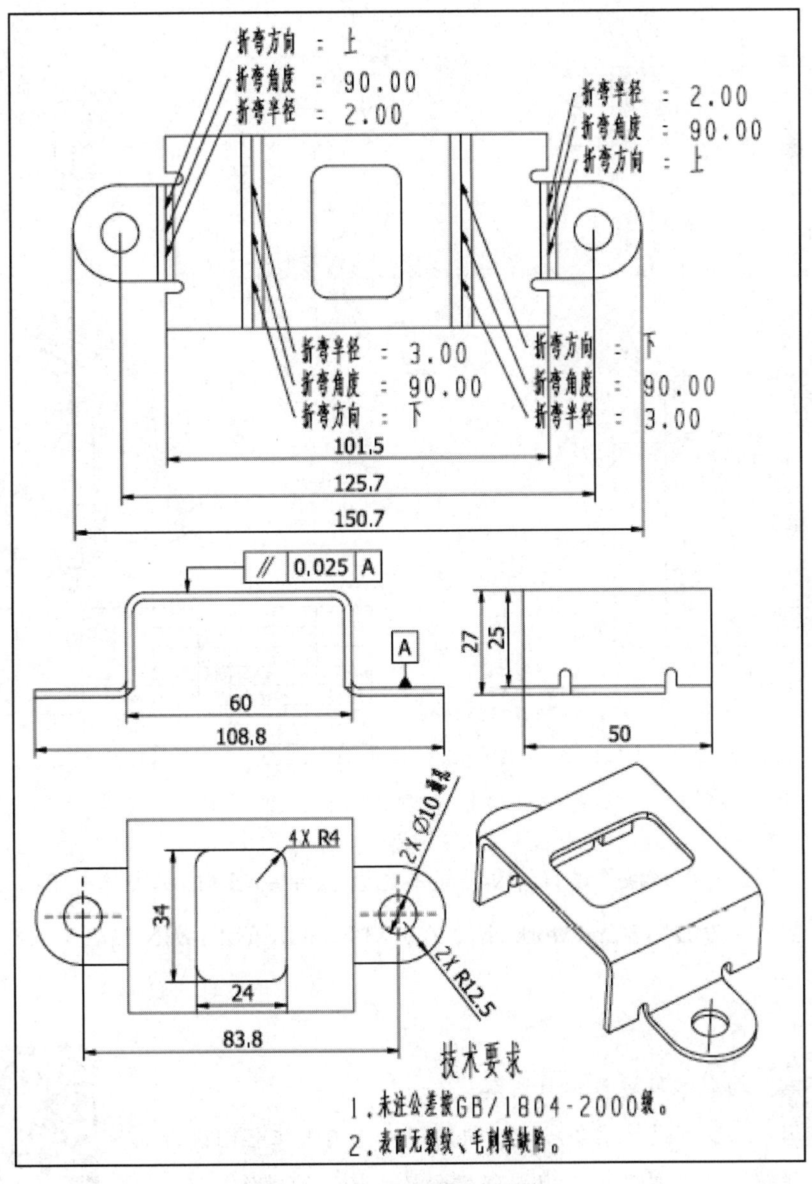


图 11.6.10　范例完成效果图

# 11.7 UG 工程图设计综合实际应用

**应用概述：**

此例以一个机械基础——基座为载体讲述 UG NX 12.0 工程图创建的一般过程。希望通过此例的学习读者能对 UG NX 12.0 工程图的制作有比较清楚的认识。完成后的工程图如图 11.7.1 所示。

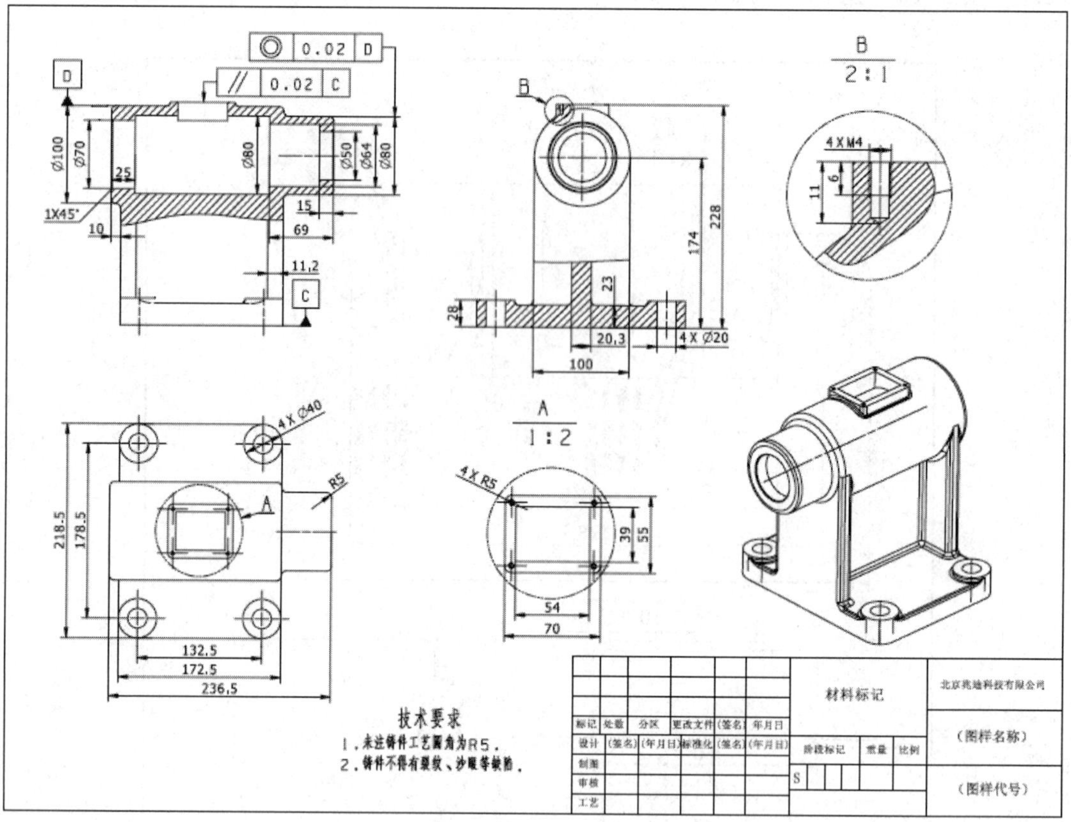

图 11.7.1　基座工程图

**说明：**本范例的详细操作过程请参见随书光盘中 video\ch11.07\文件夹下的语音视频讲解文件。模型文件为 D:\ug12pd\work\ch11.07\AXLE_BOX_DRAWING.prt。

**学习拓展：**扫码学习更多视频讲解。

**讲解内容：**工程图设计实例精选。讲解了一些典型工程图设计案例，重点讲解了工程图设计中视图创建和尺寸标注的操作技巧。

# 第 12 章　产品的工程图设计（高级）

## 12.1　工程图的打印出图

打印出图是 CAD 设计中必不可少的一个环节，本节就来讲解 UG NX 12.0 工程图的打印。在打印工程图时，可以打印整个图纸，也可以打印图纸的所选区域，可以选择黑白打印，也可以选择彩色打印。下面介绍打印工程图的操作方法。

Step1. 打开工程图文件 D:\ug12pd\work\ch12.01\print_dwg1.prt。

Step2. 选择命令。选择下拉菜单 文件(F) → 打印(P)... 命令，系统弹出图 12.1.1 所示的“打印”对话框。

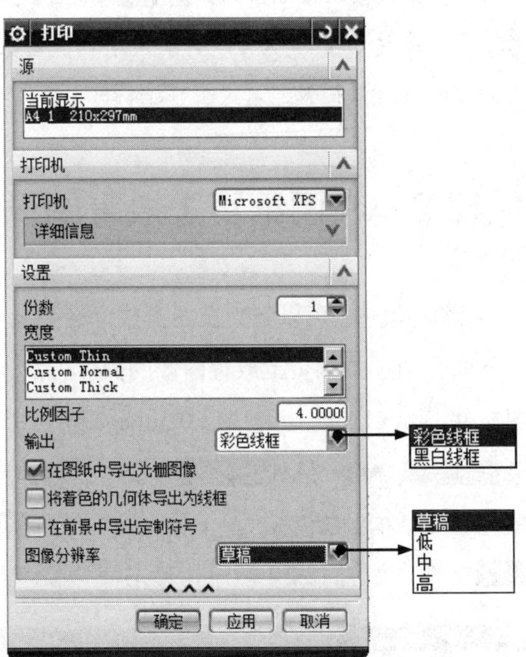


图 12.1.1　“打印”对话框

图 12.1.1 所示“打印”对话框中各选项的功能说明如下。

- 源 区域：在该区域的列表框中显示当前文件中包含的图纸页，其中 当前显示 表示当前图形区显示的内容。
- 打印机 区域：在该区域选择要使用的打印机类型以及打印机的详细信息等。在 打印机 下拉列表中显示操作系统如 Windows7 中已安装的打印机。
- 设置 区域：用来设置打印的份数、线条宽度等参数。

☑ 份数文本框：用来输入要打印的图纸数量。

☑ 宽度区域：用来选择线宽的类型。

☑ 比例因子文本框：用来定义线宽度的比例因子。

☑ 输出下拉列表：用来控制打印图纸的颜色和着色。选择彩色线框选项表示使用彩色或灰阶线来打印图纸的所有边，选择黑白线框选项表示只能使用黑色线打印图纸的所有边。

☑ ☑ 在图纸中导出光栅图像复选框：选中后可以打印选定的图纸页中的光栅图像。

☑ ☐ 将着色的几何体导出为线框复选框：选中后可以打印选定的图纸页中的着色图纸视图的线框显示。

☑ 图像分辨率下拉列表：用来定义打印图像的清晰度或质量，与打印机具体参数有关。

Step3. 在“打印”对话框的源列表框中选择A4_1 210x297mm选项，在设置区域的宽度列表框中选择Custom Normal选项，设置比例因子为 2，其余采用默认参数设置。

Step4. 在“打印”对话框中单击确定按钮开始打印。

## 12.2 在图纸页上放置图像

在 UG NX 12.0 的工程图环境中，可以将光栅图像放置在图纸页上，此时图像文件将被保存在部件文件内部。下面介绍在图纸页上放置图像的操作方法。

Step1. 打开工程图文件 D:\ug12pd\work\ch12.02\image.prt，进入制图环境。

Step2. 选择下拉菜单插入(S) → 图像(I)...命令，系统弹出“打开图像”对话框。

Step3. 在“打开图像”对话框的文件类型(T):下拉列表中选择PNG 文件 (*.png)选项，然后在列表框中选择jsq.PNG文件，如图 12.2.1 所示，单击OK按钮。

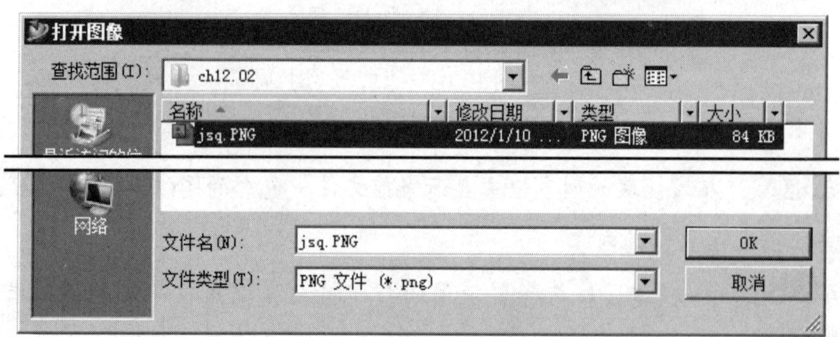


图 12.2.1 “打开图像”对话框

**说明：**系统支持的图像格式为 PNG、JPG 和 TIFF 类型，如果不是这 3 种类型，则需要提前通过图像转换软件进行转换。

Step4. 在图 12.2.2a 所示浮动输入框的宽度文本框中输入值 100 并按 Enter 键，此时高度文本框中数值同时发生变化，如图 12.2.2b 所示。

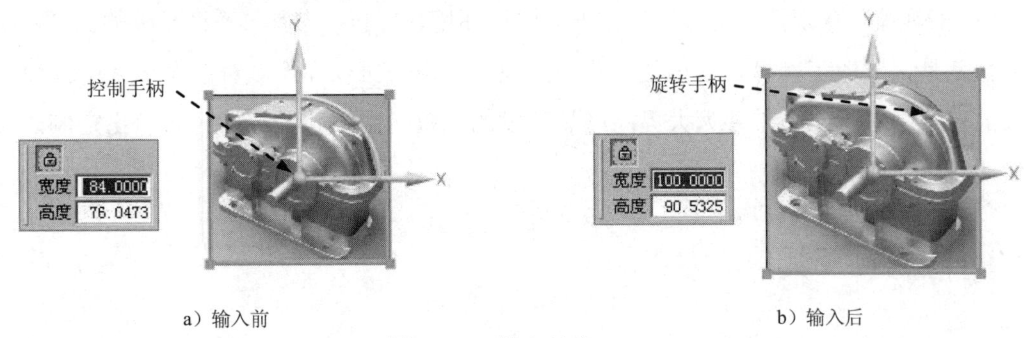


a）输入前　　b）输入后

图 12.2.2　输入尺寸

Step5. 在尺寸输入框中单击“锁定宽高比”按钮，在高度文本框中输入值 90 并按 Enter 键，然后再次单击“锁定宽高比”按钮。

**说明：** 用户也可以通过拖动图像的 4 个角点来改变其大小。

Step6. 拖动图 12.2.2a 所示的控制手柄移动到图像左下角点后松开，此时控制手柄自动吸附到该角点，然后拖动 X 轴或 Y 轴改变图像的位置。

**说明：** 图像共有九个点可以选取，包括 4 个角点、4 个边中点和 1 个中心点。

Step7. 拖动图 12.2.2b 所示的旋转手柄逆时针旋转 90° 来改变图像放置角度，结果如图 12.2.3 所示。

**说明：** 旋转角度必须是 90° 的整倍数。

Step8. 单击鼠标中键完成图像的放置，结果如图 12.2.4 所示。

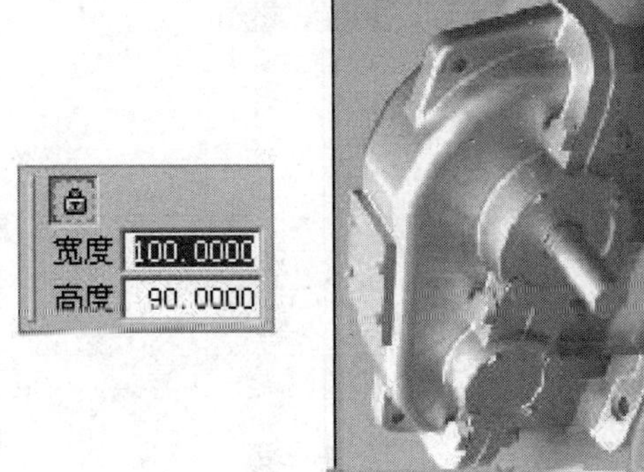


图 12.2.3　旋转图像

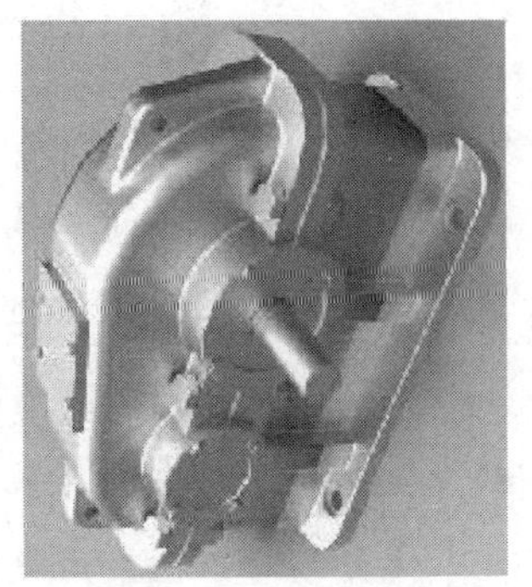

图 12.2.4　放置图像

# 12.3 GC 工具箱

GC 工具箱是特别针对中国用户推出的国标环境软件包，内置一系列相关的工具，如标准化工具、制图工具等。通过使用此工具模块，用户可以在一个符合大部分中国用户需求的环境中进行工作，并大大提高产品开发的规范化水平，减少用户客户化定制的工作量并提高工作效率。

## 12.3.1 属性工具

使用“属性工具”命令可以编辑或增加当前部件的属性，这些属性一般是由 GB 标准模板定义的，也可以从其他部件中继承属性，并且通过“属性同步”功能实现属性在主模型和图纸间的双向传递。下面介绍使用“属性工具”的一般操作方法。

Step1. 打开文件 D:\ug12pd\work\ch12.03.01\att_tool_dwg1.prt，进入制图环境。

Step2. 选择下拉菜单 GC工具箱 → GC 数据规范 → 属性工具 → 属性工具 命令，系统弹出“属性工具”对话框，如图 12.3.1 所示。

Step3. 在“属性工具”对话框中单击图 12.3.1 所示的输入区，输入文本“张三”，参照此方法输入其他属性值，结果如图 12.3.2 所示。

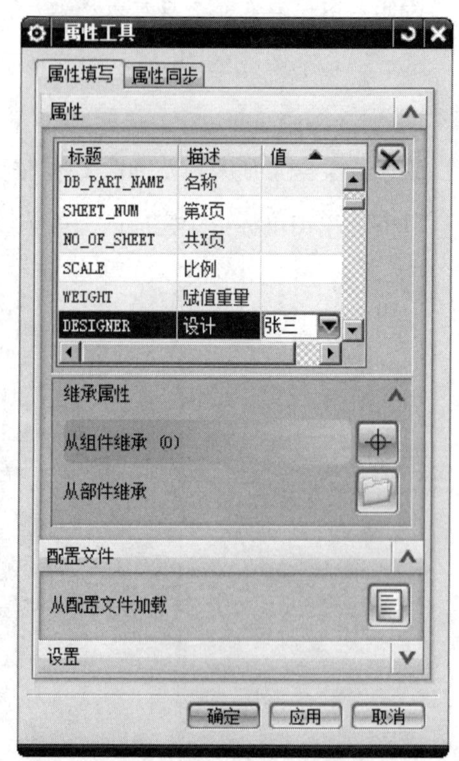

图 12.3.1 “属性工具”对话框（一）

**图 12.3.1 所示“属性工具”对话框中选项及按钮的说明如下。**

- 属性 列表框：显示当前部件中定义的所有属性的标题和属性值。用户通过单击列表的列标题可以进行排序，也可以通过单击对应 值 列的单元格输入相应的属性值。
- ☒按钮：用于删除选定的某个属性项目。
- ⊕按钮：用来选择当前部件中包含的组件，此时系统将该组件的属性添加到属性列表框并更新其属性值。
- 📁按钮：单击此按钮，系统弹出“打开文件”对话框，用户需要选择一个外部的部件文件，此时系统将该组件的属性添加到属性列表框并更新其属性值。

- 按钮：单击此按钮，系统将读取在 UG 安装目录\Localization\prc\gc_tools\configuration\gc_tool.cfg 中定义的属性内容。如果对应的属性项目不存在，则自动添加。企业可以根据自身的情况和要求定义该配置文件，以提高制图的标准化。
- Material 属性：当属性名为 Material 时，系统自动读取 NX 材料库。

Step4. 在“属性工具”对话框中单击 应用 按钮，此时图纸标题栏内容自动更新。

Step5. 在“属性工具”对话框中单击 属性同步 选项卡，此时对话框显示如图 12.3.3 所示，选中 ⊙ 图纸到主模型 单选项，单击 应用 按钮，此时对话框显示如图 12.3.4 所示。

Step6. 在“属性工具”对话框中单击 取消 按钮，关闭对话框。

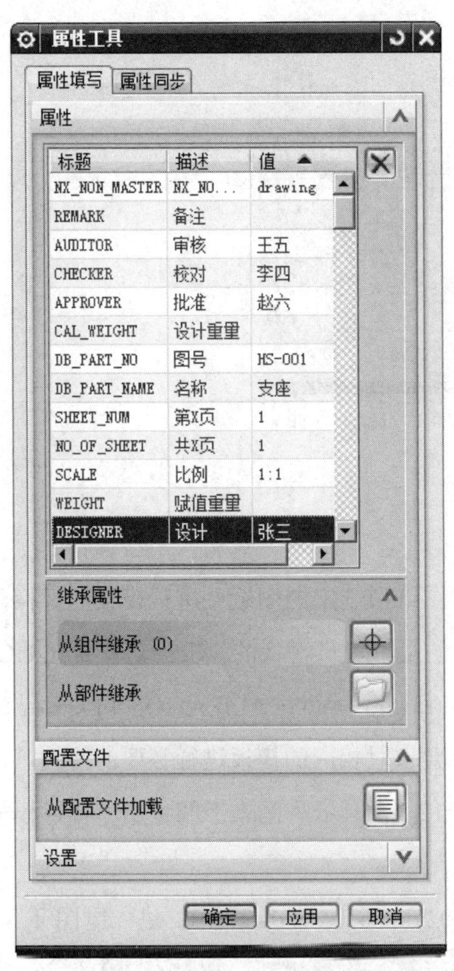


图 12.3.2 “属性工具”对话框（二）

图 12.3.3 “属性工具”对话框（三）

图 12.3.3 所示“属性工具”对话框中选项说明如下。

- 主模型属性 列表框：显示当前主模型中定义的所有属性的标题和属性值。
- 图纸属性 列表框：显示当前图纸文件中定义的所有属性的标题和属性值。

- 主模型到图纸单选项：设定同步方式为主模型的属性同步到图纸。
- 图纸到主模型单选项：设定同步方式为图纸的属性同步到主模型。

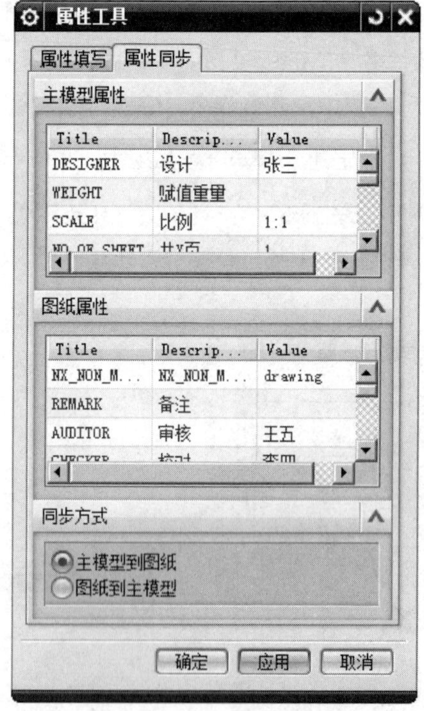

图 12.3.4 “属性工具”对话框（四）

## 12.3.2 替换模板

使用“替换模板”命令可以轻松地对当前图纸中选定的图纸页进行模板的替换，此时模板是按照配置文件中定义来读取。需要注意的是，可供替换的模板放置位置在 UG 安装目录\LOCALIZATION\PRC\simpl_chinese\startup 和\LOCALIZATION\PRC\english\startup 两个文件夹下，用户可根据企业的标准要求对相应的模板进行必要的修改，这样就可以十分方便地进行图档的标准化。下面以图 12.3.5 所示为例来介绍使用“替换模板”的一般操作方法。

Step1. 打开文件 D:\ug12pd\work\ch12.03.02\down_base_dwg1.prt，进入制图环境。

Step2. 选择下拉菜单 GC工具箱 ▸ → 制图工具 ▸ → 替换模板命令，系统弹出图 12.3.6 所示的“工程图模板替换”对话框。

Step3. 在“工程图模板替换”对话框的图纸中的图纸页列表框中选择 A4_1 (A4 - 297 x 210) 选项，在选择替换模板列表框中选择 A3 - 选项，单击“显示结果”按钮，结果如图 12.3.5b 所示。

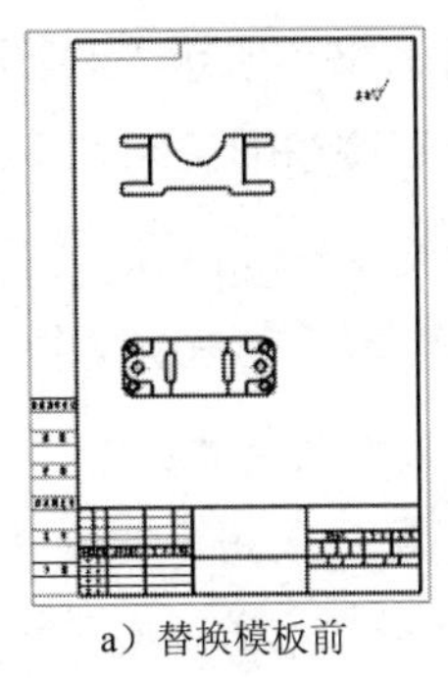

a）替换模板前

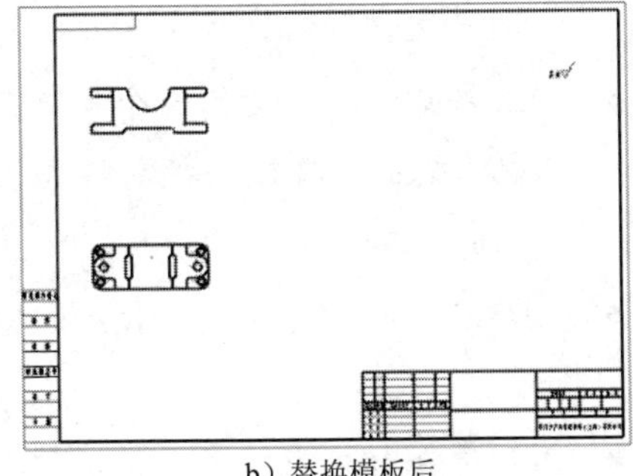

b）替换模板后

图 12.3.5　替换模板

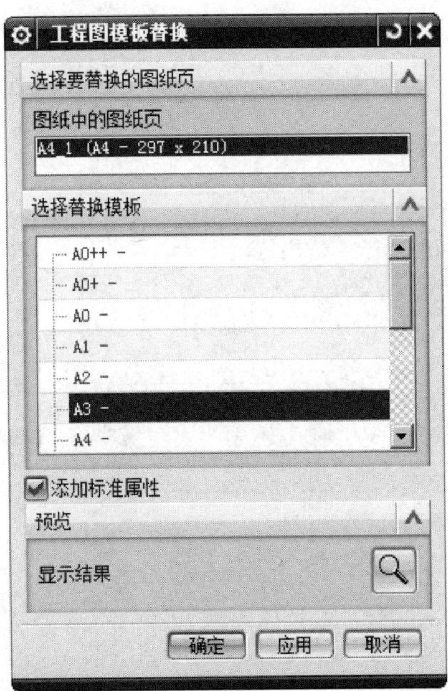


图 12.3.6　“工程图模板替换”对话框

Step4. 在“工程图模板替换”对话框中单击 确定 按钮，完成模板的替换。

**图 12.3.6 所示“工程图模板替换”对话框中选项及按钮说明如下。**

- 图纸中的图纸页 列表框：显示当前部件文件中包含的所有图纸页，其名称显示图纸页编号和纸张大小。
- 选择替换模板 列表框：显示按照当前配置文件所定义的图纸模板类型，用户需要修改配置文件从而将自定义的模板添加到此列表中。
- ☑ 添加标准属性 复选框：选中该复选框，如果当前部件文件中没有配置文件中定义的标准属性，则此时会创建这些标准属性。
- 按钮：用来进行替换模板的预览结果显示，如果选择的模板小于当前的视图空间，系统会提示错误信息，可参看编辑图纸页的操作内容。

## 12.3.3　图纸拼接

使用“图纸拼接”命令可以轻松地将当前图纸中选定的多个图纸页合并成一张图纸，以便打印或者输出多种不同的格式。下面介绍使用“图纸拼接”的一般操作方法。

Step1. 打开文件 D:\ug12pd\work\ch12.03.03\merge.prt，进入制图环境。

Step2. 选择下拉菜单 GC工具箱 ▸ → 制图工具 ▸ → 图纸拼接 命令，系统弹出图 12.3.7 所示的“图纸页拼接”对话框。

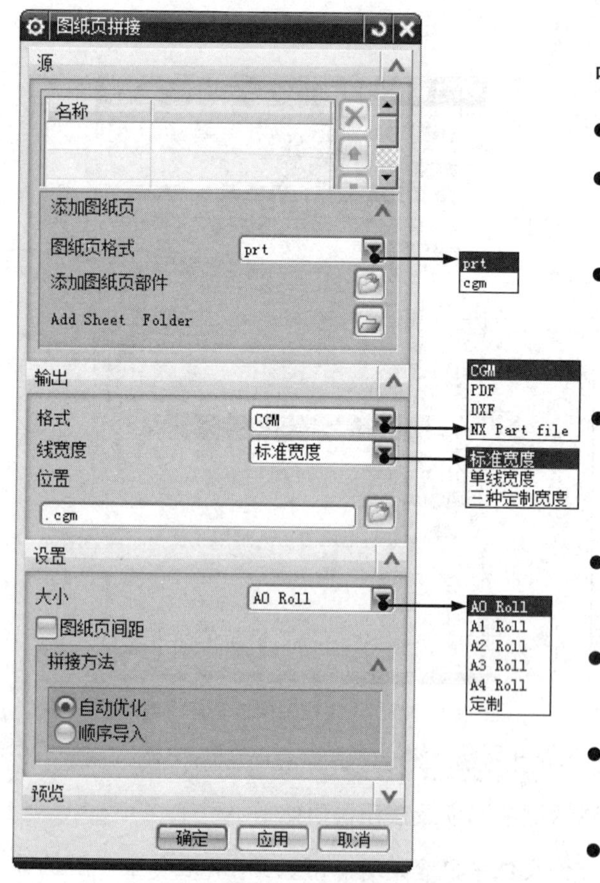


图 12.3.7 “图纸页拼接”对话框

图 12.3.7 所示“图纸页拼接”对话框中选项及按钮的说明如下。

- 源区域：用来定义要拼接的图纸。
- 图纸页格式下拉列表：定义要拼接的图纸文件的格式。
- 按钮：用来选择单个的图纸文件添加到拼接列表框中，单击后弹出“打开文件”对话框。
- 按钮：用来选择一个文件夹，此时此文件夹内符合指定格式的文件被添加到拼接列表框中。
- 格式下拉列表：定义拼接后的输出格式。
- 线宽度下拉列表：定义拼接后的输出线型的宽度。
- 位置文本框：定义输出文件的名称和存储路径。
- 大小下拉列表：定义拼接后的输出格式的滚筒规格或自定义尺寸。
- 图纸页间距复选框：用来定义拼接图纸边缘之间的距离。
- 自动优化单选项：选择此项，由系统以优化的方式定义图纸拼接的顺序。
- 顺序导入单选项：选择此项，由系统以图纸页的先后顺序定义图纸拼接的顺序。

Step3. 在“图纸页拼接”对话框的图纸页格式下拉列表中选择prt选项，单击“添加图纸页部件”按钮，系统弹出图 12.3.8 所示的“指定文件”对话框。

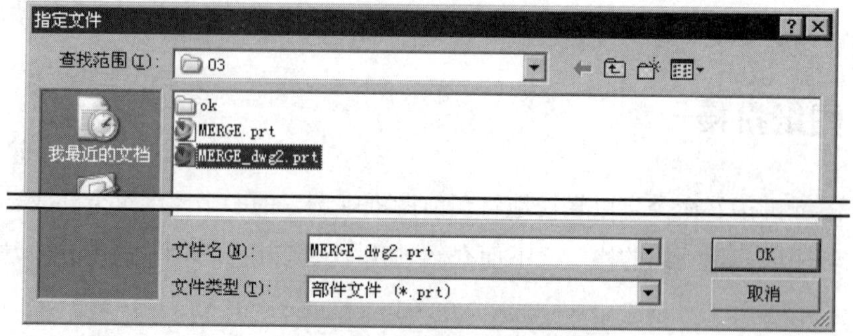


图 12.3.8 “指定文件”对话框

Step4. 在“指定文件”对话框中选择MERGE_dwg2.prt选项，单击OK按钮，系统返回到“图纸页拼接”对话框。

Step5. 在“图纸页拼接”对话框输出区域的格式下拉列表中选择NX Part file选项，单击“位置”按钮，系统弹出“指定文件”对话框。

Step6. 在“指定文件”对话框的文件名(N):文本框中输入 ex01，单击 OK 按钮，系统返回到“图纸页拼接”对话框。

Step7. 在“图纸页拼接”对话框设置区域的大小下拉列表中选择A0 Roll选项，选中☑图纸页间距复选框，展开预览区域，单击 预览 按钮，此时该区域显示如图 12.3.9 所示。

Step8. 在“图纸页拼接”对话框中单击 确定 按钮，在系统弹出的“信息”对话框中单击 确定(O) 按钮，此时系统还会弹出图 12.3.10 所示的“信息”对话框，关闭此对话框。

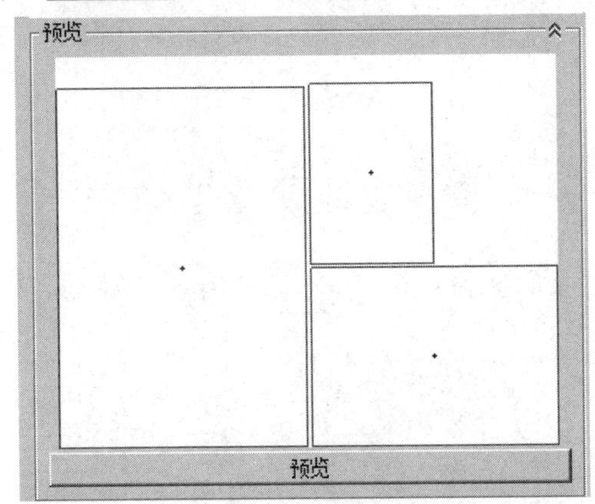


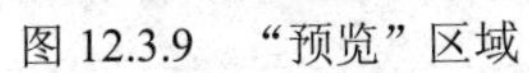
图 12.3.9　“预览”区域

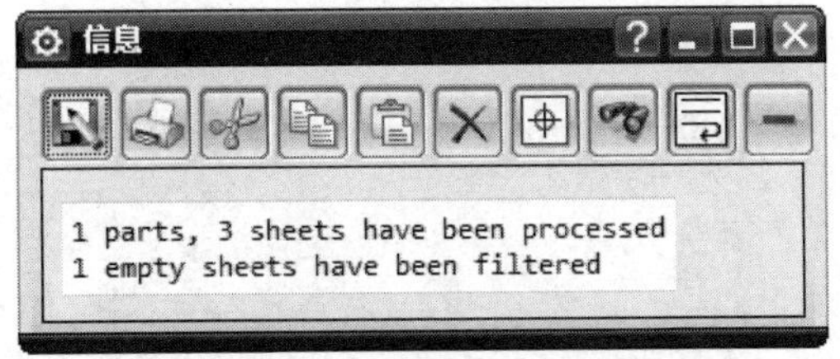


图 12.3.10　“信息”对话框

**说明：**只有包含视图的图纸页才能被拼接，空白的图纸页会被忽略。

## 12.3.4　导出零件明细表

使用“导出零件明细表”命令可以轻松地将当前图纸中选定零件明细表中的内容输出到 Excel 电子表格中，由此可以创建不同要求的明细表（组件明细表、标准件明细表、外购件明细表等）。下面介绍使用“导出零件明细表”的一般操作方法。

Step1. 打开文件 D:\ug12pd\work\ch12.03.04\asm_04_dwg1.prt，进入制图环境。

Step2. 选择下拉菜单 GC工具箱 ▸ → 制图工具 ▸ → 明细表输出... 命令，系统弹出“明细表输出”对话框，如图 12.3.11 所示。

Step3. 在“明细表输出”对话框的资源区域中选中⊙零件明细表单选项，确认 * 选择明细表 (0) 被激活，在图纸上选取零件明细表。

**说明：**系统此时可能会弹出“导出零件明细表”对话框，单击 是 按钮继续。

Step4. 在“明细表输出”对话框资源区域的列表框中选择第 1 个项目，然后连续单击按钮，将这些项目全部添加到输出区域的列表框中，如图 12.3.12 所示。

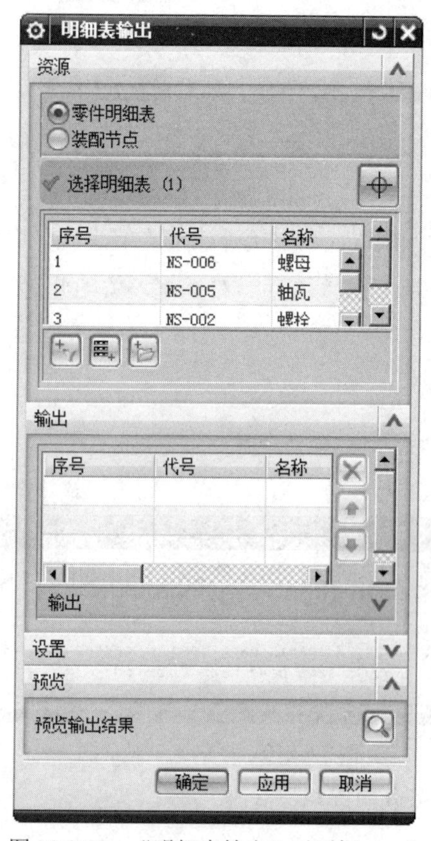

图 12.3.11 “明细表输出”对话框（一）

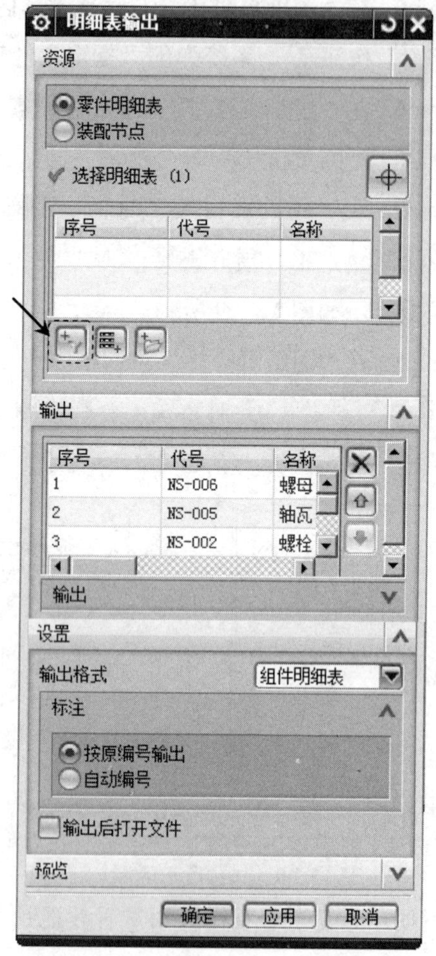

图 12.3.12 “明细表输出”对话框（二）

图 12.3.12 所示“明细表输出”对话框中选项及按钮的说明如下。

- ⊙零件明细表单选项：用于定义要输出的内容是从图纸的零件明细表来选取的。
- ⊙装配节点单选项：用于定义要输出的内容是从装配导航器的装配节点来选取的。
- 按钮：单击此按钮，选取零件明细表或装配节点。
- 按钮：单击此按钮，可将源内容列表中的某项添加到输出列表中。
- 按钮：单击此按钮，可在输出列表中添加一个空行标记。
- 按钮：单击此按钮，可在输出列表中添加一个换页标记。
- 按钮：单击此按钮，可将输出列表中的某个项目删除。
- 、按钮：单击此按钮，可调整输出列表中某个项目的上下位置。
- 输出层级下拉列表：仅在选择⊙装配节点单选项时才会出现，包含“第一层节点”“所有零组件”和“所有零件”选项。
- 输出格式下拉列表：用来设定输出的 xls 文件的模板或格式，用户可定制。
- ○按原编号输出单选项：定义输出编号是按照原来明细表中的顺序号来输出。

- 自动编号单选项：定义输出编号是按顺序自动产生。
- 输出后打开文件复选框：选中该复选框后，输出完成后会自动打开表格。

Step5. 在“明细表输出”对话框中展开输出区域（图 12.3.13），单击此区域中的按钮，系统弹出“指定文件”对话框，在文件名(N):文本框中输入名称 PartList，单击OK按钮，系统返回到“明细表输出”对话框。

Step6. 在“明细表输出”对话框中展开设置区域（图 12.3.14），在输出格式下拉列表中选择组件明细表选项，其余采用图中所示的参数设置。

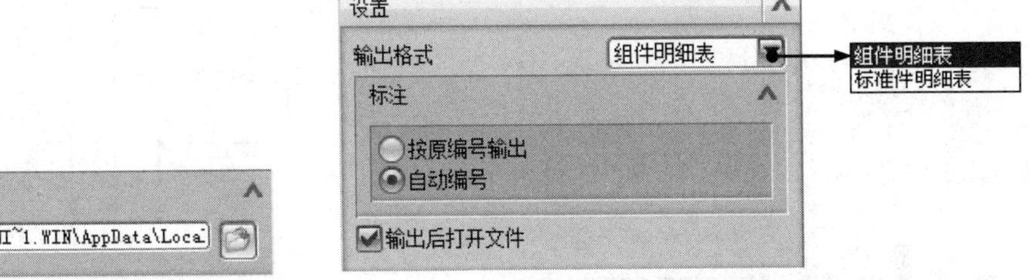


图 12.3.13 “输出”区域

图 12.3.14 “设置”区域

Step7. 在“明细表输出”对话框中单击确定按钮，完成明细表的输出，打开输出后的 xls 文件，如图 12.3.15 所示。

Microsoft Excel - PartList.xls

| 序号 | 代 号 | 特性标记 | 名 称 | 质 量 | 数量 | 材 料 | 备 注 |
|---|---|---|---|---|---|---|---|
| 1 | NS-006 | | 螺母 | 0 | 2 | Steel-Rolled | 外购 |
| 6 | NS-004 | | 上盖 | 0.7 | 1 | Steel | - |
| 5 | NS-001 | | 底座 | 2.3 | 1 | Steel | - |
| 4 | NS-003 | | 楔块 | 0.1 | 2 | Steel | - |
| 3 | NS-002 | | 螺栓 | 0.1 | 2 | Steel-Rolled | 外购 |
| 2 | NS-005 | | 轴瓦 | 1.2 | 2 | Steel | - |

图 12.3.15 导出的零件明细表

## 12.3.5 装配序号排序

通过“装配序号排序”命令可以将装配图纸中的装配序号按照顺时针或逆时针的顺序来排列，此时需要用户指定一个初始的装配序号，系统自动按照指定的距离值来排列序号。下面介绍装配序号排序的一般操作方法。

Step1. 打开文件 D:\ug12pd\work\ch12.03.05\asm.prt，进入制图环境。

Step2. 选择下拉菜单 GC工具箱 ▸ → 制图工具 ▸ → 装配序号排序命令，系统弹出图 12.3.16 所示的“装配序号排序”对话框。

Step3. 在“装配序号排序”对话框中确认 * 初始装配序号 (0) 被激活，在图纸上选取图 12.3.17 所示的装配序号 2，其余参数保持不变。

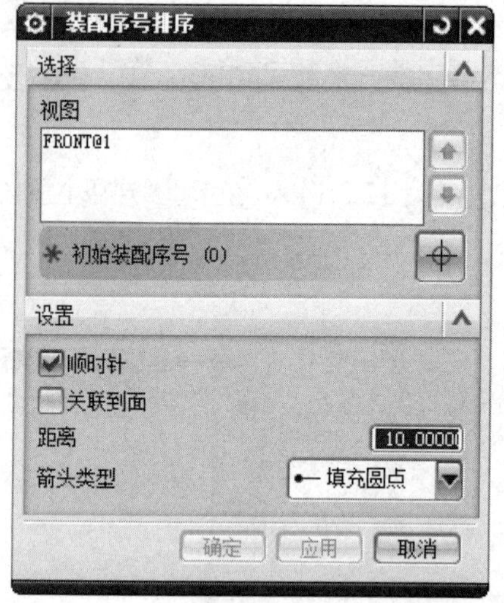


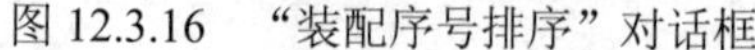
图 12.3.16 “装配序号排序”对话框

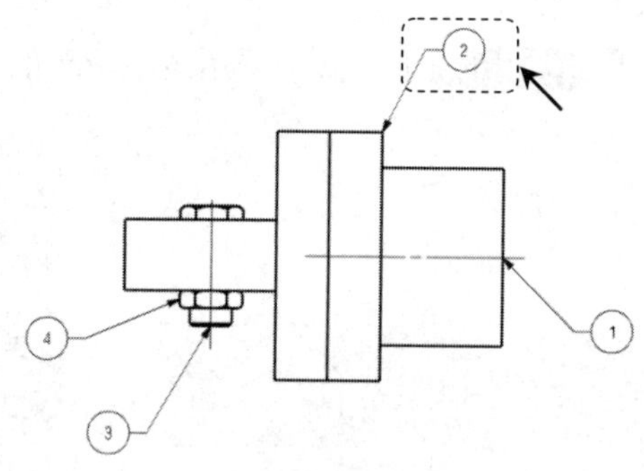

图 12.3.17 选择装配序号

Step4. 在“装配序号排序”对话框中单击 确定 按钮，结果如图 12.3.18 所示。

**说明：**

- 距离 文本框：用来控制装配序号和视图边界的距离。
- 图 12.3.19 所示为取消选中 □ 顺时针 复选框、距离 为 20 的排序结果。

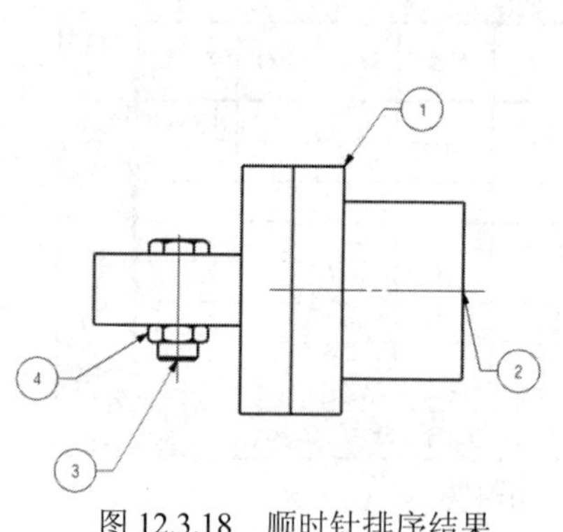

图 12.3.18 顺时针排序结果

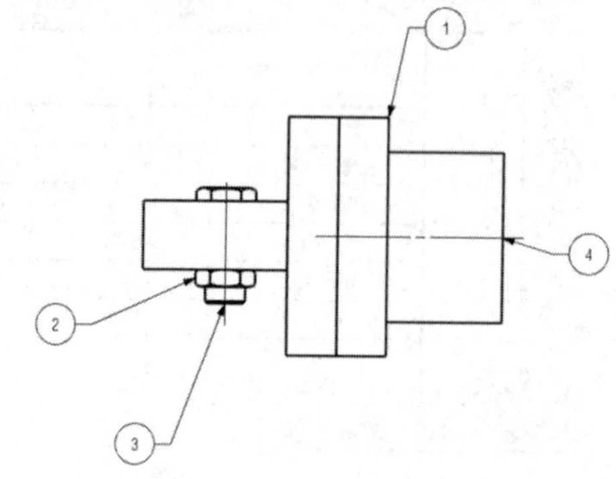

图 12.3.19 逆时针排序结果

## 12.3.6 创建点坐标列表

通过“创建坐标列表”命令可以将当前图纸中选定的一组点的坐标输出到一个表格，这里需要定义参考坐标系来确定原点和轴的方向，并可以应用不同的表格模板，这对于某些工程制图来说是十分方便的。下面介绍创建坐标列表的一般操作方法。

Step1. 打开文件 D:\ug12pd\work\ch12.03.06\coor_table.prt，进入制图环境。

Step2. 选择下拉菜单 GC工具箱 ▸ → 注释 ▸ → 坐标列表 命令，系统弹出图12.3.20 所示的“坐标列表”对话框。

Step3. 在“坐标列表”对话框的 类型 下拉列表中选择 创建 选项，确认 * Expand View (0) 被激活，在图样上选取图 12.3.21 所示的视图，此时进入此视图的扩展模式。

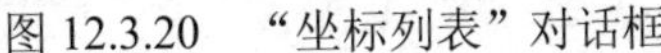

图 12.3.20　“坐标列表”对话框

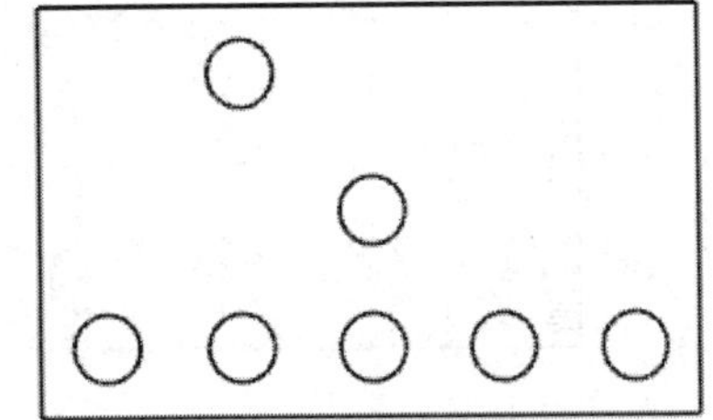

图 12.3.21　选择扩展视图

Step4. 在“坐标列表”对话框中确认 * 指定坐标系 被激活，单击 按钮，系统弹出“坐标系”对话框，在 类型 下拉列表中选择 原点，X 点，Y 点 选项，此时“坐标系”对话框如图 12.3.22 所示。

Step5. 在图样上依次选取图 12.3.23 所示的点 1、点 2 和点 3，此时系统创建图 12.3.23 所示的坐标系，在“坐标系”对话框中单击 确定 按钮，系统返回到“坐标列表”对话框。

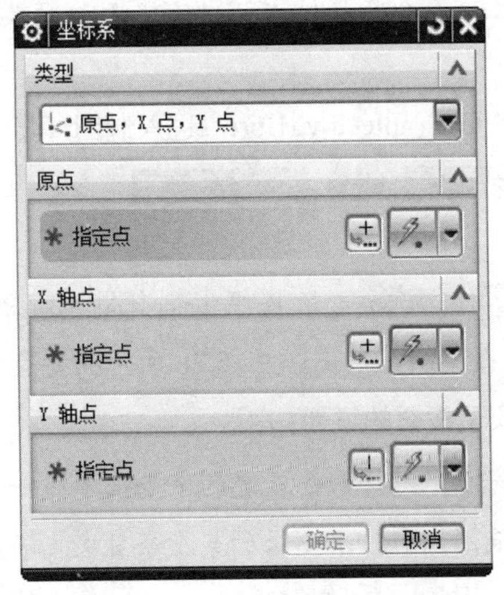


图 12.3.22　“坐标系”对话框

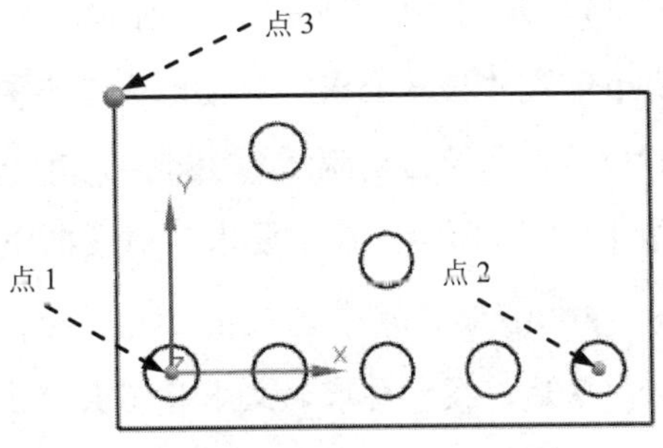


图 12.3.23　定义坐标系

Step6. 此时系统自动选中了图样上的唯一视图，在“坐标列表”对话框中展开 选择点 区域，选中 Snap Point 单选项，在 Snap Point 右侧的下拉列表中选择 选项，在图样上捕捉所有圆边的圆心点。

**说明**：坐标列表的点顺序取决于选取的顺序，可以单击⇧或⇩按钮来调整顺序。

Step7. 在“坐标列表”对话框中单击“光标位置”按钮，然后在图纸上单击视图右侧的合适位置以指定表格放置位置。

Step8. 在“坐标列表”对话框中单击 确定 按钮，完成坐标列表的创建，结果如图 12.3.24 所示。

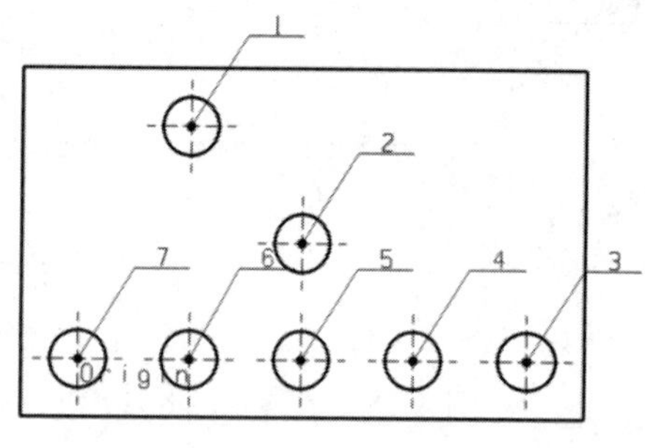


| ID | X | Y | Z |
|---|---|---|---|
| 1 | 20.000 | 40.000 | - |
| 2 | 40.000 | 20.000 | - |
| 3 | 80.000 | - | - |
| 4 | 60.000 | - | - |
| 5 | 40.000 | - | - |
| 6 | 20.000 | - | - |
| 7 | - | - | - |

图 12.3.24　坐标列表

**说明**：创建坐标列表后，读者可参照前面章节的操作方法自行调整表格的样式等。

## 12.3.7　添加技术要求

技术要求是工程图中非常重要的技术参数。在 UG NX 12.0 中可以方便地从技术要求库中提取相关的技术条目，此时系统能自动处理每行的序号，并过滤掉空白行，这种方式方便了技术要求的填写，避免了许多重复的劳动。下面介绍从技术要求库中添加技术要求的一般操作方法。

Step1. 打开文件 D:\ug12pd\work\ch12.03.07\tech_note_dwg1.prt，进入制图环境。

Step2. 选择下拉菜单 GC工具箱 ▸ ➡ 注释 ▸ ➡ 技术要求库 命令，系统弹出图 12.3.25 所示的“技术要求”对话框。

Step3. 在“技术要求”对话框中单击 * Specify Position，在图纸上单击图 12.3.26 所示的放置位置，系统自动激活 * Specify End Point，在图纸上单击图 12.3.26 所示的终点位置。

**图 12.3.25 所示“技术要求”对话框中选项及按钮的说明如下。**

- 原点 区域：用来定义技术要求的标注范围。用户需要指定两个点来定义一个矩形区域，技术要求的文本将不会超出此范围，当技术要求的某个条目文本长度超出终止位置时，系统会对该条目文本进行换行。
- 从已有文本输入 区域：在此区域中单击按钮，可以选择要编辑的注释文本，此时用户可以删除文本或添加新的文本。如果选中 □ 替换已有技术要求 复选框，则会替换掉已经存在的技术要求。

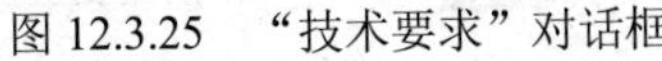

图 12.3.25 “技术要求”对话框

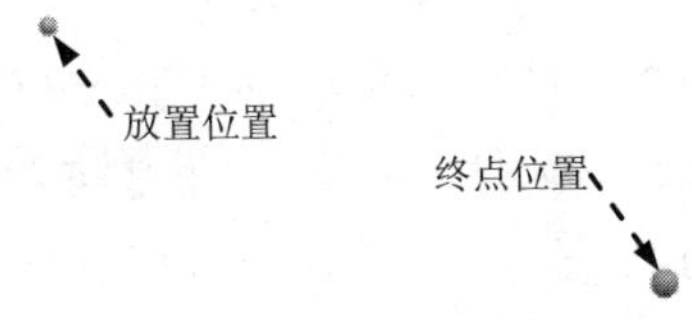


图 12.3.26 定义位置

- 添加索引 复选框：系统默认第一行的文本为“技术要求”，第二行如果是空行或第一个字符是空格，则被忽略。
- 技术要求库 区域：显示当前配置文件中定义的技术要求分类和各个条目，双击某个条目即可添加到文本输入区。
- 设置 区域：用来控制文本的字体，默认为中文仿宋 chinese_fs。

Step4. 在“技术要求”对话框的 技术要求库 区域中展开 加工件通用技术要求 节点，此时 技术要求库 区域如图 12.3.27 所示，分别双击“人工时效处理”和“未注圆角半径 R5”条目，将其添加到文本输入区中，如图 12.3.28 所示。

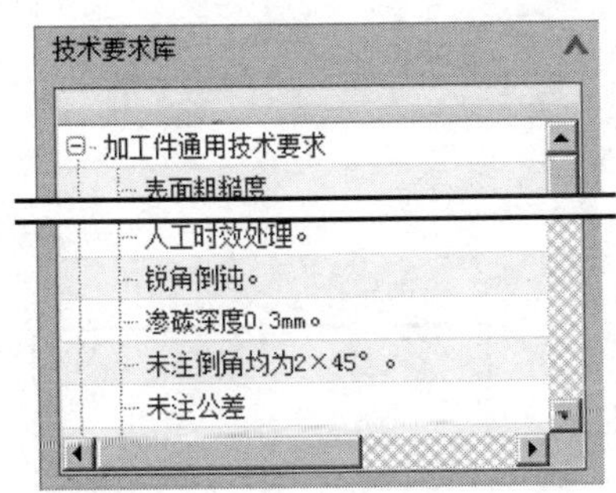


图 12.3.27 “技术要求库”区域

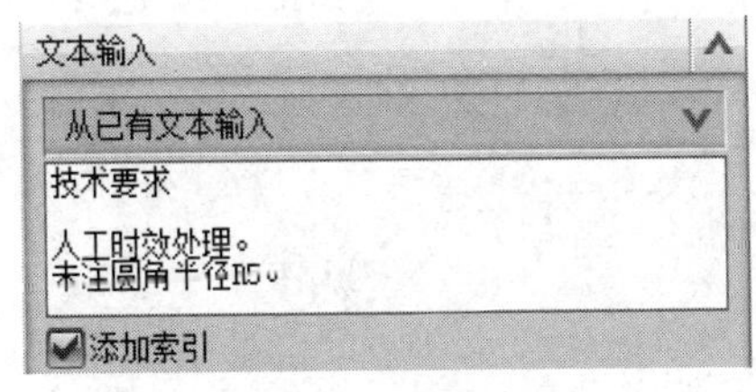


图 12.3.28 文本输入区

**说明**：读者可添加自定义的技术要求条目。

Step5. 在“技术要求”对话框中单击 确定 按钮，完成技术要求的添加，结果如图 12.3.29 所示。

技术要求

1、人工时效处理。
2、未注圆角半径R5。

图 12.3.29　添加技术要求

## 12.3.8　创建网格线

网格线是某些工程制图中常见的制图元素，在 UG NX 12.0 中可以方便地添加坐标网格线，并且能够添加相应的坐标数值，而且编辑、删除也十分方便。下面介绍在图纸视图上添加网格线的一般操作方法。

Step1. 打开文件 D:\ug12pd\work\ch12.03.08\grid_line.prt，进入制图环境。

Step2. 选择下拉菜单 GC工具箱 → 注释 → 网格线 命令，系统弹出图 12.3.30 所示的“网格线”对话框。

Step3. 在“网格线”对话框的 类型 下拉列表中选择 创建 选项，单击 * 选择视图 (0)，在图纸上选择图 12.3.31 所示的视图，系统自动激活 * 指定光标位置，在图纸上依次单击图 12.3.31 所示的位置 1 和位置 2。

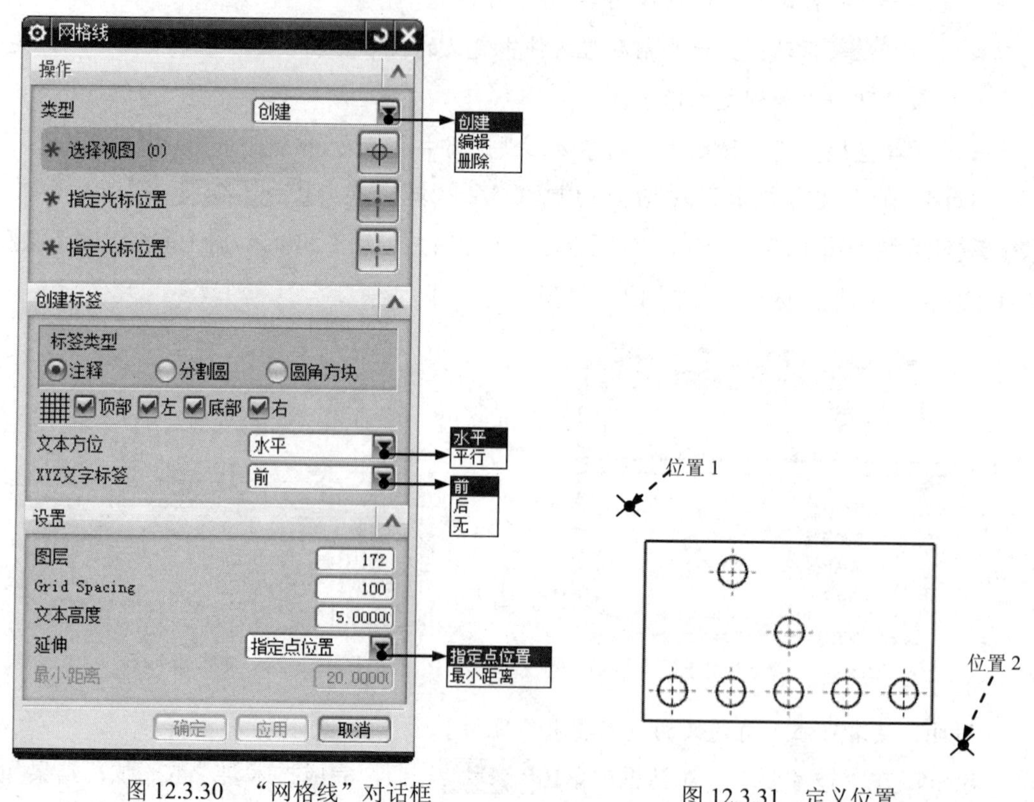


图 12.3.30　“网格线”对话框

图 12.3.31　定义位置

图 12.3.30 所示“网格线”对话框中选项的说明如下。

- 类型下拉列表：用来选择操作类型，包括“创建”“编辑”和“删除”选项。
- *选择视图 (0)：用来选择要添加网格线的视图。
- *指定光标位置：用来设置网格线的标注范围，用户需要选取矩形区域的两个对角点。
- 标签类型区域：用来设置坐标标签的样式，包括 注释、 分割圆和 圆角方块选项，其生成样式如图 12.3.32 所示。

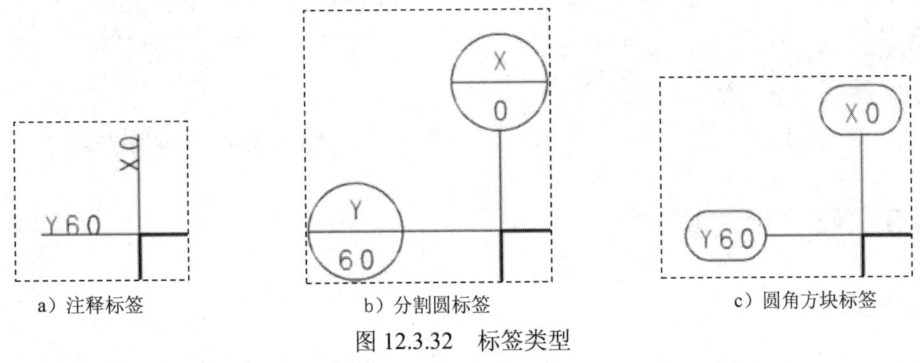


a）注释标签　　b）分割圆标签　　c）圆角方块标签

图 12.3.32　标签类型

- ☑ 顶部、☑ 左、☐ 底部、☐ 右复选框：用来定义标签的标注位置。
- 文本方位下拉列表：用来定义标签的文字方位，选择水平选项时，文本始终与图纸的水平方向一致；选择平行选项时，文本与坐标线的方向平行。
- XYZ文字标签下拉列表：用来定义标签中 XYZ 的出现位置。
- 图层文本框：用来定义网格线放置到的图层。注意，如果该图层已经设置了不可见，那么创建网格线后网格线同样会不可见。
- Grid Spacing文本框：用来定义网格线与线的间距。
- 文本高度文本框：用来定义标签中标注文本的字体高度。
- 延伸下拉列表：用来定义网格线的标注范围。当选择指定点位置选项时，网格线只会在前面指定两点的范围内产生。当选择最小距离选项时，网格线文字和网格线之间的距离不会小于所指定的最小距离。
- 最小距离文本框：仅在延伸类型为最小距离选项时可用，用来定义标签文字和网格线的最小距离值。

Step4. 在“网格线”对话框的创建标签区域中选择 注释单选项，取消选中☐ 右复选框，在文本方位下拉列表中选择平行选项，在XYZ文字标签下拉列表中选择前选项。

Step5. 在“网格线”对话框的设置区域中设置图 12.3.33 所示的参数。

Step6. 在“网格线”对话框中单击确定按钮，完成网格线的创建，结果如图 12.3.34 所示。

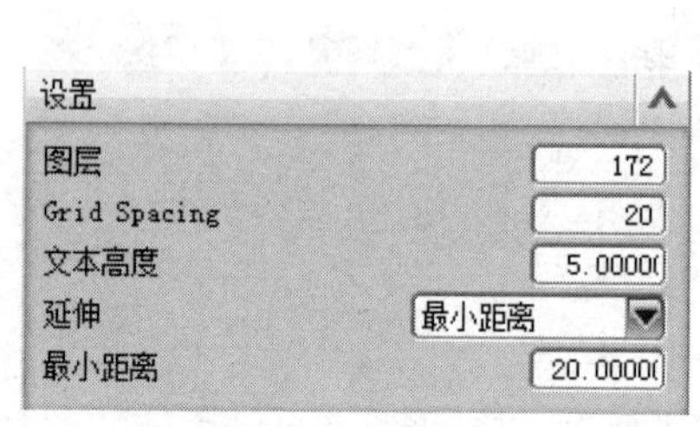


图 12.3.33 “设置”区域

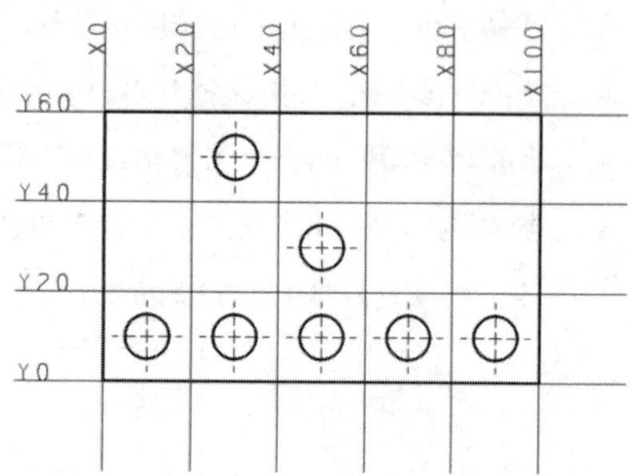


图 12.3.34 创建网格线

## 12.3.9 尺寸标注样式

### 1. 格式刷

GC 工具箱中提供了针对尺寸标注中的常见形式进行快速设置的工具，用户可通过单击“尺寸标注样式－GC 工具箱”工具条中的相应样式按钮，来快速设置尺寸样式。如果需要批量地修改尺寸标注样式，可以使用“格式刷”命令来完成。使用“格式刷”命令可以方便地选择一个基准尺寸样式，然后将其他的多个尺寸统一成相同的尺寸标注样式和公差标注。下面以图 12.3.35 所示为例来介绍使用格式刷的一般操作方法。

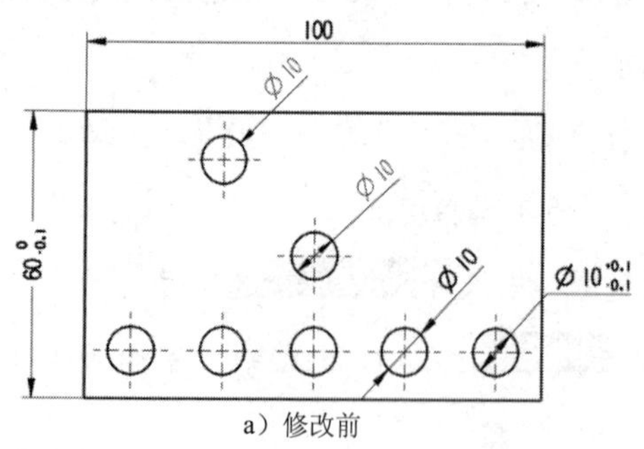
a）修改前

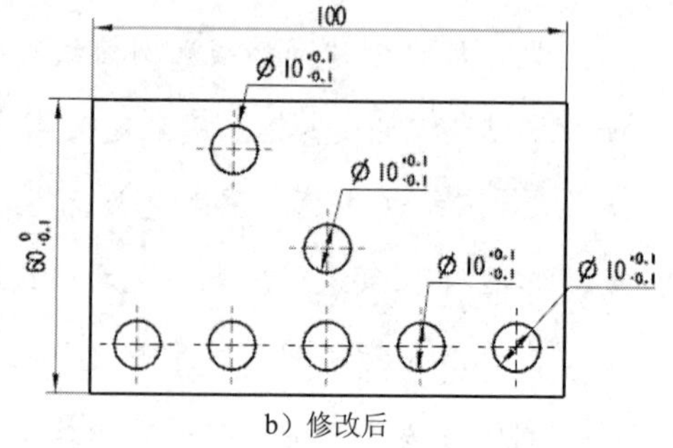
b）修改后

图 12.3.35 格式刷

Step1. 打开文件 D:\ug12pd\work\ch12.03.09\01_matchprop.prt，进入制图环境。

Step2. 选择下拉菜单 GC工具箱 ➡ 注释 ➡ 格式刷... 命令，系统弹出图 12.3.36 所示的“格式刷”对话框。

Step3. 在“格式刷”对话框中确认 工具对象 区域中的 * 选择对象 (0) 被激活，在图样上选择尺寸 100，系统自动激活 目标对象 区域中的 * 选择对象 (0)，在图样上选择尺寸 60。

Step4. 在“格式刷”对话框中选中 ☑ Don't change the type of tolerance and rank 复选框，单

击 应用 按钮，结果如图 12.3.37 所示。

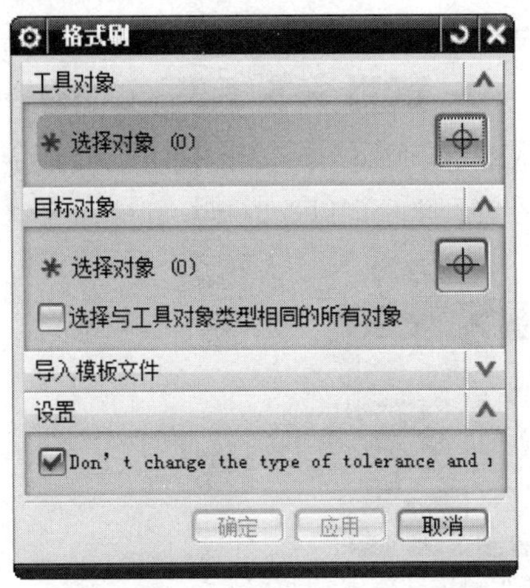


图 12.3.36　“格式刷”对话框

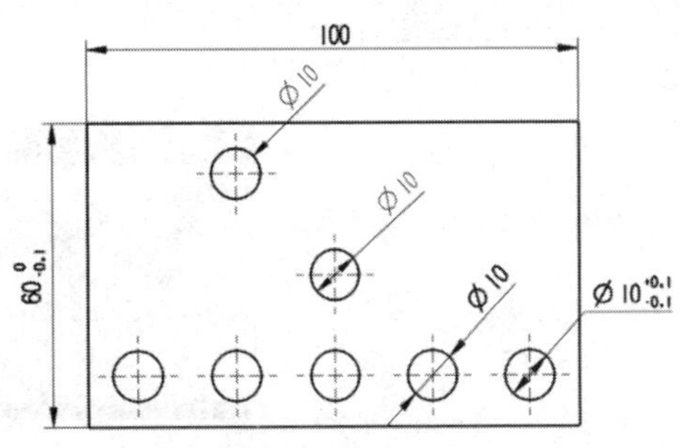


图 12.3.37　改变长度尺寸

Step5. 在“格式刷”对话框中确认 工具对象 区域中的 * 选择对象 (0) 被激活，在图样上选择图 12.3.38a 所示的直径尺寸 10，系统自动激活 目标对象 区域中的 * 选择对象 (0)，在图样上选择图示的两个目标尺寸，单击 应用 按钮，结果如图 12.3.38b 所示。

Step6. 在“格式刷”对话框中确认 工具对象 区域中的 * 选择对象 (0) 被激活，在图样上选择图 12.3.39a 所示的直径尺寸 10，系统自动激活 目标对象 区域中的 * 选择对象 (0)，在图样上选择其余的 3 个直径尺寸，取消选中 Don't change the type of tolerance and rank 复选框，单击 确定 按钮，结果如图 12.3.39b 所示。

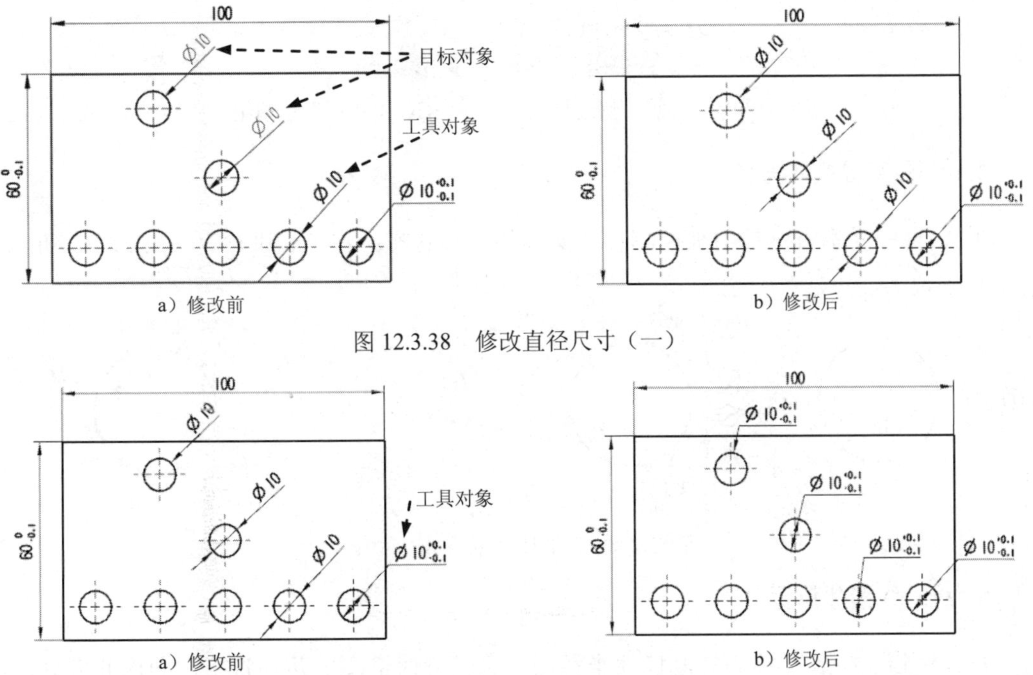


图 12.3.38　修改直径尺寸（一）



图 12.3.39　修改直径尺寸（二）

### 2. 样式继承

使用样式继承命令可以选择一个尺寸样式作为默认的尺寸标注样式，后续的标注将按照此样式进行标注。选择下拉菜单 GC工具箱 ▸ → 尺寸 ▸ → 尺寸标注样式 ▸ → 样式继承 命令，系统弹出图 12.3.40 所示的“样式继承”对话框，在图样上选取某个合适的尺寸，单击 确定 按钮，即可完成尺寸样式的设置，此时可以选取尺寸标注命令继续进行标注。

图 12.3.40 “样式继承”对话框

### 3. 尺寸标注样式

图 12.3.41 所示的“尺寸快速格式化工具－GC 工具箱”选项组中的样式命令按钮较多，但其使用方法是一致的。一般操作方法如下：在使用尺寸标注命令前，首先在“尺寸快速格式化工具－GC 工具箱”选项组中单击某个样式按钮使其处于按下状态，即设置为此种类型的尺寸标注样式，然后选取尺寸标注命令（如自动判断的尺寸、圆柱尺寸等），此时所选标注命令的样式将与被激活的尺寸样式一致，用户依次选取合适的制图对象即可开始标注尺寸，再次单击该样式按钮即可取消其标注状态。

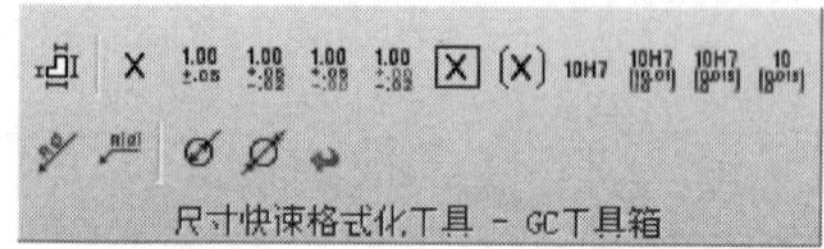


图 12.3.41 “尺寸快速格式化工具－GC 工具箱”选项组

### 4. 半径-直径文本方位

半径-直径文本方位是用来控制尺寸文本的两种状态：水平和平行。图 12.3.42 所示为水平和平行的标注结果。

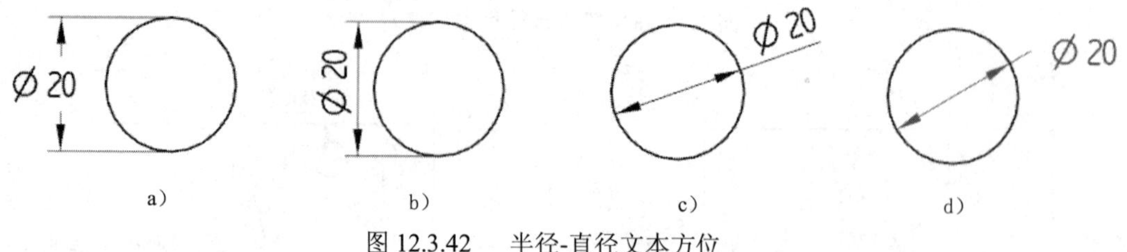


图 12.3.42 半径-直径文本方位

### 5. 尺寸线箭头位置

尺寸线箭头位置是用来控制标注半径或直径尺寸时箭头的两种状态：向内和向外。图

12.3.43 所示为向内和向外的标注结果。

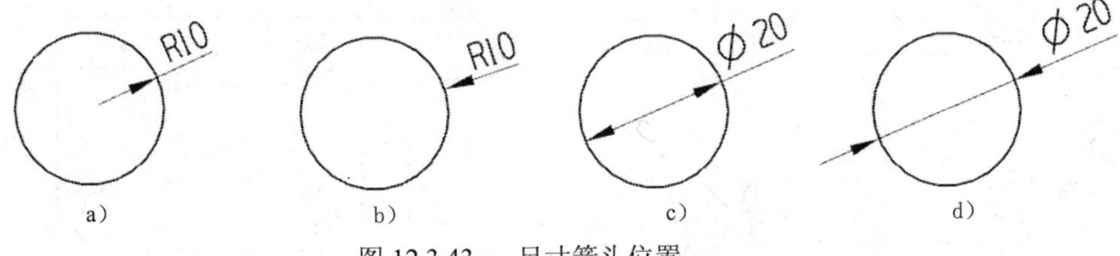


图 12.3.43　尺寸箭头位置

### 6. 尺寸标注示例

下面通过一个例子来介绍使用“尺寸快速格式化工具－GC 工具箱”的具体操作方法。

Step1. 打开文件 D:\ug12pd\work\ch12.03.09\dim_style.prt，进入制图环境。

Step2. 首先确认图 12.3.41 所示的“尺寸快速格式化工具－GC 工具箱”选项组已经显示在软件界面中，如果该选项组未显示出来，用户可以单击功能区最右侧的按钮，系统弹出图 12.3.44 所示的“主页”区域，在其中勾选如图所示的选项组即可。

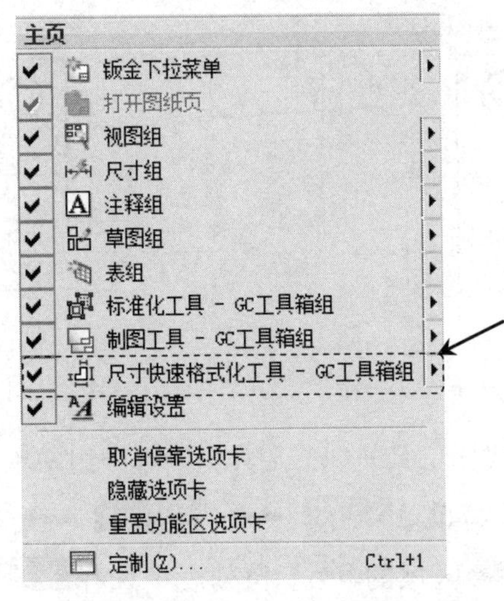


图 12.3.44　“主页”区域

Step3. 在“尺寸快速格式化工具－GC 工具箱”选项组中单击按钮，然后选择下拉菜单 插入(S) ➡ 尺寸(M) ➡ 快速(P)... 命令，系统弹出“快速尺寸”对话框。

Step4. 标注俯视图尺寸。

（1）在图纸中依次选取图 12.3.45 所示的点 1 和点 2，然后选取合适的位置放置该尺寸，结果如图 12.3.45 所示。

（2）参照（1）的操作方法，选取合适的引出点，标注图 12.3.46 所示的其余尺寸。

（3）在“尺寸快速格式化工具－GC 工具箱”选项组中单击“参考”按钮，使其处于按下状态，然后单击按钮，选取俯视图中的中心标记，选取合适的位置放置该尺寸，结果如图 12.3.47 所示。

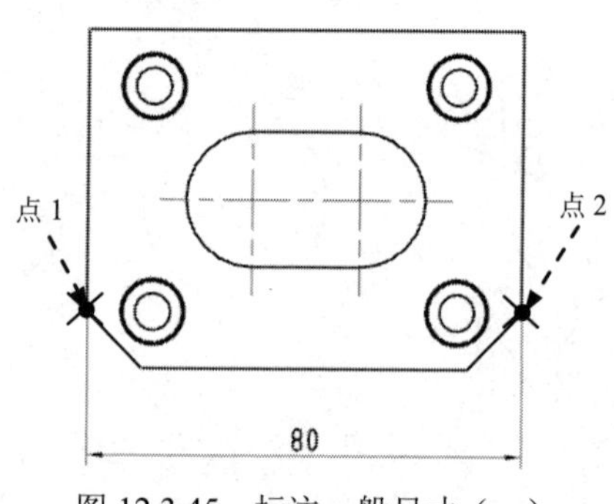


图 12.3.45　标注一般尺寸（一）

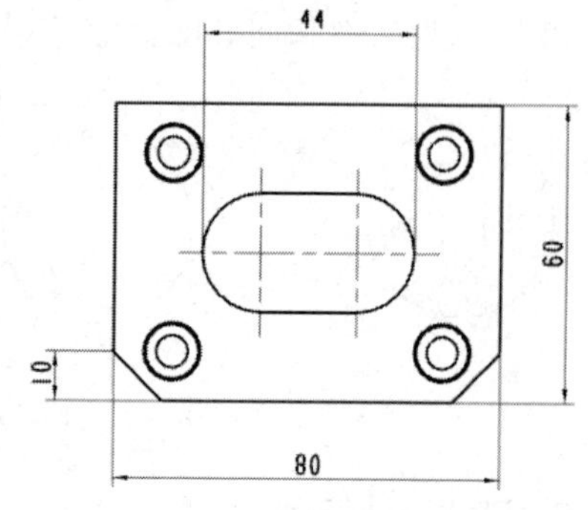


图 12.3.46　标注一般尺寸（二）

（4）在”尺寸快速格式化工具－GC 工具箱”选项组中单击“单向正公差”按钮，使其处于按下状态，然后单击按钮，选取图 12.3.48 所示的两条边线的中点，鼠标暂停 1～2s 后，在弹出的工具条中单击按钮，在系统弹出的“尺寸编辑”界面的公差文本框中输入值 0.12，再次单击按钮，选取合适的位置放置该尺寸，结果如图 12.3.48 所示。

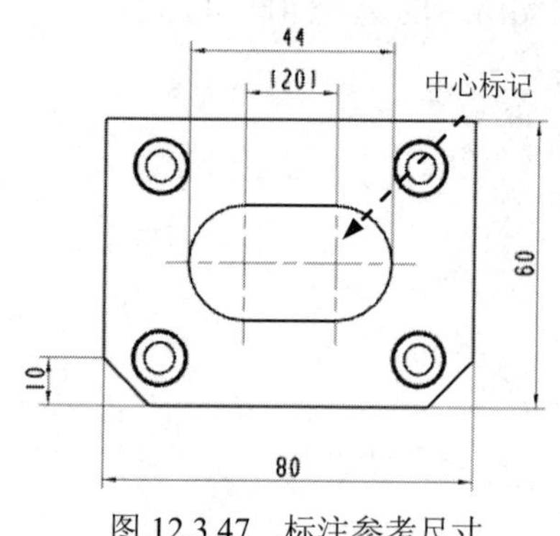


图 12.3.47　标注参考尺寸

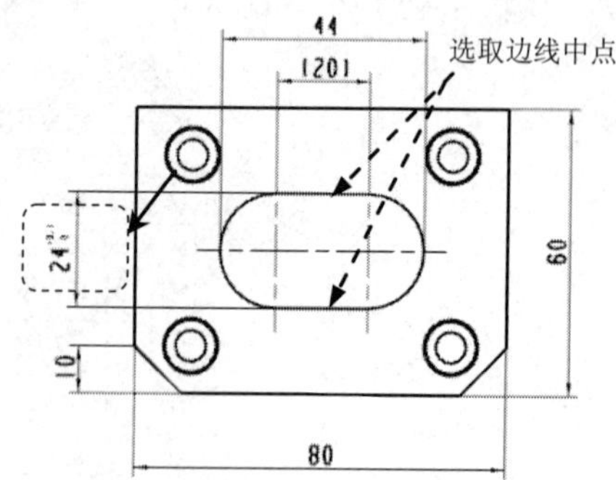


图 12.3.48　标注单向正公差尺寸

（5）在”尺寸快速格式化工具－GC 工具箱”选项组中单击、和按钮，使其处于按下状态，然后选择下拉菜单插入(S) ➡ 尺寸(M) ➡ 径向(R)...命令，系统弹出“径向尺寸”对话框，在测量区域的方法下拉列表中选择直径选项，在俯视图中选取图 12.3.49 所示的圆边线（沉头孔的通孔直径），选取合适的位置放置该尺寸，结果如图 12.3.49 所示。

Step5. 修改直径尺寸。选择下拉菜单GC工具箱 ➡ 尺寸 ➡ 尺寸线下注释...命令，系统弹出“尺寸线下注释”对话框。选取刚刚标注的直径尺寸，在前面文本框中输入值“4-”，在后面文本框中输入“通孔”，在下面文本框中输入<#B>11<#D>6.8（在字符前加四个空格），其余采用默认参数，单击确定按钮，结果如图 12.3.50 所示。

Step6. 标注主视图尺寸。

（1）在”尺寸快速格式化工具－GC 工具箱”选项组中单击按钮，然后选择下拉菜单插入(S) ➡ 尺寸(M) ➡ 快速(P)...命令，系统弹出“快速尺寸”对话框。

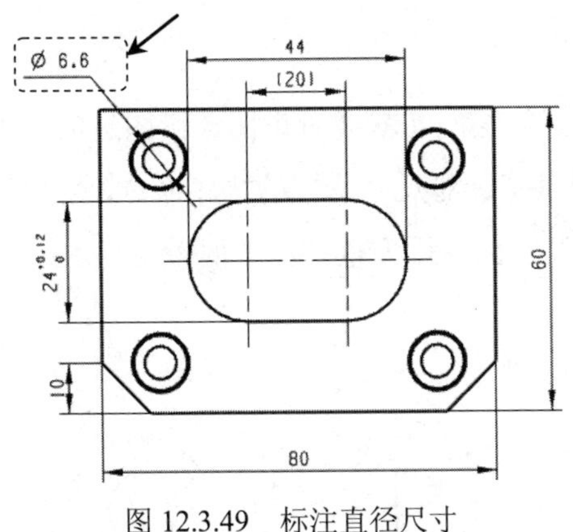


图 12.3.49　标注直径尺寸

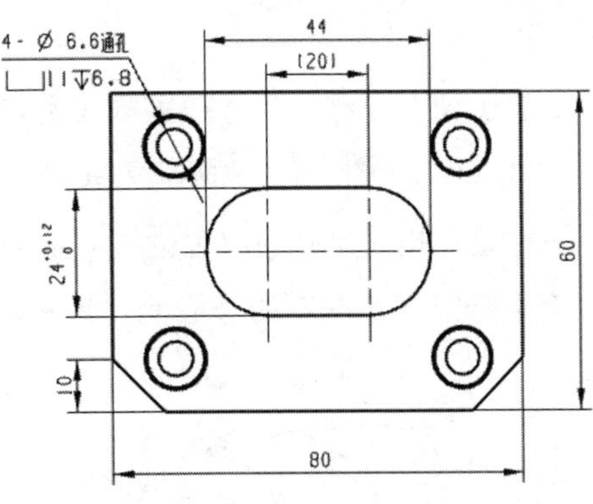


图 12.3.50　修改直径尺寸

（2）在“快速尺寸”对话框中单击“重置” 按钮，在图纸中参照前面的操作方法选取合适的引出点，标注图 12.3.51 所示的一般尺寸。

（3）在”尺寸快速格式化工具－GC 工具箱”选项组中单击“拟合符号和公差”按钮，使其处于按下状态，选择下拉菜单 插入(S) ➡ 尺寸(M) ➡ 快速(P)... 命令，系统弹出“快速尺寸”对话框，在 测量 区域的 方法 的下拉列表中选择 圆柱式 选项，选取图 12.3.52 所示的边线中点，选取合适的位置放置该尺寸，结果如图 12.3.52 所示。

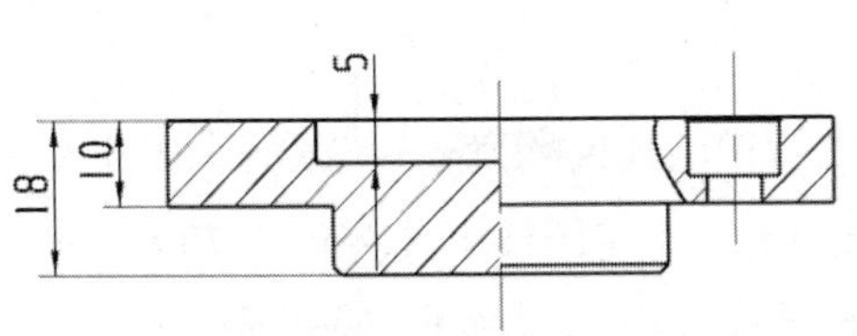


图 12.3.51　标注一般尺寸（一）

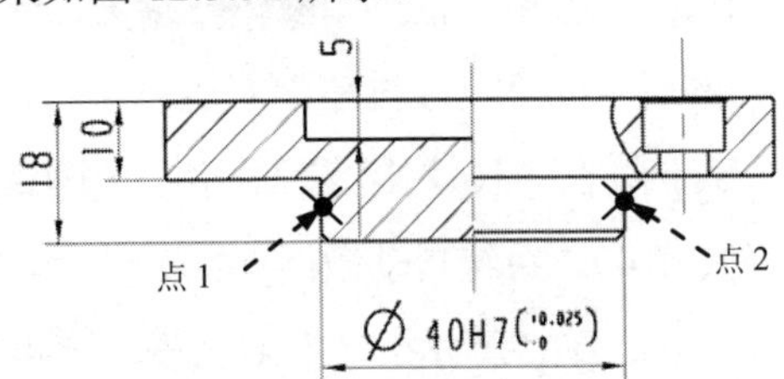


图 12.3.52　标注一般尺寸（二）

（4）选择下拉菜单 插入(S) ➡ 尺寸(M) ➡ 倒斜角(C)... 命令，系统弹出“倒斜角尺寸”对话框；选取图 12.3.53 所示的边线，然后在前缀文本框中输入 C，选取合适的位置放置该尺寸，结果如图 12.3.53 所示。

**注意：**此时系统可能会弹出图 12.3.54 所示的“警报”警告框。如果在选取“倒斜角尺寸”命令前，在”尺寸快速格式化工具－GC 工具箱”选项组中单击 按钮即可清除倒斜角尺寸不支持的拟合公差样式。

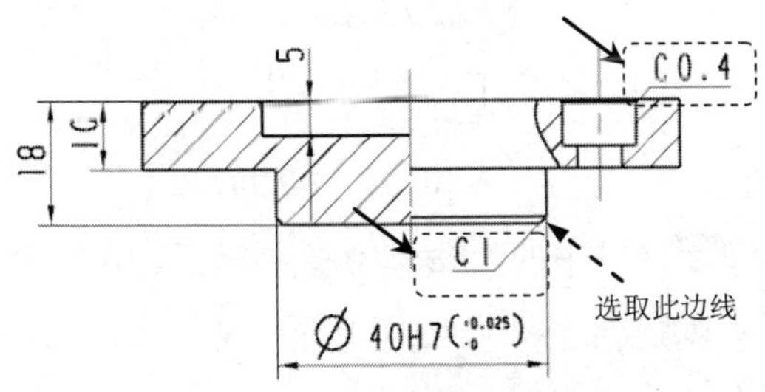


图 12.3.53　标注倒斜角尺寸

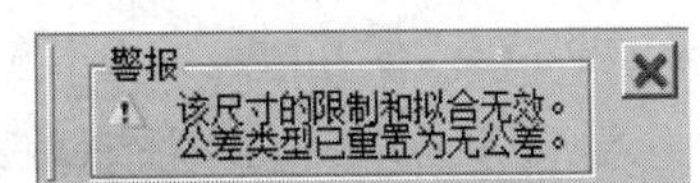


图 12.3.54　“警报”警告框

## 12.3.10 尺寸排序

如果图样上标注的尺寸放置太凌乱，没有很好的层次，就会对识图、读图造成很大的障碍，因此应避免出现这种情况。GC 工具箱中提供了针对尺寸位置的排序命令，用户可方便地快速设置相关尺寸的放置位置，从而使图样尺寸标注排列整齐。下面以图 12.3.55 所示为例来介绍尺寸排序的一般操作过程。

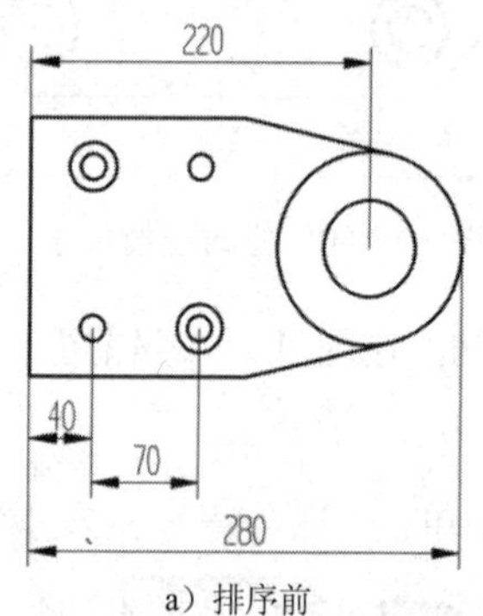


a）排序前

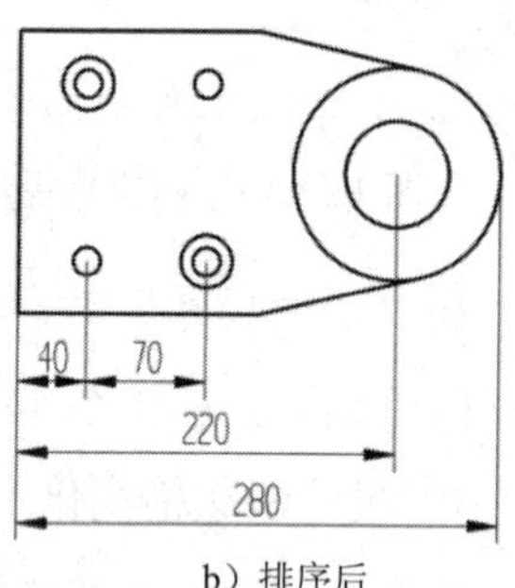


b）排序后

图 12.3.55 排序尺寸

Step1. 打开文件 D:\ug12pd\work\ch12.03.10\Sort_dim.prt，进入制图环境。

Step2. 选择下拉菜单 GC工具箱 ▸ → 尺寸 ▸ → 尺寸排序... 命令，系统弹出图 12.3.56 所示的“尺寸排序”对话框。

Step3. 在“尺寸排序”对话框中确认 基准尺寸 区域中的 * 选择尺寸 (0) 被激活，在图样上选择尺寸 40，系统自动激活 对齐尺寸 区域中的 * 选择尺寸 (0)，在图样上选择尺寸 70。

Step4. 在“尺寸排序”对话框的 尺寸间距 文本框中输入值 0，单击 应用 按钮，结果如图 12.3.57 所示。

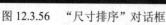

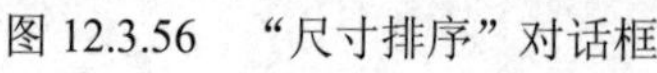
图 12.3.56 “尺寸排序”对话框

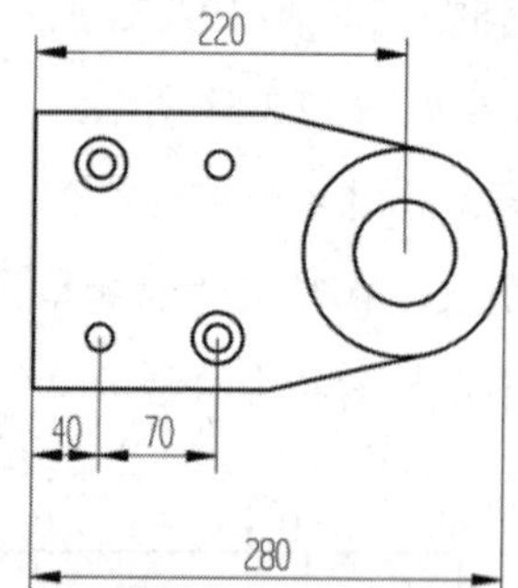


图 12.3.57 排序尺寸

Step5. 在“尺寸排序”对话框中确认 基准尺寸 区域中的 * 选择尺寸 (0) 被激活，在图样上选择尺寸 70，系统自动激活 对齐尺寸 区域中的 * 选择尺寸 (0)，在图样上选择尺寸 220、280，在 尺寸间距 文本框中输入值 8，单击 确定 按钮，结果如图 12.3.55b 所示。

# 第 13 章 产品的有限元分析

## 13.1 有限元分析概述

在现代先进制造领域中，我们经常会碰到的问题是计算和校验零部件的强度、刚度以及对机器整体或部件进行结构分析等。

一般情况下，我们运用力学原理已经得到了它们的基本方程和边界条件，但是能用解析方法求解的只是少数性质比较简单，边界条件比较规则的问题。绝大多数工程技术问题很少有解析解。

处理这类问题通常有两种方法：

一种是引入简化假设，使达到能用解析解法求解的地步，求得在简化状态下的解析解，这种方法并不总是可行的，通常可能导致不正确的解答。

另一种途径是保留问题的复杂性，利用数值计算的方法求得问题的近似数值解。

随着电子计算机的飞跃发展和广泛使用，已逐步趋向于采用数值方法来求解复杂的工程实际问题，而有限元法是这方面的一个比较新颖并且十分有效的数值方法。

有限元法（Finite Element Analysis）是根据变分法原理来求解数学物理问题的一种数值计算方法。由于工程上的需要，特别是高速电子计算机的发展与应用，有限元法才在结构分析矩阵方法基础上，迅速地发展起来，并得到越来越广泛的应用。

### 13.1.1 有限元 CAE 设计的优势

UG NX 12.0 是一套 CAD/CAM/CAE 一体化的高端工程软件，它的功能覆盖从概念设计到产品生产的整个过程。其高级仿真模块包含 NX 前、后处理和 NX Nastran 求解三个基本组成部分，在该模块中可以完成有限元分析。

NX Nastran 源于有限元软件 MSC.Nastran，通过多年的发展和版本的不断升级，也集成了其他优秀的有限元分析软件，其分析种类越来越多，解算功能也越来越强。

### 13.1.2 进入运动仿真模块

Step1. 打开文件 D:\ug12pd\work\ch13.01\PART_ANALYSIS_sim1.sim。

Step2. 进入高级仿真模块。在 应用模块 功能选项卡 仿真 区域单击 前/后处理 按钮，进入高级仿真模块；在“后处理导航器”界面中右击 位移 - 节点，在弹出的快捷菜单中选择 绘图 命令，切换至仿真导航器。高级仿真界面如图 13.1.1 所示。

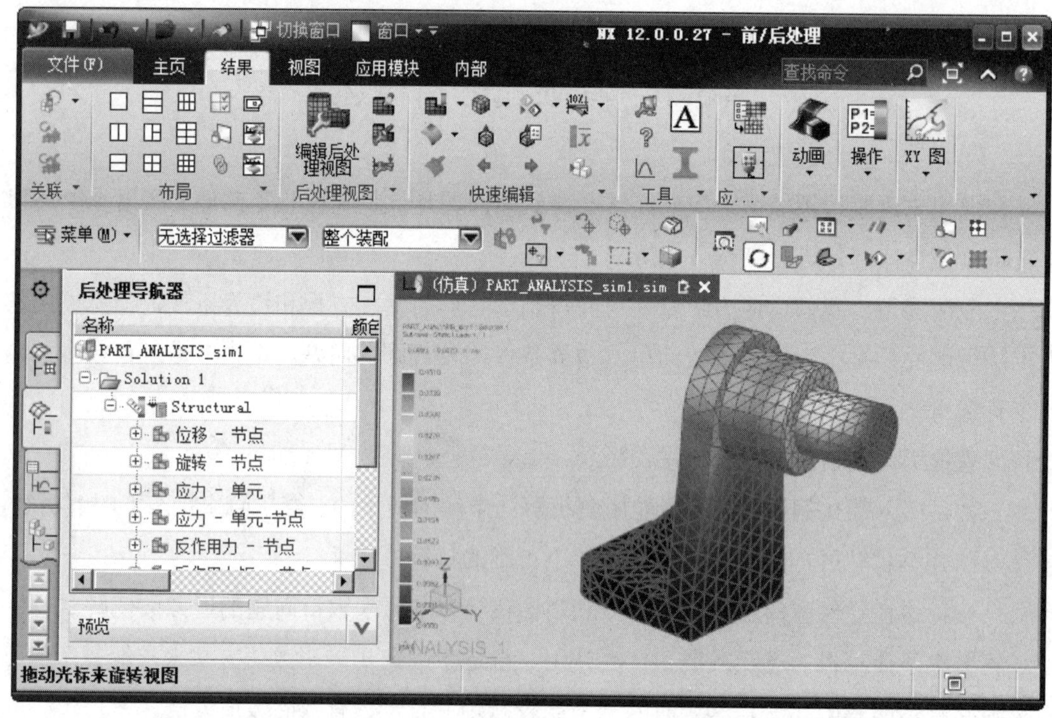

图 13.1.1　UG NX 12.0 高级仿真界面

## 13.1.3　高级仿真模块中工具栏介绍

进入到高级仿真模块后，在“主页”功能选项卡和“结果”功能选项卡中列出了高级仿真常用的命令按钮，如图 13.1.2 和图 13.1.3 所示。

**图 13.1.2 所示“主页”功能选项卡中部分按钮的说明如下。**

- 激活网格划分：通过将 FEM 文件设为工作部件来启用网格划分命令。
- 激活仿真：通过将 SIM 文件设为工作部件来启用仿真命令。
- 返回到模型：退出分析活动并返回仿真模型视图。
- 更改显示部件：列出所有已加载的部件并将显示部件更改为指定的一个部件。
- （管理材料）：定义并管理材料。
- （物理属性）：创建、修改并列出物理属性表。
- （建模对象）：创建 CAE 相关数据对象。
- 温度：用于施加温度载荷。
- 加速度：用于施加加速度载荷。

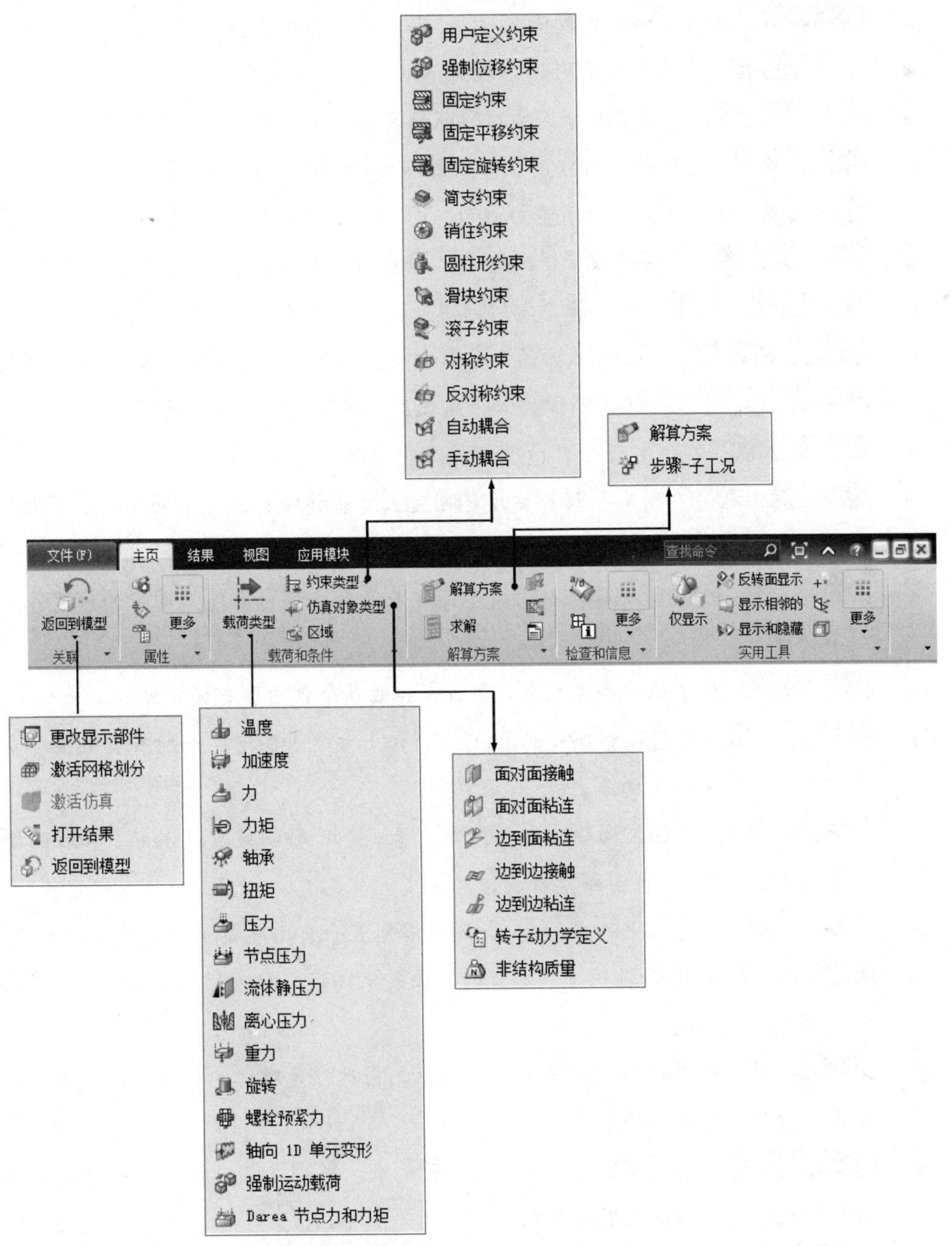


图 13.1.2 “主页”功能选项卡

- 力：用于施加力载荷。
- 力矩：用于施加力矩载荷。
- 轴承：应用一个径向轴承载荷，以仿真加载条件，如滚子轴承、齿轮、凸轮和滚轮。
- 扭矩：用于对圆柱的法向轴应用力矩载荷。

- 压力：用于施加压力载荷。
- 节点压力：在节点处应用压力载荷。
- 流体静压力：应用流体静压力载荷以仿真每个深度静态液体处的压力。
- 离心压力：对旋转容器应用一个放射状变化的离心压力载荷。
- 重力：对整个模型应用重力载荷（平移加速度载荷）。
- 螺栓预紧力：在螺栓或紧固件中定义拧紧力或长度调整。
- 轴向 1D 单元变形：定义静力学问题中使用的一维单元的强制轴向变形。
- 用户定义约束：在任何单独的六个自由度上应用固定、自由或集位移值约束。
- 强制位移约束：在任何单独的六个自由度上应用集位移值约束。
- 固定约束：在所有六个自由度都固定处施加约束。
- 固定平移约束：在所有平移自由度已固定且所有旋转自由度未固定的位置处应用一个约束。
- 固定旋转约束：在所有旋转自由度已固定且所有平移自由度未固定的位置处应用一个约束。
- 简支约束：在 Z 轴平移未固定，而所有其他五个自由度都固定处施加一个约束。
- 销住约束：在圆柱 CSYS 的 theta（旋转）方向未固定，而所有其他五个自由度都固定处施加一个约束。
- 圆柱形约束：在任何圆柱方向（径向增长（R）、轴向旋转（theta）和轴向增长（Z））处应用固定、自由或集自由值约束。
- 滑块约束：在 X 轴平移未固定，而所有其他五个自由度都固定处施加一个约束。
- 滚子约束：在滚子轴的平移和旋转自由度未固定，而所有其他五个自由度都固定处施加一个约束。
- 对称约束：对平的面应用一个对称约束，当部件是对称的且包含对称支撑和加载条件时可以使用此约束。
- 反对称约束：对平的面应用一个反对称约束，当部件是对称的且包含反对称支撑和加载条件时可以使用此约束。
- 自动耦合：对模型应用自动耦合。
- 手动耦合：对模型应用手动耦合。
- 面对面接触：用于定义两个曲面件的接触。
- 面对面粘连：用于连结两个曲面。
- 边到面粘连：用于连结一条边和一个曲面。
- 边到边接触：用于定义两个边的接触。

- 边到边粘连：用于连结两条边。
- 区域：创建由同构几何/FEM 对象和关联参数组成的 CAE 区域对象。
- 解算方案：新建一种解算方案，以定义解算方案器、分析类型和解算方案类型。
- 步骤-子工况：创建一个步骤或子工况，以存储诸如载荷、约束和仿真对象这样的解算方案对象。
- 求解（求解）：格式化有限元模型为一个输入文件，将其提交到计算结果的求解器。
- （分析作业监视）：监视分析结果的进度。
- （结果测量）：创建、更新和列出结果测量对象。
- （创建报告）：生成仿真报告并在仿真导航器中将其显示为一个节点。

图 13.1.3　“结果”功能选项卡

图 13.1.3 所示“结果”功能选项卡中部分按钮的说明如下。

- （编辑后处理视图）：用于控制选定视图中结果的显示。
- 设置结果：用于编辑在选定视图中显示的结果数量。
- 标识结果：显示选定视图的节点和单元信息。
- （忽略背面）：沿小平面法向的正向只渲染曲面一侧的着色。这样可改进图形效果，但可能导致曲面的渲染不正确。但是，在同时显示壳单元的顶部和底部结果时打开该属性，这非常重要，因为这将允许对单元两侧的结果进行渲染。
- （清空后处理视图）：如果打开，则在随后创建后处理视图时隐藏有限元模型。此选项在后处理作为整体显示时非常耗时的大模型时尤其有用。一旦创建后处理视图，即可显示所需网格或网格组。
- （新建注释）：在选定的视图中创建所需对象的注释。
- （拖动注释）：在选定的视图中重定位注释。
- （上一模态/迭代）：在显示视图中显示上一迭代。
- （下一模态/迭代）：在显示视图中显示下一迭代。
- （动画）：动画演示结果显示，以更好地对模型如何响应特定解算方案可视化。
- （播放）：在选定后处理视图中播放动画。

### 13.1.4 UG NX 12.0 有限元分析流程

UG NX 高级仿真和其他有限元分析软件操作上基本一致，主要分为前处理、求解和后处理三大步骤，还可以完成结构优化、疲劳耐久预测等分析任务，其一般操作流程如下。

（1）创建主模型或者导入三维模型。

（2）进入高级仿真模块。在 应用模块 功能选项卡 仿真 区域单击 前/后处理 按钮，即可进入到高级仿真环境。

（3）优化/理想化模型。对几何模型进行简化，方便求解计算。

（4）创建有限元模型。对优化模型赋予材料属性、定义模型的物理属性、定义单元类型和网格类型并划分网格。

（5）创建仿真模型。设置仿真模型的约束条件、载荷条件，根据需要还可以设置接触条件。

（6）仿真模型检查。

（7）仿真模型求解。

（8）仿真模型后处理。

## 13.2 有限元分析一般过程

下面以连杆零件（图 13.2.1）为例，介绍在 UG 中进行有限元分析的一般过程。

连杆零件材料为 Steel，其左端圆孔部位完全固定约束，在连杆右端圆孔面上表面承受一个大小为 1000N，方向与零件侧面呈 60° 夹角的均布载荷力作用，在这种工况下分析连杆零件应力和位移分布情况。

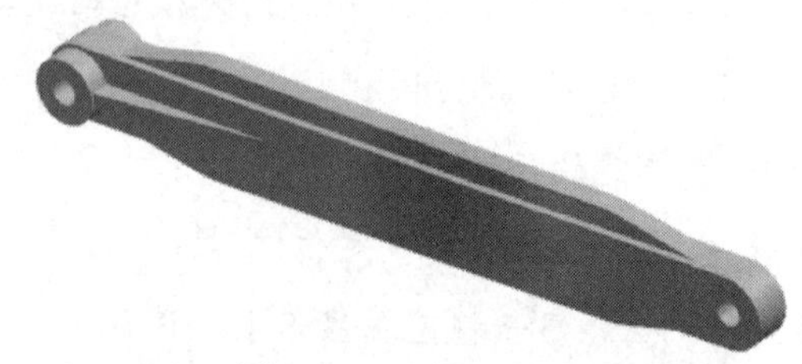

图 13.2.1 连杆零件

### Task1. 进入高级仿真模块

Step1. 打开文件 D:\ ug12pd\work\ch13.02\analysis-part.prt。

Step2. 在 应用模块 功能选项卡 仿真 区域单击 前/后处理 按钮，进入到高级仿真环境。

## Task2. 创建有限元模型

Step1. 在仿真导航器中右击 analysis-part.prt，在弹出的快捷菜单中选择 新建 FEM... 命令，系统弹出“新建部件文件”对话框，采用系统默认的文件名称，单击 确定 按钮。

说明：创建有限元模型一共有以下三种类型。

- 新建 FEM...：在主模型或者优化模型的基础上创建一个有限元模型节点，需要设置模型材料属性、单元网格属性和网格类型。
- 新建 FEM 和仿真...：同时创建有限元模型节点和仿真模型节点，其中仿真模型需要定义边界约束条件（包括模型与模型之间的网格连接方式）、载荷类型。
- 新建装配 FEM...：像装配 Part 模型一样对 FEM 模型进行装配，比较适合对大装配部件进行高级仿真之前的前处理。

Step2. 定义求解器环境。在图 13.2.2 所示的“新建 FEM 和仿真”对话框的 求解器 下拉列表中选择 NX Nastran 选项，在 分析类型 下拉列表中选择 结构 选项，单击 确定 按钮。

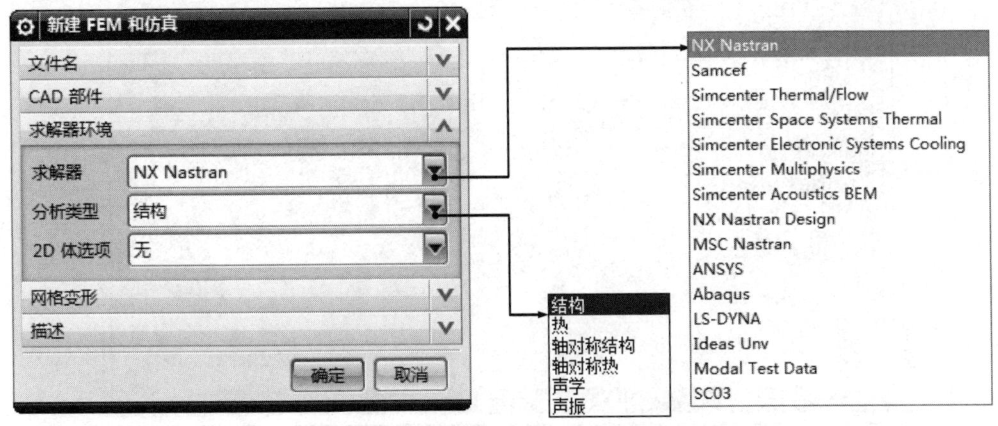


图 13.2.2　“新建 FEM 和仿真”对话框

对图 13.2.2 所示的“新建 FEM 和仿真”对话框中的部分选项说明如下。

- 求解器 下拉列表：用于设置解算的求解器类型，选择不同的求解器可以完成不同情况下对有限元模型的求解任务，还可以借助于其他有限元分析软件的求解器完成求解，提高求解的精确程度；主要有以下几种求解器可供选择。
  - ☑ NX Nastran：NX Nastran 解算器，也是 UG NX 进行有限元分析的常规解算器。
  - ☑ Simcenter Thermal/Flow：NX 热/流体解算器。
  - ☑ Simcenter Space Systems Thermal：NX 空间系统热解算器。
  - ☑ Simcenter Electronic Systems Cooling：电子系统冷却解算器。
  - ☑ NX Nastran Design：NX Nastran 设计解算器。
  - ☑ MSC Nastran：MSC Nastran 解算器。
  - ☑ ANSYS：使用 ANSYS 解算器（确认计算机安装有 ANSYS 分析软件）。

☑ ABAQUS：使用 ABAQUS 解算器（确认计算机安装有 ABAQUS 分析软件）。

- 分析类型下拉列表：用于设置分析类型，以下介绍四种分析类型。

☑ 结构：主要应用于结构分析。

☑ 热：主要应用于热分析。

☑ 轴对称结构：主要应用于轴对称的结构分析。

☑ 轴对称热：主要应用于轴对称的热分析。

Step3. 定义材料属性。选择下拉菜单 工具(T) → 材料(M) ▸ → 指派材料(A)... 命令，系统弹出图 13.2.3 所示的“指派材料”对话框，选择零件模型为指派材料对象，在对话框的材料列表区域中选择Steel材料，单击 确定 按钮。

图 13.2.3 “指派材料”对话框

**说明**：材料库中的材料是非常有限的，如果材料库中的材料不能满足设计要求，就需要创建新材料；选择下拉菜单 工具(T) → 材料(M) ▸ → 管理材料(M)... 命令，在系统弹出“管理材料”对话框的新建材料区域中单击“创建材料”按钮，系统弹出“各向同性材料”对话框，在该对话框中输入新材料各项参数，即可创建一种各向同性材料（创建其他类型的材料，需要在新建材料区域的类型下拉列表中选择合适的类型，此处不再赘述）。

Step4. 定义物理属性。选择下拉菜单 插入(S) → 物理属性(H)... 命令，系统弹出图 13.2.4 所示的“物理属性表管理器”对话框。单击对话框中的创建按钮，系统弹出图 13.2.5 所示的“PSOLID”对话框，在材料下拉列表中选择 Steel 选项，其他采用系统默认设置，

单击 确定 按钮，然后单击 关闭 按钮，关闭“物理属性表管理器”对话框。

Step5. 定义网格单元属性。选择下拉菜单 插入(S) ⟶ 网格收集器(S)... 命令，系统弹出图 13.2.6 所示的“网格收集器”对话框。在对话框的 单元族 下拉列表中选择 3D 选项，在 实体属性 下拉列表中选择 PSOLID1 选项，其他采用系统默认设置，单击 确定 按钮。

图 13.2.4　“物理属性表管理器”对话框

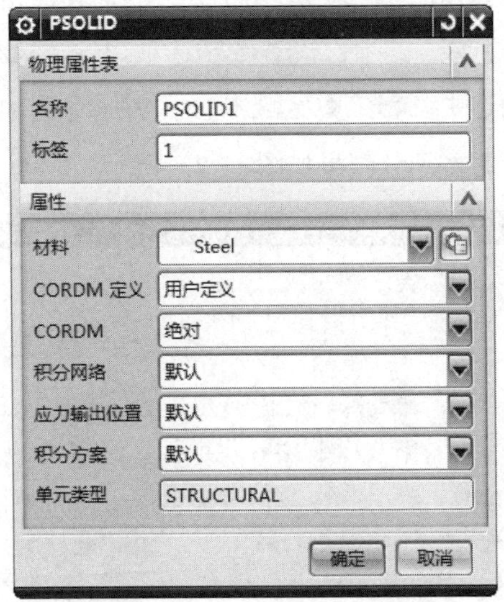


图 13.2.5　“PSOLID”对话框

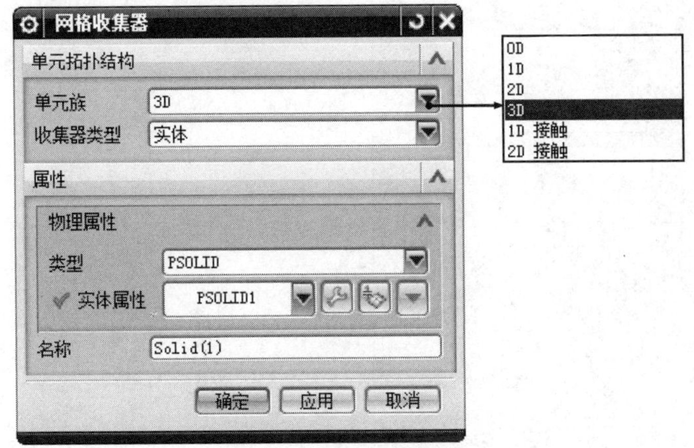


图 13.2.6　“网格收集器”对话框

对图 13.2.6 所示的“网格收集器”对话框中的部分选项说明如下。

- 单元族 下拉列表：用于设置网格单元类型，包括以下六种类型。
  - ☑ 0D：选中该选项，创建零维网格，主要用于刚性形式的集中质量单元连接。
  - ☑ 1D：选中该选项，创建一维线性网格，主要用于梁结构的网格划分。
  - ☑ 2D：选中该选项，创建二维面网格，主要用于壳结构的网格划分。
  - ☑ 3D：选中该选项，创建三维实体网格，主要用于三维实体结构的网格划分。
  - ☑ 1D 接触：用于一维带接触情况下的网格划分。

☑ 2D 接触：用于二维带接触情况下的网格划分。

- 收集器类型下拉列表：用于设置网格单元收集器类型，选择不同的网格单元类型，此项的下拉列表也会不一样。

Step6. 划分网格。选择下拉菜单 插入(S) → 网格(M) → 3D 四面体网格... 命令，系统弹出图 13.2.7 所示的“3D 四面体网格”对话框。选择零件模型为网格划分对象，在类型下拉列表中选择 CTETRA(10) 选项，单击单元大小文本框后的按钮，自动设置网格单元大小，取消选中目标收集器区域中的☐ 自动创建选项，其他参数采用系统默认设置，单击 确定 按钮，网格划分结果如图 13.2.8 所示。

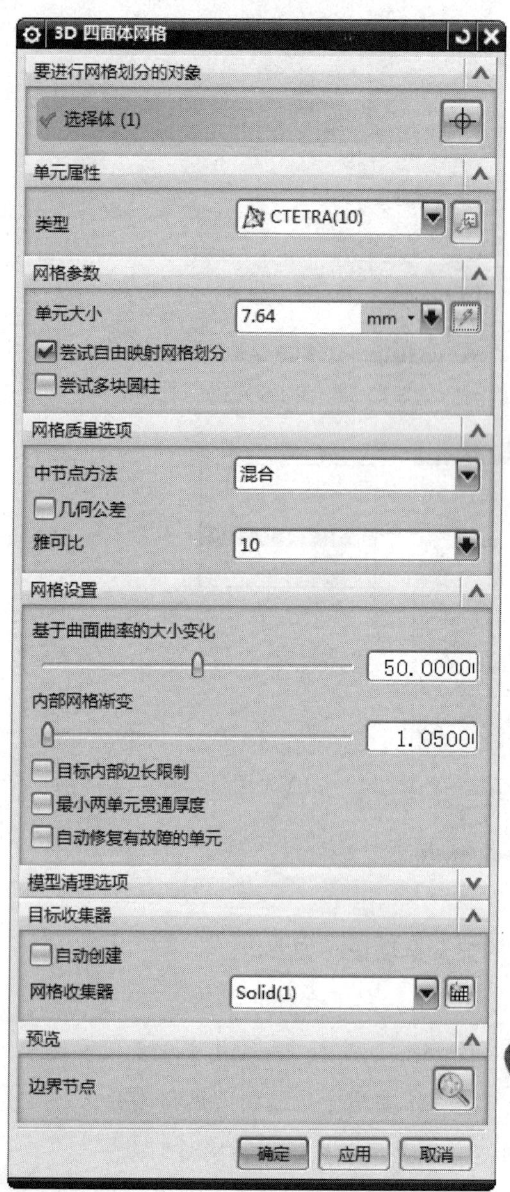


图 13.2.7 “3D 四面体网格”对话框

图 13.2.8 划分网格

对图 13.2.7 所示的“3D 四面体网格”对话框中的部分选项说明如下。

- 类型下拉列表：用于设置网格单元属性，对于 3D 四面体网格，包括以下两种属性。
  - ☑ CTETRA(4)：包含 4 个节点的四面体。
  - ☑ CTETRA(10)：包含 10 个节点的四面体，即在 4 节点四面体的基础上增加了中间节点，使网格更好地与实体外形进行拟合。
- 单元大小文本框：用于设置网格单元大小，文本框中输入的尺寸为网格单元最大边长尺寸；单击该文本框后的按钮，系统根据模型尺寸自动计算单元大小进行网格划分。
- 中节点方法下拉列表：用于设置中间节点方法，包括以下三种类型。
  - ☑ 混合：使用混合方式增加中间节点，也是最常用的方法。
  - ☑ 弯曲：使用非线性的方式增加中间节点。
  - ☑ 线性：使用线性方式增加中间节点。
- 雅可比文本框：用于设置中间节点偏离线性位置的最大距离值。

## Task3. 创建仿真模型

Step1. 在仿真导航器中右击 analysis-part_fem1.fem，在弹出的快捷菜单中选择 新建仿真... 命令，系统弹出“新建部件文件”对话框，采用系统默认的文件名称，单击 确定 按钮。

Step2. 定义解算方案。单击图 13.2.9 所示的“新建仿真”对话框中的 确定 按钮，系统弹出图 13.2.10 所示的“解算方案”对话框。在对话框的求解器下拉列表中选择 NX Nastran 选项，在解算类型下拉列表中选择 SOL 101 线性静态 - 全局约束 选项，其他设置采用系统默认设置，单击对话框中的 确定 按钮。

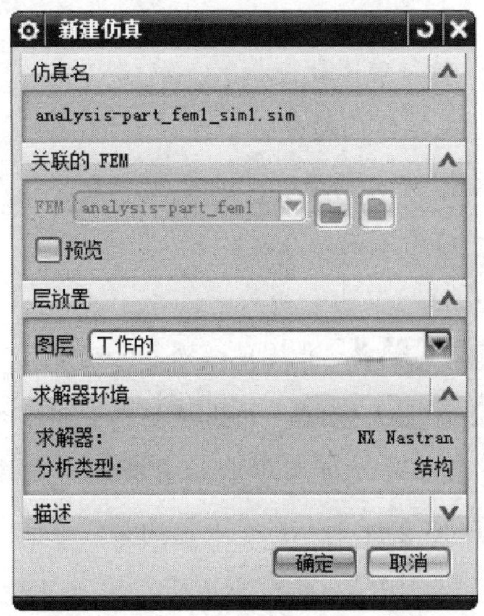


图 13.2.9　“新建仿真”对话框

对图 13.2.10 所示的“解算方案”对话框中的部分选项说明如下。

- 解算类型下拉列表：用于设置解算方案类型，部分类型介绍如下。
  - ☑ SOL 101 线性静态 - 全局约束：线性静态分析的单约束。
  - ☑ SOL 101 线性静态 - 子工况约束：线性静态分析的多约束。
  - ☑ SOL 101 超单元：超单元问题分析。

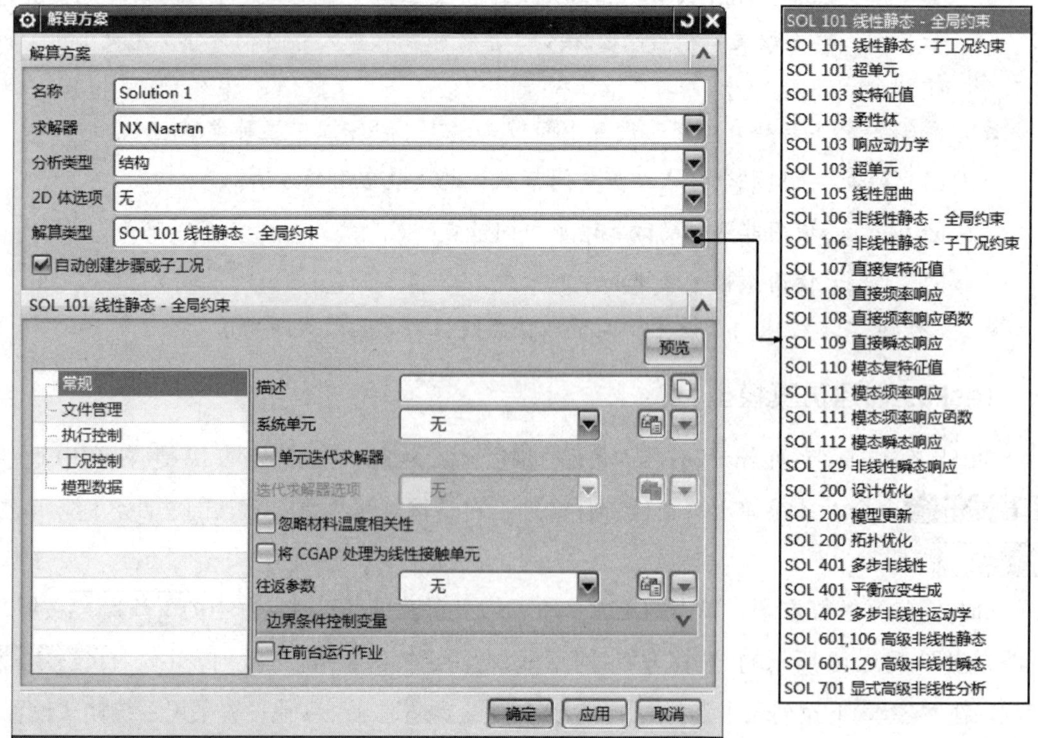


图 13.2.10 “解算方案”对话框

  - ☑ SOL 103 实特征值：特征值问题分析。
  - ☑ SOL 103 柔性体：柔性体问题分析。
  - ☑ SOL 103 响应动力学：响应仿真。
  - ☑ SOL 103 超单元：超单元问题分析。
  - ☑ SOL 105 线性屈曲：线性屈曲分析。
  - ☑ SOL 106 非线性静态 - 全局约束：非线性静态分析单约束。
  - ☑ SOL 106 非线性静态 - 子工况约束：非线性静态分析多约束。

Step3. 定义约束条件。在主页功能选项卡载荷和条件区域约束类型下拉选项中选择固定约束命令，系统弹出图 13.2.11 所示的“固定约束”对话框，选择图 13.2.12 所示的模型表面为约束对象，单击对话框中的确定按钮。

图 13.2.11　“固定约束”对话框

图 13.2.12　选择约束对象

Step4. 定义载荷条件。在 主页 功能选项卡 载荷和条件 区域 载荷类型 下拉选项中选择 力 命令，系统弹出图 13.2.13 所示的“力”对话框，在 类型 下拉列表中选择 幅值和方向 选项，选择图 13.2.14 所示的圆柱表面为受力对象；在 力 区域文本框中输入力的大小 1000N；在 * 指定矢量 后单击 按钮，在系统弹出的“矢量”对话框 类型 下拉列表中选择 与 XC 成一角度 选项，并在 角度 文本框中输入值 60；单击两次 确定 按钮，完成载荷条件的定义。

图 13.2.13　“力”对话框

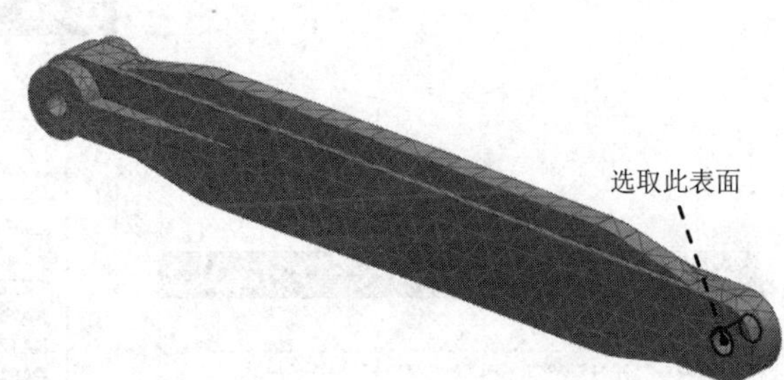


图 13.2.14　选择受力对象

## Task4. 求解

在仿真导航器中右击 Solution 1，在弹出的快捷菜单中选择 求解... 命令，系统弹出图 13.2.15 所示的“求解”对话框，采用系统默认设置，单击 确定 按钮，系统开始解算。

图 13.2.15 “求解”对话框

**说明**：求解完成后，系统会弹出图 13.2.16~图 13.2.18 所示的一系列信息对话框，方便查看解算过程中的各项信息。

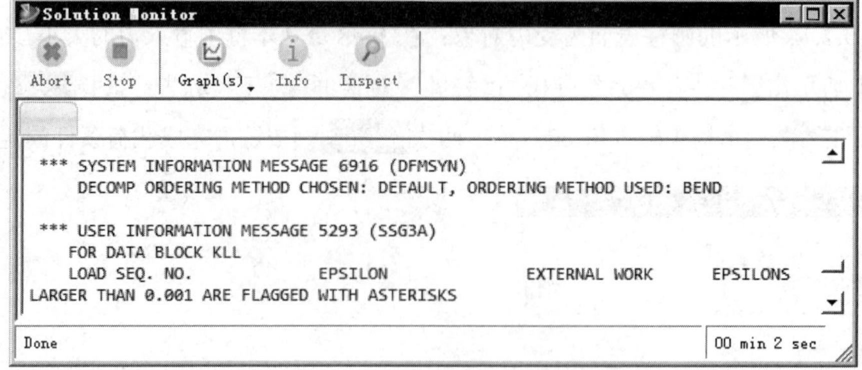


图 13.2.16 “Soluion Monitor”对话框

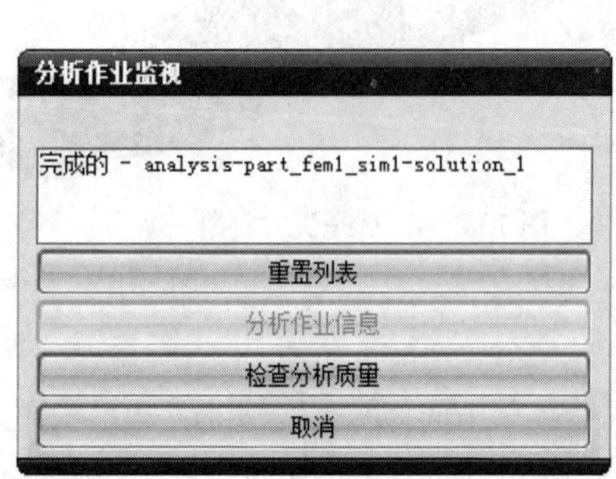


图 13.2.17 “分析作业监视器”对话框

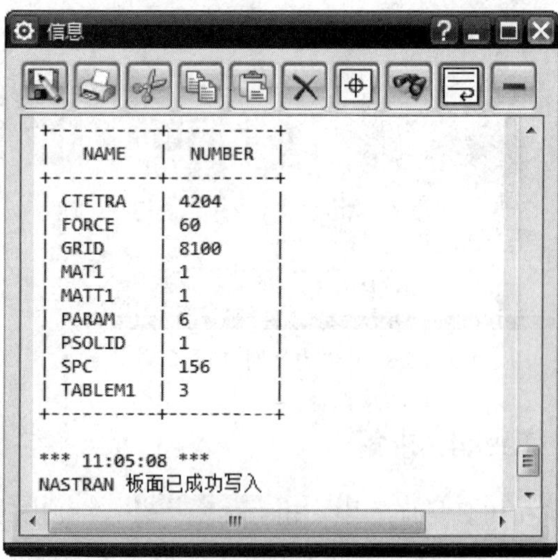


图 13.2.18 “信息”对话框

### Task5. 后处理

Step1. 在仿真导航器中右击 结果 ，在弹出的快捷菜单中选择 打开 命令，系统切换至“后处理导航器”界面，如图 13.2.19 所示。

Step2. 查看位移结果图解。在后处理导航器中右击 位移 - 节点 ，在弹出的快捷菜单中选择 绘图 命令，系统绘制出图 13.2.20 所示的位移结果图解，从图中可以看出，最大位移值为 1.158mm。

Step3. 查看应力结果图解。在后处理导航器中右击 应力 - 单元 ，在弹出的快捷菜单中选择 绘图 命令，系统绘制出图 13.2.21 所示的应力结果图解，从图中可以看出，最大应力值为 246.75MPa。

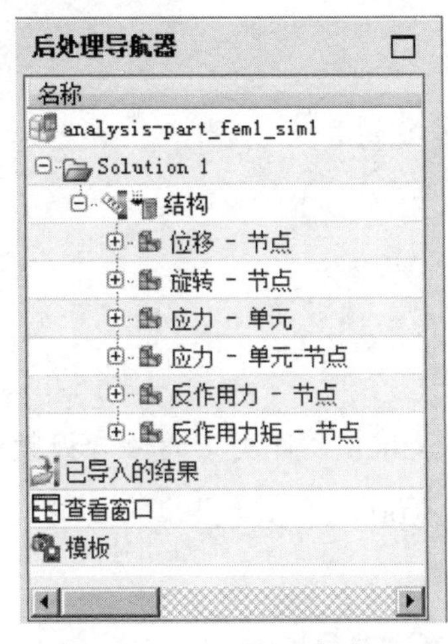


图 13.2.19　后处理导航器

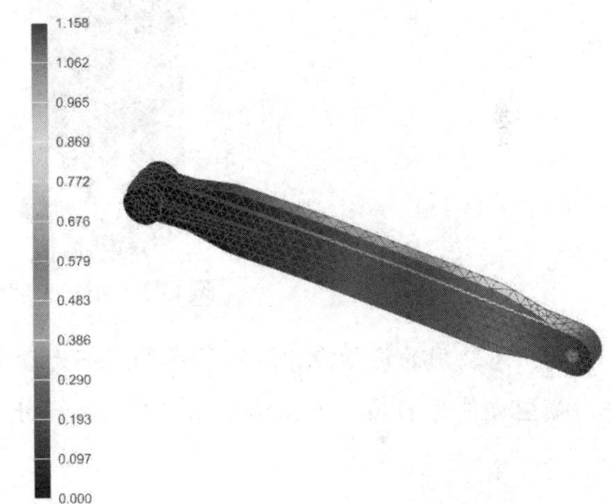


图 13.2.20　位移结果图解

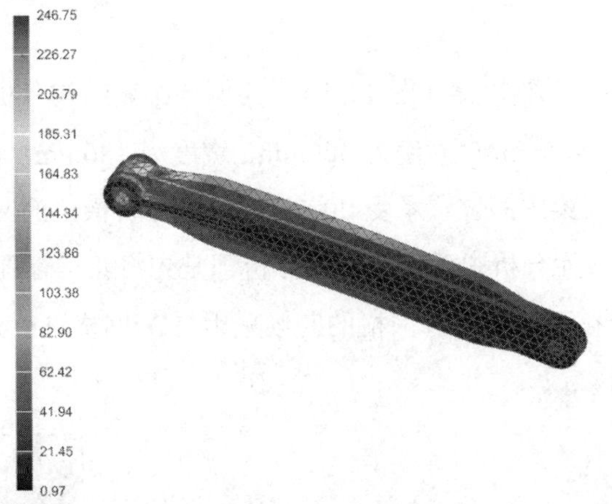


图 13.2.21　应力结果图解

## 13.3　组件有限元分析应用

下面以仿真机构中的滑块导向机构（图 13.3.1）为例，介绍在 UG 中进行组件结构分析的一般过程。

滑块导向机构主要由支撑座、导轨和滑块组成（图 13.3.1），支承座材料为 HT400（对应于 UG 材料库中的 Iron_Cast_G40），导轨材料为 45 钢（对应于 UG 材料库中的 Steel），滑块材料为 60 钢（对应于 UG 材料库中的 Iron_60）；支承座底面完全固定约束，滑块中部圆孔面上受到一个大小为 1500N，方向与滑块平面成 30° 夹角的载荷力作用，在这种工况下分析零件应力和位移分布情况。

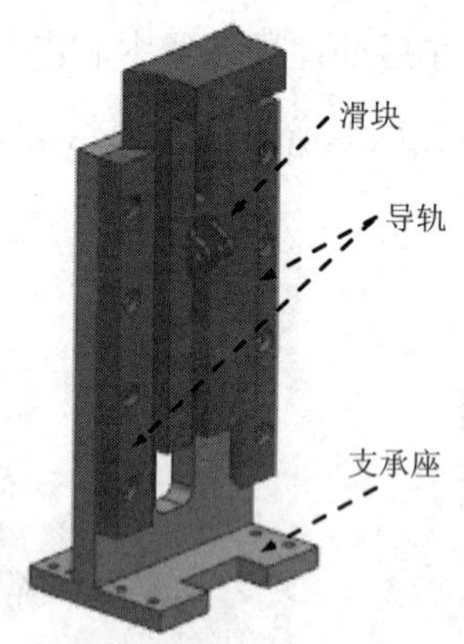


图 13.3.1 滑块导向机构

**说明**：本应用的详细操作过程请参见随书光盘中 video\ch13\文件夹下的语音视频讲解文件。模型文件为 D:\ug12pd\work\ch13.03\assembly-analysis.prt。

## 13.4 梁结构有限元分析应用

下面以一个简单的工字钢横梁（图 13.4.1）为例介绍梁结构分析的一般过程。

工字钢横梁长度为 9400mm，高度为 300mm，宽度为 130mm，横梁厚度为 8.5mm，材料为 Steel，两端固定，横梁中间位置承受 2000N 的力，分析横梁的应力分布、变形等情况。

在 UG NX 12.0 有限元分析中对梁结构的分析都是先将其进行理想化处理，一般将梁理想化为一条直线和一个截面，在划分网格的时候采用 1D 网格进行处理，其他操作与一般零件的有限元分析一致。

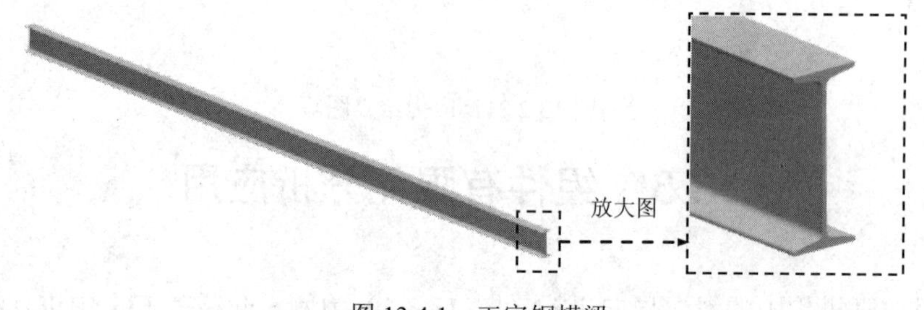


图 13.4.1 工字钢横梁

**说明：**本应用的详细操作过程请参见随书光盘中 video\ch13\文件夹下的语音视频讲解文件。模型文件为 D:\ug12pd\work\ch13.04\BEAM_ANALYSIS.prt。

## 13.5　壳结构有限元分析应用

下面以一个简单的钣金零件为例介绍壳结构有限元分析的一般过程。

图 13.5.1 所示的钣金零件（壳结构），零件厚度为 2mm，钣金材料为 Steel，零件上两个圆孔完全固定，零件上表面承受 20MPa 竖直向下的压力，分析钣金零件的应力分布、变形等情况。

在 UG NX 12.0 有限元分析中对壳结构的分析都是先将其进行理想化处理，一般将壳理想化为一张曲面（壳结构的中面），在划分网格的时候采用 2D 网格进行处理，其他操作与一般零件的有限元分析一致。

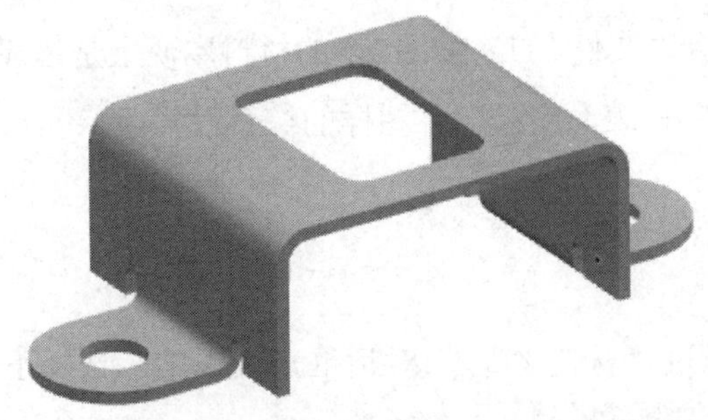

图 13.5.1　钣金零件

**说明：**本应用的详细操作过程请参见随书光盘中 video\ch13\文件夹下的语音视频讲解文件。模型文件为 D:\ug12pd\work\ch13.05\SHELL_ANALYSIS.prt。

**学习拓展：**扫码学习更多视频讲解。

**讲解内容：**结构分析实例精选。讲解了一些典型的结构分析实例，并对操作步骤做了详细的演示。

# 第 14 章　产品的外观设置与渲染

在创建零件和装配的三维模型时，可以进行简单的着色和显示不同的线框状态，但在实际的产品设计中，那些显示状态是远远不够的，因为它们无法表达产品的颜色、光泽、质感等特点，因此要进行进一步的渲染处理，才能使模型达到真实的效果。UG NX 12.0 具有强大的渲染功能，为设计人员提供了一个很有效的工具。本章主要讲述如何对材料/纹理、灯光效果、展示室环境、基本场景和视觉效果进行设置，以便生成高质量图像和艺术图像。

## 14.1　材料/纹理

材料及纹理功能是指将指定的材料或纹理应用到相应的零件上，使零件表现出特定的效果，从而在感观上更具有真实性。UG NX 12.0 的材料本质上是描述特定材料表面光学特性的参数集合，纹理是对零件表面粗糙度、图样的综合性描述。

### 14.1.1　材料/纹理对话框

材料/纹理的设置是通过“材料/纹理”对话框来实现的。选择下拉菜单 视图(V) → 可视化(V) → 材料/纹理(M)... 命令，系统弹出图 14.1.1 所示的“材料/纹理”对话框。下面对该对话框进行介绍。

说明：在进行此操作之前，因为已选定材料，所以才会出现图 8.1.1 所示的“材料/纹理”对话框为激活状态。若未选定材料，“材料/纹理”对话框中的部分按钮为灰色（即未激活状态）。

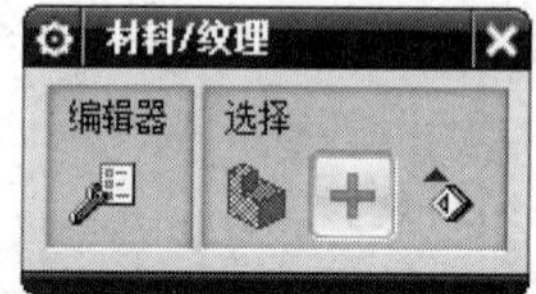


图 14.1.1　“材料/纹理”对话框

图 14.1.1 所示的“材料/纹理”对话框中的部分按钮说明如下。

- ：用于启用材料编辑器。
- ：用于显示指定对象的材料属性。
- ：用于通过继承选定的实体材料。

## 14.1.2　材料编辑器

材料编辑器功能是用来对零件材料进行编辑，通过材料编辑器可实现对材料的亮度、纹理及颜色的设置。单击图 14.1.1 所示的“材料/纹理”对话框中的按钮，系统弹出图 14.1.2 所示的“材料编辑器”对话框。“材料编辑器”对话框中主要包括 常规 、 凹凸 、 图样 、 透明度 和 纹理空间 选项卡，通过这些选项卡可直接对材料进行设置，现逐一对它们进行说明。

**说明**：此处需要找到软件安装目录 Program Files\Siemens\NX 12.0\UGII 文件夹中的 ugii_env_ug 文件，然后以记事本的方式打开，将里面的环境变量 NX_RTS_IRAY 的值设为 0 时，才可以使用。

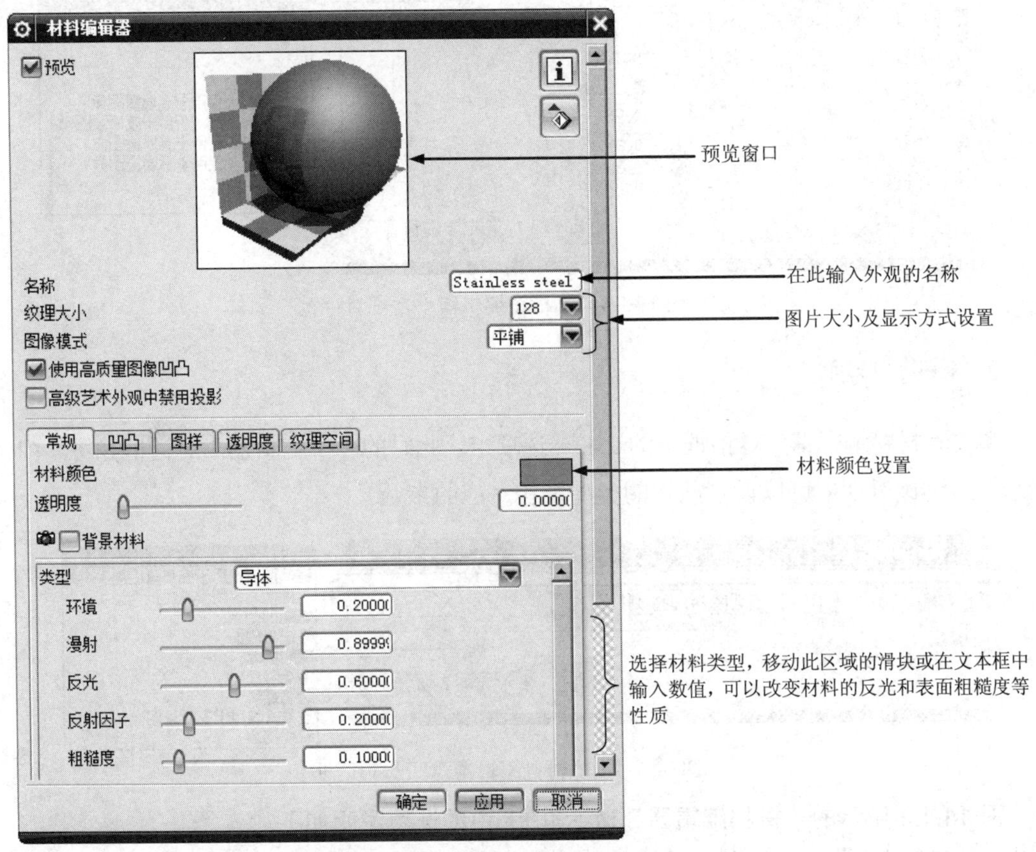


图 14.1.2　“材料编辑器”对话框

### 1. 常规 选项卡

单击“材料编辑器”对话框中的 常规 选项卡，此时的“材料编辑器”对话框如图 14.1.3 所示。通过该对话框可以对材料的颜色、材料背景、透明度和类型进行设置。

图 14.1.3 所示的“材料编辑器”对话框说明如下。

- 材料颜色 ：用于定义系统材料颜色。

- 透明度：用于定义材料透明度。
- 背景材料：若选中此项，系统会自动将选定的材料作为渲染图片的背景，从而达到特定的效果。
- 类型：用于定义要渲染的材料类型。

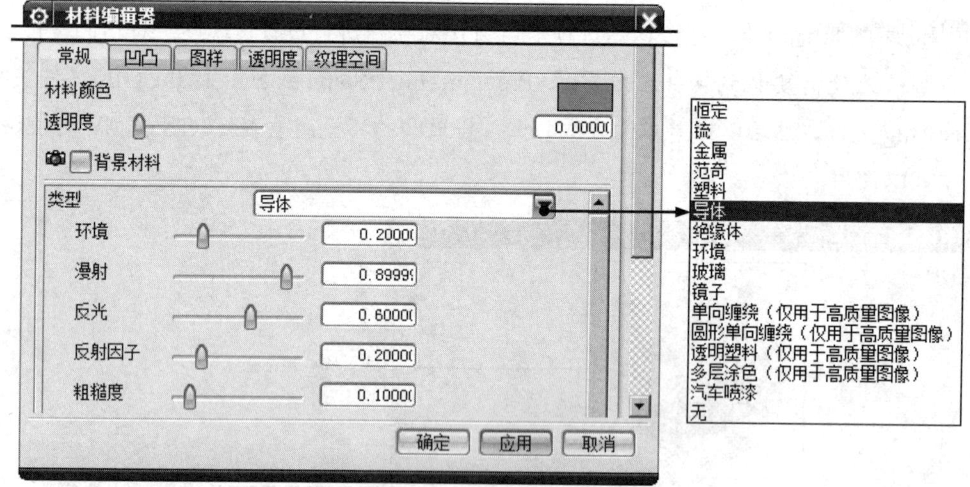


图 14.1.3 “材料编辑器”常规对话框

## 2. 凹凸选项卡

单击“材料编辑器”对话框中的凹凸选项卡，此时的“料编辑器”对话框如图 14.1.4 所示。通过该对话框可以设置凸凹的类型及相对应的参数。

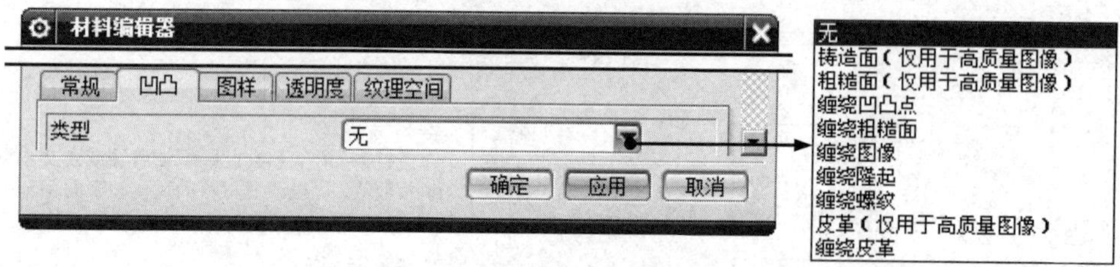


图 14.1.4 “材料编辑器”凹凸对话框

图 14.1.4 所示的“材料编辑器”对话框类型中的选项说明如下。

- 无：该选项用于不设置材料纹理。
- 铸造面（仅用于高质量图像）：该选项用于将材料设置成铸造面效果。其中包括比例、浇注范围、凹进比例、凹进幅度、凹进阈值和详细 6 个选项的参数设置。
- 粗糙面（仅用于高质量图像）：该选项用于将材料设置成粗糙面效果。其中包括比例、粗糙值、详细和锐度 4 个选项的参数设置。
- 缠绕凹凸点：该选项用于将材料设置成缠绕的凸凹效果。其中包括比例、分隔、半径、中心深度和圆角 5 个选项的参数设置。

- 缠绕粗糙面：该选项用于将材料设置成缠绕粗糙面的效果。其中包括比例、粗糙值、详细和锐度 4 个选项的参数设置。
- 缠绕图像：该选项用于设置材料的缠绕图像效果。其中包括柔软度、幅值和图像 3 个选项的参数设置。
- 缠绕隆起：该选项用于设置材料的缠绕隆起效果。其中包括比例、圆角和幅值 3 个选项的参数设置。
- 缠绕螺纹：该选项用于设置材料的缠绕螺纹效果。其中包括比例、圆角、半径和幅值 4 个选项的参数设置。
- 皮革（仅用于高质量图像）：该选项用于设置材料的皮革效果。其中包括比例、不规则和粗糙值等选项的参数设置。
- 缠绕皮革：该选项用于设置材料的缠绕皮革效果。其中包括比例、不规则和粗糙值等选项的参数设置。

### 3. 图样选项卡

单击“材料编辑器”对话框中的图样选项卡，此时的“材料编辑器”对话框如图 14.1.5 所示。通过该对话框可以设置图样的类型及相对应的参数。

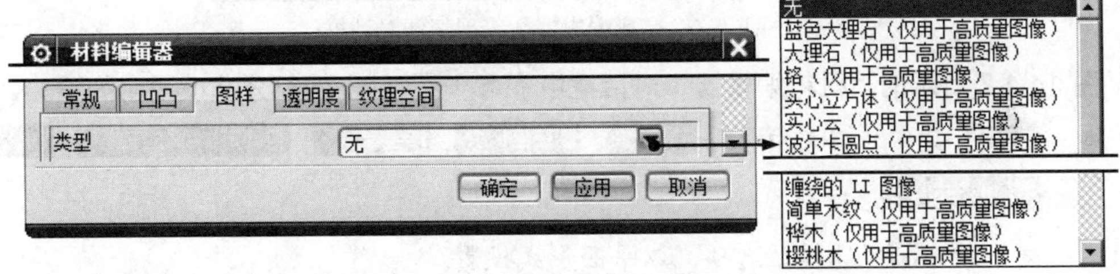


图 14.1.5 “材料编辑器”图样对话框

### 4. 透明度选项卡

单击“材料编辑器”对话框中的透明度选项卡，此时的“材料编辑器”对话框如图 14.1.6 所示。通过该对话框可以设置透明度的类型及相对应的参数。

图 14.1.6 “材料编辑器”透明度对话框

5. 纹理空间选项卡

单击“材料编辑器”对话框中的纹理空间选项卡，此时的“材料编辑器”对话框如图14.1.7所示。通过该对话框可以设置纹理空间的类型及相对应的参数。

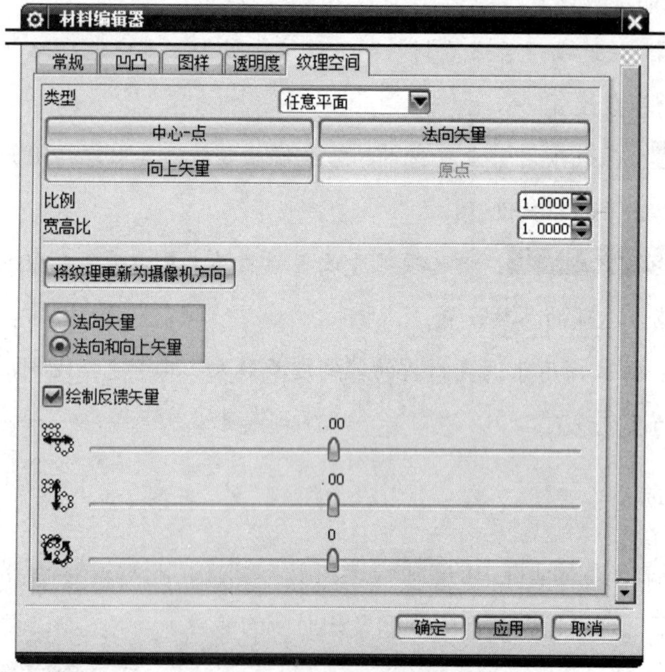


图 14.1.7 “材料编辑器”纹理空间对话框

图 14.1.7 所示的“材料编辑器”对话框中纹理空间选项卡的部分选项说明如下。

- 类型：该下拉列表中包括任意平面、圆柱坐标系、球坐标系、自动定义 WCS 轴、Uv和摄像机方向平面选项。
  - ☑ 任意平面：选择该选项，以平面形式投影。
  - ☑ 圆柱坐标系：选择该选项，以圆柱形的形式投影。
  - ☑ 球坐标系：选择该选项，以球形的形式投影。
  - ☑ 自动定义 WCS 轴：选择该选项，根据曲面法向选择 X、Y 或 Z 轴。
  - ☑ Uv：从几何体的 UV 坐标映射，将参数坐标系分配到纹理空间。
  - ☑ 摄像机方向平面：选择该选项，以摄像机所在平面方向进行投影。
- 中心-点：可以任意指定纹理空间的原点。可用于“任意平面”“圆柱形”和“球形”纹理空间。
- 法向矢量：可以任意指定圆锥形或球形的垂直或主要轴。
- 向上矢量：可以任意指定纹理空间的参考轴。仅可用于“任意平面”纹理空间。
- 比例：指定纹理空间的总体大小。

- 宽高比：指定纹理空间的高度和宽度的比率。
- ☑ 绘制反馈矢量：可动态地调整对象的纹理放置。其效果取决于所应用的纹理空间类型。

# 14.2 灯光效果

在渲染的过程中为了得到各种特效的渲染图像，需要添加各种灯光效果来反映图形的特征，利用光源可加亮模型的一部分或创建背光以提高图像质量。在 UG NX 12.0 中灯光分为基本光源和高级光源两种。

## 14.2.1 基本光源

基本光源功能可以简单地设置渲染场景，其方法快捷方便。因为基本光源只有 8 个场景光源，并且场景光源在场景中的位置是固定不变的，所以基本光源存在一定的局限性。

选择下拉菜单 视图(V) → 可视化(V) → 基本光(B)... 命令，系统弹出图 14.2.1 所示的“基本光”对话框。通过该对话框可以对 8 个场景光源进行编辑。

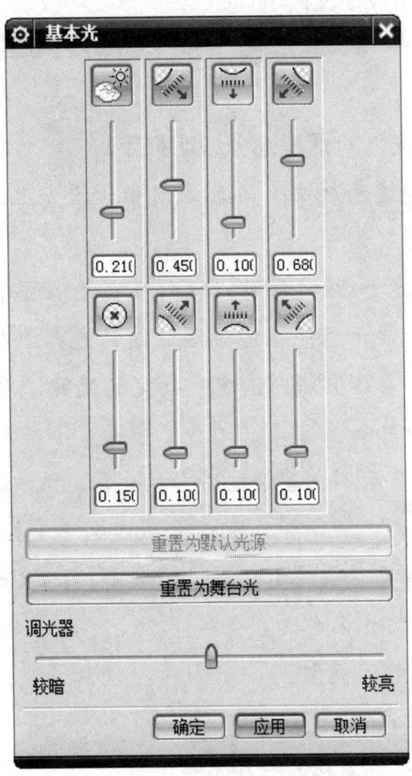


图 14.2.1　“基本光”对话框

图 14.2.1 所示“基本光”对话框中的相关按钮说明如下。

- ：此按钮是为了设置场景环境灯光，在系统默认为选中状态。
- ：此按钮是为了设置场景左上部方向灯光，在系统默认为选中状态。
- ：用于添加场景顶部方向灯光。
- ：此按钮用于添加场景右上部方向灯光，在系统默认为选中状态。
- ：此按钮用于添加场景正前部方向灯光。
- ：此按钮用于添加场景左下部方向灯光。
- ：此按钮用于添加场景底部方向灯光。
- ：此按钮用于添加场景右下部方向灯光。
- 重置为默认光源：单击此按钮，系统将自动设置为默认的光源。在系统默认的状态下，只打开、和。
- 重置为舞台光：单击此按钮，系统将重新设置所有光源，此时所有基本光源全部打开。

## 14.2.2 高级光源

高级光源功能可以创建新的光源，并且可设置和修改新的光源，因此高级光源与基本光源相比具有更高的灵活性和多样性。

选择下拉菜单视图(V) → 可视化(V) → 高级光(A)...命令，系统弹出图 14.2.2 所示的”高级光”对话框。

图 14.2.2 所示的“高级光”对话框部分说明如下。

- (标准视线)：该光源放在 Z 轴或者位于视点上，该光源在场景中不能产生阴影效果。
- (标准 Z 平行光)：该光源可以理解成在无限远处光源产生的光照效果。
- 开：此区域用于显示已经在渲染区域内的光源。在系统默认的状态下，只打开、和。在该区域内选中一指定的光源，单击按钮，此时被选中的光源将会被关闭。
- 关：此区域用于显示不在渲染区域内的光源。系统默认已经关闭的光源有、、、、和等等。在该区域内选中一指定的光源，单击按钮，此时被选中的光源将会被显示在渲染区域内。
- 名称：用于定义灯光名称。
- 类型：用于定义灯光类型。
- 颜色：用于定义灯光的颜色。
- 强度：用于定义灯光照射的强度。

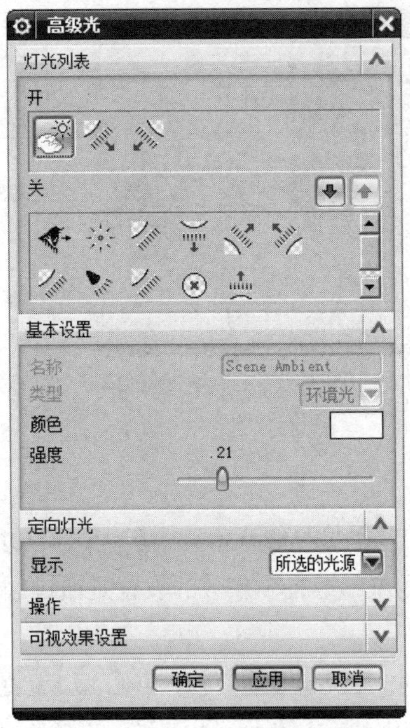


图 14.2.2　“高级光”对话框

# 14.3　基本场景设置

在渲染的过程中常常需要对基本场景进行设置，从而达到更加逼真的效果。基本场景的设置包括“背景”“舞台”“反射”“光源”和“全局照明”。下面对其逐一进行介绍。

## 14.3.1　背景

在渲染的过程中想要表现出模型的特征，添加一个特定的背景，往往能达到很好的效果。

选择下拉菜单 视图(V) → 可视化(V) → 场景编辑器(N)... 命令，系统弹出“场景编辑器”对话框；单击对话框中的 背景 选项卡，此时的对话框如图 14.3.1 所示。

**图 14.3.1 所示的“场景编辑器”对话框中的“背景”选项卡部分说明如下。**

- 背景 下拉列表中包括：纯色、渐变、图像文件 和 3D 圆顶 选项。
  - ☑ 纯色：选择该选项，用单色设置背景色。
  - ☑ 渐变：选择该选项，设置背景色渐变，顶部显示一种颜色，底部显示另一种颜色。
  - ☑ 图像文件：选择该选项，使用系统提供的图片或自己创建的图片来设置背景色。

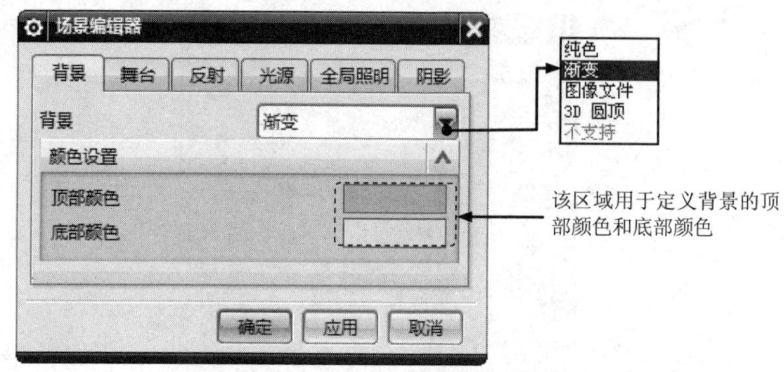


图 14.3.1 “场景编辑器”背景对话框

## 14.3.2 舞台

舞台是一个壁面有反射的、不可见的或带有阴影捕捉器功能的立方体。

舞台的大小、位置、地板和壁纸等各项参数的设置是通过“场景编辑器”中的 舞台 选项卡来实现的。

选择下拉菜单 视图(V) → 可视化(V) → 场景编辑器(N)... 命令，系统弹出“场景编辑器”对话框；单击对话框中的 舞台 选项卡，此时的对话框如图 14.3.2 所示。

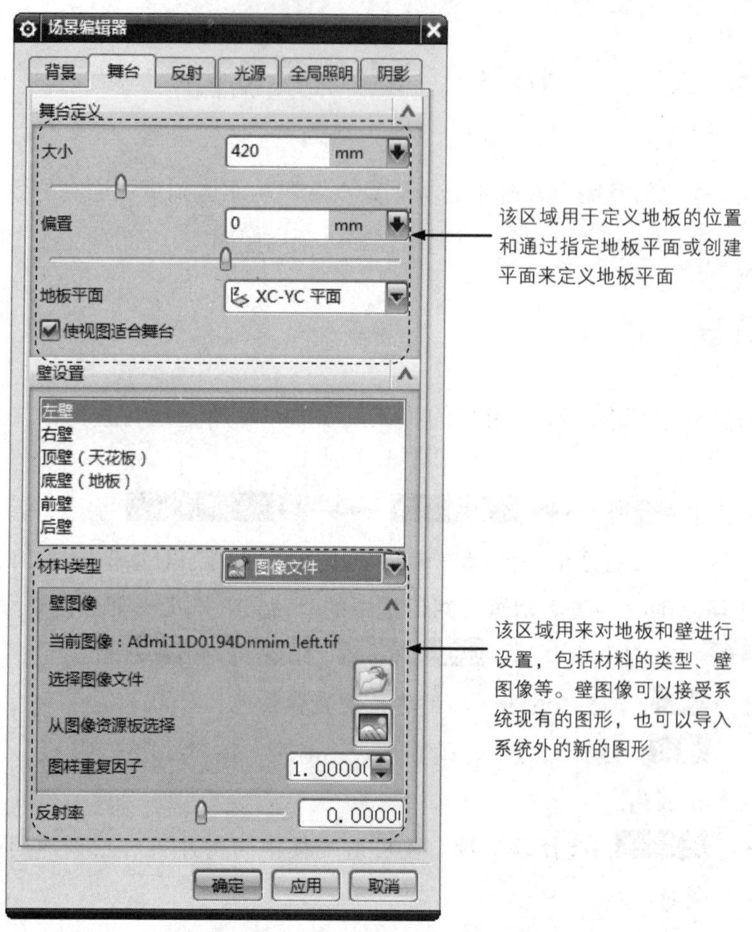


图 14.3.2 “场景编辑器”舞台对话框

图 14.3.2 所示的“场景编辑器”对话框中“舞台”选项卡的部分说明如下。

- 大小：指定舞台的大小。
- 偏置：用于指定舞台与模型的位置偏移。
- 材料类型：指定选定的底面/壁面的一种材料类型。该下拉列表包括阴影捕捉器、图像文件和不可见三种选项。

## 14.3.3　反射

通过光的反射将背景、舞台地板、舞台壁或用户指定的图像在模型中表现出来。

选择下拉菜单 视图(V) → 可视化(V) → 场景编辑器(N)... 命令，系统弹出“场景编辑器”对话框；单击对话框中的 反射 选项卡，此时的对话框如图 14.3.3 所示。

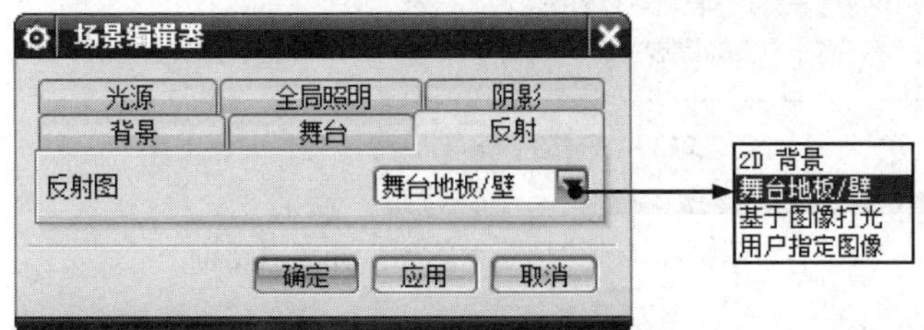


图 14.3.3　“场景编辑器”反射对话框

图 14.3.3 所示的“场景编辑器”对话框中“反射”选项卡的说明如下。

- 反射图：该下拉列表包括以下几项。
  - ☑ 2D 背景：该选项用于指定环境反射基于背景图像。
  - ☑ 舞台地板/壁：该选项用于指定环境反射基于舞台底面或壁面。
  - ☑ 基于图像打光：该选项用于指定环境反射基于“基于图像的灯光”设置。
  - ☑ 用户指定图像：该选项用于指定不同于背景的图像、“基于图像的灯光”，并将其用于反射，还可以指定 TIFF、JPG 或 PNG 格式的任何图像，或从 NX 提供的反射图像选项板中指定。

## 14.3.4　光源

在“基本场景编辑器”中可以对场景光源的类型、强度、光源的位置等属性进行设置。

选择下拉菜单 视图(V) → 可视化(V) → 场景编辑器(N)... 命令，系统弹出“场景编辑器”对话框；单击对话框中的 光源 选项卡，此时的对话框如图 14.3.4 所示。

图 14.3.4 所示的“场景编辑器”对话框中 光源 选项卡的部分说明如下。

- 强度：定义光照的强度。
- 阴影类型：该下拉列表用于设置阴影效果，其中包括 无 、 软边缘 、 硬边缘 和 高透明 四种选项。

● 用于基于高级艺术外观图像打光：若选中该复选框，则在光照列表中的单个光照的灯光效果不可用。

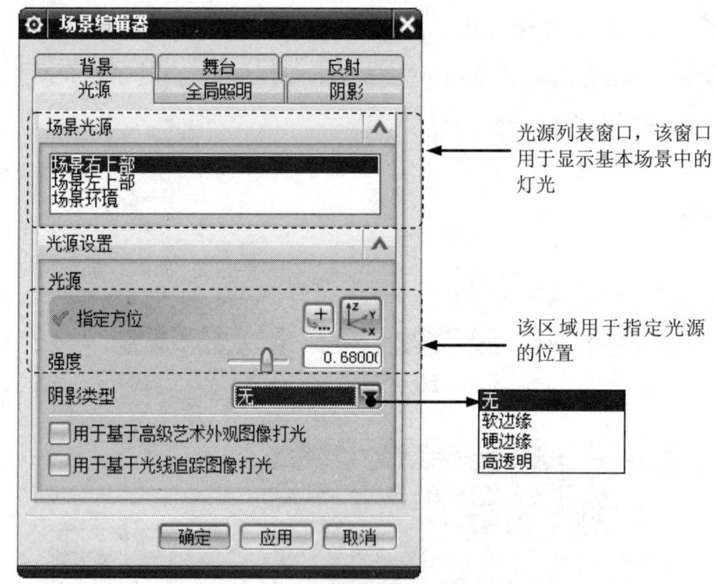


图 14.3.4 “场景编辑器”光源对话框

## 14.3.5 全局照明

全局照明是对于 2D 图像场景定义复杂打光方案的一种方法。例如：可以使用室外场景图像获得“天空”环境下的打光，也可以用室内图像设置“屋内”或“照相馆”打光环境。从 IBL 的图像也可以反射来自场景中的闪耀对象。

选择下拉菜单 视图(V) → 可视化(V) → 场景编辑器(N)... 命令，系统弹出“场景编辑器”对话框；单击对话框中的 全局照明 选项卡，此时的对话框如图 14.3.5 所示。

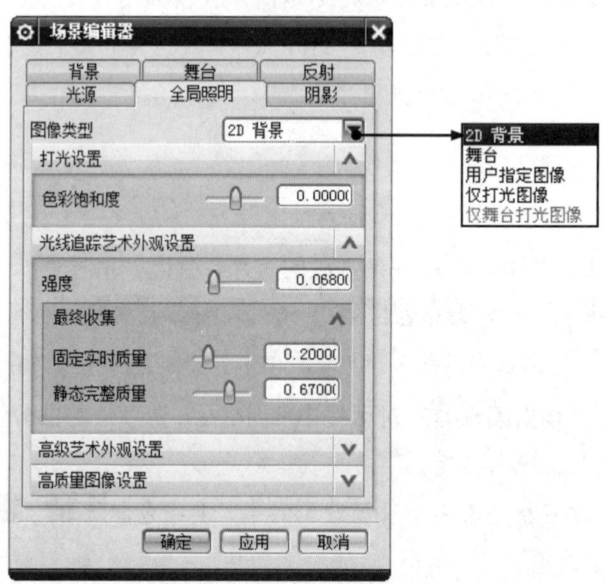


图 14.3.5 “场景编辑器”全局照明对话框

# 14.4 视觉效果

## 14.4.1 前景

选择下拉菜单 视图(V) → 可视化(V) → 视觉效果(V)... 命令，系统弹出“视觉效果”对话框；单击对话框中的 前景 按钮，此时的对话框如图 14.4.1 所示。

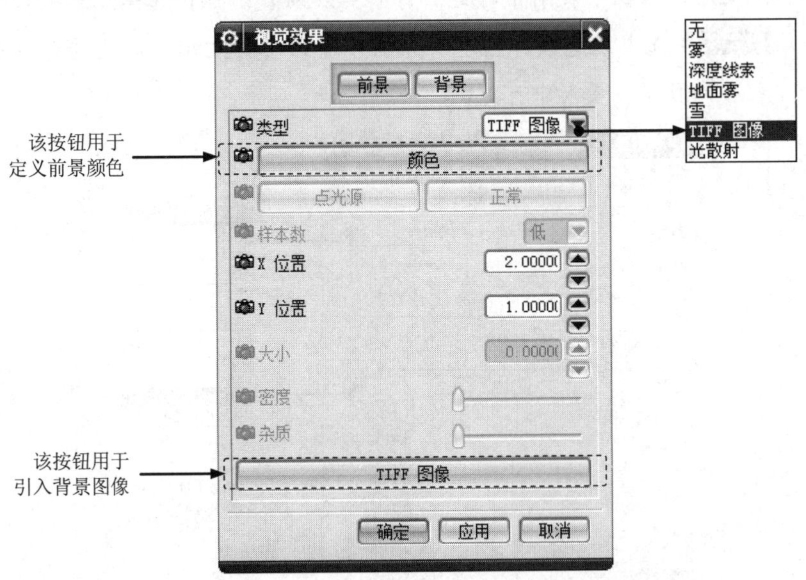


图 14.4.1 “视觉效果”前景对话框

**图 14.4.1 所示的“视觉效果”对话框中“前景”选项卡的部分说明如下。**

- 类型：该下拉列表用于设置场景的光源类型。其中包括：
  - ☑ 无：选取该选项，没有前景。
  - ☑ 雾：选取该选项，更改距离时，此项提供颜色的指数性衰减。
  - ☑ 深度线索：此项提供颜色在指定范围的线性衰减。
  - ☑ 地面雾：此项模拟一层随高度增加而变淡的雾。
  - ☑ 雪：此项提供在照相机前有雪花飘落的效果。
  - ☑ TIFF 图像：此项在生成的着色图片前面放置一个 Tiff 图片。
  - ☑ 光散射：生成一种光在大气中散射并衰减的效果。

## 14.4.2 背景

背景属性可以设置背景的总体类型、主要背景和次要背景三种类型。

选择下拉菜单 视图(V) → 可视化(V) → 视觉效果(V)... 命令，系统弹出“视觉效果”对话框；单击对话框中的 背景 按钮，此时的对话框如图 14.4.2 所示。

**图 14.4.2 所示的“视觉效果”对话框中“背景”选项卡的部分说明如下。**

- 类型：该下拉列表用于设置背景的光源类型。其中包括：
  - ☑ 简单：该选项仅使用主要背景。
  - ☑ 混合：选中该选项，混合使用主要背景和次要背景。
  - ☑ 光线立方体：选中该选项，主要背景显示于该部件之后，而次要背景设置在视点之后，且仅在反射中可见。背景和反射复选框在选择此选项后才可用。
  - ☑ 两平面：选中该选项，主要背景显示于该部件之后，而次要背景设置在视点之后，且仅在反射中可见。

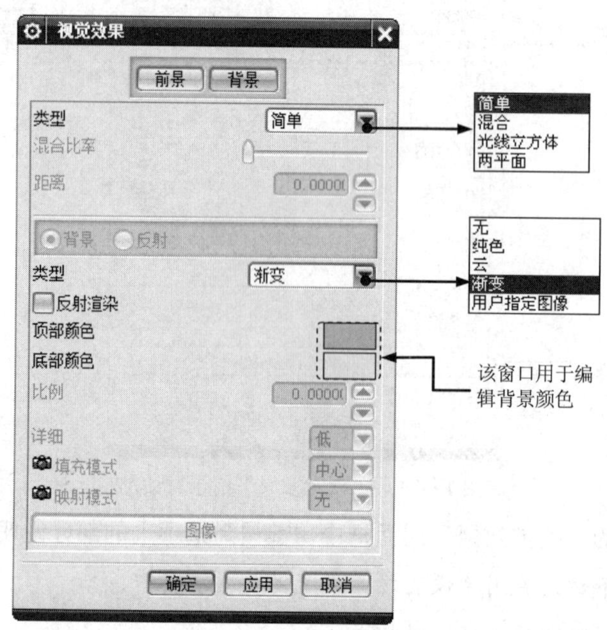


图 14.4.2 “视觉效果”背景对话框

# 14.5 高质量图像

高质量图像功能可以制作出 24 位颜色，类似于照片效果的图片，能够更加真实地反映出模型的外观，准确而有效地表达出设计人员的设计理念。使用“高质量图像”对话框创建的静态的渲染图像，可以保存到外部文件或进行绘制，也可以生成一组图像以创建动画电影文件。

选择下拉菜单 视图(V) → 可视化(V) → 高质量图像(H)... 命令，系统弹出图 14.5.1 所示的“高质量图像”对话框。

图 14.5.1　“高质量图像”对话框

**图 14.5.1 所示的“高质量图像”对话框中相关说明如下。**

- 方法：该下拉列表指的是渲染图片的方式，主要包括以下几种。
  - ☑ 平面：将模型的表面分成若干个小平面，每一个小平面都着上不同亮度的相同颜色，通过不同亮度的相同颜色来表现模型面的明暗变化。
  - ☑ 哥拉得：使用光滑的差值颜色来渲染，曲面的明暗连接比较光滑，但着色速度比平面方法要慢。
  - ☑ 范奇：曲面的明暗连接连续光滑，但着色速度相对于“哥拉得”方法较慢。
  - ☑ 改进：该方法在范奇的基础上增加了材料、纹理、高亮反光和阴影的表现能力。
  - ☑ 预览：该方法在“改进”的基础上增加了材料透明性。
  - ☑ 照片般逼真的：该方法在“预览”的基础上增加了反锯齿设置的功能。
  - ☑ 光线追踪：该方法采用光线跟踪方式，根据反射光和折射光的影响增加了消减镜像边缘的锯齿能力。
  - ☑ 光线追踪/FFA：与“光线追踪”方法相同，增加了消减镜像边缘的锯齿能力。
  - ☑ 辐射：指场景中的间接灯光派生到自渲染图像上，从表面反射的直接光。
  - ☑ 混和辐射：使用标准渲染技术计算打光的辐射处理。
- 保存：单击该按钮，系统保存当前渲染的图像，保存格式为“tif”，但用户可通过更改扩展名来保存其他格式的图像，如 GIF 或 JPEG。
- 绘图：单击该按钮，系统通过打印设备打印渲染图像。
- 开始着色：单击该按钮，系统开始自动进行渲染操作。
- 取消着色：单击该按钮，取消已经渲染的颜色。

## 14.6　艺术图像

艺术图像功能可以制作出艺术化图像，渲染成卡通、颜色衰减、铅笔着色、手绘、喷墨打印、线条、阴影和点刻八种特殊效果的图像。

选择下拉菜单 视图(V) → 可视化(V) → 艺术图像(I)... 命令，系统弹出图 14.6.1

所示的“艺术图像”对话框。

图 14.6.1 所示的“艺术图像”对话框的相关说明如下。

- “艺术图像”的八种样式说明如下：
  - ☑ 卡通：一种动画式样效果，轮廓和边缘用粗线表示，颜色有所简化并有一定程式，可以控制线条的颜色和宽度。
  - ☑ 颜色衰减：和“动画式样”一样，这种样式用线条显示边缘，用单一颜色填充线条之间的空间。用户可以指定线条的宽度和颜色。
  - ☑ 铅笔着色：这种样式产生一种真正的“绘画”效果，用笔画和色彩漩涡反映并表现下属几何体的方向。用户可以更改笔画的长度和密度。
  - ☑ 手绘：这种样式中的对象使用线条渲染，线条看起来是由各种笔画组成的。这种样式可以指定墨水颜色和缝隙大小。

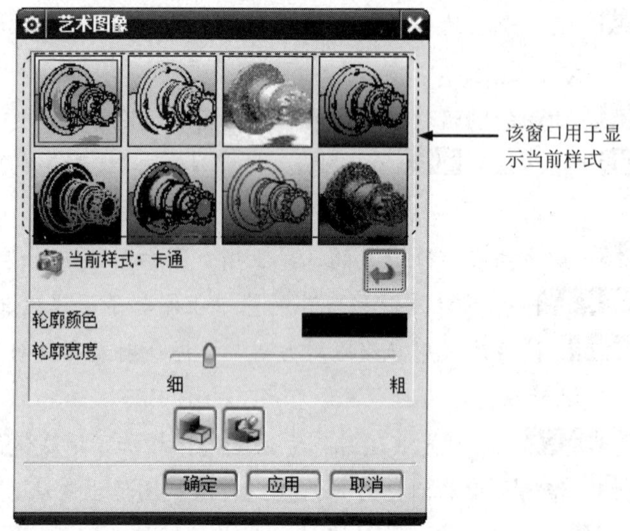


图 14.6.1 “艺术图像”对话框

  - ☑ 喷墨打印：这种样式的显示效果非常类似其他基于线条样式的照相底片。这种样式允许用户指定墨水颜色和缝隙大小。
  - ☑ 线条和阴影：这种样式将几何对象的简单线条表示与阴影区的单色着色效果结合在一起，可以控制线条的颜色和宽度以及阴影区的颜色。
  - ☑ 粗糙铅笔：这种类型的效果，就好像对每个线条进行了多次润色，每个线条都带有一些小的误差，可以控制线条的颜色、宽度和数量、线条偏差以及线条的均匀性。
  - ☑ 点刻：这种效果将图像渲染为一系列不规则的点或点画。用户还可以使用每条点画的下属几何体颜色。
- [按钮图标]：单击该按钮，系统将重置为默认选项。
- [按钮图标]：单击该按钮，进行渲染操作。
- [按钮图标]：单击该按钮，进行取消渲染操作。

- 轮廓颜色：用于定义轮廓线颜色。
- 轮廓宽度：用于定义轮廓线宽度。

## 14.7 渲染范例——图像渲染

本节介绍在零件模型上贴图渲染效果的详细操作过程。

Step1. 打开文件 D:\ug12pd\work\ch14.07\link_beam.prt。

Step2. 添加材料到部件中（本步的详细操作过程请参见随书光盘中 video\ch14 文件下的语音视频讲解文件）。

Step3. 单击左侧工具条中的“部件中的材料”按钮，然后在该区域空白处右击，选择新建条目 ▸ ➡ 可视化贴花命令，系统弹出“贴花”对话框。

Step4. 给模型表面贴图。

（1）在“贴花”对话框中单击图像区域中的按钮，系统弹出“贴花图像”对话框，在其中选取 D:\ug12pd\work\ch14.07\logo.tif 文件，单击 OK 按钮。

（2）定义贴花对象。选择图 14.7.1 所示的模型表面为要贴花的对象。

（3）定义放置位置。在放置区域的锚点类型下拉列表中选择中下选项，然后单击指定原点激活该区域，在图 14.7.1 所示的面上任意位置单击，单击按钮，在系统弹出的“点”对话框中输入坐标值 0、-76、-40，单击确定按钮；单击指定向上矢量激活该区域，然后在其后面的矢量下拉列表中选择 ZC↑ 选项，单击指定法矢激活该区域，然后在其后面的矢量下拉列表中选择 -YC 选项；在旋转角度文本框中输入值 0。

**说明：**在面上选择位置单击时，要确认“点在面上”的捕捉按钮处于按下状态。

（4）定义缩放方法。在缩放区域的缩放方法下拉列表中选择均匀比例选项，在比例文本框中输入值 420。在宽高比文本框中输入值 0.45，单击确定按钮，完成设置。

Step5. 选择命令。选择下拉菜单视图(V) ➡ 可视化(V) ➡ 场景编辑器(N)...命令，系统弹出“场景编辑器”对话框。

Step6. 设置背景。在“场景编辑器”对话框中单击背景选项卡，在背景下拉列表中选择纯色选项，然后将颜色设置为白色，单击确定按钮，完成设置。

Step7. 选择命令。选择下拉菜单视图(V) ➡ 可视化(V) ➡ 高质量图像(H)...命令，系统弹出“高质量图像”对话框。

Step8. 定义渲染方法。在方法下拉列表中选择光线追踪/FFA选项。

Step9. 定义渲染操作。单击开始着色按钮，系统开始自动着色。此时能看到模型的变化（此操作后对话框中的按钮均为激活状态）。

Step10. 保存渲染后模型图像。单击 保存 按钮，系统弹出“保存图像”对话框。单击“保存图像”对话框中的 列出文件 按钮，系统弹出保存路径对话框，在该对话框中单击 OK 按钮，然后单击“保存图像”对话框中的 确定 按钮。

Step11. 单击 确定 按钮，完成高质量图像的设置，如图 14.7.2 所示。

**说明**：在随书光盘中可以找到本例完成的效果图（D:\ug12pd\work\ch14.07\link_beam.tif）。

图 14.7.1　定义参照面

图 14.7.2　高质量图像

**学习拓展**：扫码学习更多视频讲解。

**讲解内容**：主要包含渲染设计背景知识，渲染技术在各类产品的应用，渲染的方法及流程，典型产品案例的渲染操作流程等。并且以比较直观的方式讲述渲染中一些关于光线和布景的专业理论，让读者能快速理解软件中渲染参数的作用和设置方法。

# 第 15 章　管道布线设计

## 15.1　管道设计概述

UG NX 12.0 管道设计模块的应用十分广泛，所有用到管道的地方都可以使用该模块。如大型设备上面的管道系统，各种厂房、车间管道系统等的管道设计占很大比例，各种管道、阀门、泵、探测单元交织在一起，错综复杂，利用 UG NX 12.0 中的三维管道模块能够实现快速设计，使管道线路更加清晰，有效避免干涉现象，可以快速、高效地进行管道设计。

UG NX 12.0 管道模块为管道设计提供了非常高端的工具，在一些复杂的管道设计中，合理利用这些工具，可以大大减轻用户在二维设计中的难度，使设计者的思路得到充分的发挥和延伸，提高设计者的工作效率和设计质量。

UG NX 12.0 管道模块具有以下特点。

- 在结构件的基础上生成完整的数字化模型、真实模拟实际管道设计。
- 检查管道、设备之间的干涉情况。
- 生成详细的管道布置物料清单，指导实际施工。
- 为设计者提供了清晰的设计思路，减少了沉重的大脑负担。
- 在使用过程中可以充分调用现成管件，减少了建模的时间，缩短研发周期。

管道设计必须在一个装配文件的基础上进行，进行管道设计时一般只需和管道相关的结构件即可。对于零件较多、结构较复杂的装配体，可以采用 WAVE 链接将相关结构件几何复制到管道系统节点中。

### 15.1.1　UG NX 12.0 管道设计工作界面

打开文件 D:\ug12pd\work\ch15.01\PIPELINE_DESIGN.prt。

进入到管道设计环境之后，管道设计界面如图 15.1.1 所示。

### 15.1.2　UG NX 12.0 管道设计的工作流程

UG NX 12.0 管道设计的一般工作流程如下。

（1）在产品模型中创建管道系统节点。

（2）在管道系统节点中创建各种路径参考。

（3）创建布置管道路径。

（4）编辑并修改管道路径。

（5）指派型材。

（6）添加管道元件。

（7）创建管道通路。

（8）检查管道路径规则。

（9）创建工程图及明细栏。

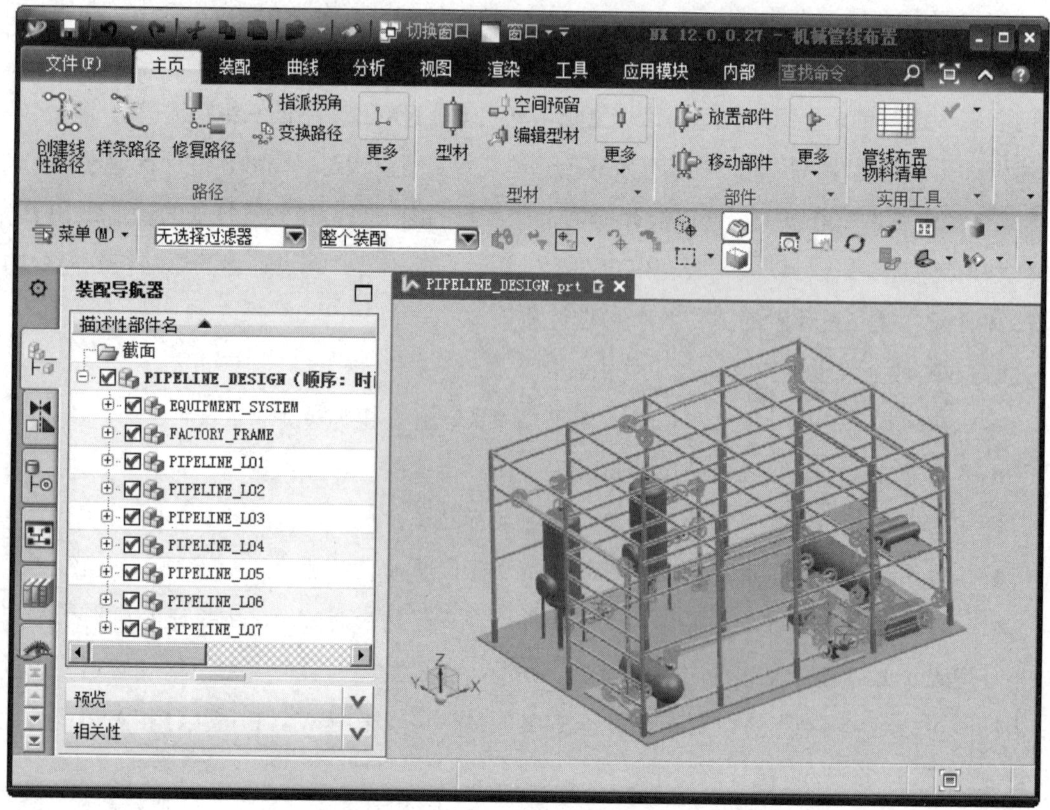


图 15.1.1　管道设计界面

# 15.2　管道布线综合应用

**应用概述：**

图 15.2.1 所示的是一简单车间管道系统，在该管道系统中包括一些常见的管道设备（如泵、阀、压力容器设备等），本范例以该车间管道系统为例介绍在 UG NX 12.0 中进行管道布线设计的一般过程。首先是管道部件的设计，然后是管道路径的设计，特别是管道路径的设计，在本范例中介绍了几种常见的管道路径的设计方法；另外，在管道路径中添加管道部件的方法和技巧也是读者需要掌握的。

图 15.2.1　车间管道布线设计

## 15.2.1　进入管道设计模块

Step1. 打开文件 D:\ug12pd\work\ch15.02\ex\PIPELINE_DESIGN.prt，如图 15.2.2 所示。

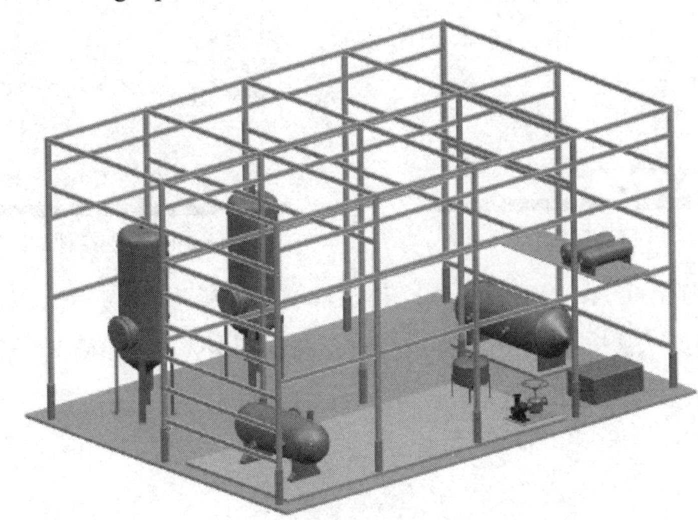

图 15.2.2　装配模型

Step2. 进入管道设计环境。在 应用模块 功能选项卡 管线布置 区域中单击 机械管线布置 按钮，进入管道设计模块。

## 15.2.2　管道部件设计

### Stage1. 定义 EQUIPMENT_TANK01 端口属性

Step1. 在装配导航器中右击☑ equipment_tank01 节点，选择 设为工作部件 命令。

Step2. 在“主页”功能选项卡 部件 区域中单击 审核部件 按钮，系统弹出“审核部件”

对话框。在“审核部件”对话框的管线部件类型区域中选中 ⊙ 连接件单选项，在右侧的下拉列表中选择连接件选项，如图 15.2.3 所示。

Step3. 定义连接件端口属性。

（1）定义第一个连接件端口属性。

① 新建连接件端口属性。右击“审核部件”对话框端口下方的连接件选项，在弹出的快捷菜单中选择新建命令，系统弹出图 15.2.4 所示的“连接件端口”对话框。

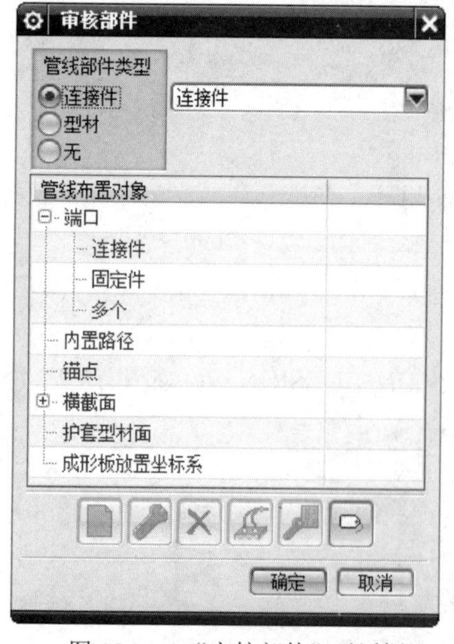


图 15.2.3 “审核部件”对话框

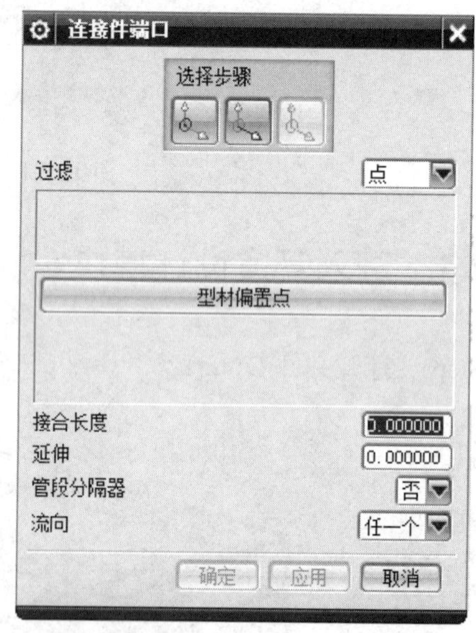


图 15.2.4 “连接件端口”对话框

② 定义端口原点。在“连接件端口”对话框的选择步骤区域中按下“原点”按钮（左起第一个按钮，默认被按下），在过滤下拉列表中选择面选项，在模型中选取图 15.2.5 所示的模型表面为参考，定义该面的中心为原点。

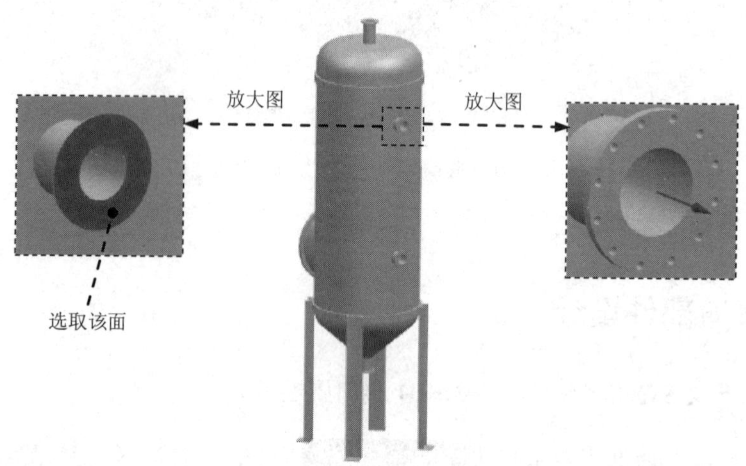


图 15.2.5 定义第一个连接件端口属性

③ 定义端口对齐矢量。在“连接件端口”对话框中按下“对齐矢量”按钮，采用系统默认的矢量方向（图 15.2.5）。

**说明：**若方向不同可单击 循环方向 按钮调整。

④ 单击两次 确定 按钮，完成属性定义。

（2）定义第二个连接件端口属性。

① 新建连接件端口属性。右击“审核部件”对话框 端口 下方的 连接件 选项，在弹出的快捷菜单中选择 新建 命令，系统弹出“连接件端口”对话框。

② 定义端口原点。在“连接件端口”对话框的 选择步骤 区域中按下“原点”按钮，在 过滤 下拉列表中选择 面 选项，在模型中选取图 15.2.6 所示的模型表面为参考，定义该面的中心为原点。

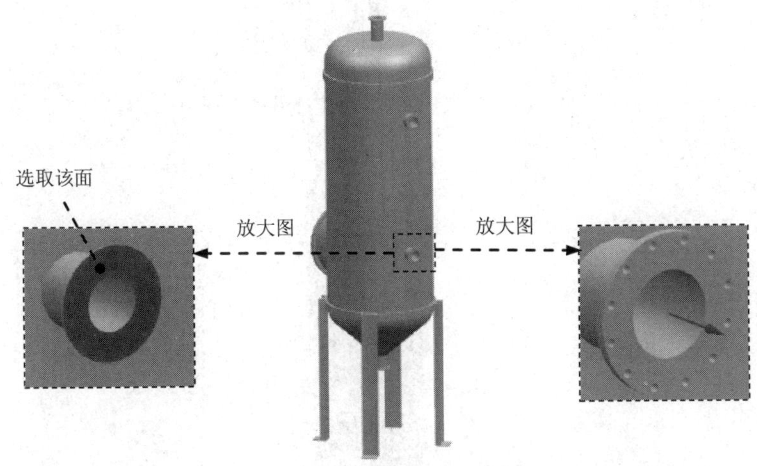


图 15.2.6　定义第二个连接件端口属性

③ 定义端口对齐矢量。在“连接件端口”对话框中按下“对齐矢量”按钮，采用系统默认的矢量方向（图 15.2.6）。

④ 单击两次 确定 按钮，完成属性定义。

（3）定义第三个连接件端口属性。参照步骤（2）选取图 15.2.7 所示的参考面定义图 15.2.7 所示的第三个连接件端口属性，矢量方向如图 15.2.7 所示。

（4）定义第四个连接件端口属性。参照步骤（2）选取图 15.2.8 所示的参考面定义图 15.2.8 所示的第四个连接件端口属性，矢量方向如图 15.2.8 所示。

（5）单击“审核部件”对话框中的 确定 按钮。

### Stage2．定义 EQUIPMENT_TANK02 端口属性

Step1．在装配导航器中右击 ☑ equipment_tank02 节点，选择 设为工作部件 命令。

Step2．在“主页”功能选项卡 部件 区域中单击 审核部件 按钮，系统弹出“审核部件”对话框。在“审核部件”对话框的 管线部件类型 区域中选中 ⊙ 连接件 单选项，在右侧的下拉列

表中选择连接件选项。

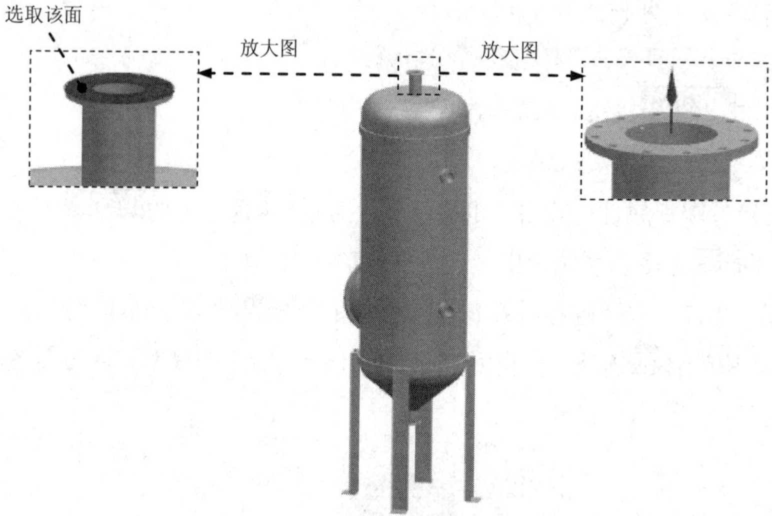


图 15.2.7　定义第三个连接件端口属性

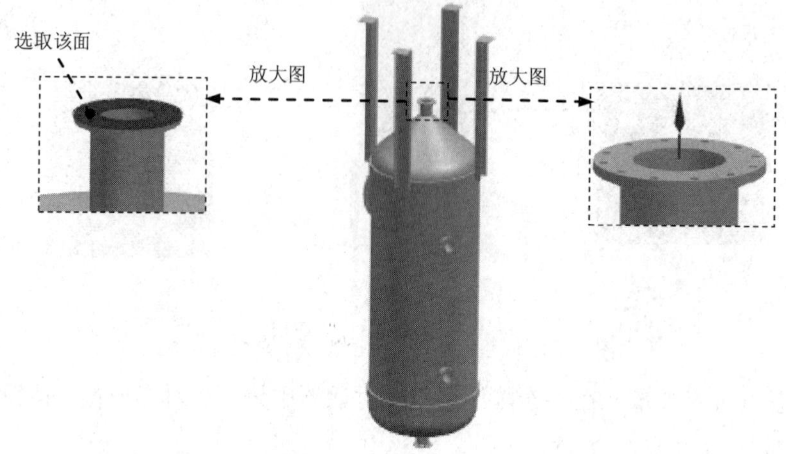


图 15.2.8　定义第四个连接件端口属性

Step3. 定义连接件端口属性。

（1）定义第一个连接件端口属性。参照 Stage1 中相关步骤选取图 15.2.9 所示的参考面定义图 15.2.9 所示的第一个连接件端口属性，矢量方向如图 15.2.9 所示。

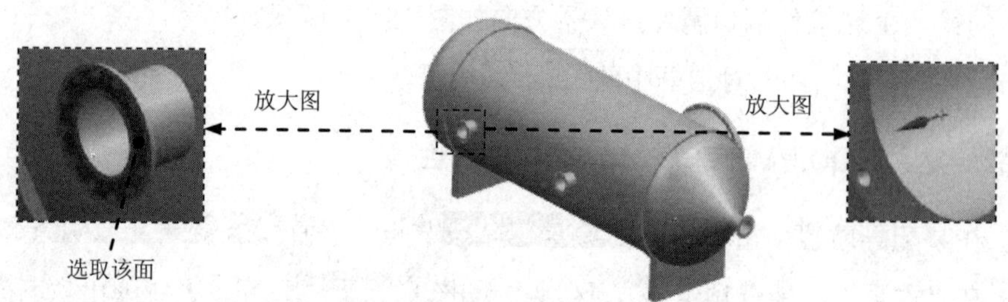


图 15.2.9　定义第一个连接件端口属性

（2）定义第二个连接件端口属性。参照 Stage1 中相关步骤选取图 15.2.10 所示的参考面定义图 15.2.10 所示的第二个连接件端口属性，矢量方向如图 15.2.10 所示。

（3）定义第三个连接件端口属性。参照 Stage1 中相关步骤选取图 15.2.11 所示的参考面定义图 15.2.11 所示的第三个连接件端口属性，矢量方向如图 15.2.11 所示。

（4）单击“审核部件”对话框中的 确定 按钮。

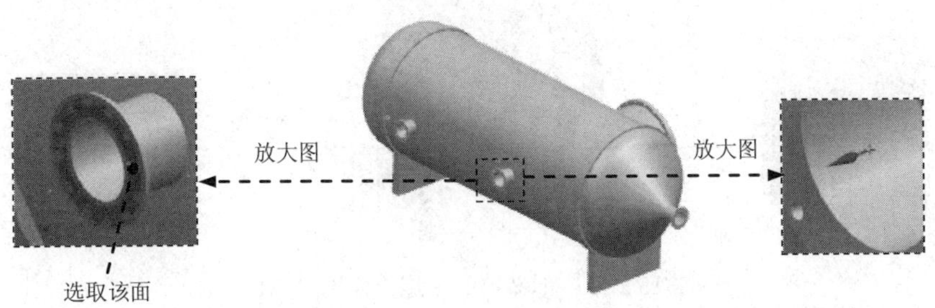


图 15.2.10　定义第二个连接件端口属性

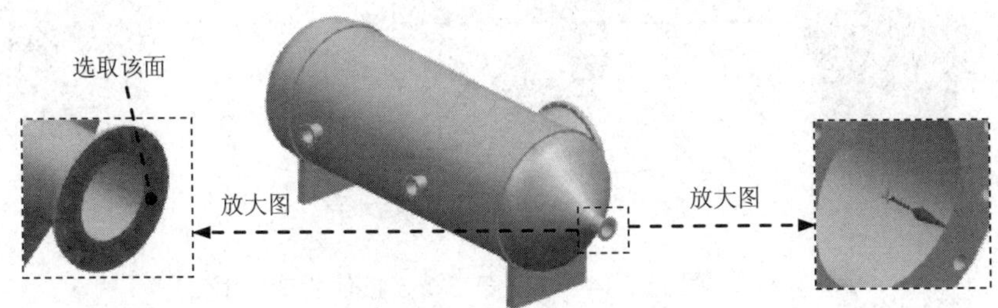


图 15.2.11　定义第三个连接件端口属性

## Stage3．定义 EQUIPMENT_TANK03 端口属性

Step1．在装配导航器中右击 equipment_tank03 节点，选择 设为工作部件 命令。

Step2．在“主页”功能选项卡 部件 区域中单击 审核部件 按钮，系统弹出“审核部件”对话框。在“审核部件”对话框的 管线部件类型 区域中选中 ⊙ 连接件 单选项，在右侧的下拉列表中选择 连接件 选项。

Step3．定义连接件端口属性。

（1）定义第一个连接件端口属性。参照 Stage1 中相关步骤选取图 15.2.12 所示的参考面定义图 15.2.12 所示的第一个连接件端口属性，矢量方向如图 15.2.12 所示。

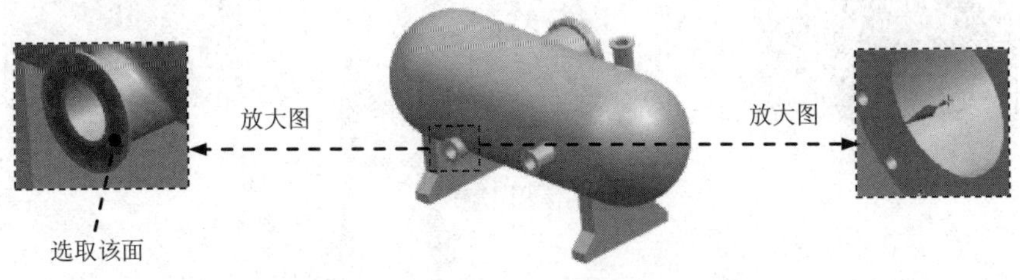


图 15.2.12　定义第一个连接件端口属性

（2）定义第二个连接件端口属性。参照 Stage1 中相关步骤选取图 15.2.13 所示的参考面定义图 15.2.13 所示的第二个连接件端口属性，矢量方向如图 15.2.13 所示。

（3）定义第三个连接件端口属性。参照 Stage1 中相关步骤选取图 15.2.14 所示的参考面定义图 15.2.14 所示的第三个连接件端口属性，矢量方向如图 15.2.14 所示。

（4）单击“审核部件”对话框中的 确定 按钮。

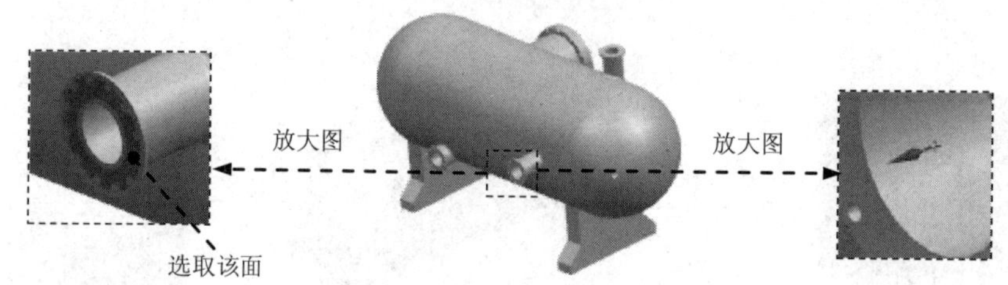


图 15.2.13　定义第二个连接件端口属性

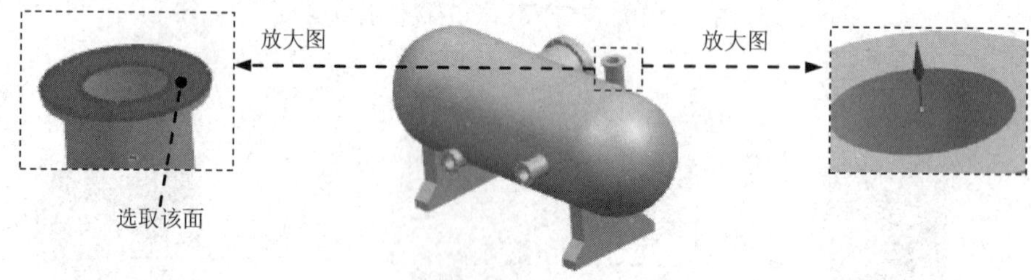


图 15.2.14　定义第三个连接件端口属性

### Stage4．定义 SAMPLE_TANK01 端口属性

Step1. 在装配导航器中右击 sample_Tank01 节点，选择 设为工作部件 命令。

Step2. 在 主页 功能选项卡 部件 区域中单击 审核部件 按钮，系统弹出“审核部件”对话框。在“审核部件”对话框的 管线部件类型 区域中选中 连接件 单选项，在右侧的下拉列表中选择 连接件 选项。

Step3. 定义连接件端口属性。

（1）定义第一个连接件端口属性。参照 Stage1 中相关步骤选取图 15.2.15 所示的参考面定义图 15.2.15 所示的第一个连接件端口属性，矢量方向如图 15.2.15 所示。

图 15.2.15　定义第一个连接件端口属性

（2）参照上一步创建其余三个端口属性（具体操作请参考随书光盘）。

（3）单击“审核部件”对话框中的确定按钮。

### Stage5．定义 SAMPLE_TANK02 端口属性

Step1．在装配导航器中右击☑sample_Tank02节点，选择设为工作部件命令。

Step2．在主页功能选项卡部件区域中单击审核部件按钮，系统弹出“审核部件”对话框。在“审核部件”对话框的管线部件类型区域中选中⊙连接件单选项，在右侧的下拉列表中选择连接件选项。

Step3．定义连接件端口属性。

（1） 参照 Stage1 中相关步骤选取图 15.2.16 所示的参考面定义图 15.2.16 所示的连接件端口属性，矢量方向如图 15.2.16 所示。

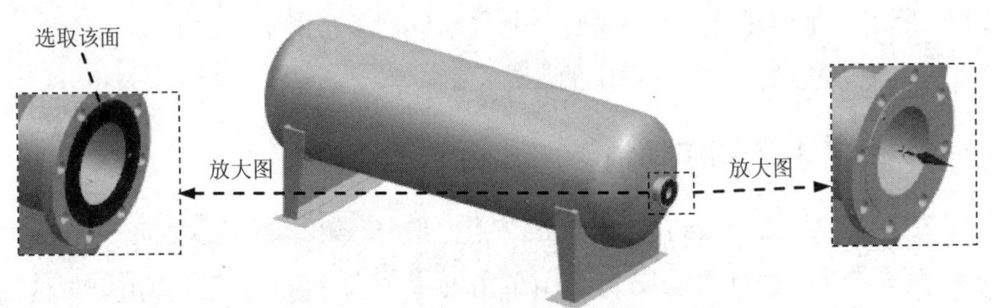


图 15.2.16　定义连接件端口属性

（2）单击“审核部件”对话框中的确定按钮。

### Stage6．定义 OIL_TANK 端口属性

Step1．在装配导航器中右击☑OIL_TANK节点，选择设为工作部件命令。

Step2．在主页功能选项卡部件区域中单击审核部件按钮，系统弹出“审核部件”对话框。在“审核部件”对话框的管线部件类型区域中选中⊙连接件单选项，在右侧的下拉列表中选择连接件选项。

Step3．定义连接件端口属性。

（1）定义第一个连接件端口属性。参照 Stage1 中相关步骤选取图 15.2.17 所示的参考面定义图 15.2.17 所示的第一个连接件端口属性，矢量方向如图 15.2.17 所示。

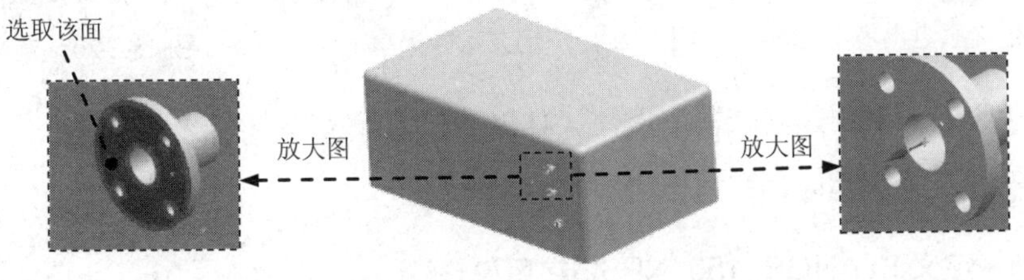


图 15.2.17　定义第一个连接件端口属性

（2）参照上一步创建其余端口属性（具体操作请参考随书光盘）。

（3）单击“审核部件”对话框中的确定按钮。

### Stage7．定义 PUMP 端口属性

Step1．在装配导航器中右击pump节点，选择设为工作部件命令。

Step2．在主页功能选项卡部件区域中单击审核部件按钮，系统弹出“审核部件”对话框。在“审核部件”对话框的管线部件类型区域中选中连接件单选项，在右侧的下拉列表中选择连接件选项。

Step3．定义连接件端口属性。

（1）定义第一个连接件端口属性。参照 Stage1 中相关步骤选取图 15.2.18 所示的参考面定义图 15.2.18 所示的第一个连接件端口属性，矢量方向如图 15.2.19 所示。

（2）参照上一步创建其余端口属性（具体操作请参考随书光盘）。

（3）单击“审核部件”对话框中的确定按钮。

### Stage8．定义 VALVE 端口属性

Step1．在装配导航器中右击valve节点，选择设为工作部件命令。

Step2．在主页功能选项卡部件区域中单击审核部件按钮，系统弹出“审核部件”对话框。在“审核部件”对话框的管线部件类型区域中选中连接件单选项，在右侧的下拉列表中选择连接件选项。

Step3．定义连接件端口属性。

（1）定义第一个连接件端口属性。参照 Stage1 中相关步骤选取图 15.2.20 所示的参考面定义图 15.2.20 所示的第一个连接件端口属性，矢量方向如图 15.2.21 所示。

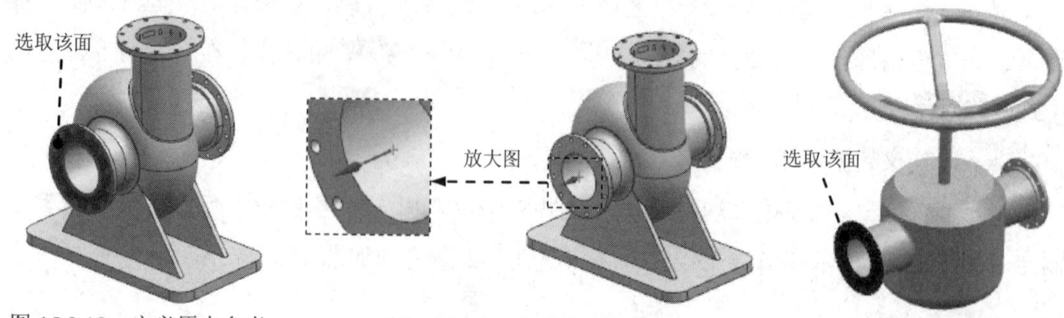


图 15.2.18　定义原点参考　　图 15.2.19　定义对齐矢量　　图 15.2.20　定义原点参考

（2）参照上一步创建其余端口属性（具体操作请参考随书光盘）。

（3）单击“审核部件”对话框中的确定按钮。

### Stage9．定义 FLANGE_150_NPS2 端口属性

Step1. 打开文件 D:\ug12pd\work\ch15.02\ex\FLANGE_150_NPS2.prt。

Step2. 在 应用模块 功能选项卡 管线布置 区域中单击 机械管线布置 按钮，进入管道设计模块；在 主页 功能选项卡 部件 区域中单击 审核部件 按钮，系统弹出“审核部件”对话框；在“审核部件”对话框的 管线部件类型 区域中选中 ⊙ 连接件 单选项，在右侧的下拉列表中选择 连接件 选项。

Step3. 定义连接件端口属性。

（1）定义第一个连接件端口属性。参照 Stage1 中相关步骤选取图 15.2.22 所示的参考面定义图 15.2.22 所示的第一个连接件端口属性，矢量方向如图 15.2.23 所示。

（2）参照上一步创建其余端口属性（具体操作请参考随书光盘）。

（3）单击“审核部件”对话框中的 确定 按钮。

Step4. 保存零件模型，然后关闭零件窗口。

图 15.2.21　定义对齐矢量

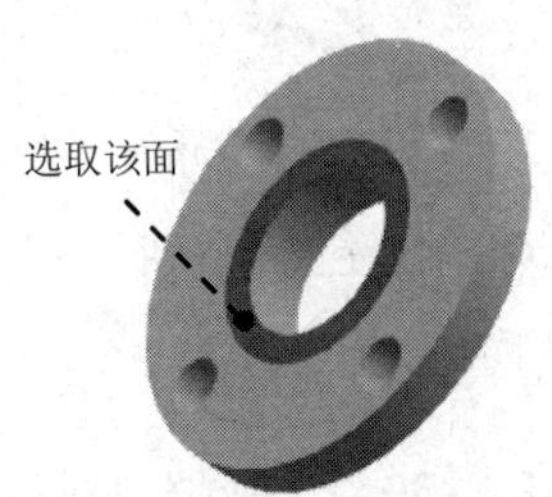


图 15.2.22　定义原点参考

图 15.2.23　定义对齐矢量

## Stage10. 定义 FLANGE_150_NPS5 端口属性

Step1. 打开文件 D:\ug12pd\work\ch15.02\ex\ FLANGE_150_NPS5.prt。

Step2. 在 应用模块 功能选项卡 管线布置 区域中单击 机械管线布置 按钮，进入管道设计模块；在 主页 功能选项卡 部件 区域中单击 审核部件 按钮，系统弹出“审核部件”对话框。在“审核部件”对话框的 管线部件类型 区域中选中 ⊙ 连接件 单选项，在右侧的下拉列表中选择 连接件 选项。

Step3. 定义连接件端口属性。

（1）定义第一个连接件端口属性。参照 Stage1 中相关步骤选取图 15.2.24 所示的参考面定义图 15.2.24 所示的第一个连接件端口属性，矢量方向如图 15.2.25 所示。

（2）参照上一步创建其余端口属性（具体操作请参考随书光盘）。

（3）单击“审核部件”对话框中的 确定 按钮。

Step4. 保存零件模型，然后关闭零件窗口。

## Stage11. 定义 FLANGE_150_NPS12 端口属性

Step1. 打开文件 D:\ug12pd\work\ch15.02\ex\ FLANGE_150_NPS12.prt。

Step2. 在应用模块功能选项卡管线布置区域中单击机械管线布置按钮，进入管道设计模块；在主页功能选项卡部件区域中单击审核部件按钮，系统弹出“审核部件”对话框。在“审核部件”对话框的管线部件类型区域中选中连接件单选项，在右侧的下拉列表中选择连接件选项。

Step3. 定义连接件端口属性。

（1）定义第一个连接件端口属性。参照 Stage1 中相关步骤选取图 15.2.26 所示的参考面定义图 15.2.26 所示的第一个连接件端口属性，矢量方向如图 15.2.27 所示。

（2）参照上一步创建其余端口属性（具体操作请参考随书光盘）。

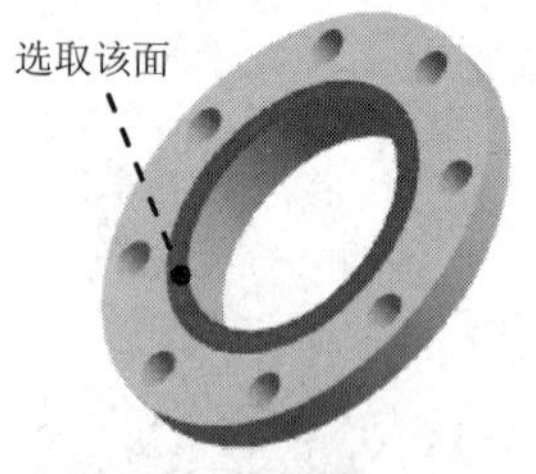


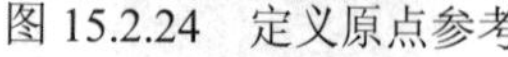

图 15.2.24　定义原点参考

图 15.2.25　定义对齐矢量

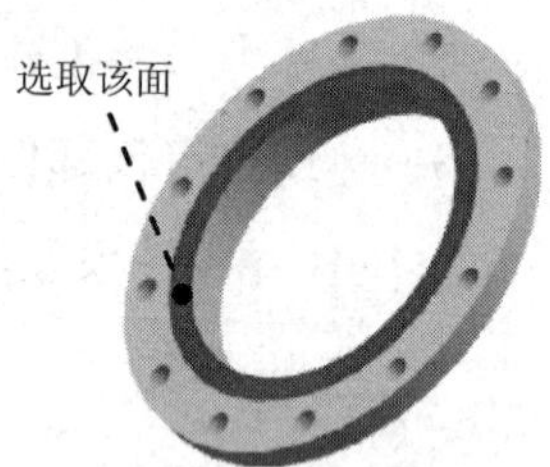


图 15.2.26　定义原点参考

（3）单击“审核部件”对话框中的确定按钮。

Step4. 保存零件模型，然后关闭零件窗口。

### Stage12. 定义 GLOBE_VALVE_150_2500 端口属性

Step1. 打开文件 D:\ug12pd\work\ch15.02\ex\GLOBE_VALVE_150_2500.prt。

Step2. 在应用模块功能选项卡管线布置区域中单击机械管线布置按钮，进入管道设计模块；在主页功能选项卡部件区域中单击审核部件按钮，系统弹出“审核部件”对话框。在“审核部件”对话框的管线部件类型区域中选中连接件单选项，在右侧的下拉列表中选择连接件选项。

Step3. 定义连接件端口属性。

（1）定义第一个连接件端口属性。参照 Stage1 中相关步骤选取图 15.2.28 所示的参考面定义图 15.2.28 所示的第一个连接件端口属性，矢量方向如图 15.2.29 所示。

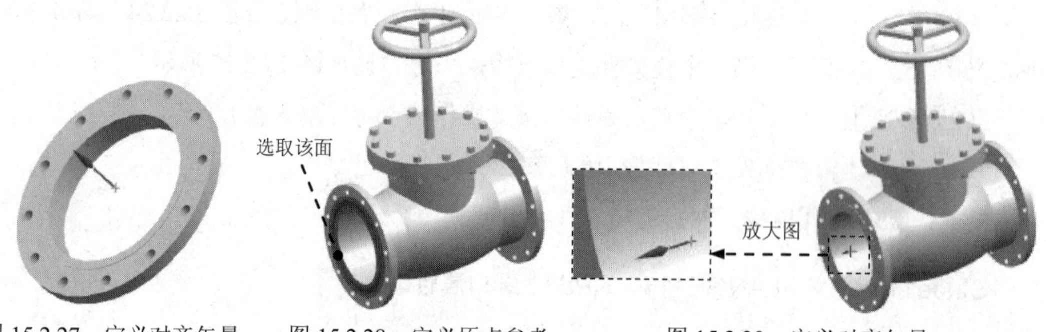


图 15.2.27　定义对齐矢量　　图 15.2.28　定义原点参考　　图 15.2.29　定义对齐矢量

（2）参照上一步创建其余端口属性（具体操作请参考随书光盘）。

（3）单击“审核部件”对话框中的确定按钮。

Step4. 保存零件模型，然后关闭零件窗口。

### Stage13. 定义 STRAIGHT_TEE 端口属性

Step1. 打开文件 D:\ug12pd\work\ch15.02\ex\ STRAIGHT_TEE.prt。

Step2. 在应用模块功能选项卡管线布置区域中单击机械管线布置按钮，进入管道设计模块；在主页功能选项卡部件区域中单击审核部件按钮，系统弹出“审核部件”对话框。在“审核部件”对话框的管线部件类型区域中选中连接件单选项，在右侧的下拉列表中选择连接件选项。

Step3. 定义连接件端口属性。

（1）定义第一个连接件端口属性。参照 Stage1 中相关步骤选取图 15.2.30 所示的参考面定义图 15.2.30 所示的第一个连接件端口属性，矢量方向如图 15.2.31 所示。

（2）参照上一步创建其余端口属性（具体操作请参考随书光盘）。

（3）单击“审核部件”对话框中的确定按钮。

Step4. 保存零件模型，然后关闭零件窗口。

### Stage14. 定义 BALL_VALVE 端口属性

Step1. 打开文件 D:\ug12pd\work\ch15.02\ex\ BALL_VALVE.prt。

Step2. 在应用模块功能选项卡管线布置区域中单击机械管线布置按钮，进入管道设计模块；在主页功能选项卡部件区域中单击审核部件按钮，系统弹出“审核部件”对话框。在“审核部件”对话框的管线部件类型区域中选中连接件单选项，在右侧的下拉列表中选择连接件选项。

Step3. 定义连接件端口属性。

（1）定义第一个连接件端口属性。参照 Stage1 中相关步骤选取图 15.2.32 所示的参考面定义图 15.2.32 所示的第一个连接件端口属性，矢量方向如图 15.2.33 所示。

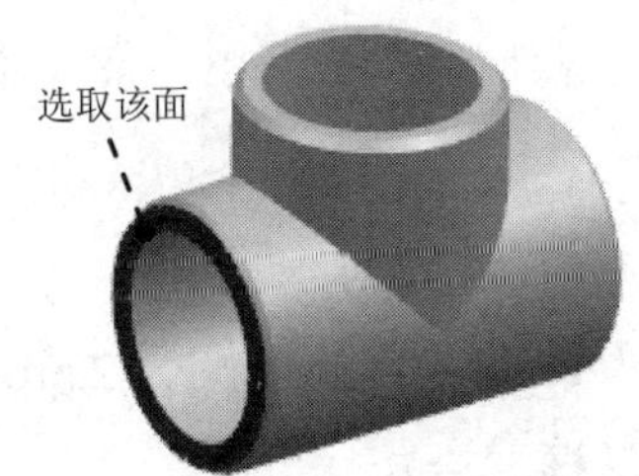


图 15.2.30　定义原点参考

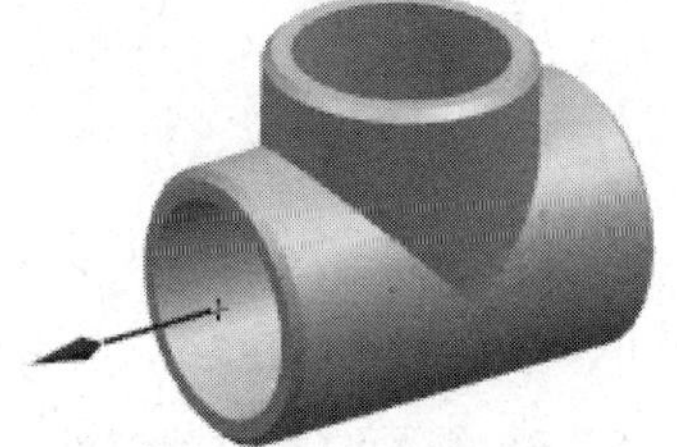

图 15.2.31　定义对齐矢量

图 15.2.32　定义原点参考

（2）参照上一步创建其余端口属性（具体操作请参考随书光盘）。

（3）单击“审核部件”对话框中的确定按钮。

Step4. 保存零件模型，然后关闭零件窗口。

## 15.2.3 创建第一条管道线路

下面介绍图 15.2.34 所示第一条管道线路的设计过程，该线路为一条单一管道线路。

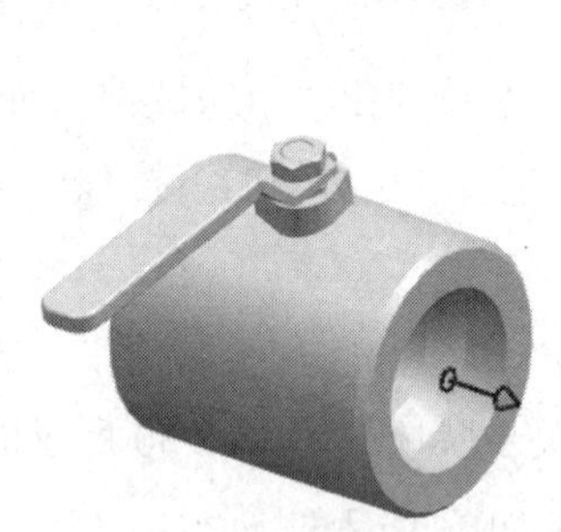

图 15.2.33 定义对齐矢量

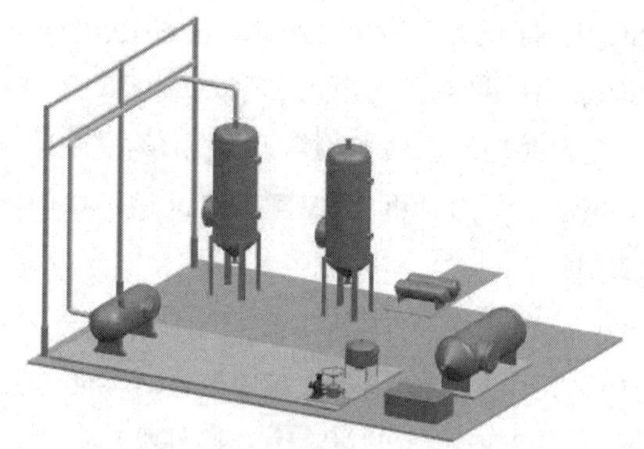

图 15.2.34 创建第一条管道线路

### Stage1. 创建管道路径节点

Step1. 在装配导航器中激活☑ PIPELINE_DESIGN 节点。

Step2. 隐藏次要组件。在装配导航器中选中☑ FRAME_003、☑ FRAME_002 节点，右击选择 显示和隐藏 ▸ 节点下的 隐藏 命令将零部件隐藏。

Step3. 新建组件。选择下拉菜单 装配(A) → 组件(C) ▸ → 新建组件(C)... 命令，系统弹出“新组件文件”对话框，在“新组件文件”对话框中选中 装配 模板，在 名称 文本框中输入 PIPELINE_L01，单击 确定 按钮。系统弹出“新建组件”对话框。

Step4. 设置新组件引用集并激活。单击“新建组件”对话框中的 确定 按钮，在装配导航器中右击☑ PIPELINE_L01 节点，选择 替换引用集 → Entire Part 命令；双击☑ PIPELINE_L01 节点，将其设置为工作部件。

### Stage2. 放置管路元件

Step1. 选择命令。在 主页 功能选项卡 部件 区域中单击“放置部件”按钮，系统弹出图 15.2.35 所示的“指定项”对话框。

Step2. 放置元件 FLANGE_150_NPS12。

（1）单击“指定项”对话框中的“打开”按钮，打开文件 FLANGE_150_NPS12.prt，单击 确定 按钮，系统弹出图 15.2.36 所示的“放置部件”对话框（一）。

（2）在模型中选取图 15.2.37 所示的端口 1 为放置参考，单击图 15.2.38 所示的“放置部件”对话框（二）中 放置解算方案 区域的“下一个解算方案”按钮▸，单击 确定 按钮，完成元件的放置，结果如图 15.2.37 所示（放大图 1）。

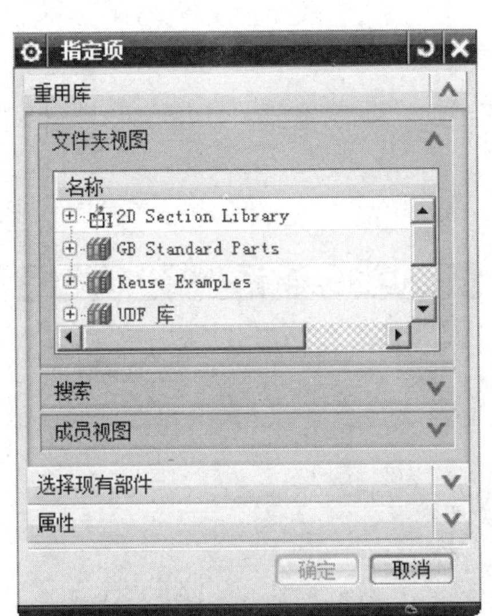


图 15.2.35　“指定项”对话框

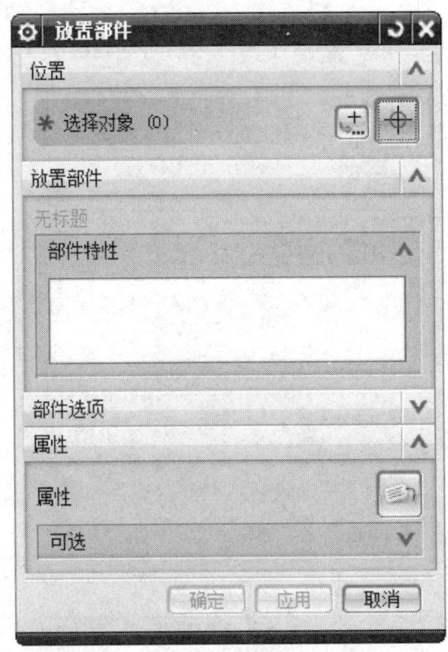


图 15.2.36　“放置部件”对话框（一）

**说明**：此处可能需要多次单击“下一个解算方案”按钮，直到出现图 15.2.37 所示的结果（放大图 1）。

Step3. 放置第二个元件。参考 Step2 的操作步骤，选取图 15.2.37 所示的端口 2 为放置参考，再次放置元件 FLANGE_150_NPS12，结果如图 15.2.37 所示（放大图 2）。

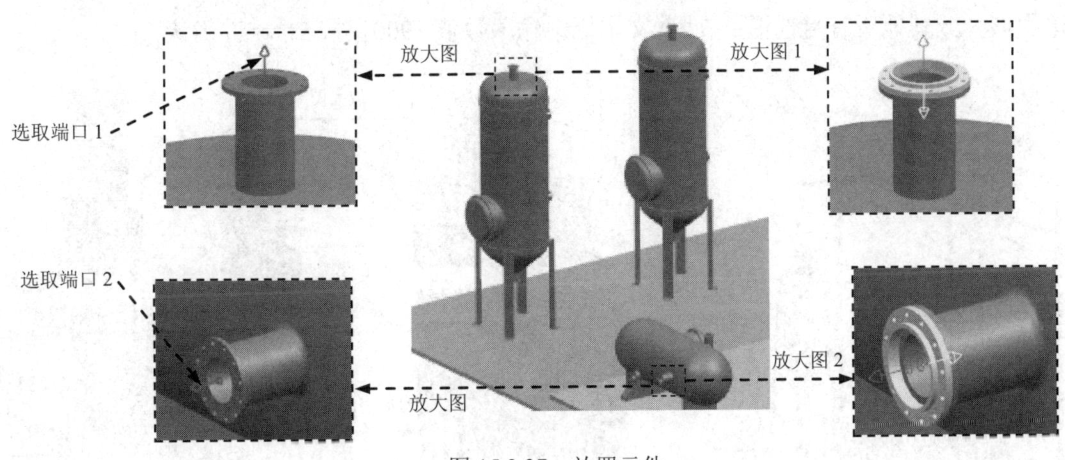


图 15.2.37　放置元件

### Stage3.　创建管道路径

Step1. 选择命令。在 主页 功能选项卡 路径 区域中单击“创建线性路径”按钮，系统弹出图 15.2.39 所示的“创建线性路径”对话框（一）。

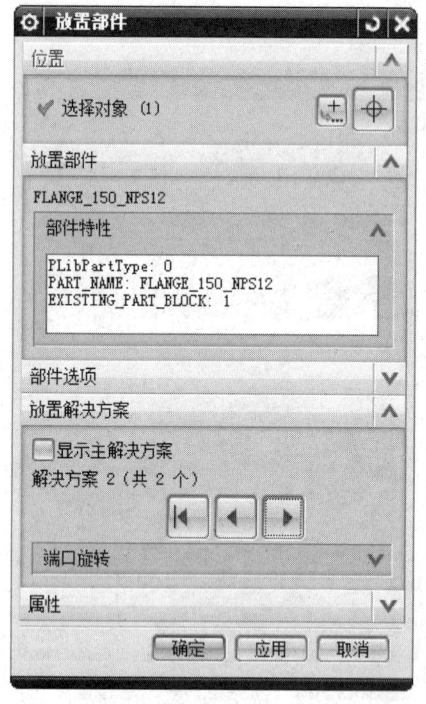


图 15.2.38 “放置部件”对话框（二）

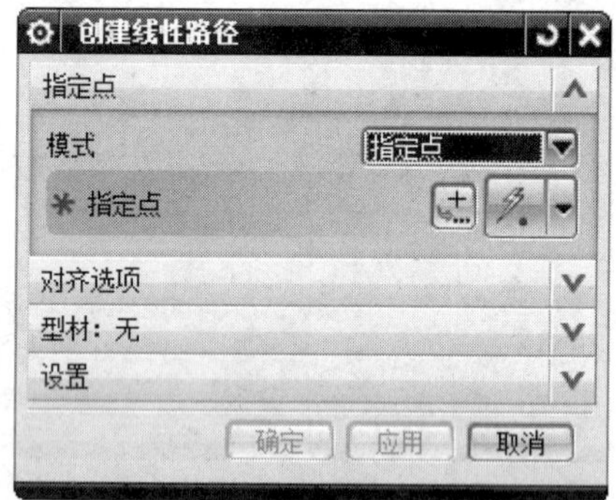


图 15.2.39 “创建线性路径”对话框（一）

Step2. 创建图 15.2.40 所示的线性路径 1。

（1）选取指定点。在模型中选取图 15.2.41 所示的端口 1 为“指定点”参考。

（2）创建第一段路径。在图 15.2.42 所示的“创建线性路径”对话框（二）的模式下拉列表中选择平行于轴选项，在设置区域中选中 锁定到选定的对象 和 锁定角度 复选框，并取消选中该区域其他所有复选框；在偏置文本框中输入数值 1900，按 Enter 键确认。

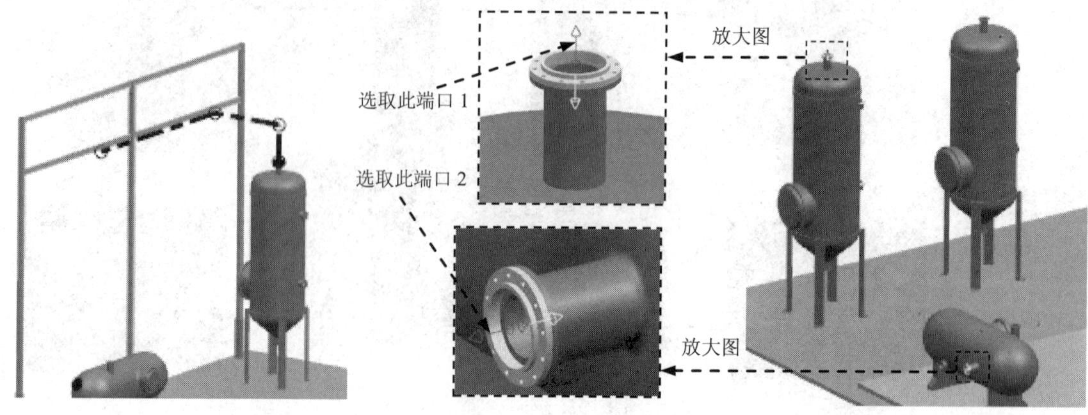


图 15.2.40 创建线性路径 1

图 15.2.41 选取指定点

（3）创建第二段路径。在“创建线性路径”对话框中单击 指定矢量 按钮，选取-XC 轴为矢量方向，在偏置文本框中输入数值 4000，按 Enter 键确认。

（4）创建第三段路径。在“创建线性路径”对话框中单击 指定矢量 按钮，选取-YC 轴为矢量方向，在偏置文本框中输入数值 10000，按 Enter 键确认。

（5）单击 应用 按钮，完成线性路径 1 的创建。

图 15.2.42 “创建线性路径”对话框（二）

Step3. 创建图 15.2.43 所示的线性路径 2。在模型中选取图 15.2.41 所示的端口 2 为“指定点”参考，在“创建线性路径”对话框的 模式 下拉列表中选择 平行于轴 选项，在 设置 区域中选中 ☑ 锁定到选定的对象 和 ☑ 锁定角度 复选框，并取消选中该区域其他所有复选框；在 偏置 文本框中输入数值 600，按 Enter 键确认，单击 确定 按钮，完成线性路径 2 的创建。

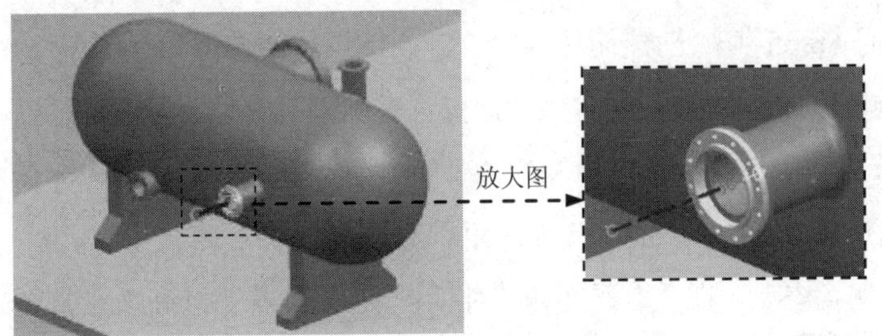


图 15.2.43　创建线性路径 2

Step4. 创建图 15.2.44 所示的修复路径。

（1）选择命令。在 主页 功能选项卡 路径 区域中单击“修复路径”按钮，系统弹出图 15.2.45 所示的“修复路径”对话框。

（2） 定义路径起点和终点。在模型中选取 Step2 中创建的第三段路径为起点，选取 Step3 中创建的线性路径 2 为终点。

（3）设置修复方法。在“修复路径”对话框 设置 区域的 方法 下拉列表中选择 交点 选项；其他采用系统默认设置。

（4）单击 确定 按钮，完成修复路径的创建。

Step5. 创建简化路径 1。在 主页 功能选项卡 路径 区域中单击“简化路径”按钮，系统弹出图 15.2.46 所示的“简化路径”对话框；在模型中选取图 15.2.44 所示的两段线性路径为简化对象，单击 确定 按钮，完成简化路径 1 的创建。

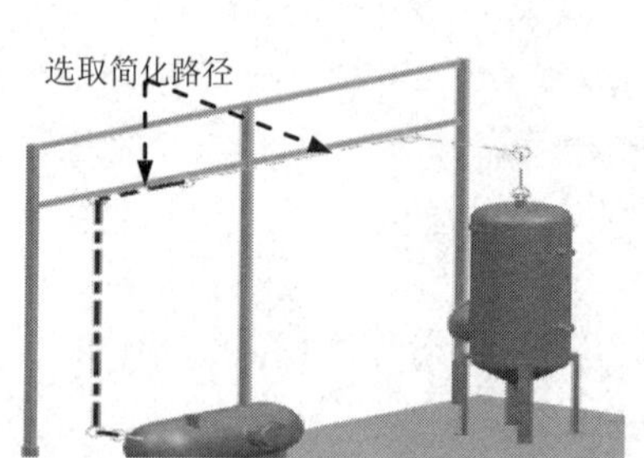


图 15.2.44 创建修复路径

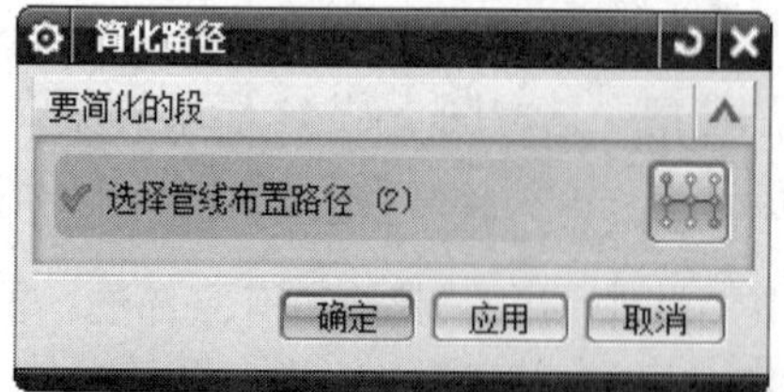


图 15.2.46 “简化路径”对话框

图 15.2.45 “修复路径”对话框

Step6. 参照 Step5 步骤创建简化路径 2。具体操作请参看随书光盘。

Step7. 创建图 15.2.47 所示的指派拐角。

（1）选择命令。选择下拉菜单 插入(S) → 管线布置路径(R) → 指派拐角(A)... 命令，系统弹出图 15.2.48 所示的“指派拐角”对话框。

（2）设置拐角参数。在“指派拐角”对话框的 拐角类型 下拉列表中选择 弯曲 选项，在 方法 下拉列表中选择 半径 选项，设置半径值为 300。

（3）选取拐角控制点。在模型中选取所有的拐角点。

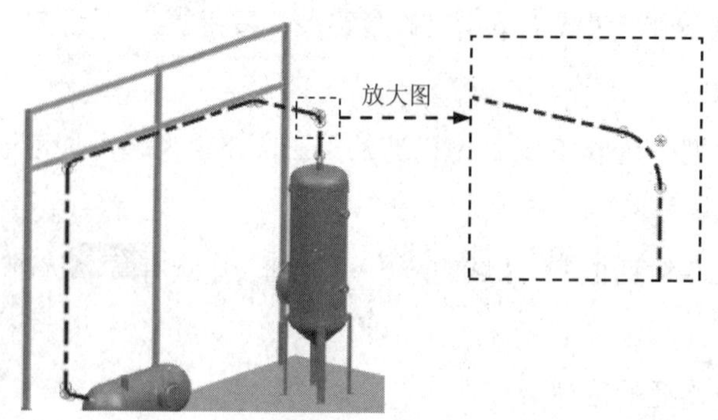


图 15.2.47 指派拐角

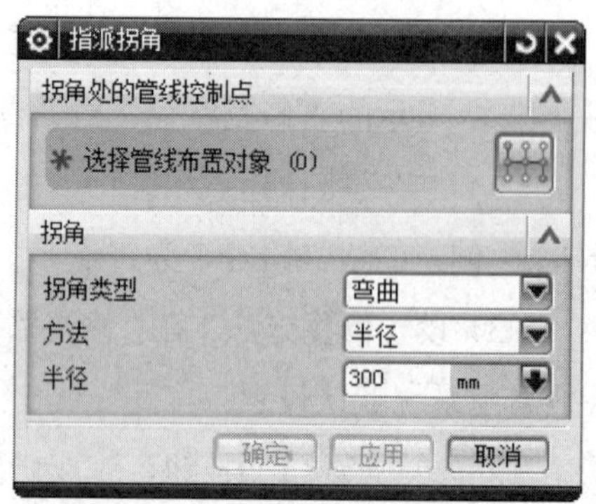


图 15.2.48 “指派拐角”对话框

（4）单击 确定 按钮，完成指派拐角操作。

Step8. 指派型材。

（1）选择命令。在 主页 功能选项卡 型材 区域中单击“型材”按钮，系统弹出图 15.2.49 所示的“型材”对话框。单击“型材”对话框中的 指定型材 按钮，系统弹出图 15.2.50 所示的“指定项”对话框。

（2）选择型材。选择 Pipe 节点下的 DIN-Steel 为型材类型，在 成员视图 下拉列表中选择“列表”选项，选中 R ST 2448 300，单击 确定 按钮，系统返回到“型材”对话框。

（3）选取管道路径。在模型中框选所有管道路径，单击 <确定> 按钮，在“设计违例”对话框中单击 取消 按钮，完成型材的添加，结果如图 15.2.34 所示。

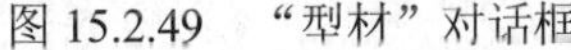
图 15.2.49　“型材”对话框

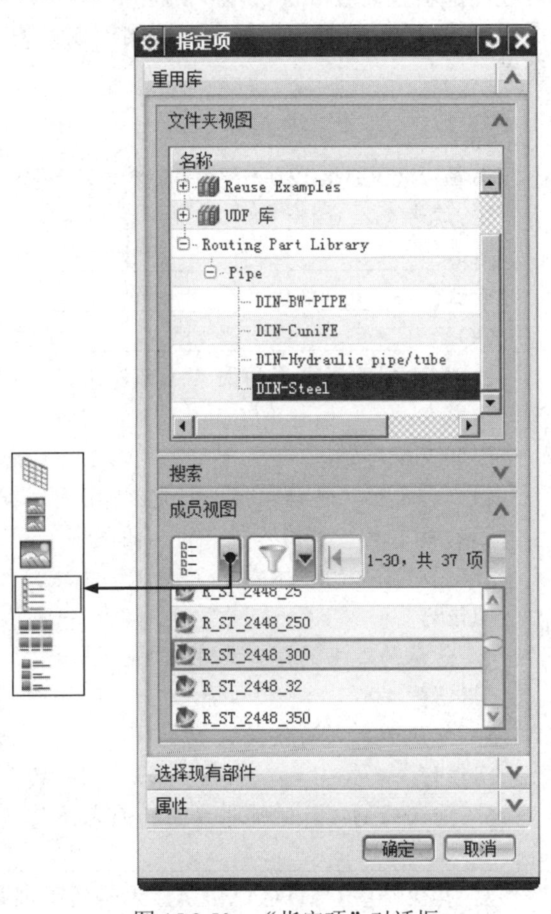


图 15.2.50　“指定项”对话框

Step9. 后面的详细操作过程请参见随书光盘中 video\ch15.02 文件下的语音视频讲解文件。

# 读者意见反馈卡

尊敬的读者：

感谢您购买机械工业出版社出版的图书！

我们一直致力于CAD、CAPP、PDM、CAM和CAE等相关技术的跟踪，希望能将更多优秀作者的宝贵经验与技巧介绍给您。当然，我们的工作离不开您的支持。如果您在看完本书之后，有什么好的意见和建议，或是有一些感兴趣的技术话题，都可以直接与我联系。

策划编辑：丁锋

---

为了感谢广大读者对兆迪科技图书的信任与支持，兆迪科技面向读者推出“免费送课”活动，即日起，读者凭有效购书证明，可以领取价值100元的在线课程代金券1张，此券可在兆迪科技网校（http://www.zalldy.com/）免费换购在线课程1门。活动详情可以登录兆迪网校或者关注兆迪公众号查看。

兆迪网校

兆迪公众号

书名：《UG NX 12.0产品设计完全学习手册》

1. 读者个人资料：

姓名：_________性别：___年龄：____职业：________职务：________学历：______

专业：_______单位名称：___________________办公电话：___________手机：______

QQ：_________________________微信：____________E-mail：______________

2. 影响您购买本书的因素（可以选择多项）：

□内容　□作者　□价格

□朋友推荐　□出版社品牌　□书评广告

□工作单位（就读学校）指定　□内容提要、前言或目录　□封面封底

□购买了本书所属丛书中的其他图书　□其他____________

3. 您对本书的总体感觉：

□很好　□一般　□不好

4. 您认为本书的语言文字水平：

□很好　□一般　□不好

5. 您认为本书的版式编排：

□很好　□一般　□不好

6. 您认为UG其他哪些方面的内容是您所迫切需要的？

______________________________

7. 其他哪些CAD/CAM/CAE方面的图书是您所需要的？

______________________________

8. 您认为我们的图书在叙述方式、内容选择等方面还有哪些需要改进的？

______________________________

______________________________